Herausgeber: W. Brauer
Im Auftrag der Gesellschaft für Informatik (GI)

Bernd Reusch (Hrsg.)

Fuzzy Logik

Theorie und Praxis

4. Dortmunder Fuzzy-Tage
Dortmund, 6.-8. Juni 1994

Springer-Verlag
Berlin Heidelberg New York
London Paris Tokyo
Hong Kong Barcelona
Budapest

Herausgeber

Bernd Reusch
Fachbereich Informatik, Lehrstuhl Informatik I
Universität Dortmund
Otto-Hahn-Straße 16, D-44227 Dortmund

CR Subject Classification (1994): B.0, D.1.6, I.0, I.2.1, I.2.3, I.5, I.5.1, I.5.3, I.5.4, J.1, J.2

ISBN-13: 978-3-540-58649-4 **e-ISBN-13: 978-3-642-79386-8**
DOI: 10.1007/978-3-642-79386-8

Satz: Reproduktionsfertige Vorlage vom Autor/Herausgeber

SPIN: 100488624 33/3140-543210 – Gedruckt auf säurefreiem Papier

Vorwort

Die Weltwirtschaft steht an der Schwelle zu einem Zeitalter intelligenter Systeme. Viele Unternehmen werden sich künftig im zunehmend globalen Wettbewerb nur dann behaupten können, wenn es ihnen gelingt, ihre Produkte und Verfahren mit einem hohen Maß an Intelligenz auszustatten ('Machine Intelligence Quotient'). Gerade die Bundesrepublik Deutschland ist als sogenanntes Hochlohnland und mit ihren sehr begrenzten natürlichen Ressourcen zur Sicherung ihres wirtschaftlichen Wohlstandes auf eine schnelle Umsetzung fortschrittlicher Methoden und Technologien angewiesen. Eine zentrale Rolle bei der Entwicklung intelligenter Produkte und Verfahren spielen neue methodische Ansätze der Informatik.

Die gesellschaftlichen Kräfte in der Bundesrepublik haben dies erkannt, bis hin zu Gewerkschaftsführern, die intelligente Produkte für den Weltmarkt fordern. Der erste Absatz dieses Vorwortes stammt übrigens von Günther Einert, dem Minister für Wirtschaft, Mittelstand und Technologie des Landes NRW.

Neben der Mikro-Elektronik und der Mikro-Systemtechnik inklusive der Mikro-Sensorik als Basistechnologien werden Fuzzy-Logik, Künstliche Neuronale Netze und Evolutionäre Algorithmen sowie Kombinationen davon als Problemlösungstechniken bei der Entwicklung der geforderten intelligenten Produkte eine wesentliche Rolle spielen. In einem irrt der Minister allerdings: neu sind die methodischen Ansätze, auf die er sich bezieht, durchaus nicht. Neu ist nur ihre erfolgreiche Umsetzung.

Wir haben die Thematik der 4. Dortmunder Fuzzy-Tage erweitert und dies mit dem Untertitel „Fachtagung über Computational Intelligence" zum Ausdruck gebracht. Wir sind nicht die ersten, die eine Fachtagung über Computational Intelligence ankündigen (das war IEEE), aber wir sind nach meiner Kenntnis die ersten, die eine solche Fachtagung durchführen.

Solange die drei in Frage stehenden Arbeitsgebiete, Fuzzy-Logik, Künstliche Neuronale Netze und Evolutionäre Algorithmen wenig oder keine Berührungspunkte haben, macht es wenig Sinn, sie in gemeinsamen Tagungen zu behandeln oder einen Oberbegriff zu finden. Seit einigen Jahren ist aber zu beobachten, daß sozusagen unaufgefordert, z. B. bei Fuzzy-Tagungen, Bezüge zu Neuronalen Netzen hergestellt werden. Ein Beispiel sind die 3. Dortmunder Fuzzy-Tage 1993, bei denen schon rund 25 % der angenommenen Arbeiten neben Fuzzy-Techniken auch Neuronale Netze benutzen (noch mehr Arbeiten ziehen zusätzlich klassische Techniken zur Problemlösung heran, das sollte nicht übergangen werden!) Diese Situation ergab sich, obwohl die Ausschreibung eigentlich nur auf Fuzzy-Themen gezielt hatte. Für die 4. Dortmunder Fuzzy-Tage 1994 konnte der Programmausschuß 51 Arbeiten aus 150 eingeschickten auswählen. Davon waren 24 reine Fuzzy-Themen, 10 gehörten ausschließlich zu Neuronalen Netzen und zu Evolutionären Algorithmen. Immerhin 15 benutzten Kombinationen aus mindestens zwei der Themenbereich, wobei erstaunlich viele Kombinationen Evolutionäre Algorithmen enthielten. Der hohe Anteil von Fuzzy-Themen ist wohl auf die Tradition der Tagung zurückzuführen.

viele Kombinationen Evolutionäre Algorithmen enthielten. Der hohe Anteil von Fuzzy-Themen ist wohl auf die Tradition der Tagung zurückzuführen.

Es ist hier aus Platzgründen sicher nicht der Ort zu studieren, wie im einzelnen die Kombinationen von Methoden aussehen und zu welchem Zweck sie eingesetzt werden. Aber vielleicht sind ein paar exemplarische Beobachtungen recht nützlich zu einer ersten Orientierung.

Fuzzy-Regler und Regler aufgebaut auf Neuronalen Netzen sind beide Interpolationsverfahren und haben u. a. folgende Eigenschaften :

- Neuronale Netze lernen „von Null" und benötigen unter Umständen sehr viele Lernschritte, bis befriedigende Ergebnisse erzielt werden können.

- Fuzzy-Systeme formulieren das vorhandene unscharfe a priori Wissen eines Experten über die Struktur des Problems. Sie sind aber schwer systematisch zu „tunen" bzw. schrittweise anzupassen.

Genetische Algorithmen hingegen sind hervorragend geeignet, Parameter einer Problemlösung zu optimieren. Sie sind aber sehr aufwendig und nutzen kein a priori Wissen über deren Lösungsräume.

Es ist daher nicht verwunderlich, daß viele Arbeiten

- Fuzzy-Regeln (a priori Wissen) benutzen, um die Anfangskonfiguration eines Neuronalen Netzes zu bestimmen. Dies mit dem Ziel, die Anzahl der Lernschritte zu verkleinern.

- Spezielle Neuronale Netze benutzen, um die Struktur von Fuzzy-Regeln bzw. der verwendeten Fuzzy-Mengen zu lernen.

- Genetische Algorithmen benutzen, um Parameter von Neuronalen Netzen bzw. von Fuzzy-Mengen zu optimieren.

- A Priori Wissen in Form von Fuzzy-Regeln benutzen, um die Konvergenz von genetischen Algorithmen zu beschleunigen.

Der Begriff „Computational Intelligence" wurde von Bezdec eingeführt. Er schreibt in seiner Arbeit: „in the strictest sense, computational intelligence depends on numerical data supplied by manufacturers and does not rely on „knowledge" „ , um gegen „artificial intelligence" und „biological intelligence" abzugrenzen. Es ist auch vorgeschlagen worden, Begriffe wie „intelligente Maschinen" oder „intelligente Systeme" zu verwenden, aber sie sind entweder schon belegt oder haben sich nicht durchgesetzt. Ich finde „intelligent" in all diesen Verbindungen nicht sehr glücklich, schon im Englischen nicht, aber erst recht nicht in der deutschen Übersetzung mit der entsprechenden Verschiebung der Bedeutung. Eigentlich meinen wir eher „smart", aber dafür kenne ich auch keine wirklich gute Übersetzung.

Die 4. Dortmunder Fuzzy-Tage waren mit über 250 Teilnehmern, entgegen dem allgemeinen Trend sehr gut besucht. Sowohl bei der Zahl der Teilnehmer als auch der eingereichten Arbeiten ist eine starke Steigerung zu beobachten. Wir schließen daraus, daß diese Tagung sich in der Szene etabliert hat und fühlen uns ermutigt, auf dem eingeschlagenen Weg weiterzugehen. Daß wir auch regionale Aufmerksamkeit über ein Fachpublikum hinaus auf uns ziehen konnten, belegen die Worte zur Begrüßung, die Günter Samtlebe, der Oberbürgermeister der Stadt Dortmund, Dr. Mainberger und Dr. Fiege, leitende Beamte des Wirtschafts- und Wissenschaftsministeriums des Landes NRW, sowie Prof. Klein, der Rektor der Universität Dortmund, an die Teilnehmer richteten sowie eine gute Resonanz in der Presse.

Sehr zum Erfolg der Veranstaltung haben unsere Hauptvortragenden, Dr. Khan, National Semiconductor, USA, Dr. Berenji, NASA Research Center, USA, Prof. Baldwin, University of Bristol, UK und Prof. DeJong, George Mason University, USA sowie die Leiter unserer Tutorien Dr. Berenji, Prof. Schwefel und Mitarbeiter und Prof. von Seelen und Mitarbeiter, beigetragen.

Stellvertretend für ein sehr engagiertes Organisationsteam sei Herrn Dr. Jesse gedankt. Ebenso zu Dank verpflichtet sind wir der VEW (Vereinigte Elektrizitätswerke) für die Ausrichtung der Abendveranstaltung.

Wir wünschen uns für dieses Buch aufmerksame und kritische Leser, die uns helfen, die 5. Dortmunder Fuzzy-Tage noch besser zu machen.

Dortmund, im September 1994

Bernd Reusch

entsprechenden Verschiebung der Bedeutung: Eigentlich paßt es wohl eher „smart“, aber dafür kenne ich auch keine wirklich gute Übersetzung.

Die 4. Dortmunder Fuzzy-Tage waren mit über 240 Teilnehmern, entgegen dem allgemeinen Trend sehr gut besucht. Sowohl bei der Zahl der Teilnehmer als auch der eingereichten Arbeiten ist eine starke Steigerung zu beobachten. Wir schließen daraus, daß diese Tagung sich in der Szene etabliert hat und fühlen uns ermutigt, auf dem eingeschlagenen Weg weiterzugehen. Daß wir auch regionale Aufmerksamkeit über ein Fachpublikum hinaus auf uns ziehen konnten, belegen die Worte zur Begrüßung, die [illegible] der Oberbürgermeister der Stadt Dortmund, Dr. [illegible] und Dr. Irene [illegible], Referat des Wirtschafts- und Wissenschaftsministeriums des Landes NRW, sowie Prof. [illegible], der Rektor der Universität Dortmund, [illegible], die [illegible] sowie eine gute Resonanz in der Presse.

Sehr zum Erfolg der Veranstaltung haben unsere Hauptvortragenden, Dr. [illegible], National [illegible], USA, Dr. [illegible], [illegible], Prof. [illegible] Baldwin, University of Bristol, UK und Prof. [illegible], [illegible], USA, [illegible], Prof. [illegible] und [illegible] beigetragen.

Zum Gelingen hat ein sehr engagiertes Organisationsteam [illegible] gedankt. Besonderen Dank verpflichtet sind wir der VEW (Vereinigte Elektrizitätswerke) für die Ausrichtung der Abendveranstaltung.

Wir wünschen uns für dieses Buch aufmerksame und kritische Leser, die uns helfen, die 5. Dortmunder Fuzzy-Tage noch besser zu machen.

Dortmund, im September 1994

Bernd Reusch

Inhaltsverzeichnis

Teil I

Teil I

NeuFuz: Fuzzy Logic Design Based on Neural Network Learning

Emdad Khan Intelligent Systems Group
Embedded Systems Division, National Semiconductor, Santa Clara, CA 95052, USA

Abstract

In this paper, a novel design of fuzzy logic - NeuFuz, using neural net learning is proposed. Artificial neural net algorithms are used to generate fuzzy rules and membership functions. New fuzzy logic algorithms for Defuzzification, Rule Evaluation and Antecedent processing are used which are also developed based on neural network architecture and learning. These fuzzy logic algorithms replace conventional heuristic fuzzy logic algorithms and enable one to one mapping of neural net to fuzzy logic. Such mapping provides an important key feature of generating fuzzy rules and membership functions to meet a pre-specified accuracy level. NeuFuz also significantly improves performance, reliability, reduces design time and minimizes system cost by optimizing number of rules and membership functions.

1.0 Introduction

Fuzzy logic has been proven very successful in solving problems in many areas where conventional model based (mathematical modeling of the system) approach is either very difficult or inefficient/costly to implement. Fuzzy logic based design has several advantages including simplicity & ease in design. However, fuzzy logic design is associated with some critical problems as well. As the system complexity increases, it becomes difficult to determine right set of rules and membership functions to describe the system behavior. A significant amount of time is needed to properly tune the membership functions and adjust rules before a solution is obtained. For more complex systems, it may be even impossible to come up with a working set of rules and membership functions. Besides, once the rules are determined, they remained fixed in the fuzzy logic controller i.e controller cannot learn from experience.

Use of neural nets to learn system behavior seems to be a good way to solve above mentioned problems associated with fuzzy logic based designs. Using system's input-output data, neural nets can learn systems behavior and accordingly can generate fuzzy rules ([Khan93a, b, c], [Haya92]) and membership functions. However, processing these rules and membership functions using conventional fuzzy algorithms, in general, does not produce satisfactory solution mainly because of the heuristic nature of these algorithms. The most popular fuzzy inferencing method uses the maximum of the outputs from all rules for each universe of discourse. The most popular and effective defuzzification uses center of gravity (COG) method. These methods usually yield good solutions for relatively simpler problems. For complex problems, these heuristic based algorithms may not yield satisfactory results over a wide range.

In this paper, we have presented novel methods to automatically generate fuzzy logic Rules and Membership functions using neural net learning and then process these using non heuristic neural net based fuzzy logic algorithms. Such approach can produce fuzzy logic rules and membership functions to meet certain pre specified accuracy level and can significantly simplifies the design process, reduces design time and improves performance, reliability at lower cost. We used the proposed techniques in various applications and obtained very encouraging results.

2.0 Generating Fuzzy Rules and Membership Functions

Fig. 1 shows a neural network based fuzzy system [Khan93a]. For simplicity, we are using only a 3-layered neural net to represent the learning of fuzzy rules and membership functions (of a 2-input, one output system). As shown in the figure, the 1st layer neurons do fuzzification, the 2nd (or hidden) layer neurons form the rule base and the 3rd layer neuron does the rule evaluation and defuzzification.

2.1 Fuzzification and Generating Membership Functions

The 1st layer neurons in fig.1 include the fuzzification process whose task is to match the values of the input variables against the labels used in the fuzzy control rule. The 1st layer neurons and the weights between layer 1 and

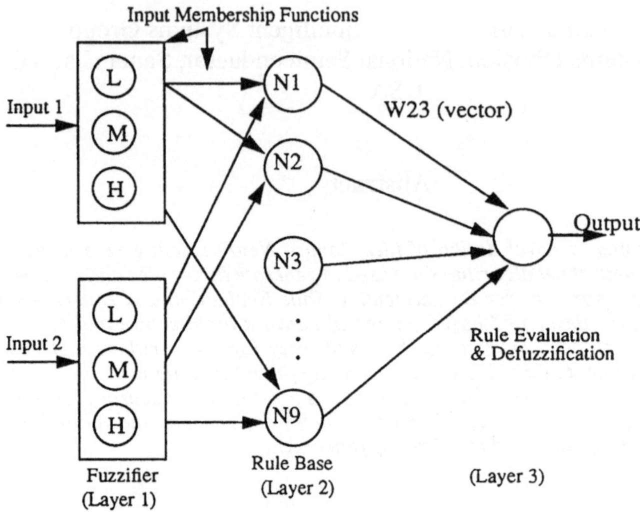

Fig. 1: Neural Network and corresponding Fuzzy Logic representation in simplified form. The net is first trained with system input-output data. Learning takes place by appropriately changing the weights between the layers. After learning is completed, the final weights represents the fuzzy rules and membership functions. The learned neural net, as shown above, can generate output very close to the desired outputs. Equivalent fuzzy design can be obtained by using generated fuzzy rules and membership functions as described in section 3.

layer 2 are also used to define the input membership functions. In fact, it is difficult to do both fuzzification and learning membership functions just by one layer of neurons. Fig.2 shows a multiple layer implementation for fuzzification and membership function generation. Both linear (L) and non linear (NL) neurons are used. With an input level of x, the output of layer 1 neuron is g1.x where g1 is the gain of neuron in layer 1. The input of layer 2 neuron is g1.x.W1. Continuing this way, we have the input of layer 4 neuron, z as

$$z = (g1.x.W1.W2.g2 + b).W3 \qquad (1)$$
$$= (a.x + b).c$$

where a = g1.g2.W1.W2, c = W3, g2 = gain of layer 2 neuron.

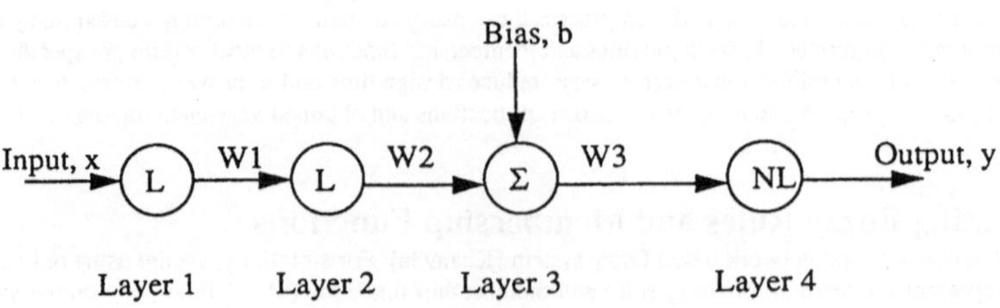

Fig.2 Neural network structure to learn membership functions

Gains g1, g2 can be kept constant and we can adjust only weights W1, W2 and W3 during learning. Now, if we assume the non linear function as an exponential function of the form

$[1/(1 + e^{-z})]$, then we have,

the output, y of the neuron in layer 4 as

$$y = 1 / [1 + e^{-c.(a.x + b)}] \qquad (2)$$

By learning a, b & c (i.e weights W1, W2 and W3), we can easily learn an exponential membership function. The size and shape of this function is determined by weights W1, W2, W3. and bias, b. By using different initial values of weights and biases, we can generate various exponential membership functions of same type but with different shapes, sizes and position. By using multiple neurons in layers 3 & 4 and using different weight values for initial W2s and W3s, we can learn any class of exponential type membership functions. These membership functions meet all the criteria to back propagate error signals. Other suitable mathematical functions could as well be used. By breaking the network in this particular way (fig.2), we have a better control in learning the membership functions. After the learning is completed, the weights remain fixed and a neural net Recall operation will classify the input, x in one or more fuzzy classes (each neuron in layer 4 defines a fuzzy class). The layer 4 neurons of Fig.2 feeds the layer 2 neurons of fig.1.

2.2 Generating the Fuzzy Rules

The middle layer neurons (fig.1) represent the rule base. We have used multiplication, rather than summation, based neurons in the middle layer. Also, linear neurons with a slope of unity are used for the middle and output layer neurons. Thus, the equivalent error at the output layer is

$$d_k^{out} = (t_k - o_k)\, f'\,(net_k) \qquad (3)$$

where o_k is the output of the output neuron k
t_k is the desired output of the output neuron k
$f'\,(net_k)$ is the derivative which is unity for layers 2 & 3 neurons as mentioned above.

The general equation for the equivalent error at the hidden layer neurons using Back Propagation model is

$$d_j^{hidden} = f'\,(net_j)\, \Sigma\, d_k^{out} \,.\, W_{jk} \qquad (4)$$

However, for the fuzzification layer in fig.1, the equivalent error is different as for the middle layer, the $netp_j$ is

$$netp_j^{hidden} = \Pi\, W_{ij} \,.\, o_i \qquad (5)$$

where o_i is the output of the input layer neuron i.

Thus, for the input layer (fig.1) the equivalent error expression becomes [Khan93b]

$$d_i^{input} = f'\,(netp_i)\, \Sigma\, d_j^{hidden} \,.\, W_{ij} \,.\, (\Pi\, W_{kj} \,.\, o_k) \qquad (6)$$

where both i & k are indices in the input layer and j is the index in the hidden layer.

As shown in fig.1, the inputs to the middle layer neurons are the preconditions or antecedents of the rules and the output is the conclusion or consequent. Thus, N1 can be interpreted as "if the input 1 is Low and input 2 is Low then the output is X"

where X can be used as the fuzzy conclusion from rule 1.

3.0 Neural Network based Fuzzy Logic Algorithms

The generated fuzzy rules and membership functions are processed using the neural net based non heuristic fuzzy logic algorithms. These are described below.

3.1 Rule Format

Each neuron in layer 2 represents a fuzzy rule as shown in Fig. 1 where top neuron N12 represents the following rule

"If input 1 is Low and input 2 is Low then output is X"

where X is either a number or a linguistic variable. Thus, instead of using an output membership function, we are using singletons. These singletons are also learned by the neural net.

3.2 Antecedent Processing

From equation (5) above, it is clear that our antecedent processing uses multiplication as opposed to minimum operation in conventional fuzzy logic design. Thus the equation to combine two antecedents is

$$u_c = u_a \cdot u_b \qquad (7)$$

where u_c is the membership function of the combinations of the membership functions u_a & u_b. Use of multiplication (as dictated by neural net) significantly improves the result.

3.3 Defuzzification

Consider the following equation for the proposed defuzzification:

$$\text{Output} = \Sigma\, y.W23 \qquad (8)$$

where Output is the final defuzzified output which include the contribution from all the rules as represented by layer 2 neurons and y represent the outputs of layer 2 neurons. Clearly, we get a defuzzification which exactly matches the neural net behavior. Hence, this defuzzification (called Neural defuzzification in [Khan93b])) is the optimal case. It is also much simpler as it does not use any division.

3.4 Combining Rule Evaluation with Defuzzification

Another point to note here is that Neural defuzzification is actually rule evaluation. Since the output of the rule is a nonfuzzy number, we actually don't need a defuzzification. Thus, we can call it Neural rule evaluation rather than Neural defuzzification.

The proposed method, however, has one disadvantage. As shown in fig. 1, the layer 2 neurons perform "multiplication" as opposed to "minimum" operation in conventional fuzzy. Multiplication takes extra cycles and may be a problem if some dedicated hardware is not used. However, for low end products (e.g appliances), a software multiplication will normally be acceptable since the whole operation could still be done in about a second. For medium or high end processors, multiplication, normally, is not a problem.

4.0 Accuracy Controlled Fuzzy Logic Design

As mentioned above, using neural net based fuzzy logic algorithms, NeuFuz guarantee one to one mapping of neural solution to fuzzy solution. Since the neural net can be trained to a pre specified accuracy level, NeuFuz can generate fuzzy rules and membership function to yield same accuracy for the training set. Depending on the generalization, the unseen data will yield lesser accuracy. However, neural net can be trained to a higher accuracy for the training set that provides the desired accuracy for the test set. One to one mapping is guaranteed when all the generated rules are used. For smaller set of rules (after optimization) some accuracy may be lost yet may meet the desired accuracy level. With conventional fuzzy logic, it is not possible to write fuzzy rules and determine membership functions that would automatically give a desired accuracy. In conventional approach, usually an accuracy is observed based on the trial fuzzy rules and membership functions, and then these rules and membership functions are adjusted to improve the accuracy. This iterative process can take a long time depending on the application and complexity.

5.0 Applications

NeuFuz has been successfully applied in highly nonlinear, time variant systems to achieve outstanding accuracy and cost effective solutions. For example, NeuFuz derived fuzzy logic is the technology behind a fast battery charger for NiCd and NiMH batteries that reduces the charging time and also increase the battery life by charging to the exact complex characteristics of rechargeable batteries. In this case, the charge time has been reduced by a factor of two, and the solution was developed in a short time by using data provided by the battery manufacturer. A few other key application areas where NeuFuz has been very successfully used are automotive, appliance and industrial control. Example applications are motor control, ABS/TCS (anti skid braking / traction control), washer, cooker and toaster. NeuFuz is also used in pattern recognition (as a CAN recognizer). And, because of the learning and generalization capabilities, NeuFuz approach can solve problems in many other emerging areas including voice recognition, hand writing, signal processing and forecasting.

6.0 Summary & Conclusion

An elegant method is presented to combine neural nets with fuzzy logic. Fuzzy rules and membership func tions are generated based on neural net learning. Also, the problems associated with the conventional fuzzy inferenc ing, defuzzification and antecedent processing methods have been addressed. Elegant methods are proposed to solve these problems of conventional fuzzy logic design by using neural net based algorithms for defuzzification, rule evaluation, and antecedent processing. Proposed fuzzy logic design significantly reduces design time with improved performance and reliability. The proposed schemes can generate fuzzy rules and membership functions to meet a prespecified accuracy. The methods have been verified for several real world systems and obtained very encouraging results.

References

[Zade86], L. Zadeh et al, " Fuzzy Theory and Applications", Collection of Zadeh's good papers,1986

[Khan93a] E. Khan etal, "Neufuz: Neural Network Based Fuzzy Logic Design Algorithms", Proceeding of the FUZZ-IEEE93, pp 647 Vol 1, Mar 1993.

[Khan93b] E. Khan, "Neural Network Based Algorithms For Rule Evaluation & Defuzzification in Fuzzy Logic Design", Proceedings of the WCNN, July 93.

[Khan93c] E. Khan, " NeuFuz: An Intelligent Combination of Fuzzy Logic with neural Nets", Proceedings of the IJCNN (Nagoya), Oct, 1993

[Nie92] J. Nie et al , "Fuzzy Reasoning Implemented by Neural Nets", Proceeding of IJCNN92, pp II702-707

[Buck92] J. Buckley et al, "On the Equivalance of Neural Nets and Fuzzy Expert Systems", Proceeding of IJCNN92, pp II691-695 (Baltimore).

[Rumm86] D.E Rummelhart et al, "Learning Internal Representations by Error Back Propagation", Edited by James Anderson and Edward Rosenfield, MIT press, 1988.

[Haya92] Y. Hayashi et al, "Fuzzy Neural Network with Fuzzy Signals and Weights", Proceeding of IJCNN92, Vol II (Baltimore)

Rapid-Prototyping von anwendungsspezifischen Fuzzy Controllern mit Field Programmable Gate Arrays

T. Hollstein, S. K. Halgamuge, A. Kirschbaum, M. Glesner

Technische Hochschule Darmstadt
Institut für Datentechnik
Lehrstuhl Mikroelektronische Systeme
Karlstr. 15, D-64283 Darmstadt
Tel.: 06151 16-5136 Fax.: 06151 16-4936
Email: thomas@microelectronic.e-technik.th-darmstadt.de

Kurzfassung— **Der vorliegende Beitrag beschreibt ein CAD-System zur automatischen Synthese eines anwendungsspezifischen Fuzzy-Controllers für zeitkritische Echtzeitanwendungen in Form eines FPGA-basierten Prototypen. Ausgehend von einer verhaltensorientierten Beschreibung des Controllers mit Hilfe der Fuzzysprache FPL (Togai Infralogic) wird eine Netzliste für XILINX-FPGAs (XC4000) generiert, die dann auf einem FPGA-basierten ASIC-Prototyping Board eines Rapid Prototyping Systems implementiert werden kann. Bei der automatischen Generierung der Hardwarerealisierung werden benutzerdefinierte Timing/Area-Constraints bei der Synthese des Regelauswertungsmoduls berücksichtigt.**

1 Einführung

Fuzzy-Systeme [Zad65], [DHR93], [Zim85],basierend auf unscharfer Logik, haben sich als modellfreie Systeme in den Gebieten der Regelung, Klassifikation, Qualitätskontrolle und Mechatronik etabliert [HHG93]. Zunehmend werden Echtzeitsysteme für zeitkritische Anwendungen eingesetzt. Im kommerziellen Bereich werden einige Fuzzy-Prozessoren, wie z.B. der Controller FC110 von Togai Infralogic [Tog91] zu diesem Zweck angeboten.

Erfahrungen zeigen, daß anwendungsspezifische Realisierungen (ASIC) z.T. erheblich höhere Durchsatzraten haben als die kommerziell angebotenen Controller, was für zeitkritische Anwendungen von Bedeutung ist. Der Zeitvorteil wird jedoch mit erheblich höheren Entwicklungskosten erkauft. Letztere können durch Einsatz leistungsfähiger CAD-Software erheblich verringert werden. Da die Herstellung eines ASIC mit erheblichen Kosten verbunden ist (NRE, Masken etc.), ist eine Hardwareemulation mit Hilfe eines Rapid-Prototyping-Systems (RP) in vielen Fällen sinnvoll. Durch eine Hardware-in-the-Loop-Emulation kann der Schaltungsentwurf in Verbindung mit dem zu regelnden Prozeß unter zumindest partieller Erfassung von dessen Dynamik validiert werden. Die hieraus resultierende Reduzierung eines finanziellen Risikos ist insbesondere für kleine und mittelständige Unternehmen von wesentlicher Bedeutung. Die Verwendung von rekonfigurierbaren Field Programmable Gate Arrays (FPGAs) in RP-Systemen bietet sich an, da leistungsfähige CAD-Software für Technology Mapping, Plazierung und Verdrahtung auf PC- und Workstation-Basis kostengünstig zur Verfügung steht [MJ92]. Das Thema des vorliegenden Beitrags ist die Entwicklung und der Test eines Synthese-Systems FUZ2LCA für anwendungsspezifische Fuzzy-Controller auf FPGA-Basis (Xilinx). Ziel ist die automatische Erzeugung eines modular aufgebauten Designs für Rapid-Protyping.

2 Das Gesamtsystem

In Abbildung 1 ist das Gesamtschaltbild des Fuzzy-Controllers, bestehend aus einem Field-Programmable-Gate-Array (FPGA) der Firma Xilinx, einem Eingangs-RAM und je einem Ausgangs-RAM pro Ausgangsvariable dargestellt. Der Entwurf des FPGAs erfolgt hier im Gegensatz zu dem sonst gebräuchlichen Design-Entry (über einen Schaltplaneditor) durch automatische Generierung von Netzlistendateien im Xilinx-spezifischen XNF-Format (Xilinx Netlist Format), die direkt von einem Syntheseprogramm aus einer verhaltensorientierten Beschreibung (Fuzzy Programming Language) erzeugt werden. Damit läßt sich die Hardware in Abhängigkeit vom vorgegebenen Fuzzy-System optimal generieren. Bei sehr großen Fuzzy-Systemen reicht die Kapazität der derzeit verfügbaren FPGA-Typen nicht aus, um das komplette Design in einem einzigen FPGA unterzubringen. Das als eine große XNF-Netzliste vorliegende System muß partitioniert und auf mehrere FPGAs verteilt werden.

Der Fuzzy-Controller ist unterteilt in die Funktionseinheiten zur Durchführung der Fuzzifikation, der Inferenz und der Defuzzifikation. Diese drei Module arbeiten völlig unabhängig voneinander und besitzen jeweils ein eigenes Steuer- und Operationswerk (hierarchisches Controllerkonzept). Während die Fuzzifikation für alle Eingangsvariablen sequentiell ausgeführt wird, kann der Benutzer den Parallelisierungsgrad der Inferenz, je nach vorhandenen Hardwareressourcen und Geschwindigkeitsvorgaben, festlegen. Auf Grund der Komplexität der Defuzzifikation wird diese parallel für alle Ausgangsvariablen durchgeführt. Der Systemcontroller unterstützt sowohl den sequentiellen Betrieb der Einheiten als auch einen Pipeline-Modus, bei dem die Ergebnisse der Pipelinestufen in internen Registern zwischengespeichert werden. Durch den modularen Aufbau des Fuzzy-Controllers ist es problemlos möglich verschiedene Hardwarerealisierungen miteinander zu kombinieren, um z.B. neue Defuzzifikationsalgorithmen und -strukturen im System testen zu können.

Zusätzlich zu dem von der Synthesesoftware konfigurierten FPGA wird noch ein externer RAM-Baustein zum Abspeichern der Zugehörigkeitsfunktionen der Eingangsvariablen, sowie je ein RAM-Baustein zum Speichern der entsprechenden Zugehörigkeitsfunktionen für jede Ausgangsvariable des Fuzzy-Systems benötigt.

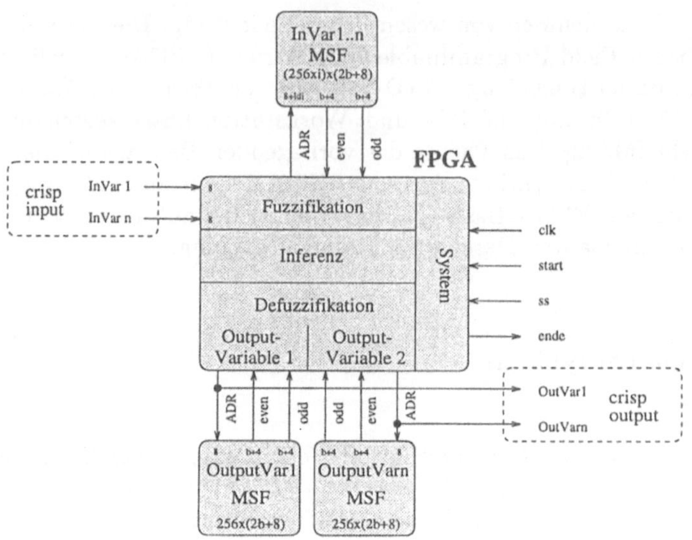

Fig. 1. Gesamtsystem des Fuzzy-Controllers

2.1 Fuzzifikation

Bei der Fuzzifikation werden die Zugehörigkeitswerte aller Eingangsvariablen zu einem diskreten Zeitpunkt t_0 bestimmt. Zur Reduktion des Speicherbedarfes werden die Punktlisten der Zugehörigkeitsfunktionen auf zwei verschiedene RAM-Bereiche (*even* und *odd*) [UBK92] abgebildet, um eine überlappungsfreie Darstellung zu erhalten (Abbildung 2). Voraussetzung dafür ist aber ein Überlappungsgrad der Zugehörigkeitsfunktionen von höchstens zwei, der bei üblichen Fuzzy-Systemen zu keiner wesentlichen Beeinträchtigung beim Aufstellen der Wissensbasis führt.

Der scharfe (crispe) Wert der ausgewählten Eingangsvariable bestimmt die Adresse für den externen RAM-Baustein, der die korrespondierenden Zugehörigkeitswerte der beiden einen Beitrag liefernden Zugehörigkeitsfunktionen des *even*- und *odd*-Bereiches an die Auswertelogik im FPGA weiterleitet. Über die Nummer der gezündeten Zugehörigkeitsfunktion, die ebenfalls im externen RAM abgespeichert wurde, läßt sich mit einem Komparator der gewünschte Zugehörigkeitswert selektieren bzw. ein Nullwert weitergeben, falls keine Übereinstimmung gefunden wurde. Der ermittelte Zugehörigkeitswert wird in einem oder mehreren internen RAM-Feldern zwischengespeichert und so an die entsprechenden Regelauswerter (Rule-Evaluatoren) des Inferenz-Teils übergeben.

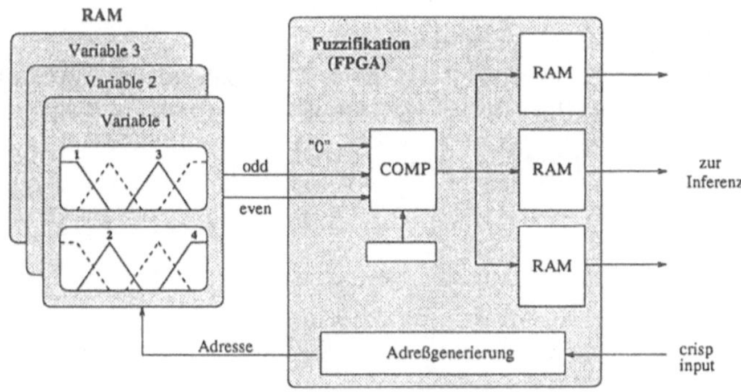

Fig. 2. Fuzzifikationsblock

2.2 Inferenz

Die Berechnung der Prämissen erfolgt in einem oder mehreren Rule-Evaluatoren (je nach Benutzervorgabe), deren Struktur von der Komplexität der zu verarbeitenden Prämissen abhängt (Abbildung 3). Derzeit existieren drei verschiedene Evaluatoren, die je nach Typ zum Abfragen eines einzelnen Zugehörigkeitswertes als auch zur Berechnung von komplex geschachtelten Prämissen geeignet sind. Der Erfüllungsgrad einer Konklusion ist bei dem hier implementierten MAX-MIN-Inferenzschema bestimmt durch das Maximum der Zugehörigkeitswerte aller Prämissen, die zu dieser Konklusion führen. Die einzelnen Erfüllungsgrade sind nach Ausgangsvariablen geordnet in internen RAM-Bänken abgespeichert, wo sie parallel den Defuzzifikationsmodulen der einzelnen Ausgangsvariablen zur Verfügung stehen.

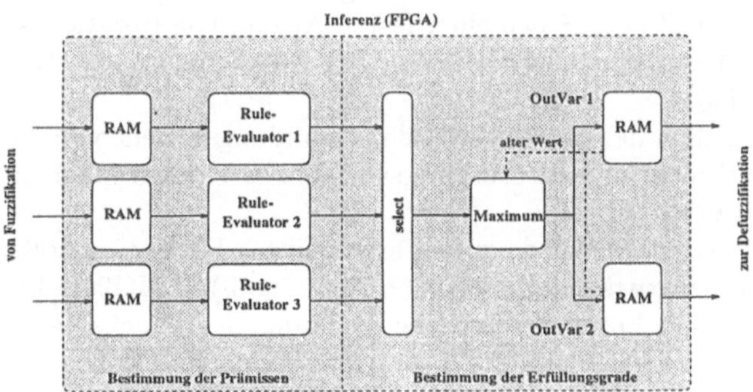

Fig. 3. Inferenzblock

2.3 Defuzzifikation

Bei der implementierten Midpoint-Of-Area-Defuzzifikation (MOA) wird ein Flächenmittelpunkt folgendermaßen berechnet:

$$\int_{-\infty}^{d_{coa}} u_i(x)dx = \int_{d_{coa}}^{+\infty} u_i(x)dx$$

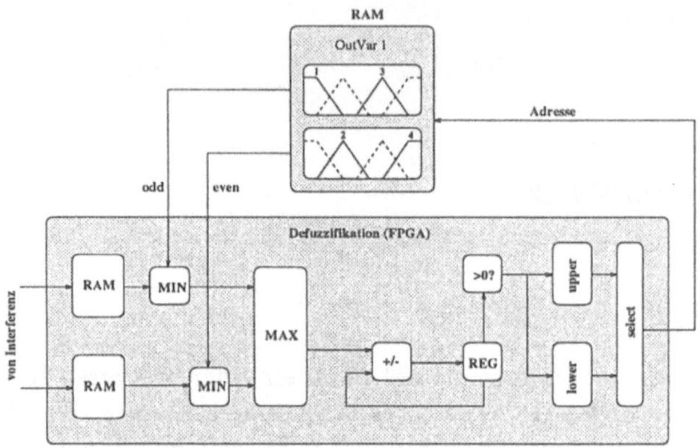

Fig. 4. MOA-Defuzzifikation

Zwei aufeinander zulaufende Zeiger *Upper* und *Lower* tasten sukzessive den kompletten Definitionsbereich der Ausgangsvariablen ab. Durch die Gewichtung der Zugehörigkeitsfunktionen mit den abgespeicherten Erfüllungsgraden wird die resultierende Ausgangsfunktion punktweise berechnet. Die den Zeigern zuzuordnenden Flächenstücke werden auf ein Register addiert (*Lower*) bzw. von diesem subtrahiert (*Upper*). Ein Vergleich des Registerwertes mit Null erlaubt die Neupositionierung der Zeiger. Nach einer festen Anzahl von Iterationsschritten kann der crispe Wert der Ausgangsvariablen am Adreßeingang des externen RAMs abgelesen werden.

Es können neben der MOA-Methode (Abbildung 4) beliebige andere Defuzzifikationsalgorithmen für jede Ausgangsvariable getrennt implementiert werden.

Anwendungsbeispiel

Das Synthesesystem wurde zum Entwurf eines Fuzzy-Controllers zur Steuerung eines Modelltrucks eingesetzt (Abbildung 5) [RHG94]. In diesem Beispiel korrigiert das Fuzzy-System die Lenkung des Trucks beim Rückwärtsfahren mit Auflieger kontinuierlich um auszuschließen, daß der Fahrer durch sein Lenkmanöver eine Situation erzeugt, die ein Weiterfahren unmöglich machen würde (Abknicken des Aufliegers). Als Eingangsvariablen erhält der Fuzzy-Controller lediglich den aktuellen Anhängerwinkel und den vom Fahrer geforderten Lenkwinkel. Daraus berechnet sich mit der Wissensbasis der tatsächlich auszuführende Lenkeinschlag.

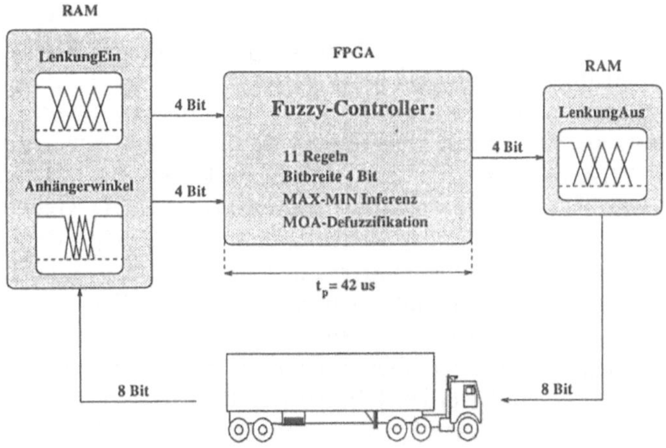

Fig. 5. Anwendungsbeispiel Trucksteuerung

Der synthetisierte Controller benötigt bei einer Wissensbasis mit 11 Regeln, 2 Eingangs- bzw. 1 Ausgangsvariablen mit je 5 Zugehörigkeitsfunktionen und einer internen Bitbreite der Zugehörigkeitswerte von 4 Bit ca. $42\mu s$ (Tabelle 1) zur Berechnung eines neuen Lenkeinschlags (MAX-MIN-Inferenz, MOA-Defuzzifikation). Das Design konnte in einem XC4006-FPGA der Firma Xilinx untergebracht werden.

Software			Hardware		
Derivat	Bitbreite	mittl. Laufzeit	Controller	Bitbreite	mittl. Laufzeit
80C166	16	$0,05ms$	THD	4	$42\mu s$
TMS320	16	$0,15ms$	NLX220	8	$40\mu s$
80196	16	$0,19ms$	FC110	8	$32\mu s$
8051	16	$1,00ms$	SAE81C99	8	$35\mu s$

Tabelle 1: mittl. Laufzeiten eines Beispielsystems
(2 Eingänge, 1 Ausgang, 7 Regeln)

Schon die FPGA-Realisierung des Controllers läßt sich mit existierenden Hardwarelösungen vergleichen. Eine einfach abzuleitende ASIC-Implementierung des synthetisierten Systems läßt weitere Geschwindigkeitssteigerungen erwarten.

3 Ergebnisse und Ausblick

Die synthetisierten Controller (Prototyping-Emulatoren) sind auch ohne Optimierung und Partitionierung bezüglich ihrer Performance mit kommerziell angebotenen Bausteinen vergleichbar (vgl. Tab. 1). Für den Fall einer ASIC-Realisierung (Standardzellendesign) ist nocheinmal eine wesentliche Verbesserung der Verarbeitungsgeschwindigkeit zu erwarten.

Prinzipiell kann man verschiedene Modelle zur Erzeugung von Fuzzy-Systemen einsetzen. Die meist verbreitete Methode ist eine explizite Formulierung der Wissensbasis mit Hilfe von Expertenwissen. Ein anderer Ansatz ist die Auswertung repräsentativer Datensätze für die Generierung von Fuzzy-Systemen, wie z.B. in Fuzzy-Neuro-Systemen [HG94]). Der vorgestellte FUZ2LCA-Compiler soll dahingehend ergänzt werden, daß mit Fuzzy-Neuro-Techniken generierte Fuzzy-Systeme auch sehr schnell in Echtzeit erprobt werden können. Dazu muß vor allem der Fuzzifikationsblock erweitert werden, so daß auch z.B. glockenförmige Membership-Funktionen in stückweise linearisierter Repräsentation realisiert werden können [HHKG94].
Die Weiterentwicklung des Fuzzy-Synthese-Systems wird in Zukunft weitgehend auf VHDL-Basis erfolgen. Durch die Verwendung kommerzieller Design-Tools (SYNOPSYS Designware) kann der Aufwand der Fuzzy-CAD-Software auf systemspezifische strukturelle Optimierungen begrenzt werden.

Literatur

[DHR93] D. Driankov, H. Hellendoorn, and M. Reinfrank. *An Introduction to Fuzzy Control.* Springer-Verlag, USA, 1993.

[HG94] S. K. Halgamuge and M. Glesner. Neural Networks in Designing Fuzzy Systems for Real World Applications. *International Journal for Fuzzy Sets and Systems (accepted) (Editor: H.-J. Zimmermann)*, 1994.

[HHG93] S. K. Halgamuge, H.-J. Herpel, and M. Glesner. Echtzeit Fahrbahnzustandserkennung mit Fuzzy-Neuronalen Netzen. In B. Reusch (Hrsg.), editor, *Fuzzy Logic — Theorie und Praxis*, pages 204–211. Springer, Berlin, 1993. ISBN 3-540-57524-3.

[HHKG94] S. K. Halgamuge, T. Hollstein, A. Kirschbaum, and M. Glesner. Automatic Generation of Application Specific Fuzzy Controllers for Rapid Prototyping. In *IEEE International Conference on Fuzzy Systems' 94, (accepted)*, Orlando, USA, June 1994.

[MJ92] M. A. Manzoul and D. Jayabharathi. Fuzzy Controller on FPGA Chip. In *IEEE International Conference on Fuzzy Systems*, pages 1309–1316, San Diego, USA, 1992.

[RHG94] T. A. Runkler, S. K. Halgamuge, and M. Glesner. Fuzzy-Truck — Fahrzeugmanövrierung mit Fuzzy–Logik. *Elektronik: Fachzeitschrift für industrielle Anwender und Entwickler*, Mai 1994.

[Tog91] Togai Infralogic Inc., Irvine, U.S.A. *FC110 Togai Fuzzy Processor*, 1991.

[UBK92] A.P. Ungering, B.Qubbaj, and K.Goser. Geschwindigkeits-,und Speicheroptmierte VLSI-Architektur für Fuzzy-Controller. In *VDE–Fachtagung "Technische Anwendungen von Fuzzy–Systemen"*, Dortmund, November 1992.

[Zad65] L. A. Zadeh. Fuzzy Sets. In *Information and Control 8*, 1965.

[Zim85] H.-J. Zimmermann. *Fuzzy Set Theory and Its Applications.* Kluwer Academic Publishers, Boston, 1985.

Hardwarerealisierung von Backpropagation-Netzen mittels stochastischer Rechenwerke

Karl-Ragmar Riemschneider, Hans Christoph Zeidler

Universität der Bundeswehr Hamburg
– Technische Informatik –
Holstenhofweg 85, 22043 Hamburg

Zusammenfassung *Vorgeschlagen wird eine aufwandsgünstige und vollparallel wirkende Realisierung sowohl der Arbeits- als auch der Lernphase von Backpropagation-Netzen in Hardware.*
Die in diesen Phasen benötigten zahlreichen arithmetischen Operationen, die bisher typisch durch Programmierung eines Universalrechners realisiert wurden, werden durch stochastische Rechenverfahren ersetzt. Hierdurch werden drastisch einfachere – stochastische – Rechenwerke möglich, die den Anforderungen innerhalb der Netze genügen. Dabei wird eine Codierung unter Beachtung des Vorzeichens benutzt, wodurch ein homogener Netzaufbau ohne Unterscheidung inhibitorischer und exhibitorischer Teile möglich wird. Außerdem werden variierbare Nichtlinearitäten auf Basis stochastischer Automaten eingesetzt. Vergleichbar dem das Training verbessernden Impulsterm wirkt eine serielle Anordnung von – ebenfalls stochastisch realisierten – adaptiven und integrativen Gliedern zur Beeinflussung der Gewichte.

1 Stand der Entwicklung

Mit der Beschreibung und den Verbesserungen der Error-Backpropagation-Methode ist heute ein mathematisches Verfahren verfügbar, das überwachtes Lernen bei mehrschichtigen Neuronalen Netzen und bei Netzen mit komplexer Struktur ermöglicht. Realisiert wurden Applikationen bisher fast ausschließlich durch Programmierung von Rechnern mit einem oder wenigen herkömmlichen Rechenwerken. Dabei werden Rechenwerk und Speicher seriell benutzt, obwohl die Algorithmen prinzipiell parallel ablaufende Operationen erlauben.

1.1 Allgemeine Neuro-Hardware

Insofern sind starke Bestrebungen darauf gerichtet, spezielle Hardware zu schaffen, welche die wesenseigene Parallelität neuronaler Methoden nutzt. Eine allgemeine Übersicht dazu liefert Rojas [Roj93], einen Vergleich verfügbarer Spezialhardware auf dem Stand von 1991 nahm Holler [Hol91] vor, und Aspekte zum Einsatz herkömmlicher Prozessoren behandelten Croall et al. [Cro92]. Aktuell ist der Einsatz paralleler Festkomma-Matrix-Multiplizierer im Synapse-1 von Siemens.

Wegen des Schaltungsaufwandes und der Nichtverfügbarkeit geeigneter einfacher Anordnungen ausreichender Rechengenauigkeit wird sehr häufig nur die Arbeitsphase in (voll-)paralleler Hardware realisiert, wobei typischerweise serielle Festkomma-Rechenwerke niedriger Genauigkeit (z.B. Micro Devices MD1220 [MD90]) oder chip-intern analoge Rechenschaltungen (z.B. Intel 80170NX [Bra92]) eingesetzt werden. Die Berechnung der Gewichtsmodifikation (Lernphase) dagegen erfolgt seriell mit einem konventionellen Prozessor, obwohl gerade hier der wesentliche Zeitaufwand anfällt.

1.2 Bisherige Bitstrom-Lösungen

Für eine pulscodierte Arbeitsweise liegen bisher nur wenige Realisierungsansätze vor. Einige arbeiten mit analogen Pulsen bzw. Schaltungen [Bee90, Mur89], andere – der nachstehend vorgestellten Lösung am nächsten – beruhen auf digitalen und stochastisch unabhängigen Puls- oder Bitströmen [Tom88, Sha91a, Sha91b]. Bei letzteren wird stets eine unipolare Codierung in binäre Wahrscheinlichkeiten benutzt. Folglich ist zwar eine triviale - aber keine bipolare – Multiplikation möglich, so daß man für eine Relation zwischen Neuronen jeweils zwei Gewichte verschiedener Art (in- und exhibitorische Gewichtung) benötigt. Infolgedessen ergibt sich das Lernen nur durch eine Modifikation der Error-Backpropagation-Methode sowohl für das inhibitorische als auch das exhibitorische Teilnetz, wodurch eine nicht auf stochastischen Rechenwerken beruhende und extern **in Software realisierte Lernphase** notwendig wird. In der Literatur wurde bereits über ein „on chip"- Trainingsverfahren der Fa. RICOH [Egu91] berichtet, welches auf eine Arbeitsphase nach Tomlinson aufsetzt [Tom88].

1.3 Lösungsansatz

Es bleibt das Ziel, in möglichst homogener Weise die parallele Netzfunktion sowohl in Arbeits- als auch Lernphase zu gewährleisten. Dies kann nur durch Verwendung entscheidend einfacherer Komponenten geschehen.
Die Aufgabe läßt sich dadurch lösen, daß man Komponenten (und Verbindungen zwischen diesen) benutzt, deren Informationsträger nicht binäre Werte selbst, sondern Wahrscheinlichkeiten in binärer Darstellung sind. Solche Komponenten sind zusammenfassend als stochastische Rechenwerke[1] bekannt. Es läßt sich zeigen, daß die für andere Anwendungen der stochastischen Rechenwerke häufig störende exponentielle Beziehung [Egu92, HoH93] zwischen Genauigkeitsanforderung und Zeitaufwand im vorgestellten Verfahren beherrscht werden kann. Im Gegensatz zu den bisher bekannten Lösungen ist die nachfolgende Gesamtanordnung besonders durch die Verwendung einer bipolaren, null-symmetrischen Codierung, einer damit sehr einfachen vorzeichenbeachtenden Multiplikation, und durch Automaten mit nichtlinearer Übertragungsfunktion gekennzeichnet.

[1] Stochastische Rechenwerke sind unabhängig von Neuronalen Netzen seit Ende der 60er Jahre bekannt [Gai69, Mas74, Mas77]; damals bedeutete die technologische Situation eine starke Motivation für die Suche nach möglichst einfachen Komponenten.

2 Das Netz

Zur Beschreibung des Betriebsverhaltens wird im folgenden zwischen der Arbeitsphase und der Lernphase unterschieden. Während des Trainingsvorgangs können in der dargestellten Anordnung beide – vergleichbar einem Gegenstromverfahren – gleichzeitig wirksam sein. Nach erfolgreichem Abschluß des Trainingsvorgangs könnte die Lernphase mit den dazu notwendigen Einrichtungen entfallen oder weniger aufwendige Netze, welche nur die Arbeitsphase ausführen, beliebig oft von einem erfolgreich trainierten Satz von Gewichten kopiert werden.

2.1 Arbeitsphase

Für die Arbeitsphase wird eine Anordnung vorgesehen, welche elementare Grundstrukturen (aus Gründen der Skalierbarkeit der Hardware getrennt nach Neuronen und Gewichtselementen) und deren Verbindungen untereinander und zu Ein- und Ausgängen des Netzes aufweist (Abb. 1)[2].
Die Verbindungen sind einfache Leitungen, welche bipolar codierte Werte, d.h. die jeweiligen Wahrscheinlichkeiten, unidirektional übertragen.
Die **Neuronen** enthalten für die Arbeitsphase Elemente zur mittelnden Addition ihrer Aktivitätseingänge sowie ein Element zur nichtlinearen Überführung des Ergebnisses (Abb. 2). Die **Gewichtselemente** (Synapsen) enthalten für die Arbeitsphase nur Gewichte, die in integrativen Gliedern digital gespeichert sind und deren Ausgänge diese Gewichte bipolar codieren, sowie Äquivalenzglieder als Multiplikatoren.
Die Elemente in den Gewichten wirken so zusammen, daß die vorgeschalteten Neuronenausgänge bzw. die Netzeingänge in den Multiplikatoren mit den codierten Gewichten beaufschlagt werden. Daran schließt sich im Neuron dann eine kombinatorische Schaltung an, die durch eine wechselnde, gleichverteilt zufällige Verbindung eine mittelnde Addition durchführt (s. Abschnitt 3.2). Deren Ergebnis wird dann mit Hilfe einer sequentiellen Schaltung, der ein stochastischer Automat (s. Abschnitt 3.3) mit sigmoid-ähnlicher Übertragungsfunktion zugrunde liegt, umgesetzt.

2.2 Lernphase

Für die Lernphase wird eine Anordnung benutzt, welche auf der bereits für die Arbeitsphase beschriebenen aufbaut (Abb. 3); sie muß jedoch noch um Komponenten zur zielgerichteten Beeinflussung der Gewichte erweitert werden.
So bilden die Neuronen und die Gewichtselemente auch für die Lernphase die elementaren Komponenten. Dabei besitzen die Neuronen für die Lernphase zusätzliche Elemente zur mittelnden Addition der zum Neuron zurückfließenden Fehler sowie zur nichtlinearen Überführung und Multiplikatoren. Die Gewichtselemente verfügen für die Lernphase über integrative und adaptive Glieder sowie

[2] Dargestellt wird ohne Einschränkung der Allgemeinheit des Ansatzes für beliebige andere Anordnungen nur die häufige, vollständig verbundene Schichtenanordnung.

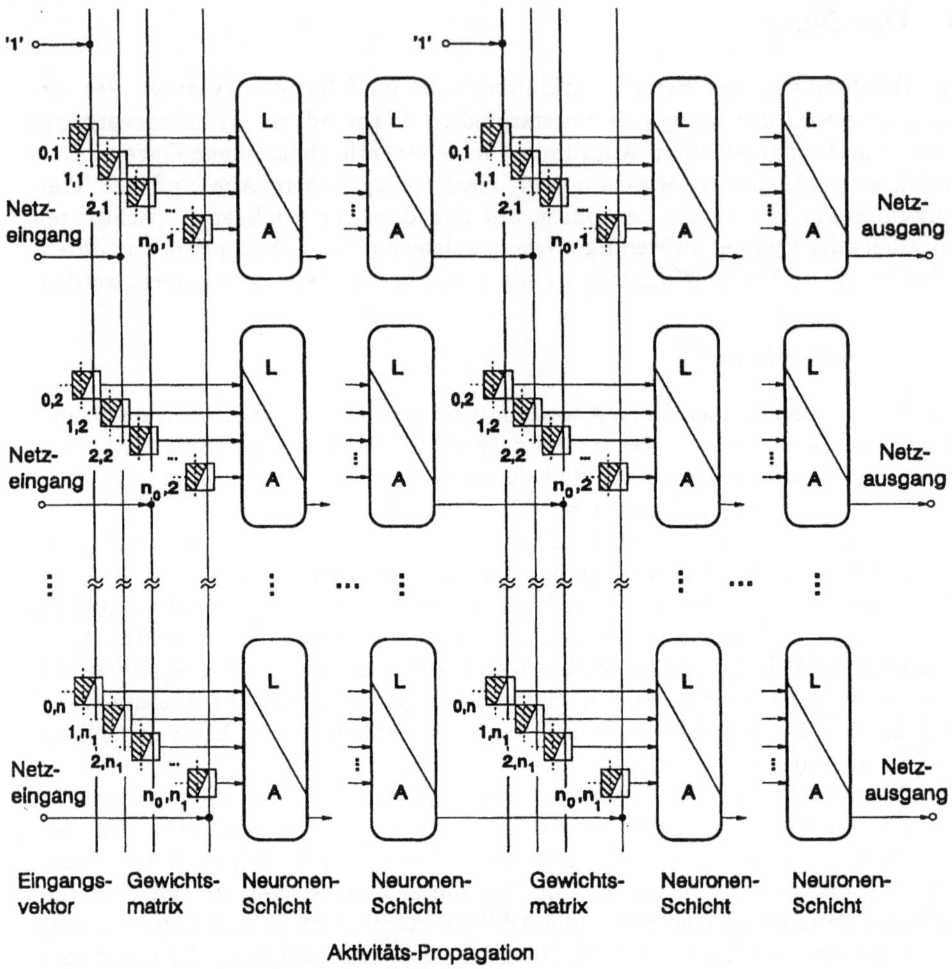

Abb. 1. Skalierbare mehrschichtige Anordnung der Arbeitsphase (Symbole in Abb. 2)

über weitere Multiplikatoren. An den Netzausgängen wird mit Hilfe einer stochastischen Subtraktion zwischen den Ist- und Sollwerten jeweils ein Fehler ermittelt. Dieser wird mit den nichtlinear, sigmoid-ableitungs-ähnlich (s. Abschnitt 3.4) überführten Ergebnissen der mittelnden Addition im Neuron multipliziert und wirkt dann auf die vorgeschalteten Gewichtselemente ein. Dort wird er entgegen dem Informationsfluß in der Arbeitsphase - jedoch über dieselbe multiplikative Gewichtung - an die mittelnde Addition der vorgeschalteten Neuronen zurückgegeben.

Die Gewichte in den Gewichtselementen werden vom übergebenen Fehler nach der Multiplikation mit dem passenden Neuronenausgangswert über ein zwischengeschaltetes adaptives Glied im jeweiligen integrativen Glied verändert. Somit werden die Gewichte vom zurückfließenden Fehler beeinflußt.

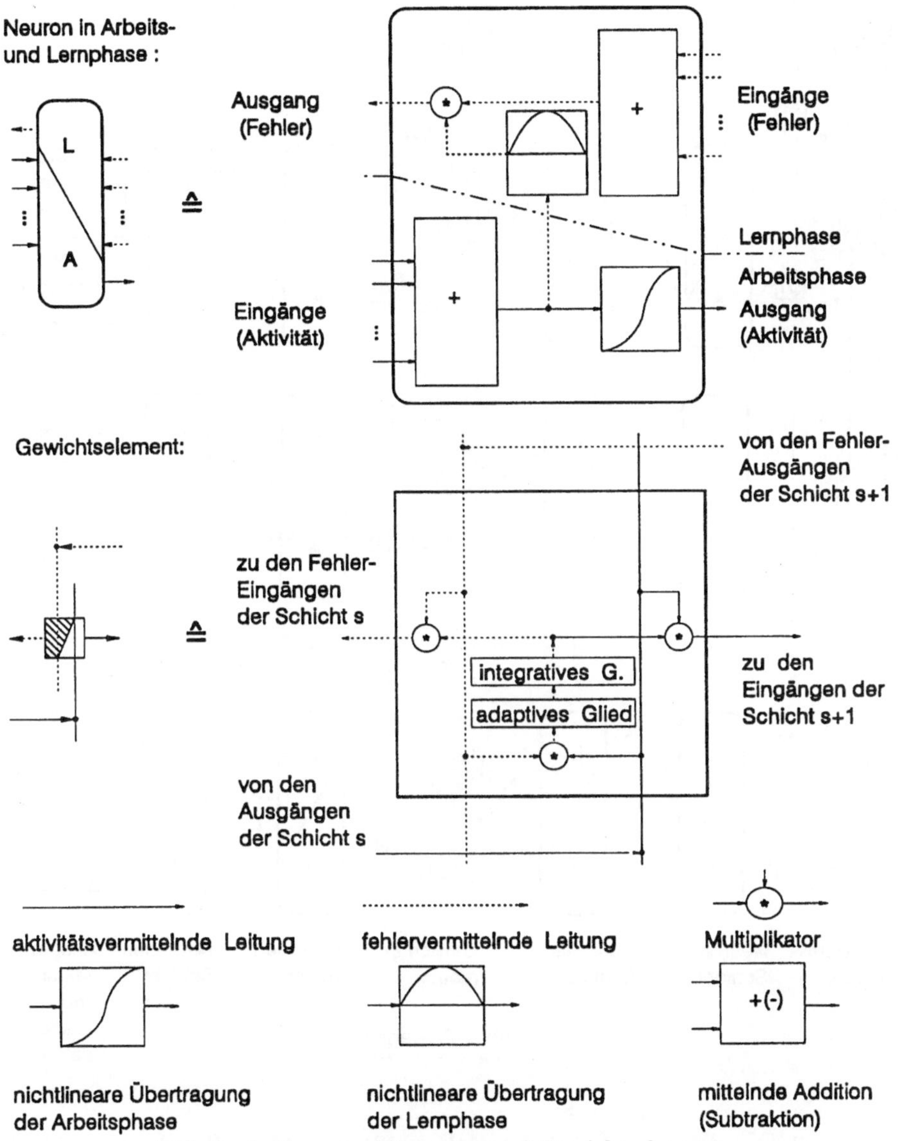

Abb. 2. Aufbau der Neuronen und Gewichtselemente

2.3 Zusammenwirken der Phasen im Trainingsvorgang

Während des Trainingsvorgangs wirken Lern- und Arbeitsphase relativ zu einer Elementaroperation lange Zeit derart zusammen, daß Aktivitäts- und Fehlerflüsse in entgegengesetzter Richtung erfolgen. In den Gewichtselementen werden dabei einzelne Adern und in den Neuronen Bündel dieser Flüsse miteinander verknüpft.

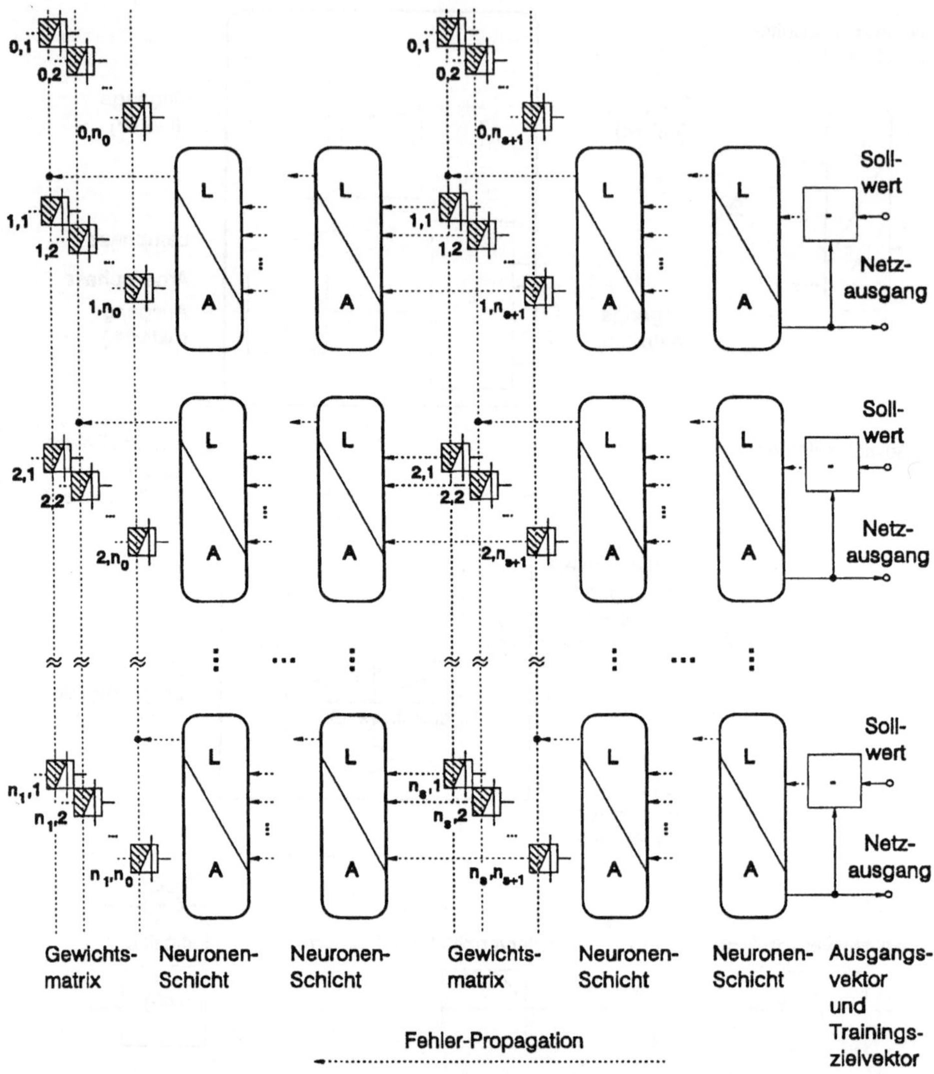

Abb. 3. Skalierbare mehrschichtige Anordnung der Lernphase (Symbole in Abb. 2)

Auf diese Weise wird bei geeigneter und zueinander passender Wahl der Parameter das für die Backpropagation-Methode typische Trainingsverhalten erreicht, wie es auch bei einem herkömmlich berechneten Netz gegeben ist. Die Parameter dabei sind Dauer und Zyklus des Anlegens der Trainingseingangs- und Zielmuster, die das Zeitverhalten bestimmenden Konstanten der adaptiven und integrativen Glieder, sowie die Folgenlänge der nichtlinearen Überführungen. Neben der bisher stets geschilderten Analogie der Abläufe zu den Operationen eines deterministischen Verfahrens kann es sich für den Trainingsvorgang zur Erreichung globaler Fehlerminima vorteilhaft auswirken, daß stets und unvermeidbar eine stochastische Beeinflussung aller netzinternen Werte vorliegt.

3 Grundstrukturen und Komponenten

3.1 Codierung

Für die Codierung einer deterministischen Variablen in einen zufälligen Bitstrom werden Zufallsquellen benötigt. Die Eigenschaften der Bitströme sind statistischer Natur, ihre wesentliche Eigenschaft ist die Wahrscheinlichkeit als Informationsträger. Die Zeit ist dabei ein Maß für die Schärfe der Beobachtbarkeit des Zustandes eines solchen Systems an den Ein- und Ausgängen seiner Komponenten.
Vorzeichenbehaftete Werte werden mit Hilfe eines Codierers in eine Wahrscheinlichkeit umgesetzt. Hierzu wird der größtmögliche vorzeichenlose Betrag des Wertes abgeschätzt. Die Wahrscheinlichkeit kann dadurch beschrieben werden, daß der zu codierende digitale Zahlenwert durch den größtmöglichen Betrag dividiert wird, das Ergebnis um Eins erhöht und danach halbiert wird.

3.2 Arithmetik

Die vorzeichenbehaftete **Multiplikation** zweier Bitströme als häufigste und bisher stets limitierende Operation in der Arbeits- und Lernphase ist sehr einfach durch Verknüpfung in einem digitalen Äquivalenzglied realisierbar.
Während bei der Multiplikation sichergestellt ist, daß das Intervall [-1 ... +1] nicht verlassen wird, ist dies im Gegensatz dazu bei einer **Addition** nicht garantiert. Daher wird eine Normierung der Eingangsgrößen mit Hilfe disjunkter Hilfsfolgen derart vorgenommen, daß jeder Summand durch die Anzahl der zu addierenden Eingangsgrößen geteilt wird; so wird statt einer Addition das arithmetische Mittel errechnet. In Hardware kann man sich eine Komponente vorstellen, die eine zufällig wechselnde Verbindung zwischen den zu summierenden Eingängen und dem Ausgang herstellt.
Die **Subtraktion** eines oder mehrerer bipolar codierter Werte von einem oder der Summe mehrerer bipolar codierter Werte ist ebenfalls nur durch Mittelung möglich. Hierzu wird durch Negation das Vorzeichen der zu subtrahierenden Werte geändert und mittelnd addiert.

3.3 Sigmoid-ähnliche Nichtlinearität

In der Arbeitsphase wird die ausgangsseitige nichtlineare Übertragungsfunktion der Aktivität eines Neurons von einem Automaten erzeugt, der nach einer festen Anzahl von n Abtastungen des Ergebnisses der mittelnden Addition mit ununterbrochen gleichen Werten den Neuronenausgang auf diesen Wert umschaltet bzw. – falls schon vorliegend – diesen Wert beibehält (Abb. 4). Bei geringerer als dieser Anzahl n gleicher und unmittelbar aufeinanderfolgender Abtastwerte erfolgt keine Umschaltung.
Somit ergibt sich bei längerer Beobachtung von der Eingangswahrscheinlichkeit zur Ausgangswahrscheinlichkeit eine nichtlineare Übertragungskennlinie, die in ihrem prinzipiellen Verlauf der sigmoiden Übertragungsfunktion ähnelt. Die Steilheit ist durch die Anzahl n gleicher Werte in Folge bestimmt.

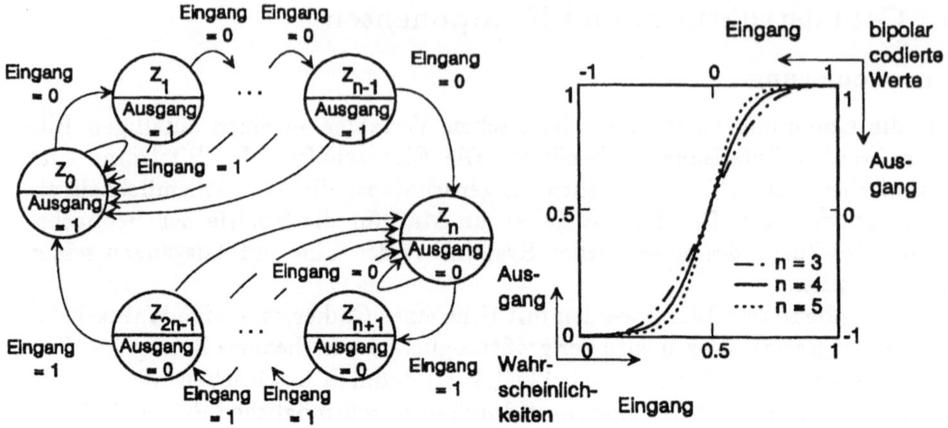

Abb. 4. Die nichtlineare Übertragung der Arbeitsphase

3.4 Sigmoid-Ableitungs-ähnliche Nichtlinearität

Auch in der Lernphase erfolgt die nichtlineare Übertragung der mittelnden Addition der Aktivitätseingänge durch einen weiteren Automaten, der bei Erreichen einer festen Anzahl von n Abtastungen des Ergebnisses der mittelnden Addition mit gleichen Werten auf einen zufälligen Ausgangswert mit gleicher Wahrscheinlichkeit für 0 und 1 umschaltet (Abb. 5). Ansonsten liegt konstant der Wert 1 am Ausgang an.

Die sich ergebende Übertragungskennlinie ist in ihrem prinzipiellen Verlauf der ersten Ableitung der Übertragungsfunktion der Arbeitsphase grob ähnlich. Die Form ist wieder über die Folgenlänge n veränderbar.

3.5 Integrativ und adaptiv speichernde Glieder

Bei der Backpropagation-Methode werden während des Trainingsprozesses in jedem Takt bzw. Lernschritt die Gewichte um sehr kleine Beträge geändert, d.h. verkleinert oder vergrößert. Die einfachste Anordung zur Erfüllung dieser Anforderungen stellt das **integrative Glied** der stochastischen Rechentechnik dar [Gai69, Mas74, Mas77].

In Verfeinerung der Backpropagation-Methode wird dabei eine Änderung der Gewichte nicht unmittelbar aus der multiplikativen Verknüpfung der Fehler mit den Aktivitäten bzw. dem Gewicht berechnet, sondern es wird ein Impulsterm[3] [Roj93] eingesetzt, welcher einer gleitenden Mittelwertbildung des Ergebnisses aus obiger Verknüpfung entspricht. Ein dem integrativen Glied vorgeschaltetes **adaptives Glied**[4] erzielt diese Wirkung.

[3] auch Momentum oder Momentfaktor
[4] auch adaptive digital element = ADDIE [Gai69]

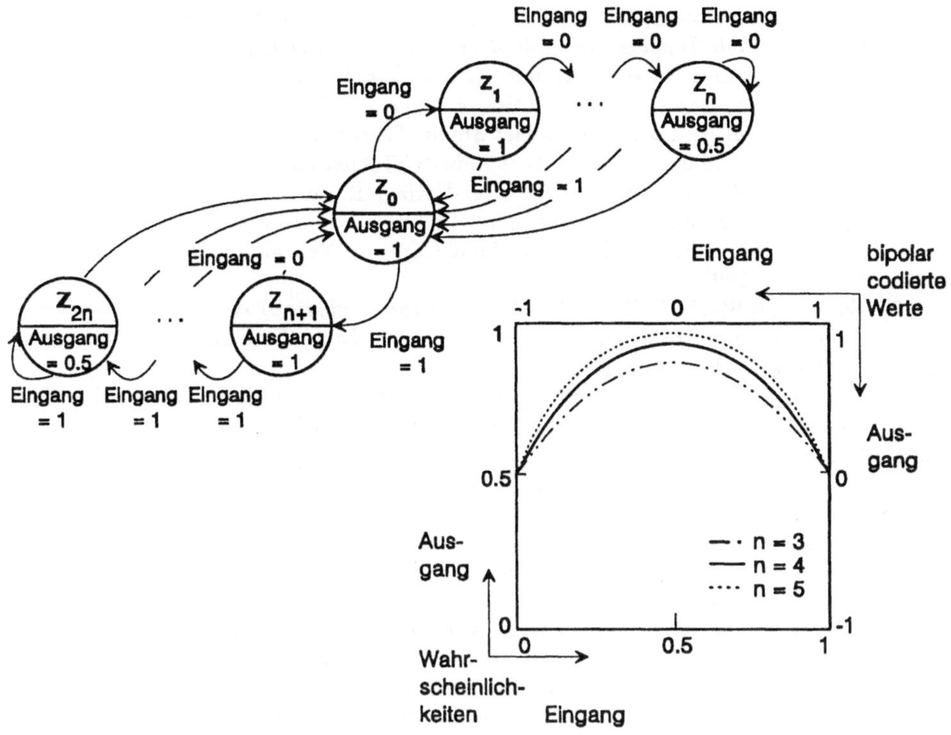

Abb. 5. Die nichtlineare Übertragung der Lernphase

4 Bisherige Ergebnisse

Es wurde ein objektorientiertes Simulationssystem entwickelt, mit dem verschiedene Schichtenstrukturen modelliert werden können. Wegen des Rechenaufwandes sind damit Netzgrößenordnungen typischer Anwendungen noch nicht erreicht. Ein erster Hardwareaufbau auf der Basis programmierbarer Logik (Mach-Bausteine Fa. AMD) ist erfolgt. Der für größere Netze wesentliche – weil mit der Schichtengröße quadratisch wachsende – Aufwand je Gewichtselement kann bisher auf nur wenig über 100 Flipflops abgeschätzt werden.
Wesentlich für eine künftige VLSI-Implementierung ist die Generierung der zahlreichen Bitströme [vDa93]. Dabei muß geklärt werden, auf welche Weise zahlreiche Zufalls-/Rauschquellen mit ausreichender Güte und Unabhängigkeit integrationsgerecht hergestellt werden können [Als91].

Literatur

[Als91] Alspector, Joshua; Gannett, Joel W.; Haber, Stuart; Parker, Michael B.; Chu, Robert; *VLSI-Efficient Technique for Generating Multiple Uncorrelated Noise Sources and Its Application to Stochastic Neural Networks,* IEEE Transactions on Circuits and Systems, Vol. 38, No. 1, pp 109 - 123, 1991

[Bee90] Beerhold, J.; Jansen, M.; Eckmiller, R.; *Pulse Processing Neural Net Hardware with Selectable Topology and Adaptive Weights and Delays*, IEEE Intern. Joint Conf. on Neural Networks II 569 - II 574, San Diego 1990

[Bra92] Brauch, Jeff; Tam, Simon M.; Holler Mark A.; Shmurun Arthur L.; *Analog VLSI Neural Networks for Impact Signal Processing*, IEEE Micro, Dez. 1992

[Cro92] Croall, I. F.; Mason, J. P. (Eds.); *Industrial Applikations of Neural Networks - Project ANNIE Handbook*, Springer-Verlag, Berlin 1992

[Egu91] Eguchi, H.; Futura, T.; Horiguchi, H.; Oteki, S.; *Neural Network LSI chip with on-chip learning*, IEEE Int. Joint Conf. on Neural Networks I 453 - 456, Singapore 1991

[Egu92] Eguchi, H; Stork, D.G.; Wolff, G.; *Precision analysis of stochastic pulse encoding algorithms for neural networks*, IEEE Int. Joint Conf. on Neural Networks I 395 - 400, Baltimore 1992

[Gai69] Gaines, B. R.; *Stochastic Computing Systems*, Advances in Information Systems Science (ed. Tou, Julius T.), Vol. 2, Plenum Press New York 1969

[Hol91] Holler, Mark A.; *VLSI Implementations of Learning and Memory Systems: A Review*, Proc. Conf. on Neural Information Processing Systems III 993 - 1000, San Mateo CA, Morgan Kaufmann 1991

[HoH93] Holt, Jordan L.; Hwang, Jenq-Neng; *Finite Precision Error Analysis of Neural Network Hardware Implementations*, IEEE Trans. on Computers, Vol. 42, No. 3, 281 - 290, 1993

[Mas74] Massen, Robert; *Zur Problematik des fluidischen Rauschens und seiner Anwendung in der Stochastischen Rechentechnik*, Diss., RWTH Aachen 1974

[Mas77] Massen, Robert; *Stochastische Rechentechnik - Eine Einführung in die Informationsverarbeitung mit zufälligen Pulsfolgen*, Carl Hanser, München 1977

[MD90] N.N.; *NBS Neural Bit Slice MD1220 - Designer's Reference Manual*, Firmenschrift Fa. Micro Devices, Orlando 1990

[Mur89] Murray, Alan F.; *Pulse Arithmetic in VLSI Neural Networks*, IEEE Micro Mag. Dec. 1989, pp. 64-74 Reprint in Sanches-Sinecio, Edgar; Lau, Clifford *Artifical neural networks* IEEE Press 1992 ISBN 0-87942-289-0

[Roj93] Rojas, Raul; *Theorie der neuronalen Netze: Eine systematische Einführung*, Springer Verlag, Berlin 1993 ISBN 3-540-56353-9

[Tom88] Tomlinson, Max Stanford jr.; *Implementing Neural Networks*, Diss., Univ. of California, San Diego 1988

[Sha91a] Shawe-Taylor, John; Jeavons, Pete; van Daalen, Max; *Probabilistic Bit Stream Neural Chip: Theory*, Connection Science 3 (3) 317 - 328, Abingdon, Oxfordshire 1991

[Sha91b] Shawe-Taylor, John; Jeavons, P.; van Daalen, Max; *Probabilistic Bit Stream Neural Chip: Implementation*, Proc. VLSI for Artifical Intelligence and Neural Networks, (ed. Delgado-Frias,J.G.; Moore, W.R. 1991), Plenum Press, New York 1991

[vDa93] van Daalen, Max; Jeavons, Pete; Shawe-Taylor, John; Cohen, D.; *Device for Generating Binary Sequences for Stochastic Computing*, Electronics Letters 29 (1) Jan. 1993

Genetische Algorithmen zur Lösung von Ablaufplanungsproblemen

Hans-Jürgen Appelrath und Ralf Bruns

Universität Oldenburg
Fachbereich Informatik
Postfach 2503
D-26111 Oldenburg

Zusammenfassung

Gegenstand dieser Arbeit ist ein wissensbasierter Genetischer Algorithmus zur Lösung praxisrelevanter Ablaufplanungsprobleme. Der Ansatz basiert auf der Integration von domänenspezifischem Wissen aus dem Anwendungsbereich in den Genetischen Algorithmus. Eine neue Nicht-Standard-Problemrepräsentation wird eingeführt und wissensbasierte genetische Operatoren werden entworfen, um die in dieser komplexen Repräsentation enthaltenen Informationen effektiv auszunutzen. Die Leistungsfähigkeit des Ansatzes belegen die Ergebnisse umfangreicher Experimente mit einem Anwendungsbeispiel aus der industriellen Praxis.

1. Einleitung

Die Planung von Produktionsabläufen (Ablaufplanung bzw. Maschinenbelegungsplanung), ein Teilbereich der betriebswirtschaftlichen Planungs- und Steuerungsaufgaben eines modernen Industrieunternehmens, ist ein im Zuge des sich verschärfenden internationalen Wettbewerbs ökonomisch sehr wichtiger, methodisch aber immer noch unzureichend gelöster Problembereich. Im Rahmen der Ablaufplanung erfolgt eine Zuordnung von Produktionsschritten der zu produzierenden Produkte zu den jeweils zu benutzenden Ressourcen. Gesucht wird ein (Produktions-) Ablaufplan, in dem allen Produktionsabläufen Zeitintervalle zu belegender Ressourcen, z.B. Maschinen und/oder Personal, so zugeordnet sind, daß bestimmte Zielkriterien, z.B. Liefertermineinhaltung oder Maschinenauslastung, möglichst gut erfüllt werden. Dieser Ablaufplan wird als Vorgabe für die Steuerung der Herstellung der einzelnen Produkte innerhalb eines Betriebes verwendet.

Abgesehen von einigen für die Praxis irrelevanten Spezialfällen gehört das Problem der optimalen Ablaufplanung zur Klasse der NP-vollständigen Probleme [Garey 79]. Neben der kombinatorischen Komplexität ergeben sich bei der Betrachtung von Ablaufplanungsproblemen in realen Anwendungsszenarien zusätzliche Schwierigkeiten durch die Notwendigkeit, vielfältige Anforderungen aufgrund von Details spezieller Anwendungsfälle zu berücksichtigen, z.B. Reinigungszeiten oder Rüstkosten von Maschinen oder Qualifizierungsstufen von Mitarbeitern.

Traditionell erfolgte die Betrachtung der Ablaufplanungsproblematik vor allem im Gebiet des Operations Research. In den letzten Jahren wurden verstärkt Methoden und Softwarewerkzeuge aus der Künstlichen Intelligenz, in jüngster Zeit auch aus dem Bereich Evolutionärer Algorithmen, zur Lösung von Ablaufplanungsproblemen untersucht. Trotz einer Vielzahl entwickelter Ansätze haben bisher nur sehr wenige Werkzeuge Eingang in die betriebliche Praxis gefunden.

2. Problembeschreibung

Die Aufgabe der Ablaufplanung besteht in der zeitlichen und kapazitätsbezogenen Planung einer Menge von Aufträgen zur Herstellung von Produkten. Die Herstellung eines Produktes erfolgt durch die Ausführung einer Menge von Operationen in einer vorgegebenen Reihenfolge auf bestimmten Ressourcen. Ein Ablaufplanungsproblem kann durch folgende Komponenten beschrieben werden:

- $R = \{R_1, ..., R_r\}$ bezeichnet eine Menge von *Ressourcen*, z.B. Maschinen.
- $P = \{P_1, ..., P_p\}$ bezeichnet eine Menge von *Produkten.* Jedes Produkt $P_i = \{V_{i1}, ..., V_{iv}\}$ ist durch eine Menge von Produktionsvarianten definiert. Jede Variante $V_{ij} = (\{Op_{ij1},..., Op_{ijy}\}, <)$ besteht aus einer Menge von Operationen und einer Vorrangrelation. Für jede Operation $Op_{ijk} = \{(R_{ijk1}, a_{ijk1}), ..., (R_{ijkd}, a_{ijkd})\}$ ist die Menge alternativer Ressourcen mit den entsprechenden Ausführungszeiten gegeben. Die Vorrangrelation definiert eine partielle Ordnung auf den Operationen einer Variante.
- $A = \{A_1, ..., A_n\}$ bezeichnet eine Menge von *Aufträgen.* Für jeden Auftrag $A_i = (P_i, s_i, e_i)$ ist das zu produzierende Produkt, der frühestmögliche Startzeitpunkt und der gewünschte Endzeitpunkt gegeben.
- $C = \{C_1, ..., C_c\}$ bezeichnet eine Menge von *Constraints*, die erfüllt werden müssen, z.B.:
  C1: Alle Aufträge müssen ausgeführt werden.
  C2: Jeder Auftrag wird durch die Ausführung genau einer Variante erfüllt.
  C3: Die Ausführung einer Variante besteht aus der Ausführung aller ihrer Operationen.
  C4: Eine Operation kann nur auf einer ihrer alternativen Ressourcen ausgeführt werden.
  C5: Die Vorrangrelation muß eingehalten werden.
  C6: Die Ausführung eines Auftrags darf nicht vor dem Startzeitpunkt beginnen.

Die Qualität eines Ablaufplanes hinsichtlich eines bestimmten Kriteriums wird mit Hilfe einer Bewertungsfunktion bestimmt. Das Ablaufplanungsproblem ist die Konstruktion eines konsistenten Ablaufplanes für eine gegebene Menge von Aufträgen, der bzgl. der gewählten Bewertungsfunktion ein möglichst gutes Ergebnis besitzt.

Die meisten der bisher entwickelten Evolutionären Algorithmen zur Lösung von Ablaufplanungsproblemen betrachten stark vereinfachte Problemstellungen, wie z.B. Flow-Shop-Probleme, Ein-Maschinenprobleme usw., und verwenden fast ausschließlich eine domänenunabhängige Problemrepräsentation, die eine Lösung des untersuchten Planungsproblems durch die Liste der zu planenden Aufträge repräsentiert, z.B. Genetische Algorithmen [Cleveland 89, Syswerda 91, Whitley 91] und Evolutionsstrategien [Ablay 79, Schöneburg 94]. Da jedem Auftrag eine Zahl eindeutig zugeordnet werden kann, kann jedes Individuum als Liste ganzer Zahlen angesehen werden. Das Ablaufplanungsproblem wird somit auf ein Reihenfolgeproblem reduziert, wie z.B. das Traveling Salesman Problem (TSP). Dieser Ansatz erscheint insbesondere für Flow-Shop-Probleme geeignet. Der Evolutionäre Algorithmus arbeitet nun in der gleichen Weise wie bei der Anwendung auf ein TSP, d.h. er generiert iterativ neue Permutationen von Listen ganzer Zahlen (Reihenfolgen von Aufträgen oder Städten). Um die Bestimmung der Fitneß eines Individuums zu ermöglichen, muß eine Überführung von der Problemrepräsentation in eine zulässige Lösung erfolgen. Für jedes Populationsmitglied konstruiert eine Transformationsprozedur (Planungsalgorithmus) den entsprechenden Ablaufplan gemäß der Reihenfolge der Aufträge - der erste Auftrag der Liste wird zuerst geplant, danach der zweite usw. Nach der Transformation wird durch eine Bewertungsfunktion die Qualität der Pläne bestimmt und die resultierenden Fitneßwerte werden den entsprechenden Individuen zugeordnet. Der Evolutionäre Algorithmus orientiert sich bei der Lösungssuche ausschließlich an der Fitneß der Individuen und verwendet außer in der Evaluierungsprozedur (Transformation und Bewertungsfunktion) keine problemspezifischen Informationen.

Bei der Betrachtung von praxisrelevanten und damit i.a. komplexeren Problemstellungen scheinen die bisherigen domänenunabhängigen Ansätze allerdings den Nachteil zu haben, daß bei der vom Evolutionären Algorithmus durchgeführten Suche nur ein Teil des Lösungsraumes, wie z.B. nur die Permutationen der Liste aller Aufträge, berücksichtigt wird. Den verbleibenden Rest der Suchaufgabe übernimmt die Transformationsprozedur, die bei der Überführung eines Individuums in eine zulässige Problemlösung alle noch nicht im Individuum festgelegten Entscheidungen treffen muß, z.B. die Auswahl alternativer Maschinen, alternativer Produktionsvarianten und der Produktionsintervalle.

In neueren Arbeiten wurden erste Ansätze präsentiert, in denen versucht wird, die Leistungsfähigkeit Evolutionärer Algorithmen durch die Integration von problemspezifischem Wissen zu verbessern, z.B. [Bagchi 91, Yamada 92]. Für eine detailliertere Diskussion der bisherigen Evolutionären Algorithmen zur Ablaufplanung wird auf [Bruns 93] verwiesen.

3. GAP - Ein Genetischer Algorithmus für Ablaufplanungsprobleme

Im folgenden wird der wissensbasierte Genetische Algorithmus GAP (Knowledge-augmented Genetic Algorithm for Production Scheduling) zur Lösung praxisrelevanter Ablaufplanungsprobleme vorgestellt. Das Ziel der Untersuchung ist die Entwicklung spezialisierter Genetischer Algorithmen für die möglichst effektive Lösung von realen Ablaufplanungsproblemen. Der verfolgte Ansatz basiert auf der Integration von domänen- und fallspezifischem Wissen aus dem Anwendungsbereich in die Problemrepräsentation und in die Operatoren des Genetischen Algorithmus.

a) Direkte Problemrepräsentation

Ein neues direktes Repräsentationsschema für Lösungen des betrachteten Planungsproblems wurde entworfen, in dem jedes Individuum einen vollständigen und konsistenten Ablaufplan darstellt, d.h. der GAP-Ansatz arbeitet direkt auf einer Population von Plänen (Phänotypen) und nicht auf Kodierungen (Genotypen). Dieses komplexe Repräsentationsschema beinhaltet alle für die eindeutige Beschreibung eines Ablaufplanes relevanten Informationen. Somit ist im Gegensatz zu der Mehrzahl der bisherigen Ansätze keine Transformation der Problemrepräsentation in eine zulässige Lösung erforderlich.

Ein vollständiger Ablaufplan für das untersuchte Planungsproblem umfaßt alle Operationen aller Aufträge mit den zugeordneten Maschinen und Zeitintervallen für die Produktion. Die Menge der Operationen ist bestimmt durch die gewählte Produktionsvariante für jeden Auftrag. Folglich enthält jedes Mitglied der Population die zeitlichen Maschinenzuweisungen aller Aufträge. Die direkte Problemrepräsentation ist beispielhaft in Abb. 1 dargestellt, z.B. bedeutet Op7B2/m3/[16,17], daß die zweite Operation der Produktionsvariante B von Auftrag 7 auf Maschine m3 von Zeiteinheit 16 bis Zeiteinheit 17 produziert werden soll.

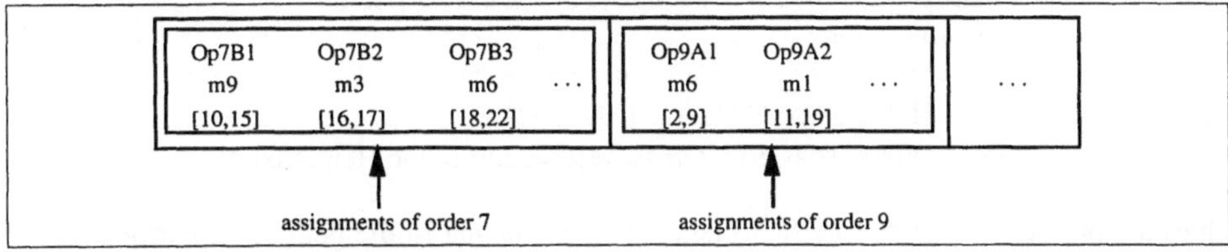

Abb. 1: Direkte Repräsentation eines Ablaufplanes

Für die Bestimmung der Qualität einer Lösung kann jede bereits in klassischen Planungsansätzen anwendbare Bewertungsfunktion verwendet werden, und zwar ohne eine vorherige Transformation.

b) Initialisierung

Die Initialisierung einer Anfangspopulation von konsistenten Ablaufplänen kann mit Hilfe eines konventionellen auftragsbasierten Planungsalgorithmus durchgeführt werden. Ein auftragsbasierter Planungsalgorithmus wählt einen Auftrag aus der Menge der noch nicht geplanten Aufträge aus und plant alle Operationen dieses Auftrags vollständig ein, bevor mit dem nächsten Auftrag fortgefahren wird.

Um nun eine initiale Population zu erzeugen, werden zufällige Permutationen der Liste der zu planenden Aufträge generiert. Für jede dieser Permutationen konstruiert der gewählte Planungsalgorithmus einen konsistenten Ablaufplan gemäß der Reihenfolge der Aufträge. Durch dieses Vorgehen wird eine zufällige und diverse Startpopulation von Ablaufplänen generiert, da unterschiedliche Sequenzen der Aufträge i.a. zu unterschiedlichen Plänen führen.

c) Wissensbasierte genetische Operatoren

Die Einführung einer Nicht-Standard-Problemrepräsentation macht den Entwurf neuer Crossover- und Mutationsoperatoren erforderlich. Die bekannten domänenunabhängigen Operatoren sind nicht sinnvoll anwendbar, da sie nur äußerst selten konsistente Nachkommenpläne erzeugen würden. Der Selektionsoperator bedarf keiner Änderung, da er nur auf Fitneßwerten arbeitet und somit unabhängig von der zugrunde liegenden Problemrepräsentation ist.

Wissensbasierter Crossover

Der Crossoveroperator soll neue (Nachkommen-) Lösungen durch die zufallsgesteuerte Kombination von Eigenschaften ausgewählter Elternlösungen erzeugen. Die grundlegenden Eigenschaften eines Ablaufplanes sind die zeitlichen Maschinenzuweisungen der Aufträge.

Der neue Crossoveroperator wählt aus jedem der beiden selektierten Elternpläne einen Teilplan aus und erzeugt einen neuen Nachkommenplan durch das Zusammenfügen der Teilpläne zu einem konsistenten Gesamtplan, siehe Abb. 2. Die Bestimmung eines geeigneten Teilplanes aus dem ersten Elternteil erfolgt durch die zufällige Auswahl einer Teilmenge der Aufträge, deren Operationen mit ihren Maschinenzuweisungen und Produktionsintervallen als konsistenter Teilplan in den Nachkommen übernommen werden. Im zweiten Schritt werden die Zuweisungen der noch fehlenden Aufträge vom zweiten Elternplan genommen und in zufälliger Reihenfolge in den Nachkommenplan eingefügt. Falls es bei der Übernahme der Zuweisungen vom zweiten Elternteil zu Kapazitätskonflikten kommt, werden diese durch zeitliche Verschiebung von Maschinenzuweisungen aufgelöst.

```
select two parent schedules;
1.    choose random number of orders from 1st parent;
      offspring inherits corresponding partial schedule;
2.    take assignments of missing orders from 2nd parent and
      insert them into offspring schedule;
```

Abb. 2: Wissensbasierter Crossoveroperator (ohne Heuristiken)

Eines der primären Ziele der meisten Planungsanwendungen ist die pünktliche Fertigstellung der Aufträge, d.h. nicht später als der vorgegebene Endzeitpunkt (Liefertermin). Deshalb ist die Verspätung von Aufträgen ein sehr wichtiges Optimalitätskriterium. Um nun die Vererbung der guten Eigenschaften eines Ablaufplanes zu unterstützen, wurde der Crossoveroperator in einer zweiten Version durch die Integration von heuristischem Wissen zur Auswahl und zum Zusammenfügen der Teilpläne so erweitert, daß die Maschinenzuweisungen der nicht verspäteten Aufträge bevorzugt vererbt werden, siehe Abb. 3.

```
select two parent schedules;
1.    choose random number of non-delayed orders from 1st parent;
      offspring inherits corresponding partial schedule;
2.    take assignments of missing orders from 2nd parent;
      insert into offspring schedule
      a) first assignments of not delayed orders
            (according to increasing start times);
      b) then assignments of delayed ones
            (according to increasing start times);
```

Abb. 3: Wissensbasierter Crossoveroperator mit Heuristiken

Wissensbasierte Mutation

Der Mutationsoperator soll in der Lage sein, alle in einem Individuum repräsentierten Informationen ändern bzw. verlorengegangenes genetisches Material wiedergewinnen zu können. Um alle im Planungsproblem spezifizierten Alternativen zu berücksichtigen, wurden drei Mutationsoperatoren entwickelt, die (a) die gewählte Produktionsvariante eines Auftrags, (b) die gewählte Maschine einer Operation oder (c) das gewählte Produktionsintervall einer Operation zufällig ändern.

```
select one schedule;
select one order at random;
a)    change process plan for selected order;
b)    select an operation at random;
      choose alternative machine for operation;
c)    select an operation at random;
      change time interval of operation;
```

Abb. 4: Wissensbasierte Mutationsoperatoren

Mutationsoperator (a) löscht alle Zuweisungen der bisherigen Produktionsvariante und plant die Operationen einer alternativen Variante auf zufällig gewählten Maschinen ein. Operator (b) tauscht die zugewiesene Maschine einer Operation aus, falls eine der alternativen Maschinen im geplanten Zeitintervall verfügbar ist und (c) ändert das geplante Produktionsintervall einer Operation durch Verschieben in Richtung frühester Startzeitpunkt.

Jeder der vorgestellten Operatoren wurde so entworfen, daß bei der Generierung von Nachkommen alle in der Problemdefinition spezifizierten Constraints erfüllt bleiben, d.h. das GAP-System arbeitet nur auf konsistenten Lösungen. Um dies zu erreichen, besitzen die Operatoren die Funktionalität (bzw. Teile der Funktionalität) wissensbasierter Planungsalgorithmen. Durch die Operatoren erbt ein Nachkomme von seinen Elternplänen die Maschinenzuweisungen und die Produktionsintervalle (evtl. zeitlich verschoben) der Operationen und, implizit, die gewählten Produktionsvarianten der Aufträge, d.h. alle für einen Ablaufplan relevanten Informationen unterliegen der Vererbung. Darüber hinaus lassen sich zusätzliche Bedingungen praktischer Anwendungsprobleme, z.B. Reinigungszeiten, durch das direkte Repräsentationsschema und die wissensbasierten Operatoren flexibel in den Ansatz integrieren.

d) Optimierung

Aufgrund der Konstruktion der genetischen Operatoren ist es möglich, daß nicht durch vorherige Operationen bedingte "Lücken" in den Nachkommenplänen enthalten sein können, d.h. einige Operationen können ohne Änderung der Belegung anderer Operationen zu einem früheren Zeitpunkt ausgeführt werden (was zu einer Reduzierung der Verspätungen führen kann). Die Optimierung hat die Aufgabe, nach der Reproduktion Lücken in den Nachkommenplänen durch Verschieben von Operationen zu schließen, jedoch ohne daß dabei die geplante Reihenfolge der Operationen auf einer Maschine verändert wird. Die Optimierung erfolgt alle n Generationen und optimiert alle Individuen einer Population. Der Genetische Algorithmus setzt seine Suche mit der optimierten Population iterativ fort.

4. Experimentelle Ergebnisse

Der vorgestellte wissensbasierte Genetische Algorithmus GAP wurde in QUINTUS-Prolog implementiert. Um einen Vergleich der Leistungsfähigkeit zu ermöglichen, wurde außerdem ein auf einer domänenunabhängigen Problemrepräsentation (Individuum = Liste der Aufträge) basierender Genetischer Algorithmus implementiert, da die meisten bisherigen Ansätze dieses Repräsentationsschema verwenden.

Alle Experimente wurden mit realen Anwendungsbeispielen aus dem EUREKA-Projekt PROTOS durchgeführt [Appelrath 87]. Das gewählte Beispielproblem unterscheidet 53 verschiedene herstellbare Produkte und enthält 64 Maschinen mit unterschiedlicher Funktionalität. Für jedes Produkt stehen maximal 3 alternative Produktionsvarianten mit bis zu 19 Operationen pro Variante und maximal 12 alternativen Maschinen pro Operation zur Verfügung. Das für die im folgenden präsentierten Experimente gewählte Auftragsspektrum umfaßt 54 Aufträge mit frühesten Startzeitpunkten und gewünschten Endzeitpunkten.

Umfangreiche Simulationsläufe mit unterschiedlichen Parameterkombinationen wurden über mehrere hundert Stunden CPU-Laufzeit durchgeführt. Alle experimentellen Ergebnisse wurden als arithmetisches Mittel über 50 Läufe mit den gleichen Parametern erzielt. Die Ergebnisse von typischen Beispielläufen sind in den Abbildungen 5 und 6 dargestellt. Die Abb. 5 zeigt das durchschnittliche Leistungsverhalten des GAP-Systems (Crossover ohne Heuristiken) im Vergleich zu dem domänenunabhängigen Genetischen Algorithmus. Der gleiche Planungsalgorithmus wurde für die Initialisierung der Startpopulation des GAP-Systems und als Transformationsprozedur für den domänenunabhängigen Ansatz verwendet. Proportionale Selektion und eine vollständige Ersetzung der Vorfahrgeneration wurden gewählt. Nur das beste Individuum wird unverändert in die Nachfolgegeneration übernommen (Elitismus). Die Summe der quadrierten Verspätungen wurde als Bewertungsfunktion gewählt und die Populationsgröße auf 40 Individuen festgesetzt. Als weitere Vergleichsgrundlage ist zusätzlich das Ergebnis einer Zufallssuche dargestellt. Bei der Zufallssuche werden zufällig 4.800 Permutationen der Liste der Aufträge generiert, die dann mit dem für die GAP-Initialisierung gewählten Planungsalgorithmus in Ablaufpläne transformiert werden. Der Graph veranschaulicht, wie sich die Summe der quadrierten Verspätungen des besten Ablaufplanes jeder Generation im Laufe der Evolution verringert. Beide Genetischen Algorithmen weisen ein sehr viel effektiveres Lösungsverhalten auf als die Zufallssuche. Darüber hinaus zeigt der Vergleich, daß der GAP-Ansatz (bzgl. der gewählten Bewertungsfunktion) wesentlich bessere Ablaufpläne generiert als der domänenunabhängige Ansatz.

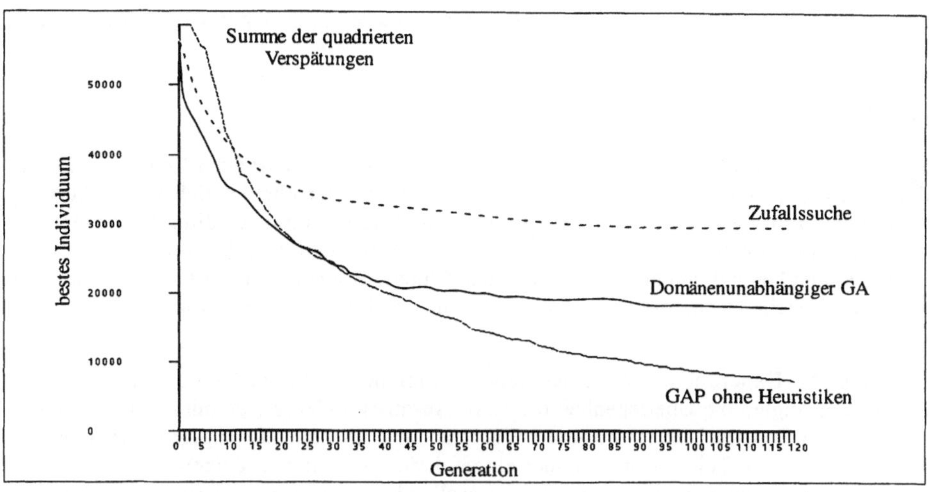

Abb. 5: Zufallssuche - domänenunabhängiger GA - GAP

In Abb. 6 sind die Ergebnisse des GAP-Systems mit Crossover ohne Heuristiken, Crossover mit Heuristiken und der Optimierung dargestellt. Aus der Gegenüberstellung ist ersichtlich, daß die Integration von heuristischem Wissen zu einer wesentlichen Erhöhung der Leistungsfähigkeit des Systems führt. Der Einsatz der Optimierung (im dargestellten Fall alle 20 Generationen) ergibt eine weitere Verbesserung der Ergebnisse und insbesondere eine schnellere Konvergenz. Die Bewertungsfunktionswerte verbessern sich von ca. 58.000 (ca. 880 Tage Verspätung) auf weniger als 900 (ca. 48 Tage Verspätung).

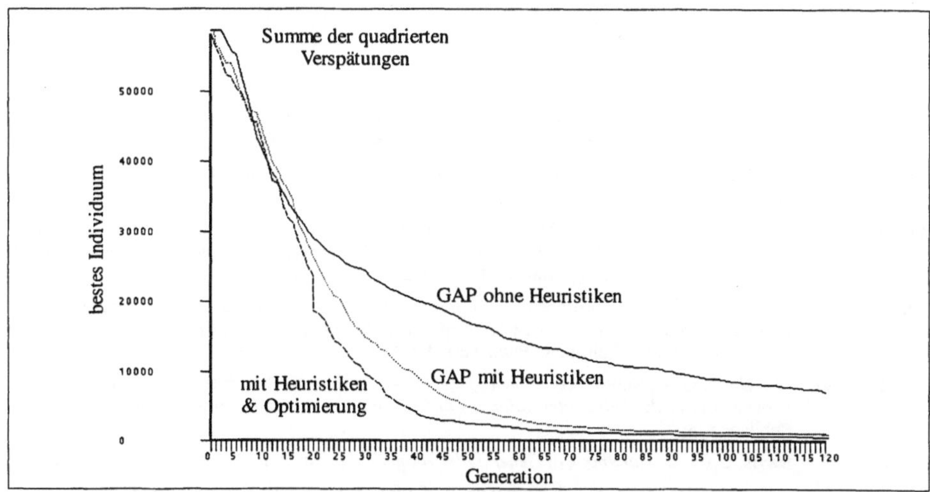

Abb. 6: GAP: CO ohne Heuristiken, CO mit Heuristiken und Optimierung

Weitere Simulationsläufe mit unterschiedlichen Populationsgrößen, Anzahl Generationen, Selektionsmethoden, Crossover- und Mutationswahrscheinlichkeiten, Fitneßfunktionen und Initialisierungsalgorithmen bestätigten die Beobachtung, daß der GAP-Ansatz wesentlich leistungsfähiger ist als der domänenunabhängige Ansatz. Weiterhin zeigte die Auswertung, daß weder Crossover noch Mutation allein zu guten Ergebnissen führten. Erst durch den gemeinsamen Einsatz beider Arten von Operatoren wurde ein sehr gutes Lösungsverhalten erzielt.

5. Fazit

In dieser Arbeit wurde der neuartige Genetische Algorithmus GAP zur Lösung von realen Ablaufplanungsproblemen vorgestellt. Der GAP-Ansatz unterscheidet sich von bisherigen Evolutionären Algorithmen für Ablaufplanung durch ein komplexes direktes Problemrepräsentationsschema und wissensbasierte genetische Operatoren. Der Ablaufplan selbst wird als Individuum benutzt und neue Crossover- und Mutationsoperatoren werden verwendet, um die in dieser Nicht-Standard-Repräsentation enthaltenen Informationen effektiv ausnutzen zu können.

Umfangreiche Experimente mit einer äußerst komplexen Problemstellung einer realen Anwendung zeigten die Überlegenheit des GAP-Ansatzes im Vergleich mit einem domänenunabhängigen Genetischen Algorithmus. Während der domänenunabhängige Genetische Algorithmus auf einen Teil des Suchraumes eingeschränkt ist (die vielfältigen Alternativen für Produktionsvarianten, Maschinen und Zeitintervalle bleiben unberücksichtigt), betrachtet der GAP-Ansatz den gesamten Suchraum und erzielt wesentlich bessere Ergebnisse. Die Leistungsfähigkeit konnte durch die Integration von heuristischem Wissen in den Crossoveroperator und den Einsatz einer Optimierung nach der Reproduktion weiter erhöht werden.

Evolutionäre Algorithmen wurden bisher nur relativ selten auf konkrete Ablaufplanungsprobleme aus der industriellen Praxis angewandt. Aufgrund der erzielten guten Ergebnisse stellt die Integration von domänenspezifischem Wissen in einen Genetischen Algorithmus eine vielversprechende neue Methode für die Lösung praxisrelevanter Ablaufplanungsprobleme dar.

Literatur

[Ablay 79] Ablay, P.: "*Optimieren mit Evolutionsstrategien - Reihenfolgeprobleme, nichtlineare und ganzzahlige Optimierung*", Dissertation, Universität Heidelberg, 1979.

[Appelrath 87] Appelrath, H.-J.: "Das EUREKA-Projekt PROTOS", *Tagungsband Wissensbasierte Systeme*, Springer, IFB 155, 1987.

[Bagchi 91] Bagchi, S.; Uckum, S.; Miyabe, Y.; Kawamura, K.: "Exploring Problem-Specific Recombination Operators for Job Shop Scheduling", *Proceedings of the Fourth International Conference on Genetic Algorithms*, Morgan Kaufmann Publishers, 1991.

[Bruns 93] Bruns, R.: "Direct Chromosome Representation and Advanced Genetic Operators for Production Scheduling", *Proceedings of the Fifth International Conference on Genetic Algorithms*, Morgan Kaufmann Publishers, 1993.

[Cleveland 89] Cleveland, G.A.; Smith, S.F.: "Using Genetic Algorithms to Schedule Flow Shop Releases", *Proceedings of the Third International Conference on Genetic Algorithms*, Morgan Kaufmann Publishers, 1989.

[Davis 91] Davis, L. (ed.): "*Handbook of Genetic Algorithms*", Van Nostrand Reinhold, New York, 1991.

[Garey 79] Garey, M.; Johnson, D.: "*Computers and Intractability: A Guide to the Theory of NP-Completeness*", W. H. Freeman, 1979.

[Schöneburg 94] Schöneburg, E.; Heinzmann, F.; Feddersen, S.: "*Genetische Algorithmen und Evolutionsstrategien*", Addison Wesley, 1994.

[Syswerda 91] Syswerda, G.: "Schedule Optimization Using Genetic Algorithms", in [Davis 91].

[Whitley 91] Whitley, D.; Starkweather, T.; Shaner, D.: "The Traveling Salesman and Sequence Scheduling: Quality Solutions Using Genetic Edge Recombination", in [Davis 91].

[Yamada 92] Yamada, T.; Nakano, R.: "A Genetic Algorithm Applicable to Large-Scale Job-Shop Problems", *Proc. Parallel Problem Solving from Nature 2,* Elsevier Science Publishers, 1992.

Constrained Combinatorial Optimization with an Evolution Strategy

Volker Nissen and Matthias Krause
Universität Göttingen
Institut für Wirtschaftsinformatik, Abt. I
Platz der Göttinger Sieben 5
D-37073 Göttingen
e-mail: vnissen@gwdg.de

1 Introduction

Evolutionary Algorithms [1] are powerful general purpose search and optimization techniques. Drawing ideas from evolution theory they generally process a set ('population') of trial solutions, exploring the search space from many different points simultaneously. Starting from an initial population of frequently randomly generated solutions ('individuals'), evolutionary operators for replication and variation are applied to generate a set of 'children' from these 'parents'. A selection scheme then decides which of the individuals must 'die' and which will survive to become parents in the next iteration ('generational cycle', see figure 1). This process is repeated for many generations and eventually produces high quality solutions when a reasonable balance is achieved between the exploitation of good solution elements that have already been discovered and the exploration of new, promising parts of the search space.

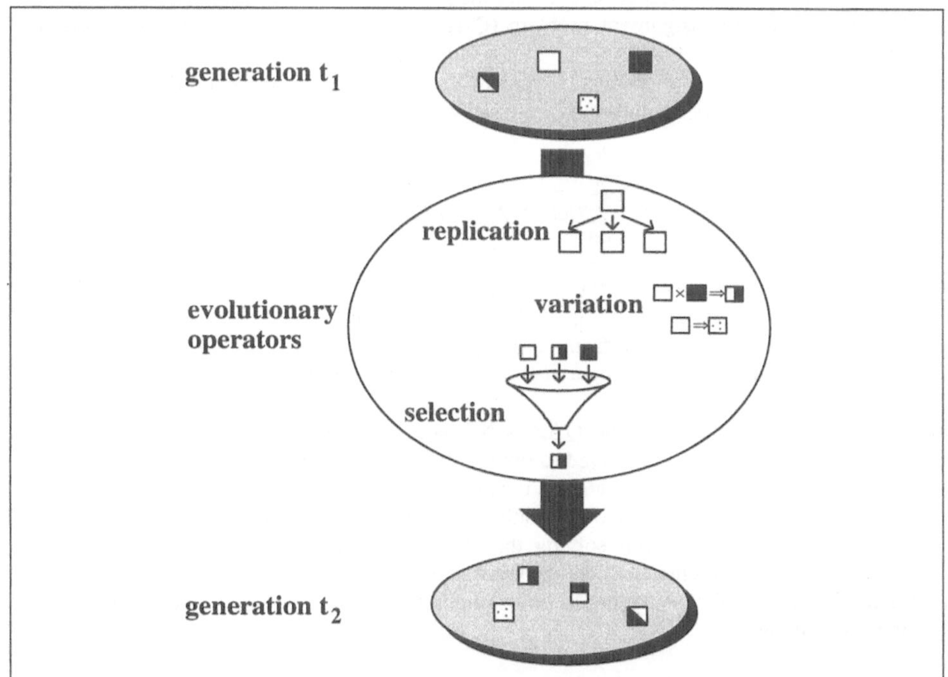

Figure 1: Basic EA-cycle.

Two particularly important classes of Evolutionary Algorithms are Genetic Algorithms (GA) and Evolution Strategies (ES). While following the same paradigm they show some notable differences. GA often employ a binary representation of solutions, focus on the mixing of elements from different individuals via a crossover operator, and are further characterized by a stochastic selection process. ES, on the other hand, use a real-valued representation, vary solutions mainly by a mutation operator and employ a deterministic selection scheme. Further differences and methodological details are discussed in [1] and [2].

Optimization is frequently a very difficult task when complex constraints must be dealt with. Much of the current research in constrained evolutionary optimization concentrates on GA and constraints that can be ensured by an adequate solution representation, problem-specific search operators or a decoding function. In contrast, we deal with a combinatorial variant of the ES-methodology and investigate constraints that are difficult to handle using the above measures.

The following section illustrates some particular problems in facility layout, our area of application, and describes a set of six testproblems. In section 3 we propose four measures to deal with positive zoning constraints, a certain type of restriction, in an evolutionary approach to facility layout. Empirical results, interpretations and conclusions are given in the final section.

2 Modelling Facility Layout

Locating facilities with material flow between them is a difficult layout problem. It is often modelled as a quadratic assignment problem (QAP) [3], one of the toughest combinatorial optimization problems.
The QAP can be formalized as follows [4]: Given a set $N = \{1,2...n\}$ and real numbers c_{ik}, a_{ik}, b_{ik} for $i,k = 1,2...n$, find a permutation φ of the set N which minimizes

$$Z = \sum_{i=1}^{n} c_{i\varphi(i)} + \sum_{i=1}^{n} \sum_{k=1}^{n} a_{ik} b_{\varphi(i),\varphi(k)}$$

where n = total number of facilities/locations
c_{ij} = fixed cost of locating facility j at location i
b_{jl} = flow of material from facility j to facility l
a_{ik} = cost of transferring a material unit from location i to location k

As a generalization of the TSP, the QAP is NP-hard, and only moderately sized problem instances (approx. $n = 18$) can be solved to optimality with exact algorithms within reasonable time limits. One, therefore, concentrates on developing effective QAP-heuristics.
The QAP is of practical relevance not only in facility layout but also e.g. in machine scheduling and data analysis. But solving the QAP can only be considered a first step to solving real-world problems, which generally involve complex and often nonlinear constraints. Looking at factory layout as an example, the above QAP-model contains several assumptions, namely:

- The possible locations are specified in advance.
- Machines may be installed at any location.
- They can be independently assigned to locations.
- Accurate material flow and transport cost (distance) data are available.
- Costs vary linearly with distance and material units.
- Single (aggregated) product assumption.
- The location problem can be solved independently of other strategic decisions such as production organization or choice of transport equipment.

All these assumptions can be questioned in practical applications. For instance, locations may be of unequal size, permitting only a subset of machines to be located at a certain position. The available data on expected material flow might be vague. Fixed costs for material transport may occur. Safety or technical considerations may yield certain assignments invalid. However, few authors have extended the QAP to include such practically relevant constraints so far.
Additionally, one can think of other optimization criteria than simply minimizing some cost-measure. In a multicriteria decision situation aspects like safety or flexibility of a layout as well as environmental objectives might be additional goals.

In this paper, we deal with positive zoning constraints in factory layout problems. These are restrictions on the arrangement of machines. Positive zoning constraints require that certain machines are placed next to each other. This can e.g. be motivated by safety considerations or technical interdependencies between machines. As an example, machines that are operated by the same worker should be placed near each other. Kouvelis et al. [5] apply Simulated Annealing to a QAP with few zoning constraints and call the resulting model restricted QAP (RQAP). We adopt the term RQAP but develop our own, more demanding set of testproblems.
Our starting point are the well-known QAP instances by Nugent et al. [6] with n = 15 (Nug15) and n = 30 (Nug30) facilities/locations. Without loss of generality we assume a 6×3 matrix of locations for Nug15 and a 6×5 matrix for Nug30 (figure 2). Machines may be neighboring each other in vertical or horizontal direction to meet the zoning constraints.

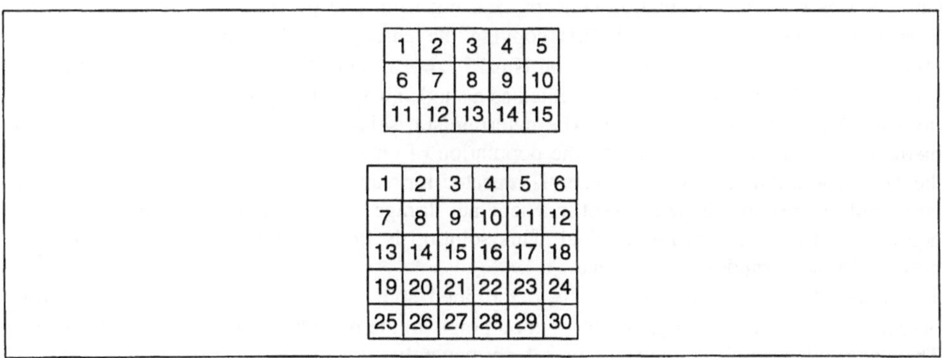

Figure 2: Adopted matrices of locations for the testproblems with sizes 15 and 30, respectively. Numbered are the locations.

To produce RQAPs of varying complexity, 5 to *n*-1 positive zoning constraints are then added, resulting in six testproblems. The numbers in brackets refer to machines that must be placed next to each other.

5 constraints (Nug15 and Nug30): (7,11); (8,9); (2,13); (3,13); (5,13). Two pairs ond one cluster of four machines are required.

n-1 constraints (Nug15 and Nug30): (1,2); (2,3); ... ; (n-1, n). Here, all machines make up an ordered sequence (chain). Due to the ground-plans chosen there are still many different possible solutions. This constellation is extremely complex for a 'blind' optimization method.

n-3 (Nug15) and n-5 (Nug30) constraints: These testproblems are essentially the same as those with n-1 constraints, apart from splitting up the sequence into three parts for Nug15 (1–5, 6–10, 11–15) and five parts for Nug30 (1–6, 7–12, 13–18, 19–24, 25–30).

3 An evolutionary approach to the RQAP

In our evolutionary approach to the RQAP we employ a modified version of the combinatorial ES by Nissen [7] that is quite simple and can be described as follows: The solution representation is a straightforward permutation coding (figure 3).

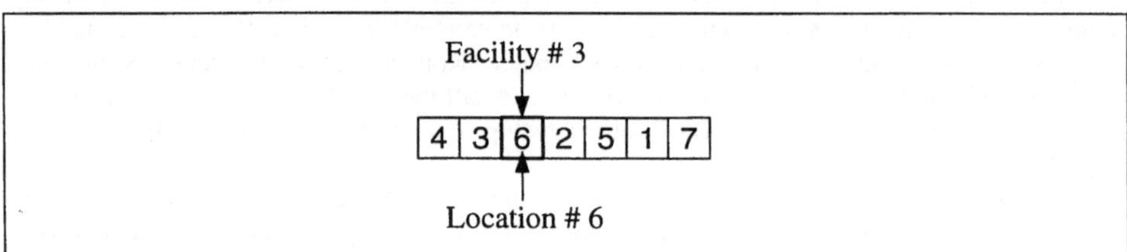

Figure 3: Solution representation in the combinatorial ES.

Our ES uses a simple population concept. Starting from one parent-solution, λ children are generated in each generation by first copying the parent and then mutating the resulting offspring. For the testproblems based on Nug15 $\lambda = 15$, while $\lambda = 45$ for instances based on the larger Nug30. Mutation is implemented as a single swap of two randomly chosen elements (locations) on the solution vector. The deterministic selection operator then picks the best member (lowest cost value) among the population of children to become the new parent for the next generation. The whole process is repeated for a specified number of generations. The best solution ever discovered is kept in a seperate storage and regularly updated whenever the heuristic identifies a better individual. This solution is finally output as the ES-result. Our initial solution is randomly generated.
The values for λ were experimentally determined and, when combined with the selection operator, proved large enough to locate good points in the neighborhood of the current parent. They were also small enough not to get permanently stuck in local optima. Note that the parent is always replaced by the best offspring in each generation to avoid stagnation.

To account for the presence of zoning constraints we experimented with the following four approaches:

(1) Transformation of the problem data (DT)
This measure modifies the given flow matrices of the original QAP by artificially raising the material flow between facilities that must be located next to each other. When the objective function value of the final solution is calculated one must be careful, of course, to use the original material flow values.

(2) Penalty function ignoring the QAP objective function value (PI)
This approach tolerates illegal solutions, but the quality (fitness) of such a solution is not measured with respect to the QAP objective function value. Instead, a penalty factor (10.000 for all testproblems) is multiplied by the number of violated constraints to produce a substitute objective function value for invalid solutions. The penalty factor is chosen so high that feasible solutions are always prefered in the selection process, however bad they may be. By taking the number of violated constraints into account when measuring solution quality, it is presumed that the search process will gradually be lead to the feasible region. When the new parent has to be determined among solutions with an equal number of violated constraints, the selection is done randomly. Note that for infeasible solutions no calculation of the QAP objective function value is required, so that substantial CPU-time is saved.

(3) Penalty function adding a high penalty to the original QAP objective function value (PH)
In contrast to PI, this time the penalty – calculated as for PI – is added to the QAP objective function value of an invalid solution. Thereby it is possible to discriminate between solutions of equal infeasibility. The idea is that the search process will not only be guided to a feasible region, but even to a particularly promising part of it. With the high penalty factor of 10.000, valid solutions are still always prefered to invalid ones.

(4) Penalty function adding a moderate penalty to the original QAP objective function value (PM)
The only difference to PH lies in the determination of the penalty factor. This time, it is calculated by taking the product of the maximum distance of any two locations and the highest material flow between any two facilities. For the testproblems based on Nug30 the resulting value is multiplied by two to reflect the more intensive interactions of the machines as compared to Nug15. This procedure is purely heuristic and no claim is made as to its optimality. The moderate penalty allows infeasible solutions that contain good partial assignments and violate only few constraints to successfully compete with rather poor feasible solutions. This should allow the ES to exploit the valuable elements of invalid solutions.

In the next section we present experimental results for these four approaches to handle zoning constraints in evolutionary facility layout.

We also investigated two different multiobjective optimization approaches to the problem. These approaches take the minimization of violated zoning constraints as a second objective next to cost minimization. This time, the aim is not to find one optimal solution but to investigate the tradeoff between both goals. This requires generating a set of efficient (non-dominated) solutions. Due to space limitations we cannot present detailed results here. In short, the multiobjective optimization techniques are not competitive with the other approaches when the primary goal is generating good feasible solutions. Nevertheless, they are very useful in visualizing the tradeoff between both objectives. For more information the reader is refered to [1].

4 Empirical Results and Conclusions

To compare the different approaches we used the software 'Facility Layout Optimizer' that was developed by Krause in his diploma thesis [8]. It is built around the combinatorial ES-variant described above, allows for comfortable visualization of results and runs on a PC under Pascal.

Tables 1 and 2 give an overview of our empirical results with DT, PI, PH and PM on all six problem instances, averageing over 10 independent runs on each testproblem. The streams of random numbers are the same for all approaches at identical generation numbers. They are not the same for runs of different length within the same approach to zoning constraints. This allows for a more intensive testing of DT, PI, PH and PM, but very occasionally produces inferior results in a long run as compared to a shorter run of the same method.

The higher the number of constraints the more complex the problems become, which can be easily seen by looking at the percentage of unsuccessful runs. When solution quality (objective function value), reliability (% valid solutions) and CPU-time are simultaneously taken into consideration, then DT is the most successful strategy. However, it has only very limited applicability. DT can e.g. not be used to deal with negative zoning constraints, which forbid certain facilities to be placed near each other. It can also not ensure distance constraints, i.e. maximum distances between the locations of two machines.

		5 constraints			12 constraints			14 constraints		
Method	Genera-tion	Mean*	% valid†	Avg. CPU (sec.)	Mean*	% valid†	Avg. CPU (sec.)	Mean*	% valid†	Avg. CPU (sec.)
DT	10	1431.3	30 (1.3)	0.02	1492.0	30 (1.0)	0.02	1356.0	10 (4.7)	0.02
	100	1252.3	80 (1.0)	0.15	1465.5	80 (1.0)	0.18	1356.0	10 (2.0)	0.15
	1000	1217.0	100	1.54	1386.8	100	1.53	1410.0	60 (1.0)	1.54
	10000	1194.2	100	15.24	1358.0	100	15.25	1383.2	100	15.24
PI	10	1525.0	60 (1.0)	0.01	1492.0	40 (1.2)	0.01	1356.0	10 (2.2)	0.01
	100	1282.2	100	0.08	1493.7	70 (1.0)	0.08	1356.0	20 (1.3)	0.08
	1000	1241.8	100	0.85	1444.4	100	0.77	1413.7	70 (1.0)	0.82
	10000	1208.0	100	8.62	1373.8	100	7.61	1392.8	100	8.22
	‡	1204.8	100	14.97	1366.4	100	18.88	1384.0	100	20.41
PH	10	1371.0	20 (1.0)	0.01	1492.0	30 (1.1)	0.02	1356.0	10 (2.6)	0.02
	100	1257.8	100	0.18	1461.4	70 (1.0)	0.23	1396.0	40 (1.0)	0.21
	1000	1232.0	100	1.77	1400.4	100	2.00	1410.9	70 (1.0)	2.08
	10000	1196.0	100	17.48	1360.4	100	19.87	1364.8	100	20.54
PM	10	n.v.s.	0 (1.1)	0.02	1492.0	10 (2.2)	0.02	1356.0	10 (3.1)	0.02
	100	1246.8	80 (1.0)	0.18	n.v.s.	0 (1.5)	0.20	n.v.s.	0 (2.0)	0.23
	1000	1196.4	100	1.75	1353.3	30 (1.4)	1.99	1364.8	50 (1.2)	2.05
	10000	1186.0	100	17.36	n.v.s.	0 (1.9)	19.74	1356.0	90 (1.0)	20.44

n.e. = not executed

n.v.s. = no valid solution found

* Mean objective function value of valid solutions.

† Percentage of successful runs (valid solution). The figure in brackets refers to the average number of violated constraints in the final solution of all unsuccessful runs.

‡ Max. number of generations was set to a value that would lead to similar CPU-requirements as 10,000 generations of PH or PM.

Table 1: Empirical results for the RQAPs based on Nug15 (average values of 10 runs on a PC (66 MHz)).

		5 constraints			25 constraints			29 constraints		
Method	Genera-tion	Mean*	% valid†	Avg. CPU (sec.)	Mean*	% valid†	Avg. CPU (sec.)	Mean*	% valid†	Avg. CPU (sec.)
DT	10	7254.7	30 (1.3)	0.09	n.v.s.	0 (1.0)	0.09	n.v.s.	0 (8.5)	0.09
	100	6520.6	100	0.88	8060.0	70 (1.0)	0.88	n.v.s.	0 (6.2)	0.88
	1000	6365.0	100	8.67	7786.0	80 (1.0)	8.67	8004.0	10 (3.6)	8.67
	10000	6311.4	100	86.56	7407.8	100	86.55	7848.0	10 (1.8)	86.56
	100000	n.e.	n.e.	n.e.	n.e.	n.e.	n.e.	7604.9	90 (1.0)	865.78
PI	10	7540.0	20 (1.3)	0.02	8060.0	10 (1.0)	0.04	n.v.s.	0 (4.8)	0.05
	100	6513.8	80 (1.0)	0.47	8060.0	50 (1.0)	0.38	n.v.s.	0 (3.3)	0.41
	1000	6405.6	100	5.74	7955.0	100	3.80	n.v.s.	0 (1.9)	4.09
	10000	6308.6	100	58.42	7671.6	100	38.14	7954.7	60 (1.0)	41.06
	100000	n.e.	n.e.	n.e.	n.e.	n.e.	n.e.	7936.4	100	409.21
	‡	6301.4	100	93.90	7565.2	100	113.82	8034.7	60 (1.0)	117.72
PH	10	7298,8	50 (1.0)	0.10	n.v.s.	0 (1.0)	0.14	n.v.s.	0 (4.9)	0.12
	100	6520.2	90 (1.0)	0.98	7959.3	60 (1.0)	1.15	8004.0	10 (4.1)	1.22
	1000	6363.8	100	9.37	8015.0	60 (1.0)	11.44	n.v.s.	0 (1.9)	11.86
	10000	6307.0	100	93.60	7407.0	100	114.28	n.v.s.	0 (1.1)	118.46
	100000	n.e.	n.e.	n.e.	n.e.	n.e.	n.e.	7732.0	40 (5.0)	1183.30
PM	10	n.v.s.	0 (1.2)	0.09	n.v.s.	0 (1.7)	0.12	n.v.s.	0 (5.8)	0.12
	100	6537.6	90 (1.0)	0.93	7758.0	40 (2.8)	1.17	n.v.s.	0 (3.9)	1.20
	1000	6382.4	100	9.32	7472.0	10 (2.3)	11.35	n.v.s.	0 (2.6)	11.76
	10000	6315.0	100	92.98	7264.0	20 (1.4)	113.42	n.v.s.	0 (2.5)	117.50
	100000	n.e.	n.e.	n.e.	n.e.	n.e.	n.e.	n.v.s.	0 (1.6)	1174.32

n.e. = not executed

n.v.s. = no valid solution found

* Mean objective function value of valid solutions.

† Percentage of successful runs (valid solution). The figure in brackets refers to the average number of violated constraints in the final solution of all unsuccessful runs.

‡ Max. number of generations was set to a value that would lead to similar CPU-requirements as 10,000 generations of PH or PM.

Table 2: Empirical results for the RQAPs based on Nug30 (average values of 10 runs on a PC (66 MHz)).

Moderate penalties (PM) produce good results when the number of constraints is low. In these cases the moderate penalty allows invalid solutions that contain good partial assignments to successfully compete with bad feasible solutions, driving the search ultimately in a promising region of the solution space where good feasible solutions are found. When the number of constraints is high, though, the search process seems to become disorientated.

One could argue the latter result is due to missing tuning of the penalty factors. However, a heuristic that requires problem-specific adaptations of strategy parameters must be considered rather uncomfortable. Moreover, the good results with PH and PI demonstrate that the effort of finetuning penalty-factors is unnecessary, at least in the case of the RQAP.

Comparing the penalty approach that ignores the cost-value (PI) to the one that adds a high penalty (PH), both perform very well even in the presence of many zoning constraints. While the first method is quicker, avoiding the time-consuming QAP-evaluations, the second approach tends to produce better solutions by using the cost information. Interestingly, in the case of n-1 constraints on the modified Nug30 problem, using the cost-value leads to a deception of the search.

11	10	1	26	27	16
12	9	2	25	28	17
13	8	3	24	29	18
14	7	4	23	30	19
15	6	5	22	21	20

Figure 4: Example of an invalid assignment for Nug30 with 29 constraints where only one restriction (machines 15 and 16 next to each other; numbered are the machines) is violated, but with the given swap-operator a feasible solution is very hard to reach.

Here, PH usually ends up with a locally optimal assignment as given in figure 4. Very few constraints are violated while a massive restructuring of the solution would be necessary to reach a feasible layout. A different mutation operator that changes each solution more strongly (destabilization) would be helpful here. Alternatively, not using the QAP objective function information (as done by PI) is a useful measure to cope with the extremely complex problem instance with 29 constraints. Since this particular testproblem is certainly too extreme to reflect real-world requirements we draw the following conclusion with respect to our evolutionary approach to facility layout: When the type of constraints preclude the use of DT then PH is recommendable if solution quality is the dominating aspect, while PI is preferable on the basis of CPU-requirements.

On a more general level the empirical results show that complex constraints which are difficult to ensure by the solution representation, operators or a decoding scheme, can effectively be dealt with by a simple combinatorial variant of the Evolution Strategy. Our experiments may be taken as the starting point to incorporate other practical constraints in evolutionary facility layout, such as negative zoning constraints or installation restrictions. Following this line, we currently work on an extension of the employed software to include more types of layout constraints.
Other obvious extensions include changes in the population concept and operators of the underlying ES as well as the investigation of further testproblems with different structure.

Acknowledgement: The first author gratefully acknowledges financial support by the Stiftung Volkswagenwerk, Germany.

References

[1] Nissen, V.: Evolutionäre Algorithmen. Darstellung, Beispiele, betriebswirtschaftliche Anwendungsmöglichkeiten, Wiesbaden: DUV 1994 (in press).
[2] Hoffmeister, F.; Bäck, T.: Genetic Algorithms and Evolution Strategies: Similarities and Differences, in: Schwefel, H.P.; Männer, R. (eds.): Parallel Problem Solving from Nature, Berlin: Springer 1991, 455–469.
[3] Kusiak, A; Heragu, S.S.: The Facility Layout Problem, in: EJOR 29 (1987), 229–251.
[4] Burkard, R.E.: Locations with Spatial Interactions: The Quadratic Assignment Problem, in: Mirchandani, P.B.; Francis, R.L. (eds.): Discrete Location Theory, New York: Wiley 1990, 387–437.
[5] Kouvelis, P.; Chiang, W.-C.; Fitzsimmons, J.: Simulated Annealing for Machine Layout Problems in the Presence of Zoning Constraints, in: EJOR 57 (1992), 203–223.
[6] Nugent, E.N.; Vollmann, T.E.; Ruml, J.: An Experimental Comparison of Techniques for the Assignment of Facilities to Locations, in: Operations Research 16 (1968), 150–173.
[7] Nissen, V.: Solving the Quadratic Assignment Problem with Clues from Nature, in: IEEE Transactions on Neural Networks, Special Issue on Evolutionary Programming (1994) 1, 66–72.
[8] Krause, M.: Praxisnahe Fertigungs-Layoutplanung mit evolutionären Lösungsverfahren, diploma thesis, Universität Göttingen, FB Wirtschaftswissenschaften, Göttingen 1993.

Zur strukturellen Analyse von IF-THEN-Regelbasen mit Methoden der Mathematischen Logik

Helmut Thiele

Universität Dortmund, Fachbereich Informatik, Lehrstuhl 1
D-44221 Dortmund,
thiele@ls1.informatik.uni-dortmund.de

In einer „Special Lecture", gehalten auf dem Kongreß „Fuzzy Engineering toward Human Friendly Systems" (13.–15. November 1991, Yokohama, Japan) hat L. A. ZADEH unter dem Titel „The Calculus of Fuzzy IF-THEN Rules" ein Programm zum Studium dieses Problemkomplexes entwickelt (siehe [14], ferner auch [15]).

Zur Verdeutlichung stellen wir dieses Programm an die Spitze unseres Vortrags.

The principal questions addressed in the calculus of fuzzy IF-THEN rules are:

1. What is the meaning of a fuzzy if-then rule expressed as a joint or conditional possibility distribution ?
2. What is the meaning of a collection of fuzzy if-then rules ?
3. How can blocks of fuzzy if-then rules be combined ?
4. How can a collection of fuzzy if-then rules be interpolated ?
5. How can algebraic operations on a collection of fuzzy if-then rules be carried out ?
6. How can fuzzy if-then rules be inferred from observations ?
7. How can fuzzy if-then rules be compressed ?

Im Hinblick auf die vielfältigen Anwendungen von Systemen von IF-THEN-Regeln, z. B. beim approximativen Schließen, in der Fuzzy-Regelungstheorie, in der Zeichen- und Mustererkennung, in der Fuzzy-Entscheidungstheorie, kann die Anwendungsrelevanz und auch die theoretische Bedeutung der gestellten (und auch weiterer mit diesen verwandten) Fragen gar nicht überschätzt werden.

So möchte ein Anwender, wenn er z. B. mit einem System von 2000 IF-THEN-Regeln konfrontiert wird, wissen, ob dieses System logisch konsistent ist, ob er gewisse (welche?) Regeln (mit welcher „Auswirkung"?) streichen kann, ob er gewisse Teilsysteme von Regeln zu sogenannten Superregeln aggregieren kann usw.

Inzwischen gibt es zahlreiche Untersuchungen zu diesem Problemkreis, meistens jedoch „heuristisch“ und am konkreten Fall durchgeführt; allgemeine Ansätze und entsprechende Begriffsbildungen wurden, soweit dem Autor bekannt, bis jetzt nicht entwickelt. Man vergleiche dazu z. B. [1,3–6,8,12].

In diesem Vortrag soll durch konsequente Anwendung von Methoden der Mathematischen Logik ein allgemeiner Ansatz zur Lösung der oben beschriebenen Probleme entwickelt werden. Er beruht auf einer entsprechenden Fassung des Modellbegriffs und darauf aufbauend auf der Definition einer semantischen Konsequenzenrelation im Sinne von BOLZANO/TARSKI [10].

Wir wollen unseren Ansatz an dem folgenden Spezialfall erläutern, der jedoch so allgemein gewählt ist, daß alles Wesentliche daran erläutert werden kann.

Gegeben seien eine natürliche Zahl $n \geqq 1$ sowie n linguistische Variablen $X^1, \ldots, X^n$. Ferner seien zu jeder linguistischen Variablen X^ν ($\nu \in \{1, \ldots, n\}$) eine natürliche Zahl k^ν sowie linguistische Terme $A_1^\nu, \ldots, A_{k^\nu}^\nu$ gegeben.

Der von uns betrachtete Spezialfall besteht darin, daß die gewählten linguistischen Variablen und linguistischen Terme sämtlich über demselben Universum interpretiert werden. Im allgemeinen Fall werden den Variablen und Termen unterschiedliche Universa zugeordnet; mit dem Prinzip der zylindrischen Erweiterung kann man jedoch den allgemeinen Fall auf den hier betrachteten Spezialfall reduzieren.

Nach dem Vorbild der Prädikatenlogik bilden wir aus den linguistischen Variablen und den linguistischen Termen *linguistische Gleichungen*

$$X^\nu = A_\kappa^\nu \qquad (\nu \in \{1, \ldots, n\}, \kappa \in \{1, \ldots, k^\nu\})$$

und aus diesen induktiv durch Verwendung der Konnektoren $\neg$ (nicht), $\wedge$ (und) und $\vee$ (oder) sogenannte linguistische Ausdrücke α, β. Von der Verwendung weiterer Konnektoren, wie z. B. von Modifikatoren wie „sehr“, „mehr-oder-weniger“ u. ä. sehen wir hier ab.

IF-THEN-Regeln haben im einfachsten Fall die Form

$$IF\ \alpha\ THEN\ \beta,$$

wobei α und β linguistische Ausdrücke sind, und unter einer IF-THEN-Regelbasis verstehen wir eine endliche Menge solcher Regeln

$$\begin{gathered} IF\ \alpha_1\ THEN\ \beta_1 \\ \vdots \\ IF\ \alpha_n\ THEN\ \beta_n, \end{gathered}$$

wobei die Aufzählung der Regeln in der angegebenen Reihenfolge **keine** Anordnung der Regeln sein **soll** (bei weitergehenden Betrachtungen jedoch bedeuten **kann**). Zu komplizierteren Formen von IF-THEN-Regeln, die in späteren Arbeiten von uns im Sinne der vorliegenden Betrachtungen diskutiert werden sollen, siehe [12,14].

Eine *Interpretation* hat die Form $\mathfrak{I} = [U, I]$, wobei U eine nicht-leere Menge (das gewählte Universum) ist und I jedem linguistischen Term A_κ^ν eine Fuzzy-Menge $I(A_\kappa^\nu)$ über U zuordnet, also

$$I\,(A_\kappa^\nu) : U \rightarrow \langle 0,1\rangle$$

gilt ($\langle 0,1\rangle =_{def}$ Menge aller reellen Zahlen x mit $0 \leqq x \leqq 1$).

Durch Induktion über die „Stufe" des linguistischen Ausdrucks α definieren wir den Wert

$$VAL(\alpha, \mathfrak{I})$$

von α bei der Interpretation $\mathfrak{I}$, und zwar wie folgt, wobei $x \in \langle 0,1\rangle$:

$$\begin{aligned} VAL(X^\nu = A_\kappa^\nu, \mathfrak{I}) &=_{def} I\,(A_\kappa^\nu) \\ VAL(\neg\alpha, \mathfrak{I})(x) &=_{def} 1 - VAL(\alpha, \mathfrak{I})(x) \\ VAL(\alpha \wedge \beta, \mathfrak{I})(x) &=_{def} min(VAL(\alpha, \mathfrak{I})(x), VAL(\beta, \mathfrak{I})(x)) \\ VAL(\alpha \vee \beta, \mathfrak{I})(x) &=_{def} max(VAL(\alpha, \mathfrak{I})(x), VAL(\beta, \mathfrak{I})(x)) \end{aligned}$$

Somit ist $VAL(\alpha, \mathfrak{I})$ eine Fuzzy-Menge über U, die auf der Grundlage der Standardinterpretation der Konnektoren, also $\neg$ als $1 - x$, $\wedge$ als $min(x, y)$, $\vee$ als $max(x, y)$ in endlich vielen Schritten aus den Fuzzy-Mengen $I\,(A_\kappa^\nu)$ konstruiert worden ist. Andere mögliche Interpretationen, z. B. $\wedge$ bzw. $\vee$ durch eine T-Norm bzw. durch eine S-Norm, werden nicht betrachtet.

Zur Formulierung des für alles Folgende grundlegenden *Modellbegriffs* erinnern wir an die Definition des Produkts $F \circ S$ einer Fuzzy-Menge

$$F : U \rightarrow \langle 0,1\rangle$$

mit einer binären Fuzzy-Relation

$$S : U \times U \rightarrow \langle 0,1\rangle\,,$$

nämlich

$$(F \circ S)(y) =_{def} Sup\,\{min\,(F(x), S(x,y)) |\ x \in U\} \qquad \text{mit } y \in \langle 0,1\rangle.$$

Von den vier grundsätzlich verschiedenen Interpretationsmöglichkeiten einer IF-THEN-Regel, nämlich als

- Festlegung einer Abbildung
- Verallgemeinerter Modus Ponens (Computational Rule of Inference)
- Entscheidungsregel
- Zuordnungsregel im Sinne der Dynamischen Logik

diskutieren wir hier nur die erste.

Im Sinne dieser ersten Interpretation nennen wir $\mathfrak{M} = [\mathfrak{I}, S]$ ein *Modell* der IF-THEN-Regelbasis

$$\begin{gathered} IF\ \alpha_1\ THEN\ \beta_1 \\ \vdots \\ IF\ \alpha_n\ THEN\ \beta_n, \end{gathered}$$

falls $\mathfrak{I}$ eine Interpretation im definierten Sinne ist, S eine binäre Fuzzy-Relation über U ist und

$$VAL(\alpha_1, \mathfrak{I}) \circ S = VAL(\beta_1, \mathfrak{I})$$
$$\vdots$$
$$VAL(\alpha_n, \mathfrak{I}) \circ S = VAL(\beta_n, \mathfrak{I})$$

gilt. Offenbar besagt diese Modelldefinition, daß S eine Lösung des betreffenden relationalen Gleichungssystems ist.

Auf der Grundlage dieses Modellbegriffs definieren wir eine semantische Konsequenzen-Relation (semantic entailment), die in ihrer Grundidee auf B. BOLZANO und A. TARSKI zurückgeht und die in der Mathematischen Logik (und deren Anwendungen) in zahlreichen Varianten nutzbringend verwendet wird. Man vergleiche dazu z. B. [9–11].

Gegeben sei eine IF-THEN-Regel der Form $IF\ \alpha\ THEN\ \beta$ sowie eine beliebige Menge X derartiger Regeln, d. h. $IF\ \alpha\ THEN\ \beta \in REG$ und $X \subseteqq REG$, wobei REG die Menge aller definierten IF-THEN-Regeln bedeutet.

Wir sagen dann, daß aus X die Regel $IF\ \alpha\ THEN\ \beta$ *semantisch folge* (kurz $X \Vdash IF\ \alpha\ THEN\ \beta$) genau dann, wenn für jedes $\mathfrak{M} = [\mathfrak{I}, S]$ gilt:

Ist $\mathfrak{M}$ Modell für X, so ist $\mathfrak{M}$ auch Modell für $IF\ \alpha\ THEN\ \beta$.

Ferner definieren wir den *semantischen Folgerungsoperator* $CONS$ über REG wie folgt:

$$CONS(X) =_{def} \{IF\ \alpha\ THEN\ \beta \,|\, X \Vdash IF\ \alpha\ THEN\ \beta \text{ und } IF\ \alpha\ THEN\ \beta \in REG\}$$

Um von vornherein Mißverständnisse oder Unklarheiten zu vermeiden, stellen wir zur Definition von $X \Vdash IF\ \alpha\ THEN\ \beta$ und $CONS(X)$ grundsätzlich folgendes fest:

Die genannten Definitionen dienen **nicht** der Formulierung irgendwelcher Lösungsansätze oder Lösungstheorien von Systemen relationaler Gleichungen (zu diesem Problemkreis vergl. man z. B. [2]). Vielmehr drückt $X \Vdash IF\ \alpha\ THEN\ \beta$ bzw. $IF\ \alpha\ THEN\ \beta \in CONS(X)$ aus, daß zwischen der Regelbasis X und der Regel $IF\ \alpha\ THEN\ \beta$ eine „semantisch-logische" Beziehung in der Form besteht, daß jede Lösung des durch die Regelbasis X und die Interpretation $\mathfrak{I}$ festgelegten relationalen Gleichungssystems auch Lösung der durch $IF\ \alpha\ THEN\ \beta$ und $\mathfrak{I}$ definierten relationalen Gleichung $VAL(\alpha, \mathfrak{I}) \circ S = VAL(\beta, \mathfrak{I})$ ist. Das Problem, ob eine Regelbasis X ein Modell $\mathfrak{M} = [\mathfrak{I}, S]$ hat, d. h. ob es eine Interpretation $\mathfrak{I}$ gibt, so daß das aus X und $\mathfrak{I}$ gewonnene relationale Gleichungssystem eine Lösung S hat, gehört selbstverständlich zur Lösungstheorie, hier ist diese Eigenschaft allein in der Hinsicht interessant, als in diesem („positiven") Fall nicht jede Regel $IF\ \alpha\ THEN\ \beta$ aus X semantisch folgt, während im „negativen" Fall, d. h. falls X logisch inkonsistent ist (also kein Modell hat), **jede** Regel $IF\ \alpha\ THEN\ \beta$ aus X gefolgert werden kann, also $CONS(X) = REG$ gilt.

Unmittelbar ist klar, daß $CONS$ ein Hüllenoperator über REG ist, wobei an dieser Stelle offen bleiben muß, ob er auch — wie der $CONS$-Operator in der zweiwertigen Aussagenlogik bzw. Prädikatenlogik der ersten Stufe — kompakt ist.

Auf der Grundlage des Modellbegriffs, der Relation $\Vdash$ und des Operators $CONS$ können wir nun sehr einfach wichtige Eigenschaften von gegebenen IF-THEN-Regelbasen $X \subseteqq REG$ definieren. Es sind dies die Begriffe der *logischen Konsistenz* (bzw. der *logischen Inkonsi-*

stenz), der *logischen Vollständigkeit* und der *logischen Unabhängigkeit* einer Regelbasis X, ferner der Begriff der *logischen Äquivalenz* von Teilen der Regelbasis untereinander.

Wir sagen, X sei *logisch konsistent* (bzw. *logisch inkonsistent*) genau dann, wenn es ein (bzw. kein) Modell $\mathfrak{M}$ für X gibt.

Unmittelbar folgt, daß X logisch konsistent (bzw. logisch inkonsistent) ist genau dann, wenn $CONS(X) \subset REG$ (bzw. $CONS(X) = REG$) gilt (wobei $\subset$ die echte Inklusionsbeziehung bezeichnet).

Wir sagen, daß X *logisch vollständig* sei genau dann, wenn für jede Regel $IF\ \alpha\ THEN\ \beta \in REG$ gilt:

$$\text{Wenn } IF\ \alpha\ THEN\ \beta \notin CONS(X), \text{ so ist } X \cup \{IF\ \alpha\ THEN\ \beta\} \text{ logisch inkonsistent.}$$

Der hier definierte Begriff der „logischen Konsistenz" ist eng verwandt mit dem Konzept der "consistency of a set of rules" in [3]. Dagegen präzisiert das in [3] verwendete Konzept der "completeness of a set of rules" einen anderen Vollständigkeitsbegriff als den hier eingeführten. Unser Begriff der „logischen Vollständigkeit" geht auf E. L. POST zurück und beinhaltet, daß zu einer logisch vollständigen IF-THEN-Regelbasis X höchstens Regeln, die aus X semantisch gefolgert werden können, hinzugefügt werden dürfen, wenn man Inkonsistenz vermeiden will.

In gewisser Weise „dual" zum obigen Vollständigkeitsbegriff ist der folgende Unabhängigkeitsbegriff. Wir sagen, daß X *logisch unabhängig* sei genau dann, wenn für jede Regel $IF\ \alpha\ THEN\ \beta \in REG$ gilt:

$$\text{Wenn } IF\ \alpha\ THEN\ \beta \in X, \text{ so ist } CONS(X \setminus \{IF\ \alpha\ THEN\ \beta\}) \subset CONS(X).$$

D. h., wenn man in einer logisch unabhängigen Regelbasis eine beliebig gewählte Regel wegläßt, ist aus dem Rest stets „weniger" folgerbar als aus der ursprünglich gegebenen Basis. Dieser Begriff von Unabhängigkeit entspricht exakt z. B. dem Unabhängigkeitsbegriff aus der linearen Algebra und der Theorie der Vektorräume.

Der folgende Begriff der logischen Äquivalenz von Regelbasen bietet einen wichtigen Ansatzpunkt zur „Vereinfachung" solcher Basen. Gegeben seien Regelbasen $X, Y, Z \subseteq REG$. Wir sagen, daß Y und Z *logisch äquivalent* seien bezüglich X genau dann, wenn

$$CONS(X \cup Y) = CONS(X \cup Z)$$

gilt. Besteht Z aus genau einer Regel, Y dagegen aus „vielen", kann man sagen, daß die „vielen" Regeln aus Y zu der einzigen „Superregel" aus Z aggregierbar sind. Zur genaueren Formulierung dieses Problems ist allerdings ein Komplexitätsmaß K für IF-THEN-Regeln erforderlich; erst dadurch können wir vermeiden, daß eine Regelbasis Y aus „vielen" Regeln zwar durch eine einzige Superregel der Form $IF\ \alpha\ THEN\ \beta$, also $Z = \{IF\ \alpha\ THEN\ \beta\}$, ersetzt wird, diese Superregel aber so kompliziert ist, daß man praktisch damit nicht arbeiten kann. Als mögliches Komplexitätsmaß K könnte man wählen

$$K(IF\ \alpha\ THEN\ \beta) =_{def} LÄNGE(\alpha) + LÄNGE(\beta),$$

wobei man die Länge eines linguistischen Ausdrucks z. B. als Länge der entsprechenden Zeichenreihe definieren kann.

Hauptanliegen der weiteren Untersuchungen wird nun sein, die Relation $X \Vdash IF\ \alpha\ THEN\ \beta$, d. h. $IF\ \alpha\ THEN\ \beta \in CONS(X)$ nach dem Vorbild des Studiums und der Anwendungen logischer Systeme durch Axiome und Schlußregeln (hier „*Metaregeln*“ genannt, um die Gefahr einer Verwechslung mit den IF-THEN-Regeln zu vermeiden) zu charakterisieren.

Wir geben als Beispiele die folgenden Metaregeln an, wobei $X \vdash \mathit{IF}\,\alpha\,\mathit{THEN}\,\beta$ bedeuten soll, daß aus der Regelbasis X die Regel $\mathit{IF}\,\alpha\,\mathit{THEN}\,\beta$ mit Hilfe der eingeführten Metaregeln ableitbar ist.

Zur Formulierung der ersten Metaregel definieren wir für beliebige linguistische Ausdrücke α und α':

α und α' heißen logisch äquivalent (kurz: $\alpha \equiv \alpha'$) genau dann, wenn für jede Interpretation $\mathfrak{I}$ gilt

$$\mathit{VAL}(\alpha, \mathfrak{I}) = \mathit{VAL}(\alpha', \mathfrak{I}).$$

Ersetzung äquivalenter Ausdrücke

Wenn $\alpha \equiv \alpha'$ und $\beta \equiv \beta'$ und $X \vdash \mathit{IF}\,\alpha\,\mathit{THEN}\,\beta$, so $X \vdash \mathit{IF}\,\alpha'\,\mathit{THEN}\,\beta'$.

Einführung von $\vee$ in der Prämisse und der Konklusion

Wenn $X \vdash \mathit{IF}\,\alpha\,\mathit{THEN}\,\beta$ und $X \vdash \mathit{IF}\,\alpha'\,\mathit{THEN}\,\beta'$, so $X \vdash \mathit{IF}\,\alpha \vee \alpha'\,\mathit{THEN}\,\beta \vee \beta'$.

Enthält der verwendete Ableitungsbegriff die beiden oben angegebenen Schlußregeln, so sind wegen $\alpha \vee \alpha \equiv \alpha$ und $\beta \vee \beta \equiv \beta$ offenbar die folgenden Metaregeln beweisbar:

Einführung von $\vee$ in der Prämisse

Wenn $X \vdash \mathit{IF}\,\alpha\,\mathit{THEN}\,\beta$ und $X \vdash \mathit{IF}\,\alpha'\,\mathit{THEN}\,\beta$, so $X \vdash \mathit{IF}\,\alpha \vee \alpha'\,\mathit{THEN}\,\beta$.

Einführung von $\vee$ in der Konklusion

Wenn $X \vdash \mathit{IF}\,\alpha\,\mathit{THEN}\,\beta$ und $X \vdash \mathit{IF}\,\alpha\,\mathit{THEN}\,\beta'$, so $X \vdash \mathit{IF}\,\alpha\,\mathit{THEN}\,\beta \vee \beta'$.

Grundlegendes Kriterium dafür, ob eine Metaregel als Schlußregel eingeführt (und auch benutzt) werden darf, ist ihre semantische Korrektheit bezüglich *CONS*. Dies ist z. B. für die Regel der Einführung von $\vee$ in Prämisse und Konklusion der Fall und drückt sich in dem folgenden Lemma aus:

Lemma

Wenn $X \Vdash \mathit{IF}\,\alpha\,\mathit{THEN}\,\beta$ und $X \Vdash \mathit{IF}\,\alpha'\,\mathit{THEN}\,\beta'$, so $X \Vdash \mathit{IF}\,\alpha \vee \alpha'\,\mathit{THEN}\,\beta \vee \beta'$.

Löst man zum Beweis dieses Lemmas die betreffenden Definitionen auf, so stellt man fest, daß die Gültigkeit des Lemmas aus der Gleichung

$$(F \cup F') \circ S = (F \circ S) \cup (F' \circ S)$$

für $F : U \to \langle 0,1 \rangle$, $G : U \to \langle 0,1 \rangle$, $S : U \times U \to \langle 0,1 \rangle$ folgt.

Im Hinblick auf die Einführung von $\wedge$ in der Prämisse und/oder in der Konklusion ist die Situation komplizierter.

Einführung von $\wedge$ in der Konklusion

Wenn $X \vdash IF\,\alpha\; THEN\,\beta$ und $X \vdash IF\,\alpha\; THEN\,\beta'$, so $X \vdash IF\,\alpha\; THEN\,\beta \wedge \beta'$.

Diese Regel ist, wie man leicht nachprüfen kann, semantisch korrekt im oben definierten Sinne. Dagegen ist die folgende Regel **nicht** semantisch korrekt:

Einführung von $\wedge$ in Prämisse und Konklusion

Wenn $X \vdash IF\,\alpha\; THEN\,\beta$ und $X \vdash IF\,\alpha'\; THEN\,\beta'$, so $X \vdash IF\,\alpha{\wedge}\alpha'\; THEN\,\beta{\wedge}\beta'$.

Der Grund, daß diese Regel **nicht** semantisch korrekt ist, besteht darin, daß zwar noch **stets**

$$(F \cap F') \circ S \subseteqq (F \circ S) \cap (F' \circ S),$$

jedoch im allgemeinen **nicht**

$$(F \circ S) \cap (F' \circ S) \subseteqq (F \cap F') \circ S$$

gilt.

Ebenfalls **nicht** semantisch korrekt ist die Regel

Wenn $X \vdash IF\,\alpha\; THEN\,\beta$ und $X \vdash IF\,\alpha'\; THEN\,\beta$, so $X \vdash IF\,\alpha \wedge \alpha'\; THEN\,\beta$.

Wir haben diese zwei semantisch nicht korrekten Regeln formuliert, um zu zeigen, daß der „IF-THEN-Konnektor" sich in manchen Fällen wesentlich anders verhält als die zweiwertige Implikation $\rightarrow$.

Als ein Hauptziel dieses Ansatzes bleibt zu untersuchen, ob es ein semantisch korrektes und semantisch vollständiges deduktives System (d. h. Axiome und Metaregeln) zur Charakterisierung von $\Vdash$ (d. h. von *CONS*) gibt, und wenn ja (was noch nicht entschieden ist), dann ein möglichst effizientes System anzugeben und zu implementieren.

Außerdem ist zu untersuchen, ob und in welcher (möglichst effizienter) Form die Fragen der Konsistenz, Vollständigkeit und Unabhängigkeit einer Regelbasis sowie die Äquivalenz von Teilmengen einer Regelbasis algorithmisch gelöst und dann auch implementiert werden können.

Weiterhin bietet sich das Studium von Analogien zur ROBINSONschen Resolutionstheorie und zur Logischen Programmierung an, indem man IF-THEN-Regeln in der Form $IF\,\alpha\; THEN\,\beta$ als *Klauseln*, HORN-Regeln, *Definite* Regeln (Programm-Regeln) spezialisiert nach der speziellen Struktur von α und β.

Beziehungen zur HOAREschen Logik und zur HOAREschen Verifikationstheorie ergeben sich, wenn man die Tatsache, daß

$$\mathfrak{M} = [\mathfrak{I}, S] \text{ Modell von } IF\,\alpha\; THEN\,\beta$$

ist, so interpretiert, daß das „Programm" S „korrekt" ist bezüglich der „Vorbedingung" α und der „Nachbedingung" β.

Schließlich ist die grundsätzliche Frage zu stellen, ob der gewählte Modellbegriff, der der Definition der semantischen Folgerungsbeziehung zugrunde liegt, dem vorliegenden „inhaltlichen" Problem möglichst gut angepaßt ist. Verallgemeinerungen bzw. Verschärfungen des Modellbegriffs sind denkbar, wobei der Definition von $X \Vdash \mathit{IF}\ \alpha\ \mathit{THEN}\ \beta$ in Prämisse bzw. Konklusion nicht notwendig derselbe Modellbegriff verwendet werden muß. Hierzu kann man viele Anregungen aus der Theorie logischer Systeme der Künstlichen Intelligenz entnehmen. Als Beispiele seien die modelltheoretische Charakterisierung des Circumscription-Schließens bzw. des Schließens mit Verwendung der Closed World Assumption genannt.

Im vorliegenden Fall kommt man zu verallgemeinerten Modellbegriffen, indem man für S anstelle der Gleichung

$$F \circ S = G$$

nur noch die Inklusion

$$F \circ S \subseteqq G$$

bei zusätzlichen Maximalitätsbedingungen für S bzw. die Inklusion

$$F \circ S \supseteqq G$$

bei zusätzlichen Minimalitätsbedingungen für S fordert.

Eine andere Möglichkeit der Definition verallgemeinerter Modelle ergibt sich aus dem „Principle of disjunctive combination" bzw. „Principle of conjunctive combination". In diesen Fällen wäre der Terminus „approximatives Modell" der Situation angemessen.

Die genannten Probleme und weitere, die sich aus dem vorgestellten Ansatz ergeben, sollen in folgenden Arbeiten detaillierter untersucht werden.

Ich danke Dr. Karl-Heinz Temme und Stephan Lehmke für fruchtbare wissenschaftliche Diskussionen zum Thema und überdies Stephan Lehmke für seine Hilfe bei der technischen Herstellung des Manuskripts.

Literatur

[1] D. Driankov, H. Hellendoorn, M. Reinfrank
An Introduction to Fuzzy Control
Springer-Verlag 1993

[2] S. Gottwald
Fuzzy Sets and Fuzzy Logic. Foundations of Application — from a Mathematical Point of View.
Vieweg 1993

[3] J. Hellendoorn
Reasoning with Fuzzy Logic
Proefschrift. Technische Universiteit Delft 1990.

[4] L. T. Kóczy
Approximate reasoning and control with sparse and/or inconsistent fuzzy rule bases
B. Reusch (Hrsg.), Fuzzy Logic — Theorie und Praxis.
2. Dortmunder Fuzzy-Tage, Dortmund, 9./10. Juni 1992.
Springer-Verlag, 1993, 42–65

[5] L. Kóczy
On the calculus of fuzzy rules.
Fifth International Fuzzy Systems Association World Congress '93.
Seoul, Korea, July 4–9, 1993.
Proceedings, volume I (1993), 1–2.

[6] L. Kóczy
Compression of fuzzy rule bases by interpolation.
First Asian Fuzzy Systems Symposium.
Singapore, November 23–26, 1993.
Proceedings.

[7] E. H. Mamdani, S. Assilian
An experiment in linguistic synthesis with a fuzzy logic controller.
In: E. H. Mamdani and B. R. Gaines (Eds.): Fuzzy Reasoning and its Applications. Academic Press, London, 1981, 311–323 (Originally published in Int. Journal of Man-Machine Studies 7 (1975), 1–13.)

[8] A. di Nola, W. Pedrycz, S. Sessa
Reduction procedures for rule-based expert systems as a tool for studies of properties of expert's knowledge
In: Abraham Kandel (Ed.): Fuzzy Expert Systems. CRC Press 1992. Chapt. 5, 70–79

[9] K. Schröter
Theorie des logischen Schließens
I. Zeitschrift für mathematische Logik und Grundlagen der Mathematik 1 (1955), 37–86
II. Zeitschrift für mathematische Logik und Grundlagen der Mathematik 4 (1958), 10–65

[10] A. Tarski
Über den Begriff der logischen Folgerung.
Act. Congr. Phil. Sci. (Paris), Vol VIII, ASI 394 (1936), 1–8

[11] H. Thiele
Monotones und nichtmonotones Schließen.
In: J. Grabowski, K. P. Jantke, H. Thiele (Hrsg.): Grundlagen der Künstlichen Intelligenz. Akademie-Verlag Berlin 1989, 80–160

[12] T. Yamazaki
Fuzzy Control in Japan. First Asian Fuzzy Systems Symposium. Singapore, November 23–26, 1993.
Proceedings.

[13] L. A. Zadeh
Outline of a new approach to the analysis of complex systems and decision processes.
IEEE Trans. on Systems, Man and Cybernetics 3 (1) (1973), 28–44.

[14] L. A. Zadeh
The Calculus of Fuzzy If-Then Rules.
Fuzzy Engineering toward Human Friendly Systems. Yokohama, Japan, November 13–15, 1991.
Proceedings of the International Fuzzy Engineering Symposium '91, Vol 1 (1991), 11-12.

[15] L. A. Zadeh
The Calculus of Fuzzy If/Then Rules.
B. Reusch (Hrsg.), Fuzzy Logic — Theorie und Praxis.
2. Dortmunder Fuzzy-Tage, Dortmund, 9./10. Juni 1992.
Springer-Verlag, 1993, 84–94

Fuzzy-Petri-Netz-Konzepte - Eine vergleichende Betrachtung

H.-P. Lipp
MIT GmbH Aachen
Promenade 9
52076 Aachen

1 Petri-Netze - eine Modellbasis für komplexe Produktionssysteme

Petri-Netz-Konzepte werden zur Modellierung und Analyse von Informations- und Steuerungssystemen eingesetzt, deren Verhalten durch die konkurrierende Arbeitsweise von parallel und asynchron wirkenden Teilprozessen bestimmt wird. Ein Prozeß wird in Petri-Netzen durch seine möglichen Situationen und Ereignisse beschrieben. Ereignisse sind, wie Bearbeitungsabschnitte, Steuerregeln usw., die aktiven Elemente eines Prozesses (s. Bild 1). Ihre Ausführung oder Arbeitsfähigkeit ist einerseits von Prozeßsituationen oder von Prozeßbedingungen abhängig, die sie andererseits auch verändern. Sie werden durch Transitionen dargestellt. Prozeßsituationen oder Prozeßbedingungen sind passive Elemente in einem Prozeß. Sie werden als Plätze oder Stellen gekennzeichnet. In herkömmlichen Petri-Netzen haben Transitionen ein binäres Schaltverhalten. Sie können entweder schalten oder nicht schalten. Ihr Schaltzeitpunkt wird durch Marken in den Plätzen angezeigt. Beim Schalten übertragen sie die Marken aus den Eingangsplätzen auf Ausgangsplätze. Damit wird nach dem Schaltvorgang der Arbeitszeitpunkt des folgenden Teilprozesses angegeben.

Das zweiwertige Schaltverhalten der Transitionen hat dazu geführt, daß man Petri-Netze vorwiegend zur Modellierung von binären Prozessen eingesetzt hat. Zukünftig sollen Petri-Netze auch zur Beschreibung von komplexen Produktionsprozessen verwendet werden. Diese Prozesse sind durch ein flexibles Verhalten gekennzeichnet, so daß situationsabhängige Schaltwirkungen, ein unterschiedlicher Grad von Schaltbedingungen oder eine prozeßbezogene variable Schaltzeit in der Petri-Netz-Darstellung zu berücksichtigen sind. Neben dem zweiwertigen Schalten der Transitionen bei nur ideal erfüllten Prozeßbedingungen muß also auch ein n-wertiges Schalten zugelassen werden, so daß bei unterschiedlich gut erfüllten Prozeßbedingungen ein mehr oder weniger starkes Reagieren der Transitionen möglich ist. Diese Flexibilität läßt sich in "scharfen" Petri-Netzen nur durch alternative, parallel angeordnete Transitionen oder Plätze ausdrücken, die bei realitätsnaher Prozeßbeschreibung zu sehr großen und unübersichtlichen Modellen führen.

Zur Beschreibung von komplexen Prozessen sind häufig nur unvollständige Prozeßinformationen verfügbar, so daß Erfahrungen von Anlagenfahrern oder Werkern benötigt werden, um das Informationsdefizit zu vervollständigen. Mit Fuzzy-Methoden kann man diese Vorgehensweise unter-

mationsdefizit zu vervollständigen. Mit Fuzzy-Methoden kann man diese Vorgehensweise unterstützen. Sprachlich formulierte Erfahrungen und Nachbarschaftsbeziehungen von Prozeßeigenschaften können durch sie sehr effizient in Rechnern abgebildet und damit verarbeitet werden. Es ist deshalb naheliegend, die Unschärfe des Fuzzy-Konzepts mit den Abbildungsmöglichkeiten der Petri-Netze zu einem gemeinsamen Fuzzy-Petri-Netz-Konzept zu vereinen. Das resultierende Fuzzy-Konzept dient dann einerseits zur unscharfen Modellierung, bei der Teilprozesse oder Regeln nur mit der erforderlichen Genauigkeit in einem reduzierten Grobmodell berücksichtigt werden, so daß Entscheidungen mit der notwendigen Effizienz getroffen werden können. Diese Fuzzy-Petri-Netze bilden andererseits eine geeignete Struktur für wissensbasierte Systeme, in deren Wissensbasen auch linguistisch ausgedrückte Sachverhalte in einem mehrstufigen Inferenzprozeß zur Problemlösung verwendet werden können. Die Verbindung von Petri-Netzen und von Unschärfe soll ähnlich wie beim Menschen verbesserte Entscheidungen mit einer gewissen Pragmatik ermöglichen. Fuzzy-Petri-Netz-Konzepte unterstützen diese Zielstellung durch hohe Kompaktheit und hohe Modellgültigkeit.

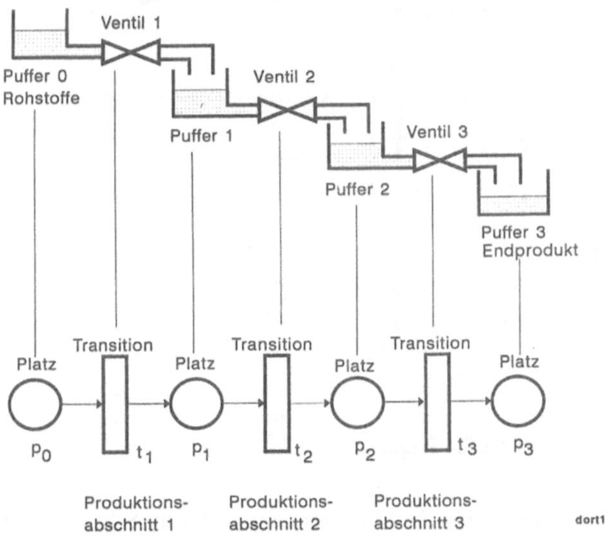

Bild 1: Petri-Netz-Modell für einen Produktionsprozeß

2 Ein Fuzzy-Petri-Netz-Konzept zur Repräsentation von unscharfen Regeln

Auf Arbeiten von Looney /3/, Srinivasan /2, Yeung /10/ und Chen /1/ geht ein Fuzzy-Petri-Netz-Konzept zurück, in dem Regeln als Transitionen versehen mit einem Plausibilitäts- oder Sicherheitsfaktor abgebildet werden. Diese Regeln transformieren linguistisch ausgedrückte Fakten in

strukturierte Wissensbasis dar mit den Wechselbeziehungen zwischen allen Regeln R = { r_1, r_2,...r_n } und den linguistisch ausgedrückten Fakten. Jede Regel hat, ähnlich wie im Fuzzy-Control-Konzept, folgende Struktur:

$$r_i : \text{IF } d_j \text{ THEN } d_k \text{ (CF} = \mu_i)$$

Die Regel r_i stellt eine Zuordnung zwischen dem unscharfen Fakt d_j der Prämisse, z.B. die Temperatur = hoch, und dem unscharfen Fakt d_k der Konklusion, z. B. die Ausbeute = ausreichend, dar. Beim Arbeiten mit diesen Regeln müssen komplexe Sachverhalte zunächst quantifiziert und Termen von linguistischen Variablen zugeordnet werden. Die Regel selbst drückt dann die Strukturkenntnisse über den zu beschreibenden Prozeß aus. Der Sicherheitsfaktor μ_i entspricht dem Gültigkeitswert der Regel bei der Zuordnung der Fakten.

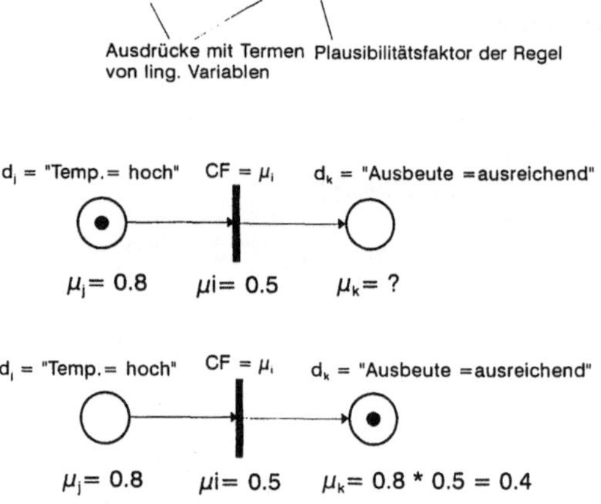

Bild 2: Arbeitsweise einer unscharfen Regel

Der Zugehörigkeitswert des Faktes in der Konklusion μ_k wird beim Schalten der Regel verändert. Er ergibt sich aus dem Zugehörigkeitswert der Prämisse μ_j, verknüpft mit dem Sicherheitswert der Regel μ_i zu $\mu_k = \mu_j * \mu_i$. In dem Fuzzy-Petri-Netz werden die Fakten d_j und d_k durch Plätze und die Regeln r_i durch Transitionen ausgedrückt (s. Bild 2). Die Gültigkeit eines Faktes wird in dem zugehörigen Platz durch eine Marke gekennzeichnet. Jede Marke erhält als Attribut einen Zugehörigkeitswert, der im Anfangszustand des Netzes gesetzt und beim Schalten der Transitionen entsprechend der Schaltregel verändert wird. Beim Schalten der Transitionen werden gemäß der Regelstruktur die Marken scharf von den Eingangsplätzen auf Ausgangsplätze übertragen. Die Unschärfe wird durch die Veränderung des Zugehörigkeitswertes des Markenattributes ausgedrückt. Dieses Petri-Netz-Konzept wird deshalb als linguistisches Fuzzy-Petri-Netz LFPN bezeichnet und wie folgt beschrieben:

$$LFPN = (P, T, D, F, f, a, b, c)$$

$P = \{ p \}$	Menge der Plätze,
$T = \{ t \}$	Menge der Transitionen,
$D = \{ d \}$	Menge der linguistischen Fakten $\mid P \mid = \mid D \mid$,
$F : (PxT) \cup (TxP) \rightarrow \{0,1\}$	Überführungsfunktion
$f : (T) \rightarrow [0,1]$	Sicherheitsfaktoren für Transitionen
$a : (P) \rightarrow [0,1]$	Zugehörigkeitswerte der Plätze,
$b : (P) \rightarrow [0,1]$	Schwellwert $ß_i$ für die Plätze p_i,
$c : (D) \rightarrow (P)$	Zuweisung des ling. Faktes d_i zum Platz p_i.

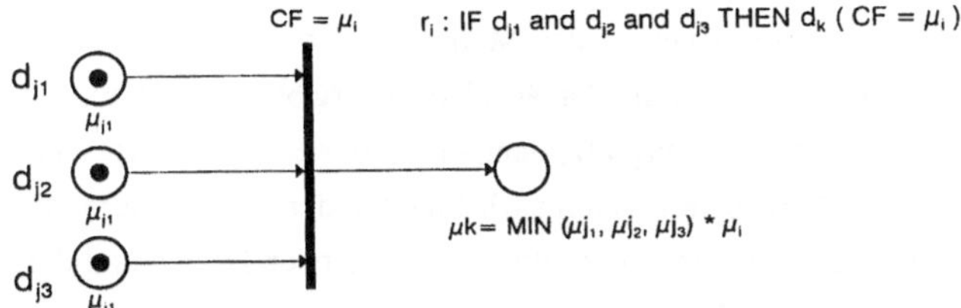

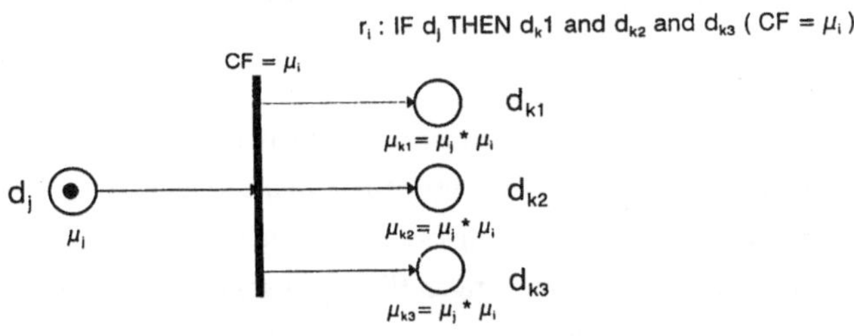

Bild 3: Fuzzy-Regeln mit konjunktiv verknüpften Fakten am Ein- und Ausgang

Entsprechend der Kantenstruktur können unterschiedliche Regeltypen in diesem Fuzzy-Petri-Netz-Konzept abgebildet werden. In Bild 3 sind als Beispiel zwei Regeltypen dargestellt, die entweder eine konjunktive Verknüpfung von linguistischen Fakten am Eingang oder am Ausgang enthalten. Das Schalten der Transitionen ist bei vollständiger Schaltregel nur möglich, wenn sich in den Eingangsplätzen p_j jeweils eine Marke befindet, deren Zugehörigkeitswert μ_j größer oder gleich dem zugeordneten Schwellwert $ß_j$ ist, und der Zugehörigkeitswert μ_k des oder der Ausgangsplätze p_k nach dem Schalten größer oder gleich dem Schwellwert $ß_k$ ist. Der Zugehörigkeitswert der Ausgangsplätze wird nach folgender Vorschrift berechnet $\mu_k = OP(\mu_1, \mu_2,..,\mu_j) * \mu_i$. Die Zugehörigkeitswerte der Eingangsplätze werden häufig über den MIN-Operator verknüpft. Um das daraus resultierende pessimistische Schaltverhalten etwas abzuschwächen oder um eine gewisse Strukturunschärfe berücksichtigen zu können, sollte besser ein mittelnder Operator /9/ oder eine unscharfe Funktion für das Enthaltensein der Ist-Prozeßbedingungen in den Sollbedingungen /10/ eingesetzt werden. Der den Plätzen zugeordnete Schwellwert ß dient dabei zur Schaltberuhigung. Er kann auch als zusätzlicher Tuning-Parameter beim Einstellen des Schaltverhaltens des Netzes verwendet werden.

Die Unschärfe der Schaltregel bezieht sich in diesem Fuzzy-Petri-Netz-Typ lediglich auf die Veränderung des Zugehörigkeitswertes der transportierten Marke, nicht aber auf die Markenanzahl. Bei jedem Schaltvorgang wird, wenn keine alternativen Pfade berücksichtigt werden, der Zugehörigkeitswert der übertragenen Marken zu kleineren Werten hin verändert. Durch den kleinerwerdenden Zugehörigkeitswert wird ein größerer Bereich der Stützmenge den Termen zugeordnet. Der mehrfache Einsatz von Regeln ist also immer mit einer Zunahme von Unschärfe verbunden. Der resultierende Zugehörigkeitswert der Marke kann deshalb mit einem Aufwandsmaß verglichen werden, das sich aus der Anzahl der Schaltspiele ergibt. Führen aus einer Ausgangssituation mehrere Pfade zu einem Ergebnisplatz, dann erhält dieser Platz einen von den Pfaden abhängig aggregierten Zugehörigkeitswert. Häufig wird hierbei der MAX-Operator verwendet. Die Vergleichbarkeit der Unschärfeänderungen bei alternativ-feuernden Pfaden und die Konsistenz der Regelbasis, die sich aus den unterschiedlich quantifizierten Termzuweisungen ergeben, stellen den Nutzer wie bei anderen Wissensrepräsentationen vor schwierige Probleme beim Aufstellen des Petri-Netzes.

Das linguistische Fuzzy-Petri-Netz-Konzept wird zur Darstellung von Wissensbasen mit unscharfen Fakten und unscharfen Regeln in wissensbasierten Systemen eingesetzt. In ähnlicher Weise, wie beim Fuzzy-Control-Konzept, müssen komplexe Sachverhalte zunächst linguistischen Termen zugeordnet werden, so daß Regeln mit eindeutigen Ein-/Ausgangsbeziehungen aufgestellt werden können. Der Vorteil des Petri-Netz-Ansatzes gegenüber dem Fuzzy-Control-Konzept besteht darin, daß Erreichbarkeitsinformationen der Petri-Netz-Theorie bei der Abarbeitung von Regeln verwendet werden. Wenn im Fuzzy-Control-Ansatz grundsätzlich jede Regel auf ihren Einsatz hin überprüft werden muß, dann werden im Fuzzy-Petri-Netz-Konzept durch Ausnutzung der im Netz enthaltenen Strukturinformationen nur die Regeln betrachtet, in deren Erreichbarkeitsmenge die Zielplätze enthalten sind. Besonders bei mehrstufigen Inferenzen kann dadurch der Suchaufwand bei der Auswahl der einzusetzenden Regeln stark reduziert werden.

3 Ein Fuzzy-Petri-Netz-Konzept auf der Basis von Platz-Transitionsnetzen

In /4, 5/ wurde ein Fuzzy-Petri-Netz-Konzept auf der Basis von Platz-Transitionsnetzen beschrieben, das als unscharfes Modellkonzept für Automatisierungsaufgaben in komplexen Produktionssystemen verwendet wurde. Dieses Fuzzy-Petri-Netz-Konzept wird durch die Verunschärfung der Plätze und Transitionen aus "scharfen" Petri-Netzen oder durch das Zusammenfassen vieler nur für bestimmte Prozeßsituationen gültiger "scharfer" Petri-Netze gebildet. Die scharfen Netzkomponenten der Ausgangsnetze entsprechen dann mit unterschiedlicher Zugehörigkeit den Elementen im unscharfen Netz. Dadurch wird eine Modellvereinfachung erreicht, so daß die Regelauswahl mit relativ wenig Suchaufwand in Grobmodellen von reduzierter Größe erfolgen kann. Im Gegensatz zu dem linguistischen Fuzzy-Petri-Netz-Ansatz werden in diesem Konzept bewußt viele Marken in den Plätzen zugelassen. Der unterschiedliche Grad von Prozeßbedingungen kann dadurch unscharf in Abhängigkeit von der Markenanzahl in den Plätzen bewertet werden, so daß die Transitionen dann mit variabler Schaltstärke auf unterschiedliche Arbeitsbedingungen reagieren können. Die Verunschärfung resultiert also nicht aus der unscharfen Bewertung eines Attributes einer Marke, um einen linguistischen Term auszudrücken. Die Unschärfe dient vielmehr zur Berücksichtigung von Nachbarschaftsbeziehungen bei Prozeßbedingungen und bei der Fahrweise von Teilprozessen, so daß möglichst eine flexible Produktionsführung in einem verfahrens- oder fertigungstechnischen System erreicht wird. Für das Fuzzy-Petri-Netz FPN gilt:

$$\mathrm{FPN} = (P, T, F, V, S, G, \mathrm{M}, m_0)$$

$P = \{p\}$	- Menge der unscharfen Plätze $p = \{ (m(p); \mu_p(m(p))) \}$
$T = \{t\}$	- Menge der unscharfen Transitionen $t = \{ (t; \mu_t(t)) \}$
$F : (P\text{x}T) \cup (T\text{x}P) \text{-->} [0,1]$	- Überführungsfunktion
$V : (P\text{x}T) \cup (T\text{x}P) \text{-->} \mathrm{NZ}$	- Kantenbewertung
$S : (P\text{x}T) \text{--->} [0,1]$	- Startbewertung
$G : (T\text{x}P) \text{--->} [0,1]$	- Zielbewertung
$\mathrm{M} : (P) \text{--->} \mathrm{NZ}$	- zulässige Markierungen
$m_0 \in \mathrm{M}$	- Anfangsmarkierung

Unscharfe Plätze

Um die Güte von Arbeitsbedingungen einzelner Prozeßabschnitte oder den Arbeitsfortschritt der Auftragsbearbeitung zu beschreiben, werden in dem Fuzzy-Petri-Netz unscharfe Plätze verwendet. Unscharfe Plätze stellen Fuzzy-Mengen über Platzmarkierungen dar. Der Zugehörigkeitswert eines Platzes ist damit ein vergleichbares Maß für den Erfüllungsgrad aller im Netz zu berücksichtigenden Arbeitsbedingungen. Um die Einhaltung der Prozeßbedingungen möglichst fein zu unterscheiden, werden in den Plätzen viele Marken zugelassen. Die unscharfe Bewertung der Platzmarkierungen durch Zugehörigkeitsfunktionen schafft dann eine n-wertige Stufung zwischen sehr guten und unzulässigen Arbeitsbedingungen. Die Form der Zugehörigkeitsfunktionen für die Plätze richtet sich nach verfahrenstechnischen Inhalten der angrenzenden Produktionsabschnitte. Sie wird aus dem Erfahrungswissen von Anlagenfahrern abgeleitet. Breite Zugehörigkeitsfunktionen sollen eine große stabilisierende Wirkung des Platzes ausdrücken. Schmale Zugehörigkeitsfunktionen signalisieren dagegen mit einer hohen Empfindlichkeit schon geringe Abweichungen von den Sollprozeßbedingungen (s. Bild 4). Sie beschreiben Arbeitsbedingungen, die entweder aus einer vorsichtigen Fahrweise eines noch nicht eingearbeiteten Anlagenfahrers oder aus der geringen Verstellbarkeit eines komplizierten verfahrenstechnischen Prozesses resultieren.

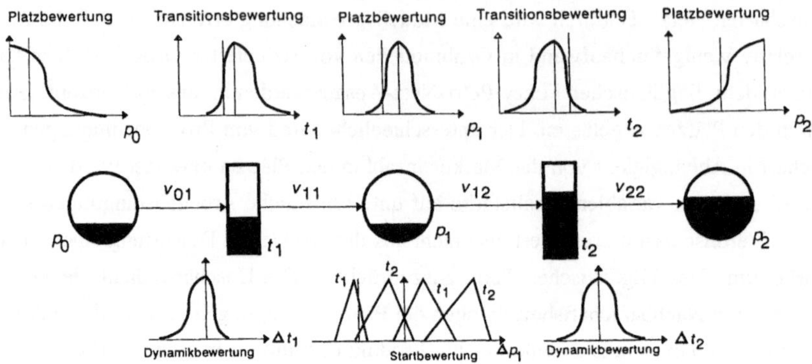

Bild 4: Unscharfe Mengen in einem Fuzzy-Petri-Netz

Unscharfe Transitionen

Zur Beschreibung des Arbeitsverhaltens von Teilanlagen werden in dem Fuzzy-Petri-Netz unscharfe Transitionen verwendet. Die unscharfen Transitionen werden aus abgeschlossenen Teilsystemen oder Steuerregeln abgeleitet. Äquivalent zum Produktstrom übertragen sie Markenströme von Eingangsplätzen im Verhältnis der Kantenbewertung $V(p,t)$ auf Ausgangsplätze und repräsentieren die Menge von Einstellungen an einem Aggregat in einem Prozeßabschnitt. Die unscharfe Bewertung der möglichen Arbeitspunkte in einer Teilanlage gestattet die Unterscheidung von verschiedenen Arbeitsregimen. Mit möglichst hohen Zugehörigkeitswerten werden dabei Anlageneinstellungen bewertet, die durch einen hohen Wirkungsgrad, eine hohe Produktivität oder eine hohe Qualität verbunden sind. Mit sehr geringen Zugehörigkeitswerten wird dagegen die Fahrweise einer Anlage im Unter- oder Überlastbereich bewertet. Diese Einstellungen sollten vermieden und nur zur Stabilisierung des Prozesses eingesetzt werden, wenn keine weiteren Steuermöglichkeiten verfügbar sind. Die Form der Zugehörigkeitsfunktion ist damit ein Maß für die Steuerbarkeit eines Teilsystems. Ähnlich wie bei der Platzbewertung resultiert sie aus Prozeßkenntnissen von Experten.

Unscharfes Schalten

Der gegenseitige Einfluß von Prozeßabschnitten wird in dem Fuzzy-Petri-Netz-Modell durch Markenströme ausgedrückt. Er ist von der Transitionseinstellung abhängig. Die Höhe des Markenstroms wird aus dem Istwert der Transition multipliziert mit dem Kantengewicht $V(p,t)$ berechnet. Das Kantengewicht entspricht damit einer Rezepturangabe, mit der in verfahrenstechnischen Prozessen vom Arbeitspunkt abhängige Wechselwirkungen zwischen Teilanlagen ausgedrückt werden. Mit der Schaltstärke der Transitionen werden Markenströme eingestellt, so daß Platzmarkierungen aufeinander angepaßt werden können. Der Zugehörigkeitswert des Platzes gibt dabei die Notwendigkeit und die Größenordnung an, mit der Prozeßbedingungen z.B. durch die koordinierte Fahrweise von Teilprozessen verbessert werden müssen. Schlecht bewertete Plätze signalisieren mit einer situationsabhängigen Triebkraft notwendige Veränderungen an Transitionen, so daß entsprechende Platzmarkierungen verbessert werden.

Der Wechsel von einer Transitionseinstellung in eine andere wird als unscharfes Schalten bezeichnet. Gegenüber einer scharfen Transition, die nur die Zustände "kein Markenstrom" und "Schalten mit einer bestimmten Markenanzahl" beinhaltet, realisiert eine unscharfe Transition ein mit unterschiedlicher Markenanzahl n-wertiges Schalten. Um die unterschiedliche dynamische Schaltfähigkeit von Teilprozessen zu beschreiben, wird für jede Transition eine Zugehörigkeitsfunktion für die dynamische Veränderung des Markenstromes eingeführt. Diese Zugehörigkeitsfunktion wird aus Expertenerfahrungen abgeleitet, die aus den dynamischen Eigenschaften der lokalen Prozesse resultieren. Sie wirkt hemmend auf die markenflußverändernden Triebkräfte der Plätze und vermeidet Schaltunruhen, die sich aus voreiligen Reaktionen bei den Transitionen ergeben könnten. Die situationsbezogene optimale Verstellung der Markenströme wird dann aus der Wechselwirkung zwischen den Platztriebkräften und den hemmenden dynamischen Kräften der Transitionen bestimmt.

Unscharfe Startbewertung

In welcher Reihenfolge Transitionen an der Verbesserung von Platzmarkierungen beteiligt werden, ist von der Struktur des Netzes abhängig. In dem Netzmodell werden deshalb lokale und globale Strukturkenntnisse in der unscharfen Startbewertung $S(p,t)$ der Kanten zwischen den Plätzen und Transitionen berücksichtigt. Die Startbewertung dient der schnellen Kompensation von Platzstörungen, indem diese auf kürzestem Wege aus dem Netz geleitet werden, und ermöglicht das Verschmelzen mehrerer Steuerhandlungen mit unterschiedlichem Stellgliedbezug in der Defuzzyfizierungsphase. Sie unterstützt ein schrittweises Defuzzyfizieren, so daß eine Strukturunschärfe beim Schalten unterschiedlicher Transitionen erreicht wird.

Unscharfe Zielbewertung

Die Zielbewertung $G(t,p)$ des unscharfen Netzes dient zur Auswahl von unscharfen Schaltfolgen an den Transitionen unter Beachtung des augenblicklichen Netzzustandes. Abhängig vom Anwendungsfall soll sie Lösungen ermöglichen, die neben einem minimalen Zielabstand auch ein gutes dynamisches Lösungsverhalten garantieren.

In einem Fuzzy-Petri-Netz stellt eine Schaltfolge das wiederholte unscharfe Schalten der Transitionen dar. Sie überführt das Petri-Netz von seinem Ist- in einen Zielzustand. Die Schaltfolge korrespondiert damit zu einem Produktionsplan, mit dem schrittweise ein Zustandswechsel in einem Produktionsprozeß erreicht werden soll. Die Schaltfolge der Transitionen wird von einem Problemlöser bestimmt, der den Schaltzeitpunkt und die Größe der Transitionsänderungen situationsbedingt so festlegt, daß bei möglichst guten Platzbedingungen der Zielmarkenstrom erreicht wird. Der Problemlöser ist dabei durch die unscharfen Netzbewertungen in seinem Lösungsverhalten veränderlich.

4 Das zeitbewertete Fuzzy-Petri-Netz/4,6,7/

Wenn beim Schalten der Transitionen zwischen den Vor- und Nachbedingungen eine bestimmte Prozeß- oder Totzeit vergeht, dann müssen die bisher betrachteten Transitionen mit einem zeitbehaftetem Schaltverhalten in das Petri-Netz-Konzept aufgenommen werden. Mit diesen Transitionen können verzögerte Qualitätsänderungen des Produktstromes und Zeitbezüge auf globale Systemressourcen im operativen Produktionsmanagement eines Fertigungssystems in dem Petri-Netz-Modell berücksichtigt werden, die durch Bearbeitungszeiten in den Prozeßabschnitten entstehen. Beim Schalten zeitbehafteter Transitionen vergeht eine endliche Zeit, bis Marken von den Eingangsplätzen auf Ausgangsplätze übertragen werden.

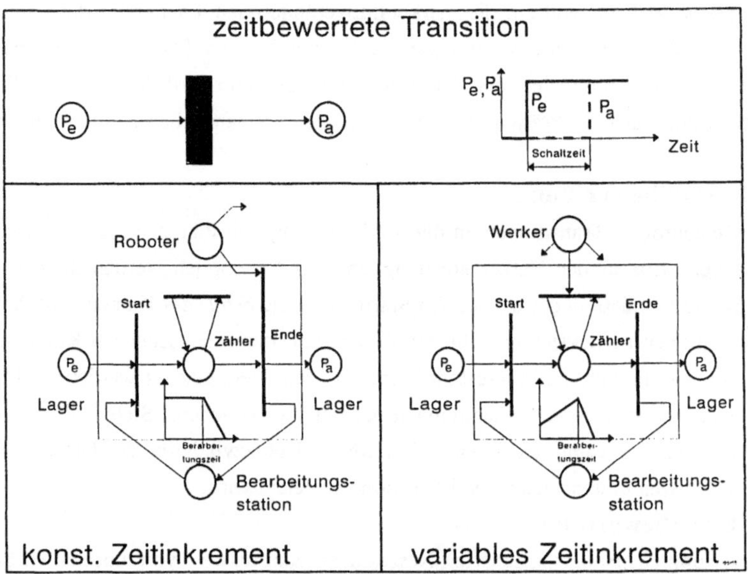

Bild 5: Zeitbehaftete unscharfe Transitionen

Die Unschärfe der Schaltdauer wird durch die Variabilität der benötigten Zeit ausgedrückt. Es gibt verschiedene Ursachen für eine solche Zeitvariabilität. Die Belegungszeit von Maschinen in Fertigungssystemen ist z.B. davon abhängig, ob das Werkstück nach Beendigung des Bearbeitungsvorgangs sofort mit dem Kran abtransportiert wird oder ob ein Warten auf der Maschine zulässig ist. Diese variable Vorgangszeit wird von der minimal notwendigen Bearbeitungszeit und von der Verfügbarkeit eines für den Transport vorgesehenen Kranes bestimmt. Andere Ursachen unscharfer Zeitvorgänge werden bei Reparatur- oder Montageabschnitten deutlich, wo in Abhängigkeit von der Anzahl der eingesetzten Werker die Reparatur- oder Montagezeit entweder verkürzt oder verlängert werden kann.

Die unscharfen zeitbehafteten Transitionen (s. Bild 5) werden jeweils aus einer Start- und Endetransition und einem unscharf bewerteten Zeitzähler zusammengesetzt. Der Startzeitpunkt ergibt sich aus der unscharfen Bewertung des Eingangsplatzes, mit dem z.B. die Dringlichkeit der Bearbeitung ausgedrückt wird. Das scharfe Schalten der Starttransition markiert den Platz für den Bearbeitungsort, um zu verhindern, daß vor dem Ende des Schaltvorgangs ein weiterer Start erfolgt, und startet gleichzeitig einen Zeitzähler. Der Zähler besteht aus einem unscharf bewerteten Platz und einer Transition. Die Transition erhöht solange in festen Zählinkrementen die Markenanzahl in dem Platz, bis bei Erreichen der Abbruchbedingung die Endetransition den Zählvorgang beendet. Das Ende des Zählvorgangs wird durch die einseitig abfallende Zugehörigkeitsfunktion in dem Zählerplatz gekennzeichnet. Nach der minimal notwendigen Bearbeitungszeit wird bei zunehmender Verzögerungszeit durch diese Form der Zugehörigkeitsfunktion eine immer schlechter werdende Bewertung des Zählerplatzes erreicht. Die Platzbewertung regt dadurch die Endetransition mit immer stärker werdender Triebkraft zur Beendigung des Vorgangs an. Sie erhält gegenüber anderen Transitionen eine sich erhöhende Priorität beim Zugriff auf global wirkende Plätze, die zur Beendigung des Bearbeitungsvorgangs notwendig ist. Das Schalten der Endetransition bricht den Zählvorgang ab und setzt die Prozeßbedingungen für den Start von Folgeoperationen. Mit der Form der Zugehörigkeitsfunktion, ob schwach oder stark abfallend, wird die zulässige Zeitvariabilität von nichtunterbrechbaren Vorgängen modelliert.

Zeitbehaftete Transitionen, deren Schaltdauer vom Einsatz verfügbarer Werker abhängig ist, werden durch Zähler mit variablen Zeitinkrementen realisiert. Der Zählerplatz erhält dazu eine nach beiden Seiten hin abfallende Zugehörigkeitsfunktion, deren Modalwert z.B. den notwendigen Montageaufwand kennzeichnet. Durch diese Form der Zugehörigkeitsfunktion wird zusätzlich vor dem Erreichen des Vorgangendes eine Zugkraft auf die markenerhöhende Transition ausgeübt. Bei vorhandenen Ressourcen bzw. Werkern schaltet die Transition mit einer für diese Zugkraft entsprechenden Stärke und erhöht so mit unterschiedlichen Zeitinkrementen den Markeninhalt des Zählerplatzes. Die Form der Zugehörigkeitsfunktion ist dabei ausschlaggebend, ob bei einem Bearbeitungsabschnitt mit großer oder kleiner Zugkraft globale Ressourcen des Prozesses zur Verkürzung von Bearbeitungszeiten eingesetzt werden.

Auf der Grundlage dieser unscharfen zeitbewerteten Fuzzy-Petri-Netz-Modelle werden Produktionsprozesse nach Gütekriterien gesteuert, die mit der Absicht, eine hohe Terminsicherheit und eine hohe Auslastung zu erreichen, von zeit- und ereignisabhängigen Prozeßmerkmalen abgeleitet werden. Die Belegung z.B. von Kränen und anderen globalen Ressourcen erfolgt dabei in Abhängigkeit von der Terminstellung des Auftrages. Mit dem Grad der Unschärfe wird in den zugehörigen Modellparametern angegeben, welches der beiden Kriterien, das terminabhängige oder das auslastungsfördernde, bei der operativen Produktionsführung vorrangig berücksichtigt wird.

5 Zusammenfassung

In Automatisierungskonzepten komplexer Produktionssysteme ermöglicht der Einsatz von Fuzzy-Konzepten die Berücksichtigung von Prozeßwissen, das als linguistische Terme in Steuerregeln oder zur Vereinfachung von komplexen Prozeßmodellen verwendet wird. Durch die Verunschärfung von Plätzen und Transitionen wird aus einem scharfen Petri-Netz ein Fuzzy-Petri-Netz gebildet, das als Modellbasis in operativen Entscheidungsprozessen komplexer Produktionssysteme eingesetzt werden kann. Die Transitionen und Plätze des scharfen Netzes werden dabei durch Fuzzy-Mengen beschrieben. Die unscharfen Bewertungsfunktionen dienen der Berücksichtigung von Expertenerfahrungen bei Entscheidungsprozessen auf der Petri-Netz-Modellbasis. Durch die Wahl der Zugehörigkeitsfunktionen ist ein unterschiedliches Entscheidungsverhalten programmierbar.

6 Literatur

/1/ Chen, S.-M.; Ke, J.-S.; Chang, J-F. Knowledge representation using Fuzzy Petri nets. IEEE Trans. on Knowledge and Data, vol. 2, No. 3, pp 311-319.

/2/ Srinivasan, P.; Gracanin,D. Approximate reasoning with Fuzzy Petri nets. Second IEEE International Conference on Fuzzy Systems. San Francisco, California 28.3. - 1.4. 1993

/3/ Looney, C.G. Fuzzy Petri nets for rule-based decisionmaking. IEEE Syst., Man, Cybern., vol SMC-18, no. 1 pp. 178-183

/4/ Lipp, H.-P. Anwendung eines Fuzzy-Petri-Netzes zur Beschreibung von Koordinierungssteuerungen in komplexen Produktionssystemen. Wiss. Z. d.TH Chemnitz 25(1982) H.5, S. 633-639.

/5/ Lipp, H.-P. Ein Konzept eines unscharfen Petri-Netzes als Grundlage für operative Entscheidungsprozesse in komplexen Produktionssystemen. Diss. TU Karl-Marx-Stadt 1989

/6/ Lipp, H.-P. Flexible Fertigungsprozesse nach stückflußabhängigen und zeitabhängigen Kriterien steuern. Zeitschrift für wirtschaftliche Fertigung und Automation, ZWF CIM, Carl-Hanser-Verlag, München 85(1990)12

/7/ Lipp, H.-P. Ergebnis- und zeitabhängige Simulation flexibler Fertigungssysteme mittels Fuzzy-Petri-Netze. VDI Berichte 989: Simulation von Systemen in Logistik, Materialfluß und Produktion,; 1992

/8/ Lipp, H.-P. Einsatz von Fuzzy-Konzepten für das operative Produktionsmanagement. atp-Automatisierungstechnische Praxis R. Oldenbourg Verlag München, 34(1992) H.12

/9/ Zimmermann, H.-J. Fuzzy Set Theory and its Applications. Kluwer Academic Publishers, Boston, Dordrecht, London, 1991

/10/ Yeung, D.S.; Tsang, M.T.; Chang, M.T.; Lam, W.C. Fuzzy production rules evaluation and fuzzy Petri net,. Proceedings of 6th Int. Conf. on System research Informatics and Cybernetics, Germany 1992

Hybrid Learning Algorithms for Feed-Forward Neural Networks

Marcus Pfister * Raúl Rojas †

Freie Universität Berlin

Fachbereich Mathematik und Informatik

Takustr. 9, D-14195 Berlin

Abstract

Since the introduction of the backpropagation algorithm as a learning rule for neural networks much effort has been spent trying to develop faster alternatives. Normally, the proposed variations use a *fixed* strategy e.g. adaptively changing learning rates, or the use of second order information of the error surface. If the chosen heuristic does not fit the actual shape of the error surface, the computed weight changes will be far from the optimal ones.

In this paper, we propose a *hybrid* learning algorithm, which basically uses adaptive step sizes for the weight changes, but adaptively includes second order information of the error surface if a valley of the error function is reached. The algorithm is a combination of RPROP and one dimensional secant steps of the kind used extensively by Quickprop: hence its name, QRPROP.

1 Introduction

Backpropagation, the learning algorithm for feed-forward neural networks rediscovered by Rumelhart *et al* [RHW86], updates the networks weights w_{ij} in each iteration k using

$$\Delta w_{ij}^{(k)} = \gamma \cdot \nabla E_{ij}(W^{(k)}); \qquad k = 1, 2, \ldots, \tag{1}$$

*e-mail: pfister@inf.fu-berlin.de

†e-mail: pfister@inf.fu-berlin.de

where γ is a learning constant and $\nabla E(W)$ is the gradient of the quadratic error function $E(W)$. Improvements to the basic gradient descent method have been the subject of much research. A summary can be found in [Bat92, PR93, SJW92]. These approaches can be classified into three classes, depending on their basic strategy [PR93]. **Standard variations** include simple modifications of (1), like the use of a momentum term [PR93, RHW86], adding an offset to the sigmoid derivative [Fah88, PR93] or various preconditioning methods, e.g decorrelation of the input data [PR93]. **Adaptive step methods** use a *variable* stepsize which is heuristically adapted to the error surface instead of a fixed learning rate γ. There may either be one global learning rate for all weights, or individual learning rates for each single weight. **Second order methods** compute a quadratic approximation of the error surface, which is then minimized in order to reach the minimum of the actual error function iteratively.

The problem with these algorithms is that the chosen heuristic to approximate the error surface may not correspond to the *actual* shape. So, if a weight correction is computed on the basis of a second order approximation in nonquadratic regions, or if in locally quadratic regions second order information is neglected, only poor improvements can be expected for this step.

In this paper, we propose a learning algorithm, which includes second order information in valleys of the error surface. The algorithm is a combination of RPROP [RB92], a 'Manhattan Learning' algorithm with individual adaptive step sizes and Quickprop. Since in minimum regions the error surface is assumed to be locally quadratic, second order information is introduced by using a one dimensional secant step, as it is extensively done in Quickprop [Fah88].

2 The RPROP Learning Algorithm

RPROP, developed by Riedmiller and Braun [RB92], is an adaptive step method which uses individual learning rates for each weight. The method updates the weights by just considering the *sign* of the gradients components $\nabla E_{ij}(W)$ and not its *magnitude* ('Manhattan Learning'). This handles the problem of flat spots or very steep descents of the error function, since the weight updates just depend on the individual learning rates, which makes the algorithm a very fast method for roughly approaching minimum regions. To start the process, a step in the gradient direction is taken. Then the learning rates are increased, as long as the projection of the gradient in each coordinate axis points to the same direction as the previous one, since then a minimum lies ahead. If the sign of the gradient changes, which indicates that a minimum has been overlooked, the learning rate is cut to half and a local backtracking strategy is applied. Then a step back is taken, so that we reach a point which is supposed to be near the presumed minimum. The weights w_{ij} and the individual learning rates γ_{ij} are adapted in each step as follows:

$$\begin{aligned}
&\text{IF } \nabla E_{ij}(W^{(k-1)}) * \nabla E_{ij}(W^{(k)}) > 0 \text{ THEN} \\
&\quad \gamma_{ij}^{(k)} = MIN(\gamma_{ij}^{(k-1)} * u, \gamma_{max}); \\
&\quad w_{ij}^{(k+1)} = w_{ij}^{(k)} - \gamma_{ij}^{(k)} * sign(\nabla E_{ij}(W^{(k)})); \\
&\text{IF } \nabla E_{ij}(W^{(k-1)}) * \nabla E_{ij}(W^{(k)}) < 0 \text{ THEN} \\
&\quad \gamma_{ij}^{(k)} = MAX(\gamma_{ij}^{(k-1)} * d, \gamma_{min}); \\
&\quad w_{ij}^{(k+1)} = w_{ij}^{(k-1)}; \qquad (2) \\
&\quad \nabla E_{ij}(W^{(k)}) := 0 \\
&\text{ELSE} \\
&\quad w_{ij}^{(k+1)} = w_{ij}^{(k)} - \gamma_{ij}^{(k)} * sign(\nabla E_{ij}^{(k)});
\end{aligned}$$

Riedmiller and Braun propose taking $u = 1.2$, $d = 0.5$, $\gamma_{max} = 50$ and $\gamma_{min} = 10^{-6}$ as default parameters.

An improvement to RPROP has been proposed recently [RB94]. In this new algorithm, the backtracking step (2) is replaced by not changing the weights at all if the sign of the gradient changes, so (2) turns into $w_{ij}^{(k+1)} = w_{ij}^{(k)}$. The learning rate $\gamma_{ij}^{(k)}$ for this weight is still halved.

3 Secant Methods

Secant methods can be used to approximate second derivatives by using only first order gradient information. For a one dimensional function $\hat{E}(w)$, the second derivative $\hat{E}''(w)$ can be approximated with the slope of the secant through the values of the first derivative in two near points w_{k-1} and w_k by a finite difference step

$$\hat{E}''(w) \cdot (w_k - w_{k-1}) \approx \hat{E}'(w_k) - \hat{E}'(w_k). \qquad (3)$$

This approximation is *exact*, if the approximated one dimensional function is *quadratic*, since then the first derivative is linear and the slope of its 'secant' *is* its derivative, and thus the second derivative of the function $\hat{E}(w)$. We can now reach the minimum w_m of the one dimensional function $\hat{E}(w)$, where $\hat{E}'(w_m) = 0$ holds, by taking the step

$$w_m = w_k + \frac{\hat{E}'(w_{k-1})}{\hat{E}'(w_k) - \hat{E}'(w_{k-1})}(w_k - w_{k-1}), \tag{4}$$

For a description of the (far more difficult) n-dimensional case see e.g. [Bat92].

A method which updates the weights using individual one-dimensional secant steps in each weight direction w_{ij} is Quickprop, proposed by S.E. Fahlman [Fah88]. Quickprop is based on the assumption that the error function $E(W)$ is quadratic and independent from all other weights in each specific weight direction w_{ij}. The idea is to minimize the error function independently in each weight direction by updating each individual weight w_{ij} by taking a step as described by (4). To constrain the size of the weight updates a *maximum growth factor* μ is introduced: we do not allow $\Delta w_{ij}^{(k)}$ to become larger than $\mu \cdot \Delta w_{ij}^{(k-1)}$, where usually $\mu \approx 1.5$. To start the process, or restart it for those weights which have previously taken a step of size zero and are now facing nonzero gradient components, because of some changes elsewhere in the network a backpropagation step with a fixed learning rate γ and a momentum rate α is taken.

4 QRPROP

The algorithm we propose is obtained by adaptively switching between the two previously described strategies. The Manhattan method RPROP shows good convergence properties and quickly approaches minimum regions. Secant steps have on the other hand good local properties, since error functions *are* locally quadratic. We combined the advantages of the two methods in one *hybrid* algorithm, which we called QRPROP, since the individual secant steps are also extensively used in Quickprop.

QRPROP uses the individual learning rate strategies of RPROP, with the updatings as described above, if two subsequent error function gradient components $\nabla E_{ij}(W)$ have the same sign or one of these components equals zero. This guarantees a fast approach to minimum regions. If the sign of the gradient $\nabla E_{ij}(W)$ changes, a secant step is taken. If we assume in this local minimum (in this specific weight direction w_{ij}) the error function to be independent from all the other weights, a step based on a quadratic approximation will be far more accurate than just stepping half way back, as it is (indirectly) done by both RPROP versions. This situation is illustrated in Figure 1 below, where for RPROP we have $w_{ij}^{(k+1)}(new) = w_{ij}^{(k)}$ and $w_{ij}^{(k+1)}(old) = w_{ij}^{(k-1)}$.

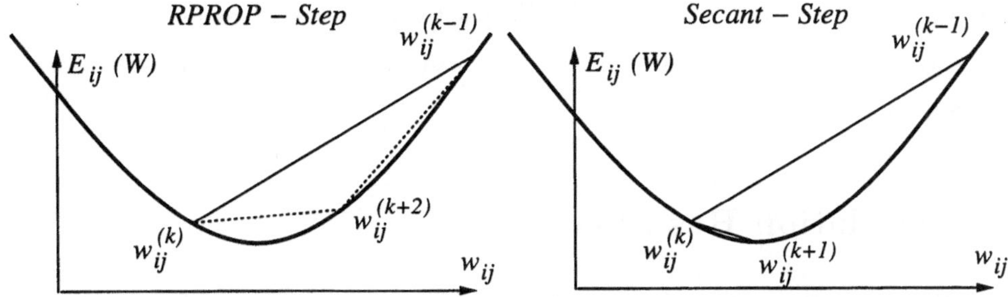

Figure 1: Comparison of a RPROP step (both versions) and a secant step.

The problem is that we cannot assume the independence of $E(W)$ from all other weights. Also the quadratic approximation will be the better, the closer the two investigated points lie together. Therefore we constrained the size of the secant step which is taken back to avoid large oscillations of the weights. To ensure that the algorithm can be implemented using only local information, this constraint is based on the maximum and minimum learning rate $\gamma_{max_j}^{(k)}$ and $\gamma_{min_j}^{(k)}$ belonging all the incoming weights of neuron l. If $\gamma_{max_j}^{(k)}$ is below a certain threshold, the secant step is only allowed to be at most $\gamma_{min_j}^{(k)}$, otherwise it is only allowed to be at most $f \cdot \gamma_{min_j}^{(k)}$, where $f << 1$.
The pseudocode of QRPROP is similar to that of RPROP. Only for the case were the sign of the gradient changes we apply the following strategy:

IF $\nabla E_{ij}(W^{(k-1)}) * \nabla E_{ij}(W^{(k)}) < 0$ THEN
    $\gamma_{ij}^{(k)} = MAX(\gamma_{ij}^{(k-1)} * d, \gamma_{min});$
    $step = (\nabla E_{ij}(W^{(k)}) * \Delta w_{ij}^{(k-1)})/(\nabla E_{ij}(W^{(k)}) - \nabla E_{ij}(W^{(k-1)}));$
    IF $\gamma_{max_j}^{(k)} < t$ THEN
        $w_{ij}^{(k+1)} = w_{ij}^{(k)} - sign(\nabla E_{ij}^{(k)}) \ * \ MIN(\gamma_{min_j}^{(k)}, step);$
    ELSE
        $w_{ij}^{(k+1)} = w_{ij}^{(k)} - sign(\nabla E_{ij}^{(k)}) \ * \ MIN(f * \gamma_{min_j}^{(k)}, step);$
    ENDIF
    $\nabla E_{ij}(W^{(k)}) := 0$
ENDIF

The parameters u (the increment of the learning rates if $\nabla E_{ij}(W^{(k-1)}) * \nabla E_{ij}(W^{(k)}) > 0$), d, γ_{min} and γ_{max} can be chosen as in RPROP. For the other parameters, we propose default values of $t = 0.1$ and $f = 0.01$.

Note that we do not have to store $\Delta w_{ij}^{(k-1)}$ explicitly, which can be computed from the gradients and learning rates which have to be stored anyway. If there is abundant local memory, $\Delta w_{ij}^{(k-1)}$ can also be stored, to gain a few cycles.

5 Simulation Results

A runtime comparison using nine benchmarks was made on a SPARC 10 workstation. We had three encoder problems, a loose 10-5-10 encoder, an 8-3-8 encoder and a tight 12-2-12 encoder. Also three different clusterings of the unit square $[0,1] \times [0,1]$, shown in Figure 2, had to be learned by a 2-25-3 network from 100 and 225 examples.

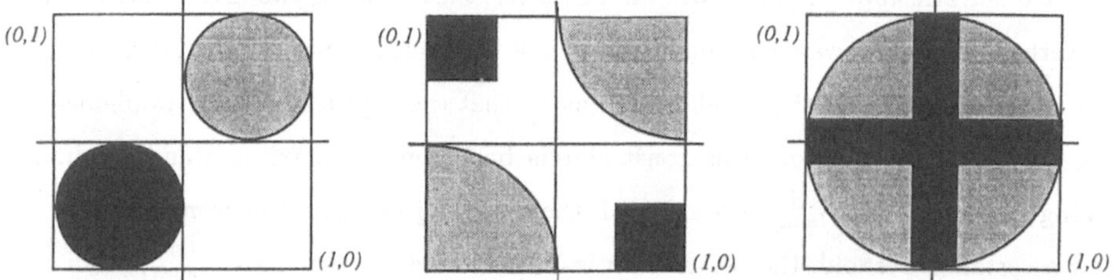

Figure 2: Clustering C_1, C_2 and C_3 of the unit square which had to be learned

For all problems, RPROP and QRPROP started with initial learning rates $\gamma_{ij}^{(0)} = 0.1$. The other RPROP parameters were set to $\gamma_{max} = 50.0$, $\gamma_{min} = 10^{-6}$, $u = 1.2$ and $d = 0.5$, which we also used for QRPROP, here we additionally had $t = 0.1$ and $f = 0.01$. Quickprops maximum growth factor was set to $\mu = 1.75$. Also a very small offset $\epsilon = 10^{-6}$ was added to the sigmoid's derivative for all problems. Since RPROP and QRPROP sometimes cause the weights to grow very large ($\gamma_{max} = 50.0!$), this was necessary to ensure that the derivative of the sigmoid would not vanish.

We trained the encoders with binary vectors and asymmetric sigmoid activation functions $s(x) \in (0,1)$ and the classification problems with symmetric sigmoids $s(x) \in (-0.5, 0.5)$. For each problem 50 runs were made using the 'small individual error' stopping criterion [PR93]. The output was regarded as 1 for all components larger than $1 - e$ and as 0 for all components smaller than e. For the encoder problems we used an error threshold $e = 0.4$, for the clusterings we had $e = 0.1$. If no solution was reached within 500 iterations for the encoder problems, 3000 iterations for the clusterings with 100 examples and 6000 iterations for the clusterings with 225 examples, training was stopped. For standard backpropagation, different learning rates were tested and the best results were reported.

	10-5-10 Encoder				8-3-8 Encoder				12-2-12 Encoder			
	Iter	SD	Time	Con	Iter	SD	Time	Con	Iter	SD	Time	Con
BP	127		8.2	100	374		20.0	52	0	0	0.0	0
QP	26		2.0	100	40		3.3	100	0	0	0.0	0
RPo	36	6	2.8	100	87	43	6.7	100	324	76	25.3	92
RPn	41	7	3.2	100	72	27	5.5	100	255	53	19.9	100
QR	36	5	2.8	100	67	27	5.1	100	249	75	19.3	98

Table 1: Results for the encoder problems

Our results show that for the two smaller encoders Quickprop yields the fastest results (table 1). Except for the 10-5-10 Encoder, QRPROP is about 1.3 times faster than RPROP(old) and always a little faster than RPROP(new). For the encoder problems (which fit the assumption of a function independent of all the other weights very well) QRPROP yields much faster results, when the secant step was not constrained at all. However this slowed the convergence of other benchmarks.

	Cluster 1 (100 Ex)				Cluster 2 (100 Ex)				Cluster 3 (100 Ex)			
	Iter	SD	Time	Con	Iter	SD	Time	Con	Iter	SD	Time	Con
QP	1685	374	178.0	98	369	205	38.5	68	1210	193	137.5	100
RPo	1471	310	151.0	98	433	148	42.7	100	1559	490	161.9	74
RPn	839	208	86.3	98	260	64	26.9	100	911	526	87.6	96
QR	725	126	76.5	100	240	63	26.0	100	745	377	78.1	100
	Cluster 1 (225 Ex)				Cluster 2 (225 Ex)				Cluster 3 (225 Ex)			
QP	0	0	0.0	0	1798	0	76.2	5	3334	1269	141.6	60
RPo	4381	1007	155.4	80	1762	664	56.2	98	4395	993	157.6	85
RPn	2417	583	82.7	98	925	228	33.3	100	2564	512	92.1	95
QR	2223	601	79.6	100	849	179	30.4	100	2404	642	88.6	90

Table 2: Results for the clusterings of the unit square

As can be seen in table 2, for the classification problems QRPROP is usually about twice as fast (or faster) as Quickprop and the old version of RPROP. The speedup over RPROP(new) is between 8% and 16% for the data set containing 100 examples and between 4% and 9% for the larger data set. Standard backpropagation did in general not learn the tasks within reasonable time.

6 Conclusions and Future Work

We propose in this paper a simple hybrid learning algorithm which adaptively includes second order information into an adaptive step method. QRPROP combines the fast global convergence of RPROP with the good local properties of a second order method, as can be seen by the numerical simulations.

This work is part of ongoing research. Our objective is to develop a new class of learning algorithms, which dynamically switch between different strategies, depending on local properties of the error surface. The QRPROP algorithm introduced in this paper is a hybrid algorithm using a *local* strategy. We are still looking for improvements to it, mainly by trying to eliminate some of the user dependent parameters t and f.

Research on developing *global* hybrid algorithms is still in progress. In this case 'global' means that the applied strategy is simultaneously changing for all weights, not independently for each single weight as e.g. in QRPROP.

We are also working on the implementation of hybrid (and other) algorithms on a SIMD neurocomputer, Adaptive Solutions' CNAPS, were they can be benchmarked on the basis of large problems, like the recognition of handwritten characters.

References

[Bat92] R. Battiti. First and Second Order Methods for Learning: Between Steepest Descent and Newtons Method. *Neural Networks*, 4:141–166, 1992.

[Fah88] S. E. Fahlman. Faster-learning variations on back-propagation. In: D. Touietzky and T. Sejnowski G. Hinton, eds., *Proceedings of the '88 Connectionist Models Summer School*, pp. 38–51. Carnegie-Mellon-University, 1988.

[PR93] M. Pfister and R. Rojas. Speeding - up Backpropagation – A Comparison of orthogonal Techniques. In *Proceedings of the IJCNN '93 Nagoya, Japan*, pages 517–523.

[RB92] M. Riedmiller and H. Braun. RPROP – A Fast Adaptive Learning Algorithm. Technical Report. Universität Karlsruhe, 1992.

[RB94] M. Riedmiller and H. Braun. RPROP – Description and Implementation Details. Technical Report. Universität Karlsruhe, 1994.

[Roj93] R. Rojas. *Theorie der Neuronalen Netze - Eine systematische Einführung*. Springer, 1993.

[RHW86] D. E. Rumelhart, G. E. Hinton, and R. J. Williams. Learning internal representations by error propagation. In: D. E. Rumelhart and J. McClelland, eds., *Parallel Distributed Processing*. MIT Press, 1986.

[SJW92] W. Schiffmann, M. Joost and R. Werner. Optimization of the Backpropagation Algorithm for Training Multilayer Perceptrons. Technical Report. Universität Koblenz, Institut für Physik, 1992.

Optimierung der Identifikation nicht-linearer Systeme durch Soft-Computing

V. Vergara, C. Moraga
Universität Dortmund, Informatik I
Otto-Hahnstr. 16, 44221 Dortmund
Tel. 0231- 755 6412, Fax 0231 755 6555
e-mail {vergara, moraga}@jupiter.informatik.uni-dortmund.de

Kurzfassung
In dieser Arbeit werden zwei Methoden dargestellt, die der intelligenten Identifikation von nicht-linearen Systemen dienen. Beide Methoden, basieren auf neuronalen Netzen (scharfe und unscharfe), die mit genetischen Algorithmen optimiert worden sind. Sie sind eine Verbesserung des schon von Narendra dargestellten Modells für dynamische Systeme.

Schlüsselworte: Systemidentifikation, unscharfes Modell, neuronale Netze, genetische Algorithmen

1. Einleitung

Auf Grund des großen Erfolges der letzten Jahren erreichen die neuronalen Netze eine hohe Popularität im Bereich der Steuerungs- und Regelungstechnik. Sie wurden als innovative Werkzeuge für die Identifikation und die Steuerung dynamischer nicht-linearer Systeme eingeführt [3, 5]. Der größte Vorteil dieser neuen Methoden ist, daß sie kein mathematisches Modell der zu identifizierenden Prozesse brauchen. Diese neuen Methoden ermöglichen die Steuerung von Prozessen, die bisher sehr schwierig zu behandeln waren, weil kein geeignetes mathematisches Modell zur Verfügung stand oder die zu behandelnde Information über den Prozeß und sein Verhalten nicht ausreichend war. Die Qualität des erreichten Modells und die Einfachheit seiner Implementierung, sind Grund für eine effektive und angepaßte Benutzung als Werkzeug für die Behandlung und Analyse dynamischer Systeme.
In dieser Arbeit wird das Soft-Computing bei der Optimierung des Identifikationsprozesses benutzt: zu diesem Zweck werden die genetischen Algorithmen als eine Methode für die Optimierung des Modells der zu steuernden Prozesse angewendet. Es wird vorausgesetzt, die Identifikation Off-Line durchzuführen, und nur Ein-/Ausgabedaten für die Darstellung des Modells zu verwenden. Im ersten Fall werden die Architektur und die Gewichte des Netzes, und die Schwellfunktion der Innere/ und Ausgabeschicht angepaßt. Im zweiten Fall wird die Verteilung der fuzzy Untermenge optimiert, d.h. die optimale Zugehörigkeitsfunktion (Gestalt

und Verteilung) des unscharfen Modells. In beiden genannten Fällen ist eine hohe Genauigkeit des Modells gesucht, die durch diese Optimierung erfolgt.

Unter Soft-Computing versteht man, wie Zadeh schon definiert hat [7], eine Art von Computing bei der Genauigkeit gegen Robustheit und einfache Implementierung ausgetauscht wird, d.h., man legt nicht so viel Wert auf die Genauigkeit der Lösung. An dieser Stelle sind die Hauptkomponenten des Soft-Computing die unscharfe Logik, die neuronalen Netze, die approximativen Schlußfolgerungen, die genetischen Algorithmen, die Chaos-Theorie und Teile der Lerntheorie. Soft-Computing besteht aus einer Menge von Techniken, durch deren Verknüpfung man mit größerer Leistung reelle Probleme lösen kann und in denen Ungenauigkeit und Mangel an Kenntnissen einen großen Rolle spielt. Diese Verbindungen und wechselseitigen Beziehungen (Abbildung 1) werden ausgenutzt, um eine bessere Genauigkeit des Modells zu erreichen.

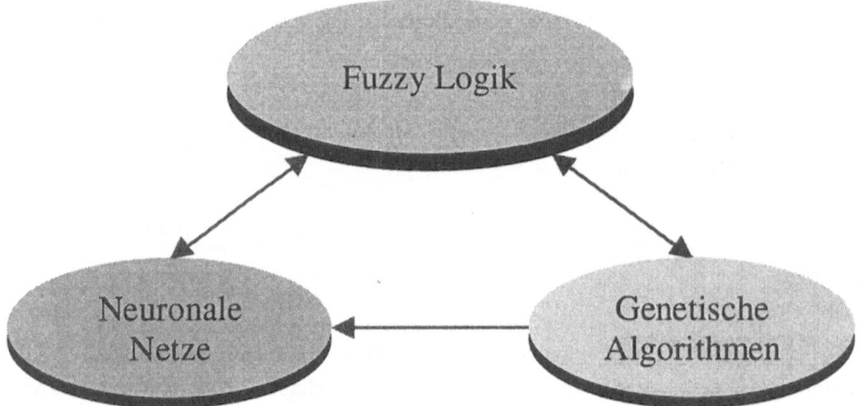

Abbildung 1: Beziehungen zwischen den Komponenten von Soft-Computing

2. Identifikationsmodelle

2.1 Identifikationsmodell mittels neuronaler Netze

Das Identifikationsproblem besteht [5] aus zwei Teilen:

a) die Auswahl des Identifikationsmodells und

b) die Anpassung seiner Parameter.

Unter Identifikation versteht man den Aufbau eines mathematischen Modells nur mit Hilfe der Ein-/Ausgabedaten. In unserem Fall wurde eine seriell-parallele Modellstruktur implementiert. Diese Modellstruktur besitzt den Vorteil, daß die Ausgabe der Regelstrecke in das Identifikationsmodell rückgekoppelt wird, eine Eigenschaft die für den Aufbau des Modells mittels neuronaler Netze sehr nützlich ist.

Für ein SISO-System (ein System mit nur einer Ein-und Ausgabe) ist die Ausgabe des Modells durch folgende Gleichung gegeben:

$$y_p(k+1) = f\left[y_p(k), y_p(k-1), \ldots, y_p(k-n+1), u(k), u(k-1), \ldots, u(k-m+1)\right] \quad (1)$$

wobei (u(k) y_p(k)) die Ein-/Ausgabe Tupel des Prozesses zum Abtastpunkt k, mit $m \leq n$ und f eine reelle Funktion ist; f: $R^{m+n} \rightarrow R$. Wir suchen die kleinste Abweichung zwischen Prozeßausgabe und Modellausgabe für jede Abtastpunkt, d.h.,

$$\lim_{k \to \infty} E = \left|y_p(k) - y_m(k)\right| \leq \xi, \text{ für } \xi \geq 0 \quad (2)$$

wobei y_m(k) die Modellausgabe, y_p(k) die Prozeßausgabe und E der Fehler ist.

Als erste Möglichkeit für die Lösung des Teils a) des Identifikationsproblems wenden wir ein neuronales Netz an, wobei man zwei grundsätzliche Modelle [6] unterscheiden (vgl. auch Abbildung 2a und 2b) kann, falls man die Ausgabe der Regelstrecke als eine rekursive Gleichung betrachtet (1). Man erhält folgende Gleichungen:

Modell I:

$$y_p(k+1) = f_1\left[y_p(k), y_p(k-1), \ldots, y_p(k-n+1)\right] + \sum_{i=0}^{m-1} \beta_i \cdot u(k-i) \quad (3)$$

und für Modell II:

$$y_p(k+1) = f_2\left[y_p(k), y_p(k-1), \ldots, y_p(k-n+1), u(k), u(k-1), \ldots, u(k-m+1)\right] \quad (4)$$

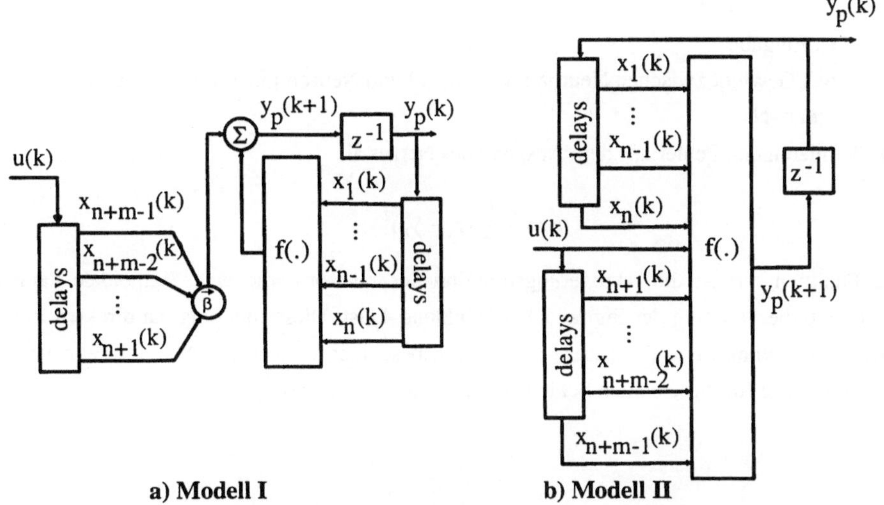

Abbildung 2: Identifikationsmodell mit neuronalen Netzen

Bei der ersten Modellstruktur für das neuronale Netz ist die zu lernende Funktion f_1 eine Funktion mit den Ausgabewerten y(k), k=1,...,m, wobei die Eingabe des Netzes (Stellgröße) u(k), k=1,..,n, bekannt ist.
Bei der zweiten Modellstruktur sind die Parameter der zu lernenden Funktion f_2 sowohl Ausgabewerte als auch Stellgröße.

Die Einheit des neuronalen Netzes ist das Neuron (Abbildung 3), das miteinander in mehreren Schichten verbunden wird. Die Neuronen besitzen auf diese Weise die Eigenschaft nicht-lineare Funktionen zu erlernen.

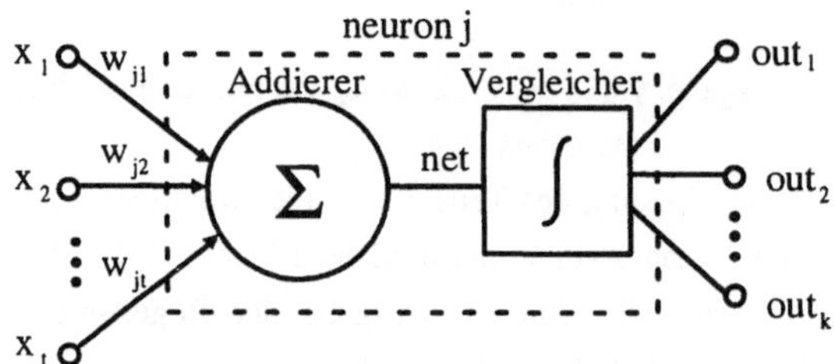

Abbildung 3: Künstliches Neuron

Die Ausgabe jedes Neurons wird mit folgender Gleichung beschrieben:

$$out_i = \frac{1}{1+e^{-c_i(net_i+b_i)}}, \qquad (5)$$

mit $net_i = \sum_{j=m}^{n} w_{ji} x_j$,

x_j: Eingabe

w_{ij}: Gewicht zwischen Neuron i in Schicht l und Neuron j in Schicht l-1, und

n,m ∈ N.

Wir definieren den Fehler aus dem Ausgang des Netzes als:

$$E = \frac{1}{2}\sum_{k=1}^{p}(z_k - y_k)^2 \qquad (6)$$

Die Funktion *out* ist die Aktivierungsfunktion des Neurons, die eine Sigmoidale darstellt, wobei c>0 die Steigung der Sigmoidale (Abbildung 4) ist. Diese Steigung hat direkten Einfluß über die Aktivitätswerte der Innere-/ und Ausgabeschicht, da sich die Aktivitätseingabewerte der Sigmoidale für diese beiden Schichten im linearen Bereich der Kurve bewegen.

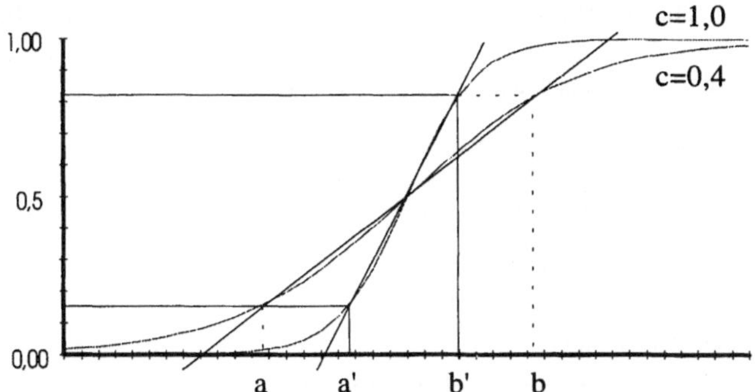

Abbildung 4: Optimierung der Aktivierungsfunktion des Neurons

Danach wird nach demselben Prinzip des Backpropagationalgorithmus die optimale Steigung der Sigmoidale gesucht, die den Fehler E minimiert, d.h.

$$\Delta c_i = -\eta \frac{\partial E}{\partial c_i}, \tag{7}$$

mit η als Lernparameter.

Für die Suche der optimalen Steigung c (Abbildung 4), die den Fehler E minimiert, werden genetische Algorithmen angewandt.

2.2 Identifikationsmodell mittels unscharfer Implikationen

Die zweite Möglichkeit das Identifikationsproblem zu lösen ist die Herstellung eines unscharfen relationellen Modells mittels unscharfer Implikationen [1]. Das Merkmal einer solchen Identifikation ist eine Menge aus unscharfen Bedingungsregeln, die das Ein-/Ausgabeverhalten des Systems reproduzieren können.

Diese Regeln haben folgende Form:

$$R_j\text{: if } X_1 is A_{1j} \wedge \ldots \wedge X_n is A_{nj} then Y_1 is B_{1j} \wedge \ldots \wedge Y_m is B_{mj} \tag{8}$$

Sie können mit folgenden von A_j zu B_j abgebildeten unscharfen Implikationen R_j dargestellt werden:

$$R_j : A_j \rightarrow B_j \tag{9}$$

mit: j = 1, 2,..., p, und
A_j, B_j als unscharfe Mengen in den entsprechenden Universen $\mathcal{U}$, $\mathcal{V}$.

Sei $X_j(k)$ die Eingabevariable, $Z_j(k)$ die Zustandsvariable für den Abtastpunkt k, $A_j = (A_{1j}, \ldots, A_{nj})$ der j-te unscharfe Zustandsvektor und $B_j = (B_{1j}, \ldots, B_{mj})$ der j-te unscharfe Eingabevektor, dann ist die unscharfe relationale Gleichung:

$$Z_j(k+1) = X_j(k) \otimes Z_j(k) \otimes R_j \tag{10}$$

mit $X_j(k) \in F(\mathcal{U})$, unscharfe Eingabevariable,
$Z_j(k) \in F(\mathcal{V})$, unscharfe Zustandsvariable,
R_j: unscharfe Relation und
j=1,..., m, in den entsprechenden Universen $\mathcal{U} \times \mathcal{V}$,
wobei $\otimes$ die Min-Funktion oder das Produkt bezeichnet.

Alle unscharfen Variablen sind durch ihre unscharfe Menge A_j und B_j definiert.
Die Identifikation des unscharfen Modells (10) ist die Bestimmung der unscharfen Relationen Rj, gemäß der Ein-Ausgabedaten des Prozesses, sodaß für (10) jedes Ein-Ausgabepaar (u(k), y(k)), k=1,...,p übereinstimmt.

Dann enthält das Kartesische Produkt $\mathfrak{R} = \mathcal{U} \times \mathcal{V}$ alle möglichen abbildbaren Regeln R_j.
Die Optimierung des unscharfen Modells ist die Suche der geeigneten Untermenge der Menge $\mathfrak{R}$. Diese Regeln werden mit Hilfe der genetischen Algorithmen gesucht.

3. Implementierung der Optimierungsprozedur

Der erste Schritt in der Anwendung der genetischen Algorithmen [2] ist die Suche einer geeigneten Kodierung *f* für die Parameter des neuronalen Netzes, d.h.,

$$\text{(Architektur, Steigung, eta)} \xrightarrow{f} x^n, \text{ mit } n \in N \text{ und } x \in \{0, 1\}.$$

Für die Kodierung der Architektur des Netzes nehmen wir an, daß das Netz nur auf zwei innere Schichten und auf maximal 100 Neuronen pro Schicht begrenzt ist. Die Anzahl der Neuronen in der Eingabe-/ und Ausgabeschicht ist von der Anzahl der Variablen des Systems festgelegt (bzw. durch die Ordnung des Modells). Die drei Hauptoperationen der genetischen Algorithmen sind die *Reproduktion* oder die Auswahl der besseren Individuen einer Generation, die *Crossover*, die ein Paar Chromosomen vereinigt und Teile von ihnen austauscht, und die *Mutation* zur Wandlung des Wertes einer Stringposition.
Diese drei Operationen bewerten die Chromosomen, die die notwendige Information für den Aufbau des neuronalen Netzes enthalten. Die Neuigkeit einer solchen Implementierung ist das Einfügen der Steigung der Aktivierungsfunktion der Neuronen als ein zusätzlicher Parameter in der Kodierung des Chromosoms. Mit dieser Erweiterung wird die Lernfähigkeit des Netzes

verbessert, indem man die interne Abschwächung (oder Anregung) des linearen Bereichs der Sigmoidale optimiert. Das Chromosom enthält auf diese Weise drei Freiheitsgrade. Der Fehlerverlauf des besten Individuums jeder Population wird in Abbildung 5a dargestellt.

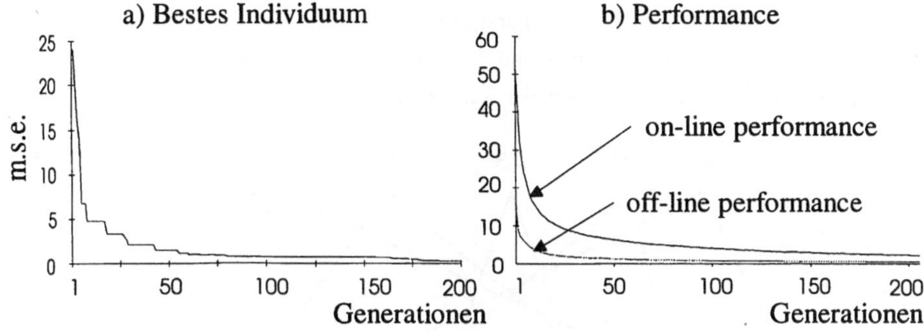

Abbildung 5: Fehlerverlauf bei der Optimierung

Beim Aufbau des unscharfen Modells muß man zuerst die Klassifizierung und Definition der verschiedenen Klassen für jede Ein-/und Ausgabevariable herstellen. Das selbst-organisierte Netz von Kohonen [4] (SOM) besitzt die Eigenschaft die Daten geordnet einzuteilen, was für die Klassifizierung von Prozeßzustandsdaten geeignet ist. Der Vorteil dieses Algorithmus ist, daß die Klassifizierung der verschiedenen Variablen unabhängig ist, wobei man als Ausgabe eine vorher definierte Anzahl von Klassen erhält, die die wichtigsten Arbeitsbereiche darstellen. Diese Klassen werden mit der Zugehörigkeitsfunktion verbunden, und auf diese Weise auch die Ein-/Ausgabebedingungen der unscharfen Regeln des Modells. Es wurde eine Rechteck-Topologie angewendet, um die Berechnungen zu erleichtern (Abbildung 6).

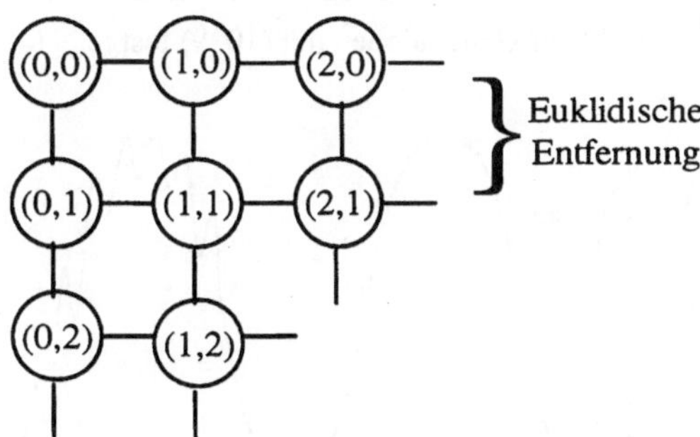

Abbildung 6: Rechteck-Topologie des SOMs.

Mit den genetischen Algorithmen werden die Anfangsverteilung und die Gestalt der Zugehörigkeitsfunktionen zugeordnet.

4. Bewertung der Ergebnisse

In Abbildung 5a kann man den Fehlerverlauf des besten Individuums jeder Generation bei der Optimierung der Lernfähigkeit des Netzes sehen. Dieser Fehler konvergiert am Anfang sehr schnell und stabilisiert sich nach 50 Generationen. Denselben Kurvenverlauf kann man in Abbildung 5b sehen, mit der On-Line- und Off-Line-Performance bei der Optimierung der Verteilung der Zugehörigkeitsfunktionen der Ausgabevariable.

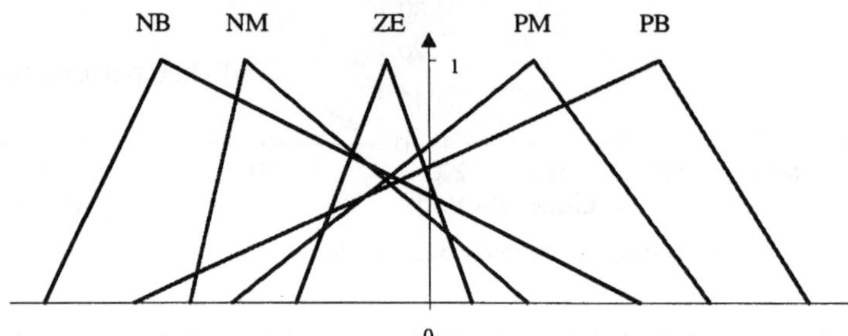

Abbildung 7: Endverteilung der Zugehörigkeitsfunktionen der Ausgangvariable

Die Abbildung 7 stellt die Endverteilung und Gestalt des linguistischen Teils der unscharfen Implikationen für die Ausgangvariable dar. Diese Verteilung ist symmetrisch und leicht nach links verschoben. Die Verteilungen für die anderen Variablen wurden auf dieselbe Weise bearbeitet. Die Anfangsverteilung und -gestalt der Variablen wurde zufällig initialisiert.
Für den genetischen Algorithmus wurden die Parameter mit folgenden Werten initialisiert: eine sehr niedrige Mutationsrate (10^{-4}) und eine ziemlich hohe Crossoverrate (0,7). Als Anfangspopulation wurden 100 zufällig ausgewählte Individuen angegeben und als Stopkriterium wurde die Anzahl der Generationen mit (10^{+6}) festgelegt.

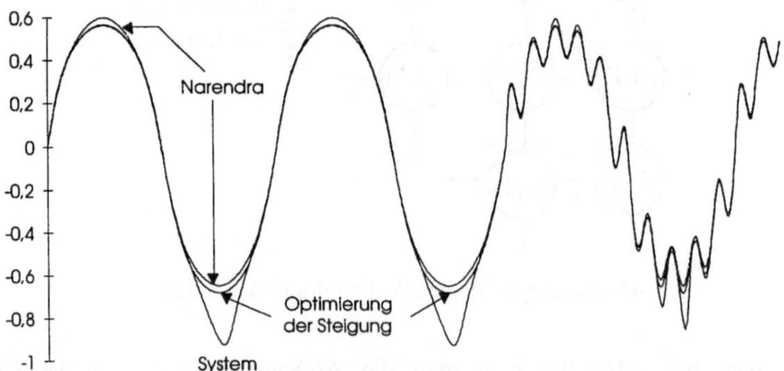

Abbildung 8a: Optimierung der Identifikation mittels neuronaler Netze

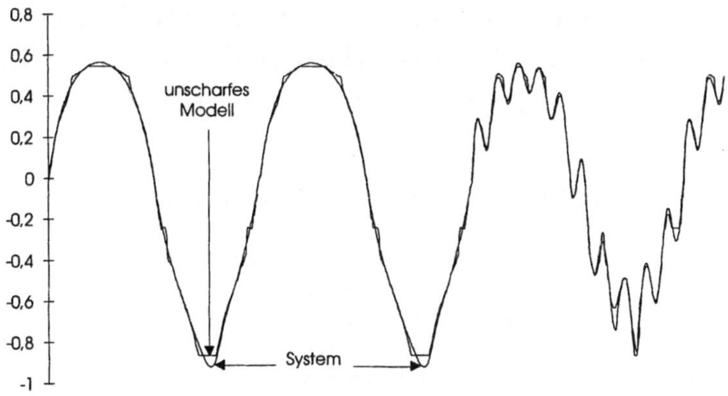

Abbildung 8b: Optimierung der Identifikation mittels unscharfer Implikationen

Die Abbildungen 8a und 8b zeigen das Identifikationsmodell, wobei in beiden im Vergleich zum neuronalen Netz von Narendra (1990) eine Verbesserung zu erkennen ist. Der Nachteil solcher Modelle ist deren Laufzeit, aber sie wird durch die Genauigkeit ausgeglichen, da die erreichten Fehler im Vergleich zu traditionellen Methoden sehr niedrig sind.

Durch den Einsatz von Soft-Computing ist es uns gelungen die Herstellung von Modellen nicht-linearer Systeme zu optimieren. Im Vergleich zu bisherigen Methoden konnten wir eine Verbesserung von ca. 60% erzielen.

5 Literaturverzeichnis

[1] Czogala E., Pedrycz W., Identification and Control Problems in Fuzzy Systems, *TIMS/Studies in the Management Sciences*, Vol. 20, pp. 447-466, 1984.

[2] Goldberg D.E., *Genetic Algorithms in Search, Optimization, and Machine Learning*, Addison Wesley, 1989.

[3] Hunt K., Sbarbaro D., Zbikowski R., Gawthrop P., Neural Networks for Control Systems-A Survey, *Automatica*, Vol. 28, N° 6, pp. 1083-1112, 1992.

[4] Kohonen Teuvo, The Self-organizing Map. *Proceedings of the IEEE*, 78(9), pp. 1464-1480, 1990.

[5] Ljung, Lennart, *System Identification, Theory for the user*, Prentice Hall, Englewood Cliffs, N.J., 1987.

[6] Narendra K.S., Parthasarathy K., Identification and Control of Dynamical Systems Using Neural Networks, *IEEE Transactions on Neural Networks*, Vol.1, N° 1,pp. 5-27, March 1990.

[7] Zadeh L.A., *Foreword of the Proc. of the 2nd International Conference on Fuzzy Logic & Neural Networks*, pp. XIII-XIV, Iizuka, Japan, 1992.

Ein Trainingsverfahren für Radial Basis Function Netzwerke mit dynamischer Selektion der Zentren und Adaption der Radii

Michael R. Berthold und Fridtjof Feldbusch

Forschungszentrum Informatik
an der Universität Karlsruhe
Gruppe ACID (Prof. D. Schmid)
Haid–und–Neu–Straße 10–14
76131 Karlsruhe
Germany

Zusammenfassung Im folgenden wird ein neues Trainingsverfahren für Radial Basis Function Netzwerke vorgestellt. Der DDA–Algorithmus (Dynamic Decay Adjustment) ergänzt den schon bekannten RCE–Algorithmus (Restricted Coulomb Energy, siehe [7]) in zwei Punkten: die Radii der RBF werden an die Trainingsdaten angepaßt und die Einführung neuer Zentren ist nun abhängig von der Klassenzugehörigkeit des Trainingsvektors und konkurrierender Prototypen. Durch dieses Verfahren läßt sich die Performanz der Netze gegenüber RCE und RBF–Netzwerken entscheidend verbessern. Getestet wurde der Algorithmus mit Beispielen der CMU Benchmark Suite und mit der Erkennung von Phonemen, einer Datenbasis die schon bei der Einführung des TDNNs verwendet wurde (siehe [9]). Die Anpassung der Radii alleine führte schon zu einer deutlichen Verbesserung gegenüber dem normalen RCE–Algorithmus, die Einführung verschiedener Schwellwerte für die Zugehörigkeit bzw. Nichtzugehörigkeit eines Testmusters zu einer Klasse verbesserte die Ergebnisse aber noch einmal deutlich. Zusätzlich wird am Beispiel des bekannten Zwei–Spiralen Problems die Generalisierungsfähigkeit dieses Algorithmus gegenüber einem normalen Multi Layer Perzeptron graphisch veranschaulicht.

1 Einführung

Radial Basis Function Netzwerke sind schon länger bekannt, wurden aber bisher eher selten eingesetzt, da die Klassifikationsraten deutlich schlechter waren als bei den weitverbreiteten *Multi Layer Perzeptrons* (MLP). Allerdings sind RBF–Netze einfacher zu interpretieren und kommen, die Verwendung eines entsprechenden Algorithmus vorausgesetzt, mit deutlich weniger Parametern aus, die das Training beeinflussen. Zudem existieren für RBFs Algorithmen, die die Struktur und die zu lernenden Parameter des Netzes in nur wenigen Trainingsdurchläufen einstellen können.

RBF–Netzwerke sind Netzwerke, die in der verdeckten Schicht nur Knoten besitzen, die eine (meist euklidische) Distanz ihres individuellen Referenzvektors

$\vec{r}_i$ (i ist die Knotennummer) zum Eingabevektor $\vec{x}$ berechnen und darauf dann eine Aktivierungsfunktion anwenden. Meist wird eine Gaussglocke verwendet:

$$R_i(\vec{x}) = exp(-\frac{||\vec{x} - \vec{r}_i||^2}{\sigma^2}) \tag{1}$$

hierbei steht σ_i für die Standardabweichung, die bei den meisten RBF–Netzen für alle Knoten gleich ist. Die Aktivierungen dieser *Radialen Basis Funktionen* wird dann gewichtet aufsummiert:

$$f_j(\vec{x}) = \sum_{i=1}^{m} A_{i,j} * R_i(\vec{x}) \tag{2}$$

f_j steht damit für den Ausgang des Netzwerkes mit dem Index j und die $A_{i,j}$ stellen die Gewichte vom RBF–Knoten i zum Ausgang j dar. Vorhandene Algorithmen, um RBF–Netzwerke zu trainieren, erfordern eine a–priori Definition der Anzahl der Knoten. Um die Referenzvektoren (oder auch *Prototypen*) $\vec{r}_i$ und die Ausgangsgewichte $A_{i,j}$ zu trainieren, existieren mehrere Verfahren (siehe hierzu auch [10]), die meist auf Vektorquantisierungs– oder Gradientenabstiegsalgorithmen beruhen. Die gemeinsame Standardabweichung σ aller RBF–Knoten wird meistens heuristisch festgelegt oder durch einfache statistische Methoden gewonnen, zum Beispiel der Berechnung des mittleren Abstands aller Prototypen untereinander.

Im Unterschied zu normalen RBF–Netzen sind bei RCE–Netzwerken die Knoten jeweils einer Musterklasse zugeordnet, damit hat jeder Knoten genau eine Verbindung zu dem, der Klasse entsprechenden Ausgang. Diese Ausgangsgewichte werden dabei nicht gelernt, sondern passend zu der Häufigkeit der Trainingsmuster eingestellt, das heißt, das Gewicht eines Knotens zum Ausgang spiegelt wieder, wieviele Muster ihm während des Trainings zugeordnet wurden. Zusätzlich wird die Anzahl benötigter Knoten dynamisch während des Trainings festgelegt. Die einzige Größe, die noch eingestellt werden muß, ist der Standardradius, der hinterher von allen Knoten zur Klassifikation verwendet wird. Auch bei RCE–Netzwerken wird dieser (globale) Parameter heuristisch ermittelt. Durch die Verwendung dieses Algorithmus wird die Trainingszeit reduziert, da das Netz schon nach wenigen Präsentationen der Trainingsmuster seine endgültige Form erreicht hat.

Der RCE–Algorithmus besteht im Prinzip aus zwei unterschiedlichen Schritten, dem sogenannten *commit*, in dem ein neuer Knoten eingefügt wird, weil ein neuer Trainingspunkt nicht im Einflußbereich eines Knoten der richtigen Klasse lag, und dem *shrink*, das ausgeführt wird, wenn ein Trainingspunkt im Konflikt mit Prototypen anderer Klassen lag. Hierbei wird der Einflußbereich der Knoten, die im Konflikt mit dem Trainingsvektor lagen, entsprechend verringert.

2 Der DDA–Algorithmus

Das Problem des globalen Radius, der allen Knoten gemeinsam ist, wird von dem hier vorgestellten Verfahren gelöst. Die erste Änderung des Algorithmus führt dazu, daß dieser sich nicht mehr nach den Einflußbereichen der Knoten richtet, sondern die Aktivierungen betrachtet, um zu entscheiden, ob ein *shrink* oder *commit* nötig ist. Damit wird für jeden Knoten eine individuelle Standardabweichung σ_i eingeführt, die auch während der Klassifikationsphase verwendet werden kann. Ein Problem dieser Methode verdeutlicht allerdings Bild 1. Bei

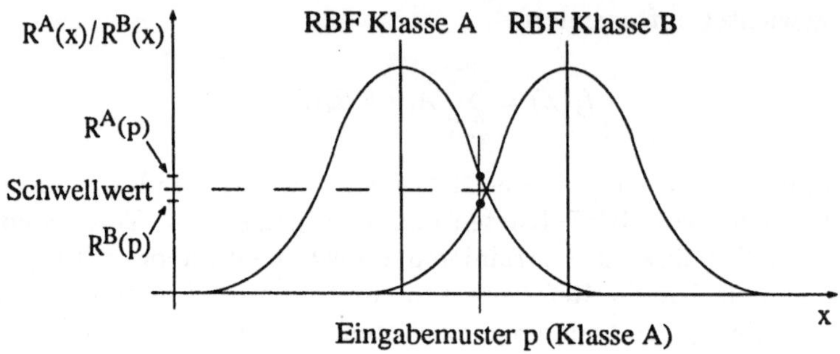

Abbildung1. Bei einem einzigen Schwellwert für *commit* und *shrink* kann es vorkommen, daß ein neuer Vektor aus den Trainingsdaten zwar korrekt klassifiziert ist, der Abstand zu der Aktivität eines inkorrekten Prototypen aber sehr klein ist. Das führt zu einer extrem unsicheren Klassifikation im Testfall.

einer ungünstigen Lage des Trainingsvektors kann es vorkommen, daß trotz fast gleicher Aktivitäten zweier unterschiedlicher Prototypen nichts unternommen wird.

Aus diesem Grund werden zwei neue Schwellwerte eingeführt, θ_{pos}, der sogenannte *positive Schwellwert* (positive threshold) und θ_{neg}, der *negative Schwellwert* (negative threshold). Eine neue RBF wird immer dann eingefügt (*commit*), wenn es für einen Eingabevektor noch keine RBF gleicher Klasse gibt, deren Aktivität größer als der positive Schwellwert θ_{pos} ist. Gleichermaßen werden RBFs konkurrierender Klassen gezwungen ihre Radii soweit zu verkleinern, daß ihre Aktivierung unterhalb des negativen Schwellwertes θ_{neg} liegt (*shrink*). In all unseren Experimenten waren die Ergebnisse fast völlig unabhängig von einer (vernünftigen) Wahl dieser beiden Parameter. Ist nun der negative Schwellwert kleiner als der positive, erreicht man, daß RBFs der gleichen Klasse dichter beieinander liegen, als RBFs unterschiedlicher Klasse. Bild 2 illustriert die Verwendung der beiden Schwellwerte an einem Beispiel. Der neue Trainingsvektor wird von einer RBF der Klasse A korrekt klassifiziert (d.h. die Aktivität liegt über dem positiven Schwellwert) und die Aktivität der anderen RBF liegt korrekterweise (da diese RBF zu einer anderen Klasse gehört) unterhalb des negativen Schwellwertes. Dieses Verfahren erreicht, daß sich der Radius jeder RBF auf die individuelle Umgebung einstellt. Dabei wird zusätzlich garantiert, daß RBFs gleicher Klasse dichter (im Sinne der verwendeten Distanzfunktion) angesiedelt sind als RBFs konkurrierender Klassen. Damit können auch Zwischenbereiche

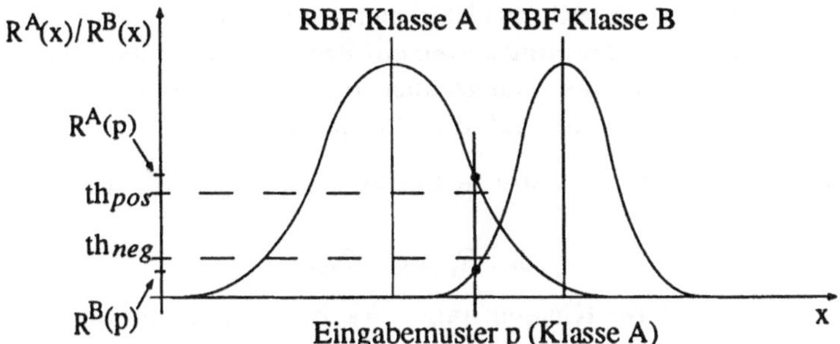

Abbildung2. Der DDA–Algorithmus unterscheidet zwischen Prototypen verschiedener Klassen. Mindestens eine Aktivität einer RBF der korrekten Klasse muß über dem positiven Schwellwert liegen. Aktivitäten anderer Klassen müssen dagegen unterhalb des negativen Schwellwertes bleiben.

sicherer klassifiziert werden, als bei einem RCE–Netzwerk.
Der *Dynamic Decay Adjustment–Algorithmus* (kurz DDA) wird anhand des folgenden Pseudo–Code näher erläutert (dabei steht p_i^c für den i–ten Prototyp der Klasse c, $R_i^c(\cdot)$ ist entsprechend seine Aktivierungsfunktion und m_c bezeichnet die Anzahl von Prototypen der Klasse c):

1: if $\exists p_i^c : R_i^c(\vec{x}) \geq \theta_{pos}$ dann
2: $\quad$ [$A_i^c += 1.0$
3: else
4: $\quad$ [erzeuge neuen Prototyp $p_{m_c+1}^c$ mit:
5: $\quad$ | $\vec{r}_{m_c+1}^c = \vec{x}$
6: $\quad$ | $\sigma_{m_c+1}^c = \max\{\sigma : k \neq c \wedge 1 \leq j \leq m_k \wedge R_{m_c+1}^c(\vec{r}_j^k) < \theta_{neg}\}$
7: $\quad$ ⌊ $A_{m_c+1}^c = 1.0$
8: $\forall k \neq c, 1 \leq j \leq m_k : \sigma_j^k = \max\{\sigma : R_j^k(\vec{x}) < \theta_{neg}\}$

Dieser Algorthmus stellt sicher, daß gilt:

– der neue Vektor ruft an mindestens einem Prototypen der korrekten Klasse eine Aktivität größer oder gleich dem positiven Schwellwert θ_{pos} hervor (Zeile 1). Das Gewicht des am dichtesten liegenden Prototyps wird inkrementiert (Zeile 2 oder 7).
– ansonsten wird ein neuer Prototyp erzeugt. Referenzvektor wird dabei der Eingabevektor, der Radius des neuen Prototypen wird so groß wie möglich gewählt, d.h. Aktivitäten, die von Prototypen anderer Klassen hervorgerufen werden, sind immer kleiner als der negative Schwellwert θ_{neg} (Zeile 4–6).
– Und schließlich wird garantiert, daß alle Prototypen von anderen Klassen keine Aktivität haben, die größer oder gleich dem negativen Schwellwert ist (Zeile 8).

Die Terminierung dieses Algorithmus ist sichergestellt, da im Falle einer extrem ungünstigen Verteilung der Trainingsdaten ein Prototyp für jeden Vektor erzeugt wird. Wenn dieser Algorithmus solange ausgeführt wird, bis keine Änderungen mehr auftreten, ist sichergestellt, daß die Gleichungen 3 und 4 gelten:

– Mindestens ein korrekter Prototyp hat eine ausreichende Aktivität größer oder gleich θ_{pos}:

$$\exists i : R_i^c(\vec{x}) \geq \theta_{pos} \tag{3}$$

– Alle Prototypen anderer Klassen haben Aktivitäten kleiner als θ_{neg}:

$$\forall k \neq c, 1 \leq j \leq m_c : R_j^k(\vec{x}) < \theta_{neg} \tag{4}$$

3 Ergebnisse

Während bisherige Trainingsverfahren für RBF Netzwerke meistens schlechter abschnitten als MLPs stellte sich bei Tests auf einigen Daten der CMU Benchmark Collection heraus, daß mit dem DDA–Algorithmus trainierte RBF–Netzwerke gleichwertige oder sogar bessere Ergebnisse erzielen, als bisher mit normalen Multi Layer Perzeptron Netzwerken publiziert wurden:

– "Sonar, Mines vs. Rocks": Anhand eines reflektierten Sonarsignals sollen ein Stein- und ein Metallzylinder auseinandergehalten werden. Die besten Resultate für ein MLP (publiziert in [3]) waren 89,2% korrekte Klassifikationen auf der Testmenge nach 300 Durchläufen über die gesamten Trainingsdaten. Das hier vorgestellte Verfahren erreichte eine Erkennungsrate 92,3% (+3,1%) auf den Testdaten nach nur zwei Durchläufen über die Trainingsdaten.
– "Vowel Recognition": Sprecherunabhängige Erkennung von 11 Vokalen der englischen Sprache. Deterding (siehe [2]) publizierte Ergebnisse für eine Reihe von Netzwerktypen, deren beste Erkennungsraten bei etwa 55% lagen. Nearest Neighbour lag mit 56% an der Spitze, dicht gefolgt von PNNs (53%). Das beste MLP in dieser Übersicht klassifizierte 51% der Muster korrekt. Unser Verfahren erreichte nach nur zwei Trainingsläufen eine Erkennungsrate von 63,8% und liegt damit fast 8% über dem besten Ergebnis von Deterding.
– "Two Spirals": Zwei ineinander verschlungene Spiralen (jeweils 3 volle Umdrehungen) sollen klassifiziert werden. Dieses Problem wurde zuerst in [4] vorgestellt, die Daten, die für diesen Vergleich herangezogen wurden, sind allerdings leicht modifiziert. Dadurch, daß die Spiralen nicht mehr linear sondern quadratisch abklingen, können sie nicht durch RBFs mit gleichem Radius klassifiziert werden. Die dynamische Adaption der Radii durch den DDA–Algorithmus wird so besser deutlich. Interessant an diesem Datensatz ist weniger die Performanz (für die man mit den meisten Netzwerke 100% korrekte Klassifikation erreichen kann), sondern vielmehr die erreichte Generalisierung, die man anhand eines 2D–Plots veranschaulichen kann. In Abbildung 3 werden die Resultate zweier Netzwerke gegenübergestellt, links ein normales Multi Layer Perzeptron und rechts ein RBF–Netzwerk, das mit dem DDA–Algorithmus trainiert wurde. Beide Netzwerke klassifizieren al-

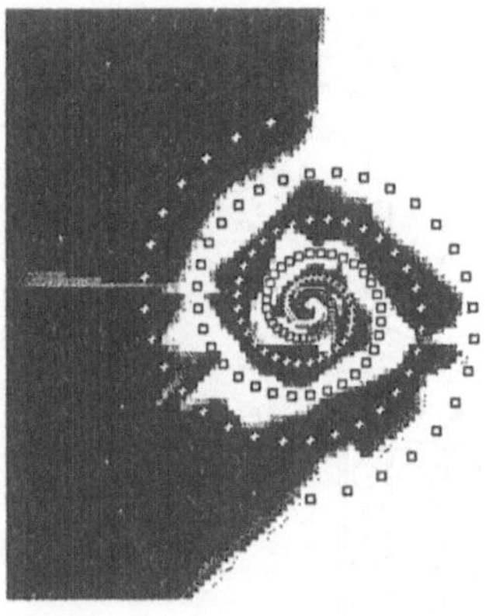

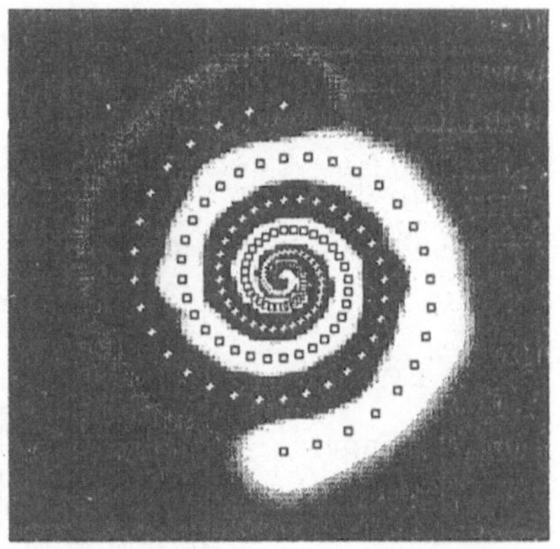

Abbildung3. Das "Two Spirals" Problem, gelöst von zwei verschiedenen Netzwerktypen: links von einem normalen Multi Layer Perzeptron und rechts von einem RBF-Netzwerk, welches mit dem DDA-Algorithmus trainiert wurde. Alle Punkte der Trainingsdaten (Kreuze vs. Quadrate) werden von beiden Netzen korrekt klassifiziert.

le 196 Trainingspunkte korrekt, das MLP benötigte dafür allerdings etwa 40000 Trainingsläufe über die Daten, im Gegensatz zum DDA-Algorithmus, der schon nach 5 Epochen ein RBF-Netz erzeugt hatte, daß 100% der Daten korrekt klassifiziert.

Zusätzlich testeten wir auch mit Spracherkennungsdaten, die verwendet wurden, um zu zeigen, daß MLPs für die Spracherkennung geeignet sind. Dabei wurde 1989 das sogenannte *Time Delay Neural Network* (TDNN) eingeführt (siehe [9]):

- "Phoneme Erkennung" (BDG task): Hierbei geht es um die Erkennung von drei Phonemen eines japanischen Sprechers. Auch hier kann unser Verfahren zumindest an die Erkennungsraten eines herkömmlichen MLP Ansatzes heranreichen, mit Hinzunahme einer verschiebungsinvarianten Struktur, ähnlich wie beim TDNN, erreichten wir eine korrekte Erkennung von 98,3% der Phoneme, im Vergleich zu 98,5% beim TDNN (siehe [1]). Die Struktur des verwendeten RBF-Netzwerkes, des sogenannten *Time Delay Radial Basis Function Network* (TDRBF), zeigt Bild 4. Deutlich zu erkennen ist das zugrundeliegende RBF-Netzwerk. Der für die Verschiebungsinvarianz benötigte letzte Layer summiert Aktivitäten von verschiedenen Instanzen der einzelnen RBFs, die jeweils zu einer Klasse gehören.

4 Zusammenfassung

Wir haben gezeigt, daß bei der Verwendung des DDA-Verfahrens RBF-Netze eine Performanz erreichen können, die an die Erkennungsraten von bekannten

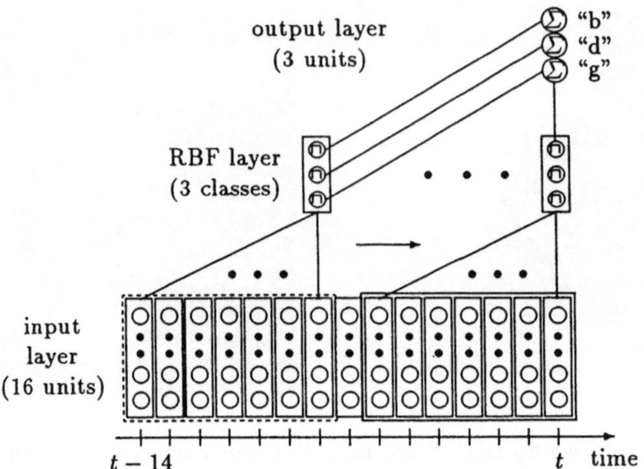

Abbildung4. Die Struktur des TDRBFs, daß für die Erkennung von Phonemen der BDG-task verwendete wurde. Der obere *Integration-Layer* berechnet dabei die Summe der Aktivitäten des darunter liegenden RBF-Netzwerkes und sorgt damit für die notwendige Verschiebungsinvarianz.

Tabelle1. Alle Ergebnisse auf einen Blick:

database	network/algorithm	performance	# epochs
Vowel Recognition	Nearest Neighbour	56%	1
	MLP	51%	~3000
	PNN	53%	1
	DDA-RBF	**63.8%**	2
Sonar	MLP	89.2%	~300
	PNN	61.7%	1
	DDA-RBF	**92.3%**	2
BDG-task	TDNN	98.5%	>50
	"TD"-RCE	85.2%	5
	TDRBF (DDA)	**98.3%**	6

Netzwerken heranreicht, sie sogar teilweise übertrifft. Dabei ist das hier vorgestellte Verfahren dank des zugrundeliegenden RCE-Algorithmus in der Lage die Anzahl der nötigen RBFs dynamisch zu bestimmen und verzichtet damit auf die Festlegung dieses Parameters vor Beginn des Trainings. Durch den adaptiven DDA-Algorithmus werden zusätzlich die Radii der Prototypen automatisch abhängig von den benachbarten RBFs angepaßt. Außerdem ist das Verfahren in den meisten Fällen deutlich schneller im Training, insbesondere im Vergleich zu den oft verwendeten Gradientenabstiegsverfahren.

Anhand von vier bekannten Datensätzen wurde der neue Algorithmus mit herkömmlichen Verfahren verglichen. Dabei wurden die Erkennungsraten von

Multi Layer Perzeptrons in drei Fällen übertroffen, bei dem letzten Benchmark, einer Phoneme-Erkennung, erreichte ein mit dem DDA-Algorithmus trainiertes RBF-Netzwerk äquivalente Erkennungsraten zu dem in [9] verwendeten TDNN.

References

1. M. Berthold: "A Time Delay Radial Basis Function Network for Phoneme Recognition" in Proc. of the IEEE International Conference on Neural Networks, Orlando, 1994.
2. D. Deterding: "Speaker Normalization for Automatic Speech Recognition", PhD Thesis, University of Cambridge, 1989.
3. R. Gorman, T. Sejnowski: "Analysis of Hidden Units in a Layered Network Trained to Classify Sonar Targets" in Neural Networks 1, pp.75.
4. K. Lang, M. Witbrock: "Learning to Tell Two Spirals Apart", in Proc. of Connectionist Models Summer School, 1988.
5. J. Moody, C.J. Darken: "Fast Learning in Networks of Locally-Tuned Processing Units" in Neural Computation 1, p.281-294, 1989.
6. M.J. Hudak: "RCE Classifiers: Theory and Practice" in Cybernetics and Systems 23, p.483-515, 1992.
7. D.L. Reilly, L.N. Cooper, C. Elbaum: "A Neural Model for Category Learning" in Biol. Cybernet. 45, p.35-41, 1982.
8. D.F. Specht: "Probabilistic Neural Networks" in Neural Networks 3, p.109-118, 1990.
9. A. Waibel, T. Hanazawa, G. Hinton, K. Shikano, K. Lang: "Phoneme Recognition Using Time-Delay Neural Networks" in IEEE Trans. in Acoustics, Speech and Signal Processing Vol. 37, No. 3, 1989.
10. D. Wettschereck, T. Dietterich: "Improving the Performance of Radial Basis Function Networks by Learning Center Locations" in Advances in Neural Information Processing Systems 4, p.1133-1140, 1991.
11. S. Fahlman, M. White: "The Carnegie Mellon University Collection of Neural Net Benchmarks" from ftp.cs.cmu.edu in /afs/cs/project/connect/bench.

Nochmals ein genetischer Algorithmus zum Optimieren von regelbasierten Fuzzy-Systemen?

Andreas Kanstein[1], Hartmut Surmann[2] und Karl Goser[1]

[1] Universität Dortmund, Lehrstuhl für Bauelemente der Elektrotechnik, D-44221 Dortmund. Email: kanst@luzi.e-technik.uni-dortmund.de
[2] Gesellschaft für Mathematik und Datenverarbeitung, Institut für Systementwurfstechnik, Schloß Birlinghoven, D-53754 Sankt Augustin.

Zusammenfassung. Regelbasierte Fuzzy-Systeme implementieren eine Abbildung $f : U \subset \mathbb{R}^n \rightarrow \mathbb{R}$ auf einer kompakten Menge U durch die Formulierung von Fuzzy-Regeln über linguistische Variablen. Das Systemverhalten ist transparent und robust trotz der knm Freiheitsgrade in den linguistischen Variablen. Dadurch wird ein manueller Entwurf vereinfacht, die Optimierung und die automatische Generierung aber deutlich erschwert. Genetische Algorithmen eignen sich für diese Aufgabe, unterliegen aber Einschränkungen bezüglich der Komplexität, der Initialisierung und der Lokalität des Fuzzy-Systems.

1 Einleitung

In regelbasierten Fuzzy-Systemen (RFS) erfolgt die Beschreibung des Zustandsraumes durch Aufstellen von Hypothesen in Form von Fuzzy-Regeln über den linguistischen Variablen und deren sprachlich bezeichneten unscharfen Mengen. Das RFS implementiert dabei eine kontinuierliche, reelle, n-dimensionale Funktion $f : U \subset \mathbb{R}^n \rightarrow \mathbb{R}$ auf einer kompakten Menge U. Das Ein-/Ausgabeverhalten des RFS ist wegen der Verwendung linguistischer Bezeichner für den Anwender relativ leicht zu formulieren und nachzuvollziehen. Andererseits wird der automatische Entwurf bzw. die Optimierung eines solchen Systems durch die knm Freiheitsgrade in den linguistischen Variablen (n = Anz. der Variablen, m = Anz. der Zugehörigkeitsfunktionen je Variable und k = Anz. der Parameter zur Beschreibung einer Zugehörigkeitsfunktion) wesentlich erschwert. Für zukünftige intelligente, d.h. adaptive Systeme und für komplexe Aufgaben ist eine automatische Optimierung aber besonders wünschenswert.

Karr et al. haben 1989 die Verwendung eines einfachen genetischen Algorithmus (GA) zur Optimierung eines RFS vorgeschlagen [KFM89]. Genetische Algorithmen eignen sich gut zur Optimierung hochdimensionaler Probleme, da sie keine Bedingungen an die Struktur des Parameterraumes stellen [Gol89]. Die freie Wahl der Bewertungsfunktion und der Kodierung der Parameter bietet außerdem mehrere Möglichkeiten bei der Implementierung des GA. Neben der Variation der Lage [KFM89] und der Breite [SKG93, G^+93] der Zugehörigkeitsfunktionen können auch die Regeln [HLV93] oder die Fuzzy-Operatoren kodiert und verändert werden. Die Auswahl einer geeigneten Kodierung und Bewertung des RFS muß sich aber aus deren grundlegenden Eigenschaften ergeben. Beispielsweise wird die gleichzeitige Optimierung der Regeln und der Zugehörigkeitsfunktionen deshalb nicht angestrebt, da dabei die Zuordnung linguistischer Bezeichner zu unscharfen Mengen verloren geht.

Aus der Struktur eines RFS folgen Schwierigkeiten und Einschränkungen, die in bisher vorgestellten Optimierungsansätzen mittels GA und auch in Ansätzen mittels neuronaler Netze ausgeklammert werden:

- Wesentlich beim automatischen Entwurf von RFS ist die Erzeugung von lokal wirkenden Fuzzy-Regeln mit Nachbarschaftsbeziehungen im Zustandsraum, d.h. benachbarte Regeln zeichnen sich durch eine ähnliche Wirkrichtung aus. Dadurch werden bei jeder Eingabe nur relativ wenige Regeln aktiviert. Dies stellt die Interpretierbarkeit durch den Anwender und auch die Robustheit des Systems sicher. Im Gegensatz dazu haben GA wie auch neuronale Netze die Tendenz, das RFS so zu optimieren, daß immer sehr viele Regeln einen Beitrag zum Ausgangswert leisten. Die Zugehörigkeitsfunktionen werden sehr breit und überlappen sich stark [SKG93]. Deshalb ist es erforderlich, in der Bewertungsfunktion des GA die Unschärfe oder den Grad der Unordnung, also die Entropie eines RFS zu berücksichtigen.

- Der Rechenzeitbedarf des GA wächst mit der Größe der Population und der Anzahl der Evolutionsschritte, die wiederum vom Problem abhängig sind. In jedem Evolutionsschritt muß jedes Element der Population (entspricht einem RFS) alle Vektoren des Referenzdatensatzes auswerten. Bei einem so hohen Rechenaufwand beschränkt letztlich die Leistungsfähigkeit des Rechners die Komplexität (bezogen auf die Dimension der Eingangs- und Ausgangsvektoren) des zu entwerfenden Systems. Um komplexere Systeme zu optimieren müssen einerseits die RFS effizient implementiert werden, wie dies in [Sur94] dargestellt ist. Andererseits kann die ungenutzte Rechenleistung in einem lokalen Rechnernetz verwendet werden, um durch die verteilte Berechnung des GA die mögliche Komplexität des zu entwerfenden Systems zu erhöhen.

- Die Fähigkeit des GA zur Optimierung ist außer von der Wahl der Optimierungsparameter ebenfalls abhängig von der Startpopulation. Deshalb wird ein Verfahren zur Erzeugung einer Anfangspopulation für den GA vorgestellt. Die Initialisierung ermittelt eine Regelbasis, die den Referenzdatensatz vollständig überdeckt. Es ist zu beachten, daß diese Regelbasis nur den Teilraum von U abdeckt, im dem das Übertragungsverhalten durch die Referenzvektoren definiert wird.

2 Systembeschreibung

Das hier vorgestellte automatische Entwurfssystem ist zweistufig und besteht aus einem Initialisierungsprozeß und einem genetischen Algorithmus zur Optimierung. Der Entwurf beruht auf einem Datensatz mit Referenzvektoren, der das gewünschte Ein-/Ausgabeverhalten des RFS beschreibt. Außerdem wird die

Struktur des RFS sehr stark durch die Bewertungsfunktion des Optimierungsverfahrens bestimmt. Die Zugehörigkeitsfunktionen des RFS haben die Form einer Glockenkurve und werden durch die Parameter Lage (= Mittelwert einer Normalverteilung) und Breite (= Standardabweichung einer Normalverteilung) beschrieben. Diese Form entspricht sehr gut der Verteilung von gemessenen Daten, die in erster Näherung normalverteilt sind. Außerdem erhält man eine glatte Übertragungsfunktion, da Glockenkurven überall stetig differenzierbar sind.

2.1 Initialisierung

Die Initialisierung des RFS erfolgt mit festen Zugehörigkeitsfunktionen, die gleichmäßig über dem Definitionsbereich jeder linguistischen Variablen verteilt sind. Durch die konjunktive Verknüpfung der unscharfen Mengen wird der Teilraum $U \subset \mathbb{R}^n$ in noch kleinere Teilräume unterteilt,* ähnlich der Vorstellung von kleineren Würfeln in einem großen Würfel. Die Zugehörigkeitsfunktionen sind so gewählt, daß sie die jeweiligen Nachbarfunktionen um jeweils 50% überlappen, also überschneiden sich auch die Teilräume. Durch die Wahl fester Zugehörigkeitsfunktionen wird die Güte des Ergebnisses nicht eingeschränkt, da diese im zweiten Entwurfsschritt noch optimiert werden.

Die Verknüpfung von unscharfen Mengen in einer Fuzzy-Regel beschreibt also das Verhalten des RFS in einem Teilraum. Statt nun für jeden Teilraum von U eine Regel zu generieren, was für ein System mit hoher Komplexität einen viel zu großen Regelsatz bedeuten würde, werden nur für die Teilräume Regeln definiert, in denen mindestens ein Referenzvektor liegt. Die Konklusion der Regel wird aus dem Referenzvektor bestimmt. Die so erzeugte Regelbasis beschreibt nur einen Unterraum von U, ist aber in Bezug auf die Referenzdaten vollständig. Im Optimierungsschritt können Zugehörigkeitsfunktionen auch eliminiert und dadurch die Zahl der Regeln noch weiter reduziert werden.

Die Anfangspopulation zur Optimierung des so gewonnenen initialen RFS wird durch eine zufällige Variation der kodierten Parameter erzeugt. Dazu wird ein Markov-Prozeß genutzt, der unabhängig auf alle Parameter wirkt [Sur94, Kap. 6].

2.2 Optimierung

Die Optimierung wird mit einem einfachen genetischen Algorithmus nach Goldberg [Gol89] vorgenommen. In den Genen werden die Lage und Breite aller Zugehörigkeitsfunktionen kodiert. Die Bewertung der durch Mutation und Kreuzung entstandenen neuen Gene bzw. der entsprechenden RFS erfolgt mittels der Referenzdaten. Im Fall einer Prozeßsimulation wird die mittlere quadratische Abweichung berechnet, im Fall eines Klassifikators die Anzahl der Fehler.

Wie schon erwähnt ist eine wesentliche Idee bei der Beschreibung eines Funktionals durch ein RFS die Berücksichtigung von Nachbarschaftsbeziehungen im Zustandsraum. Die Beschreibung dieser Nachbarschaftsbeziehung durch lokale

---

* Auch bezeichnet als *position type model* [SY91].

Fuzzy-Regeln sollte auch bei der Optimierung durch den GA berücksichtigt werden, damit die Vorteile eines Fuzzy-Systems wie die Robustheit, Verstehbarkeit und Wartbarkeit erhalten bleiben. Die Nachbarschaftsbeziehungen gehen aber bei der Optimierung verloren, da die Zugehörigkeitsfunktionen zu breit werden und sich fast vollständig überdecken. Die Zuordnung eines Teilraumes von U zu einer Regel ist dann nicht mehr möglich. Eine zu starke Überdeckung wird hier vermieden durch die Berücksichtigung der *Entropie* des RFS [SKG93]. Sie ist als Maß für den Grad der Unordnung eines Regelsatzes im informationstechnischen Sinn nach Shannon definiert als mittlere Anzahl der aktivierten Regeln:

$$R_{\varnothing} = \frac{\sum_{i=1}^{N_{\text{ref}}} R_{\text{akt},i}}{N_{\text{ref}}} \tag{1}$$

mit $R_{\text{akt},i}$ = Anzahl der aktivierten Regeln bei Eingabe des i-ten Referenzvektors. Ein RFS, in dem für einen Referenzvektor viele Regeln aktiviert werden, enthält wenig Information, d.h. das Fuzzy-System ist in einem sehr ungeordneten Zustand und für einen Menschen relativ unverständlich.

Durch Bestrafung von RFS mit hoher Entropie bei der Bewertung der Systeme wird die Überdeckung der Zugehörigkeitsfunktionen eingeschränkt, ohne daß die Ergebnisse dadurch schlechter werden. Dazu wird die Bewertungsfunktion Q modifiziert durch

$$Q' = \begin{cases} \dfrac{Q}{\left(\frac{R_{\text{akt}}}{R_{\max}} - 1\right) a + \left(\frac{R_{\varnothing}}{R_{\max}} - 1\right) b + 1} & \text{wenn } R_{\text{akt}} > R_{\max} \;, \\ \dfrac{Q}{\left(\frac{R_{\varnothing}}{R_{\max}} - 1\right) b + 1} & \text{sonst.} \end{cases} \tag{2}$$

$R_{\max} \in \mathbb{R}$ gibt die maximal zugelassene Entropie (die maximale Anzahl aktivierter Regeln) an, und die Parameter $a, b \in \mathbb{R}^+$ bestimmen die Wirkung der Entropiereduktion. Existieren Hardwarebeschränkungen, so bestraft der lokal wirkende Faktor a ein Fuzzy-System, welches zu viele Regeln für einen einzelnen Eingabevektor aktiviert. Der Faktor b hingegen wirkt globaler und bestraft ein System, das im Mittel mehr Regeln aktiviert, also ungeordneter ist als ein anderes. Ein Beispiel für die Wirkung des Verfahrens bezüglich der Anzahl der aktivierten Regeln zeigt Abb. 1, die resultierenden Zugehörigkeitsfunktionen zeigt Abb. 2.

Eine andere Möglichkeit zur Vermeidung zu starker Überlappungen ist, die Breite der Zugehörigkeitsfunktionen durch einen festen Überschneidungsgrad festzulegen [KFM89]. Allerdings ist diese Lösung für einen allgemeinen Referenzdatensatz nicht sinnvoll, da die Komponenten der Referenzvektoren meist nicht unabhängig voneinander sind [TH91]. Deshalb kann man die konjunktiv verknüpften Variablen auch als mehrdimensionale unscharfe Mengen (also unscharfe Punkte im n-dimensionalen Raum) bezeichnen. Dadurch erhält man aber fast zwangsläufig eine recht starke Überdeckung einiger Zugehörigkeitsfunktionen. Ein Beispiel für diesen Fall zeigen die Abb. 3 und 4 als Ergebnis der Optimierung eines Klassifikators für den Irisdatensatz [And35].

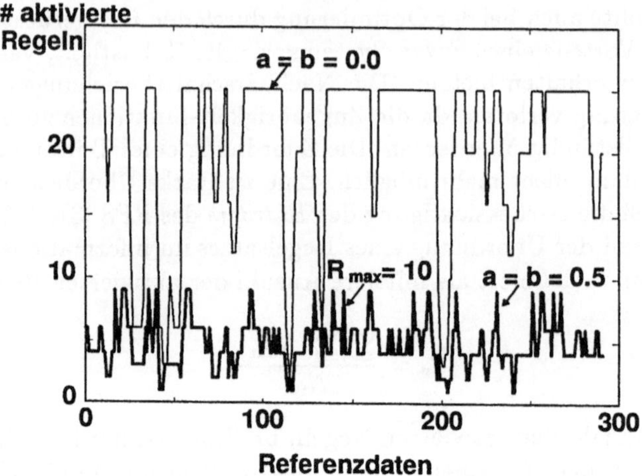

Abb. 1. Die Anzahl aktivierter Regeln über den Referenzdaten bei einem mit und ohne Entropiereduktion optimierten RFS.

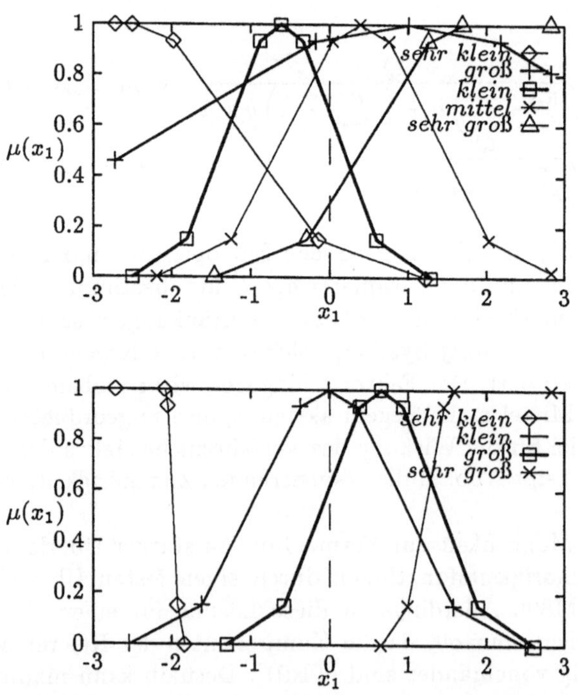

Abb. 2. Zugehörigkeitsfunktionen einer Variablen nach der Optimierung ohne (oben) und mit (unten) Entropiereduktion. Durch die Entropiereduktion wurde eine Zugehörigkeitsfunktion eliminiert.

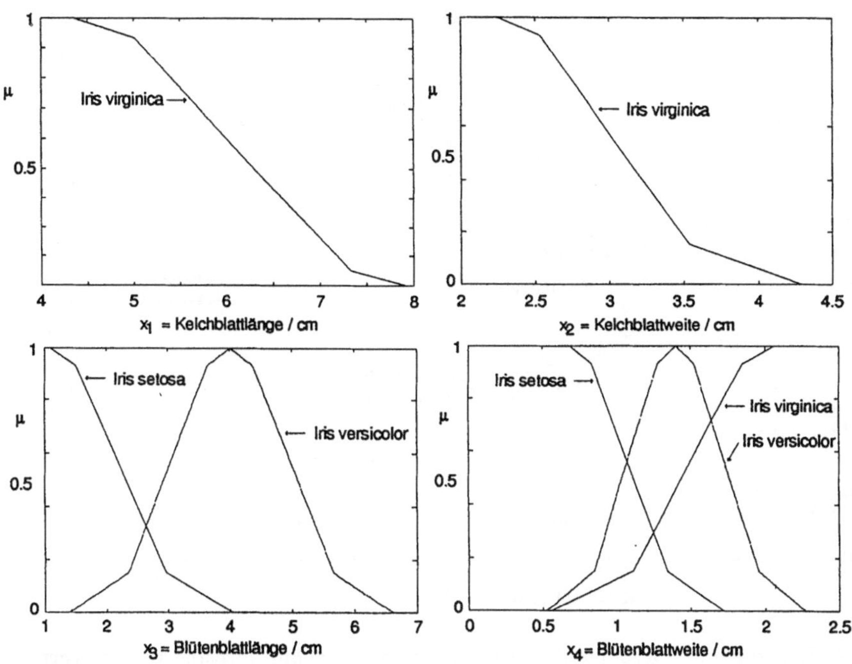

Abb. 3. Zugehörigkeitsfunktionen der vier linguistischen Variablen zur Klassifizierung der Irisdaten.

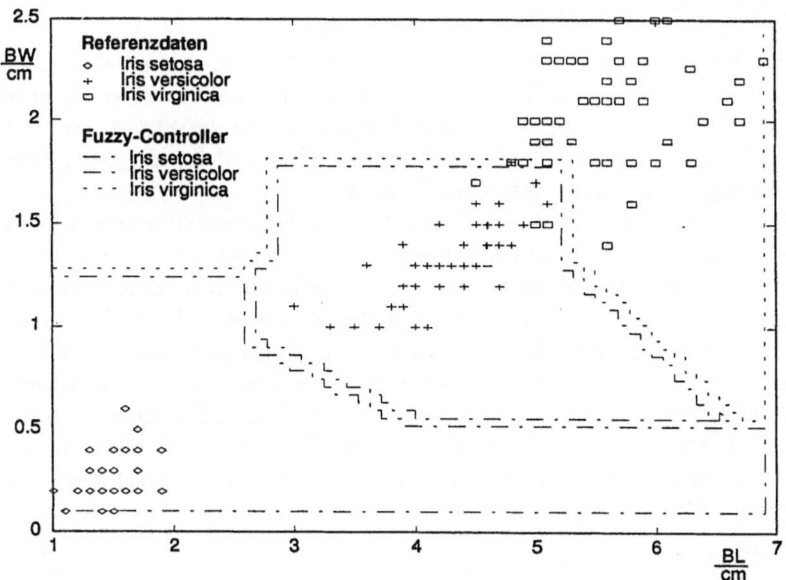

Abb. 4. Klassengrenzen der Irisdaten in den Komponenten Länge und Weite des Blütenblattes.

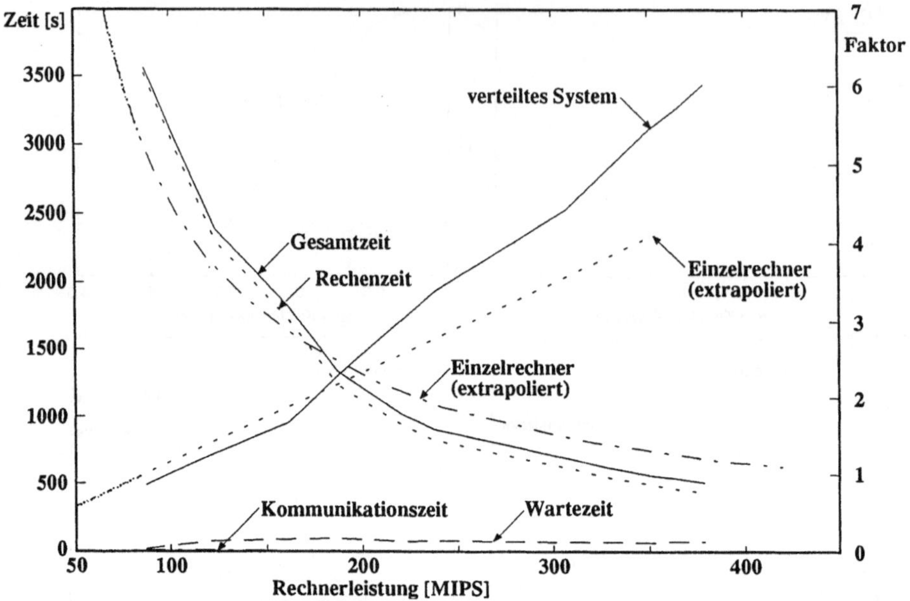

Abb. 5. Laufzeit und Beschleunigungsfaktor versus Rechnerleistung bei der verteilten Implementierung des GA zur Optimierung eines RFS zur Simulation eines Gasverbrennungsprozesses [BJ70].

2.3 Verteilte Berechnung

Der Ansatz für die verteilte Berechnung des GA liegt in den strukturellen Eigenschaften des genetischen Verfahrens und der Verfügbarkeit vernetzter Arbeitsplatzrechner. Diese sind in der Regel durch ein lokales Standardnetz (zum Beispiel Ethernet) verbunden, dessen Kommunikationsleistung gegenüber der Rechenleistung der Rechner weit zurückbleibt.

Der GA gehört zu der Klasse der trivial-parallelen Anwendungen, da bei ihm die rechenintensive Bewertung der einzelnen Gene getrennt voneinander durchgeführt werden kann. Somit bietet sich eine Berechnung auf vernetzten Arbeitsplatzrechnern an, da außer bei der Verteilung der Gene und der Zusammenfassung ihrer Bewertung keine Kommunikation erforderlich ist. Die Aufteilung der Population erfolgt dabei nach jedem Evolutionsschritt, so daß die Lastverteilung auf die einzelnen Rechner schnell an sich ändernde Belastungssituationen des Netzes angepaßt werden kann. Die bessere Ausnutzung der Rechnerresourcen durch kleine Prozesse führt sogar zu einer superlinearen Beschleunigung der Optimierung (Abb. 5).

3 Zusammenfassung

Das vorgestellte Werkzeug zum automatischen Entwurf bzw. zur Optimierung regelbasierte Fuzzy-Systeme zeichnet sich durch folgende Aspekte aus:

- Das Initialisierungsverfahren erzeugt auf einfache Weise ein System, das für alle von Referenzdaten berührte Teilräume des Zustandsraumes jeweils eine lokale Fuzzy-Regel bereitstellt.
- Bei der Optimierung bleiben die Nachbarschaftsbeziehungen im Zustandsraum, d.h. sich überlappende, aber lokal beschränkte Fuzzy-Regeln erhalten. Dies wird erreicht durch die Bewertung der Entropie der Systeme.
- Durch die Verteilung der Optimierung auf lokal vernetzte Arbeitsplatzrechner ist ohne wesentlich erhöhten Aufwand der effiziente Entwurf hochkomplexer Systeme möglich.

Danksagung. Die Autoren danken Kai Heesche für die Mitarbeit bei der Erstellung des Systems und die Ausarbeitung der Beispiele.

Literatur

[And35] E. Anderson. The Irises of the Gaspe Peninsula. *Bulletin of the American Iris Society*, 59:2–5, 1935.

[BJ70] G. E. P. Box und G. M. Jenkins. *Time Series Analysis, Forecasting and Control.* Holden Day, San Francisco CA, 1970.

[G+93] K. Goser et al. *Integrationsgerechter Entwurf und Realisierung analoger und digitaler Fuzzy-Systeme: Von der Simulation zum Baustein.* Forschungsbericht Nr. 0193, ISSN 0941-4169, Fakultät für Elektrotechnik, Universität Dortmund, 1993.

[Gol89] David E. Goldberg. *Genetic Algorithms in Search, Optimization and Machine Learning.* Addison-Wesley, Reading MA, 1989.

[HLV93] J. Herrera, M. Lozano, und J.L. Verdegay. *Tuning Fuzzy Logic Controllers by Genetic Algorithms.* University of Grenada, Department of Computer Science and Artificial Intelligence, Technical Report #DECSAI-93102, June 1993.

[KFM89] C. L. Karr, L. M. Freeman, und D. L. Meredith. Improved fuzzy process control of spacecraft autonomous rendezvous using a genetic algorithm. *SPIE Intelligent Control and Adaptive Systems*, 1196:274–288, 1989.

[SKG93] Hartmut Surmann, Andreas Kanstein, und Karl Goser. Self-Organizing and Genetic Algorithms for an Automatic Design of Fuzzy Control and Decision Systems. In *Proc. of the First European Congress on Fuzzy and Intelligent Technologies, EUFIT'93*, Seiten 1097–1104, Aachen, 1993.

[Sur94] Hartmut Surmann. *Systematischer rechnergestützter Entwurf unscharfer regelbasierter Systeme.* Zur Genehmigung eingereichte Dissertation, Universität Dortmund, Fakultät für Elektrotechnik, 1994.

[SY91] Michio Sugeno und Takahiro Yasukawa. Linguistic modeling based on numerical data. In *Proc. of IFSA '91 Brussels: Computer, Management & Systems Science*, Seiten 264–267, 1991.

[TH91] Hideyuki Takagi und Isao Hayashi. NN-driven fuzzy reasoning. *Int'l. J. Approximate Reasoning*, 5:191–212, 1991.

Optimierung Hierarchischer Fuzzy-Regler mit Genetischen Algorithmen

Frank Hoffmann und Gerd Pfister

Universität Kiel
Institut für Angewandte Physik
24098 Kiel, Germany
Telefon: 0431-880-3978 , Fax: 0431-880-4608
Email: hoefi@ang-physik.uni-kiel.de

Zusammenfassung Ein Verfahren zur Konstruktion von hierarchischen Fuzzy-Reglern mit Genetischen Algorithmen wird vorgestellt. Am Beispiel der Steuerung eines autonomen Fahrzeugs wird eine Anwendung der Methode demonstriert. Das Fahrzeug hat die Aufgabe ein vorgegebenes Ziel zu erreichen und dabei eine Kollision mit Wänden und Hindernissen zu vermeiden.

1 Einführung

Der Entwurf der linguistischen Variablen und der Regelbasis eines Fuzzy-Systems erfordert Expertenwissen. Dieses Wissen erhält man durch Befragung oder Beobachtung eines menschlichen Bedieners des zu regelnden dynamischen Systems. Neben Adaptiven Fuzzy-Systemen und Neuro Fuzzy-Systemen [1] wurden Genetische Algorithmen (GA) zur automatischen Generierung von Fuzzy-Reglern vorgeschlagen. GA sind Optimierungsverfahren, die mit Operatoren, die aus der natürlichen Evolution stammen arbeiten [2]. Zur Optimierung von Fuzzy-Reglern konnten GA erfolgreich eingesetzt werden [3]. Ein Ansatz zur Verbesserung eines existierenden Reglers ist die Modifikation der Zugehörigkeitsfunktionen der Fuzzy Mengen [4]. Eine andere Methode optimiert die Regelbasis [5] mit Hilfe eines GA. Im folgenden wird ein Verfahren zur Konstruktion von hierarchischen Fuzzy-Reglern mit einem GA vorgestellt. Der Aufbau des hierarchischen Fuzzy-Reglers mit versteckten Fuzzy-Variablen wird im Kapitel 2 vorgestellt. Kapitel 3 beschreibt den GA der zur Optimierung der Regelbasis benutzt wird. Zusätzlich zu den bekannten Operationen Selektion, Crossover und Mutation, wird der GA um einen Neuordnungsoperator erweitert, der dafür sorgt, daß nach dem Crossover wieder eine "sinnvolle" Regelbasis entsteht. In Kapitel 4 wird die Methode zum Entwurf eines Fuzzy-Reglers für ein autonomes Fahrzeug verwendet.

2 Aufbau des hierarchischen Fuzzy-Reglers

Die Anzahl der Regeln eines Fuzzy-Systems wächst überproportional mit der Anzahl der linguistischen Variablen und der zugehörigen linguistischen Terme.

Für eine vollständige Regelbasis mit linguistischen Eingangsvariablen $\{X_i | i = 1, \ldots, n\}$ mit Termen $\{A_{ij} | j = 1, \ldots, q_i\}$ und linguistischen Ausgangsvariablen $\{Y_i | i = 1, \ldots, l\}$ mit Termen $\{B_{ij} | j = 1, \ldots, p_i\}$ benötigt man N Regeln mit

$$N = \prod_{i=1}^{n} q_i \ . \tag{1}$$

Die Regeln haben die Form:

if $X_1 = A_1$ **and** ...**and** $X_n = A_n$ **then** $Y_1 = B_1$ **and** ...**and** $Y_l = B_l$

mit $A_i \in \{A_{ij}\}, B_i \in \{B_{ij}\}$.
Die große Anzahl von Regeln erschwert den Entwurf einer Regelbasis, da vom Experten für jede der N verschiedenen Prämissen eine Kombination der linguistischen Ausgangsvariablen angegeben werden muß. Auf einen Teil der Regelbasis kann verzichtet werden, wenn gewährleistet ist, daß bestimmte Kombinationen von Eingangsgrößen im dynamischen System nicht auftreten. Ein solcher Beweis erfordert ein analytisches Modell des zu regelnden Systems.

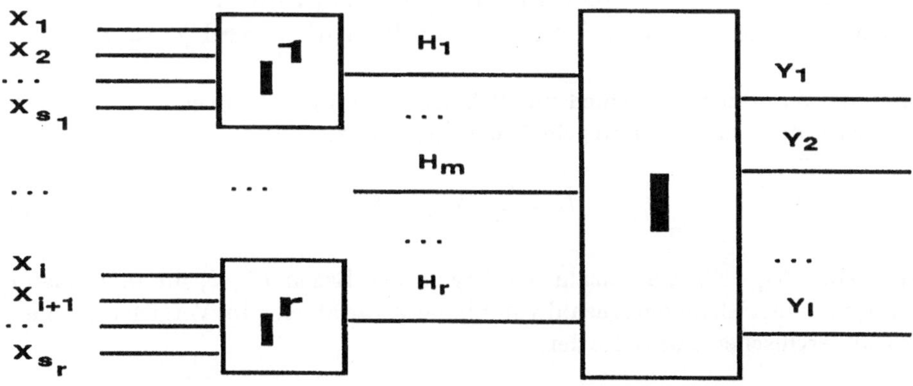

Abbildung1. Aufbau des hierarchischen Fuzzy-Reglers

Ein hierarchischer Aufbau der Regelbasis erlaubt es, die Anzahl der Regeln zu reduzieren. Dazu führt man in Analogie zu den versteckten Neuronen in Neuronalen Netzwerken versteckte Fuzzy-Variablen ein. Der Aufbau des hierarchischen Fuzzy-Reglers ist in Abb. 1 dargestellt.
Zunächst werden die n linguistischen Eingangsvariablen X_i in disjunkte Mengen $\{Q_m | m = 1, \ldots, r\}$ mit jeweils s_k Eingangsvariablen unterteilt. Jeder Menge Q_m wird eine vollständige Regelbasis I^m mit Regeln R^m der Form

$$\textbf{if } X_1 = A_1 \textbf{ and } \ldots \textbf{and } X_{s_m} = A_{s_m} \textbf{ then } H_m = C_m$$

zugeordnet. Die H_m im Konklusionsteil der Regeln R^m sind die versteckten Fuzzy-Variablen, zu denen kein scharfer Wert einer reellen Größe existiert. Die $C_m \in \{C_{mj} | j = 1, \ldots, p_m\}$ entsprechen den Termen bei herkömmlichen Ausgangs-Fuzzy-Variablen. Ihren Zugehörigkeitswert $\mu(C_{mj})$ erhält man durch Inferenz der Regelbasis I^m. Der Zugehörigkeitswert $\mu(B_{ij})$ der Ausgangsvariablen Y_i wird durch Inferenz der Regelbasis I bestimmt, mit Regeln der Form

$$\textbf{if } H_1 = C_1 \textbf{ and } \ldots \textbf{and } H_r = C_r \textbf{ then } Y_1 = B_1 \textbf{ and } \ldots \textbf{and } Y_l = B_l \ .$$

Die so erhaltenen Fuzzy Mengen B_{ij} werden durch Defuzzifizierung in scharfe Ausgangswerte y_i abgebildet. Die Zuordnung verschiedener Prämissen zum gleichen versteckten Fuzzy-Term C_{mj} entspricht einer Fuzzy-ODER Verknüpfung dieser Prämissen. Allen Prämissen der Regelbasis I_m, die den gleichen versteckten Fuzzy-Term C_{mj} als Konklusion besitzen, wird in der nachfolgenden Regelbasis I die gleiche Konklusion auf die Ausgangsvariablen B_i zugeordnet.
Seien P_i^m die Prämissen die zum gleichen versteckten Fuzzy-Term H_m gehören. Die resultierende Gesamtregelbasis läßt sich darstellen mit Regeln der Form

$$\begin{aligned}&\textbf{if } (\ P_1^1 \textbf{ or } P_2^1 \textbf{ or } \ldots) \textbf{ and } (\ P_1^2 \textbf{ or } P_2^2 \textbf{ or } \ldots) \textbf{ and } \ldots\\ &\ldots\textbf{and } (\ P_1^r \textbf{ or } P_2^r \textbf{ or } \ldots) \textbf{ then } Y_1 = B_1 \textbf{ and } \ldots \textbf{and } Y_l = B_l \ .\end{aligned}$$

Durch die Zuordnung verschiedener Prämissen zum gleichen versteckten Fuzzy-Term wird die Anzahl der Regeln N deutlich reduziert.

$$N = \sum_m N_{I_m} + N_I \tag{2}$$

Dabei sind N_{I_m}, N_I die Anzahl der Regeln der Basen I^m, I, die man aus (1) erhält, mit einer kleineren Anzahl von Eingangsvariablen n im Vergleich zu einem nichthierarchischen Fuzzy-Regler.

3 Genetische Algorithmen

Bei einem GA werden die Parameter des Optimierungsraumes durch einen binären String fester Länge S_i codiert. Der GA arbeitet mit einer Population $P = \{S_1, S_2, \ldots, S_M\}$ von Strings, welche sich durch die genetischen Operatoren Selektion, Crossover und Mutation von einer Generation zur nächsten weiterentwickelt. Die Fitnessfunktion bewertet die Güte von Parameterkombinationen im Optimierungsraum, welche durch Strings codiert werden. Die Selektion bewirkt, daß sich Strings mit hoher Fitness mit größerer Wahrscheinlichkeit in die nächste Generation fortpflanzen. Beim Crossover werden aus der Kombination zwei Eltern-Strings neue Nachkommen für die nächste Generation gebildet.

Die Mutation modifizierteinzelne Bits eines Strings und vermeidet dadurch die vorzeitige Konvergenz des GA in lokalen Minima.

Zur Optimierung des oben beschriebenen hierarchischen Fuzzy-Reglers mit GA muß zunächst eine geeignete Codierung gewählt werden. Um die Vollständigkeit des Fuzzy-Reglers zu gewährleisten, muß für jede der möglichen Prämissen eine Konklusion festgelegt werden. Die Konklusionen der Regelbasen I_m und I werden dazu durch binäre Strings codiert. Die Konklusion $H_m = C_m$ der Regel R_m kann einen von p_m möglichen Terme C_{mj} annehmen. Ein gewählter Term C_{mj} wird als ganze Zahl j durch einen Teilstring TS_m der Länge $ld(p_m)$ codiert. Zusätzlich kann jeder Regel ein Gewicht $w_m \in [0,1]$ zugeordnet werden, welches den Bedeutungsgrad dieser Regel widerspiegelt. Die Gewichte werden linear auf ganze Zahlen mit l Bit Genauigkeit abgebildet, welche an die binären Teilstrings TS_m angehängt werden. Den Teilstring S_m für eine Regelbasis I_m erhält man durch Aneinanderfügen der Teilstrings TS_m. Analog erfolgt die Codierung der Konklusionen $Y_1 = B_1^k$ **and** $\ldots Y_m = B_m^k$ in einem Teilstring TS, wobei für jede Ausgangsvariable Y_i der Ausgangsterms B_{ij} wiederum als ganze Zahl j codiert wird. Die Teilstrings TS bilden zusammengesetzt den Teilstring S für die Codierung der Regelbasis I. Den gesamten String, der einen Fuzzy-Regler codiert, erhält man durch Aneinanderfügen der Teilstrings aller Regelbasen $S_1 S_2 S_3 \ldots S_r S$.

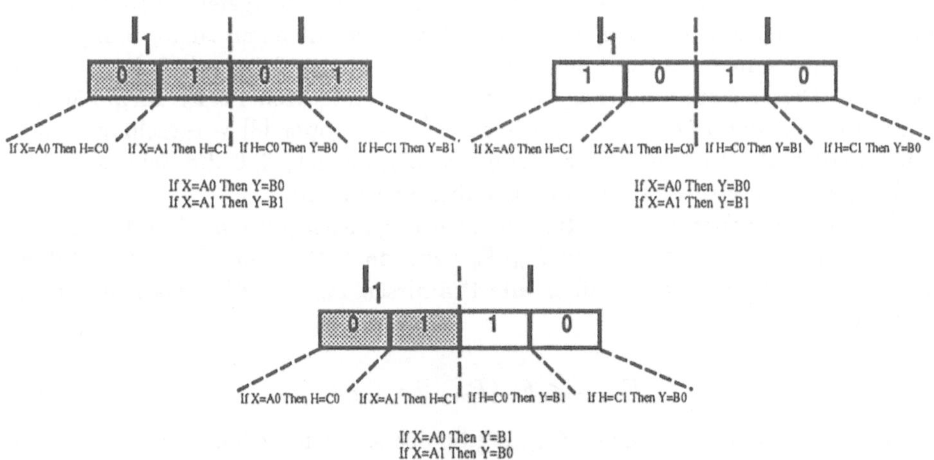

Abbildung2. Vertauschung der versteckten Fuzzy-Terme beim Crossover

Der hierarchische Fuzzy-Regler ist invariant unter einer Permutation der Indizes j der Terme C_{mj} der versteckten Fuzzy-Variablen H_m, wenn diese Permutation gleichzeitig im Konklusionsteil der Regeln R_m und im Prämissenteil der

Regeln R stattfindet. Beim Crossover entsteht ein neuer Regler durch Kombination zweier Strings der Eltern A und B. Crossover bewirkt eine Aufspaltung der Elternstrings. Ein Nachkomme kann die Regelbasen I^m vom Elternteil A und die Regelbasis I vom Elternteil B erben. Dabei ist nicht gewährleistet, daß die Indizes j der versteckten Fuzzy-Terme C_{mj} in den Regelbasen I^m und I der beiden Eltern in der gleichen Reihenfolge verwendet werden. Dies führt zu falschen Prämissen in der Regelbasis I, da diese nicht mehr mit den neuen Konklusionen der Regelbasen I^m übereinstimmen. Abb. 2 verdeutlicht diese Problematik.
Der einfachste nicht triviale hierarchische Fuzzy-Regler besitzt eine Eingangsvariable X mit Termen A_0, A_1, eine versteckte Fuzzy-Variable H mit Termen C_0, C_1 und eine Ausgangsvariable Y mit Termen B_0, B_1. Jede der Regeln läßt sich durch ein einzelnes Bit codieren, da der Konklusionsteil einen von zwei möglich Termen enthalten kann. Beide Eltern [0101], [1010] entsprechen trotz unterschiedlicher Codierung dem einfachen nichthierarchischem Fuzzy-Regler:

$$\textbf{if } X = A_0 \textbf{ then } Y = B_0 \text{ , } \textbf{if } X = A_1 \textbf{ then } Y = B_1$$

Nach dem Crossover entsteht der Nachkomme [0110] mit den Regeln
$$\textbf{if } X = A_0 \textbf{ then } Y = B_1 \text{ , } \textbf{if } X = A_1 \textbf{ then } Y = B_0$$

welcher ein gegenteiliges Regelverhalten aufweist. Um dieses unerwünschte Verhalten beim Crossover zu vermeiden, muß eine Zuordnung der Terme beider Eltern erfolgen, indem die Terme C_{mj} in einer bestimmten festgelegten Reihenfolge angeordnet werden. Zu diesem Zweck benutzt unser GA einen Neuordnungsoperator, damit beim Crossover der Elternstrings wieder "sinnvolle" Regelbasen entstehen. Dieser Neuordnungsoperator für die versteckten Fuzzy-Terme ähnelt dem Anordnen der Regeln zweier Eltern, wie es Cooper [8] vorgeschlagen hat. Dabei werden die Regeln zweier Strings so angeordnet, daß die Schwerpunkte der Eingangsterme so weit wie möglich übereinstimmen.
Der Neuordnungsoperator benötigt für jede Regelbasis I^m eine Abbildung F_m, die jeder Prämisse P_m einen Wert $F_m(P_m)$ zuordnet. Für jeden Term C_{mj} bildet man den Mittelwert von F_m über alle Prämissen P_m, die C_{mj} als Konklusion besitzen.

$$F_{mj} = < F_m(P_m) >_{P_m \Rightarrow C_{mj}} \tag{3}$$

Die neue Reihenfolge der Terme C_{mj} ergibt sich aus den reellen Werten F_{mj}. Die Indizes j der Terme C_{mj} werden so sortiert, daß $F_{m1} \leq F_{m2} < \ldots < F_{mp_m}$ gilt. Dieser Neuordnungsoperator wird auf alle Strings der Population angewandt. Dies gewährleistet eine einheitliche Interpretation der Fuzzy-Variablen H_m durch die Regelbasis I. Durch Wahl der Abbildung F_m erhalten die versteckten Fuzzy-Variablen H_m eine Bedeutung.
Für die Selektion muß eine Fitnessfunktion gewählt werden, welche die Güte des Fuzzy-Reglers im Hinblick auf das gewünschte Verhalten des dynamischen Systems beschreibt [5]. Falls ein Referenzdatensatz mit geeigneten Steuerungsanweisungen für verschiedene Zustände des Systems existiert, so kann dieser zur

Optimierung des Reglers verwendet werden. Als Fitnessfunktion dient in diesem Fall die Abweichung der Ausgangsgrößen des Fuzzy-Reglers zu denen des Referenzdatensatzes [4].

4 Autonomes Fahrzeug

Für ein autonomes Fahrzeug wurde mit der oben vorgestellten Methode ein Fuzzy-Regler entworfen. Das Fahrzeug soll innerhalb geschlossener Räume zuvor festgelegte Zielpunkte selbständig ansteuern. Im Weg befindliche Hindernisse, wie Wände oder Gegenstände sollen erkannt und umfahren werden. Drei Ultraschallsensoren ermöglichen eine berührungslose Abstandsmessung zu Hindernissen. Die Steuerung des Fahrzeugs erfolgt über zwei unabhängige Schrittmotoren. Die aktuelle Position und Orientierung des Fahrzeugs erhält man durch Mitzählen der Schritte beider Antriebsräder.

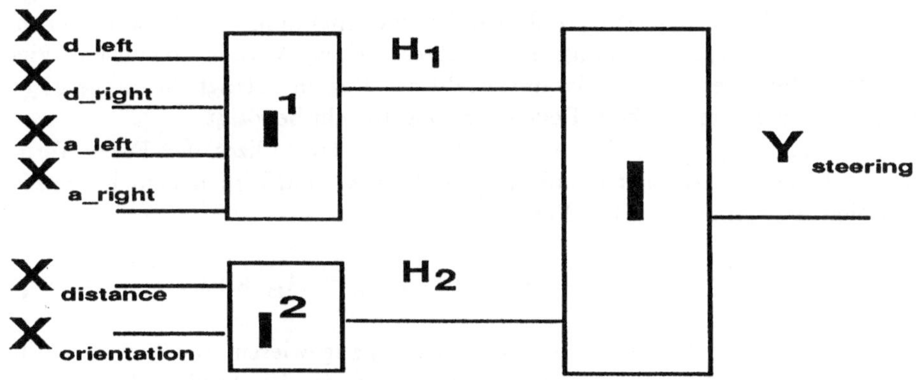

Abbildung3. Aufbau des Fuzzy-Reglers für das Fahrzeug

Der Fuzzy-Regler besitzt als Eingangsgrößen die von den Ultraschallsensoren erhaltenen Abstände zu Hindernissen links und rechts X_{d_left}, X_{d_right}. Jede der Eingangsvariablen X_{d_left}, X_{d_right} enthält drei trapezförmige Fuzzy-Terme *nah, mittel, weit*, welche die Eingangswerte von 0 ...3m überdecken. Durch Vergleich des zwischen zwei Messungen zurückgelegten Weges des Fahrzeuges mit der Änderung der Abstände berechnet man die Winkel X_{a_left}, X_{a_right} zu Hindernissen. Die Eingangsgrößen X_{a_left}, X_{a_right} besitzen die Fuzzy-Terme *flach* und *steil*, die angeben, ob sich ein Hindernis eher in Fahrtrichtung oder parallel zur Fahrtrichtung befindet. Die beiden Terme *flach* und *steil* überdecken die Eingangswerte von $0° \ldots 90°$.
Weitere Eingangsgrößen sind der Abstand zum Zielpunkt $X_{distance}$ und die relative Orientierung X_{orient} der Fahrzeugachse zum Ziel. Die Eingangsvariable $X_{distance}$ besitzt die beiden Fuzzy-Terme *nah* und *weit*. X_{orient} beinhaltet die fünf Fuzzy-Terme *sehr links, links, voraus, rechts* und *sehr rechts*.

Ausgangsgröße ist der Steuerwinkel $Y_{steering}$, der in die Schrittgeschwindigkeiten v_1 und v_2 der beiden Motoren umgerechnet wird. Diese setzt sich aus fünf Fuzzy-Termen *stark links, links, geradeaus, rechts* und *stark rechts* zusammen.
Als Inferenzmethode wird Min-Max-Inferenz verwendet. Zum Berechnen der scharfen Ausgangsgröße der Variablen $Y_{steering}$ wird Center-of-Gravity zur Defuzzifizierung benutzt. Als Verknüpfungsoperator der Prämissen einschließlich der Gewichte wird der Minimumsoperator verwendet.
Die vier Fuzzy-Variablen $X_{d_{left}}$, $X_{d_{right}}$, $X_{a_{left}}$ und $X_{a_{right}}$ werden in der Regelbasis I^1 zusammengefaßt. Die beiden verbleibenden Fuzzy-Variablen $X_{distance}$ und X_{orient} bilden den Eingang der Regelbasis I^2. Die Inferenz auf die Ausgangsvariable Y_{steuer} erfolgt in der Regelbasis I, die als Eingänge die versteckten Fuzzy-Variablen H_1 und H_2 erhält. Der Aufbau des Reglers ist in Abb. 3 zu sehen. Die Aufgabe der versteckten Fuzzy-Variablen H_1 liegt in der Erkennung von Hindernissen durch Auswertung der Abstandsmessungen der drei Ultraschallsensoren. H_2 repräsentiert Informationen über die Lage des Zielpunktes. Dies entspricht dem Ansatz von Ruspini [7], der durch kontextabhängiges Überblenden der beiden Einzelziele Kollisionsvermeidung und Zielansteuerung zu einer Gesamtstrategie gelangt. Die versteckte Fuzzy-Variable H_1 enthält vier, H_2 enthält fünf Terme. Die Gesamtanzahl der Regeln beträgt 66 im Vergleich zu einem nichthierarchischem Regler, der 360 Regeln benötigt.
Die Abbildung F_1 ergibt sich aus der Differenz der Indizes der Fuzzy-Terme $A_{d_{left}} \in \{$ *nah, mittel, weit* $\}$ und $A_{a_{left}} \in \{$ *flach, steil* $\}$ zu denen der Fuzzy-Variablen $A_{d_{right}}$, $A_{a_{right}}$. Die Prämisse P

$$\textbf{if } X_{d_{left}} = A_{j_1} \textbf{ and } X_{d_{right}} = A_{j_2} \textbf{ and } X_{a_{left}} = A_{j_3} \textbf{ and } X_{a_{right}} = A_{j_4}$$

bekommt den Wert $F(P) = (j_1 - j_2) + (j_3 - j_4)$ zugewiesen. Die Terme C_{1j} der versteckten Fuzzy-Variablen H_1 geben an, ob sich ein Hindernis links, vor oder rechts vom Fahrzeug befindet.
Die Abbildung F_2 verwendetnur den Fuzzy-Term $A_{orient} \in \{$*sehr links, links, voraus, rechts, sehr rechts*$\}$. Die Prämisse P

$$\textbf{if } X_{orient} = A_{j_1} \textbf{ and } X_{distance} = A_{j_2}$$

bekommt den Wert $F(P) = j_1$ zugewiesen. Die versteckten Fuzzy-Terme C_{2j} geben an, ob sich das Ziel links, vor oder rechts vom Fahrzeug befindet.
Zur Beurteilung der Qualität eines Reglers wurde das Fahrzeug in einer Simulation in verschiedenen Umgebungen getestet. Die Umgebungen unterschieden sich durch die Art und Anzahl der Hindernisse, sowie durch die Lage des Zielpunktes. Es zeigte sich, daß der GA statt der eigentlichen Steuerungsaufgabe die Geometrie der Räume und Hindernisse erlernte. Dies führte dazu, daß der Regler zwar die Aufgabe für die vorgegebenen Testumgebungen löste, jedoch in nicht zuvor präsentierten Umgebungen scheiterte. Um dies zu vermeiden, wurden Start- und Zielpunkte, sowie die Lage und Größe der Hindernisse in jeder Generation geändert.

Ein Regler erhielt dann eine hohe Fitness, wenn es dem Fahrzeug gelang ohne Kollision mit einem der Hindernisse, den Zielpunkt möglichst genau und auf kurzem Wege zu erreichen. Die Fitnessfunktion in unserer Optmierungsaufgabe beschreibt die Qualität des gesamten Fuzzy-Reglers. Diese Fitnessfunktion kann erst nach Erreichen des Zielpunktes, oder nach einer Kollision ermittelt werden. Die Beurteilung der Güte einzelner Regeln ist nicht möglich, da nicht bekannt ist, welche der zurückliegenden Steuerungsanweisungen für den Erfolg oder Mißerfolg verantwortlich waren. Diese als zeitliches "Credit Assignment Problem" bekannte Schwierigkeit taucht immer dann auf, wenn mehrere Entscheidungen zu aufeinanderfolgenden Zeitpunkten zu einer Gesamtstrategie gehören.
Von einer maximal erreichbaren Fitness F_{max} wurden Strafen für eine Kollision P_{col}, für den Abstand zum Zielpunkt P_{target} und den zurückgelegten Weg $P_{distance}$ abgezogen. Jeder Regler wurde in zwölf Umgebungen getestet. Die Gesamtfitness Fergab sich aus der Summe der Fitnessfunktion der einzelnen Räume:

$$F = \sum_{\text{Räume}} F_{max} - P_{col} - P_{target} - P_{distance} \tag{4}$$

Abgesehen vom Neuordnungsoperator wurde ein Standard GA mt Crossover, Mutation und skalierter Fitnessfunktion für die Selektion benutzt. Bei einer Populationsgröße von 50 Strings fand der GA nach 200 Generationen einen Fuzzy-Regler, welcher die Steuerungsaufgabe bewältigt.

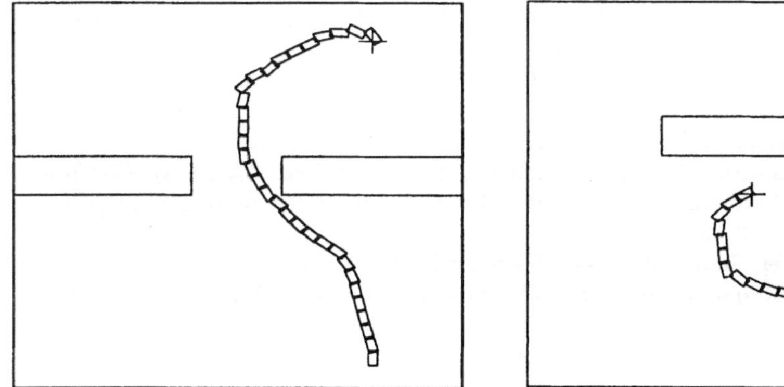

Abbildung4. Beispiel für zwei simulierte Fahrten des autonomen Fahrzeugs

Abb. 4 zeigt zwei simulierte Fahrten des autonomen Fahrzeugs. Die anzusteuernden Zielpunkte sind mit einem Kreuz markiert.

5 Zusammenfassung

Ein Fuzzy-Regler mit hierarchischem Aufbau benötigt im Vergleich zu einem nichthierarchischem Regler eine geringere Anzahl von Regeln. Versteckte Fuzzy-Variablen faßen mehrere Prämissen zu einer Gruppe zusammen, wodurch die Regelbasis in kleinere Teile unterteilt werden kann. In dieser Arbeit wurde ein Entwurfsverfahren zum Erstellen hierarchischer Fuzzy-Regler mit Hilfe Genetischer Algorithmen vorgestellt. Es wurde ein Neuordnungsoperator eingeführt, der gewährleistet, daß die versteckten Fuzzy-Terme von allen Strings der Population in der gleichen Weise interpretiert werden. Die Anwendbarkeit der Methode wurde am Beispiel der Steuerung eines autonomen Fahrzeugs demonstriert.

References

1. Kais Brahim, "Neuro-Fuzzy Inferenz-Systeme", *3. Dortmunder Fuzzy-Tage*, Springer-Verlag, 1993, Seite 176-186
2. D. E. Goldberg, *Genetic Algorithms in Search, Optimization and Machine Learning*, Reading Massachusetts: Addison-Wesley, 1989
3. C. L. Karr, L. M. Freeman, D. L. Meredith, "Improved fuzzy process control of spacecraft autonomous rendezvous using a genetic algorithm", *SPIE Intelligent Control and Adaptive Systems*, vol. 1196, pp. 274-288, 1989
4. Hartmut Surmann, Andreas Kanstein, Karl Gosser, "Self-Organizing and Genetic Algorithms for an Automatic Design of Fuzzy Control and Decision Systems", *EUFIT 93 First European Congress on Fuzzy and Intelligent Technologies*, Aachen 1993, Vol. 2, pp. 1097-1104
5. K. Kropp, U. G. Baitinger, "Optimization of Fuzzy Logic Controller Inference Rules Using a Genetic Algorithm", *EUFIT 93 First European Congress on Fuzzy and Intelligent Technologies*, Aachen 1993, Vol. 2, pp. 1090-1096
6. Marco Dorigo, Uwe Schnepf, "Genetics-Based Machine Learning and Behaviour-Based Robotics: A New Synthesis", *IEEE Transactions on Systems, Man, and Cybernetics*, January/February 1993, Vol. 23, No. 1, pp. 141-153
7. Alessandro Saffiotto, Enrique H. Ruspini, Kurt Konolige, "A Fuzzy Controller for Flakey an Autonomous Mobile Robot", *3. Dortmunder Fuzzy-Tage*, Springer-Verlag, 1993, pp. 3-12
8. Mark G. Cooper, Jaques J. Vidal, "Genetic Design of Fuzzy Controllers", *Second International Conference on Fuzzy Theory and Technology*, Durham, NC, October 1993

Anpassung Genetischer Algorithmen zum Erlernen und Optimieren von Fuzzy-Reglern

J. Kinzel F. Klawonn R. Kruse
Institut für Betriebssysteme und Rechnerverbund
Technische Universität Braunschweig
D-38106 Braunschweig
Tel. +49.531.391.3293, Fax +49.531.391.5936, Email klawonn@ibr.cs.tu-bs.de

1 Einleitung

Obwohl das Prinzip der Fuzzy-Regelung sehr einleuchtend und einfach erscheint, ergeben sich häufig doch größere Schwierigkeiten bei dem Entwurf oder der Optimierung eines Fuzzy-Reglers. Die Angabe einer geeigneten Regelbasis und insbesondere die Spezifikation adäquater Fuzzy-Mengen stellt oft eine langwierige und schwierige Aufgabe dar. Um deren Lösung zu automatisieren, wurden zahlreiche Ansätze auf der Basis Neuronaler Netze vorgeschlagen (für einen Überblick s. z.B. [12]). In jüngster Zeit wird auch der Einsatz Genetischer Algorithmen in diesem Bereich diskutiert.
Im folgenden Abschnitt untersuchen wir die Einsetzbarkeit Genetischer Algorithmen für Fuzzy-Regler und die Anforderungen, die an sie zu stellen sind. Der dritte und vierte Abschnitt zeigen die Umsetzung unserer Ideen an Simulationen. Schließlich stellen wir verschiedene Ansätze gegenüber, die Genetische Algorithmen für Fuzzy-Regler verwenden.

2 Anforderungen an Genetische Algorithmen aus der Sicht der Fuzzy-Regelung

Die wesentlichen Parameter eines Fuzzy-Reglers, die sich für eine automatische Optimierung oder ein automatisches Erlernen eignen, sind die Regelbasis und die Fuzzy-Partitionen. Wir betrachten hier nicht die Auswahl geeigneter t-Normen, t-Conormen oder der Defuzzifikationsstrategie.
Fine-Tuning kann nur durch geringfügige Anpassungen der Fuzzy-Mengen, nicht durch eine Änderung der Regelbasis vorgenommen werden. Es ist daher i.a. sinnvoll, zuerst eine passende Regelbasis auf der Basis einfacher Fuzzy-Partitionen zu erlernen und danach die Fuzzy-Mengen an diese Regelbasis anzupassen.
Die Untersuchung verschiedener Anwendungen Genetischer Algorithmen für Fuzzy-Regler [5, 4, 11, 7, 13] und unsere eignen Erfahrungen [3] haben gezeigt, daß ein adhoc Einsatz Genetischer Algorithmen für Fuzzy-Regler verschiedene Nachteile aufweist, die durch entsprechende Modifikationen umgangen werden können.

Binäre versus Nicht-Binäre Kodierung

Die Regelbasis und die Fuzzy-Partitionen eines Fuzzy-Reglers sind zunächst nicht in binärer Form gegeben. Es stellt sich daher die Frage, ob man sie für einen Genetischen Algorithmus binär kodieren sollte.

Obwohl eine binäre Kodierung das „Abtasten der Hyperebenen“ [15] im Suchraum durch den Genetische Algorithmus besser unterstützt, verhält sich eine nicht–binäre Kodierung besser bei der Anwendung von Operationen wie Crossover, das dann weniger zerstörerisch wirkt. Bei einer binären Kodierung wird Crossover in den meisten Fällen innerhalb eines Wortes stattfinden, das eine höhergeordnete Struktur repräsentiert (eine Fuzzy–Menge, einen Eintrag in die Regeltabelle), und somit destruktiv wirken.
Um dies einzusehen, betrachten wir als Beispiel das Erlernen einer Regelbasis eines Fuzzy-Reglers in Form einer Tabelle mit 7×7 Einträgen durch einen Genetischen Algorithmus. An jeder Position der Tabelle muß einer von sieben möglichen Einträgen ausgewählt werden. Eine naheliegende nicht–binäre Kodierung würde $g = 49$ Gene mit jeweils sieben möglichen Allelen verwenden. Bei einer binären Kodierung würden man jeweils $b = 3$ (binäre) Gene für einen Tabelleneintrag benötigen. In Building–Blocks bei der binären Kodierung wird i.a. für jeweils eine Gruppe von drei Genen entweder die gesamte Gruppe oder keines der Gene festgelegt sein.
Wir betrachten ein Schema mit der definierenden Länge ℓ innerhalb der nicht–binären Kodierung. Das korrespondierende Schema bei der binären Kodierung besitzt dann eine definierende Länge von $b \cdot \ell$. Die Wahrscheinlichkeit, daß Crossover dieses Schema zerstört, kann (pessimistisch) in der üblichen Weise durch $\ell/(g-1)$ bei der nicht–binären bzw. $(b \cdot \ell)/(g \cdot \ell - 1)$ im Falle der binären Kodierung abgeschätzt werden. Es läßt sich leicht zeigen, daß der zweite Ausdruck einen größeren Wert als der erste annimmt, so daß der zerstörerische Effekt des Crossover–Operators bei der binären Kodierung stärker ist.

Die Building–Block–Hypothese

Fuzzy–Regler sind ein hervorragendes Beispiel, in dem Holland's Building–Block–Hypothese zutrifft. Da Fuzzy–Regler als eine Interpolationstechnik unter Einbeziehung von Impräzision gesehen werden können [8], haben im wesentlichen benachbarte Fuzzy–Mengen einer Fuzzy–Partition einen kombinierten Einfluß auf das Regelverhalten, während weiter voneinander entfernte Fuzzy–Mengen mehr oder wenig als unabhängig betrachtet werden können. Die lineare Anordnung der Fuzzy–Mengen innerhalb der Fuzzy–Partition läßt sich leicht in einem Chromosom erhalten.
Etwas anders verhält es sich mit der Regelbasis, die sich i.a. als planare Struktur in Form einer Tabelle darstellt. Aber auch in dieser planaren Struktur interagieren im wesentlichen nur benachbarte Regeln. Es bietet sich daher an, die Regelbasis nicht künstlich in ein eindimensionales Chromosom zu pressen und dadurch die Nachbarschaftsstruktur teilweise zu zerstören, sondern die planare Struktur beizubehalten und einen geeigneten Crossover–Operator zu definieren, der anstelle linearer Teilstücke planare Teilstücke austauscht.
Auch bei der Verwendung dieser Art von Crossover–Operatoren läßt sich ein Analogon zum Schematheorem beweisen. Allerdings muß dabei der Begriff der definierenden Länge für eindimensionale Chromosomen auf mehrdimensionale geeignet erweitert werden, etwa als definierender Durchmesser.

3 Modifikationen des Genetischen Algorithmus

Es soll nun beschrieben werden, wie mit Hilfe von Genetischen Algorithmen ein Mamdani–Controller zu einem gegebenen Problem erzeugt werden kann. Dabei wird davon ausgegangen, daß die Meß– und Stellgrößen bekannt sind und ein Modell zur Simulation des zu regelnden Problems zur Verfügung steht.

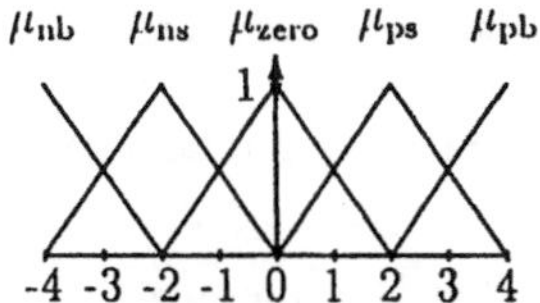

Abbildung 1: Eine homogene Fuzzy-Partition.

Die Generierung eines Reglers erfolgt in drei Schritten:

- Erzeugen einer Ausgangsregelbasis und der Initialisierung der Fuzzy-Partitionen der Meß- und Stellgrößen
- Genetische Erzeugung einer Regelbasis, die das zu lösende Problem beherrscht
- Verbesserung des Regelverhaltens durch Genetische Optimierung der Fuzzy-Partitionen der Meßgrößen.

Bei der Erzeugung der Regelbasis kann es von Vorteil sein, bestimmtes Vorwissen über den zu regelnden Prozeß einzubringen. Durch iterative Anwendung der beiden folgenden Regeln wird eine Regelbasis erzeugt, die ein besseres Regelverhalten erwarten läßt als eine rein zufällig initialisierte.

1. Wenn bei einem Regler, der als Eingangsgrößen den Fehler und die Fehleränderung verwendet, die Prämissen nahe dem Wert „null" liegen, sollte die Konklusionen ebenfalls nahe „null" liegen (der einzustellende Wert wurde erreicht).
2. Sind die Prämissen zweier Regeln ähnlich, sollten auch die Konklusionen ähnlich sein (ähnlichen Situationen erfordern ähnliche Maßnahmen).

Die Ausgangspartitionierungen der Meß- und Stellgrößen sollten möglichst homogen sein. Bild 1 zeigt eine homogene Partitionierung.

3.1 Optimierung der Regelbasis

Die Regelbasis wird dann mit einem Genetischen Algorithmus optimiert, wobei die Operatoren Mutation und Crossover in modifizierter Form zur Anwendung kommen.

Kodierung der Regelbasis

Eine Regelbasis eines Fuzzy-Reglers mit k Eingangsgrößen wird durch eine $n_1 \times \ldots \times n_k$ Matrix kodiert, wobei n_i die Anzahl der Fuzzy-Mengen der Meßgröße i bezeichnet. Jedes Element der Matrix enthält eine Fuzzy-Menge der Stellgröße. Diese Kodierung verspricht die vorne beschriebenen Vorteile gegenüber einer gewöhnlichen Bit-String Kodierung und entspricht einer tabellenartigen Darstellung der Regelbasis.

	nb	nm	ze	pm	pb
nb	nm	nb	ze	nm	pm
nm	nb	nm	nm	ze	nm
ze	nb	nm	ze	pm	pb
pm	nm	ze	pm	pm	pb
pb	pb	pm	pb	pb	pm

Beispiel einer kodierten Regelbasis

Die kodierte Darstellung einer Regelbasis für das Stabbalance-Problem würde die nebenstehende Form haben.

Das Gen (nm,ze) repräsentiert dann folgende Regel:

$$\text{IF } \varphi \text{ is nm AND } \dot{\varphi} \text{ is ze THEN } F \text{ is nm}$$

Genetische Operatoren bei der Regeloptimierung

Statt des gewöhnlichen 2–Point Crossovers, wird hier ein „Punkt–Radius“ Operator angewendet, der zufällig gewählte Bereiche zweier Chromosomen austauscht. Dieser Operator wurde im vorherigen Abschnitt motiviert. Das nebenstehende Bild zeigt die Wirkungsweise des Operators, indem er die großgeschriebenen Einträge zweier Chromosomen austauscht.
Mutation erfolgt durch zufälliges Verändern eines Matrixelements, indem es durch ein ähnliches ersetzt wird. Das bedeutet, daß der Eintrag „ze“ zu „nm“ oder „pm“ mutieren kann.

nm	nb	ze	nm	pm
nb	NM	nm	ze	nm
NB	NM	ZE	pm	pb
nm	ZE	pm	pm	pb
pb	pm	pb	pb	pm

→

nm	nb	ze	nm	pm
nb	ZE	nm	ze	nm
PM	NB	ZE	pm	pb
nm	PM	pm	pm	pb
pb	pm	pb	pb	pm

pb	nm	pb	pm	mm
ze	ZE	nm	nb	pb
PM	NB	ZE	pm	pb
pb	PM	pm	pm	nb
pm	pm	pb	nb	nm

→

pb	nm	pb	pm	mm
ze	NM	nm	nb	pb
NB	NM	ZE	pm	pb
pb	ZE	pm	pm	nb
pm	pm	pb	nb	nm

Bewertungsfunktion

Um die Fitness eines Chromosoms zu bestimmen, wird der durch sie kodierte Regler mit vorgegebenen bzw. zufällig gewählten Startbedingungen getestet. Jeder Regler erhält nur einen Bewertungspunkt, wenn er zuvor gewählte Randbedingungen einhält und sich die Meßgrößen gegen Ende der Simulation in einem bestimmten Bereich eingependelt haben. Hat mindestens ein Regler der Population alle Testansätze erfolgreich beendet, werden die zulässigen Abweichungen des Systems verringert.
Das langsame verschärfen der Randbedingungen für die Bewertung der Regler bewirkt, daß sich die Population schrittweise an hohe Anforderungen an die hohe gewünschte Qualität der Regelung anpassen kann. Wählt man schon zu Beginn strenge Randbedingungen, wird voraussichtlich keiner der Regler der anfänglichen Populationen eine signifikante Bewertung erhalten, so daß zunächst für längere Zeit mehr oder wenig zufällig nach einer annähernd akzeptablen Lösung gesucht wird.

3.2 Tuning der Fuzzy–Partitionen

Nachdem eine brauchbare Regelbasis erzeugt wurde, sollen nun die Fuzzy–Partitionen der Meßgrößen optimiert werden. Auch hier tritt das Problem auf, eine adäquate Kodierung zu finden, die das Schematheorem erfüllt. Bisher veröffentlichte Ansätze benutzen meist eine Bit–String Kodierung der Parameter der Fuzzy–Mengen. So werden zum Beispiel dreieckige Fuzzy–Mengen durch ihren Mittelpunkt und ihre Breite charakterisiert. Unserer Meinung nach ist eine solche Kodierung hinsichtlich des Schematheorems zu abstrakt. Betrachtet man einen bestimmten Bereich auf der Abzisse einer Partition, so sind für ihre Güte ausschließlich die Zugehörigkeitsgrade in diesem Bereich von Bedeutung. Nach dem Schematheorem sollten diese Werte bei der Kodierung möglichst nahe beieinander liegen. Daher schlagen wir folgende Kodierung vor:

Kodierung der Partitionen

Die Partitionen der Meßgrößen werden durch je eine Folge von Genen kodiert, wobei jedes Gen den Zugehörigkeitsgrad eines bestimmten x-Wertes zu den Fuzzy-Mengen angibt. Die Partitionierung wird dadurch in einem durch die Länge des Gens bestimmten Maße diskretisiert.
Angenommen, eine Meßgröße d wird durch ihren linken und rechten Rand l und r begrenzt und in n_d Fuzzy-Mengen partitioniert, dann wird ihre Kodierung gegeben durch:

$$\cdots\underbrace{\overbrace{\begin{pmatrix}\mu_{1_d}(l)\\ \vdots \\ \mu_{n_d}(l)\end{pmatrix}}^{\text{Gen}}\cdots\begin{pmatrix}\mu_{1_d}(x)\\ \vdots \\ \mu_{n_d}(x)\end{pmatrix}\cdots\begin{pmatrix}\mu_{1_d}(r)\\ \vdots \\ \mu_{n_d}(r)\end{pmatrix}}_{\text{Kodierung der Größe } d}\cdots$$

Genetische Operatoren zum Tunen der Fuzzy-Partitionen

Crossover erfolgt durch einen 2-Point Operator, der auf den Gen-String jeder Meßgröße angewendet wird. Der Mutationsoperator wird durch zufälliges Verändern eines Zugehörigkeitsgrades in jedem Gen-String realisiert.
Da beide Operatoren nicht-konvexe Fuzzy-Mengen erzeugen können, kommt ein Reparaturmechanismus zur Anwendung, der nicht konvexe Fuzzy-Mengen in konvexe überführt. Dazu bestehen mehrere Möglichkeiten:

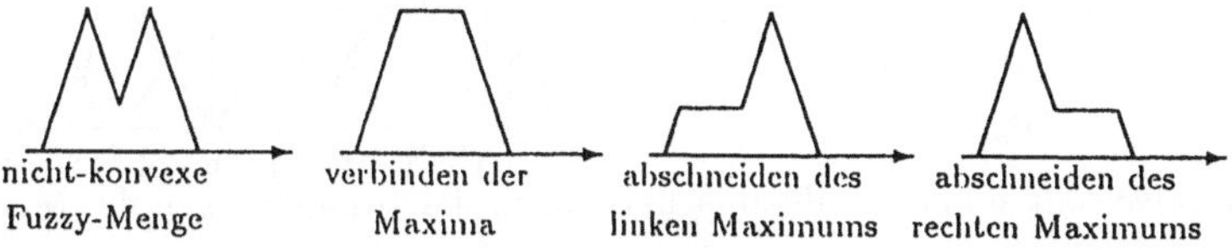

Nach Crossover wird man den Reparaturmechanismus anwenden, der eine Fuzzy-Menge möglichst wenig verändert. Nach Mutation wird man eher einen wählen, der möglichst stark verändert. Der Grad der Änderung wird durch die Summe der Zugehörigkeitsgradänderungen bestimmt.

Bewertungsfunktion beim Tunen der Fuzzy-Mengen

Um die Fitneß eines Gens zu bestimmen, werden die durch die Chromosomen repräsentierten Regler wiederum mit einer Menge von Startsituationen konfrontiert und der quadratische Fehler zu den einzustellenden Sollgrößen während eines bewertungsrelevanten Zeitraumes bestimmt. Auch hier muß ein Regler die Randbedingungen des Prozesses einhalten.

4 Ergebnisse

Das beschriebene Verfahren wurde benutzt, um das Stabbalance-Problem mit den Testbedingungen nach Geva und Sitte [2] zu lösen. Bei einer Populationsgröße von 200 Chromosomen und einer zulässigen Winkelabweichung von 2^0 ergab sich nach 25 Generation die nebenstehende Regelbasis.

θ \ $\dot{\theta}$	nb	nm	ze	pm	pb
nb	nm	nb	nb	nb	pm
nm	ze	nb	nb	nb	pm
ze	pb	nb	ze	pb	pb
pm	pm	nb	pb	pm	pm
pb	nm	nb	nm	nb	pm

Auffällig an unseren Ergebnissen war, daß bereits in der initialen Population das beste Chromosom in 87% der zufällig gewählten Testansätze mit $\theta \in [-45, \ldots, 45]$ und $\dot{\theta} \in [-2.6, \ldots, 2.6]$ in der Lage war, das Umfallen des Stabes zu verhindern.
Die optimierten Fuzzy-Partitionen unterschieden sich nur geringfügig von den gegebenen. Das liegt unter anderem daran, daß die optimierte Regelbasis für die gegebenen Anfangsbedingungen ziemlich gut ist. Weiterhin ist das Stabbalance-Problem recht „einfach" zu handhaben, wie Geva und Sitte gezeigt haben.
Das Regelverhalten des Reglers mit den Anfangswerten $\theta = 40.0^0$ und $\dot{\theta} = -2.0\ ^0/s$ zeigt Bild 2.

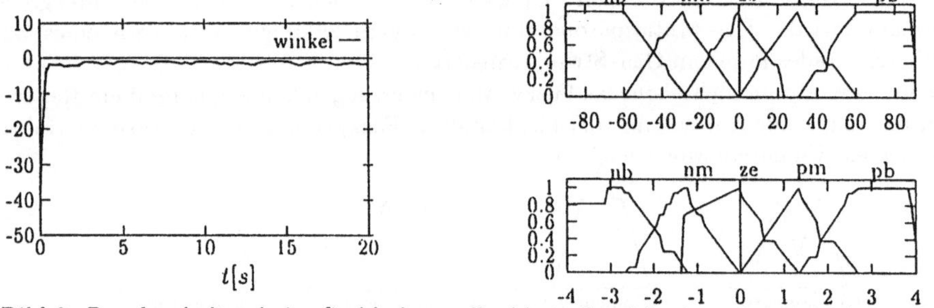

Bild 2: Regelverhalten beim Stabbalance-Problem, Partitionierungen der Meßgrößen

5. Andere Ansätze

In diesem Abschnitt stellen wir andere veröffentlichte Ansätze vor und betrachten die Unterschiede zu unserem [6].

Der Ansatz von C. Karr

C. Karr [4, 5] setzt Genetische Algorithmen zum Verändern der Form von dreieckigen Fuzzy-Mengen ein. Jeder Parameter einer Fuzzy-Menge (linker, mittlerer und rechter Punkt) wird durch eine 7-Bit breite Binärzahl kodiert. Die Parameter der gesamten Mengen werden zu einem Bit-String verbunden. Die Fitneß wird durch den quadratischen Fehler zufällig gewählter Testansätzen bestimmt.
Dieser Ansatz zeigt, daß sogar ein Genetischer Algorithmus mit einer „einfachen" Kodierung zu guten Ergebnissen führen kann. Genetische Algorithmen sind durch ihre Robustheit für Optimierungsaufgaben geeignet, für die wenig Vorwissen vorhanden ist.

Der Ansatz von Takagi & Lee

H. Takagi und M. Lee [11] setzen einen Genetischen Algorithmus zum gleichzeitigen Generieren einer Regelbasis und Tunen der Parameter eines Takagi–Sugeno Controllers [14] ein.
Die dreieckigen Fuzzy–Mengen werden wiederum durch die definierenden Punkte beschrieben, wobei hier nur die Abstände der Punkte zueinander als positive binäre Zahlen kodiert werden. Dies hat den Vorteil, daß sich Fuzzy–Mengen nicht überholen können (etwa, wenn die Mitte von der Fuzzy–Menge *pm* links von *ze* liegt). Die Parameter der Konklusionen werden ebenfalls als Bit–Strings kodiert.
Liegen Fuzzy–Mengen nach dem Dekodieren außerhalb des zulässigen Bereiches, werden sie entfernt und die entsprechenden Regeln weggelassen. Auf diese Weise kann die Anzahl der Regeln dem zu regelnden Problem angepaßt werden.
Die Bewertungsfunktion belohnt Chromosomen, die das Pendel möglichst schnell aufrichten und lange in der Senkrechten halten. Gleichzeitig werden Regler mit vielen Regeln „bestraft".
Das gleichzeitige Optimieren zu vieler Parameter eines Fuzzy–Reglers kann zu Problemen führen, da sich Regelbasis und Fuzzy–Mengen gegenseitig beeinflussen. Das kann umgangen werden, indem die Generierung in zwei Schritten erfolgt. Das „Überholen" von Fuzzy–Mengen kann unserer Meinung nach vermieden werden, wenn man ausgehend von einer homogenen Partition nur die Fuzzy–Mengen der Prämissen optimiert. Überholen sich zwei Fuzzy–Mengen, bedeutet dies, daß sie auch in der Regelbasis vertauscht werden könnten. Da wir aber von einer optimalen Regelbasis ausgegangen sind, erscheint ein Überholen unwahrscheinlich zu sein.
Geht bei der Bewertungsfunktion nur die Zeit bis zum Aufrichten des Pendels ein, kann es vorkommen, daß das Pendel zwar nicht umfällt, die Abweichungen von der Senkrechten jedoch recht groß sind.
Interessant ist Möglichkeit, die Anzahl der Regeln optimieren zu können. Dabei spielt der Performancegewinn beim Berechnen einer Regelungsaktion sicher eine geringere Rolle als die Möglichkeit, die für den Prozeß wesentlichen Regeln herauszufinden.

Der Ansatz von Surman, Kansteiner & Goser

Surman, Kanstein und Goser [13] empfehlen, zur Bewertungsfunktion einen Term hinzuzufügen der die „Entropie" einer Fuzzy–Partition beschreibt. Die „Entropie" gibt die durchschnittliche Anzahl der aktiven Regeln an. Dabei werden homogene Partitionen bevorzugt.

6. Schlußbemerkung

Genetische Algorithmen sind robuste Optimierungsverfahren, um ohne explizites Vorwissen Fuzzy–Regler zu generieren und zu optimieren. Die Anwendung von speziellen Kodierungen, Operatoren und Bewertungsfunktionen können sowohl das Konvergenzverhalten des Optimierungsprozesses als auch das Regelverhalten des Fuzzy–Reglers stark beeinflussen.

Literatur

[1] K. DeJong, An Analysis of the Behavior of a Class of Genetic Adaptive Systems. PhD Dissertation. Dept. of Computer and Communication Sciences, University of Michigan (1975).

[2] S. Geva, J. Sitte, A Cartpole Benchmark for Trainable Controllers. IEEE Control Systems 13 (1993), 40–51.

[3] J. Hopf, F. Klawonn, Learning the Rule Base of a Fuzzy Controller by a Genetic Algorithm. In: R. Kruse, R. Palm, J. Gebhardt (eds.), Fuzzy Systems in Computer Science. Vieweg, Wiesbaden (1994).

[4] C. Karr, Genetic Algorithms for Fuzzy Controllers. AI Expert 2/1991, 27–33.

[5] C. Karr, Fuzzy Control of pH using Genetic Algorithms. IEEE Transactions on Fuzzy Systems 1 (1993), 46–53.

[6] J. Kinzel, F. Klawonn, R. Kruse, Modifications of Genetic Algorithms for Designing and Optimizing Fuzzy Controllers, submitted to IEEE 94.

[7] K. Kropp, Optimization of Fuzzy Logic Controller Inference Rules using a Genetic Algorithm. Proc. EUFIT'93, Aachen (1993), 1090–1096.

[8] R. Kruse, J. Gebhardt, F. Klawonn, Fuzzy-Systeme. Teubner-Verlag, Stuttgart (1993), (engl. Übersetzung: Foundations of Fuzzy Systems. Wiley, Chichester (1994)).

[9] C.C. Lee, Fuzzy Logic in Control Systems: Fuzzy Logic Controller, Part I. IEEE Trans. Systems, Man, Cybernetics 20 (1990), 404–418.

[10] C.C. Lee, Fuzzy Logic in Control Systems: Fuzzy Logic Controller, Part II, IEEE Trans. Systems, Man, Cybernetics 20 (1990), 419–435.

[11] M. Lee, H. Takagi, Integrating Design Stages of Fuzzy Systems Using Genetic Algorithms. Proc. 2nd IEEE International Conference on Fuzzy Systems 1993, IEEE, San Francisco (1993), 612–617.

[12] D. Nauck, F. Klawonn, R. Kruse, Neuronale Netze und Fuzzy-Systeme: Grundlagen des Konnektionismus, Neuronaler Fuzzy-Systeme und der Kopplung mit wissensbasierten Methoden. Vieweg, Wiesbaden (1994).

[13] H. Surmann, A. Kanstein, K. Goser, Self-Organizing and Genetic Algorithms for an Automatic Design of Fuzzy Control and Decision Systems. Proc. EUFIT'93, Aachen (1993), 1097–1104.

[14] T. Takagi, M. Sugeno, Fuzzy Identification of Systems and its Application to Modeling and Control. IEEE Trans. Systems, Man, Cybernetics 15 (1985), 116–132.

[15] D. Whitley, A Genetic Algorithm Tutorial. Technical Report CS-93-103, Dept. of Computer Science, Colorado State University (1993).

Frequenzdifferenzspektren als "Preprocessing-Verfahren" für neuronale Netze und klassische, akustische Identifikatoren/Klassifikatoren

M. Reuter
Institut für Prozeß- und Produktionsleittechnik, TU-Clausthal
Leibnizstr. 28
38678 Clausthal-Zellerfeld

1 Abstrakt

Frequenzdifferenzspektren, kurz FD-Spektren genannt, finden eine immer breitere Anwendung in technischen, medizinischen und vor allen Dingen sprachanalytischen Systemen. Diese von uns in den 80er Jahren entwickelte, situationsunabhängige Repräsentation von geglätteten Leistungsspektren ermöglicht eine äußerst genaue Berechnung der im jeweiligen Signalverlauf enthaltenen Grundwellen, wobei deren Detektierung auch bei Überlagerung von Breitbandstörern, technisch bedingten Frequenzbandausblendungen oder anderen stochastischen Störanteilen noch möglich ist. Die Repräsentation einer Signatur nur durch ihre Grundwellenanteile und deren Harmonischenmodulierung ermöglicht zudem, daß beim Einsatz von neuronalen Netzen und Fuzzy-Klassifikatoren ein bis zu 80 % reduzierter Datensatz verwendet werden kann.

Im folgenden sollen einige grundlegende Experimente beschrieben werden, die den Einsatz von FD-Spektren an Hand eines kommerziellen Softwarepaketes beschreiben.

2 Theorie

Zur Extraktion von Grundfrequenzen aus einem mehr oder minder verrauschten Spektrum sind zwei grundlegende (situationsabhängige) Operationen nötig. Im ersten Verarbeitungsschritt wird das klassische Leistungsspektrum einer Signatur durch eine lokale Glättungsfunktion interpoliert und deren Verlauf als Nullinie des Differenzleistungsspektrums (kurz DLS genannt) definiert. 1/f-Rauschen, Breitbandstörer oder "weißes" Rauschen wird durch diesen Verarbeitungsschritt eliminiert. Diese DLS-Repräsentation eignet sich hervorragend für Sprachanalysen oder als Inputmuster für neuronal ausgelegte Spracherkennungssysteme, bzw. sprachgesteuerte Bediengeräte.

Auf dieses Spektrum wird im nächsten Schritt ein "Spangenverfahren" angewendet, welches das DLS nach vorhandenen Grundwellen oder deren Harmonischen absucht. Grundgedanke dabei ist, daß alle technischen Systeme sowie alle natürlich erzeugten, vom Menschen mit irgendeinem Sinngehalt belegten Signaturen ein Harmonischen-spektrum aufweisen, welches 4 oder mehr detektierbare Harmonische aufweist. Da der Abstand zwischen zwei Harmonischen dem Betrage nach gleich dem Wert der Grundfrequenz entspricht, ist eine Demodulation des zu analysierenden Spektrums mit Hilfe von Frequenzspangen (Frequenzdiffernzspangen) möglich, indem man sämtliche Amplitudenwerte des DLS, die dem Betrag des Spangenwerts voneinander entfernt sind, additiv oder multiplikativ miteinander verknüpft und einer hypothetischen Grundwelle (die dem Betrage nach dem Spangenwert entspricht) zuordnet.

Im einzelnen werden dazu die Amplitudenwerte $Amp(f_b)$ und $Amp(f_b+\Delta f)$ additiv oder multiplikativ miteinander verknüpft, wobei Δf dem Frequenzabstand zwischen den beiden Amplitudenwerten entspricht. Das Ergebnis dieser Operation wird (additive) oder multiplikative) FD-Komponente genannt. Verschiebt man den Ausgangsfrequenzwert dieser Operation kontinuierlich über das gesamte Spektrum und kombiniert die verschiedenen FD-Komponenten additiv, so erhält man eine Demodulation des Ausgangsspektrums bezüglich des Frequenzspangenwertes. Für die FD-Komponenten hat sich dabei die Schreibweise $aFD(\Delta f)$, bzw. $mFD(\Delta f)$ eingebürgert.

Im nächsten Verarbeitungsschritt wird dieses Verfahren mit einer veränderten Spangenweite wiederholt. Die Zusammenfassung aller verschiedenen FD-Komponenten ergibt dann schließlich je nach Kombinationsart ein additives oder multiplikatives FD-Spektrum, kurz aFD-Spektrum oder mFD-Spektrum genannt. Formelmäßig ergibt sich für die Berechnung der FD-Spektren:

$$aFD = \sum_{\Delta f=f}^{M} aFD(\Delta f) = \sum_{\Delta f=f}^{M} \sum_{b=i}^{I} (Amp(f_b) + Amp\,(f_b + \Delta f))\ \delta\,(f-\Delta f)$$

bzw.

$$mFD = \sum_{\Delta f=f}^{M} mFD(\Delta f) = \sum_{\Delta f=f}^{M} \sum_{b=i}^{I} (Amp(f_b) * Amp\,(f_b + \Delta f))\ \delta\,(f-\Delta f)$$

Da diese ausführliche Beschreibung sehr aufwendig ist, wurde für die FD-Spektrenberechnung die folgende Operatorschreibweise gewählt:

$aFD := \quad \Gamma^{+}(f,i,M,I)\,\{Amp(f_i)\}$, bzw. in Kurzform: $aFD := \Gamma^{+}(f,i,M,I)$,

$mFD := \quad \Gamma^{*}(f,i,M,I)\,\{Amp(f_i)\}$, bzw. in Kurzform: $mFD := \Gamma^{*}(f,i,M,I)$,

Die Parameter i und I geben die Anfangs- und Endfrequenz des Leistungsspektrumsausschnittes $\{Amp(f_i)\}$, der durch das Spangenverfahren analysiert werden soll, an, während die Parameter f und M die kleinste bzw. größte Spangenweite des Verfahrens und damit auch den Spektralbereich des FD-Spektrums definieren. Das Symbol rechts oben neben dem Operatorzeichen Γ gibt an, in welcher Art die Amplituden kombiniert werden, mithin ob ein aFD- oder mFD-Spektrum berechnet werden soll.

Ein Operator der Form: $\Gamma^{*}(2,1,4,16)\{Am(f_i)\}$ beschreibt also ein mFD-Spektrum, daß aus einem Leistungsspektrum von 1 bis 16 Hz die eventuellen Grundwellen im Bereich von 2 bis 4 Hz herausschält.

Zur Evaluierung der Grundwellen eines Leistungsspektrums unter Eliminierung möglichst aller Störanteile, bzw. im sprachlichen Verarbeitungsbereich unter Eliminierung aller sprachinformell bezogenen Anteile empfiehlt es, sich die FD-Berechnung ein zweites mal auf die FD-Spektren anzuwenden. Man nennt das daraus resultierende Spektrum TTY-Spektrum. TTY-Spektren sind hochgradig störungsinvariant und stellen die präsenten Grundwellen und ihre Harmonischen in hochgradig geglätteter Form dar. Will man nur die Grundwelle einer Signalquelle erhalten (wie z.B. bei der Detektierung der Haupt- und Heckrotorfrequenz von Hubschraubern), so benutzt man ein leicht modifiziertes TTY-Spektrum, in welchem bei der Berechnung der TTY-Komponenten die Harmonischen eliminiert werden.

Wie man leicht aus der Berechnungvorschrift der FD- und TTY-Spektren ersehen kann, scheinen diese äußerst sensitiv gegen Störungen, die breitbandiger als die kleinste Spangenweite sind, zu sein. Daher benutzen wir nicht das übliche Leistungsspektrum als Ausgangsspektrum der FD-Berechnung, sondern das DLS.

3 Experimentelle Ergebnisse

Beispielhaft sollen am Beispiel einer Spracheingabe in unser Analysesystem die verschiedenen Verarbeitungsschritte zum DLS bzw. FD-Spektrum aufgezeigt werden. Spracheingaben sind von ihrer Natur aus ein sehr schönes und komplexes Gebiet für diese Art der Frequenzanalyse. Nicht unerwähnt soll aber bleiben, daß wir dasselbe System für EEG- und EKG-Messungen, zur Laufruheüberwachung von Motoren und drehenden Maschinen aller Art und zur Identifikation von Fahrzeugen, Sprechern und anderen akustischen Signaturen verwendet haben.

Bild 1 zeigt den Verlauf des DLS für einen männlichen Sprecher, der den Vokal "a" ausspricht. Deutlich erkennt man im DLS im vorderen Bereich einen starken Amplitudenbereich, der sich aber in der nachfolgenden Harmonischenstruktur nicht reproduziert. Dieser Bereich spiegelt denn auch mehr die emotionale Information der gesprochenen Signatur als die eigentliche Grundfrequenz des Sprechers wieder.

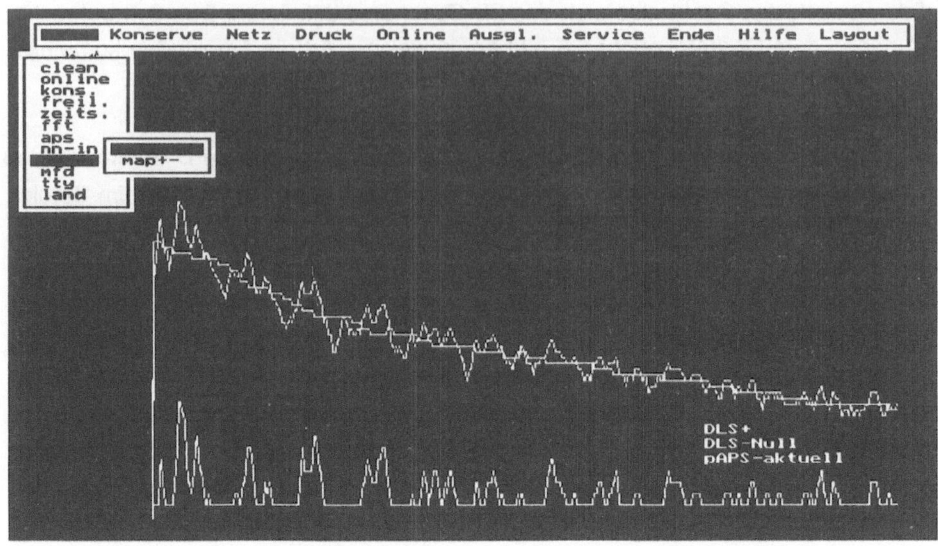

Bild 1: DLS-Berechnung eines männlichen Sprachsignals

In Bild 2 taucht das DLS mittig auf, darunter ist das aus ihm berechnete mFD-Spektrum zu sehen, deutlich erkennbar die Sprechergrundfrequenz mit ihren Harmonischen. Im oberen Teil der Abbildung ist das TTY-Spektrum dargestellt. Es stellt die "reine" Spektraldarstellung der Grundwelle dar. An seiner Struktur erkennt man deutlich, daß es keine situationsabhängige (dem Vokal "a" entsprechende) Information mehr trägt.

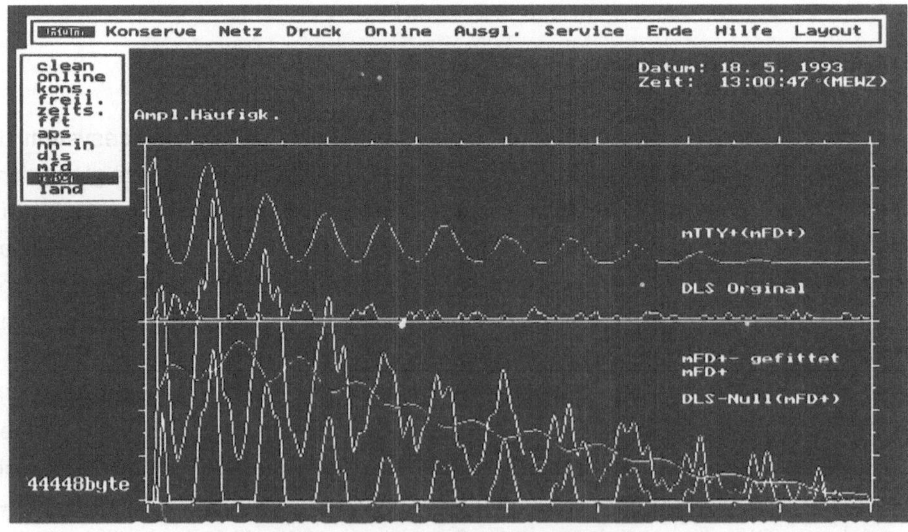

Bild 2: mFD- und TTY-Berechnung des DLS aus Bild 1

Wie robust diese Art der Repräsentation gegenüber Frequenzbandausblendungen ist, wird im Bild 3 gezeigt. Wahlweise wurde hier im DLS und im FD-Spektrum der vordere Frequenzbereich ausgeblendet, d. h. jene Bereiche, die die eigentliche Grundfrequenz (bzw. sogar deren erste Harmonische) repräsentieren, sind nicht mehr existent. Trotzdem erscheint die Grundfrequenz reproduziert im TTY-Spektrum, wenn auch nicht mehr in der ehedem "schönen" situationsunabhängigen Form, als größte Amplitude. Bedenkt man, daß solche Frequenzbandausblendungen einem täglich beim Telefonieren begegnen, wird einem die Wichtigkeit der Reproduzierbarkeit der eigentlichen Sprechersignatur (durch das menschliche Gehirn) zum Identifizieren des Sprechers am anderen Ende der Leitung bewußt. Im technischen Bereich ist die Nichtbeachtung einiger Frequenzbänder deshalb für uns von großem Interesse, da so Bereiche, die vermehrt mit Störungen durchsetzt sind, nicht mehr in die Analyse mit einbezogen werden müssen.

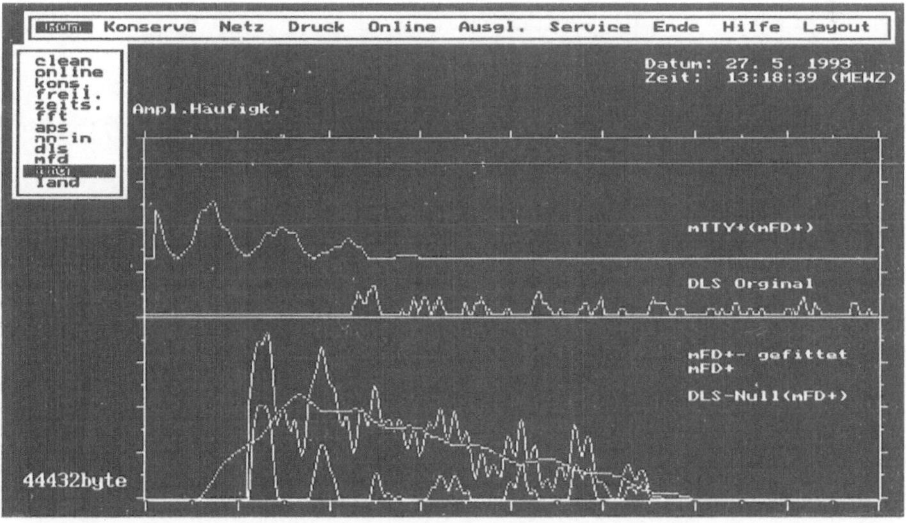

Bild 3: mFD- und TTY-Berechnung mit einer Frequenzbandausblendung zwischen 0 und 250 Hz und 0 - 130 Hz

Bild 4 zeigt die Trainingsergebnisse unseres im Analysepaket integrierten neuronalen Netzes (Backpropagation-Algorithmusses), einmal mit einem klassischen Inputmuster (Leistungsspektrum 0-1024 Hz) und einmal mit dem DLS als Inputmuster (selber Frequenzbereich). Hier war es die Aufgabe, sprecherunabhängig zwei Vokale und zwei Konsonanten zu unterscheiden. Deutlich sieht man, daß man unter Verwendung eines DLS als Inputmuster die Lernzeit um einen Faktor 5 verringern kann. Vor allem für sprachgesteuerte Systeme mit einem sich ändernden Befehlssatz von 10 - 20 Worten wurde dieses System, konditionierbar vor Ort, erfolgreich eingesetzt. Die weitestgehend von der eigentlichen Sprachinformation befreiten FD-Spektren oder deren Derivate, die TTY-Spektren, eignen sich natürlich nicht für eine Identifizierung von Vokalen oder Konsonanten. Nimmt man aber die durch sie evaluierten Grundfrequenzen als Normierungsgrundlage für die jeweiligen Sprachsignale, so gelangt man zu einer sprecherunabhängigen Darstellung der gesprochenen Signatur, die sehrwohl von dem neuronalen Netz erkannt werden kann. Dahingehende Versuche wurden an unserem Institut bereits durchgeführt und führten zu sehr guten Ergebnissen.

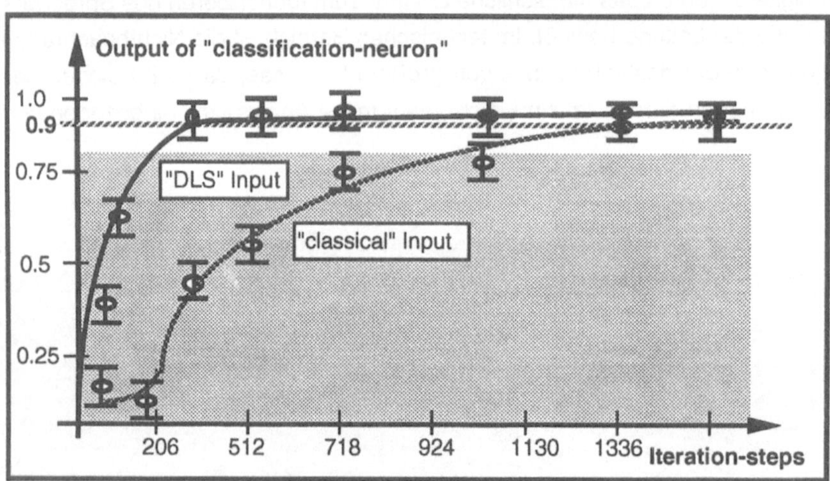

Bild 4: Trainingsresultate mit einem "klassischen" und einem "DLS"-Inputmuster zur sprecherunabhängigen Signaturunterscheidung

4 Zusammenfassung :

Die Verwendung von DLS, FD- oder TTY-Spektren in der Sprachanalyse, der Überwachung von laufenden Maschinen oder deren Einsatz im medizinischen Bereich (EKG-, EEG-Überwachung) führt zu teilweise völlig neuartigen Kriterien hinsichtlich der Frequenzbereiche, die zu analysieren sind, bzw. einer Bewertung unterzogen werden sollen. Durch die hohe Robustheit der FD- und TTY-Spektren bezüglich Breitbandstörern, Frequenzbandausblendungen oder stochastischen Anteilen in diesen Nutzsignalen sind technisch oder rechnerisch aufwendige Vorverarbeitungsschritte nicht mehr nötig, bzw. können kaum gestörte Frequenzbereiche im Ausgangsspektrum zur weiteren Analyse herangezogen werden, auch wenn die eigentlich zu berechnenden Grundwellen in diesem Frequenzband selbst nicht präsent sind. Das DLS von Nutzsignalen eignet sich dabei vor allem als Preprozessing für Neuronale

Netze, stellt es doch eine eigenschaftsbezogene Darstellung der Signatur dar, die bei geeigneter Wahl der Ausgleichsparameter nur noch die eigentlich zu klassifizierenden/identifizierenden Informationen enthält. FD- und TTY-Spektren hingegen ermöglichen durch ihre spezielle Struktur eine erhebliche Datensatzreduzierung, da sie aus einem beliebig großen Frequenzbereich den durch sie detektierten Grundwellenbereich so exakt herausarbeiten, daß der übrige Bereich in einer weiteren Bearbeitung vernachlässigt werden kann. Dies bewirkt, daß nachgeschaltete Klassifikatoren oder Identifikatoren zu schnelleren und sicheren Ergebnissen gelangen können.

Alles in allem wird daher durch den Einsatz dieser speziellen Spektraldarstellungen ein weites Feld bereits entwickelter Klassifikatoren/Identifikatoren in die Lage versetzt, zeiteffektiver und entscheidungssicherer zu agieren, wodurch deren Einsatz vor Ort noch lohnender erscheinen dürfte.

Es sollte noch erwähnt werden, das neuere physiologische Untersuchungen zeigen, daß bei der Signalverarbeitung im Innenohr und in den tiefer gelegenen Gehirnregionen ähnliche Verarbeitungsschritte wie die DLS- oder FD-Berechnung vollzogen werden. Ausfällen von Frequenzbändern (wie z. B. bei einem Knalltrauma) werden so durch das Gehirn mit Hilfe der "Berechnung" von FD-Repräsentationen des akustischen Signals automatisch dahingehend kompensiert, daß zwar ein Qualitätsverlust entsteht, die eigentliche Information aber wieder rekonstruiert wird.

An dieser Stelle seien die an der Entwicklung der DLS und FD-Spektren in den 80ern beteiligten Personen der damaligen Arbeitsgruppen an der UniBw Hamburg, Prof. Dr. A.Weckenmann und Herr Olaf Störer erwähnt, durch deren hilfreiche Diskussionsbeiträge dieses Verfahren erst erarbeitet und in einer ersten Anwendung umgesetzt werden konnte.

5 Literaturverzeichnis:

Amstrong 1979 — Amstrong, W.W., Gecsei, J., "Adaption Algorithm for Binary Tree Networks", IEEE Trans. Syst., Man. Cybern., vol. SMC-9, pp 276-385, May 1979

Houtsma 1972 — Houtsma, A.J.M., Goldstein, J.L., "The Central Origin of the Pitch of Complex Tones", J. Acust. Soc. Amer. 51, pp 520, 1972

Reuter 1990 — Reuter, M., "FD-Spectra and Neural Networks", INNC 90 Congress Report, Paris, pp, 925, July 1990

Reuter 1990 — Reuter, M., "A New Presentation of Acoustical Signatures and Its Simulation by Neural Networks", Cognitiva 90 Congress Report, Madrid, pp 47, November 1990

Reuter 1993 — Reuter, M., "Frequency Difference Spectra and Their Use as a New Preprocessing Step for Acoustic Classifiers/Identifieres", EUFIT `93 Congress Report, Aachen, pp 436, September 1993

Tomlinson 1990	Tomlinson, R.W.W., Treurniet, W., "Spectral Processing of Harmonic Complex Tones and Pitch by PD Networks", in "Parallel Processing in Neural Systems and Computers", ed. by R. Eckmiller, Elesier Science Publisher B.V., Amsterdam, pp. 302, 1990

Wissensbasierte Automatisierung eines Verdampfers für die Herstellung von Fruchtsaftkonzentrat

F. Schmidt, M. Pandit, R. Christmann
Lehrstuhl für Regelungstechnik und Signaltheorie
Universität Kaiserslautern
Postfach 3049
67653 Kaiserslautern

1 Einleitung

Bei komplexen Prozessen mit hohem Modellierungsaufwand versagen konventionelle Automatisierungsstrukturen. Nichtlinearität und Zeitvarianz lassen eine befriedigende Regelung mit konventionellen Mitteln nicht zu. Demgegenüber steht bei solchen Prozessen häufig ein Bediener zur Verfügung, der aufgrund seiner Erfahrung den Betrieb der Anlage ermöglicht.
In dieser Arbeit wurde ein Automatisierungskonzept entwickelt, welches das automatische An- und Abfahren sowie den geregelten Betrieb von Verdampferanlagen für die Fruchtsaftkonzentratherstellung verwirklicht. Hierzu wurden unter anderem Methoden der Fuzzy Control für die Umsetzung des Expertenwissens herangezogen. Die Realisierung und der Test der Automatisierung erfolgte auf einem industriellen Automatisierungssystem.

2 Problemstellung

Verdampfer dienen in der Verfahrenstechnik zum Konzentrieren von Lösungen und zur Trennung von Stoffgemischen in ihre Einzelkomponenten. Beim Vorgang der Verdampfung wird eine Lösung bis zum Sieden erhitzt, sodaß das Lösemittel in Dampfform als Destillat, auch Brüdendampf oder Brüden genannt, entweicht und Flüssigkeit mit höherer Konzentration zurückläßt. Neben der besseren Haltbarkeit ist insbesondere die Verringerung von Transport- und Lagervolumen ein wichtiges Argument für die Konzentratherstellung. So kann durch Verdampfen von etwa 80-85% des Wasseranteils im Rohsaft eine Volumenreduzierung um den Faktor 6 bis 7 erreicht werden [1]. Bei der Konzentratherstellung ist man aus wirtschaftlichen Gesichtspunkten bestrebt, die Konzentration des Produktes innerhalb enger Grenzen zu halten. Die Konzentration wird in der Einheit "°Brix" (°Bx), welche die Menge an gelöster Trockensubstanz in Prozent angibt, erfaßt.
Unter der großen Vielfalt von Verdampferbauarten finden bei der Fruchtsaftkonzentratherstellung infolge der kurzen Verweilzeit im Verdampfer sowie der einfachen Reinigung

bevorzugt sogenannte Fallfilmverdampfer ihre Anwendung. In diesem Verdampfertyp strömt die zu verdampfende Flüssigkeit als einige Millimeter dicker Film an einer Seite der Verdampferwand entlang, während die andere Seite durch Wasserdampf erhitzt wird.

In Bild 1 ist der Aufbau einer kombinierten Eindampf- und Aromagewinnungsanlage schematisch dargestellt. Nach der Vorwärmung des Rohsaftes in Kolonne 3 durchläuft der Saft in Kolonne 2 die erste Eindampfung. Das entstandene Konzentrat wird in einem Abscheider abgezogen und durchläuft nach erneuter Erwärmung die Eindampfung in Kolonne 1 und 3. Das Fruchtsaftkonzentrat tritt am Abscheider der dritten Kolonne aus und wird, nachdem es in einem zweistufigen Kompaktkühler auf etwa 2 bis 5 °C gekühlt wurde, aus der Anlage abgezogen. Die aromahaltigen Brüden werden in einer Glockenbodenkolonne durch Gegenstromdestillation aufkonzentriert. Durch eine mit Glykol gekühlte Auswaschanlage wird das Aroma entnommen. Neben diesem dreistufigen Aufbau bei Leistungen bis etwa 12.000 kg/h werden bei höheren Leistungen auch fünfstufige Anlagen zur Erhöhung des thermischen Wirkungsgrades eingesetzt. Die Verweilzeit des Saftes in der Anlage beträgt bei einem Nenndurchfluß von 10.000 kg/h etwa 6 Minuten. Die thermischen Zeitkonstanten der Anlage liegen im Bereich von etwa 10 bis 15 Minuten.

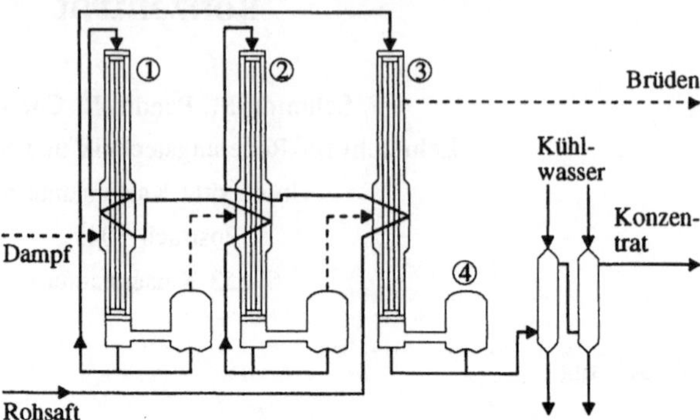

Bild 1: Schematischer Aufbau der Verdampferanlage

Eine exakte Beschreibung des dynamischen Verhaltens der Verdampferanlage anhand physikalischer Modelle ist nicht möglich, da zusätzliche Effekte wie Verschmutzung, Schwankung der Filmdicke und andere, nur schwer vorhersagbar bzw. meßbar sind. Für den stationären Betrieb lassen sich näherungsweise folgende Bilanzgleichungen angeben. Die Wasserverdampfung V [kg/s] ergibt sich mit den Konzentrationen B_E [°Bx] am Ein- und B_A [°Bx] am Ausgang zu

$$V = q_E \frac{B_A - B_E}{B_A} \tag{1}$$

wobei q_E [kg/s] die Menge des zugeführten Rohsaftes bezeichnet. Die zugeführte Frischdampfmenge F [kg/s] verhält sich im stationären Zustand zur Wasserverdampfung V wie

$$\frac{F}{V} = K = const. \tag{2}$$

Mit der Gesamtwärmebilanz der Anlage läßt sich eine Gleichung angeben, welche die Beziehung zwischen Wasserverdampfung und der Temperatur in Kolonne 1 T_{K1} beschreibt. Es gilt

$$T_{K1} = FK_{Anlage} + T_0 \quad (3)$$

wobei T_0 die Temperatur im Abscheider der Kolonne 3 angibt. Die Konstante K_{Anlage} ergibt sich aus dem mechanischen Aufbau der Verdampferanlage. Mit Gln. (1) und (2) in Gl. (3) folgt

$$T_{K1} = q_E \frac{B_A - B_E}{B_A} KK_{Anlage} + T_0 \quad (4)$$

und somit für den Druck in Kolonne 1 p_{K1}

$$p_{K1} = f(T_{K1}) \quad (5)$$

Der funktionale Zusammenhang aus Gl. (5) läßt sich bei konstantem Durchfluß q_E und konstanter Eingangskonzentration B_E durch eine Exponentialfunktion annähern.

3 Automatisierung

3.1 Stand der Technik

In Bild 2 ist die Struktur der 'Automatisierung' an einer Fruchtsafteindampfanlage mit den verfügbaren Prozeßgrößen dargestellt, wie diese bisher realisiert wurde. Der Bediener gibt, anhand seiner Erfahrung, in Abhängigkeit von aktuellen Prozeßgrößen, Produkteigenschaften und Betriebsphase die Sollwerte für den unterlagerten Dampfdruck- und Durchflußregelkreis vor. Beim Betrieb der Anlage werden folgende Phasen durchlaufen:

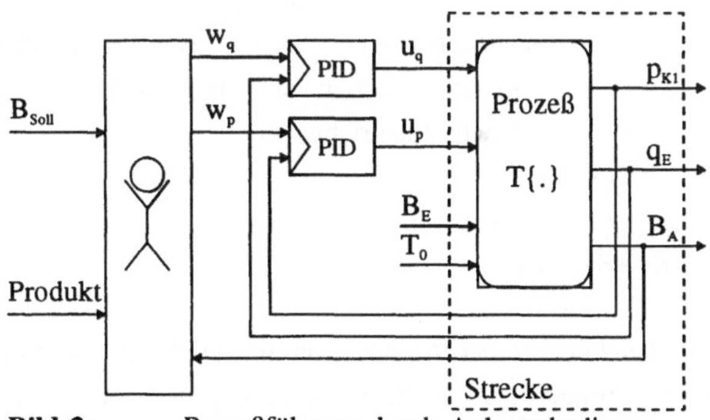

Bild 2: Prozeßführung durch Anlagenbediener

Phase I	Betrieb mit Wasser bei konstantem Dampfdruck bis thermisches Gleichgewicht erreicht.
Phase II	Einfahren von Rohsaft
Phase III	Normalbetrieb
Phase IV	Stoppen der Rohsaftzufuhr, jedoch weiterhin Konzentratentnahme bis der Saft die Anlage vollständig verlassen hat.
Phase V	Reinigung mit Wasser.

Prozeßphase	I	II	III	IV	V
Sollwert B_{Soll} [°Bx]	-	-	•	•	-
Istwert B_A [°Bx]	-	•	•	•	-
Eingang B_E [°Bx]	-	•	•	-	-
Durchfluß q_E [kg/h]	•	•	•	•	•
Druck p_{K1} [mbar]	•	•	•	•	•
Druck p_{A3} [mbar]	•	•	•	•	•
Fruchtart {Apfel,Birne,...}	-	•	•	•	-
Saftart {trub, blank,...}	-	•	•	•	-
Konzentrat {Halb- od.Vollkonz.}	-	•	•	•	-

Tab. 1: Einflußgrößen (- irrelevant, • relevant)

In Tabelle 1 ist eine Übersicht zu den, in den verschiedenen Phasen zu betrachtenden, Prozeßgrößen bzw. Produkteigenschaften gegeben.

Die Regelung der Konzentration erfolgt im wesentlichen über den Dampfdruck, somit kann im stationären Betrieb im allgemeinen von einem konstanten Durchfluß ausgegangen werden. Tritt in der Ausgangskonzentration B_A eine Regelabweichung auf, so wird diese durch Änderung des Dampfdrucksollwertes ausgeglichen. Die korrekte Änderung bedingt eine langjährige Erfahrung des Bedieners in der Handhabung der Anlage. Die Qualität und die Homogenität des Konzentrates ist in entscheidender Weise von der Ausbildung des Personals und vom angeeigneten Expertenwissen jedes einzelnen Anlagenbedieners abhängig. Dies ist mitentscheidend für die angestrebte Automatisierung. Folgende Anforderungen wurden an die zu entwerfende Automatisierung gestellt:

- vollautomatisches An- und Abfahren der Anlage,
- maximale Regelabweichung ±0.5 °Bx in stationärem Betrieb und
- einfache Inbetriebnahme

3.2 Expertenwissen

Für den Entwurf der Automatisierung wurde, da ein Reglerentwurf nach konventionellen Methoden hier nicht durchführbar ist, eine Vorgehensweise gewählt, die auf dem Expertenwissen von erfahrenen Anlagenbedienern basiert. Fuzzy Control bietet die Möglichkeit Expertenwissen, welches linguistisch in Wenn-Dann-Regeln vorliegt, für den Entwurf von Regelsystemen zu nützen.

Durch Erfragung des Expertenwissens wurde ein Regelwerk erstellt, mit dem sowohl die Zusammenhänge zwischen den in Tabelle 1 genannten Prozeßgrößen und dem Dampf- bzw. Durchflußsollwert für die einzelnen Prozeßphasen als auch die Übergänge zwischen diesen Phasen beschrieben werden. Bei der direkten Umsetzung dieses Regelwerkes, auf dessen Struktur im folgenden Abschnitt noch näher eingegangen wird, wäre es erforderlich, alle Größen durch Zugehörigkeitsfunktionen (Membership-Functions) zu beschreiben sowie die Verknüpfung der Regeln mittels Fuzzy-Operatoren zu realisieren. Es ist offensichtlich, daß diese Vorgehensweise bei der großen Anzahl an Eingangsgrößen sowie des dazugehörigen aufwendigen Regelwerkes sehr schnell unübersichtlich wird. Eine Überprüfung auf Vollständigkeit oder Widerspruchsfreiheit ist nicht mehr möglich. Die Forderung einer *einfachen* Inbetriebnahme wäre nicht erfüllbar.

3.3 Struktur der wissensbasierten Automatisierung

Aufgrund der Analyse der erfragten Wissensbasis konnte eine Strukturierung des Regelwerkes vorgenommen werden. Eine erste Unterscheidung ergibt sich durch die Aufteilung in

(1) Regeln zur Änderung der Prozeßphase,

(2) Regeln zur Beeinflussung des Durchflußsollwerts und

(3) Regeln zur Beeinflussung des Dampfdrucksollwerts.

Bei der Änderung der Prozeßphase ist eine ausschließliche Orientierung an Ereignissen (z.B. Schwellwertüberschreitungen) festzustellen. Daher ist eine Realisierung durch ein digitales Schaltwerk (Ablaufsteuerung) möglich. Die diskrete Größe "Prozeßphase" steht somit zur Weiterverarbeitung zur Verfügung. Es sei an dieser Stelle erwähnt, daß ein "scharfes" Umschalten hier bewußt gewünscht wird.

Zur Beschreibung der Abhängigkeit des Durchflußsollwerts werden ausschließlich Regeln verwandt, die auf diskrete Prozeßgrößen wie z.B. Saftart oder Prozeßphase Bezug nehmen.

Beispiel:	WENN	Fruchtsorte "Apfel"
	UND	Saftart "blank"
	DANN	Durchflußsollwert "10.000 kg/h"

Mit der Beschränkung auf charakteristische Produkte, kann hier zur Realisierung der Sollwertauswahl ein digitales Schaltnetz eingesetzt werden.

Das umfangreichste Regelwerk steht zur Einstellung des Dampfdrucksollwerts zur Verfügung, da dieser als Stellgröße zur Beeinflußung der Konzentration eingesetzt wird. Hierauf wird im folgenden näher eingegangen. Mit dieser Aufteilung des Regelwerkes ergibt sich die prinzipielle Struktur der Automatisierung, wie sie in Bild 3 dargestellt ist.

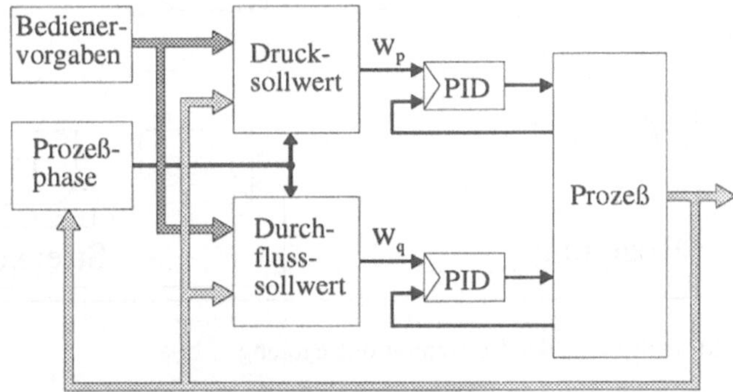

Bild 3: Struktur der Automatisierung

Aufgrund der zentralen Bedeutung der Beeinflußung des Dampfdrucksollwerts und der bereits angedeuteten Mächtigkeit des Regelwerkes hierzu, ist eine zusätzliche Strukturierung erforderlich. Hierbei erfolgt die Aufteilung anhand der abgefragten Prozeßgrößen in

(3a) Regeln, die sich auf wertdiskrete Größen beziehen

Beispiel: WENN Saftart "schwefelhaltig"

DANN Dampfdruck in Kolonne 1 um 500 mbar höher als bei "blankem" Saft

(3b) Regeln, die sich im Vergleich zur Prozeßdynamik auf nur langsam veränderliche Prozeßgrößen beziehen

Beispiel: WENN Saftart "blank"

UND Konzentration am Eingang etwa 14 °Bx

UND Durchfluß etwa 10.000 kg/h

UND Sollkonzentration Ausgang 72 °Bx

DANN Dampfdruck in Kolonne 1 etwa 500 mbar

(3c) Regeln, die sich auf die Regeldifferenz beziehen.

Beispiel: WENN Regeldifferenz etwa -2 °Bx

UND Druck in Kolonne 1 etwa 500 mbar

DANN Erhöhe Druck in Kolonne 1 um 80 mbar

Bei Analyse dieser Strukturierung ist auch hier offensichtlich, daß die Regeln aus Bereich (3a) durch ein digitales Auswahlnetz (AWN) realisiert werden können. Die verbleibenden Bereiche (3b) und (3c) werden mit Hilfe von Fuzzy Control realisiert.

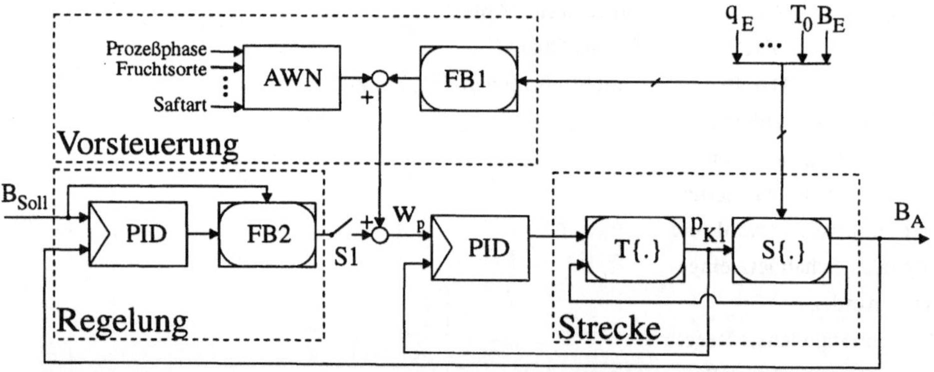

Bild 4: Struktur der Konzentrationsregelung

In Bild 4 ist die Struktur des System für die Sollwertvorgabe des Dampfdrucks dargestellt. In einem Fuzzy-Block FB1 findet die Verarbeitung der quasistationären Prozeßgrößen statt. Zusammen mit der Ausgabe des Auswahlnetzes (AWN) liefert dieser einen Vorsteuerwert für den Dampfdrucksollwert. Dieser Steuerung ist eine Regelung, bestehend aus PID-Regler und nachgeschaltetem Fuzzy-Block FB2 überlagert, sodaß Fehler durch ungenaue Vorsteuerung ausgeglichen werden können. Mit FB2 wird eine Arbeitspunktabhängigkeit der überlagerten Regelung weitgehend kompensiert. Da der Sollwert B_{Soll} nur in den Phasen III und IV relevant ist (vgl. Tabelle 1), wird die Regelung nur in diesen Phasen aktiviert. Dies sei durch den Schalter S1 symbolisiert. Eine vergleichbare Strukturierung in Vorsteuerung und Regelung wurde in [3] für einen Rührkesselreaktor und in [4] für eine pH-Wert-Regelung in der Simulation erprobt.

6 Ergebnisse

Die entwickelte Automatisierung für eine Fruchtsafteindampfanlage wurde an einer dreistufigen Fallfilmverdampferanlage für Konzentrat- und Aromagewinnung erprobt. Bei den Versuchen wurde Apfelsaft mit einer Konzentration B_E von etwa 10 - 14 °Bx auf eine Konzentration B_{Soll} = 64 °Bx eingedampft. Hierbei wurde mit einem eingangsseitigen Durchfluß von 8.000 kg/h bis 13.000 kg/h gearbeitet. Die Erprobung erfolgte unter typischen Betriebsbedingungen.

Bild 5 stellt den Verlauf von Ausgangskonzentration B_A, Eingangskonzentration B_E, Kolonnendruck p_{K1} und Durchfluß q_E beim Anfahren der Anlage dar. Bei t = 0 s wurde dem Prozeß Rohsaft zugeführt. Erst nach etwa 240 s tritt ein Ansteigen der Ausgangskonzentration ein. Mit Annäherung an den Arbeitspunkt B_{Soll} wurde der Dampfdruck vom Regelungssystem selbständig zurückgenommen, um so ein Überschwingen zu vermeiden.

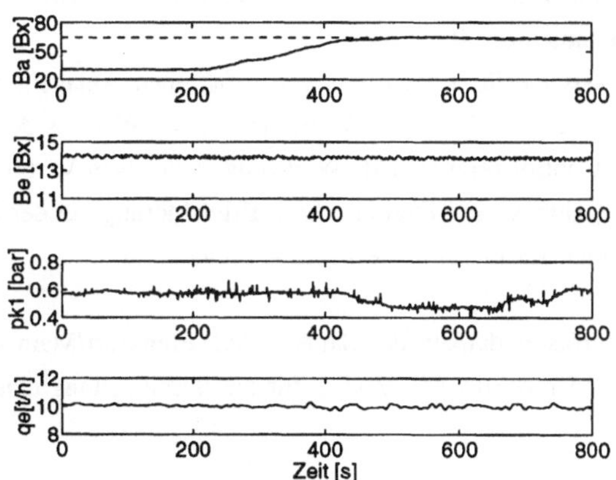

Bild 5: Anfahrvorgang

In Bild 6 ist die Reaktion des Prozesses auf eine drastische Durchflußänderung von 12.000 kg/h auf 10.000 kg/h veranschaulicht. Die Sollwertänderung geht in die Vorsteuerung ein, welche sofort eine deutliche Reduzierung des Dampfdrucksollwertes bewirkt, wodurch der Einschwingvorgang in engen Grenzen gehalten werden kann. Eine Verkürzung des Einschwingens ist aufgrund der thermischen Zeitkonstante der Gesamtanlage

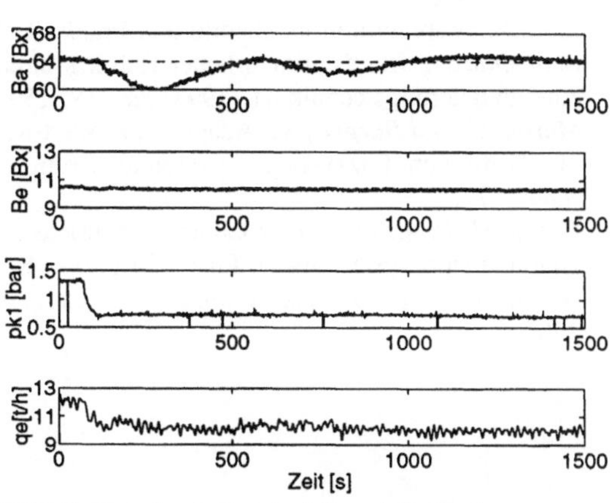

Bild 6: Regelverhalten bei Durchflußänderung

nicht möglich. Trotz der stark nichtlinearen Verdampferkennlinie tritt keine Instabilität der Regelung auf.

Das Regelverhalten wurde in weiteren Versuchen untersucht und es ergaben sich durchweg zufriedenstellende Ergebnisse. In Langzeitversuchen konnten die Forderungen an die Regelgenauigkeit eingehalten werden. Die Akzeptanz des Systems bei den Anlagenbedienern war hoch, da die Strukturierung in Vorsteuerung und Regelung einen guten Einblick in das Systemverhalten gewährt.

7 Zusammenfassung

Mit der hier vorgestellten Struktur einer Automatisierung konnte ein vollautomatischer Betrieb einer Fruchtsafteindampfanlage realisiert werden. Alle genannten Forderungen an die Regelung konnten erfüllt werden.

Die Basis hierfür bildete das von erfahrenen Anlagenbediener erfragte Expertenwissen. Es zeigte sich, daß durch Strukturierung dieses Wissens der Entwurf deutlich vereinfacht wird. Fuzzy Control zeigt sich als Werkzeug, welches in Verbindung mit konventionellen Methoden der Regelungs- und Digitaltechnik Erleichterung bei der Realisierung von Automatisierungskonzepten für nichtlineare Prozeße bietet.

Die Verfasser danken der Samson AG, Frankfurt/Main für die Unterstützung des Projektes, und der Unipektin AG, Zürich für die Bereitstellung einer Anlage für Versuche vor Ort.

Literatur

[1] *Schobinger, U.*: Frucht- und Gemüsesäfte, Handbuch der Getränketechnologie, Ulmer Verlag, 1978.

[2] *Rant, Z.*: Verdampfen in Theorie und Praxis, T. Steinkopf Verlag, Dresden, 1959

[3] *Bettenhausen, K.*: Kontinuierlicher Rührkesselreaktor mit Neben- und Folgereaktion. Automatisierungstechnik 41 (1993) H. 5, S. 159-165.

[4] *Maron, C. und Burgert, K.*: Adaptive pH-Wert-Regelung in einer Neutralisationsanlage mit Hilfe von Fuzzy-Logik. Automatisierungstechnische Praxis 35 (1993) H. 12, S.666-672.

[5] *Preuß, H.-P. et. al.:* Fuzzy Control - heuristische Regelung mittel unscharfer Logik. Automatisierungstechnische Praxis 34 (1992) H. 4 - 5.

[6] *Bocklisch, S.:* Prozeßanalyse mit unscharfen Verfahren. VEB Verlag Technik, Berlin, 1987.

OPTIMIERUNG EINER POLYMERISATIONSANLAGE MIT NEURONALEM PROZEßMODELL UND GENETISCHEM ALGORITHMUS

Thomas Froese, Altlan-tec KG,

Obere-Färberstr. 11,

41334 Nettetal

Tel.: 02153 / 800237, Fax: 02153 / 89132

1 BESCHREIBUNG DER PROBLEMSTELLUNG

Betrieb und Regelung von Polymerisationsreaktoren zeigen charakteristische Schwierigkeiten auf. Die hohen Anforderungen an die Produktqualität und die Reproduzierbarkeit bestimmter Produktparameter führen zu der Notwendigkeit einer möglichst optimalen Prozeßkontrolle, welche geeignet sein sollte, den Prozeß konstant und reproduzierbar zu betreiben. Andererseits ist der Prozeß nur sehr schwierig beherrschbar; er zeichnet sich vor allem aus durch:

- Hohe Kopplung zwischen einzelnen möglichen Regelkreisen
- Stark nichtlineares Verhalten der Strecke
- Viele Stellgrößen sind in Abhängigkeit von vielen Meßgrößen zu beeinflussen, um ein befriedigendes Ergebnis zu erzielen
- Viele Einflüsse und Vorgänge sind meßtechnisch nicht erfaßbar

Da man die Vorgänge und daher auch die Eingriffsmöglichkeiten in den verschiedenen Reaktortypen aber prinzipiell kennt, ist es möglich, bei genauer Feststellung der Produktqualität über verschiedene Stellgrößen manuell einzugreifen und somit den Prozeß halbwegs zufriedenstellend zu regeln.

Diese Vorgehensweise ist jedoch wenig reproduzierbar und führt zu einer unbefriedigenden und schwankenden Qualität des Produktes. Um bessere Konstanz der Produktqualität bei vermindertem Energie- und Rohstoffeinsatz gewährleisten zu können, ist bei konventionellem Vorgehen eine modellgestützte Regelung notwendig. Da die Erstellung derselben aber sehr aufwendig und oft auch gar nicht umsetzbar ist, bietet sich aus ökonomischen Erwägungen heraus der Einsatz neuer intelligenter Technologien wie Künstliche Neuronale Netze (KNN), Genetischen Algorithmen oder

Fuzzy-Control an, da diese bei vielen praxisbezogenen Projekten in der chemischen Industrie bereits ihr Automatisierungspotential gezeigt haben.

2 ANALYSENPRÄDIKTION MIT EINEM NEURONALEN NETZ

2.1 GRUNDSÄTZLICHE ÜBERLEGUNGEN

Um Kenntnis über die Qualitätsmerkmale des Produktstromes zu erlangen, werden zwei Verfahren angewendet: Der Einsatz von Prozeßanalysatoren und die Verwendung von Laboranalysen. Da der Prozeß aber relativ schnell ist, sind beide Methoden nicht wirklich praktikabel: Laboranalysen geben ein sehr gutes Bild der Produktqualität, stehen aber nur verhältnismäßig selten und mit einer hohen Totzeit (45 Minuten) zur Verfügung. Die Ergebnisse des Analysators geben ein etwas ungenaueres Bild des Prozesses, stehen dafür zyklisch zur Verfügung. Erschwert wird der Einsatz von Analysatoren aber dadurch, daß auch der Analysator eine Totzeit aufweist, die jene des Reaktors erheblich überschreitet, womit eine Regelung, welche auf diesen Werten basiert, immer einen großen Regelfehler aufweist. Auch sind nicht für alle Größen online-inline-Analysatoren verfügbar. Das Interesse richtet sich deshalb auf Verfahren, welche solche Analysenwerte vorhersagen können.

Um Vorhersagen der Analysenwerte aus Prozeßvariablen heraus machen zu können, benötigt man ein Prozeßmodell, welches vorhersagt, welche Konzentrationen der Ausgangssubstanzen, Temperaturen und Drücke zu welchem Prozeßverlauf und damit zu welcher Produktqualität führen.

In der Literatur finden sich viele Ansätze für solche Modelle. Sie reichen von vereinfachten reaktionskinetischen Ansätzen bis hin zu regelungstechnischen Modellen. Viele moderne Softwarepakete wie SPIRO^{R} Treiber-OPC^{TM}, Setpoint^{TM} und andere geben Hilfestellung und unterstützen eine Reihe verschiedener Verfahren zur Modellbildung.

Trotz dieser Werkzeuge ist das Ergebnis entsprechender Bemühungen um die Bildung praxistauglicher Modelle nur mittelmäßig: Zwar sind die prinzipiellen Zusammenhänge zwischen den Reaktionsvariablen und wichtigen kinetischen Größen der verschiedenen Reaktionen bekannt, sie sind aber nur schwer in praktisch verwertbare Modelle zu überführen, da die Kopplung zwischen den einzelnen DGL-Systemen sehr stark ist und bereits geringe Abweichungen in den Anfangsbedingungen zu erheblichen Fehlern führen.

In der Praxis zeigt sich daher, daß der zeitliche Aufwand für die Modellbildung erheblich ist. Bei Versuchen das beschriebene Problem mit einem der o.g.. Pakete zu lösen, zeigte sich ein um das **7 fache größerer Aufwand**, als bei dem unten beschriebenen Weg. Weder diskrete Z-Transformationsmodelle noch Laplace-Transformationsmodelle waren darüber hinaus für eine komplette Beschreibung hinreichend gut geeignet, da die vorhandenen Betriebsdaten unzureichend den gesamten Werteraum beschreiben.

Betrachtet man nun die Einwände im Zusammenhang, erkennt man, daß ein Erfolg bei einer solchen Modellbildung zumindest ökonomisch fraglich ist.

2.2 ANWENDUNG UND VORGEHENSWEISE

In der Anlage eines Kunden sollte eine solche Modellbildung durchgeführt werden, um die Regelung des Prozesses zu ermöglichen. Wegen der obigen genannten Argumente entschieden wir uns, eine Modellierung mit einem KNN durchzuführen. Von der Möglichkeit des Erfolges dieses Ansatzes war ich vor allem deshalb überzeugt, weil nach dem Nicolis-Prigogine-Kriterium [9] Attraktoren nachgewiesen werden konnten. Der Zeitaufwand wurde als gering eingeschätzt, da Atlan-tec bereits umfangreiche Erfahrungen mit diesen Algorithmen hat und andere Prozesse erfolgreich mit dieser Methode modelliert hat.

Der betrachtete Reaktor ist eine Polyethylen-Anlage, welche aus einem kontinuierlichen gerührten Reaktor mit einem nachgeschalteten Rohrreaktor besteht. Ethylen und bestimmte andere Ko-Monomere werden gemeinsam mit einem homogenen Katalysator in den Reaktor eingeführt. Das jeweils verwendete Ko-Monomer und die verwendeten Katalysatoren und Ko-Katalysatoren hängen stark von den gewünschten Produkteigenschaften ab. Der Prozeß läuft im Mittel bei ca. 130°C und unter ca. 30 bar Überdruck ab.

Neben der relativen mittleren Molekülmasse, die aber nur bei bestimmten Qualitäten Polyethylen von Interesse ist, sind insbesondere der Schmelzindex und die Dichte für die Bewertung der Produktgüte von Bedeutung. Da der Schmelzindex und die Dichte (in Lösung !) nicht online gemessen werden können, sollten diese durch das KNN-Modell zunächst vorhergesagt werden.

Es wird bei der Modellierung angenommen, daß die Größen Schmelzindex (MFI) und Dichte (RHO) implizit in den meßbaren Größen enthalten sind und daraus berechnet werden können. Die meßbaren Größen sollen über ein KNN auf diese Größen abgebildet werden, um mit dem trainierten KNN den Schmelzindex und die Dichte vorhersagen zu können.

Als Eingangsgrößen für das neuronale Netz stehen folgende Meßwerte zur Verfügung: PE (%Ethylen im Eingang), PC (%Ko-Monomer im Eingangsstrom), PK1 (%Katalysator 1), PK2 (%Katalysator 2), PH (%H_2 im Eingangsstr.), SPL (% Split-Strom), DTR (delta T Reaktor), DTT (delta T Trimmer)

Es stehen 4358 unvollständige Datensätze von 5 Minutenmittelwerten aus 30 sekündlichen Messungen der genannten Werte mit jeweils zugehörigen Analysatorwerten zur Verfügung. Es werden hieraus 3700 vollständige Datensätze generiert, die folgendes Format haben:

$$[\mathit{PE\ PC\ PK1\ PK2\ PH\ SPL\ DTR\ DTT\ MFI\ RHO}]$$

Das KNN soll folgende unbekannte Beziehung erlernen:

$$[\mathit{MFI\ RHO}] = f(\ [\mathit{PE\ PC\ PK1\ PK2\ PH\ SPL\ DTR\ DTT}]\ )$$

Die Daten werden zur weiteren Verarbeitung in Form einer ASCII-Tabelle in ein Tool zur Datenanalyse eingelesen und **normiert** und mit einem Clusteralgorithmus agglomeriert, damit das KNN die Daten verarbeiten kann. Zur Clusterung (ISODATA-Algorithmus) wird die quadrierte euklidische Distanz berechnet und mit Hilfe der Zentroid-Methode agglomeriert. Es zeigt sich bei den untersuchten Daten, daß eine Clusterung auf 457 typische Fälle sinnvoll ist, da die Meßungenauigkeit der Sensoren bereits größer ist, als der hierdurch eingeführte Fehler.

Die nunmehr 457 typischen Datensätze repräsentieren implizit das Verhalten des Polymerisationsreaktors. Zum Training des KNN werden diese Daten **denormiert**, auf -1 bis +1 statistisch **skaliert** (Autoscaling) und mit einer Tabellenkalkulation in das richtige Dateiformat für die verwendete Neuro-Shell gebracht.

In der Neuro-Shell wird nun ein Backpropagation-Netzwerk mit 4 Layern erzeugt. Die Daten werden eingelesen und konvergieren mit Hilfe eines 486DX-50-PC innerhalb von ca. 14 Stunden Trainingszeit auf einen mittleren quadratischen Fehler von kleiner als 0,01.

Im Betrieb der Anlage zeigt sich eine starke Konvergenz zwischen den Vorhersagen des KNN und weiteren tatsächlichen Meßwerten, welche nicht Bestandteil des Trainingsdatensatzes waren (Bild 1). Für den dargestellten Versuchslauf berechnet sich ein Korrelationskoeffizient von >0,96.

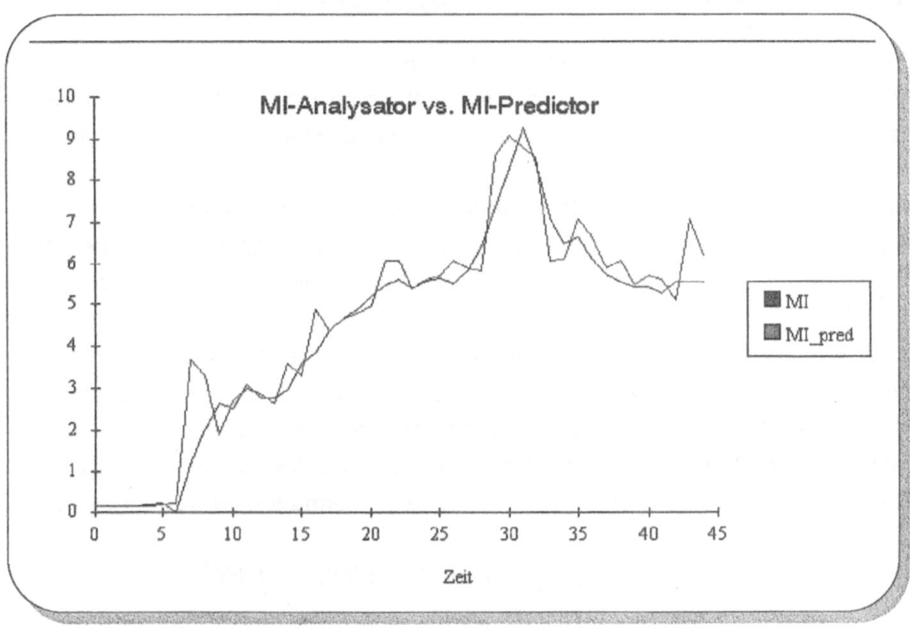

Bild 1: Die Ergebnisse des trainierten KNN für den Schmelzindex (MI_pred) werden über einen bestimmten Zeitraum des Reaktorbetriebes hinweg mit gemessenen Schmelzindizes (MFI) verglichen. Es zeigt sich deutlich die hohe Korrelation. Die Zeitangabe auf der X-Achse ist in Meßintervalle ab Anlaufen des Reaktors (a´5 min.)unterteilt; die Y-Achse gibt den $MFI_{190/2}$ an.

Es zeigt sich an diesem Beispiel, daß das trainierte KNN geeignet ist, den Schmelzpunkt des Prozesses vorherzusagen.

Bei der Vorhersage der Dichte verhält sich das KNN ähnlich genau. Die Dichte wird mit einem mittleren Fehler von 1,6% des gemessenen mittleren Absolutbetrags vorhergesagt und ist damit ebenfalls sehr gut verwendbar.

Der Betrieb des Reaktors kann auf der Basis der Abschätzung dieses KNN verbessert werden, da die Werte für den Schmelzindex und die Dichte fast eine halbe

Stunde vor der Ausgabe der Meßergebnisse bekannt sind, woraus Entscheidungen für die Prozeßführung getroffen werden können.

3 REGELUNG MIT GENETISCHEN ALGORITHMEN

Trotz einer Feed-Forward-Aufschaltung der Störgrößen und einer komplexen Regelstrategie ist die Prozeßführung auch nach Einführung des neuronalen Prozeßmodells unbefriedigend, da die Kopplung der Regelkreise untereinander sehr groß ist.

Nach Erstellen eines Prozeßmodells würde die konventionelle Regelungstechnik einen Regler entwerfen, welcher die Produktqualität konstant hält. Bei einem neuronalen Prozeßmodell ist ein solcher Reglerentwurf aber bisher noch nicht möglich.

Auf der Basis prinzipieller Überlegungen kann man die Regelung des Polymerisationsreaktors auf ein Extremalproblem reduzieren. Es gibt für den Schmelzindex und die Dichte bestimmte Sollwerte. Die Summe der Differenzen zwischen Ist- und Sollwerten stellt eine Zielfunktion dar, deren Betrag auf ein Minimum reduziert werden soll. Das Minimalproblem P kann [5] demnach folgendermaßen dargestellt werden:

$$P:\ \min\{\,|\,MFI - MFI_{SP}\,| + 7{,}62 \times |\,RHO - RHO_{SP}\,|\,\}$$

Hierbei sind die Größen MFI_{SP} und RHO_{SP} feste Sollwerte, die für einzelne PE-Derivate definiert werden. Der Faktor 7,62 bringt den rechten Term auf den gleichen mittleren Betrag, wie den linken, damit beide Einzelfehler gleich groß gewichtet werden.

Da die Sollwerte Konstant sind und die Werte MFI und RHO jeweils eine Funktion der Variablen PE, PC, PK1, PK2, PH, SPL, DTR und DTT darstellen, kann die Zielfunktion nur durch Kenntnis der Beziehung

$$[\,MFI\ RHO\,] = f(\ [PE\ PC\ PK1\ PK2\ PH\ SPL\ DTR\ DTT\,]\ )$$

gelöst werden. Diese ist durch das trainierte KNN numerisch lösbar.

Als numerischer Lösungsweg für dieses Minimalproblem sich v.a. der Einsatz genetischer Algorithmen an, da diese bei sehr guter Konvergenz in der Lage sind, für eine Funktion g(x,y...z) den Vektor [x y ... z] zu finden, der eine gesuchte Extremstelle bezeichnet. Da sich am Markt immer noch keine brauchbare und flexible

Softwarelösung findet, muß das Programm für die beschriebene Lösung selber geschrieben werden.

Zunächst werden Grenzen und maximale Variationen für die zulässigen Wertebereiche der unabhängigen Variablen PE, PC, PK1, PK2, PH, SPL, DTR und DTT definiert.

Die einzelnen unabhängigen Variablen werden nun in die Form einer Bit-Kette gebracht, welche dann von dem genetischen Algorithmus verarbeitet werden kann. Wegen der begrenzten Meßgenauigkeit reicht es vollkommen aus, die unabhängigen Variablen durch 10-12 bit zu repräsentieren. Die Gesamtlänge des erstellten **Chromosom**´s ergibt sich damit zu insgesamt **66 bit**.

Die Population wird insgesamt auf 100 festgelegt. Der Parameter **Selektionsdruck**, welcher beschreibt, wie hoch die Wahrscheinlichkeit ist, daß der Bessere überlebt, wird auf **90%** gesetzt. Die **Kreuzungsrate**, welche beschreibt, wieviel Individuen am Crossing-Over teilnehmen, wird auf **75%** gesetzt und die **Mutationsrate** wird auf **10%** gesetzt.

Die Vorgehensweise bei einem Optimierungslauf ist nun folgende: Der genetische Algorithmus bekommt eine Anfangspopulation vorgegeben, welche aus 100 Individuen mit den Zentralwerten der möglichen Wertebereiche besteht. Diese wird nun durch einen Zufallsgenerator mit einer Wahrscheinlichkeit von 20% (für einen Bitfehler) verrauscht. Die Chromosomen werden in reelle Zahlen umgerechnet und einzeln an das trainierte KNN übergeben. Dieses berechnet die Werte für den Schmelzindex und die Dichte, welche sich aus der gewählten Kombination von Parametern ergeben würden. Diese werden in einen Gütewert F_R (relative Fitnes) umgerechnet, welcher sich als Kehrwert der obigen Zielfunktion ergibt:

$$F_R = \frac{1}{| MFI - MFI_{SP} | + 7{,}62 \times | RHO - Rh}$$

Je größer dieser Wert ist, desto größer ist die Fitnes des Chromosoms. Der genetische Algorithmus führt dann die **Selektion** durch. Es treten hierbei jeweils zwei zufällig gewählte Chromosomen gegeneinander an. Mit einer Wahrscheinlichkeit von 90% gewinnt das bessere und wird in die Zielpopulation aus 50 Individuen übernommen, während das andere "stirbt". In der nächsten Phase werden die selektierten Individuen zu 75% einfach "gekreuzt" und zu 10% mutiert. Sowohl die Auswahl der Mutations- und Kreuzungswahrscheinlichkeit, als auch die Position des Crossing-Over im Chromosom werden vom Zufallsgenerator bestimmt. Der Vorgang wiederholt sich so oft, bis der durchschnittliche Gütewert der Population größer 1 ist. Bei den Testläufen konnte Konvergenz bereits nach ca. 110 Durchläufen erzielt werden. Es zeigte sich hierbei, daß ein Absenken der Kreuzungsrate auf 30% bis 50% dann sinnvoll ist, wenn sich der Algorithmus "festgefahren" hat. Ein typischer Konvergenzverlauf sieht folgendermaßen aus:

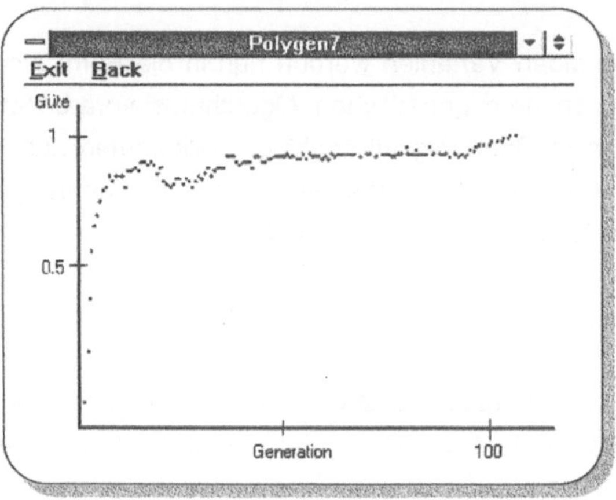

Bild 2: Der genetische Algorithmus in der verwendeten Form konvergiert sehr gut. Wie die obige Darstellung zeigt, geht die mittlere Güte der Population - gemäß obiger Definition - bereist nach ca. 110 Schritten über das Gütemaß 1.

Das beste Chromosom wird jetzt als Ergebnis ausgegeben und kann zur Sollwertführung auf die PI-Regler der Anlage gegeben werden. Erste Betrachtungen zeigen, daß der verwendete Algorithmus sehr vernünftige Werte ausgibt, die den Fahrempfehlungen der Bedienmannschaft ähneln. Stellt man die vom "genetischen Regler" empfohlenen Sollwerte manuell ein, bleibt die Produktqualität sehr stabil. Es soll nun versucht werden, die Werte über AD-Wandler-Karten im PC direkt auf die Sollwerteingänge der verwendeten Sipart-Regler zu schreiben.

Es zeigt sich an dem obigen Beispiel der Anwendung genetischer Algorithmen und neuronaler Netze, das diese in vielen Fällen für den Industrieeinsatz besser geeignet sind, als konventionelle Algorithmen, da der Aufwand sehr gering ist und im Rahmen der Wirtschaftlichkeitsbetrachtung damit nicht nur die Kosten für die Optimierung geringer sind, sondern auch das ökonomische Risiko im Falle des Scheiterns dieses Vorhabens wesentlich verringert ist. Es ist daher anzunehmen, daß, wenn bestimmte grundsätzliche Probleme dieser Algorithmen behoben sind, diese weiträumig Einzug in verschiedene Industriebereiche nehmen werden.

QUELLENNACHWEISE

[1] Elster K.H. / Reinhardt R. / Schäuble M., "Einführung in die nichtlineare Optimierung", Teubner 1977

[2] Foltz B., "Genalgor", Spektrum d.W.-Programm mit Handbuch

[3] Froese T., "Applying of Fuzzy-Control and Neural Networks to modern Process Control Systems", in EUFIT-Kongressband, Volume II, S. 559ff.

[4] Froese T., "Optimierung einer C2-Hydrierung", in Fuzzy-Logic Bd. II, Oldenbourgh Verlag, 1993

[5] Froese T., "Optimierung von Destillationskolonnen", in cav 11/1993, S.20ff.

[6] Holland J.H., "Genetische Algorithmen", Spektrum d. W. 9/1992 S.44ff.

[7] Kinnebrock W., "Neuronale Netze - Grundlagen, Anwendungen, Beispiele", oldenbourg Verlag 1993

[8] MIT GmbH, Manual zur DATA-Engine 1.0 Beta-Version

[9] Nicolis G. / Prigogine I., "Die Erforschung des Komplexen", Piper 1987

[10] Riolo R., "Wie funktioniert ein genetischer Algorithmus", Spektrum d.W. 1/1994 S.12ff.

Regelung eines instationär betriebenen Festbettreaktors mit Fuzzy-Kontrollregeln

G. Kolios, Ph. Aichele, U. Nieken und G. Eigenberger
Institut für Chemische Verfahrenstechnik
Universität Stuttgart
Böblinger Str. 72
70199 Stuttgart

1 Der Matros-Reaktor, Einsatzgebiete und Funktionsprinzip

In lösungsmittelverarbeitenden Betrieben (Lackierstraßen, Möbelindustrie u.a.m.) fallen oft Abluftströme mit niedriger Beladung an flüchtigen organischen Schadstoffen (VOC) an. Eine Rückgewinnung und Rückführung der organischen Komponenten ist oft unwirtschaftlich oder technisch unmöglich. In solchen Fällen bietet sich als Entsorgungsmöglichkeit die vollständige Oxidation der organischen Verunreinigungen zu CO_2 und Wasserdampf an. Da die Temperatur des Abluftstromes in der Regel weit unterhalb der Zersetzungstemperatur der Schadstoffe liegt, muß er erst auf die erforderliche Reaktionstemperatur aufgeheizt werden. Um den Energieeinsatz dafür niedrig zu halten, werden üblicherweise Katalysatoren eingesetzt, welche die Zersetzungstemperatur herabsetzen, und vor dem Reaktor wird ein Wärmeübertrager geschaltet, in dem das heiße, gereinigte Abgas das Rohgas aufheizt.

Als Alternative zur konventionellen Schaltung eines adiabaten Festbettreaktors und eines Rohrbündelwärmetauschers, wurde von *Matros* [1] ein Verfahren vorgeschlagen, bei dem das Katalysatorbett gleichzeitig als Katalysator und als regenerativer Wärmetauscher funktioniert. Dazu wird die große Wärmekapazität der Katalysaturschüttung genutzt.

Bei diesem Verfaren wird das Festbett zu Beginn auf Temperaturen aufgeheizt, die eine hinreichend schnelle Abreaktion der Schadstoffe erlauben. Anschließend wird das Rohgas kalt in den Reaktor eingeleitet, vom heißen Festbett aufgeheizt, so daß die Schadstoffe abreagieren können. Die Einleitung des kalten Rohgases führt zu einer fortschreitenden Abkühlung der angeströmten Randzone des Reaktors und damit zur stetigen Verschiebung einer Temperaturfront in Strömungsrichtung. Durch periodische Änderung der Strömungsrichtung bleibt in der Reaktomitte eine Zone hoher Temperatur erhalten, in der die Schadstoffe zersetzt werden können (Abb. 1). Die Randzonen des Reaktors wirken als

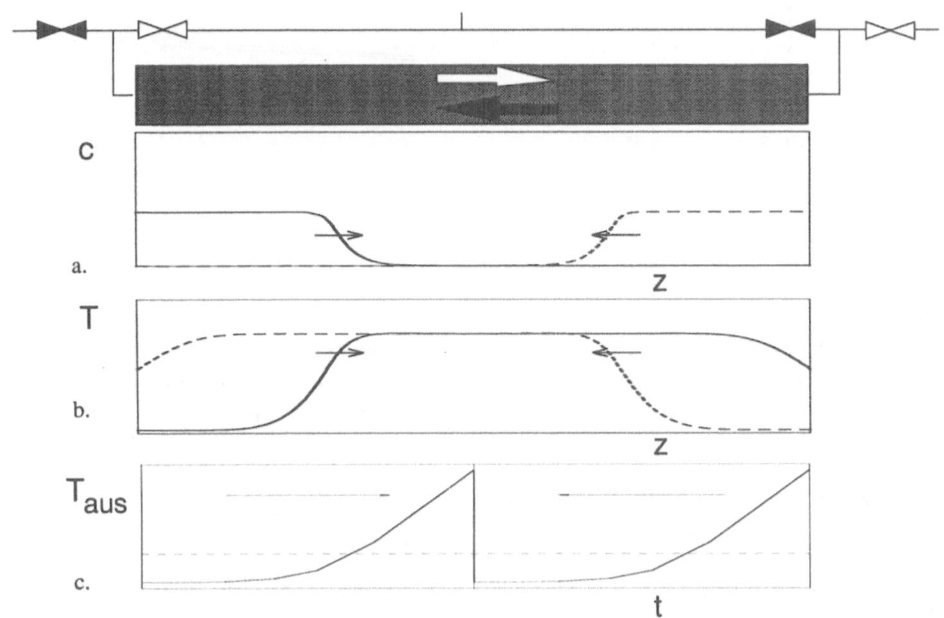

Abbildung 1: Das Funktionsprinzip eines Reaktors mit periodischer Strömungsumkehr: Konzentrationsprofile (a) und Temperaturprofile (b) im zyklisch stationären Betrieb b) zeitlicher Verlauf der Austrittstemperatur im zyklisch stationären Betrieb

regenerative Wärmetauscher. Die Strömungsrichtung wird in Abständen von ca. 1 bis 5 Minuten periodisch umgeschaltet. Während einer Periode wandert das Temperaturprofil zwischen zwei Extrempositionen hin und her, die zueinander spiegelsymmetrisch sind (Abb. 1b). Durch die Frontwanderung verschieben sich die Wärmeaustauschzonen bis in die Reaktorenden, so daß der zeitliche Verlauf der Austrittstemperatur einen periodischen Verlauf mit einem ausgeprägten Peak kurz vor der Umschaltung besitzt (Abb. 1c). Bei ausreichend hoher Verbrennungswärme in Kombination mit einer effizienten Wärmerückgewinnung kann auf den Eintrag von Fremdenergie verzichtet werden. Dieser Zustand wird als autothermer Betrieb bezeichnet.

Die wesentlichen Vorteile des neuen Verfahrens lassen sich in folgenden Punkten zusammenfassen: Der Wirkungsgrad des regenerativen Wärmetauschers ist wesentlich besser als der eines gleichgroßen Rekuperators. Dadurch kann bei geringer Beladung der Abluft ein autothermer Betrieb realisiert werden. Darüberhinaus resultiert aus der sehr engen Kopplung der chemischen Reaktion und des regenerativen Wärmetausches eine wesentlich geringere parametrische Empfindlichkeit gegenüber konventionellen Verfahren.

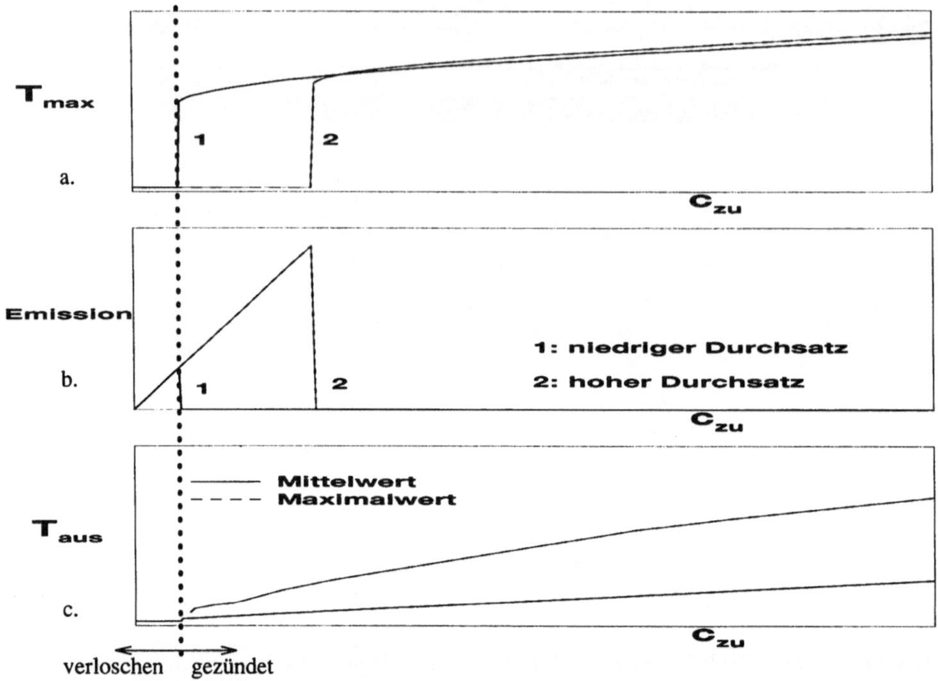

Abbildung 2: Grenzen des ordnungsgemäßen Reaktorbetriebs
a. Die Maximaltemperatur über der Zulaufkonzentration
b. Die Austritskonzentration (Emission) über der Zulaufkonzentration
c. Die Austrittstemperatur über der Zulaufkonzentration

1.1 Grenzen des Betriebsbereichs

Die geringe parametrische Empfindlichkeit des Matros-Reaktors macht ihn besonders attraktiv für den Einsatz in der Abluftreinigung, denn die Menge und die Zusammensetzung der Abluft unterliegen produktionsbedingt oft starken zeitlichen Schwankungen. Diese Störungen können in unterschiedlicher Weise ein Versagen des Reaktors hervorrufen: Das Ausbleiben oder eine starke Abnahme der Schadstoffe im Zulauf können zur Abkühlung und schließlich zum Verlöschen des Reaktors führen (Abb. 2a). Die eingeleiteten Schadstoffe brechen dann ungereinigt durch (Abb. 2b). Generell verschiebt sich bei höheren Durchsätzen die Stabilitätsgrenze des autothermen Betriebs zu höheren Konzentrationen (Abb. 2a,b). Wenn andererseits die Schadstoffkonzentration im Rohgas sehr hoch wird, steigt die Austrittstemperatur am Ende einer Halbperiode so stark an, daß Dichtungen oder Armaturen im Abluftstrang beschädigt werden (Abb. 2c). Diese Gegebenheiten machen den Einsatz eines Reglers unumgänglich.

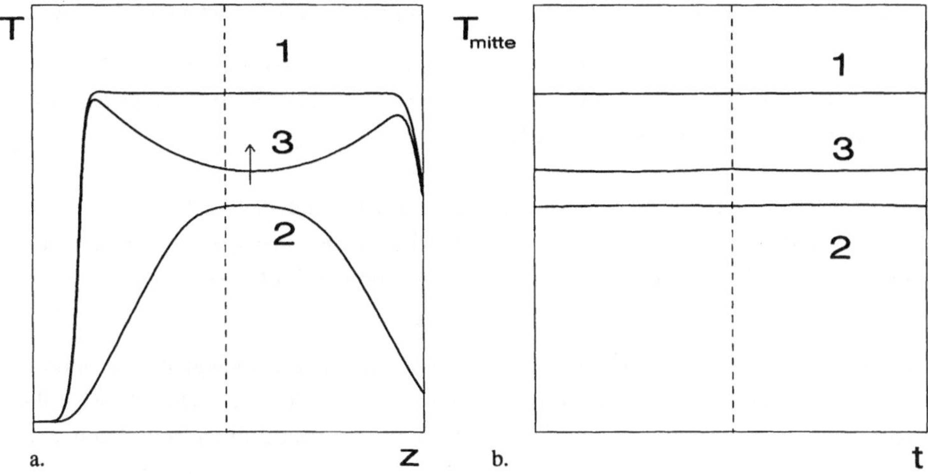

Abbildung 3: Die Temperaturprofile (a) und der zeitliche Verlauf der Reaktormittentemperatur über eine Periode (b) im periodisch stationären Zustand und im Übergangszustand bei unterschiedlichen Zulaufkonzentrationen c_{zu}. $c_{zu}^2 < c_{zu}^1 = c_{zu}^3$

2 Reglerentwurf

2.1 Wahl der Eingangsgrößen

Der Reaktorzustand kann mit Hilfe des Temperaturprofils eindeutig beschrieben werden. Da jedoch dessen direkte Aufnahme durch Temperaturmeßstellen an mehreren Positionen auf der Reaktorachse sehr aufwendig ist, soll das Temperaturprofil aus anderen Meßgrößen rekonstruiert werden. Entscheidend für die Funktion des Reaktors ist eine ausreichende Verweilzweit bei hohen Temperaturen. Eine starke Wärmeproduktion führt zu einer hohen Maximaltemperatur mit einem breiten Temperaturplateau in der Umgebung der Reaktormitte. Die Reaktormittentemperatur bleibt dadurch über die gesamte Periode konstant (Abb. 3a/b, Kurve 1). In der Nähe der Stabilitätsgrenze sinkt die Maximaltemperatur und die Zone hoher Temperatur um die Reaktormitte wird immer schmaler. Das äußert sich in einen konvexen zeitlichen Verlauf der Reaktormittentemperatur innerhalb einer Periode (Abb. 3a/b, Kurve 2). Im Übergangszustand von niedrigen zu hohen Feedkonzentrationen ergibt sich um die Reaktormitte ein wannenförmiger Temperaturverlauf, der sich in einen konvexen zeitlichen Verlauf der Reaktormittentemperatur äußert (Abb. 3a/b, Kurve 3). Die Form des Temperaturprofils im Bereich seines Maximums kann also aus dem zeitlichen Verlauf der Reaktormittentemperatur rekonstruiert werden. Daraus werden drei Eingangsgrößen für den Regler abgeleitet:

1. Die Reaktormittentemperatur gemittelt über der Dauer zwischen zwei Umschaltungen der Strömungsrichtung (Bezeichnung: **T_MID**).

2. Die Schwingungsamplitude der Reaktormittentemperatur (Bezeichnung: **T_AMP**).
3. Die zeitliche Ableitung der Reaktormittentemperatur, bestimmt aus der Differenz der Reaktormittentemperatur an zwei aufeinanderfolgenden Strömungsrichtungsumschaltungen (Bezeichnung **T_PKT**).

Weitere leicht zugängliche Meßgrößen sind die Eintritts- und die Austrittstemperatur. Die über eine Halbperiode gemittelte Differenz zwischen der Austritts- und der Eintrittstemperatur (Bezeichnung **DT_AD**) gibt Auskunft über die im Reaktor freigesetzte Reaktionswärme.

Wie aus der Verhalten des ungeregelten Reaktors deutlich wird, hängt die Stabilitätsgrenze des autothermen Betriebs stark vom Durchsatz ab (Abb. 2). Deshalb wird der Durchsatz als Meßgröße herangezogen (Bezeichnung **GZ**). Sein Einfluß kann damit über eine Störgrößenaufschaltung direkt kompensiert werden. Das ist vor allem im Stützgasbetrieb erforderlich, um extreme Konzentrationen zu vermeiden.

2.2 Wahl der Stellgrößen

Bei sehr schwach beladenen Abluftströmen kann durch Zugabe eines Zusatzbrennstoffes - eines Stützgases - in den Zulauf der Brennwert im Rohgas erhöht und ein Mindestmaß an Wärmeproduktion gewährleistet werden (Abb. 4a).

Andererseits muß bei hoher Schadstoffbelastung im Rohgas überschüssige Wärme aus dem Reaktor ausgekoppelt werden. Dies kann am wirksamsten durch den Abzug eines Teilstroms aus der heißen Mitte des Reaktors (Mittenabzug) erreicht werden [2]. Dieser Teilstrom ist vollständig abgereinigt und besitzt eine hohe Temperatur. Durch den Mittenabzug wird das Temperaturprofil so verändert, daß sich die Temperaturflanken von den Reaktorenden entfernen. Dadurch ist die Temperatur im Auslauf während der gesamten Periode nur geringfügig höher als die Eintrittstemperatur. Die Maximaltemperatur um die Reaktomitte wird durch den Mittenabzug kaum beeinflußt. Die im Festbett gespeicherte Wärme wird jedoch reduziert und damit der Reaktorzustand destabilisiert (Abb. 4b).

Zur Entkopplung der Stellgrößen wird der Ausgang, der die Stützgaszufuhr steuert als Eingangsgröße für den Mittenabzug verwendet (Bezeichnung: **S_GAS**). Dadurch kann das Öffnen des Mittenabzugs während des Stützgasbetriebs verhindert werden.

Aus der periodischen Betriebsweise des Reaktors ergibt sich folgende Konsequenz für seine Regelung: Die Kurzzeitdynamik, d. h. die durch die Strömungsumschaltung angeregte periodische Änderung der Zustandsgrößen, ist für die Regelung irrelevant. Entscheidend ist die Langzeitdynamik, deren Zeitkonstante wesentlich größer als die Periodendauer ist. Eine kontinuierliche Regelung ist nicht erforderlich. Es reicht aus, daß die Stellgrößen nach jeder Strömungsumschaltung aktualisiert werden.

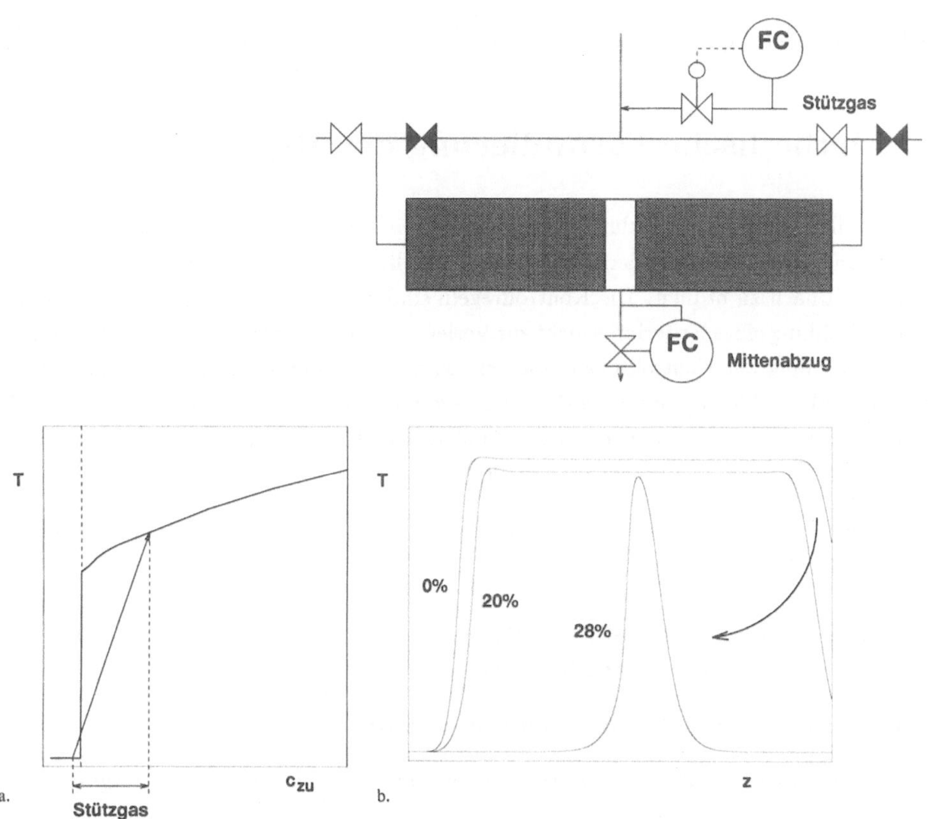

Abbildung 4: Die Stellgrößen des Reglers: a. Stützgas, b. Mittenabzug

2.3 Wahl der Ausgangsgrößen

Die Struktur des Reglers lehnt sich an die eines linearen PID-Reglers an. Es werden Ausgangsgrößen verwendet, die direkt die Position der Stellgrößen festlegen entsprechend dem P-Anteil eines linearen Reglers (Bezeichnung: **P_PROP** und **P_ABZ**). Zusätzlich werden Ausgangsgrößen verwendet, die eine inkrementelle Änderung der Stellgrößen bewirken (Bezeichnung: **I_PROP** und **I_ABZ**). Zur direkten Kompensation von Durchsatzschwankungen im Stützgasbetrieb wird eine durchsatzabhängige obere Schranke für den Stützgasstrom eingeführt (Bezeichnung **MAX_PROP**). Eine weitere Ausgangsgröße funktioniert als Gedächtnisfunktion (Bezeichnung **FORGET_I**). Durch sie werden die Integralanteile der Stellgrößen bei extremen Betriebszuständen gelöscht. Die Stellgrößen werden nach folgenden Beziehungen berechnet:

$$\begin{aligned}\text{Stellung Stützgas [\%]} &= 100 \cdot \frac{MAX\_PROP + 10}{20} \cdot \\ &\left(\frac{P\_PROP + 10}{20} + \frac{10 - FORGET\_I}{20} \cdot \frac{\sum I\_PROP + 10}{20}\right)\end{aligned}$$

$$\text{Stellung Mittenabzug [\%]} = 100 \cdot \left(\frac{P\_ABZ + 10}{20} + \frac{10 - FORGET\_I}{20} \cdot \frac{\sum I\_ABZ + 10}{20}\right)$$

3 Methodische Formulierung der Regeln

Als Grundlage für die Entwicklung der Kontrollregeln müssen die Ziele der Regelung, sowie Kriterien zur Bewertung der Regelgüte aufgestellt werden. Diese Kriterien sind ihrer Wichtigkeit nach zu ordnen. Die Kontrollregeln sind soweit voneinander zu entkoppeln, daß die Erfüllung eines Kriteriums nicht zur Verletzung eines wichtigeren Kriteriums führt. Zur Überprüfung der Kontrollregeln müssen aus der Fülle der möglichen Betriebsbedingungen Testbeispiele abgeleitet werden. Diese können sich aus einem typischen Verlauf der Betriebsbedingungen ergeben, oder aus möglichen Störfällen, die auch im Sicherheitskonzept einer Anlage berücksichtigt werden.

Beim Einsatz des Matrosreaktors in der Abluftreinigung sind durch den Regler folgende Aufgaben zu erfüllen:

- Der Reaktor soll unter allen Umständen im gezündeten Zustand gehalten und es soll ständig Vollumsatz erreicht werden.
- Die maximale Austrittstemperatur muß begrenzt werden.
- Überschüssige Reaktionwärme soll weitgehend über den Mittenabzug ausgekoppelt werden.
- Der Stützgasverbrauch soll minimiert werden.
- Nach einer Störung soll der Reaktor nach möglichst kurzer Einschwingdauer in einen zyklisch stationären Zustand überführt werden.

Die ersten beide Punkte sind für die Funktion des Reaktors entscheidend. Die nachfolgenden Punkte stellen Zielgrößen für die Optimierung des Reglers dar. Zuerst wurden Regeln aufgestellt, die nur die ersten zwei Forderungen berücksichtigen, um Betriebszustand des Reaktors in einem unkritischen Bereich zu halten. Dieser Kontrollregelsatz besteht aus 6 einfachen Regeln, die nur bei extremen Betriebsbedingungen eingreifen. Damit kann das Verlöschen des Reaktors zuverlässig verhindert und bei großem Wärmeüberschuß der Anstieg der Austrittstemperatur begrenzt werden. Allerdings ist das Regelverhalten wegen der Schwankungen in den Reglereingriffen und wegen der im schnellen Wechsel aktivierten entgegengesetzten Stellgrößen unbefriedigend.

Aufbauend auf diesen Satz von Notregeln wurde der Regler optimiert. Die P-Anteile der Stellgrößen sind von den Größen T_MID und T_AMP abhängig. Die I-Anteile werden abhängig von der Größe T_PKT gesetzt, die darüber Auskunft gibt in welche Richtung der Reaktorzustand sich verändert. Bei niedrigen Durchsätzen reicht die Information aus

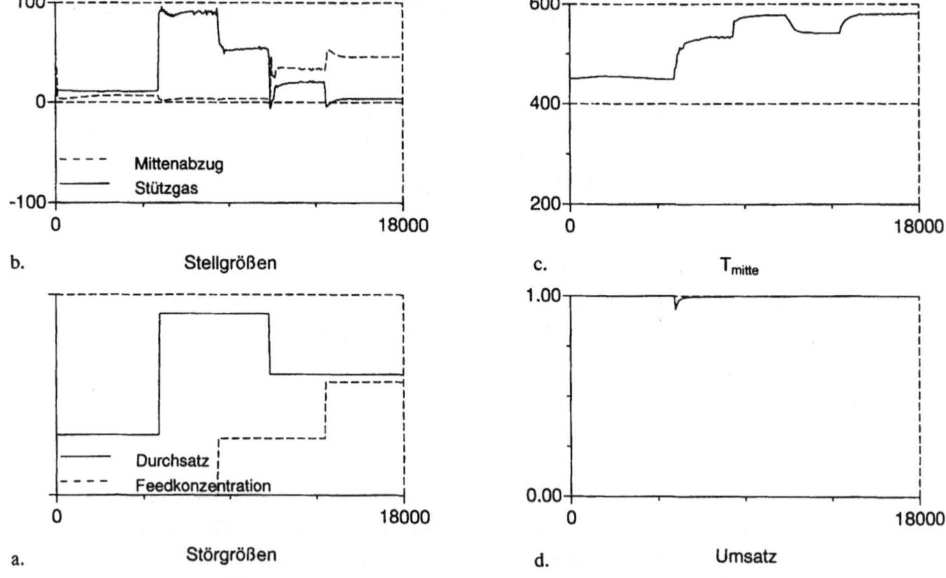

Abbildung 5: Der geregelte Reaktorbetrieb:
a: der zeitliche Verlauf der Störgrößen
b: der zeitliche Verlauf der Stellgrößen
c: der zeitliche Verlauf der Reaktormittentemperatur
d: der zeitliche Verlauf des Umsatzes

der Messung der Mittentemperatur nicht zur Beschreibung des Reaktorzustandes aus, weil Änderungen sich erst mit großer Verzögerung auf die Mittentemperatur auswirken können. Deswegen wird in den betreffenden Kontrollregeln die Größe DT_AD berücksichtigt. Schließlich werden Regeln zur Entkopplung der Stützgaszufuhr und des Mittenabzugs aufgestellt. Der endgültige Kontrollregelsatz enthält 26 Regeln. Dem Regler gelingt es über gedämpfte Eingriffe den Reaktor im gezündeten Zustand zu halten und überschüssige Reaktionswärme auszukoppeln. Der Arbeitspunkt des Reaktors liegt im eingeschwungenen Zustand in der Nähe der Stabilitätsgrenze. Die Einschwingzeit nach sprungförmigen Störungen ist kurz und das Übergangsverhalten frei von Überschwingern (Abb. 5).

Literatur

[1] Y. S. Matros. Catalytic processes under unsteady-state conditions, Band 43 von *Studies in Surface Science and Catalysis*. Elsevier, 1989.

[2] U. Nieken. *Abluftreinigung in katalytischen Festbettreaktoren bei periodischer Strömungsumkehr.* Dissertation, Universität Stuttgart, 1993.

Gas Recognition Using Fuzzy Self-Organizing Map

Tarmo Jukarainen, Esko Kärpänoja

Environics Oy
P.O. Box 349, FIN-50101 Mikkeli, Finland
tel. +358-55-177 011, fax +358-55-177 013

Petri Vuorimaa

Tampere University of Technology, Signal Processing Laboratory
P.O. Box 553, FIN-33101 Tampere, Finland
tel. +358-31-316 1886, fax +358-31-316 1857
email pv@cs.tut.fi

Abstract - **This paper describes an application of the Fuzzy Self-Organizing Map (FSOM) to the problem of gas recognition. The gas recognition was done by using the M90 Chemical Agent Detector developed by Environics Oy. The FSOM is a fuzzy version of Kohonen Self-Organizing Map (SOM). We have compared the classification accuracies of the Nearest Neighbour (NN), Kohonen LVQ, and FSOM. As the classification results show, the FSOM, as well as the LVQ, clearly improve the classification accuracy of the M90 detector.**

I. Introduction

The FSOM [5] is a fuzzy version of the Kohonen's Self-Organizing Map (SOM) [2]. Originally, this neuro-fuzzy was used as a unknown function approximator. It is cabable of modelling any continuous valued function. The FSOM can also be used in control, pattern classification, and signal processing applications. In this paper, we show how the FSOM can be used in gas recognition. We also compare the classification accuracies of the NN, Kohonen's LVQ, and FSOM methods.

The organization of this paper is as follows: in the next section, we describe how the neuro-fuzzy system can be used in classification. After that, in Sect. IV. and Sect. V., the learning of the FSOM is explained: how the fuzzy rules are tuned, and how the new rules are generated. Next, in Sect. VI. gas recognition results are given, and finally, a conclusion section closes this paper.

II. The M90 Chemical Agent Detector

The M90 chemical agent detector developed by Environics Oy is based on Ion Mobility Spectrometry (IMS) sensor [4]. The block diagram of the gas recognition system in the M90 detector is shown in Fig. 1. The IMS sensor measures gaseous ions produced by a radioactive source and affected by electric field. The IMS sensor contains six measuring electrodes which produce six-dimensional output patterns. Output signals are preprocessed: after A/D-converter and amplifiers, the signals are normalized to a constant length. After that, the output patterns are fed to a classifier, which classifies them to the output classes.

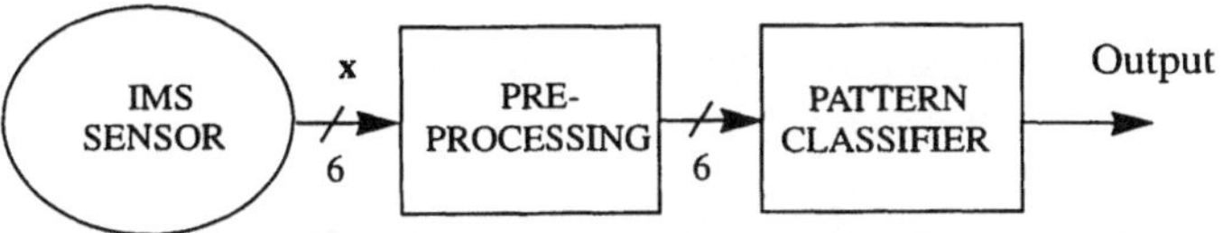

Fig. 1. Gas recognition system in the M90 detector.

The M90 detector uses currently pattern recognition method based on Nearest Neighbour (NN) classification. The NN classification rule assigns each sensor output vector to the class of its nearest neighbour prototype vector. The classification accuracy of the NN method is reasonable, when the number of the output classes is low. The major disadvantage of this algorithm is that the classification accuracy decreases rapidly, when the number of the output classes grows.

III. The FSOM Classification

In the FSOM, the neurons of the SOM are replaced by fuzzy rules [9]. The fuzzy rules consist of fuzzy sets [8] which define areas in n-dimensional input space. Each fuzzy rule has the *if - then* structure:

$$\begin{aligned} &\textbf{if } x_1 \textit{ is } U_{i,1} \textbf{ and } x_2 \textit{ is } U_{i,2} \textbf{ and } \dots \textbf{ and } x_n \textit{ is } U_{i,n} \\ &\textbf{then } y_1 \textit{ is } a_{i,1} \textbf{ and } y_2 \textit{ is } a_{i,2} \textbf{ and } \dots \textbf{ and } y_p \textit{ is } a_{i,p}, \end{aligned} \tag{1}$$

where the variables $U_{i,j}$, $j = 1, 2, \dots, n$, are the input fuzzy sets, and the variables $a_{i,k}$, $k = 1, 2, \dots, p$, are the output singletons of the fuzzy rule i. A fuzzy rule is illustrated in Fig. 2.

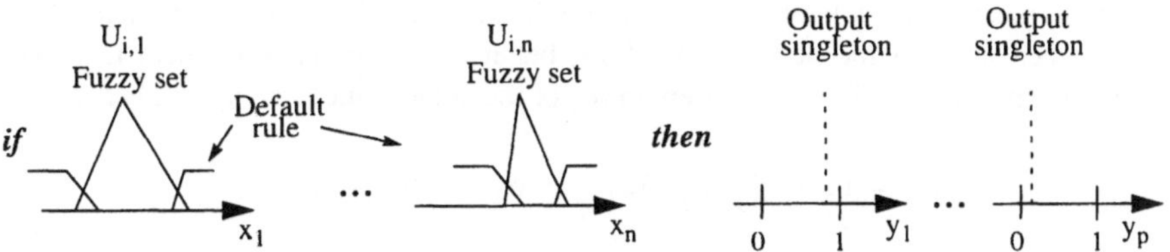

Fig. 2. An example of fuzzy rule.

The fuzzy sets measure the similarity of the fuzzy rule and the input sample $\boldsymbol{x}$, while the output singletons give the membership values of the input sample $\boldsymbol{x}$ in each of the output classes. Each condition x_j *is* $U_{i,j}$ is interpreted as a membership value $\mu_{U_{i,j}}(x_j)$ of the input signal x_j in the fuzzy set $U_{i,j}$. The membership values $\mu_{U_{i,j}}(x_j)$, $i = 1, 2, \dots, m$, $j = 1, 2, \dots, n$, are usually given by a *membership function*. Here, we use the *triangular* membership function:

$$\mu_{Ui,j}(x_j) = \frac{x_j - sl_{i,j}}{c_{i,j} - sl_{i,j}}, \qquad sl_{i,j} \le x_j \le c_{i,j},$$
$$\mu_{Ui,j}(x_j) = \frac{x_j - sr_{i,j}}{c_{i,j} - sr_{i,j}}, \qquad c_{i,j} < x_j \le sr_{i,j}, \qquad (2)$$
$$\mu_{Ui,j}(x_j) = 0, \qquad \text{otherwise,}$$

where $c_{i,j}$ is the center of the fuzzy set $U_{i,j}$, and the variables $sl_{i,j}$ and $sr_{i,j}$ are the left and right spreads of the fuzzy sets $U_{i,j}$, respectively. Fig. 3 illustrates this function.

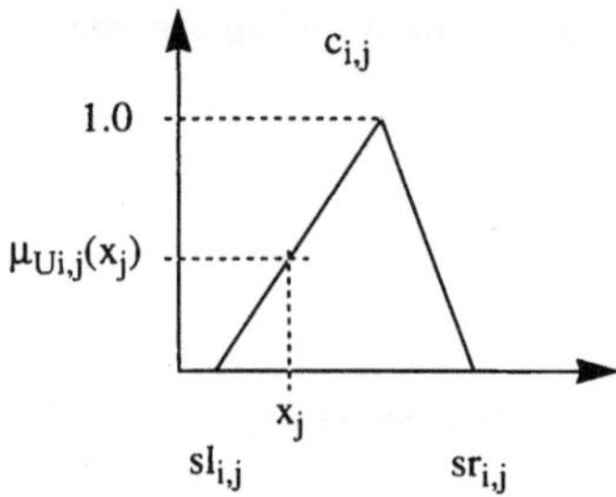

Fig. 3. The membership value $\mu_{Ui,j}(x_j)$ of the input signal x_j.

The firing strengths α_i, i = 1, 2,..., m, of the fuzzy rules indicate how close the input signal x_j is to each of the fuzzy rules. The firing strengths are calculated by selecting the minimum of the membership values, according to

$$\alpha_i = \min \{\mu_{Ui,1}(x_1), \mu_{Ui,2}(x_2), \ldots, \mu_{Ui,n}(x_n)\}. \qquad (3)$$

In addition, there exists default rule that has no defined input sets [6]. The default rule fires primarily, when none of the normal rules fires, but it also overlaps with them to a certain degree as shown in Fig. 2. The firing strength α_0 of the default rule is computed according to

$$\alpha_0 = \max \{\beta_1 - \alpha_k, 0\}, \qquad \alpha_k = \max_i \{\alpha_i\}, \qquad (4)$$

where β_1 is the maximum firing strength of the default rule. The outputs y_k^*, $k = 1, 2, \ldots, p$, of the FSOM are given by weighted averages, where the firing strengths α_i, $i = 0, 1, \ldots, m$, are used as the weights. The outputs are computed according to

$$y_k^* = \left(\sum_{i=0}^{m} \alpha_i \cdot a_{i,k} \right) \Big/ \left(\sum_{i=0}^{m} \alpha_i \right). \qquad (5)$$

Finally, the input sample $\boldsymbol{x}$ is classified to the output class y_c^* which has the largest output value.

IV. Learning: Tuning of Fuzzy Rules

The tuning of the FSOM is based on the Kohonen's LVQ2.1 algorithm [3]. The spreads of the fuzzy rules are updated if the input sample $\boldsymbol{x}$ fires at least two fuzzy rules simultaneously. The overlapping area of the two most firing fuzzy rules is called a "window", as illustrated in Fig. 4. The fuzzy rule w firing most is called the "winner", and the next one is called the "first runner-up" r.

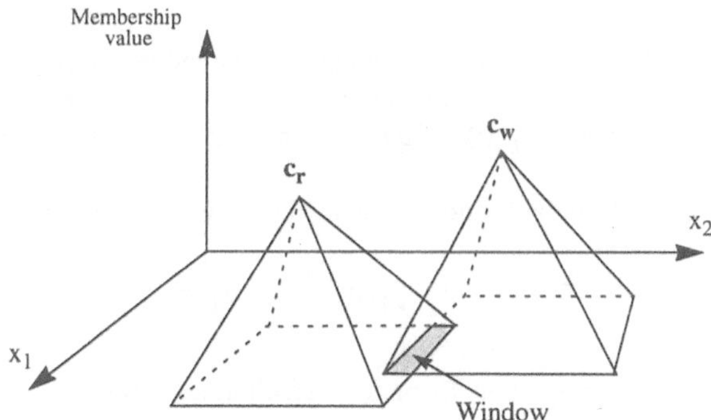

Fig. 4. Illustration of the "window" used in the FSOM.

The objective of the learning law is to either increase or decrease the influence of the first runner-up rule, as seen in Fig. 5 (a). The influence of the first runner-up rule is increased, when the spread $s_{r,k}$ is moved towards the center $c_{w,k}$ of the winner rule, whereas it is decreased, when the spread $s_{r,k}$ is moved towards the spread $s_{w,k}$ of the winner rule.

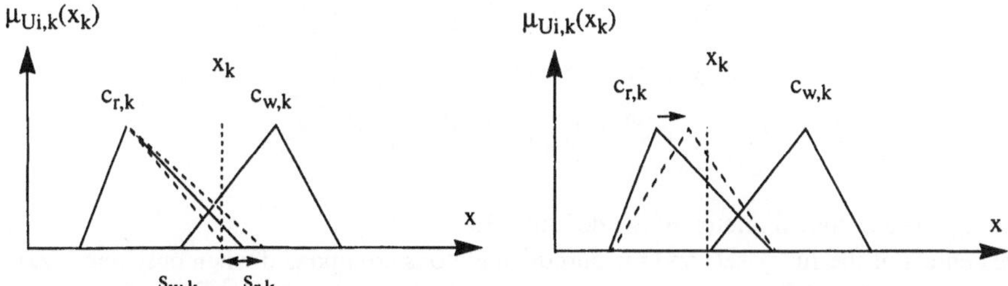

Fig. 5. (a) Updating the spread of the fuzzy rule. (b) Updating the center of the fuzzy rule.

As mentioned before, each fuzzy rule consists of several fuzzy sets, one for every input. Only one spread of one fuzzy set of the first runner-up rule is updated at a time. The spread for updating is chosen according to

$$|c_{w,k} - c_{r,k}| = \max_j \{|c_{w,j} - c_{r,j}|\} . \tag{6}$$

The spread $s_{r,k}$ (i.e., $sl_{r,k}$ or $sr_{r,k}$), on the same side of the center c_k as the input signal x_k, is updated according to

$$\begin{aligned} s_{r,k}(t+1) &= s_{r,k}(t) + g_{U,r}(t) \cdot [c_{w,k}(t) - s_{r,k}(t)], \\ &\quad \mathrm{sgn}\left(y_l - y_l^*\right) = \mathrm{sgn}\left(a_{r,l} - a_{w,l}\right), \\ s_{r,k}(t+1) &= s_{r,k}(t) + g_{U,r}(t) \cdot [s_{w,k}(t) - s_{r,k}(t)], \\ &\quad otherwise, \end{aligned} \tag{7}$$

where the error between the output y_l of the training data set and the output y_l^* of the FSOM is the largest. Variables $a_{w,l}$ and $a_{r,l}$ are the output singletons of the winner and first runner-up rule, respectively. Parameter $g_{U,r}(t)$ is the learning coefficient of the fuzzy sets $U_{r,j}$, $j = 1, 2, \ldots, n$.

The firing strength α_0 of the default rule is computed during learning according to

$$\alpha_0 = \max\{\beta_1 \cdot [1 - \alpha_k/\beta_{2,k}], 0\}, \qquad \alpha_k = \max_i\{\alpha_i\}, \tag{8}$$

where β_1 is the maximum firing strength of the default rule, and $\beta_{2,k}$ is the overlapping parameter. The overlapping parameter of the default rule is initially larger than β_1, but it decreases towards β_1 during the learning procedure. In normal operation, $\beta_{2,k}$ equals β_1.

If default rule is one of the two most firing fuzzy rules, the learning rule (7) and the equation for selecting the spread to be updated (6) can not be used. In that case, the correct spread is chosen according to

$$\mu_{Ui,k}(x_k) = \min_j\{\mu_{Ui,j}(x_j)\}. \tag{9}$$

The learning law for updating the spread is:

$$\begin{aligned} s_{r,k}(t+1) &= s_{r,k}(t) + g_{U,r}(t) \cdot [c_{w,k}(t) - s_{r,k}(t)], \\ &\quad \mathrm{sgn}\left(y_l - y_l^*\right) = \mathrm{sgn}\left(a_{r,l} - a_{w,l}\right), \\ s_{r,k}(t+1) &= s_{r,k}(t) + g_{U,r}(t) \cdot [s_{w,k}(t) - s_{r,k}(t)], \\ &\quad otherwise, \end{aligned} \tag{10}$$

where $a_{0,l}$ is a output singleton of the default rule.

The centers of the fuzzy sets and the output singletons are updated when only one fuzzy rule fires, as seen in Fig. 5 (b), and it is moved towards the input sample **x** according to

$$c_w(t+1) = c_w(t) + g_{U,w}(t) \cdot [x(t) - c_w(t)]. \tag{11}$$

The output singletons are updated according to the learning law:

$$\boldsymbol{a}_w(t+1) = \boldsymbol{a}_w(t) + g_{a,w}(t) \cdot \alpha_w(t) \cdot [\boldsymbol{y} - \boldsymbol{y}^*], \tag{12}$$

where the vector $\boldsymbol{a}_w$ gives the output singletons, and α_w is the firing strength of the winner rule. Parameter $g_{a,w}(t)$ is learning coefficient of the fuzzy rule's outputs.

V. Learning: Self-Generation

The size of the FSOM can be optimized, if the fuzzy rules are placed one by one so that the largest error of the training data set is removed by each new fuzzy rule [7]. A new rule is added only when needed. This procedure is called the self-generation of the FSOM. A new rule is added to the class which has the largest number of misclassifications if the following statements are fulfilled: Input sample must activate the wrong output, and existing fuzzy rules must have stabilized.

It is clear that a new rule is added only, when the existing rules misclassify the input sample. In addition, the existing fuzzy rules must have stabilized. Therefore a new rule is added only if the existing rules can not remove classification error.

To examine whether the existing rules have stabilized, we have to measure how much the input sample overlaps with the existing rules. The amount of overlap is calculated for each rule by selecting the fuzzy set, where the input sample is farest away from the center of the fuzzy set according to $|c_{i,k} - x_k| = \max_j \{|c_{i,k} - x_k|\}$. The overlap is computed as follows

$$\begin{aligned} overlap &= \frac{(c_{i,k} - sl_{i,k})}{(c_{i,k} - x_j)}, & x_k \le c_{i,k}, \\ overlap &= \frac{(c_{i,k} - sr_{i,k})}{(c_{i,k} - x_k)}, & x_k > c_{i,k}. \end{aligned} \qquad (13)$$

This measure of overlap has the following properties:

$$\begin{aligned} &overlap < 1, && \text{when } x_k \text{ does not overlap the rule,} \\ &overlap \ge 1, && \text{when } x_k \text{ overlaps the rule,} \\ &overlap \to \infty, && \text{when } x_k \to c_{i,k}. \end{aligned} \qquad (14)$$

As the input sample determines the center of the new rule, this measure also indicates how much a new rule would overlap with the existing ones.

The new fuzzy rule can overlap more with older existing fuzzy rules than the newer ones. The learning coefficients are a natural measure for the age of the fuzzy sets, since they decrease monotonously during the learning procedure. Hence, the second heuristic rule can be expressed as

$$overlap < 0.75 \cdot g_{U,i}(0) / g_{U,i}(t). \qquad (15)$$

If all the above mentioned conditions are fulfilled, a new fuzzy rule is added to the system. The centers and the output of the new fuzzy rule are initialized according to

$$\begin{aligned} \boldsymbol{c}_n &= \boldsymbol{x}, \\ a_n &= y. \end{aligned} \qquad (16)$$

Spreads of the new fuzzy rule must be limited so that it doesn't disturb existing fuzzy rules. The width of the spreads is limited according to

$$wl_k = \min\{0.75 \cdot [x_k - c_{i,k}], wl_k\}, \quad c_{i,k} \le x_k,$$

$$wr_k = \min\{0.75 \cdot [c_{i,k} - x_k], wr_k\}, \quad x_k < c_{i,k}, \tag{17}$$

$$\text{where } |c_{i,k} - x_k| = \max_j \{|c_{i,j} - x_j|\},$$

when $i = 1, 2, \ldots, m$. Parameters $\boldsymbol{wl}$ and $\boldsymbol{wr}$ are the default widths of the new spreads.

VI. Gas recognition results

We have compared the classification accuracies of the NN method, Kohonen's LVQ, and the FSOM classifier. Two separate data sets were used: one for training and another one for verification. Both data sets contained samples from 15 different gas classes. The size of training data set was 1922 data samples, and the size of the verification data set was 3641. Most of the gas classes were very close to each other, which made the classification difficult.

The NN classifier was used first. One prototype vector was selected for each gas class, making a total of 15 different prototype vectors. The classification accuracy of the verification data set was 36.1%.

In another experiment [1], the LVQ network with 102 neurons was used. The training process consisted of three different training stages: LVQ1, LVQ3, and LVQ2.1. During the first stage 4080 training steps were used, while the second and the third stage took both 9610 steps. The final classification accuracy of the verification data set was 96.2%.

The FSOM was initialized with just one default rule and 87 normal rules were added to it during the learning procedure. The whole learning process took less than 90 training cycles, as shown in Fig. 6. The classification accuracy of the verification data set was 97.6%. The results of the experiments are shown in Table 1.

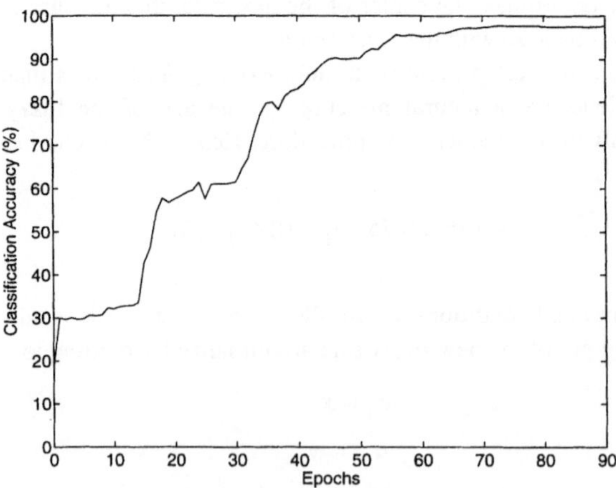

Fig. 6. Convergence of the FSOM.

Algorithm	Correct classifications	Misclassifications	Accuracy (%)
NN	1313	2328	36.1
LVQ	3502	139	96.2
FSOM	3553	88	97.6

Table 1.Classification accuracies of the NN, LVQ, and FSOM algorithms.

VII. Conclusions

In this paper, we have shown how the FSOM algorithm can be applied to gas recognition using the M90 chemical agent detector. The simulation results in Sect. VI. show that the FSOM clearly improves the classification accuracy of the M90 detector.

The fact that the pattern classes are represented by fuzzy rules, provides an interesting property for classification: input sample can belong to several output classes simultaneously with different degrees of membership. In our future work, we plan to test the FSOM in classification mixtures of two different gases.

References

[1] T. Jukarainen, E. Kärpänoja, P.Vuorimaa, "Gas recognition using learning vector quantization," to be presented at *Conf. Artificial Intelligence Reseach in Finland, STeP-94*, Turku, Finland, August 29-31, 1994.

[2] T. Kohonen, *Self-Organization and Associative Memory, 2nd ed.* Berlin: Springer-Verlag, 1988.

[3] T. Kohonen, "Improved versions of learning vector quantization," in *Proc. Int. Joint Conf. Neural Networks, IJCNN-90*, vol. I, pp. 545-550, June 1990.

[4] T. Kättö, H. Paakkanen, and T. Karhapää, "Detection of CWA by means of aspiration condenser type IMS," *4th Int. Symp. Detection against CWA*, Stockholm, Sweden, June 8-12, 1992.

[5] P. Vuorimaa, "Fuzzy self-organizing map," to appear in *Fuzzy Sets and Systems.*

[6] P. Vuorimaa, "Use of a default rule in fuzzy self-organizing map," presented at *2nd. Int. Conf. Fuzzy Theory & Technology*, Durham, NC, October 13-16, 1993.

[7] P. Vuorimaa, "Self-generating fuzzy self-organizing map," submitted to *IEEE Trans. Fuzzy Systems.*

[8] L. A. Zadeh, "Fuzzy sets," *Inform. Contr.*, vol. 8, pp. 338-353, 1965.

[9] L. A. Zadeh, "Outline of a new approach to the analysis of complex systems and decision process," *IEEE Trans. Syst. Man Cybern.*, vol. SMC-3, no. 1, pp. 28-44, January 1973.

A Neuro-Fuzzy Filter Based on Fuzzy Self-Organizing Map

Petri Vuorimaa

Tampere University of Technology, Signal Processing Laboratory
P.O. Box 553, FIN-33101 Tampere, Finland
tel. +358-31-316 1886, fax +358-31-316 1857
email pv@cs.tut.fi

Abstract - **In this paper, we introduce a novel neuro-fuzzy filter based on Fuzzy Self-Organizing Map. The new filter has three main advantages. First, its operation is soft based on fuzzy set theory. Second, it can learn how to filter a given signal. Third, the proposed filter has both averaging and median properties. Simulation results show that the neuro-fuzzy filter converges fast, and performs better, with reasonable number of fuzzy rules, than the basic averaging and median filters.**

I. Introduction

Recently, fuzzy set theory [10, 12] has been used extensively in signal processing, especially in image processing [1]. So called fuzzy filters have the advantage that they are non-linear, and easy to modify by human operators. Designing complex filters can be difficult, though. In this paper, we propose that neural network techniques [2, 6] can be used to tune fuzzy filters. The proposed neuro-fuzzy filter has the advantage that it is capable of learning the filter function.

In our previous work, we have introduced a fuzzy version of Kohonen's well-known Self-Organizing Map (SOM) [3, 5] neural network model. In Fuzzy Self-Organizing Map (FSOM) [7], neurons of the SOM are replaced by fuzzy rules, which are composed of fuzzy sets and output singletons. The fuzzy sets define an area in the input space, where each fuzzy rule fires, and the output singletons give the corresponding output values in the output space. Since the FSOM is a modified version of the SOM, Kohonen's SOM and Learning Vector Quantization (LVQ2.1) [4] learning laws can be used to tune the neuro-fuzzy system.

Recently, we have also introduced a self-generating version of the FSOM [9]. In this scheme, the FSOM is initialized with just one so called default rule [8]. The normal fuzzy rules are added to the system during the learning procedure. The basic idea is that the default rule covers the less important areas of the input space, while the normal fuzzy rules are concentrated in the more important areas of the input space. The user of the FSOM can stop the addition of the fuzzy rules, when a desired accuracy is reached. Therefore, the number of the fuzzy rules is optimized.

In this paper, we show how the FSOM can be applied to signal processing. The basic idea is that the FSOM approximates a unknown filter function. In practise, the FSOM selects one of the incoming signals as the output of the neuro-fuzzy filter. The output can also be a combination of the input signals. Therefore, the proposed neuro-fuzzy filter is a hybrid of median and averaging type filters.

The organization of this paper is as follows: in the next section, we describe the basic operation of the neuro-fuzzy filter. After that, the modified learning laws, based on Kohonen's learning algorithms, are given. The self-generation procedure is explained in Sect. IV. Next, in Sect. V., simulation results are given. Finally, a conclusion sections closes this paper.

II. Basic Operation

The structure of the neuro-fuzzy filter is based on fuzzy rules [11]:

$$\begin{aligned}&\textbf{if } x_1 \textit{ is } U_{i,1} \textbf{ and } x_2 \textit{ is } U_{i,2} \textbf{ and } \ldots \textbf{ and } x_n \textit{ is } U_{i,n}\\&\textbf{then } y \textit{ is } a_{i,1}\cdot x_1 + a_{i,2}\cdot x_2 + \ldots + a_{i,n}\cdot x_n,\end{aligned} \tag{1}$$

where each condition (x_j *is* $U_{i,j}$) is interpreted as the membership value $\mu_{Ui,j}(x_j)$ of the input signal x_j in the fuzzy set $U_{i,j}$, $i = 1, 2, \ldots, m$ and $j = 1, 2, \ldots, n$. The membership values are given by a *triangular membership function*, which is defined as

$$\begin{aligned}\mu_{Ui,j}(x_j) &= \frac{(x_j - sl_{i,j})}{(c_{i,j} - sl_{i,j})}, && sl_{i,j} \le x_j \le c_{i,j},\\ \mu_{Ui,j}(x_j) &= \frac{(x_j - sr_{i,j})}{(c_{i,j} - sr_{i,j})}, && c_{i,j} < x_j \le sr_{i,j},\\ \mu_{Ui,j}(x_j) &= 0, && \text{otherwise},\end{aligned} \tag{2}$$

where $c_{i,j}$ is the center of the fuzzy set $U_{i,j}$. Variables $sl_{i,j}$ and $sr_{i,j}$ are the left and right spreads of the same set. The output of each fuzzy rule is a weighted sum of the input signals, where variables $a_{i,j}$ act as the weights.

The firing strengths of the fuzzy rules are computed by combining the membership values together according to the **and** (1) operation. Here, we use the *minimum* operation as the connective. Hence, the firing strengths α_i, $i = 1, 2, \ldots, m$, are computed according to

$$\alpha_i = \min\{\mu_{Ui,1}(x_1), \mu_{Ui,2}(x_2), \ldots, \mu_{Ui,n}(x_n)\}\,. \tag{3}$$

We have shown that the accuracy of the FSOM can be improved if a default rule [8] is used in addition to the normal fuzzy rules. The firing strength α_0 of the default rule depends only on the firing strengths of the normal fuzzy rules, and it is computed according to

$$\alpha_0 = \max\{\beta_1\cdot[1 - \alpha_k/\beta_{2,k}], 0\}, \qquad \alpha_k = \max_i\{\alpha_i\}, \tag{4}$$

where β_1 is the maximum firing strength of the default rule, and $\beta_{2,i}$, $i = 1, 2, \ldots, m$, are the overlapping parameters. Initially, the default rule overlaps almost totally with the normal fuzzy rules, but in the end of the training process it overlaps only partially with them. Hence, (4) can be simplified into

$$\alpha_0 = \max\{\beta_1\cdot[1 - \alpha_k/\beta_1], 0\} = \max\{\beta_1 - \alpha_k, 0\}\,. \tag{5}$$

The output y^* of the FSOM is a weighted average of fuzzy rules' outputs, where the firing strengths α_i, $i = 0, 1, \ldots, m$, act as the weights:

$$y^* = \frac{\sum_{i=0}^{m} \alpha_i \sum_{j=1}^{n} a_{i,j} x_j}{\sum_{i=0}^{m} \alpha_i}. \tag{6}$$

III. Tuning

In Kohonen's LVQ2.1 algorithm, the two closest neurons $\boldsymbol{m}_i$ and $\boldsymbol{m}_j$ to the input sample $\boldsymbol{x}$ are updated, when the input sample $\boldsymbol{x}$ falls into a "window" between them, as shown in Fig. 1(a). The window is defined by the relative distances d_i and d_j from the input sample $\boldsymbol{x}$. The LVQ2.1 learning law updates the neuron's position so that, in the long run, the window superimposes the decision border between the two different output classes.

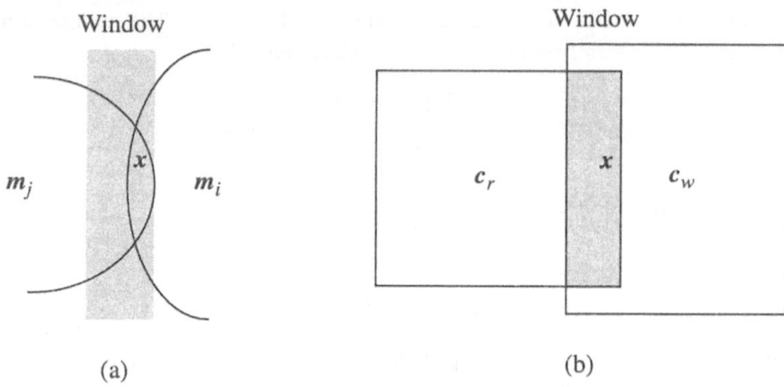

Fig. 1. (a) In the original LVQ2.1 algorithm, the "window" is defined by the relative distances d_i and d_j between the input sample $\boldsymbol{x}$ and the two closest connection weight vectors $\boldsymbol{m}_i$ and $\boldsymbol{m}_j$. (b) In the modified version, the window is simply defined as the overlapping area of the two most firing fuzzy rules w and r.

When the FSOM is tuned with the LVQ2.1 algorithm, the window is simply defined as the overlapping area of the most firing "winner" fuzzy rule w and the "first runner-up" fuzzy rule r, as shown in Fig. 1(b). When the input sample $\boldsymbol{x}$ falls into the window (i.e., at least two fuzzy rules fire simultaneously), one of the first runner-up rule's spreads is first selected for updating according to

$$|c_{w,k} - c_{r,k}| = \max_j \{|c_{w,j} - c_{r,j}|\} . \tag{7}$$

Next, the window's position is updated by moving the spread $s_{r,k}$, on the same side of the center $c_{r,k}$ as the input signal x_j, either towards the center $c_{w,k}$ or the spread $s_{w,k}$ of the winner rule w:

$$\begin{aligned} s_{r,k}(t+1) &= s_{r,k}(t) + g_{U,r}(t) \cdot [c_{w,k}(t) - s_{r,k}(t)], & \operatorname{sgn}(y - y^*) &= \operatorname{sgn}(y_r^* - y_w^*), \\ s_{r,k}(t+1) &= s_{r,k}(t) + g_{U,r}(t) \cdot [s_{w,k}(t) - s_{r,k}(t)], & \text{otherwise}, \end{aligned} \tag{8}$$

where the centers $c_{w,k}$, $c_{r,k}$ and spreads $s_{r,k}$, $s_{w,k}$ are as shown in Fig. 2(a). Variable y is the output of the training data set, and y^* is the output of the FSOM. Variables y_w^* and y_r^* are the outputs of the winner and first runner-up rule, respectively. Finally, parameter $g_{U,r}(t)$ is the fuzzy sets' learning coefficient.

The learning law (8) cannot be used, when either one of the two most firing fuzzy rules is the default rule, because the default rule has neither centers nor spreads. In that case, one of the normal fuzzy rule's spreads is first selected for updating according to

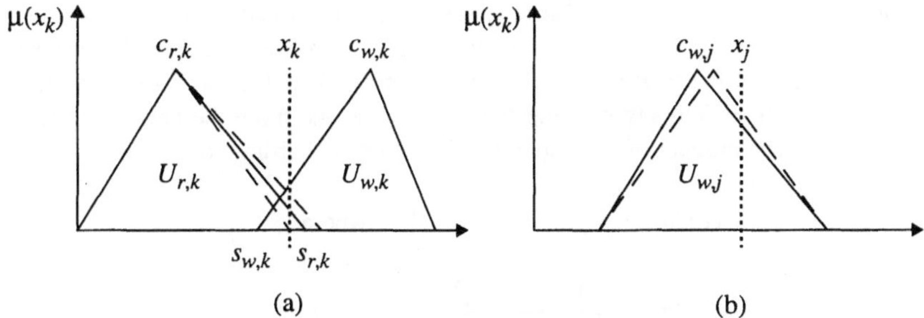

Fig. 2. (a) The spread $s_{r,k}$, on the same side of the center $c_{r,k}$ as the input x_k, is moved either towards the center $c_{w,k}$ or the spread $s_{w,k}$ of the "winner" rule w. (b) The centers $c_{w,j}$, $j = 1, 2, \ldots, n$, of the "winner" rule w are moved towards the corresponding input signals x_j.

$$\mu_{Ur,k}(x_k) = \min_j\{\mu_{Ur,j}(x_j)\}. \tag{9}$$

The updating law is:

$$\begin{aligned} s_{r,k}(t+1) &= s_{r,k}(t) - g_{U,r}(t) \cdot [c_{r,k}(t) - s_{r,k}(t)], \quad && \operatorname{sgn}(y - y^*) = \operatorname{sgn}(y_r^* - y_0^*), \\ s_{r,k}(t+1) &= s_{r,k}(t) + g_{U,r}(t) \cdot [c_{r,k}(t) - s_{r,k}(t)], \quad && \text{otherwise}, \end{aligned} \tag{10}$$

where y_0^* is the default rule's output. All the other variables are as in (8).

The centers of the fuzzy sets are updated, when only one fuzzy rule w fires. The centers are updated by moving them towards the input sample $\boldsymbol{x}$, as shown in Fig. 2(b). The updating law is:

$$\boldsymbol{c}_w(t+1) = \boldsymbol{c}_w(t) + g_{U,w}(t) \cdot [\boldsymbol{x}(t) - \boldsymbol{c}_w(t)]. \tag{11}$$

Also, the output weights of the fuzzy rules are updated, when only one fuzzy rule w fires. The outputs weights are updated according to

$$\boldsymbol{a}_w(t+1) = \boldsymbol{a}_w(t) + g_{a,w}(t) \cdot \alpha_w(t) \cdot [y - y^*] \cdot \boldsymbol{x}, \tag{12}$$

where $g_{a,w}(t)$ is the learning coefficient of the output weights.

IV. Self-Generation

The self-generation procedure adds the fuzzy rules one by one to the FSOM during the learning procedure. The generation of the fuzzy rules is guided by three heuristic rules:

1) remove the errors in descending order
2) don't add a new fuzzy rule before the existing fuzzy rules have stabilized
3) don't disturb the existing fuzzy rules

The first heuristic rule requires that the new fuzzy rules are added to the FSOM so that the error between the FSOM's output and the training data set is minimized. This heuristic rule can be realized by measuring the largest error during each run through the training data set, and adding a new fuzzy rule only, when the current error is close enough to the largest error.

The second heuristic rule is used, because it makes no sense to add a new fuzzy rule to the system, if the already existing fuzzy rules are still trying to remove the current largest error. In practise, this means that the new fuzzy rule should not overlap at all with the relatively new fuzzy rules. The older the already existing fuzzy rules are, the more the new fuzzy rule may overlap with them. The amount of overlap can be measured according to

$$overlap_i = \min_j \{overlap_{i,j}\}, \quad \text{where}$$

$$overlap_{i,j} = \frac{(c_{i,j} - sl_{i,j})}{(c_{i,k} - x_k)}, \qquad x_j \le c_{i,j},$$
$$overlap_{i,j} = \frac{(c_{i,j} - sr_{i,j})}{(c_{i,j} - x_j)}, \qquad x_j > c_{i,j}. \tag{13}$$

The learning coefficients are a natural measure for the age of the fuzzy rules, and therefore the second heuristic rule can be expressed as

$$overlap_i < 0.75 \cdot g_{U,i}(0)/g_{U,i}(t). \tag{14}$$

When a new fuzzy rule is added to the system, its centers are copied from the input sample $\boldsymbol{x}$. The output weights are set according to the error in the inputs signals. The weights of those input signals, which have a small error, are set close to one, while the weights of the incorrect input signals are set to zero. The sum of the output weights is equal to one.

The third heuristic rule limits the spreads of the fuzzy sets so that the new fuzzy rule does not overlap too much with the already existing fuzzy rules. In practice, if the already existing fuzzy rules are far away, the spreads are given default widths. Therefore, the widths of the spreads are computed according to

$$wl_k = \min\{0.75 \cdot [x_k - c_{i,k}], wl_k\}, \quad c_{i,k} \le x_k,$$

$$wr_k = \min\{0.75 \cdot [c_{i,k} - x_k], wr_k\}, \quad x_k < c_{i,k}, \tag{15}$$

$$\text{where } |c_{i,k} - x_k| = \max_j \{|c_{i,j} - x_j|\},$$

when, $i = 1, 2, \ldots, m$. Initially, variables $\boldsymbol{wl}$ and $\boldsymbol{wr}$ give the default widths of the spreads.

V. Simulation Results

The operation of the proposed neuro-fuzzy filter was verified with a practical signal processing task. In the following simulation experiment, a corrupted sin wave, as shown in Fig. 3(a), was used as the training data set. The size of the training data set was 200 samples, and the window size of the filter was five. The FSOM was initialized with just one default rule, which output weights were set to $[0, 0, 1, 0, 0]$. A total of 25 fuzzy rules were added to the FSOM during the learning procedure.

The convergence of the FSOM took about 40 iterations through the training data set, as shown in Fig. 4. The fast learning capability is mainly due to Kohonen's learning algorithms which usually convergence fast.

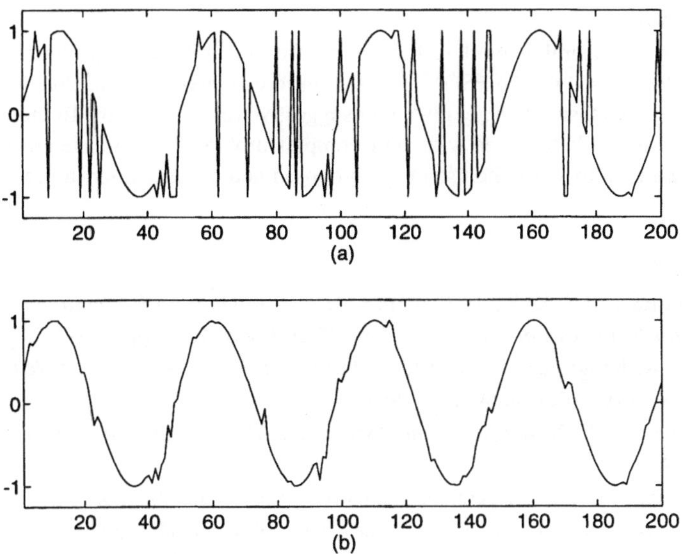

Fig. 3. (a) Corrupted data. (b) Output of the trained FSOM.

The accuracy of the trained FSOM was reasonably good, as shown in Fig. 3(b). The root mean square error was 0.0784. Hence, the accuracy of the FSOM is much better than the accuracy of the basic averaging filter (i.e., 0.2798) and median filter (i.e., 0.1308). The improved accuracy is mainly due to the combined non-linear and linear properties of the proposed neuro-fuzzy filter.

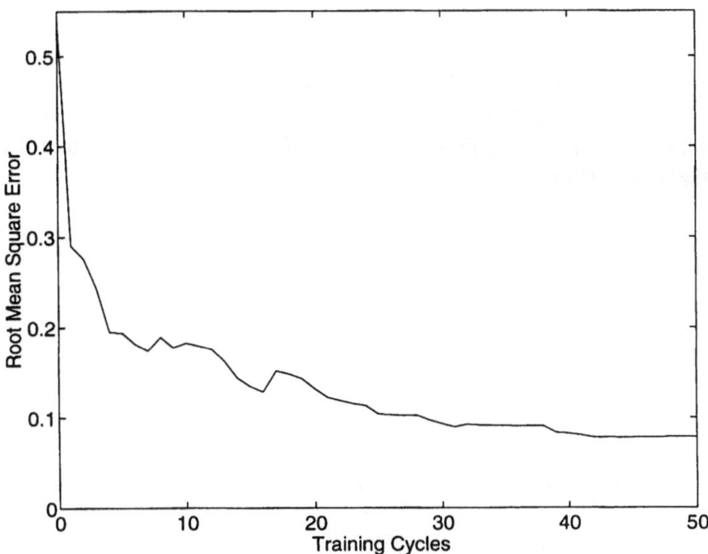

Fig. 4. Convergence of the FSOM.

VI. Conclusions

We have shown that neural network techniques can be used to tune fuzzy filters. The proposed neuro-fuzzy filter, based on the FSOM, has shown to converge fast and give good accuracy. The simulation results, shown here, give only suggestive results, though. To more get realistic results the system should be tested with more complex problems, like image processing. In our future work, we plan to study the use of the proposed neuro-fuzzy filter in more complicated problems.

References

[1] J. C. Bezdek and S. K. Pal (Eds.), *Fuzzy Models for Pattern Recognition: Methods That Search for Structures in Data.* New York: IEEE Press, 1992, pp. 327-412.

[2] J. Hertz, A. Krogh, and R. G. Palmer, *Introduction to The Theory of Neural Computation.* New York: Addison-Wesley, 1991.

[3] T. Kohonen, *Self-Organization and Associative Memory, 2nd ed.* Berlin: Springer-Verlag, 1988.

[4] T. Kohonen, "Improved versions of learning vector quantization," in *Proc. Int. Joint Conf. Neural Networks, IJCNN-90,* June 1990, vol. I, pp. 545-550.

[5] T. Kohonen, "The self-organizing map," *Proc. IEEE,* vol. 78, no. 9, pp. 1464-1480, Sept. 1990.

[6] R. P. Lippmann, "An introduction to computing with neural nets," *IEEE ASSP Mag.*, pp. 4-22, April 1987.

[7] P. Vuorimaa, "Fuzzy self-organizing map," to appear in *Fuzzy Sets and Systems.*

[8] P. Vuorimaa, "Use of a default rule in fuzzy self-organizing map," presented at 2nd. Int. Conf. Fuzzy Theory & Technology, Durham, NC, Oct. 13-16, 1993.

[9] P. Vuorimaa, "Self-generating fuzzy self-organizing map," submitted to *IEEE Trans. Fuzzy Systems.*

[10] L. A. Zadeh, "Fuzzy sets," *Inform. Contr.*, vol. 8, pp. 338-353, 1965.

[11] L. A. Zadeh, "Outline of a new approach to the analysis of complex systems and decision process," *IEEE Trans. Syst. Man Cybern.*, vol. SMC-3, no. 1, pp. 28-44, Jan. 1973.

[12] H.-J. Zimmermann, *Fuzzy Set Theory and Its Applications, 2nd ed.* Boston: Kluwer Academic Publishers, 1991.

Topology Preservation in Self-Organizing Feature Maps : General Definition and Efficient Measurement

Th. Villmann[†] R. Der[†] M. Herrmann[†] Th. Martinetz[‡]
[†]Universität Leipzig, Inst. für Informatik
D–04109 Leipzig, Augustusplatz 10/11, BR Deutschland
[‡]Siemens AG, ZFE
D–81730 München, BR Deutschland

Abstract. In this paper we present a new approach to the problem of measuring the topology preservation in SOFM. We introduce a precise definition of the meaning of that property and derive the so-called topographic function for its measuring based on the receptive fields of the neural units using explicitly the structure of the given data manifold.

1 Introduction

The capability of topology–preserving mapping of a data manifold onto a lattice of neural units is one of the advantages of Kohonen's self-organizing feature map (SOFM) [8],[9], [12]. This property can be used in a variety of information processing tasks, ranging from classification over robotics to data reduction and knowledge processing. To each neural unit a reference or synaptic weight vector is assigned, defining the receptive field consisting of all data points which are matched best by this reference vector.

Various qualitative and quantitative methods for characterizing the degree of topology preservation [1], [5], [16] have been proposed. However, all these approaches use only an intuitive definition of topology preservation based on the consideration of the weights of the neural units. These approaches can not distinguish a correct folding due to the folded data manifold from a folding due to a topological mismatch between data manifold and neural lattice. The problem is shown in Fig.1. In both the linear and nonlinear case of M the situations of the weight vector s of the neural units are the same and, hence, the methods based on the consideration of the weight vectors would indicate a dimensional conflict in both cases. However in the nonlinear case the map has been formed correctly. Particularly, when using the SOFM for non-linear principle component analysis one has to have a means to distinguish between these two cases.

In the case of the input and network space both being one-dimensional the definition of topology preservation is trivial: there are essentially two ordered arrangements of neurons, one with increasing, the other with decreasing neural indices when moving through the input space. For higher dimensionalities it is intuitively clear what topology preservation should mean, although no formal definition has been given. By the use of the formalism of the mathematical topology we derived a general definition of this property and a new approach for quantifying it using explicitly the structure of the data manifold.

Kohonen's algorithm determines a SOFM describing the map $\Psi_{M \longrightarrow A}$ from a data manifold $M \subseteq \Re^d$ onto a d_A-dimensional lattice $A \subseteq \Re^{d_A}$ of neural units and the inverse mapping $\Psi_{A \longrightarrow M}$. The structure of the lattice is defined by its connectivity graph $\mathbf{C}^A$. The map $\mathcal{M}_A = (\Psi_{A \longrightarrow M}, \Psi_{M \longrightarrow A})$ of M formed by A is then determined by

$$\mathcal{M}_A = \begin{cases} \Psi_{M \to A} : M \longrightarrow A & v \in M \longmapsto i^*(v) \in A \\ \Psi_{A \to M} : A \longrightarrow M & i \in A \longmapsto w_i \in M \end{cases} \tag{1}$$

with $i^*(v)$ as the neural unit with its synaptic weight vector $w_{i^*(v)}$ closest to v, i.e., with

$$\left\| w_{i^*(v)} - v \right\| \leq \| w_j - v \| \quad \forall j \in A \tag{2}$$

Kohonen's self-organizing feature map algorithm distributes the synaptic weight vectors w_i such, that the map $\mathcal{M}_A$ of M formed by A is as topology preserving as possible. The reference vectors w_i are adapted in a learning step according to

$$\triangle\, w_i = \epsilon h_{i^*,i} (v - w_i) \quad \forall i \in A, \tag{3}$$

where $v \in M$ is the presented stimulus vector, $i^*(v)$ is defined again by eq. (2) and the neighborhood function $h_{i^*,i} = \exp\left(-\frac{\|i^* - i\|_A^2}{2\sigma^2}\right)$ determines the neighborhood range in A by the choice of the radius σ. $\|\cdot\|_A$ denotes the Euclidean distance in A. ϵ is the learning parameter.

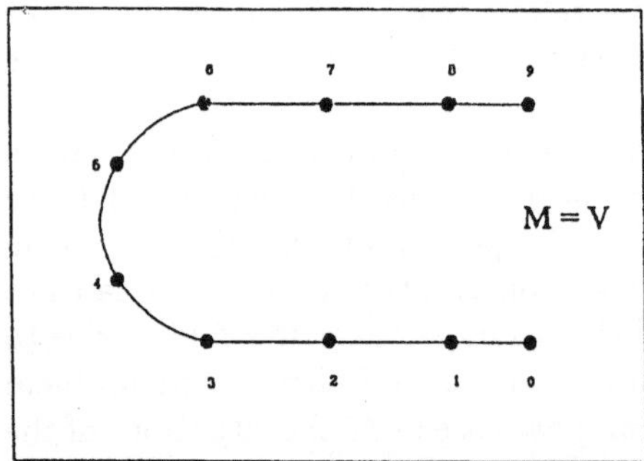

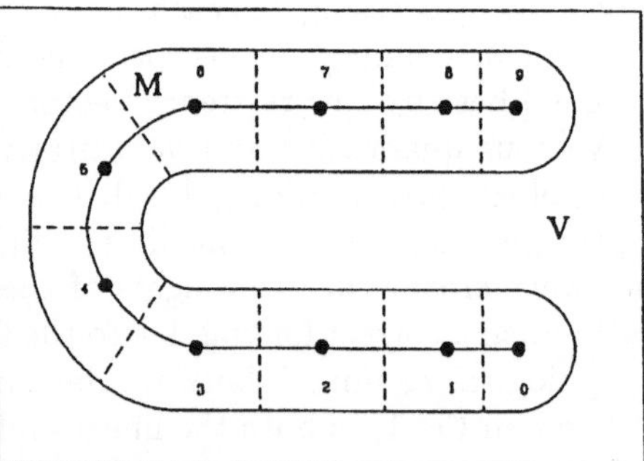

Fig. 1. *Example of a linear (left, $M = V$) and nonlinear (right, $M \subset V$) data manifold with the hypothetical positions of the images of the neural units*

2 Definition of Topology Preservation in SOFM

We want to call a map $\mathcal{M}_A = (\Psi_{A \to M}, \Psi_{M \to A})$ of M "topology preserving", if both the mapping $\Psi_{M \to A}$ from M to A as well as the inverse mapping $\Psi_{A \to M}$ from A to M is neighborhood preserving. Hence, to determine whether a SOFM is topology preserving we have to measure these two neighborhood preservations. Per definition we regard the mapping $\Psi_{M\to A}$ from M to A as being neighborhood preserving if reference vectors w_i, w_j which are adjacent on M, belong to vertices i, j, which are neighbors in A. On the other hand, the inverse mapping $\Psi_{A\to M}$ from A to M is neighborhood preserving if adjacent vertices i, j are mapped onto locations w_i, w_j which are neighbors on M. How can we define *neighborhood of neural units i, j in A* and *neighborhood of reference vectors w_i, w_j on M* in a way that the intuitive understanding of topology preservation of a SOFM is captured?

The basic idea is to describe the property of topology preservation in terms of the mathematical topology [14]. Then the property of topology preservation of a map may formulate by the continuity of this map between topological spaces. At first we introduce some helpful concepts. The induced Voronoi diagram $\mathcal{V}_M$ of a subset $M \subseteq \Re^d$ and its dual the Delaunay graph (Voronoi graph) $\mathcal{D}_M$ with respect to a set $S = \{w_1, \ldots, w_N\}$ of points $w_i \in M \subseteq \Re^d$ is given by the masked Voronoi polyhedra

$$\tilde{V}_i = \{x \in M \mid \|x - w_i\| \le \|x - w_j\| \quad j = 1 \ldots N, \quad j \ne i\} \tag{4}$$

as shown in [10], [11]. We remark that the Voronoi polyhedra are closed sets. The cells form a complete partitioning of M in the sense that $M = \cup_{i=1}^{N} \tilde{V}_i$. The induced Voronoi diagram $\mathcal{V}_M$ uniquely corresponds to its Delaunay graph $\mathcal{D}_M$ [4]. Two Voronoi cells $\tilde{V}_i$, $\tilde{V}_j$ are connected in $\mathcal{D}_M$ if and only if the intersection of it is non-vanishing, i.e. $\tilde{V}_i \cap \tilde{V}_j \ne \emptyset$ [4], [15]. This allows us to define a graph metric in $\mathcal{D}_M$ as the minimal path length in the graph. In the general case the Voronoi diagram $\mathcal{V}$ of $\Re^d$ with respect to S is given by the Voronoi cells defined by

$$V_i = \{x \in \Re^d \mid \|x - w_i\| \le \|x - w_j\| \quad j = 1 \ldots N, \quad j \ne i\} \tag{5}$$

Using the above introduced concepts we are now able to define in a general manner what topology preservation for arbitrary lattices A with the connectivity graph $\mathbf{C}^A$ means. However, a proper definition of the topology preservation of the two maps of $\mathcal{M}_A$ which allows small distortions as depicted in Fig.2 requires two different kinds of topology in the lattice A:

Definition 1. Suppose A to be a network of N neurons which are situated at points $i = (i_1, \ldots, i_{d_A}) \in \Re^{d_A}$ with reference or synaptic weight vectors $w_i \in M \subseteq \Re^d$. The connectivity graph $\mathbf{C}^A$ of A defines the structure of A. Consider for the moment A to be a set of points in $\Re^{d_A}$. A (discrete) topology $\mathcal{T}_A^+$ in the set A is induced by the graph metric in $\mathbf{C}^A$. $\mathcal{T}_A^+$ is said to be the **strong neighborhood topology in** A, and $(A, \mathcal{T}_A^+)$ is a topological space.

Definition 2. Let $\mathcal{V}$ be the Voronoi diagram of $\Re^{d_A}$ with respect to A and $\mathcal{D}_A$ be its dual Delaunay graph. $\mathcal{D}_A$ is equipped with the graph metric that in turn induces the (discrete) topology $\mathcal{T}_A^-$ in $\mathcal{V}$ and, hence, also in A. $\mathcal{T}_A^-$ is said to be the **weak neighborhood topology in** A, and $(A, \mathcal{T}_A^-)$ is a further topological space defined on the set A.

Remark. In the case of a rectangular lattice the weak neighborhood topology $\mathcal{T}_A^-$ is weaker then the strong neighborhood topology $\mathcal{T}_A^+$ also in the sense of the mathematical topology [6].

In the next step we introduce a topology in the set of the synaptic weight vectors on the basis of their receptive fields, which again allows us to describe the neighborhood relationships between two vectors.

Definition 3. Let $\Psi_{A\to M} : A \longrightarrow M^A \subset M \subseteq \Re^d$ with $M^A = \{w_i,\ i \in A\}$ *be* a map attributing to each neuron i a specific vector $w_i \in M^A$. Furthermore, let $\mathcal{V}_M$ be the induced Voronoi diagram of M with respect to $M^A = \{w_i,\ i \in A\}$. Let $\mathcal{G}_M$ be the dual Delaunay graph of $\mathcal{V}_M$. $\mathcal{G}_M$ is equipped with the graph metric that in turn induces the (discrete) topology $\mathcal{T}_{M^A}$ in $\mathcal{G}_M$ and, hence, also in M^A. $\mathcal{T}_{M^A}$ is said to be the $\Psi_{A\to M}$**–induced neighborhood topology** in M^A and $(M^A, \mathcal{T}_{M^A})$ is a topological space.

Now the topology preservation of a map can be expressed by the following definition:

Definition 4. The map $\mathcal{M}_A = (\Psi_{A\to M}, \Psi_{M\to A})$ with $\Psi_{M\to A} : \Re^d \supseteq M \longrightarrow A$ defined by $i(v) = \arg(\min_{j\in A} \|v - w_j\|)$ is said to be **topology preserving** if both $\Psi_{M\to A} : (M^A, \mathcal{T}_{M^A}) \longrightarrow (A, \mathcal{T}_A^-)$ and $\Psi_{A\to M} : (A, \mathcal{T}_A^+) \longrightarrow (M^A, \mathcal{T}_{M^A})$ are continuous maps of the respective topological spaces. Irrespective of the different topologies $\Psi_{M\to A}$ is the inverse mapping of $\Psi_{A\to M}$.

We have immediately the following two corollaries for the most important cases of rectangular and hexagonal (triangular) lattices, respectively:

Corollary 5. *In the case of a rectangular d_A-dimensional lattice A of neurons the strong topology is induced by the Euclidean norm $\|\cdot\|_{A,E}$ in A or the summation-norm $\|\cdot\|_{A,\Sigma} = \sum_{j=1}^{d_A} \left|(\cdot)_j\right|$, and the weak topology is induced by the maximum-norm $\|\cdot\|_{A,\max} = \max_{j=1}^{d_A} \left|(\cdot)_j\right|$.*

Corollary 6. *In the special case of A being a hexagonal (triangular) lattice the weak and strong topology coincide. Hence, the definition of topology preservation relies on a single topology in the net [10] which corresponds to the strong neighborhood topology.*

For measuring the degree of topology preservation of $\mathcal{M}_A = (\Psi_{A\to M}, \Psi_{M\to A})$, we have to proof now the continuity of the maps $\Psi_{A\to M}$ and $\Psi_{M\to A}$ as defined above. Therefore based on the definitions 1, 2, 3 and 4 we introduce a measure, what we call the topographic function, which determines the degree of topology preservation of $\mathcal{M}_A = (\Psi_{A\to M}, \Psi_{M\to A})$. A first simpler version of the topographic function was proposed in [13].

For each unit i we define

$$\begin{aligned} f_i(k) &\stackrel{def}{=} \#\left\{j \mid \|i-j\|_{\mathcal{T}_A^-} > k\ ;\ \|w_i - w_j\|_{\mathcal{T}_{M^A}} = 1\right\} \\ f_i(-k) &\stackrel{def}{=} \#\left\{j \mid \|i-j\|_{\mathcal{T}_A^+} = 1\ ;\ \|w_i - w_j\|_{\mathcal{T}_{M^A}} > k\right\} \end{aligned} \tag{6}$$

with $k = 1, \ldots, N-1$. $\#\{\cdot\}$ denotes the cardinality of the set. $\|\cdot\|_{\mathcal{T}}$ is a norm based on the topology $\mathcal{T}$. Looking at a neural unit i, $f_i(k)$ with $k > 0$ determines the continuity of $\Psi_{M \to A}$ and $f_i(k)$ with $k < 0$ determines the continuity of $\Psi_{A \to M}$ as defined above. The topographic function of the neural lattice A with respect to the input manifold M is then defined as

$$\Phi_A^M(k) \stackrel{def}{=} \begin{cases} \frac{1}{N} \sum_{j \in A} f_j(k) & ; \ k > 0 \\ \Phi_A^M(1) + \Phi_A^M(-1) & ; \ k = 0 \\ \frac{1}{N} \sum_{j \in A} f_j(k) & ; \ k < 0 \end{cases} \tag{7}$$

and we remark:

Remark. We obtain $\Phi_A^M \equiv 0$ and, particularly, $\Phi_A^M(0) = 0$ if and only if the SOFM is perfectly topology preserving. The largest $k^+ > 0$ for which $\Phi_A^M(k^+) \neq 0$ holds yields the range of the largest fold if the effective dimension of the data manifold M is larger than the dimension n of the lattice A. The smallest $k^- < 0$ for which $\Phi_A^M(k) \neq 0$ holds yields the range of the largest fold if the effective dimension of the data manifold M is smaller then the dimension n of the lattice A. Small values of k^+ and k^- indicate that there are only local conflicts, large values indicate a global character of the dimensional conflict.

Fig.3 shows a map of a squared data manifold onto a chain of 100 neural units with their receptive fields. The folds are involved all over the whole chain and, hence, the topographic function vanishes only for k-values greater then $k^+ = 98$.

In Ref. [7] a definition was presented of what it means for a topographic map to be *ordered*, which finally should be discussed in the light of the definition studied in the present paper. The following only one-dimensional definition there was introduced

Definition 7. We consider a chain of N neural units i with weight vectors w_i and receptive fields $R_i = \tilde{V}_i$ as defined in 4. Let $\eta_i(v)$ be a activity function of the *ith* neuron with respect to a stimuli vector $v \in M \subseteq \Re^d$, for instance the negative distance $-\|w_i - v\|$ or the inverse distance $\left(\frac{1}{\|w_i - v\|}\right)$. Let $X = \{x_j \in M \subseteq \Re^d \mid j = 1, \ldots, n\}$ be a set of points, such that $x_1 \stackrel{Rel}{\circ} x_2 \stackrel{Rel}{\circ} x_3 \stackrel{Rel}{\circ} \ldots \stackrel{Rel}{\circ} x_n$ and for all neural units i exists a $x_j \in X$ for which $x_j \in R_i$ holds. There $\stackrel{Rel}{\circ}$ is an arbitrary suitably chosen relation, not necessarily transitive. The system is said to implement a *one–dimensional ordered mapping* if for $i_1 > i_2 > i_3 > \ldots$

$$\begin{aligned} \eta_{i_1}(x_1) &= \max_{i=1,\ldots,N} \eta_i(x_1) \\ \eta_{i_2}(x_2) &= \max_{i=1,\ldots,N} \eta_i(x_2) \\ \eta_{i_3}(x_3) &= \max_{i=1,\ldots,N} \eta_i(x_3) \\ &\vdots \\ &\textit{etc.} \end{aligned} \tag{8}$$

holds.

We have given in this paper an explicit order relation $\overset{Rel}{\circ}$ based on an underlying topology, in contrast to the requirement of the existence of such a relation, which was formulated for the one–dimensional case only. The proposed straight–forward generalization of the definition (8) to higher dimensions is (as pointed out in [3]) by no means trivial. In fact, one need to make the relation $\overset{Rel}{\circ}$ more explicit in order to find whether the definition (8) applicable for higher–dimension, too. In this sense we gave the justification of Kohonen's early and not yet otherwisely worked out set–up. A further issue is the topology preservation of the map $\Psi_{A \to M}$ which has been pointed out to be as well crucial for strict definition of the intuitive notion of topology preservation.

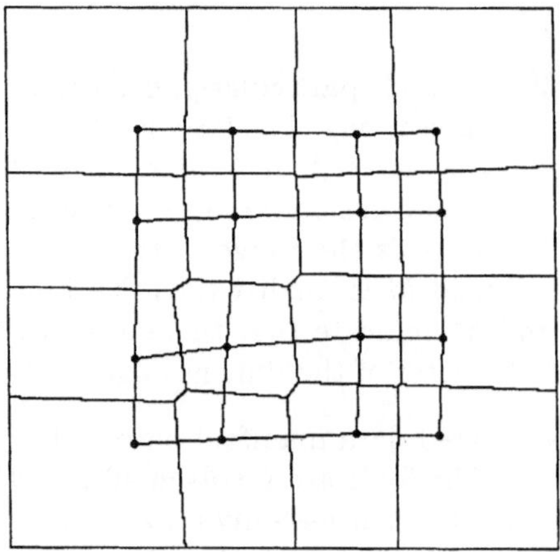

Fig. 2. *General case of the receptive fields of a squared lattice of neural units*

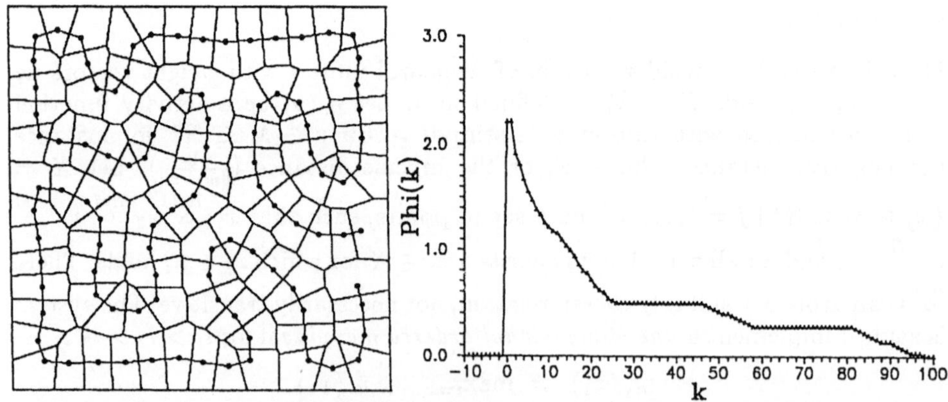

Fig. 3. *Plot of a map of a squared input space onto a chain of 100 neural units, the receptive fields of the units are shown (left); plot of the topograpcic function of the map (right)*

3 Computing the Topographic Function Φ_A^M

Computing Φ_A^M requires to determine the topological relationship in M^A, i.e. to determine whether two receptive fields R_i, R_j are adjacent on the given manifold M. A way to determine the adjacency of two receptive fields $R_i = \tilde{V}_i$, $R_j = \tilde{V}_j$ with $\tilde{V}_i$, $\tilde{V}_j$ as defined in (4) has been proposed in [10]. Let $\mathbf{C}$ be a connectivity matrix determining connections between units $i, j \in A$ (in addition to the connectivity matrix defined by the fixed lattice structure). Initially, the elements $\mathbf{C}_{ij} \in \{0,1\}$ of $\mathbf{C}$ are set to zero. Simply by sequentially presenting input vectors $v \in M$ and each time connecting (setting $\mathbf{C}_{i^* j^*} = 1$) those two units i^*, j^*, the reference vectors w_{i^*} and w_{j^*} of which are closest and second closest to v, leads to a connectivity matrix $\mathbf{C}_{ij}$ for which

$$\lim_{t \to \infty} \mathbf{C}_{ij} = 1 \quad \Leftrightarrow \quad R_i \cap R_j \neq \emptyset \tag{9}$$

is valid. This algorithm is based on the competitive "Hebbian rule" [10]. It can be shown that the resulting connectivity structure connects units and only units the receptive fields of which are adjacent [11]. Then the structure of the topology can easily obtained as distance matrix $\mathbf{D}$ with $\mathbf{D}_{ij} = \|w_i - w_j\|_{T_{MA}}$ by determining the minimal ways in the dual graph using the connectivity matrix $\mathbf{C}$ [2]. This allows to rewrite eq. (6) into

$$\begin{aligned} f_i(k) &= \#\left\{ j \mid \|i - j\|_{T_A^-} > k \,; \mathbf{D}_{ij} = 1 \right\} \\ f_i(-k) &= \#\left\{ j \mid \|i - j\|_{T_A^+} = 1 \,; \, \mathbf{D}_{ij} > k \right\} \end{aligned} \tag{10}$$

for k-values in the range of $k = 1, \ldots, N_{\max}$. After a SOFM has been formed, we then can determine Φ_A^M by the following algorithm:

1. present an input vector $v \in M$
2. determine the two nearest reference vectors w_{i^*}, w_{j^*}.
3. connect the units i^*, j^*, i.e., set $\mathbf{C}_{i^* j^*} := 1$ and go to step 1

After a sufficient number of presented input vectors v the algorithm yields a connectivity matrix $\mathbf{C}$ for which eq. (9) is valid. Then, the matrix $\mathbf{C}$ can be used to calculate $\mathbf{D}$ and subsequently the topographic function Φ_A^M according to eq. (10) and eq. (7).

4 Conclusion

We presented a general definition of topology preservation in SOFM's and a novel approach to the problem of measuring the topology preservation. The approach is based on the neighborhood relations between receptive fields. The introduced topographic function is an improvement over the topographic product suggested in [1] since it determines the degree of topology preservation by considering explicitly the given input manifold M. Examples also in comparison to the topographic product will be discussed in [14].

Acknowledgement: THE REPORTED RESULTS ARE BASED ON WORK DONE IN THE PROJECT 'LADY' SPONSORED BY THE GERMAN BMFT UNDER GRANT 01 IN 106B/3.

References

1. Bauer, H.-U.; Pawelzik, K.: Quantifying the Neighbourhood Preservation of Self-Organizing Feature Maps. *IEEE Trans: on Neural Networks* **3(4)**, 570-579, (1992).
2. Biess, G.: Graphentheorie. BSB B. G. Teubner Verlagsgesellschaft Leipzig, (1988).
3. Cottrell, M.; Fort, J. C.; Pages, G.: Two or Three Things That We Now About the Kohonen Algorithm. Proceedings of the European Symposium on Artificial Neural Networks (ESANN), Brussels (1994).
4. Delaunay, B.: Sur la Spere Vide. *Bull. Acad. Sci. USSR (VII)*, Classe Sci. Mat. Nat., 793-800, (1934).
5. Der, R.; Herrmann, M.; Villmann, Th.: Time Behavior of Topological Ordering in Self-Organized Feature Mapping. submitted to *Biol. Cybern.* (1993).
6. Kantorowich, L. W.; Akilov, G. P.: Funktionalanalysis in normierten Räumen. Akademie-Verlag, Berlin, (1978).
7. Kohonen, T.: A Simple Paradigm for the Self-organized Formation of Structured Feature Maps. In : Competition an Cooperation in Neural Nets. (*Lecture Notes in Biomathematics*, Eds.: S. Amari and M. A. Arbib) Springer-Verlag Berlin, Heidelberg, New York (1982).
8. Kohonen, T.: Self-Organization and Associative Memory, Springer Series in Information Science 8, Springer, Berlin, Heidelberg (1984).
9. Kohonen, T.: The self-organizing map. *Proc: of the IEEE* **78**, 1464–1480, (1990).
10. Martinetz, Th.: Competitive Hebbian Learning Rule Forms Perfectly Topology Preserving Maps. Proc. of the International Conference on Artificial Neural Networks 1993, Eds. St. Gielen and B. Kappen, Springer, London, Berlin Heidelberg (1993).
11. Martinetz, Th.; Schulten, K.: Topology Representing Networks. to appear in *Neural Networks* (1994).
12. Ritter, H.; Martinetz, Th.; Schulten, K.: Neural Computation and Self–Organizing Maps. Addison Wesley: Reading, Mass., (1992).
13. Villmann, Th.; Der, R.; Martinetz, Th.: A Novel Approach to Measure the Topology Preservation of Feature Maps. to appear in Proc. of the International Conference on Artificial Neural Networks 1994, Sorrento (1994).
14. Villmann, Th.; Der, R.; Herrmann, M.; Martinetz, Th.: Measuring Topology Preservation in Self-Organizing Feature Maps. submitted to *IEEE Trans. on Neural Networks* (1994).
15. Voronoi, G.: Nouvelles Aoolications des Parametres a la Theorie des Formes Quadratiques. Deuxieme Memorie: Recherches sur les Paralleloedres Primitifs, J. reine angew. Math., **134**, 198-287, (1908).
16. Zrehen, St.: Analyzing Kohonen Maps With Geometry. Proc. of the International Conference on Artificial Neural Networks 1993, Eds. St. Gielen and B. Kappen, Springer, London, Berlin, Heidelberg (1993).

Automatische Generierung von Fuzzy-Systemen mit Genetischen Algorithmen

Henning Heider Viktor Tryba Eike Mühlenfeld *
SIBET GmbH, Garbsener Landstr. 10, D-30419 Hannover
Tel.: +49 511 277 1731, Fax.: +49 511 277 2710, e-mail: heider@sican.de
* Technische Universität Clausthal Institut für elektrische Informationstechnik
Leibnizstr. 28

Abstract

Die Entwicklung und Optimierung von Fuzzy-Systemen ist häufig gerade bei ihren typischen Anwendungsfällen sehr zeitaufwendig. In diesem Artikel wird ein Tool vorgestellt, das mit Hilfe eines Genetischen Algorithmus automatisch Fuzzy-Systeme für Entscheidungs-, Erkennungs- oder Regelungsaufgaben erzeugt. Dabei wird die Art der Datenverarbeitung traditioneller Fuzzy-Systeme nicht modifiziert. Durch die Einstellung geeigneter Parameter, wird eine automatische Clusterung beim Wissenserwerb vorgenommen, die zu Fuzzy Systemen mit einer sehr geringen Anzahl von Regeln und Fuzzy-Sets führt.

1. Einführung

Der Einsatz von Fuzzy-Systemen ist vor allem dann erforderlich, wenn konventionelle Systeme versagen, bzw. wenn sie nur mit erheblich größerem Aufwand zu akzeptablen Problemlösungen führen. Dies gilt vor allem

- für nichtlineare Systeme,
- für Systeme mit vielen Eingangsgrößen
- und für Systeme, deren mathematische Modelle nicht bekannt sind.

Durch die Festlegung des Systemverhaltens mit Hilfe der linguistischen Terme, die in ihrem Aufbau der menschlichen Denkart sehr entgegenkommen, lassen sich auch von Entwicklern, die über kein Expertenwissen auf dem Gebiet der Fuzzy-Logik verfügen, sehr schnell erste akzeptable Ergebnisse, z.B. beim Entwurf eines Fuzzy-Controllers, erzielen. Schwierigkeiten treten jedoch gerade in Fällen auf, die für den Einsatz von Fuzzy-Logik prädestiniert sind.

Bei Systemen mit sehr vielen Eingängen wird ein Entwickler Schwierigkeiten haben, die Regeln zu formulieren und die Fuzzy-Sets zu optimieren. Auf jeden Fall wird die Entwicklungszeit für ein Fuzzy-System mit der Komplexität des technischen Systems stark ansteigen.

Ähnlich schwierig ist es, einen komplexen Regler für einen Prozeß zu entwickeln, dessen mathematisches Modell unbekannt ist. Hier muß auf das Wissen der Experten zurückgegriffen werden, die den Prozeß steuern. Den Experten fällt es jedoch oft schwer ihr Prozeßwissen in Form von Regeln zu formulieren. Diese Schwierigkeiten beim Systementwurf relativieren die Vorteile, die man durch den Einsatz der Fuzzy-Logik erlangt.

Um die erforderlichen Entwicklungszeiten zu verkürzen, benötigt man Werkzeuge, die den Reglerentwurf automatisch durchführen.

Existierenden Werkzeuge [3,4,5,6,7,8,9] dieser Art beschränken sich häufig darauf, entworfene Regler zu optimieren oder sie übernehmen einen Teil des Entwurfs, z.B. die Generierung der

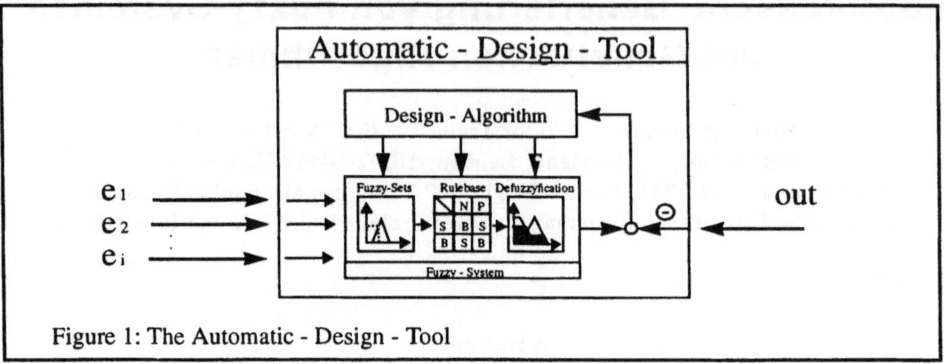

Figure 1: The Automatic - Design - Tool

Regelbasis **oder** der Fuzzy-Sets.
Fuzzy Systeme, die mit neuronalen Netzen generiert werden, haben oftmals ihre Interpretierbarkeit verloren, da sie aufgrund der Verwendung spezieller Verfahren nicht mehr in ein klassisches Fuzzy-System übersetzbar sind. Somit ist es nicht möglich diese Systeme mit verfügbaren Werkzeugen weiter zu bearbeiten, z.B. um einen speziellen Fuzzy-Prozessor Code zu erzeugen.
Der Autor stellt eine Entwicklungsmethode für ein klassisches Fuzzy System vor, das mit den meisten verfügbaren Fuzzy-Werkzeugen weiterbearbeitet werden kann. Das Tool ist in der Lage, asymmetrische Sets variabler Höhe zu entwerfen, wodurch eine gute Anpassung an das technische System ermöglicht wird. Durch eine automatische Clusterung des erworbenen Wissens werden Fuzzy-Systeme generiert, die das gewünschte Übertragungsverhalten mit Hilfe möglichst weniger Fuzzy-Sets und relativ kleiner Regelbasen erreichen. Das Tool generiert die Fuzzy-Sets wie auch die Regelbasis des Fuzzy-Systems aus Lerndatensätzen, die z.B. während des Betriebs der zu automatisierenden Anlage aufgenommen oder als Musterdatensätze vorgegeben werden, so daß der Entwickler häufig kein spezielles Prozeßwissen benötigt.

2. Automatische Entwicklung eines Fuzzy Systems

Um ein technisches System zu entwickeln, müssen zunächst die Grenzen bzw. die Schnittstellen des Systems definiert, und die Randbedingungen festgelegt werden.
Abb. 1 zeigt das Prinzip eines Tools zur Optimierung bzw. zur automatischen Generierung eines Fuzzy Systems.
Für die Trainingsphase bei der automatischen Generierung benötigt man am Prozeß gewonnene Lerndatensätze. Die Datensätze bestehen aus den Eingangs- und den dazugehörigen Ausgangsdaten des Systems. In diesen Datensätzen muß die gesamte Information enthalten sein, die benötigt wird, um das Fuzzy System zu konfigurieren. Zusätzlich muß man dem Algorithmus bekannt machen, wie die Eingangsdaten strukturiert sind und welcher Umfang des Zielsystems zugelassen wird. In diesem Punkt gibt es häufig Einschränkungen durch die Hardware auf der das System implementiert werden soll oder durch Zeitanforderungen an das System. Hieraus resultieren folgende Eingaben:

- Anzahl der Eingänge
- Interne Datenbreite (Hier ist eine Auflösung der Ein-/Ausgangswerte mit 8 Bit üblich)
- Maximale Anzahl der Fuzzy-Sets pro Eingang

Der automatische Wissenserwerb, für den sich besonders Neuronale Netze und Genetische Algorithmen eignen, findet in der mit 'Design Algorithm' bezeichneten Zelle statt. Da Neuronale Netze häufig in lokale Minima laufen und zudem das erlernte Wissen nur sehr schwer aus einem Neuronalen Netz extrahierbar ist, ist hier ein Algorithmus entwickelt worden, der sich genetischer Optimierungsstrategien bedient. Der Optimierungsvorgang soll im Folgenden am Beispiel eines Fuzzy-Controllers erläutert werden.

3. Genetische Algorithmen

Der für den automatischen Wissenserwerb gewählte Genetische Algorithmus soll die in der Natur benutzte Strategie zur Anpassung der Lebewesen an ihre Umwelt nachbilden. Da diese Strategie selbst in der Natur einer Optimierung unterliegt [11], stellt ein entsprechender Algorithmus zur Optimierung technischer Systeme ein sehr leistungsfähiges Tool dar. Die wesentlichen Mechanismen, der sich die Evolution bedient, sind die Mutation, das Crossing Over und die Selektion.

3.1 Die Selektion

Man geht davon aus, das die Anzahl der Individuen einer Population in der Natur begrenzt ist [11]. Daraus folgt, daß die Erzeugung eines neuen Repräsentanten im Mittel mit der Aussonderung eines Individuums einhergehen muß. Im allgemeinen ist hiervon das Individuum betroffen, das sich der Umwelt am schlechtesten angepaßt hat und somit am wenigsten überlebensfähig ist.
Für das technische System bedeutet dies, das eine festgelegte Anzahl von Reglern, eine Population, ständig im Speicher gehalten wird. Nach der Erzeugung eines neuen Reglers wird dieser anhand seiner Beurteilung mit den Repräsentanten der Population verglichen. Ist der neue Regler schlechter bewertet als alle anderen, so wird er vergessen und der nächste Zyklus wird mit der Erzeugung eines neuen Reglers eingeleitet. Ist er jedoch besser als mindestens ein Repräsentant der Population, so wird er in die Population übernommen. Damit sich die Anzahl der Individuen in der Population nicht erhöht, wird ihr schlechtester Repräsentant entfernt. Einige Genetische Algorithmen lassen auch schlechtere Repräsentanten mit einer bestimmten Wahrscheinlichkeit überleben. Die neuen Regler werden durch Kombination der im Folgenden beschriebenen Mutation und Rekombination (Crossing Over) erzeugt.

3.2 Die Mutation

Bei der Mutation wird zunächst der Bitstring eines zufällig gewählten Reglers aus der Population kopiert. Anschließend wird ein Teil der Gene (Bits) des kopierten Strings invertiert. Das bedeutet, daß eine '1' durch eine '0' ersetzt wird und umgekehrt eine '0' durch eine '1'. Die Auswahl der zu invertierenden Bits übernimmt ein Random-Prozeß.
Die eingestellte 'Mutation Rate' gibt an, mit welcher Wahrscheinlichkeit ein Bit geändert wird. Gute Ergebnisse wurden mit einer Mutationsrate von 0.5% erreicht. Dies bedeutet, daß im Mittel 5 von 1000 Genen invertiert werden. Abb. 2 verdeutlicht den Vorgang der Mutation. Der erzeugte Regler wird bewertet und dem Selektionsverfahren zugeführt.

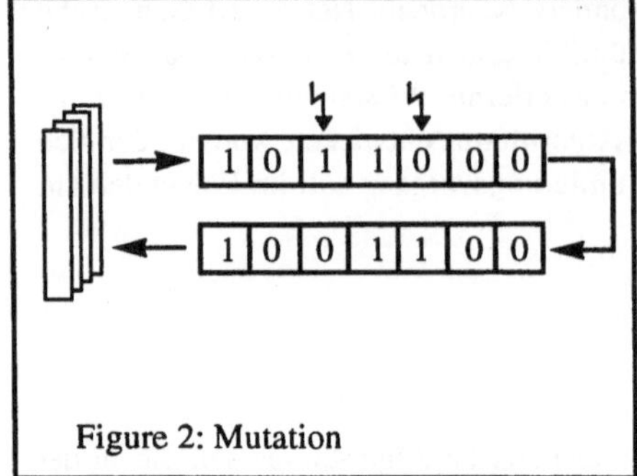

Figure 2: Mutation

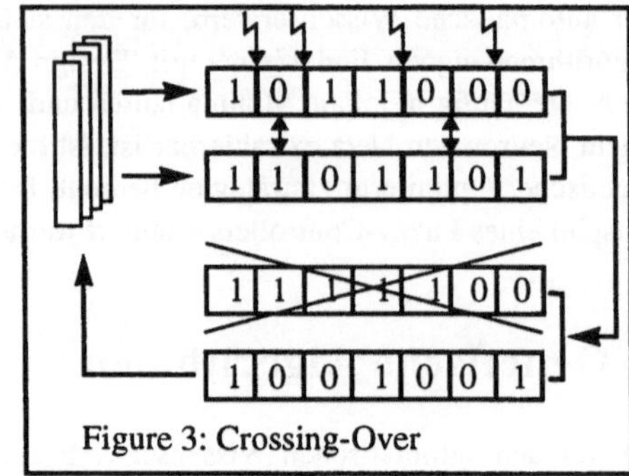

Figure 3: Crossing-Over

3.3 Die Rekombination

Bei der Rekombination (Crossing-Over) werden durch einen Zufallsprozeß zwei Repräsentanten der Population ausgewählt und kopiert. Die Bitstrings der kopierten Regler werden an mehreren Stellen aufgetrennt und die Bitfolgen zwischen den Trennstellen vertauscht. Dadurch entstehen zwei neue Regler, von denen einer bewertet und dem Selektionsmechanismus übergeben wird. Der Vorgang ist in Abb. 3 dargestellt.
Die Wahrscheinlichkeit für eine Schnittstelle wird durch die Crossover Rate festgelegt, die einen Parameter des Systems darstellt. In den durchgeführten Versuchen wurde eine Crossover Rate von 0.7 eingestellt, die zu guten Ergebnissen führt.

Mit diesen Mechanismen erzeugt der Genetische Algorithmus einen Bitstring, der die Struktur des Fuzzy-Controllers in verschlüsselter Form enthält. Der Bitstring wird entschlüsselt und der extrahierte Regler simuliert. Die aufbereiteten Prozeßmeßdaten und Sollwerte aus den Lerndatensätzen werden an die Eingänge des Reglers gelegt. Die so errechneten Stellgrößen werden mit den vorgegebenen Sollwerten aus den Lerndatensätzen verglichen. Anhand der Abweichungen wird der Regler in einem Modul durch eine Gütefunktion bewertet.
Die Geschwindigkeit, mit der der Regler gegen das Optimum konvergiert wird zu einem großen Anteil durch die Gütefunktion beeinflußt. Die Lage des Optimums im Parameterraum und damit der resultierende Regler ist von der Gütefunktion abhängig. Hier sind also umfangreiche Untersuchungen notwendig, um die ideale Gütefunktion zu finden. In der vorliegenden Version kann die Anzahl der Regeln und der Fuzzy-Sets pro Eingang des resultierenden Systems durch die Eingabe von Gewichtsfaktoren beeinflußt werden. Die besten Ergebnisse wurden bislang mit einer Bewertung der durchschnittlichen quadratischen Abweichung erzielt, in die auch die Anzahl der Sets und Regeln eingeht.

$$err = \sqrt{\frac{\sum_{i=1}^{n} (st_i - out_i)^2}{n}} + (r \bullet g_1) + (s \bullet g_2)$$

fitness-function:

err = assessment of a representative
n = number of learning data sets
st = calculated output
out = pretended output
r = number of rules
s = number of membership-functions
g1 = weight of a rule
g2 = weight of a membership-function

Durch die Quadrierung wird erreicht, daß sich starke Abweichungen vom Sollwert besonders negativ auf die Beurteilung eines Repräsentanten auswirken. Die beiden additiven Terme bewirken eine bessere Bewertung von Reglern, die das gewünschte Verhalten mit einer geringeren Anzahl von Regeln und Fuzzy-Sets erreichen.

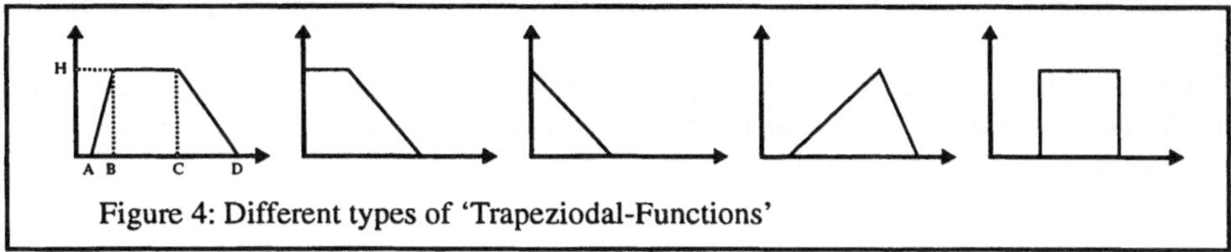

Figure 4: Different types of 'Trapeziodal-Functions'

4. Die Bitstring-Codierung

Die Art der Codierung der Fuzzy-Systeme in dem zu optimierenden Bitstring ist neben der Fitness- oder Gütefunktion entscheidend für das Konvergenzverhalten des Designprozesses und somit auch für die Güte des entwickelten Fuzzy-Systems.

Zu beachten ist, daß ein Genetischer Algorithmus schneller gegen das Optimum konvergiert, wenn ein enger technischer Zusammenhang der zu optimierenden Daten bei der Transformation in den Bitstring in eine räumliche Nähe der darstellenden Bits abgebildet wird. Dies ist dadurch zu begründen, daß zwei räumlich weit entfernte Bits durch die Rekombination wesentlich häufiger voneinander getrennt werden, als zwei benachbarte Bits.

Die Transformation des Fuzzy-Systems in einen Bitstring beinhaltet Einschränkungen für das Fuzzy-System. Diese Einschränkungen sind erforderlich, um die Länge des zu optimierenden Strings und damit den Zeitbedarf für den Optimierungsprozeß zu begrenzen. Diese Einschränkungen sollten aber möglichst keine Auswirkungen auf die Leistungsfähigkeit des Fuzzy-Systems haben, bzw. das Ausgangsverhalten nicht merklich beeinträchtigen.

Die Beschränkung der Fuzzy-Sets auf trapezförmige Funktionen bedeutet eine sehr geringe funktionale Einschränkung für das System, beinhaltet aber eine wesentliche Datenreduktion gegenüber Systemen mit frei definierbaren Funktionen. Trapezfunktionen sind in ihrer Form sehr vielseitig und auch dazu geeignet, die für viele technische Prozesse benötigten asymmetrischen Fuzzy-Sets anzunähern. Abbildung 4 zeigt die vielfältigen Formen, die eine Trapezfunktion annehmen kann. Die meisten Fuzzy Tools unterstützen die Eingabe von Trapezfunktionen (Polygonzügen), die einfach zu bearbeiten sind. Da die genaue Form eines Fuzzy-Sets im Vergleich zu der Position und dem Ort der Überschneidung verschiedener Funktionen einen sehr geringen Einfluß auf das Ausgangsverhalten hat [10], beinhaltet die ausschließliche Nutzung von Trapezfunktionen keine bedeutende Einschränkung für das Fuzzy-System. In dem vorgestellten Tool werden die Fuzzy-Sets, durch jeweils fünf 8-Bit Werte codiert. Vier der Werte bilden dabei die charakteristischen Punkte eines Trapezes. Der fünfte Wert legt die Höhe des Trapezes fest (Abb. 4: ABCDH).

Bei den Regeln werden folgende Konventionen getroffen, die keine funktionale Einschränkung für das Fuzzy-System beinhalten. Innerhalb einer Regel werden bei der Verknüpfung von Bedingungen nur 'und'- Operatoren zugelassen. Verschiedene Regeln, die das gleiche Ausgangsset beeinflussen werden 'oder' verknüpft.

Eine Regel der Form:

IF e1 IS warm 'OR' e2 IS cold THEN out IS small

ist also durch die beiden folgenden Regeln zu ersetzen:
IF e1 IS warm THEN out IS small
IF e2 IS cold THEN out IS small
Die Fuzzy-Regeln werden durch ihre Position im Bitstring und einen x-Bit Wert codiert, der die Nummer des Ausgangssets enthält, das durch die Regel mit dem entsprechenden Zugehörigkeitswert aktiviert wird. Der Wert x ist abhängig von der maximal zugelassenen Anzahl von Fuzzy-Sets pro Ein-/Ausgang. Dies bedeutet, daß bei einer maximal zugelassenen Anzahl von 7 Zugehörigkeitsfunktionen pro Ein-/Ausgang 3 Bit für die Definition einer Regel notwendig sind. Zusätzliche Steuerbits beinhalten Informationen über die Struktur des Fuzzy-Systems. Eine vollständige Regelbasis enthält

$$r = (s+1)^e - 1$$

Regeln. Mit s = Anzahl der Fuzzy-Sets pro Ein-/Ausgang
e = Anzahl der Eingänge

5. Anwendungsbeispiele

In der gegenwärtigen Version unterstützt der Genetische Algorithmus die Entwicklung von Fuzzy-Systemen, die mit der 'Min-Max' Inferenzmethode arbeiten und die Defuzzyfikation mit der 'Center of Gravity' Methode durchführen. Die überlappenden Bereiche der Ausgangsfunktionen werden hierbei mehrfach berücksichtigt. Das bedeutet, daß mehrere gleichsinnige Regeln sich besser verstärken können. In folgenden Versionen werden auch die Produkt-Interferenzmethode und verschiedene Defuzzyfizierungsmethoden, wie z.B. die Hight-Methode, die sich sehr gut für Fuzzy-Erkennungssysteme eignet, unterstützt.
Es läßt sich zeigen, daß ein nahezu beliebig gewähltes Datenmuster in ein Fuzzysystem transformiert werden kann, und daß sich das Fuzzy-System bei Wahl der geeigneten Parameter stark minimiert.
Als Beispiel hierzu soll die Entwicklung eines Fuzzy Systems mit 3 Eingängen und einem Ausgang dienen. Das Verhalten des fiktiven technischen Systems wurde durch acht zufällig erzeugte Lerndatensätze repräsentiert. Mit maximal sieben zugelassenen Fuzzy-Sets pro Ein-/Ausgang läßt sich das System durch einen 2684 Bit langen String, der durch den GA zu optimieren ist, darstellen.
Das entwickelte Fuzzy-System weist eine durchschnittliche Abweichung von nur 0.61% seiner errechneten Ausgangsdaten von den Musterausgangsdaten auf. Die größte Abweichung beträgt 1.77%. Dabei werden nur drei der möglichen 512 Regeln verwendet. Statt der denkbaren Anzahl von 28 Fuzzy-Sets nutzt der Regler nur 7 Sets (Tab.1). Eingang '1' enthält scheinbar keine relevanten Informationen und wird darum nicht in der Regelbasis berücksichtigt. Eine HP 730 Workstation benötigt für einen Optimierungsschritt 188ms. Bei einer zugelassenen Anzahl von vier Sets pro Ein-/Ausgang ergibt sich für die Optimierung ein 1031 Bit langer String. In diesem Fall benötigt die

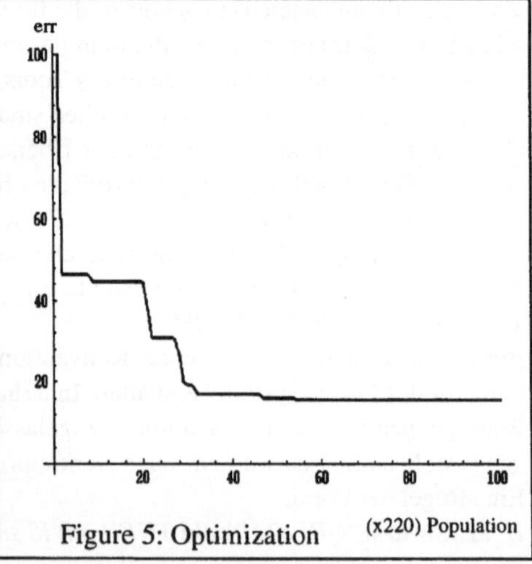

Figure 5: Optimization

Workstation 33ms pro Optimierungsschritt.
Die Anzahl der Optimierungsschritte steigt allerdings an. Abb. 5 zeigt den für einen Genetischen Algorithmus typischen Verlauf des Optimierungsprozesses.
Beispiel 2 orientiert sich an einem realen Fuzzy-Controller mit drei Eingängen und einem Ausgang, der zur Regelung eines verfahrenstechnischen Prozeßmodells entwickelt wurde.
Der Regler wurde genutzt um die Lerndatensätze für das Design-Tool zu erzeugen. Hierzu wurden zufällig erzeugte Eingangsdatenmuster an die Eingänge des Reglers gelegt und zusammen mit den durch den Regler erzeugten Ausgangsdaten in einer Lerndatei abgespeichert. Dieser Vorgang entspricht in etwa einer Datenaufnahme am laufenden Prozeß. Der verwendete Fuzzy-Controller besteht aus 16 Fuzzy-Sets und 21 Regeln. Der aus den Lerndatensätzen automatisch erzeugte Fuzzy-Controller nutzt 15 Fuzzy-Sets und 17 Regeln. Es ist also gelungen den von den Entwicklern optimierten Regler noch einmal zu komprimieren. Der mittlere Fehler der mit dem automatisch erzeugtem Regler errechneten Ausgangsdaten beträgt 0.79%.
Aus Tabelle 1 ist die Anzahl der tatsächlich von den durch das GA-Tool entwickelten Fuzzy Systeme genutzten, wie auch die maximal möglichen Anzahl der Fuzzy Sets und Regeln ersichtlich.

Table 1: Entwickelte Systeme

	Anzahl der Fuzzy-Sets	Anzahl der Regeln
Beispiel 1		
Maximale Anzahl	28	512
GA-Fuzzy Controller	7	3
Beispiel 2		
Maximale Anzahl	28	512
Optimierter Controller	16	21
GA-Fuzzy Controller	15	17

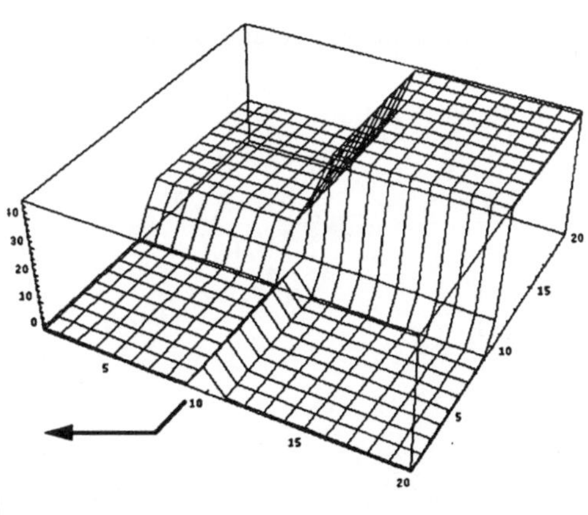

3D-Ausschnitt aus dem 4D-Kennlinienfeld des manuell optimierten Fuzzy-Controllers

6. Zusammenfassung

Der vorgestellte Algorithmus ist in der Lage Fuzzy Systeme für Erkennungs-, Entscheidungs- und Regelaufgaben zu entwickeln bzw. entwickelte Systeme zu optimieren. Dabei wird automatisch eine Clusterung des erworbenen Prozeßwissens bei der Regelbildung durchgeführt, wodurch sehr kleine Regelbasen entstehen, die in entsprechend schnelle Systeme übersetzt werden können. Im dargestellten Beispiel benötigt der Regler lediglich 3 von 512 möglichen Regeln. Das beschriebene Tool ist in der Lage, Fuzzy Systeme mit asymmetrischen Fuzzy Sets zu entwickeln. Die entwickelten Sets sind trapezförmig was eine hohe Funktionalität beinhaltet und eine Weiterverarbeitung bzw. die Realisierung der entwickelten Regler sehr erleichtert.

Literatur

[1] D.E.Goldberg, Genetic Algorithms in Search, Optimization and Machine Learning, Reading Massachusetts :Addison-Wesley,1989

[2] J.J. Buckley, Theory of the Fuzzy Controller: An Introduction, Fuzzy Sets and Systems 51/ 1992 S.249-258

[3] Philip Trift, Fuzzy Logic Synthesis with Genetic Algorithms, Proc. of the Fourth International Conference on Genetic Algorithms (San Diego, California, July 13-16, 1991) 450-457

[4] M. Valenzuela-Rendon, The Fuzzy Classifier System: A Classifier System for Continuously Varying Variables, Proc. of the Fourth International Conference on Genetic Algorithms (San Diego, California, July 13-16, 1991)346-353

[5] E.Kahn,P.Venkatapuram, Neufuz: Neural Network Based Fuzzy Logic Design Algorithms, FUZZ-IEEE93, Mar 28-Apr 1, 1993, San Francisco, California

[6] Lee CC, Berenji HR. An intelligent controller based on approximate reasoning and reinforcement learning, Proc IEEE Int symp on intelligent control, Albany, NY,1989, pp 200-205.

[7] S.K. Halgamuge, M. Glesner, A Fuzzy-Neural Architecture with a new Method for Rule Extraction, ITG Fachbericht 122 VDE

[8] H.Surmann,A.Kanstein,K.Goser, Self-Organizing and Genetic Algorithms for an Automatic Design of Fuzzy Control and Decision Systems, Eufit '93 in Aachen

[9] Stephan Thaler, Intelligent Development of Systems, Elektronik 8/1993, S. 38-42

[10] Oliver Breiden, Einführung in Theorie und Praxis der Fuzzy-Logik, Elektronik 7-8/92, S.16-18

[11] Ingo Rechenberg, Evolutionsstrategie, Frommann-Holzboog, Stuttgart 1973

Zur Anwendung der Evolutionsstrategie bei der Optimierung unscharfer Regler

Ulrich Kramer
FH Bielefeld, Zentrum für Meß-, Steuerungs- und Regelungstechnik
Zimmerstraße 15, D-33602 Bielefeld
Tel. 0521 520 72-31, Fax 0521 520 72-66

Zusammenfassung: Es wird der Zusammenhang zwischen Approximations- und Optimierbarkeitseigenschaften einfacher statischer, unscharfer Systeme untersucht und am Beispiel eines unscharfen Reglers für das *inverted pendulum*-Problem diskutiert. Es zeigt sich, daß bei der häufig als Zugehörigkeitsfunktionen verwendeten Klasse der Dreiecksfunktionen mit zerlegenden Eigenschaften die Approximationseigenschaften so geartet sind, daß für die Optimierung des entsprechenden Systems eine Veränderung der Zugehörigkeitsfunktionen unvermeidbar ist.

1 Einführung: Struktur des unscharfen Reglers

Bei den folgenden Überlegungen wird die in Bild 1 gezeigte, einfache Regelkreisstruktur zugrundegelegt.

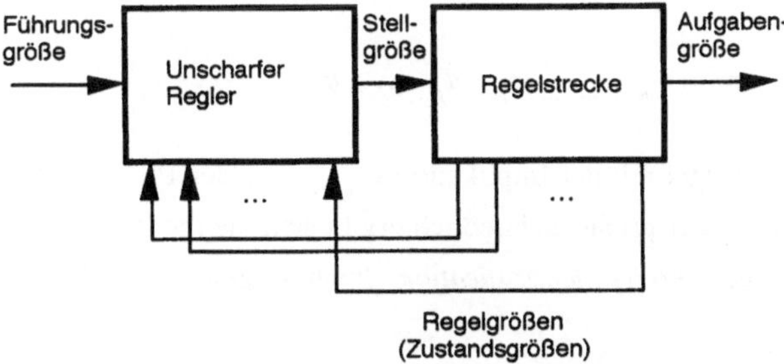

Bild 1 Regelkreisstruktur mit unscharfem Zustandsregler

Die Aufgabe besteht üblicherweise darin, ein Reglergesetz

$$u(t) = h\,[r(t),\; \mathbf{z}(t)] \qquad (1)$$

mit der Stellgröße $u(t)$, der Führungsgröße $r(t)$ und dem Zustandsvektor $\mathbf{z}(t)$ zu finden, das die Regelstrecke

$$\begin{aligned} D\mathbf{z}(t) &= \mathbf{f}\,[\mathbf{z}(t),\; u(t)] \\ y(t) &= g\,[\mathbf{z}(t),\; u(t)] \end{aligned} \qquad (2)$$

mit dem auf den Zustandsvektor $\mathbf{z}(t)$ wirkenden Operator D und der Aufgabengröße $y(t)$ so beeinflußt, daß ein Gütefunktional J, beispielsweise das durch

$$J = \int_{t_0}^{t_E} q\ [r(t),\ y(t),\ u(t)]\ dt \tag{3}$$

gebildete, zum Minimum gemacht wird. Die Gln. (1) bis (3) bilden die konzeptionelle Grundlage der Theorie optimaler Regler und sind unter gewissen Bedingungen, die hier nicht diskutiert werden sollen, eindeutig lösbar.

Geht man davon aus, daß Gl. (1) als unscharfer Regler implementiert werden soll, ist es zunächst sinnvoll, die Aufgabenstellung in eine entsprechende Notation zu überführen, bei der sich allerdings äußerlich an Gl. (1) nichts ändert. Die als reellwertig angenommene Eingangsvariablen $r(t)$, $z_1(t)$, ..., $z_n(t)$ des Reglers werden einer Codierung (*fuzzification*) unterzogen, was jeweils einer Abbildung $z_i(t) \in Z_i \rightarrow \mathbf{a}_i(t) \in I^{p_i}$ auf eine endliche unscharfe Menge (p_i – dimensionaler unscharfer Vektor) $\mathbf{a}_i(t)$ entspricht (Kosko, 1992).

Vermittels einer in dem $(m \times p_0 \times p_1 \times \ldots \times p_n)$ – Tensor $\mathbf{R}$ niedergelegten Regelbasis wird der aus dem KRONECKER-Produkt der unscharfen Eingangsvektoren $\mathbf{a}_0(t)$, $\mathbf{a}_1(t)$, ..., $\mathbf{a}_n(t)$ gebildete $(p_0 \times p_1 \times \ldots \times p_n)$ – Tensor $\mathbf{a}(t)$ mit dem zugehörigen unscharfen m – dimensionalen Ausgangsvektor $\mathbf{b}(t)$ verknüpft, wobei die Komposition

$$\mathbf{b}(t) = \mathbf{R} \circ \mathbf{a}(t) \tag{4}$$

mit

$$b_i(t) = \max_{j_0, j_1, \ldots, j_n} [\min(r_{i, j_0, j_1, \ldots, j_n}, a_{j_0}, a_{j_1}, \ldots, a_{j_n})] \tag{5}$$

einer *Modus ponens*-Regel mit der Implikation $r_{i, j_0, j_1, \ldots, j_n}$, der Prämisse $[a_{j_0}, a_{j_1}, \ldots, a_{j_n}]$ und der Konklusion b_i entspricht. Schließlich ergibt sich die reellwertige skalare Ausgangsgröße $u(t)$ aus der Decodierung (*defuzzufication*) durch die gewichtete Mittelwertbildung

$$u(t) = \frac{\sum_{i=1}^{m} b_i \eta_i}{\sum_{i=1}^{m} b_i} \tag{6}$$

mit den Stützstellen η_i der unscharfen Ausgangsmengen, d.h. wir bedienen uns bei der Abbildung $\mathbf{b}(t) \in I^m \rightarrow u(t) \in U$ der sogenannten Singleton-Methode, was insbesondere in Bezug auf Echtzeitanwendungen erhebliche Vorteile bietet. Mit diesem soeben skizzierten *multiple-input-single-output*-System können somit Implikationsschemata der Form

$$\text{IF } R = a_{j_0} \text{ AND } Z_1 = a_{j_1} \text{ AND } \cdots \text{ AND } Z_n = a_{j_n}, \text{ THEN } U = b_i \tag{7}$$

realisiert werden, wofür dann das Element $r_{i, j_0, j_1, \ldots, j_n}$ des Tensors $\mathbf{R}$ gleich 1 zu setzen ist, falls die zugehörige Implikation (7) mit Gewißheit zutrifft, und ein Wert zwischen 0 und 1 anzunehmen ist entsprechend dem Grad der Gewißheit ihres Zutreffens.

2 Approximationseigenschaften einfacher unscharfer statischer Systeme

Als Familie der Codierungsfunktionen $x \in X \rightarrow \mathbf{a} \in I^{p+1}$ finden häufig unscharfe Zerlegungen eines vorgegebenen Intervalls X mit Hilfe von Dreiecksfunktionen der Form

$$a_k = \begin{cases} 1 - \dfrac{|x - \xi_k|}{\Delta x} & \text{für } \xi_k \leq x < \xi_{k+1} \\ 0 & \text{sonst} \end{cases} \tag{8}$$

Anwendung, wobei $\xi_k \in X$ $(k = 0, 1, \ldots, p)$ die Stützstellen sind, die sich bei äquidistanter Einteilung des Intervalls $X \subset \mathbf{R}^1$ in p Teilintervalle der Länge Δx ergeben. Unscharfe Zerlegung bedeutet dabei, daß stets

$$\sum_{k=0}^{p} a_k = 1 \tag{9}$$

gilt. Beide Gleichungen zusammen haben die Besonderheit, daß für beliebige $x \in X$ genau zwei benachbarte Komponenten des unscharfen Vektors $\mathbf{a} \in I^{p+1}$ von Null verschiedene Werte liefern, die anderen Komponenten hingegen Null sind (Bild 2).

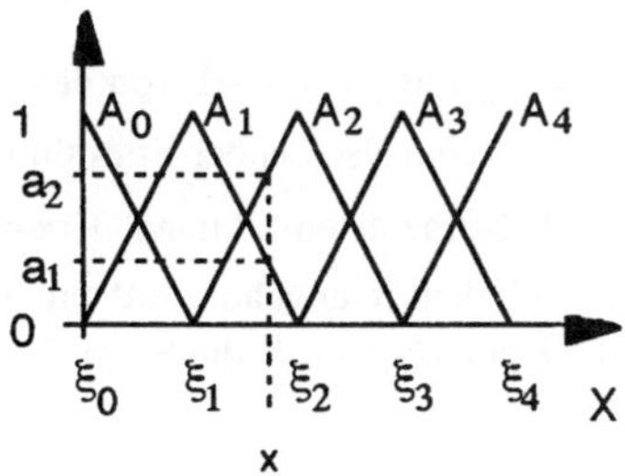

Bild 2 Unscharfe Zerlegung des Intervalls X mit Dreiecksfunktionen als Codierung

Interessanterweise kann in diesem Falle die Codierung als Umkehrfunktion der Decodierungsfunktion (6) angesehen werden; denn es gilt auch hier:

$$x = \frac{\sum_k a_k \xi_k}{\sum_k a_k} \tag{10}$$

Stellt man nämlich die Eingangsgröße x innerhalb des Intervalls $[\xi_k, \ \xi_{k+1}]$ durch

$$x = \xi_k + \alpha \cdot \Delta x = (k + \alpha) \cdot \Delta x \tag{11}$$

mit $\alpha \in [0, \ 1]$ dar, so erhält man für die benachbarten Komponenten a_k und a_{k+1} aus Gl. (8)

$$a_k = 1 - \frac{|x - \xi_k|}{\Delta x} \tag{12a}$$
$$= 1 - \alpha$$

$$a_{k+1} = 1 - \frac{|x - \xi_{k+1}|}{\Delta x} \tag{12b}$$
$$= \alpha$$

Alle anderen Komponenten des Vektors **a** bleiben dabei Null. Umgekehrt erhalten wir durch Einsetzen von $a_k = 1 - \alpha$ und $a_{k+1} = \alpha$ in Gl. (10)

$$x = a_k \xi_k + a_{k+1} \xi_{k+1} = (k + \alpha) \cdot \Delta x$$

womit die Behauptung gezeigt wäre. Verknüpft man den so gewonnenen unscharfen Vektor **a** als Eingangstensor 1-ter Stufe mit einem Regelbasistensor 2-ter Stufe **R** entsprechend der Komposition nach Gl. (4) bzw. (5), so erhält man als Ergebnis einen Ausgangsvektor **b**, dessen Belegung durch

$$\begin{aligned} b_i &= \max_k [\min(r_{ik}, a_k] \\ &= \max [\min(r_{ik}, 1 - \alpha), \ \min(r_{i,k+1}, \alpha)] \end{aligned} \tag{13}$$

gegeben ist, da alle anderen Elemente r_{ij} mit $j \neq k, k+1$ von den Komponenten $a_j = 0$ gewissermaßen herausgestanzt werden. Es spielen also bei der Ermittlung der b_i nur diejenigen Spalten von **R** eine Rolle, die den gerade betrachteten "aktiven" Komponenten des unscharfen Eingangsvektors und damit dem Intervall, dem x angehört, entsprechen. Hieraus folgt, daß unter den geschilderten Bedingungen die Komponenten b_i die Form

$$b_i = r_i + s_i \cdot \alpha \tag{14}$$

haben, und somit der Zusammenhang zwischen reellwertiger Eingangs- und reellwertiger Ausgangsgröße stets vom Typ

$$y = \frac{r + s \cdot \alpha}{u + v \cdot \alpha} \tag{15}$$

sein muß (Kramer, 1992). Das heißt, der Verlauf von y in Abhängigkeit von x zwischen zwei Stützstellen ξ_k und ξ_{k+1} kann niemals von höherer Ordnung sein als die gebrochen lineare Form (15). In den Stützstellen ξ_k selbst ist $\alpha = 0$, und man erhält dann y unmittelbar aus

$$y(\xi_k) = \frac{\sum_i r_{ik} \eta_i}{\sum_i r_{ik}} \tag{16}$$

d.h. der Wert der reellwertigen Ausgangsgröße kann direkt aus der Belegung des Regelbasistensors **R** sowie aus den Werten der Stützstellen η_i des unscharfen Ausgangsvektors **b** ermittelt werden. Es ist zu vermuten, daß sich auch für Systeme mit mehr als einer Eingangs- und Ausgangsgröße analoge Zusammenhänge angeben lassen. Diese Aussage ist wichtig, wenn im Folgenden zu diskutieren sein wird, mit Hilfe welcher Parameter eine Optimierung eines unscharfen Reglers sinnvollerweise durchgeführt werden sollte.

3 Approximation nichtlinearer Kennlinien mit der Evolutionsstrategie

Bei der Anwendung der unscharfen Logik in der Meß- und Steuerungstechnik wird gelegentlich empfohlen, die Zugehörigkeitsfunktionen für die Codierung der Eingangsgrößen und für die

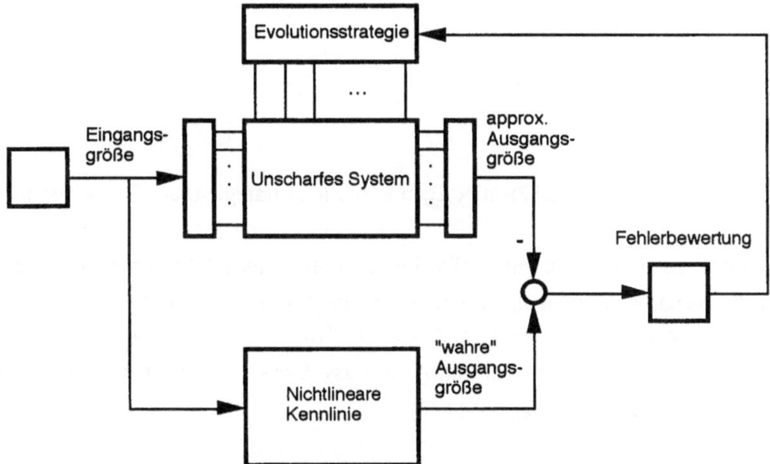

Bild 3 Prinzipielle Struktur bei der Approximation nichtlinearer Kennlinien mit der Evolutionsstrategie

Decodierung der Ausgangsgrößen unverändert zu lassen, und Manipulationen erforderlichenfalls auf die Regelbasis zu beschränken.

Hierüber soll ein einfaches evolutionsstrategisches Experiment Aufschluß geben, das dem in Bild 3 dargestellten Aufbau entspricht. Die Abweichungen zwischen den beiden Ausgangsgrößen werden bewertet und einem evolutionsstrategischen Algorithmus zugeführt, durch den die Belegung des Regelbasistensors **R** so verändert wird, daß die bewerteten Abweichungen nach Möglichkeit gegen das globale Minimum streben. Für den evolutionsstrategischen Algorithmus (Rechenberg, 1973; Schwefel, 1977) wird eine (4/4,12)-gliedrige Strategie angewendet, bei der in jeder Generation 12 Nachkommen durch diskrete Multirekombination aus 4 Eltern gebildet werden (Schöneburg et al., 1994). Bild 4 zeigt in einer von Rechenberg (1991) vorgeschlagenen Notation die Wirkungsweise dieser Strategie.

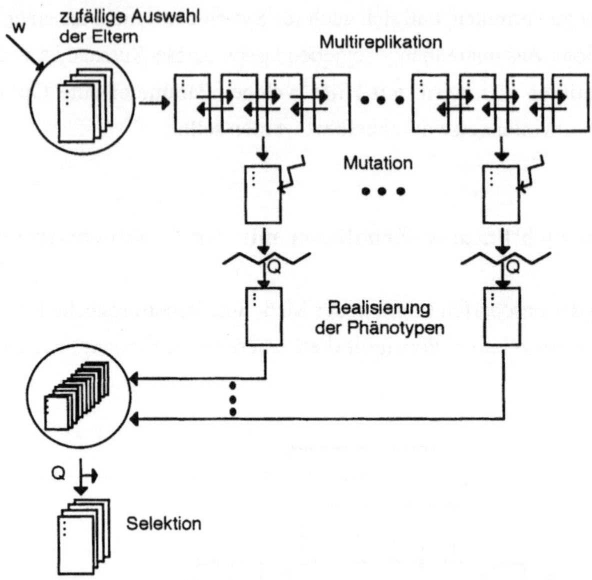

Bild 4 Wirkungsweise der (4/4,12)-gliedrigen Evolutionsstrategie (nach Rechenberg, 1991)

Das Ergebnis der Approximation mit der Evolutionsstrategie nach 500 Generationen (Bild 5a) ist etwas ernüchternd, wenn man es mit der Approximation vergleicht, die man erhält, wenn man erstens die Elemente r_{jk} des Regelbasistensor **R** gleich 1 setzt für $j = k$ und 0 sonst, und zweitens die Stützstellen η_i des unscharfen Ausgangsvektors auf die entsprechenden Punkte der vorgegebenen Funktion $f(x)$ legt (Bild 5b):

$$\eta_k = y(\xi_k) = f(\xi_k) \tag{17}$$

Es ist dann nämlich mit Gl. (13)

$$\begin{aligned} b_k &= \min(r_{kk}, 1-\alpha) \\ b_{k+1} &= \min(r_{k+1,k+1}, \alpha) \end{aligned} \tag{18}$$

und ansonsten ist $b_i = 0$ für $i \neq k, k+1$. Da aber $r_{kk} = r_{k+1,k+1} = 1$ voraussetzungsgemäß nie kleiner als α bzw. $1-\alpha$ sein kann, läßt sich y in diesem Fall (unter ansonsten gleichen Bedingungen wie im vorangegangenen Abschnitt) einfach als Konvexkombination der zugehörigen Stützstellen

$$y = (1-\alpha)\cdot\eta_k + \alpha\cdot\eta_{k+1} \tag{19}$$

berechnen. Oder anders ausgedrückt: zwischen den Stützstellen (ξ_k, η_k) und (ξ_{k+1}, η_{k+1}) haben wir es mit einer linearen Interpolation der vorgegebenen Funktion $y = f(x)$ zu tun.

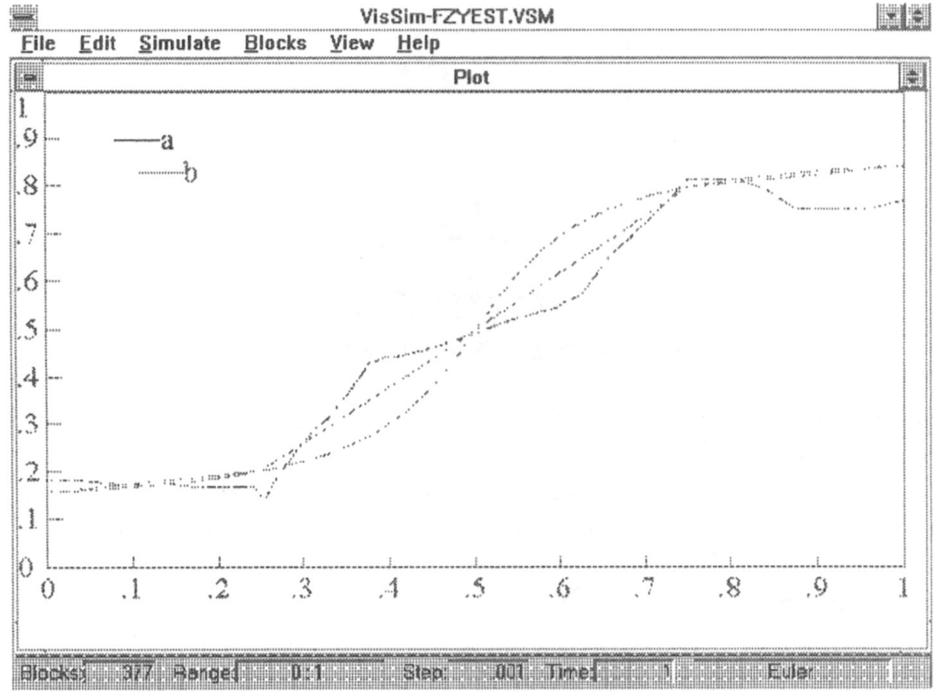

Bild 5 a) Evolutionsstrategische Anpassung einer Regelbasis an einen vorgegebenen Funktionsverlauf; b) Approximation durch lineare Interpolation (Einzelheiten s. Text)

Die relativ schlechten Ergebnisse der Optimierung sind aber offenbar nicht auf die Evolutionsstrategie zurückzuführen, sondern hängen mit den Approximationseigenschaften unscharfer Systeme zusammen. Wie die Betrachtungen in den vergangenen Abschnitten gezeigt haben sollten, verfügen unscharfe Systeme mit festgehaltenen Zugehörigkeitsfunktionen des hier betrachteten Typs und bei Beschränkung der Modifikationen auf die Regelbasis nicht über die ausreichende Plastizität, die nötig wäre, um bestmögliche Ergebnisse zu erzielen. Diese Einschätzung wird bekräftigt durch Erkenntnisse, die Sewing (1993) bei der Erprobung von Lernstrategien an unscharfen Reglern gewonnen hat. Auch hier zeigte sich, daß eine Anpassung unscharfer Regler an ein vorgegebenes Eingangs-Ausgangs-Verhalten durch die Modifizierung der Regelbasis alleine nicht ausreicht, sondern daß diese Anpassung erst durch die Modifizierung der Zugehörigkeitsfunktionen zu erreichen ist.

4 Unscharfer Regler für das Demonstrationsobjekt

Um die Anwendung der Evolutionsstrategie bei der Optimierung unscharfer Regler zu demonstrieren, wurde von Bühler (1993) als Regelstrecke ein reales Stab-Wagen-System gewählt (Bild 6).

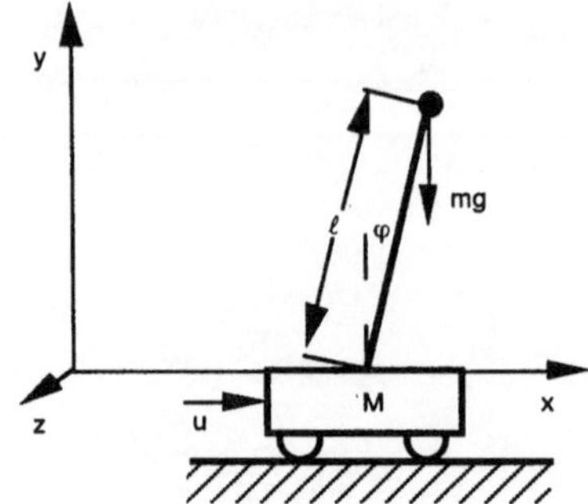

Bild 6 Stab-Wagen-System als Regelstrecke

Diese Regelstrecke läßt sich mit beliebiger Präzision formal beschreiben, so daß wegen der Vielzahl leistungsfähiger Regelalgorithmen der Einsatz eines unscharfen Reglers zur Stabilisierung des aufrecht stehenden Stabes eigentlich wenig Vorteile bietet. Bekanntlich lautet die Gleichung für die kinetische Energie T dieses Stab-Wagen-Systems in Minimalkoordinaten:

$$T = \frac{1}{2}(M+m)\dot{x}^2 - ml\dot{x}\cos\varphi + \frac{1}{2}ml^2\dot{\varphi}^2 \tag{20}$$

so daß nach Anwendung des LAGRANGE-Formalismus ein nichtlineares Zustandsmodell der Form

$$\begin{aligned} &(M+m)\ddot{x} - ml\cos\varphi\ddot{\varphi} + ml\sin\varphi\dot{\varphi}^2 = u \\ &-ml\ddot{x}\cos\varphi + ml^2\ddot{\varphi} = mgl\sin\varphi \end{aligned} \tag{21}$$

aufgestellt werden kann. Durch Linearisierung um die Ruhelage $\varphi_0 = 0$, $\dot{\varphi}_0 = \omega_0 = 0$ ergäbe sich sodann als zweckmäßige lineare Zustandsdarstellung für die vorliegende Aufgabe einer Kompensationsregelung:

$$\begin{aligned} \dot{x} &= v \\ \dot{\varphi} &= \omega \\ \dot{v} &= \frac{m}{M}g\varphi + \frac{1}{M}u \\ \dot{\omega} &= \frac{g}{l}\left(1+\frac{m}{M}\right)\varphi + \frac{1}{Ml}u \end{aligned} \tag{22}$$

Für diese Regelstrecke ist also ein unscharfer Regler anzugeben, der den Stab in aufrechter Position zu stabilisieren imstande ist, sofern die Anfangsauslenkungen nicht allzu groß sind. Für die linguistischen Variablen φ und ω werden als unscharfe Mengen vereinbart: ssn (sehr stark negativ), sn (stark negativ), n (negativ), null, p (positiv), sp (stark positiv) ssp (sehr stark positiv); für die linguistische Variable u, die Antriebskraft, gelten die Bezeichnungen: ssl (sehr stark links), sl (stark links), l (links), null, r (rechts), sr (stark rechts), ssr (sehr stark rechts).

Mit diesen Festlegungen, deren Wertebereiche im linken Teil von Bild 7 dargestellt sind, ist es dann möglich, eine Stabilisierung mit dem im rechten Bildteil angegebenen Regelbasis zu erzielen, die als ebene Projektion des $(7 \times 7 \times 7)$ – Regelbasistensors **R** gemäß den Ausführungen in Abschnitt 1 interpretiert werden kann.

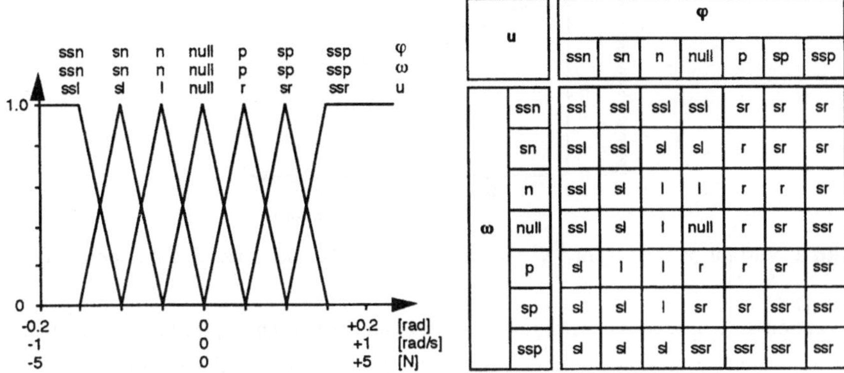

u		φ						
		ssn	sn	n	null	p	sp	ssp
ω	ssn	ssl	ssl	ssl	ssl	sr	sr	sr
	sn	ssl	ssl	sl	sl	r	sr	sr
	n	ssl	sl	l	l	r	r	sr
	null	ssl	sl	l	null	r	sr	ssr
	p	sl	l	l	r	r	sr	ssr
	sp	sl	sl	l	sr	sr	ssr	ssr
	ssp	sl	sl	sl	ssr	ssr	ssr	ssr

Bild 7 Unscharfe Mengen und Regelbasis für die Stabilisierung des Stab-Wagen-Systems

Als Inferenzregel wurde statt der max-min-Komposition nach Gl. (5) die max-prod-Formel, zur Decodierung des Stellsignals u die Singletonmethode verwendet. Insgesamt führte diese Reglerkonfiguration, die im wesentlichen durch Probieren gewonnen wurde, zu einem stabilen Verhalten des Stab-Wagen-Systems, und es stellte sich die Frage, ob eine weitere Verbesserung möglich sei.

5 Evolutionsstrategische Optimierung des Regelverhaltens

Zur Optimierung des Regelverhaltens der soeben beschriebenen Anordnung wurde die Evolutionsstrategie in einer denkbar einfachen (1+5)-gliedrigen Variante angewendet, bei der aus einem Elter 5 Nachkommen erzeugt werden (Mutation), und anschließend aus diesen 6 Individuen dasjenige auswählt (Selektion) wird, das im Vergleich zu den anderen Kandidaten die besten Eigenschaften, bezogen auf das vorgegebene Gütekriterium

$$J = \frac{1}{T}\int_0^T (\varphi_0 - \varphi(t))^2 \, dt = \frac{1}{T}\int_0^T \tilde{\varphi}^2(t) \, dt \tag{23}$$

aufweist. Nach etwa 50 bis 60 Optimierungsschritten (Generationen) konnte mit relativ großer Gewißheit jeweils ein lokales Minimum der Winkelfehlervarianz aufgefunden werden (Bild 8). Bei der Interpretation der Ergebnisse erwies sich eine Modifikation der Regeln als zweckmäßig, da im Verlauf der Optimierung die Parameter der unscharfen Mengen der linguistischen Stellvariable u so mutiert wurden, daß l mit sl und r mit sr miteinander vertauscht wurden (Bild 9).

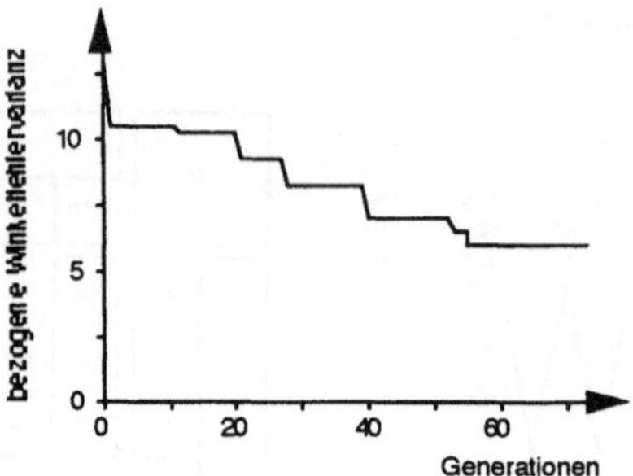

Bild 8 Verlauf der bezogenen Winkelfehlervarianz über der Anzahl der Generationen

Der evolutionsstrategische Algorithmus wurde auf den unscharfen Regler mit der modifizierten Regelbasis erneut angewandt, und es zeigte sich, daß sich auch bei veränderter Regelbasis weitere, wenngleich geringere Verbesserungen erzielen ließen.

Dies läßt den Schluß zu, daß die evolutionsstrategische Optimierung eines unscharfen Reglers grundsätzlich in mehreren Stufen anwendbar ist: in einer ersten Stufe erfolgt die Anpassung der Parameter des Regelbasistensors $\mathbf{R}$, in einer zweiten Stufe die Optimierung der Zugehörigkeitsfunktionen (möglicherweise getrennt nach Codierung und Decodierung).

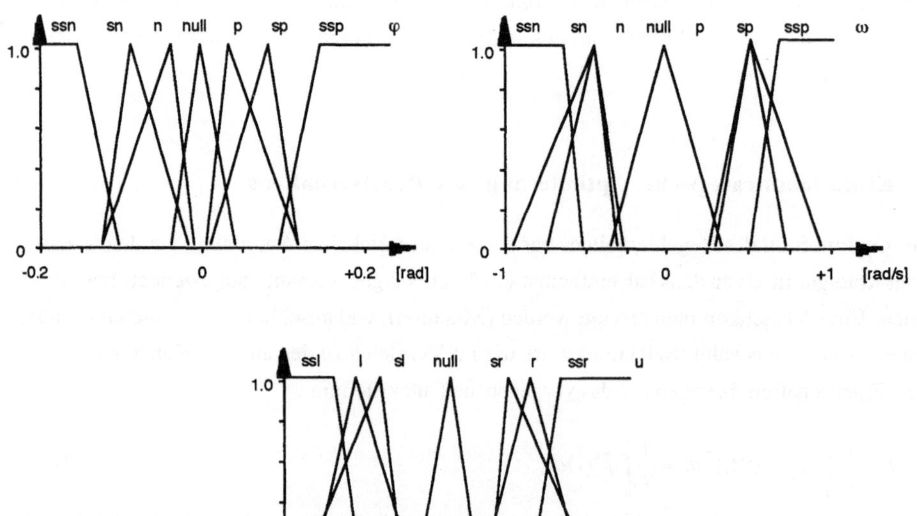

Bild 9 Verlauf und Lage der Zugehörigkeitsfunktionen der Regelgrößen (oben) und der Stellgröße (unten) nach der evolutionsstrategischen Optimierung

Im übrigen zeigen die bislang gewonnenen Erfahrungen erneut, daß Optimierungsverfahren niemals besser sein können, als dies die in deren Nebenbedingungen festgelegten Zusammenhänge zwischen zu optimierenden Steuerparametern und dem Systemverhalten zulassen. Bei Zugehörigkeitsfunktionen in Dreiecksform und mit zerlegenden Eigenschaften sind diese Zusammenhänge einigermaßen überschaubar, und es zeigt sich gerade hier, daß sie nur von eingeschränkter Plastizität sind, so daß eine Beschränkung auf Modifikationen der Regelbasis im allgemeinen nicht ausreichen dürfte, bestmögliche Reglereigenschaften zu erreichen.
Vielmehr wird es in solchen Fällen unvermeidbar sein, in weiteren Optimierungsstufen die Zugehörigkeitsfunktionen zu verändern. Dabei ist offengeblieben, ob die Wahl anderer Funktionsfamilien für die Zugehörigkeitsfunktionen (z.B. die von Bocklisch und Bilz (1977) angegebenen) oder der Übergang zu anderen Inferenzregeln (z.B. die Verwendung von Vergleichsmaßen unscharfer Mengen; s. Kramer (1982), Kramer (1985)) reichhaltigere Modifizierungsmöglichkeiten als die hier untersuchten enthalten.

Literatur

Bocklisch, S.F.; Bilz, F. (1977). Systemidentifikation mit unscharfem Klassenkonzept. In Peschel, M. (Hrsg.): Unscharfe Modellbildung und Steuerung. TH Karl-Marx-Stadt (Chemnitz), 1977.

Bühler, E. (1993). Evolutionsstrategische Optimierung der unscharfen Regelung für ein Stab-Wagen-System in Simulation und Experiment. Unveröffentlichte Diplomarbeit, FH Bielefeld, 1993.

Kosko, B. (1992). Neural Networks and Fuzzy Systems - A Dynamical Systems Approach to Machine Intelligence. Prentice-Hall, Englewood Cliffs, 1992.

Kramer, U. (1982). Unscharfe Mustererkennung bei der Fahrzeugführung. Institut für Fahrzeugtechnik, Bericht Nr. 16/82, TU Berlin, 1982.

Kramer, U. (1985). On the application of fuzzy sets to the analysis of the system driver-vehicle-environment. Automatica, Vol. 21, No. 1, 101-107.

Kramer, U. (1992). Fuzzy Approximation. Internes Memo, FH Bielefeld, 1992.

Rechenberg, I. (1973). Evolutionsstrategie - Optimierung technischer Systeme nach Prinzipien der biologischen Evolution. Friedrich Frommann Verlag, Stuttgart/Bad Cannstatt, 1973.

Rechenberg, I. (1991). Evolutionsstrategie - Optimierung nach Prinzipien der biologischen Evolution. In Balck, H.; Kreibich, R. (Hrsg.): Evolutionäre Wege in die Zukunft. Beltz Verlag, Weinheim/Basel, 1991.

Schöneburg, E.; Heizmann, F.; Feddersen, S. (1994). Genetische Algorithmen und Evolutionsstrategien. Addison-Wesley, Bonn, 1994.

Schwefel, H.-P. (1977). Numerische Optimierung von Computer-Modellen mittels der Evolutionsstrategie. Birkhäuser Verlag, Basel, 1977.

Sewing, N. (1993). Lernalgorithmen für Fuzzy Regler. Unveröffentlichte Diplomarbeit, FH Bielefeld, 1993.

Improving a Fuzzy Inference System by Means of Evolution Strategy

Willfried Wienholt

Ruhr–Universität Bochum
Institut für Neuroinformatik ND 04/584
44780 Bochum, Germany
ww@neuroinformatik.ruhr–uni–bochum.de

Abstract

In this paper, evolution strategy is applied in order to improve the time series prediction accuracy of a Sugeno and Takagi type fuzzy inference system (FIS). The presented approach additionally serves as a method to predetermine the structure of radial basis function networks (RBFN): the number of hidden units as well as the starting parameters for a further optimization are estimated.

1 Introduction

Since the seminal work of Zadeh [Zad68, Zad73], fuzzy logic and especially fuzzy inference systems became more and more the focus of interest to many researchers. The main advantage of fuzzy systems in system modeling compared to classical approaches stems from the capability of defining a linguistic model for the process under consideration [Zad73]. The linguistic model is composed of *if–then* rules (rule base) applied to linguistic variables and linguistic labels, respectively. An expert is able to create a rule base in a rather short time. However, three problems still remain: The expert must provide the linguistic labels with a proper *meaning* defining the associated membership functions in terms of their parameters. A sufficient implication and defuzzification method need to be chosen. Furthermore, a lot of experience is necessary in order to decide whether the number of rules in the rule base is sufficient or not. Rules need to be added or released from the rule base during the design phase. While too many rules increase the computational effort a few rules do not guarantee proper system modelling. A lot of attempts have been made to cope with this general problem of fuzzy modeling (see for example [SY93]).

The approach presented in this paper helps to overcome these drawbacks by means of evolution strategy [Rec73, Sch81] at least to a certain extent. The advantage of the method is twofold. Firstly, it addresses the problem of giving the linguistic rules a proper *meaning.* This is done by evolution strategy adjusting the parameters of the membership functions which are associated with the linguistic labels, respectively. One is able to differ between important and less important rules at the end of the optimization procedure and the rule base may be leaned. As a second advantage, the presented approach serves as a method to estimate the structure of a radial basis function network (RBFN) [MD88] which is best suited for interpolation problems [PG90]. Jang and Sun [JS93] indicated a one to one correspondence between a fuzzy inference system of Sugeno and Takagi type (FIS) [TS83] and RBFN. They showed that a fuzzy rule corresponds with a single radial basis function and a rule base with a RBFN under certain constraints. Therefore, *a priori* knowledge can easily be integrated into networks of that kind by means of fuzzy rules. Since evolution strategy gives the number of sufficient rules it estimates the number of hidden units in the RBFN. Furthermore, evolution strategy provides the RBFN with proper starting parameters for the radial basis function network suited for further optimization with classical learning techniques of neural networks. The complete optimization procedure is graphically shown in fig.1 and outlined in the following sections in more detail.

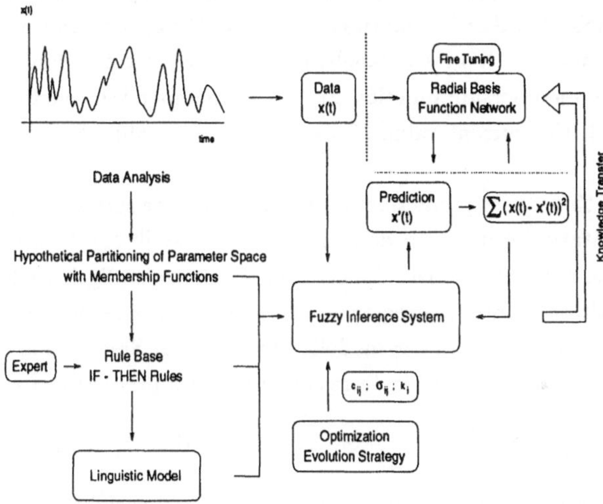

Figure 1 The Complete Optimization Procedure. Rules are automatically generated by analyzing the (training) data due to an approach of Wang and Mendel [WM92]. If necessary or requested, an expert can provide the rule base with additonal rules. The FIS is optimized with help of evolution strategy. The optimized and leaned rule base serves as an estimate for the number of hidden units in the RBFN. Parameters of the network are adjusted by means of gradient descent. The parameters of the membership functions are used as proper starting values in this fine tuning procedure.

2 Method

2.1 Time Series Prediction

The solution of the Mackey–Glass time series in the chaotic domain [MG77]

$$\frac{dx}{dt} = \frac{a \cdot x(t-\tau)}{1+x^c(t-\tau)} - b \cdot x(t) \tag{1}$$

$$\tau = 30\,; \quad a = 0.2\,; \quad b = 0.1\,; \quad c = 10\,; \quad x(t-\tau) = 0.9 \text{ for } t = 0, \ldots, \tau.$$

has been chosen as a sample problem with one thousand samples giving a time series $\{x_t\}$ $t = 1, \ldots, 1000$. An input/output pattern is created from this time series as follows: $(x_{t-8}, \ldots, x_t; x_{t+1})$. That is, nine subsequent values (embedding dimension) are used in order to estimate the value x_{t+1} at time $t+1$. In this way, 991 input/output patterns of the form $(x_0, \ldots, x_8; x_9)$ have been created and splitted into a training set (first 691 patterns) and a test set (last 300 patterns).

2.2 FIS and RBFN

Given a 4 tupel (X, LX, DX, μ_{LX}), X denotes the symbolic name of a linguistic variable. LX is the set of linguistic values (labels) that X can take. A linguistic label denotes a symbol for a particular property of X. DX is the actual physical domain over which the linguistic variable X takes it quantitative values. Fuzzy sets and membership functions are associated with the linguistic labels, i.e. the fuzzy set of a linguistic label is defined with help of its membership function μ_{LX}. The membership function μ_{LX} measures the degree to which the current value of the linguistic variable X belongs to the linguistic label LX.

In terms of time series prediction, X denotes the time series $\{x_t\}$ (1) and x_t represents a single quantitative value with domain DX ($DX \approx [0.2, 1.4]$ in (1)). The domain is partitioned into a set of linguistic labels LX. As shown in fig.2, each of the ten domains is equally partitioned into five regions and each region is associated with a membership function. Now, the time series is modelled by a FIS of Sugeno and Takagi type [TS83]. The rules of a FIS of that kind in terms of time series prediction are of the form

$$R^i : \text{if } x_0 \text{ is } LX_0^{(i)} \text{ and } \ldots \text{ and } x_8 \text{ is } LX_8^{(i)} \text{ then } k_i = f_i(x_0, \ldots, x_8), \tag{2}$$

where $LX_j^{(i)}$ designates the linguistic label of the jth variable x_j in the ith rule. The rules are generated due to an approach of Wang and Mendel [WM92] on the basis of the hypothetical partitioning of the domains with membership functions (fig.2). Remember that LX_j reflects a set of linguistic labels for the jth variable and the upper index (i) in $LX_j^{(i)}$ points to the label of the set which is actually meant in the ith rule. The required output of the ith rule is a function f_i of the input values $x_0, \ldots, x_8$. The associated membership functions $\mu_{LX_j^{(i)}}(x_j)$ of all linguistic lables $LX_j^{(i)}$ are chosen as Gaussians

$$\mu_{LX_j^{(i)}}(x_j) = \exp\left(-\frac{\left(x_j - c_j^{(i)}\right)^2}{\left(\sigma_j^{(i)}\right)^2}\right) \quad ; \quad j = 0, \ldots, 9 \tag{3}$$

with centers $c_j^{(i)}$ and variances $\left(\sigma_j^{(i)}\right)^2$ of the ith rule. Now an estimate x' for the true value x of the time series at time $t+1$ is calculated as follows with help of the rule antecedent part A_i:

$$A_i = \prod_{j=0}^{8} \mu_{LX_j^{(i)}}(x_j) \quad ; \quad k_i = c_9^{(i)} \quad ; \quad x' = \frac{\sum_i A_i \cdot k_i}{\sum_j A_j} \tag{4}$$

Note that the rule antecedent part A_i is a product of Gaussians. Now, set $c_{ij} := c_j^{(i)}$ and $\sigma_{ij}^2 := \left(\sigma_j^{(i)}\right)^2$ for a certain rule ($j = 0, \ldots, 8$). Then, A_i can be rewritten as $A_i = \exp\left(-(\vec{x} - \vec{c}_i)^T \cdot (\Sigma)_i^{-1} \cdot (\vec{x} - \vec{c}_i)\right)$ where $(\Sigma)_i^{-1}$ is diagonal with elements σ_{ij}^2. If the σ_{ij} are all the same for a certain i then $A_i = \exp(-\|\vec{x} - \vec{c}_i\|^2/\sigma_i^2)$ which is a radial basis function and (4) is the well known equation of a RBFN [MD88, PG90]. Jang and Sun [JS93] indicated the functional equivalence between the FIS and RBFN for this simplified version. The other version for A_i is more general since it takes into account different variances. In these terms a certain rule corresponds with a single radial basis function and the number of rules determines the number of units in the RBFN. In terms of a RBFN the rule activation A_i is weighted with an output weight k_i. Because of this reason we choose f_i to be of constant value $k_i = c_9^{(i)}$ in (2). Furthermore it is worth noting that the parameters of the membership functions are explicitly inserted into the radial basis function. The rules reflect combinations of membership functions in the FIS but this correspondence is lost in the RBFN after inserting since the c_{ij}, σ_{ij}^2, and k_i are independently adapted by means of gradient descent.

2.3 Evolution Strategy

Evolution strategy (ES) [Rec73, Sch81] imitates the rules of biological evolution for optimization purposes. An artifical population consists of a certain number of individuals. Each individual has a fitness which measures how well it is adapted to the system it lives in. The better the fitness the better is its chance for survival in the sense of Darwinian evolution. Concerning the theoretical results of ES see [BS93]. Here, each individual corresponds to a representation of the fuzzy inference system. The individual's *hereditary information* are the parameters of the membership functions and its fitness is determined with help of (5). The basic idea is that the initial partitioning of the parameter space (fig.2) for rule generation may be suboptimal. Although the generated rules may be correct the membership functions may not be chosen properly. Therefore, ES is applied in order to minimize the functional

$$E = \sum (x'_{t+1} - x_{t+1})^2 \tag{5}$$

taken over the training data.

The variables used are superscripted by p and o to distinguish between the parent (μ individuals) and offspring (λ individuals) population, respectively. The algorithm for the (μ, λ)–ES is as follows:

1. Define a vector of real numbers $\underline{c} \in I\!R^q$, and assign a *strategy parameter* $\underline{s}$. Thus, each individual of the population consists of a tupel $(\underline{c}, \underline{s})$. If the partitioning is n and equal for each fuzzy domain and m is the embedding dimension then $q = n \cdot (m+1)$. The fitness of each individual is defined by (5).
2. Assign to each c_{ij}^p small random variations (10%) of the centers of the initial Gaussian membership functions and set each s_{ij}^p of the initial parent population to the

standard deviation of the Gaussian membership function. (i denotes the individual and j denotes the component.)

3. Breed an offspring population by the following recombination method: Repeat for each child i:

   (a) Define the *global strategy parameter mutation factor* τ' as

$$\tau' = \left(\sqrt{2\sqrt{q}}\right)^{-1} \tag{6}$$

   (b) Repeat for each component j:

   - Define the *individual strategy parameter mutation factor* τ as

$$\tau = \left(\sqrt{2 \cdot q}\right)^{-1} \tag{7}$$

   - Breed a new strategy parameter s^o_{ij} of an offspring by the so called *intermediate recombination* of the ρ randomly selected strategy parameters $s^p_{\rho j}$ of the parent generation:

$$s^o_{ij} = \frac{1}{\rho} \cdot \sum_{k=1}^{\rho} s^p_{kj} \tag{8}$$

   - Mutate the new strategy parameter:

$$s^o_{ij} = s^o_{ij} \cdot \exp\left(\tau' \cdot N_i(0,1) + \tau \cdot N_j(0,1)\right) \tag{9}$$

   - Breed a new offspring parameter by selecting randomly one parent k out of μ parents and mutate it with a Gaussian random number:

$$c^o_{ij} = c^p_{kj} + \frac{s^o_{ij}}{\sqrt{q}} \cdot N_{ij}(0,1) \quad , \tag{10}$$

     where N(0,1) denotes a normally distributed random number. q is the dimension of the parameter vector $\underline{c}$.

   (c) Calculate the fitness (5)

4. Select the best μ offsprings ($\rightarrow$ lowest E) and define them as parents for the next generation

5. Keep track of the best solution found so far.

6. Check the termination criteria to terminate the algorithm. If the conditions are fullfilled, then terminate the algorithm. Otherwise continue with step 3.

The intermediate recombination (8) and mutation (9) of the strategy parameter s_{ij} is often called a *step width adaptation.* The strategy parameter defines the width of the Gaussian distribution mutating the offspring parameter (10). This equation can be rewritten due to the scaling transformation as

$$c^o_{ij} = N\left(c^p_{ij}, \frac{\left(s^o_{ij}\right)^2}{q}\right). \tag{11}$$

In our simulation we set $\mu = 3, \rho = 3$, and $\lambda = 50$. The advantage of the ES optimizing the parameters of the Gaussian membership functions stems from the fact that not only the centre values are optimized but also the variances: the algorithm adapts the amount of variation by changing the variances of the normal distribution. The variances are self-adaptive because of this reason. They correspond to the strategy parameters (step 2).

3 Experimental Results

3.1 Optimization with ES

Fig.2 shows the initial partitioning of the parameter space with membership functions. $x_0, \ldots, x_8$ correspond to the input values and y_o designates the estimated value x' of the time series. 113 rules have been generated with this start configuration due to the approach of Wang and Mendel [WM92]. The performance of the initial FIS is shown in fig.3. The initial performance of the FIS is good except for the minima and maxima where clipping occurs.

Now, evolution strategy is applied as outlined in section 2.3. The results are shown in fig.4,5 after 380 generations. The performance of the fuzzy inference has been improved. The membership functions differ in width and position compared to the initial partitioning.

3.2 Leaning the Rule Base

After optimization of the membership function by means of evolution strategy the number of rules of the optimized fuzzy inference system is reduced by a heuristic approach: The idea is simply to sum up the input activation of each rule over all learning pattern. Those rules with an overall low activation do less contribute to the defuzzification (4) than those rules with an overall large activation.

$$\hat{A}_i = \sum_{k=1}^{\#Pattern} \left(\prod_{j=1}^{8} \mu_{LX_j^{(i)}}(x_{kj}) \right) \tag{12}$$

This measure has been recorded during the optimization and is shown in fig.6 for different stages of the optimization process. As can be seen, the activation of a lot of rules is reduced. The overall activation is increased for only a few rules. Because of this reason, only 11 rules from initially 113 rules will remain in the rule base. The rest has been deleted because of a too low overall activation.

3.3 Radial Basis Function Network

The reduced rule base with 11 rules is translated into an RBFN (Fig.1) with 11 units. The membership parameters are explicitly inserted as indicated in section (2.2). Then, stochastic gradient descent (see e.g. [CU93]) is applied to (4) with respect to (5) in online mode adapting the weights k_i, the central values c_{ij}, and the variances σ_{ij}^2. The final result is shown in fig.7. The performance of the RBFN is rather good and the error has been further reduced.

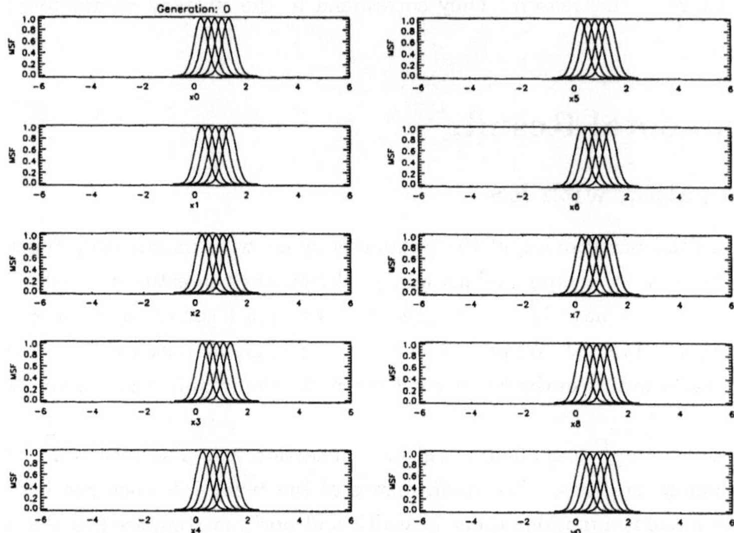

Figure 2 Initially Partitioning of the Fuzzy Domains. $x_0, \ldots, x_8$ correspond to $x_t, \ldots, x_{t-8}$ and y_0 corresponds to x_{t+1} of the time series.

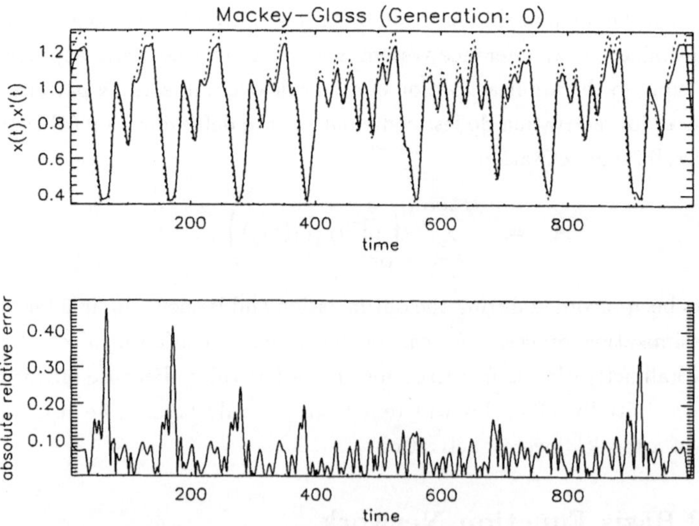

Figure 3 Performance of the Fuzzy Inference System with Generated Rule Base. The dotted line indicates the true solution of Mackey–Glass. The solid line designates for the prediction of the fuzzy inference system.

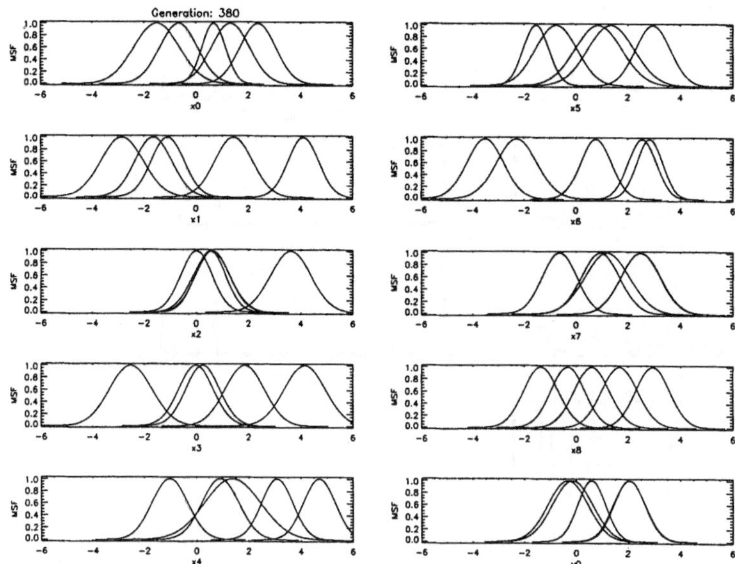

Figure 4 The Shape of the Membership Functions after 380 Generations.

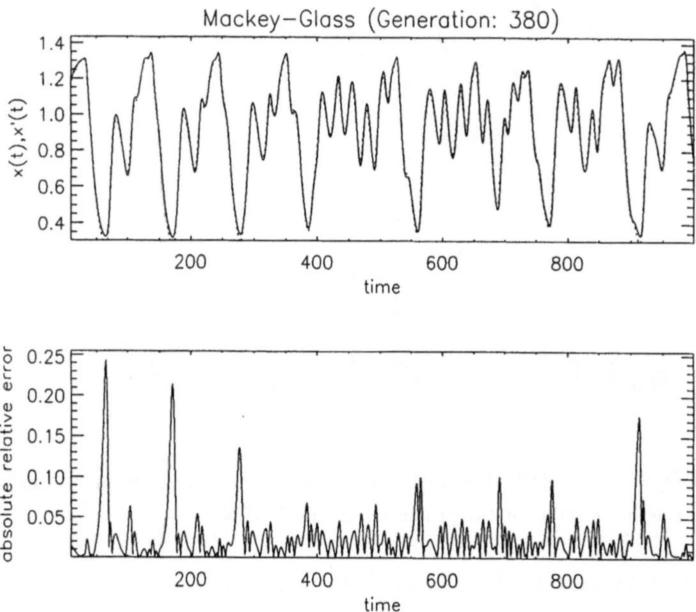

Figure 5 The Optimized Fuzzy Inference System after 380 Generations. The dotted line indicates the true solution of Mackey–Glass. The solid line designates for the prediction of the fuzzy inference system.

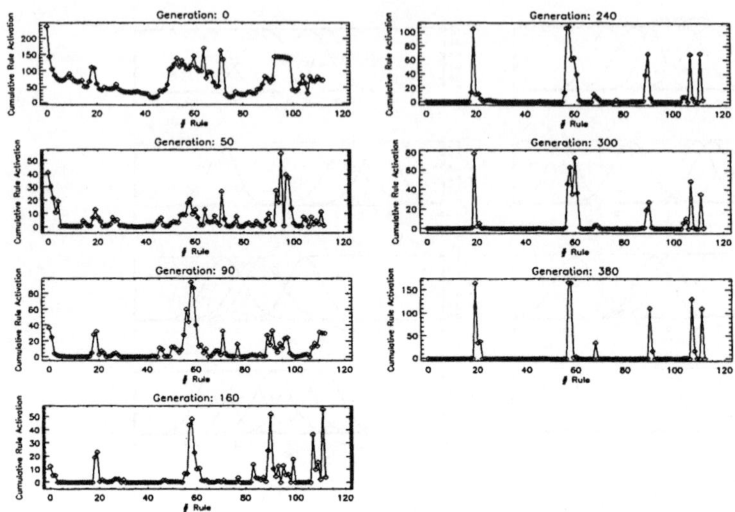

Figure 6 The Overall Activation of all 113 Rules During the Optimization.

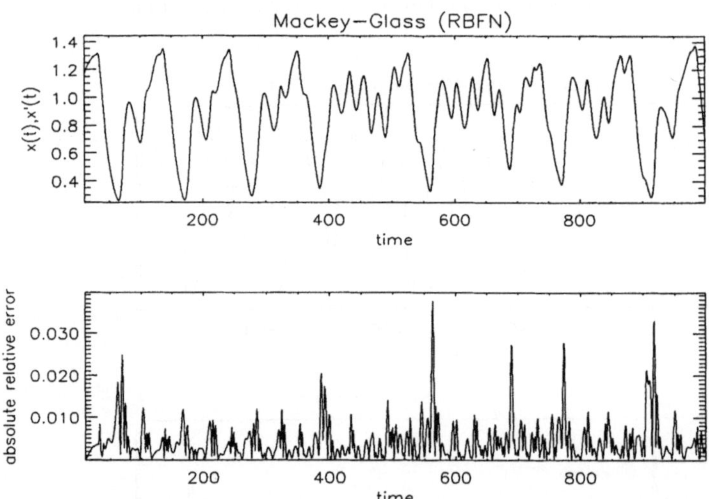

Figure 7 The Optimized RBFN. The dotted line indicates the true solution of Mackey-Glass. The solid line designates for the prediction of the RBFN.

4 Conclusions and Acknowledgements

In this paper, evolution strategy has been applied in order to improve a fuzzy inference system of Sugeno and Takagi type for time series prediction purposes optimizing the parameters of Gaussian membership functions. The method helps to determine a sufficient number of rules thereby predetermining the structure of a RBFN and estimating proper starting parameters for further optimization with gradient descent. Therefore, the learning time may be reduced in this fine tuning procedure. More details are given in [Wie93].

I would like to thank the *Zentralinstitut für Angewandte Mathematik, Forschungsanlage Jülich, Germany* for performing the calculations on the massively parallel computer Paragon and the system administrator Mrs. Renate Knecht for her helpful comments and suggestions concerning the programming environment.

References

[BS93] Thomas Bäck and Hans–Paul Schwefel. An overview of evolutionary algorithms for parameter optimization. *Evolutionary Computation*, 1(1):1 – 23, 1993.

[CU93] Andrzej Cichocki and Rolf Unbehauen. *Neural Networks for Optimization and Signal Processing.* John Wiley & Sons, Chichester, New York, 1993.

[JS93] Jyh–Shing Roger Jang and C.–T. Sun. Functional equivalence between radial basis function networks and fuzzy inference systems. *IEEE Transactions on Neural Networks*, 4(1):156 – 158, 1993.

[MD88] John Moody and Christian Darken. Learning with localized receptive fields. In David Touretzky, Geoffrey Hinton, and Terrence Senjowski, editors, *Proc. 1988 Connectionist Summer School*, pages 133 – 143, San Mateo, CA, 1988. Morgan Kaufmann Publishers.

[MG77] Michael C. Mackey and Leon Glass. Oscillation and chaos in physiological control systems. *Science*, 197:287 – 289, 1977.

[PG90] Tomaso Poggio and Federico Girosi. Networks for approximation and learning. *Proceedings of the IEEE*, 78(9):1481 – 1497, September 1990.

[Rec73] Ingo Rechenberg. *Evolutionsstrategie.* Friedrich Frommann Holzboog Verlag, Stuttgart, 1973.

[Sch81] Hans–Paul Schwefel. *Numerical Optimization of Computer Models.* John Wiley & Sons, Chichester, 1981.

[SY93] Michio Sugeno and Takahiro Yasukawa. A fuzzy-logic based approach to qualitative modeling. *IEEE Transactions On Fuzzy Systems*, 1(1):7 – 31, 1993.

[TS83] T. Takagi and M. Sugeno. Derivation of fuzzy control rules from human operator's control actions. In *Proceedings of the IFAC Symposium on Fuzzy Information, Knowledge Representation and Decision Analysis*, pages 55 – 66, July 1983.

[Wie93] Willfried Wienholt. Optimizing the structure of radial basis function networks by optimizing fuzzy inference systems with evolution strategy. Internal Report 93–07, Institut für Neuroinformatik, Ruhr-Universität Bochum, 44780 Bochum, Germany, September 1993.

[WM92] Li–Xin Wang and Jerry M. Mendel. Generating fuzzy rules by learning from examples. *IEEE Transactions on Systems, Man, and Cybernetics*, 22(6):1414 – 1427, 1992.

[Zad68] L. A. Zadeh. Fuzzy algorithm. *Information and Control*, 12:94 – 102, 1968.

[Zad73] L. A. Zadeh. Outline of a new approach to the analysis of complex systems and decision processes. *IEEE Transactions on Systems, Man, and Cybernetics*, 121:28 – 44, 1973.

Fuzzy Sensordatenauswertung für das automatisierte Entgraten

L.-H. Hsieh, A. Groth, H.-C. Yi

Automatisierung des Entgratens

Bei der Herstellung von Metallgußteilen entfallen ca. 20-30% der Gesamtherstellkosten und bis zu 50% der Fertigungslohnkosten auf die Gußnachbearbeitung /1/. Dies ist auf die geringe Produktivität der weitgehend manuellen Arbeitsvorgänge zurückzuführen. Das Entgraten ist ein Arbeitsvorgang der Gußnachbearbeitung, bei dem der als Grat bezeichnete, in den Fugen der Gußform erstarrte Werkstoff entfernt wird. Ein wesentliches Automatisierungshemmnis ist hier die Kombination großer Maß- und Formtoleranzen der Werkstücke mit großer Varianz des Grates in Position, Form und Maßen. Um den Entgratprozeß zu automatisieren, muß daher die Bearbeitungsbahn stets an das gerade bearbeitete Gußteil angepaßt werden.

Bisherige Ansätze für die automatisierte Bahnanpassung basierten meist auf dem Versuch, die Lage des Grates auf dem Werkstück und seinen Querschnitt an verschiedenen Stützpunkten der Bearbeitungsbahn zu ermitteln, um daraus die Bearbeitungspositionen des Werkzeugs zu berechnen /2/.

Hierfür muß eine Grenzfläche zwischen Werkstück und Grat definiert werden. Die Anforderungen an die Qualität des Entgratergebnisses können jedoch je nach Anwendungsfall variieren. 35% der Gußwerkstücke müssen völlig absatzfrei entgratet werden. Bei 40% der Gußwerkstücke sind Restgrate bis 0,5 mm, bei 20% bis 1 mm und bei 5% über 1 mm zulässig /3/. Eine genaue Definition der Grenzfläche ist schon aus diesem Grund unmöglich. Der Ansatz, die Zielgeometrie des Werkstücks zu definieren und alle darüber hinausragenden Werkstückelemente zu entfernen, scheiterte bisher an den großen Werkstücktoleranzen. Im folgenden soll aufgezeigt werden, wie dieser Ansatz mit Hilfe einer Fuzzy- Sensordatenauswertung realisiert werden kann.

Hybrides Modell des Entgratprozesses

Die Oberfläche des Gußteils soll nach dem Entgraten 'absatzfrei', d. h. glatt und ohne scharfe Kanten sein. Darüber hinaus soll aus wirtschaftlichen und fertigungstechnischen Gründen und, um eine Beschädigung des Werkstücks zu vermeiden, das Abtragsvolumen minimiert werden. Beim manuellen Entgraten wird die Absatzfreiheit durch Blick- und Tastprüfung qualitativ beurteilt. Auch die Bearbeitung an der Bandschleifmaschine steuert der Werker qualitativ durch Andruckstärke ('stark', 'weniger stark') und Bearbeitungszeit ('länger', 'kürzer'). Dies läßt sich in einem qualitativen Prozeßmodell abbilden, das man beispielsweise in einem Expertensystem speichern kann.

Ein Automat benötigt jedoch eine quantitative Beschreibung seiner Arbeitsaufgabe, beispielsweise einen Satz von Koordinaten, der eine Bearbeitungsposition beschreibt. Heute übliche Geometriesensoren erzeugen eine quantitative Beschreibung der Werkstückoberfläche, die durch eine numerische Sensordatenverarbeitung in Bearbeitungskoordinaten umgerechnet werden kann. Man spricht von einem quantitativen Prozeßmodell.

Der Entgratprozeß ist jedoch durch die qualitative Zielgröße 'absatzfrei' beschrieben, so daß eine qualitative Sensordatenverarbeitung eingeführt werden muß. Dies soll als hybrides Modell des Entgratprozesses bezeichnet werden. Die unscharfe Logik bietet definierte Prozeduren für die Abbildung quantitativer in qualitative Größen und umgekehrt an, so daß sich mit diesem Ansatz ein hybrides Prozeßmodell realisieren läßt /4/.

Systemkonzept

Zunächst muß die Ist-Geometrie erfaßt werden und durch Vergleich mit der Soll-Geometrie die Bearbeitungsaufgabe definiert werden. Für die Geometrieerfassung ist ein berührungsfreies optisches Meßverfahren wie der Laser-Scanner besonders geeignet. Eine Datenvorverarbeitung wandelt die vom Scanner erzeugten Punktmessungen in Profilschnitte um, die aus Geradensegmenten bestehen. Die Sensordatenverarbeitung muß für jedes Meßprofil eine Schnittstrecke zwischen zwei Punkten an der Werkstückoberfläche ermitteln. Die Schnittstrecke stellt den Übergang zwischen Grat und Werkstück dar, an dem der Bearbeitungsprozeß erfolgt. Der Bearbeitungsprozeß wird mit einem spanabhebenden Werkzeug realisiert, dessen Position und Orientierung beim Bearbeitungsvorgang aus den Schnittstrecken der aufeinanderfolgenden Meßprofile berechnet werden.

Der Profilbereich, in dem die Schnittstrecke gesucht werden muß, kann erheblich eingeschränkt werden, wenn der Grat vorher identifiziert worden ist. Dazu dient die Gratspitze, die dort entsteht, wo die Schmelze am tiefsten in die Formteilung eingedrungen ist. Da der Scanner das Profil nur von oben erfassen kann, liegen die Endpunkte der Schnittstrecke rechts und links unterhalb der Gratspitze. Die Gratspitze wird dadurch identifiziert, daß ihr Radius wesentlich kleiner ist als der kleinste Werkstückradius. Im segmentierten Profil führt dies zu einem spitzen Winkel zwischen den Geradensegmenten.

Absatzfrei ist die Werkstückoberfläche, wenn die beiden Winkel zwischen nicht zu entfernendem Werkstückprofil und der Schnittgeraden klein sind. Das Bearbeitungsvolumen ergibt sich aus der Integration der Querschnittsfläche oberhalb der Schnittstrecke über die einzelnen Profilschnitte in Gratlängsrichtung. Da die Breite des Grats von der Gratspitze zum Werkstück hin monoton steigt, ist die Länge der Schnittstrecke ein Maß für die Querschnittsfläche über der Schnittstrecke. Daher wird das Kriterium ´minimales Bearbeitungsvolumen´ durch ein Kriterium 'kurze Schnittstrecke' abgebildet.

Fuzzy Gratmodell

Die Ermittlung der Schnittstrecke erfolgt durch Auswertung von geometrischen Profileigenschaften. Es handelt sich also um einen Mustererkennungsprozeß. Die Mustererkennung läuft in zwei Schritten ab: 1. Erkennen der Gratspitze, 2. Ermitteln der Schnittstrecke.

Die Muster werden zunächst durch linguistische Variablen und deren Fuzzy-Mengen beschrieben. Die zur Beschreibung einer Gratspitze erforderlichen linguistischen Variablen sind einerseits ein Winkel als Maßstab für die Scharfkantigkeit der Gratspitze, andererseits ein Abstand zwischen den Gratspitzen aufeinanderfolgender Profile als Maßstab für die Positionsänderung der Gratspitze. Zur Beschreibung der Schnittstrecken sind der Winkel zwischen Schnittstrecke und Werkstückprofil als Maßstab für die Absatzfreiheit sowie die Länge der Schnittstrecke als Maßstab für minimales Bearbeitungsvolumen erforderlich. Die Absatzfreiheit in Gratlängsrichtung ist ein weiterer Faktor zur Bestimmung der Schnittstrecke. Dafür müssen die Differenz der Neigungswinkel und der Abstand zwischen den Mittelpunkten der aktuellen und letzten Schnittstrecke überprüft werden. So sind insgesamt vier linguistische Variablen erforderlich (Bild 1):

- 'Spitzenwinkel' **S** ('spitz', 'konvex', 'flach', 'eben', 'konkav'),
- 'Absatzwinkel' **A** ('sehr klein', 'klein', 'mittel', 'groß'),
- 'Abstand' **D** ('extrem klein', 'sehr klein', 'klein', 'mittel', 'groß'),
- 'Winkeldifferenz' **W** ('sehr klein', 'klein', 'mittel', 'groß').

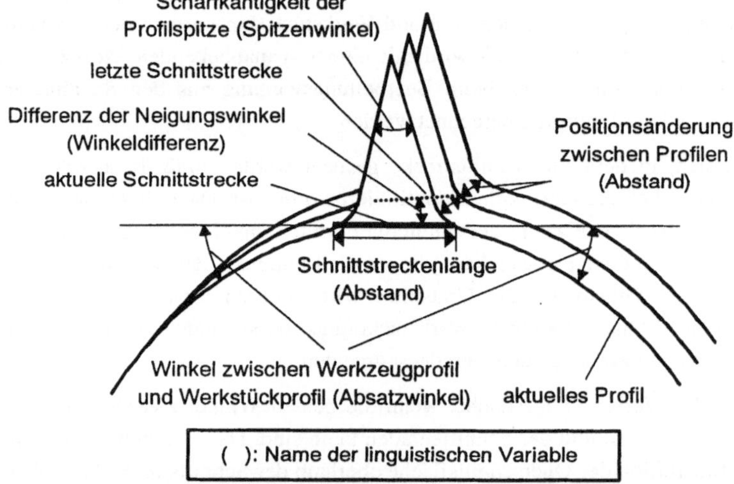

Bild 1: Linguistische Beschreibung des Grates

Die linguistische Variable ´Spitzenwinkel´ ist der Winkel zwischen den Profilsegmenten, ´Absatzwinkel´ der Winkel zwischen der Verlängerung der Strecke und dem Profilsegment, ´Winkeldifferenz´ die Differenz der Neigungswinkel der aktuellen und letzten Schnittstrecke und ´Abstand´ der Abstand zwischen den Segmentgrenzen. Für die Fuzzifizierung des ´Abstands´ wird in Abhängigkeit vom Werkstück (Gießverfahren und Größe) eine maximale Schnittstreckenlänge definiert.

Fuzzy Regeln zur Mustererkennung

Eine Gratspitze ist eine scharfe lokale Profilspitze in den Profildaten. Sie kann daher durch Betrachtung der ersten Ableitung des Werkstückprofils erkannt werden, die an dieser Stelle eine Singularität mit Vorzeichenwechsel hat. Ein Profil kann jedoch mehrere lokale Profilspitzen enthalten. Diese können eine Profilstörung, einen Meßfehler bzw. eine Oberflächenbeschädigung oder eine scheinbare lokale Spitze infolge ungünstiger Sensororientierung darstellen. Daher muß zusätzlich die Kontinuitätsbedingung herangezogen werden, daß zwischen den Gratspitzen aufeinanderfolgender Profile kein großer Abstand möglich ist und der Abstand zwischen Profilspitze und Schnittstrecke im vorangegangenen Profil groß sein muß. In einem Profilschnitt werden durch

S ('spitz') $\cap$ (**D**$_{spitze\text{-}mitte}$ ('extrem klein') $\cap$ **D**$_{spitze\text{-}schnittstrecke}$ ('groß')) => **G** ('sehr wahrscheinlich)

und weitere Regeln die wichtigsten Eigenschaften der Gratspitze (spitz, kleiner Abstand zur vorherigen Gratspitze, großer Abstand zur Schnittlinie) auf die linguistische Variable 'Gratspitze' **G** mit den Fuzzy Mengen 'sehr wahrscheinlich', 'wahrscheinlich' und 'kaum wahrscheinlich' abgebildet. Für die erste Verknüpfung wird ein kompensierender γ-Operator angewendet, da der Grat beim Ausformen umgebogen werden kann, wodurch der ermittelte Spitzenwinkel wesentlich vergrößert wird. **G** wird nach der Flächenschwerpunktmethode auf [0 ... 1] defuzzifiziert und das Teilprofil mit dem höchsten Wert als Gratspitze identifiziert.

Bei bisher realisierten Systemen werden an Stelle von Schnittstrecken Gratfußpunkte gesucht, welche die jeweiligen Endpunkte der Schnittstrecken bilden sollen. Eine Einzelauswertung der Profilpunkte führt jedoch nicht zum optimalen Ergebnis, da die Abhängigkeit zwischen beiden Gratfußpunkten nicht überprüft wird. Vor allem wird ein Profilpunkt dann als Gratfußpunkt definiert, wenn die Krümmungswinkel am größten sind, obwohl diese Punkte nicht immer optimale, absatzfreie Bearbeitungsstellen ergeben. Der größte Krümmungswinkel ist meistens im mittleren Bereich des Gratfußes zu finden.

Für die Berechnung der Schnittstrecke werden mehrere Strecken als Repräsentanten aller möglichen Strecken, deren beide Enden jeweils links und rechts von der Gratspitze liegen, ausgewählt. Dabei werden nur die Linien als Repräsentanten ausgewählt, die sich aus zwei Segmentgrenzen bilden und durch den Werkstoff gehen (Bild 2). Da bei der Segmentierung Eigenschaften des Profils erhalten bleiben und Segmentgrenzen die wesentlichen Merkmale des segmentierten Profils sind /5/, sollte auf Basis dieser Repräsentanten die Berechnung der optimalen Schnittstrecke möglich sein. Diese Einschränkung führt zur erheblichen Reduzierung des Rechenaufwands.

Vor der Bildung der Repräsentanten der möglichen Strecken können die Segmentgrenzen nach ihrer Plausibilität überprüft werden. Segmentgrenzen, die zu weit von der Gratspitze entfernt sind, können von Anfang an durch einen eingeschränkten Suchbereich bei der Bildung von Repräsentanten ausgeschlossen werden. Wenn kein Repräsentant der möglichen Strecken innerhalb des Profils gefunden worden ist, ist der Grat normalerweise sehr klein. In diesem Fall werden Schnittstrecken mit einer vordefinierten Breite festgelegt.

Die Eigenschaften der Repräsentanten werden durch Fuzzy-Regeln verglichen und anhand der Ergebnisse eine optimale Schnittstrecke definiert. Die dazu verwendenden Eigenschaften sind:

- Winkel zwischen Verlängerung der Strecke und die benachbarten Profilsegmente in dem nicht zu entfernenden Teil (Absatzfreiheit in Gratquerrichtung),
- Länge der Strecke (minimales Bearbeitungsvolumen) und
- Neigungswinkel und Mittelpunktsabstand zur letzten Schnittstrecke (Absatzfreiheit in Gratlängsrichtung).

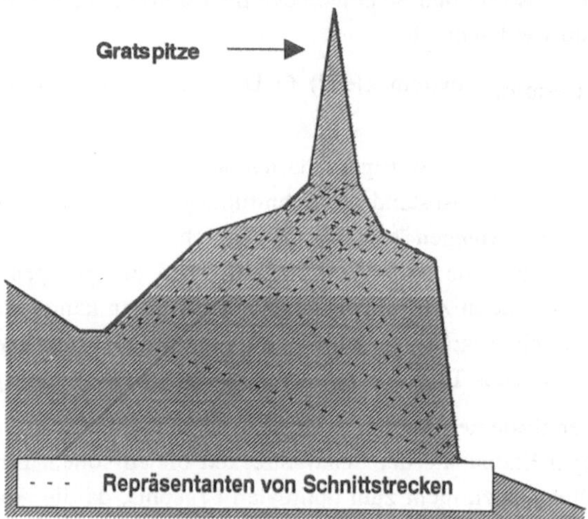

Bild 2: Repräsentanten der möglichen Strecken für die Berechnung der Schnittstrecke

Die Schnittstrecke, d. h. die rechnerische Grenze zwischen Grat und Werkstück, an der das Entgratwerkzeug den Grat abschneiden soll, wird aus Repräsentanten mit Endpunkten jeweils rechts und links von der Gratspitze berechnet durch:

$\mathbf{A}_{links}$ ('sehr klein') ∩ $\mathbf{A}_{rechts}$ ('sehr klein') ∩ $\mathbf{D}_{schnittstrecke}$ ('klein') ∩ **W** ('sehr klein') ∩ $\mathbf{D}_{horizontal}$ ('sehr klein') ∩ $\mathbf{D}_{vertikal}$ ('extrem klein') => **S** ('sehr gut')

und weitere Regeln, mit **S** = 'Schnittstrecke' mit den Fuzzy Mengen 'sehr gut', 'gut', und 'brauchbar'. **S** wird wieder auf [0 ... 1] defuzzifiziert. Aus den vier besten Repräsentanten wird dann durch Multiplikation mit ihrem Wert auf der Skala und Mittelwertbildung eine optimale Schnittstrecke berechnet.

Erprobung

Das vorgestellte Graterkennungssystem wurde in eine Entgratzelle, bestehend aus einem Gelenkarmroboter, einem Hochgeschwindigkeits-Fräswerkzeug, einem robotergeführten Laser-Scanner als Geometriesensor und einem Auswertungsrechner für Sensordaten, integriert. Zunächst wurden Werkstückprofile mit dem Laser-Scanner aufgenommen und mehrfach off-line im Graterkennungssystem verarbeitet.

Die Erkennungssicherheit des entwickelten Systems wurde anhand unterschiedlicher Typen von Gratprofilen untersucht. Die Grundprofiltypen von Graten, der Flächengrat und der Kantengrat, können mit hoher Sicherheit erkannt werden. Die Grenze der Erkennbarkeit kleiner Grate wird durch den Segmentierungsprozeß bestimmt, welcher wiederum von der Meßgenauigkeit des Sensors abhängt. Ein Grat kann von gratähnlichen Werkstückprofilen mit sehr großer Sicherheit unterschieden werden. Eine fehlerhafte Erkennung wird durch einen günstigen Suchbereich und die Überprüfung des Spitzenwinkels der Profilspitze verhindert. Da die maximale Schnittstreckenlänge unscharf definiert ist, können große dicke Grate mit hoher Wahrscheinlichkeit richtig erkannt werden.

Ein umgebogener Grat kann problemlos erkannt werden, wenn er nicht am Anfang der Meßfolge auftritt und nicht zu lang ist, da die Gratspitzeneigenschaften durch kompensierende Operatoren verknüpft werden.

Die ermittelten Bearbeitungspositionen weisen eine Standardabweichung von weniger als 10% der Abtragstiefe in Vertikalrichtung bzw. der Schnittbreite in Horizontalrichtung auf. Grate auf flachen Werkstückoberflächen (im Versuch Meßpunkt 14) haben kleine Standardabweichungen (Bild 3). Dagegen haben Grate auf schmalen Werkstückoberflächen relativ große Standardabweichungen. Alle Standardabweichungen sind kleiner als 0,3 mm. Dies ist für übliche Entgrataufgaben ausreichend.

On-line Bahnverfolgung

Im nächsten Schritt wurde eine on-line Bahnverfolgung mit vorlaufendem Sensor realisiert (Bild 4). Dabei wird während des Bearbeitungsvorgangs gemessen, die Sensordaten werden im Auswertungsrechner verarbeitet und die berechneten Bahnkorrekturdaten als Stellgrößen über eine schnelle Schnittstelle auf die Robotersteuerung zurückgeführt. Dabei waren folgende Anforderungen zu erfüllen:

- Die Regelabweichung soll nahe Null gehalten werden. Geringe Abweichungen von der Nullage sind aber unkritisch.
- Auf große Abweichungen bzw. schnelles Ansteigen des Betrages der Regelabweichung muß mit der maximal möglichen Geschwindigkeit reagiert werden, welche die Dynamik der 6. Achse und die Stabilität des Regelkreises zuläßt, damit der Grat nicht 'verloren geht'.
- Mehrfaches Überschwingen des Regelvorganges soll nach Möglichkeit vermieden werden, da die vom Sensor gegenüber der Sollbahn ausgeführten Relativbewegungen die Qualität der Messungen beeinträchtigen.

Der Vorteil des Fuzzy-Control gegenüber der Regelung mit einfachen parameteroptimierten linearen Reglern wie dem PD-Regler liegt vor allem in der sprachlich formulierten Festlegung der Verhaltensweise, den größeren Einstellmöglichkeiten und der einfachen Erweiterung im Falle einer Veränderung des Streckenverhaltens. Die Formulierung der Regelbasis erfolgt meist durch intuitive Ansätze, die sich nur schwer aus den gegebenen Randbedingungen logisch ableiten lassen. Darüber hinaus wird nach Einführung einer ersten einfachsten Regelbasis im Falle eines noch nicht befriedigenden Verhaltens die Optimierung durch interaktives Ergänzen neuer Regeln und linguistischer Variablen vorgenommen.

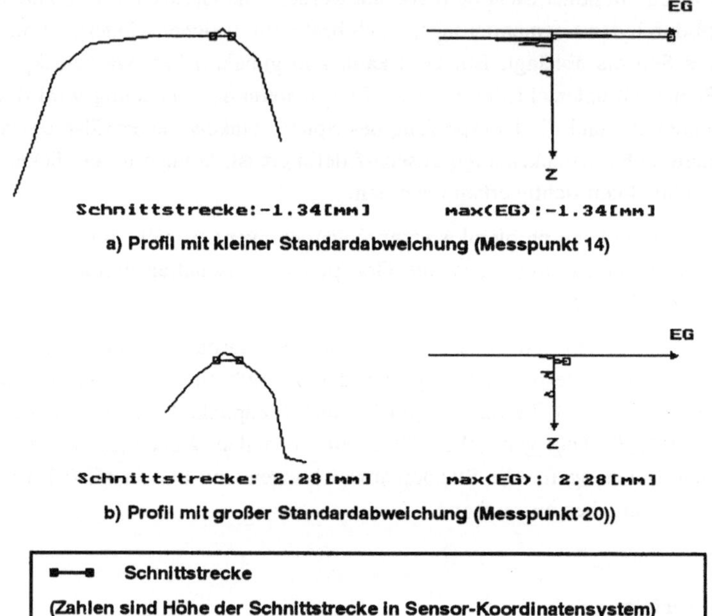

Bild 3: Grate mit kleiner und großer Standardabweichung

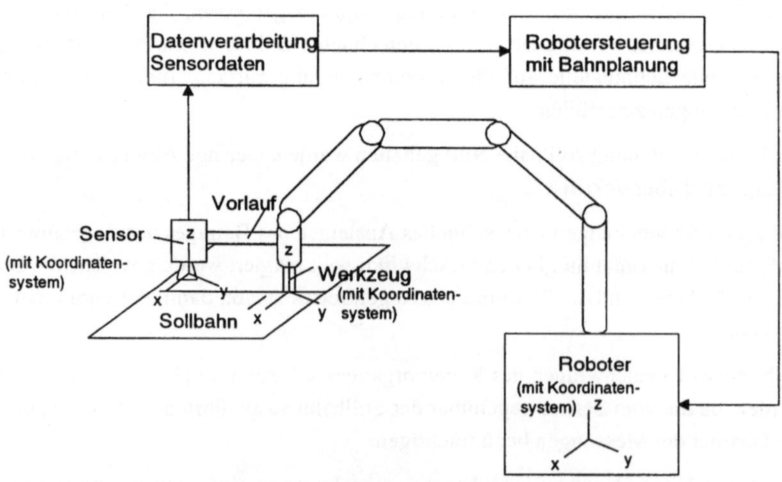

Bild 4: lokale Bahnplanung mit vorlaufendem Sensor

Für die konkret gestellte Regelungsaufgabe wurden die Eingangsgrößen, d.h. die Größe der Regelabweichung **e** und deren Änderungsgeschwindigkeit **de**, wie beim PD-Regler betrachtet.

Beide sind mit den Fuzzy-Mengen 'positiv groß', 'positiv', 'null', 'negativ' und 'negativ groß' bewertet. Die Stellgröße **u** wird mit 'positiv groß', 'positiv klein', 'null', 'negativ klein' und 'negativ groß' angegeben. Damit wurde folgende Regelbasis erstellt:

e ('positiv')	∩	**de** ('positiv')	=>	**u** ('positiv groß')
e ('positiv')	∩	**de** ('null')	=>	**u** ('positiv klein')

usw.

Für die ∩-Verknüpfung innerhalb der Regeln wurde der Minimumoperator verwendet. Die abschließende Aggregation der Ausgangswerte der Regeln und die Defuzzifizierung erfolgte über den Maximum-Operator und die Schwerpunktbildung des resultierenden Sets. Es wurden vergleichende Untersuchungen zwischen einem PD-Regler und einem Fuzzy Regler durchgeführt. Dabei stellte sich heraus, daß der Fuzzy Regler eine erheblich schnellere Reaktion auf stark ansteigende Regelabweichungen zeigt. Die Qualität der Regelung konnte durch geeignete Datenfilterung soweit erhöht werden, daß das Entgratsystem für den Einsatz geeignet erscheint.

Zusammenfassung

Das Entgraten bietet großes Potential für die Automatisierung, das jedoch nur durch sensorgestützte Bahnanpassung realisiert werden kann. Um die Zielgröße 'Absatzfreiheit bei minimalem Abtragsvolumen' zu erreichen, wird ein hybrides Prozeßmodell aus quantitativen Meß- und Stellgrößen mit qualitativer Datenverarbeitung vorgeschlagen, das sich durch linguistische Geometriebeschreibung und einen zweistufigen Datenauswertungsprozeß aus Fuzzy-Gratidentifikation und Fuzzy-Schnittstreckenermittlung realisieren läßt. Damit wird die Datenverarbeitung so genau und zuverlässig, daß eine On-line Bahnanpassung möglich ist. Die Regelung der Bahnanpassung wird ebenfalls von einem Fuzzy-Regler durchgeführt, wobei vor allem die leichtere Programmierung und Optimierung des Reglers vorteilhaft sind.

Literatur

/1/ Walter, C.; Gärtner, W.; Orths, K.: Aufwendung für häufigste Tätigkeiten beim Putzen und Betrachtung der Einflußgrößen. Gießerei 68 (1981) 6, S. 151 - 159.

/2/ Hsieh, L.-H.: Sensorunterstützte Programmierung und Bewegungsanpassung für das robotergeführte Gußputzen. Reihe Produktionstechnik Berlin, Bd. 86. Carl Hanser: München, Wien, 1991.

/3/ Abele, E.;: Gußputzen mit sensorgeführten, programmierbaren Handhabungsgeräten. Reihe: IPA Forschung und Praxis 72. Springer Verlag: Berlin, Heidelberg [usw.], 1983.

/4/ Yi, H.-C.: Sensordatenauswertung mit Fuzzy-Logik für das automatisierte Entgraten. Reihe: Produktionstechnik Berlin Bd. 128. Carl Hanser: München, Wien 1993.

/5/ Seliger, G.; Yi, H.-C.; Hsieh, L.-H.: Gußgraterkennung mit optischen profilmessenden Sensoren für robotergeführtes Entgraten von Gußteilen. In: Tagungsband IDENT/VISION, Stuttgart 14.-17. 5. 1991, S. 16 - 21.

Der Einsatz Neuronaler Netze bei der Qualitätsprüfung von Stählen

Ernst D. Schmitter
Fachhochschule Osnabrück
Albrechtstr. 30, 49076 Osnabrück

1 Einführung

Eines der wichtigsten Kontrollverfahren für die laufende Produktion und für die Ermittlung von Schadensursachen bei metallischen Werkstoffen ist die Metallographie. Ihre Methode ist die mikroskopische Untersuchung von Schliffproben [1]. Traditionell findet die Gefügebeurteilung der Schliffe durch visuellen Vergleich mit standardisierten Bildreihen statt, wobei in den letzten Jahren die digitale Erfassung und rechnergestützte Verarbeitung der Schliffbilder (quantitative Bildanalyse) unterstützend hinzugekommen ist. Zwar ist eine exakte, d.h. quantitative Gefügeanalyse im Prinzip möglich, in der Praxis aber zu aufwendig und teuer, so daß qualitative Beurteilungskriterien zum Einsatz kommen. Die eigentliche Gefügebewertung ist somit bisher ganz überwiegend nur durch erfahrenes Personal zu leisten. Das hierzu erforderliche Wissen läßt sich nur sehr begrenzt in Regeln fassen, auch wenn diese mittels "fuzzy"-Variablen formuliert werden.

In dieser Situation liegt es nahe, statt eines regelbasierten Ansatzes ein beispielorientiertes Verfahren zu wählen und die Klassifikation von Gefügemerkmalen durch Neuronale Netze vornehmen zu lassen, welche mit Schliffbildern bekannter Merkmalsausprägung trainiert werden. Ziel ist die Objektivierung der Klassifikation einerseits und die Automatisierung des Prüfverfahrens andererseits.

In Zusammenarbeit mit der Industrie werden derzeit verschiedene Anwendungsmöglichkeiten untersucht, z.B. die Klassifikation von Korngrößen (DIN 50601) und die Klassifikation der Ausprägung von Eisencarbid-Netzen und -Zeiligkeiten (Stahl-Eisen-Prüfblatt 1520). Weitere erfolgversprechende Möglichkeiten für den Einsatz von Bildverarbeitungsmethoden und Neuronalen Netzen werden z.B. gesehen bei der Klassifikation von Kriechschäden (Ausbildung von Poren und Rissen) in Rohrstählen zur Abschätzung der verbrauchten Standzeit oder bei der Prüfung von Edelstählen auf nichtmetallische Einschlüsse (DIN 50602). Im folgenden wird die Klassifikation von Eisencarbidnetzen näher dargestellt.

2 Problemstellung

Das zu klassifizierende Merkmal ist die Ausbildung von Carbid (Fe_3C) -Netzen in Stählen mit einem Kohlenstoffgehalt zwischen 0.1 bis 1.2 Gewichts-% und mit einem Gesamtanteil von Legierungselementen bis max. 5 Gewichts-%. Carbid wird unter geeigneten Voraussetzungen längs der Korngrenzen des Materials ausgeschieden und bildet mehr oder weniger ausgeprägte Netzwerke.
Die Ausprägung des Merkmals startet bei Stufe CN50 (keine Carbid-Netzstruktur erkennbar) und endet bei CN59 (vollständig ausgebildetes und extrem deutliches Carbid-Netzwerk) bei 100facher Vergrößerung. Problematisch, aber anwendungstechnisch von großer Bedeutung, ist eine Differenzierung der unteren Klassen, die dadurch charakterisiert sind, daß eine Netzstruktur nur in Ansätzen erkennbar ist.

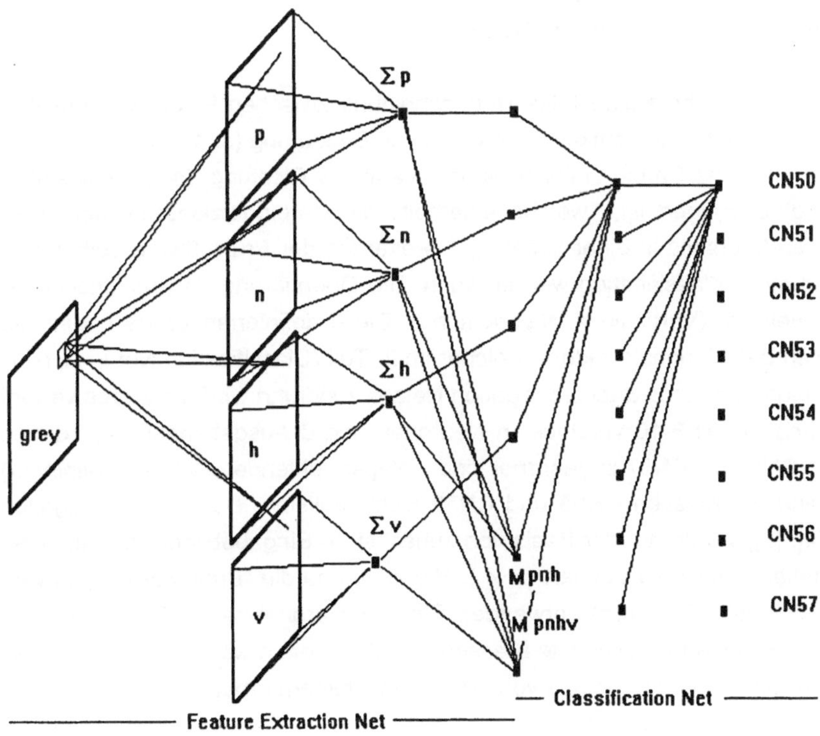

Abbildung 1. Netzstruktur

3 Lösungsansatz mit Neuronalen Netzen

Abbildung 1 zeigt die die Struktur des gewählten Lösungsansatzes auf der Basis Neuronaler Netze mit Vorwärtsausbreitung. Input ist ein vom Bildanalysegerät (Leica Quantimet Q570) zur Verfügung gestelltes 256-Stufen-Graubild des zu klassifizierenden Schliffs mit den Abmessungen 512x512 Pixel.

Im ersten Verarbeitungsteil (Feature Extraction Net) erfolgt die Erfassung von zunächst 4 Merkmalen:
- Summe der Pixel in Linien mit positiver (45°) Steigung Σp;
- Summe der Pixel in Linien mit negativer (-45°) Steigung Σn;
- Summe der Pixel in horizontalen Linien Σh;
- Summe der Pixel in vertikalen Linien Σv;

Zusätzlich werden aus diesen Angaben ermittelt:
- der Mittelwert "Mpnh" von Σp, Σn, Σh
- der Mittelwert "Mpnhv" von Σp, Σn, Σh, Σv

Die auf diese Weise herausgestellte Unterscheidung zwischen Pixeln in vertikalen Linien und solchen in nichtvertikalen Linien ist von Bedeutung (s. 4.), da der Carbid-Netzstruktur u.U. eine Carbid-Linienstruktur in vertikaler Richtung (sog. Zeiligkeit in Walzrichtung) überlagert ist, welche einerseits die Carbidnetzklassifikation nicht stören soll, andererseits in einer späteren Erweiterung der Prüfsoftware selbst zum Gegenstand einer Klassifikation werden kann. Die Orientierung der Schlifffläche ist somit nicht beliebig (Vertikale = Walzrichtung). Die 6 definierten Werte bilden die Komponenten des Merkmalsvektors, welcher im 2. Teil (Classification Net in Abb. 1) den Input-Neuronen eines Backpropagation Netzes zugeführt wird. Letzteres verfügt über eine Schicht mit 8-10 versteckten Neuronen und 8 Ausgabeneuronen, denen die Klassen CN50 bis CN57 zugeordnet sind. Wegen fehlenden Daten- (Trainings-) Materials sind die Klassen CN58 und CN59 nicht realisiert. Das Backpropagation Netz ([2], [4], [5]) wurde auf der Basis von zunächst 30 Eingabebildern mit teilweise zufriedenstellendem Erfolg trainiert (s. 4.). Hierzu wurde die "BrainMaker" Software (California Scientific Software) verwendet. Eine Clusteranalyse (s. 5.) zeigte, daß das Trainingsmaterial für bestimmte Klassen gezielt erweitert werden mußte, so daß das Netz derzeit auf der Grundlage von 50 Trainingsbildern arbeitet.

Während der Aufbau des 2.Teils (Classification Net) inzwischen zum Standard gewordenen Methoden folgt, liegt die entscheidende Arbeit im vorderen "low level" - Bereich, bei der Merkmalsextraktion. Nach verschiedenen Versuchen wurde folgendes Verfahren gewählt: Für jedes Grauwertpixel (x,y) des Eingabebildes wird eine m*m-Umgebung festgelegt (typischerweise m=9, s. Abb. 2 mit m=5). Das (x,y)-Pixel gilt als Miglied einer horizontalen Linie, wenn gilt (Abb.1):

A) Der Mittelwert der Pixelgrauwerte der mittleren Zeile der m*m-Umgebung überschreitet eine Schwelle (tresh).

B) Der Mittelwert der Pixelwerte der oberen Zeile unterschreitet eine Schwelle (backgr).

C) Der Mittelwert der Pixelwerte der unteren Zeile unterschreitet eine Schwelle (backgr).

Sind alle 3 Bedingungen erfüllt ("A und B und C"), so wird das (x,y)-Pixel im Binärbild "h" aktiviert (=1 gesetzt).

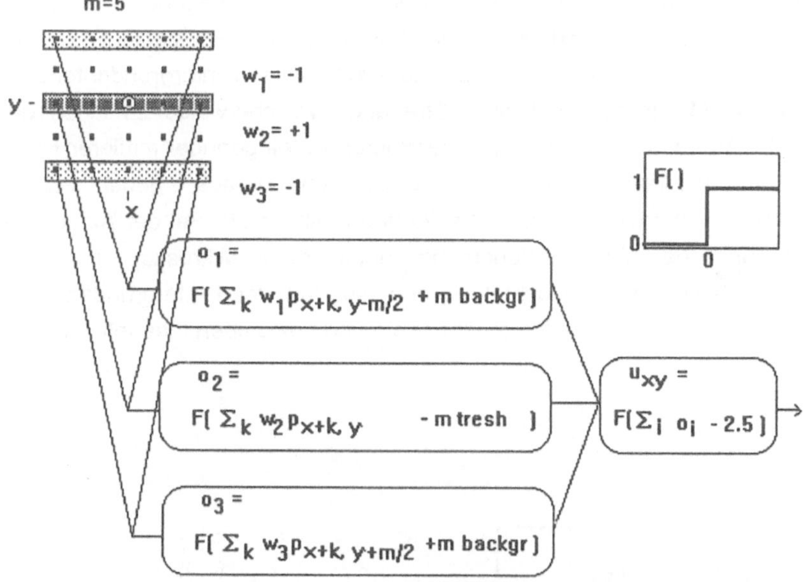

Abbildung 2. Detektionsnetz für Test auf Mitgliedschaft in einer horizontalen Linie

Abb. 2 zeigt, wie diese Detektion durch ein NN mit einer Zwischenschicht von 3 Neuronen und einem Ausgabeneuron geleistet werden kann. Die Gewichte der m Inputs aus der mittleren Zeile sind positiv (+1), diejenigen der Inputs aus der oberen und unteren Zeile sind negativ (-1). Mit Hilfe der Stufen-Aktivierungsfunktion F werden die 3 versteckten Neuronen genau dann aktiv (Output o_i = +1), wenn die oben genannten Schwellenbedingungen erfüllt sind. Das Ausgabeneuron wird genau dann aktiviert, wenn die Outputs o_1, o_2 und o_3 alle den Wert +1 haben. Es sei darauf hingewiesen, daß dieser Vorgang nicht auf einen linearen Faltungsprozeß mit einer Maske zurückgeführt werden kann. Wegen der Schwellwertbildung ist die Detektion insgesamt eine nichtlineare Operation. Was im Detail für die Detektion eines Grauwert-Pixels als Mitglied horizontaler Linien erläutert wurde, gilt analog für die Detektion des Pixels als Mitglied vertikaler Linien und solcher mit pos. (+45°) und neg. (-45°) Steigung. Auf diese Weise (Abb. 1) entstehen im Prinzip 4 Binärbilder mit 512x512 Pixel (abzüglich m/2-Rand), bei denen nur diejenigen Pixel mit "1" aktiviert sind, die das geforderte Merkmal aufweisen. Die Binärbilder sind Inputs in 4 reine Summationsneuronen. Als Outputs liefern diese die Größen Σp, Σn, Σh, Σv.

Die für den Detektionsvorgang relevanten Parameter sind die Maskenbreite "m" (entsprechend der mittleren Liniendicke auf m=9 festeingestellt) und die beiden Schwellwerte "backgr" (mittlere Höchsthelligkeit von Hintergrundpixeln) und "tresh" (mittlere Mindesthelligkeit von Linienpixeln). Zur Festlegung geeigneter Schwellwerte wird das Grauwerthistogramm herangezogen. Es besteht bei den anwendungsrelevanten Bildern aus der Überlagerung eines Hintergrundanteils mit scharf definiertem Maximum und kleiner Streuung, typischerweise zwischen den Grauwerten 60 und 90, sowie einem breit gestreuten Anteil geringer mittlerer Höhe, welcher bis zum maximalen Grauwert 255 (weiß) reicht. Daraus ergeben sich die typischen Schwellwertbereiche: backgr < = 90 und tresh >= 90. Bei der Ätzung der Schliffproben und bei ihrer Beleuchtung unter dem Mikroskop muß auf gleichbleibende Bedingungen geachtet werden, so daß der Hintergrundanteil im Grauwerthistogramm für jedes Bild ungefähr in ein und demselben Intervall liegt.

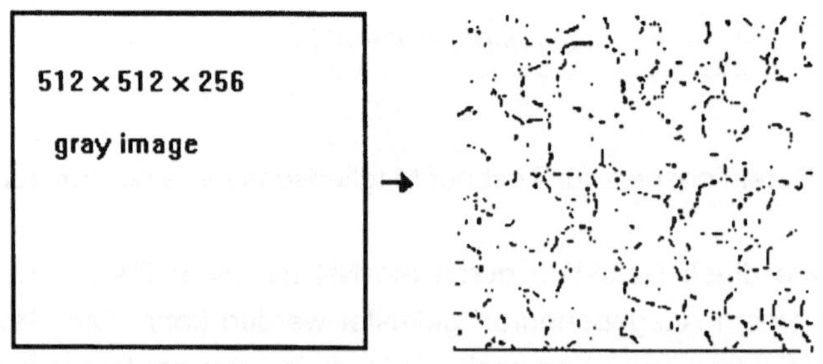

Abbildung 3a. Detektion

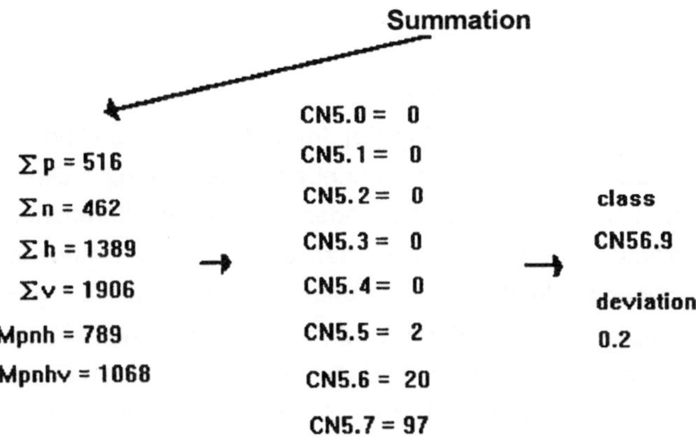

Abbildung 3b. Klassifikation

Abb. 3a zeigt zum besseren Verständnis andeutungsweise die aus dem Eingabegraubild entstehende Überlagerung der 4 extrahierten Binärbilder (man beachte, daß in jedem Pixel dieser Überlagerung die Zugehörigkeitsinformation zu steigenden, fallenden, hor. oder vert. Linien enthalten ist, die man z.B. auch farbig sichtbar machen kann). Anschließend zeigt Abb. 3b den Input in das Backpropagation Netz und dessen Output. Aus dem Aktivierungshistogramm der Ausgabeneuronen werden Median und Abweichung ermittelt. Diese Werte bilden das Ergebnis der Klassifikation. Im Vergleich zur herkömmlichen Klassifikationsmethode liefert das Neuronale Netz eine Angabe mit Klassenbruchteilen und eine Abschätzung der Ergebniszuverlässigkeit.

4 Analyse des Backpropagation Netzes

Die Entwicklung des rms-Fehlers beim Trainingsvorgang, die Werteverteilung der Gewichte und Sensitivitätsbetrachtungen geben Aufschluß über die Netzgüte. Untersucht wurde insbesondere die mittlere Empfindlichkeit der Outputneuronen auf Variation (+/-10%) der Inputneuronenwerte aller Trainingsmuster. Dabei zeigte sich bei der zunächst gewählten Netzstruktur mit 4 Inputs (p, n, h, v) eine starke Dominanz des v-Inputs (Stärke der vertikalen Linien in Walzrichtung). Diese wurde durch die zusätzliche Einführung der beiden Mittelwert-Inputs (Mpnh, Mpnhv) gedämpft.

5 Clusteranalyse der Inputdaten

Um die Qualität der zur Verfügung stehenden Daten zu beurteilen, wird ein selbstorganisierendes Netz vom Kohonen-Typ ([3], [4], [5]) verwendet (Abb. 4a). Die 6 Input-Neuronen haben die bereits beschriebene Bedeutung. Die 10x10 Ausgabeneuronen zeigen nach einer ausreichenden Anzahl von Iterationen mehr oder weniger ausgeprägte Clusterbildung, je nachdem ob die Datensätze die Klassenmerkmale genügend deutlich zum Ausdruck bringen. Im gezeigten Beispieldatensatz (ermittelt aus 30 Bildern, Abb.4b) ist eine hinreichende Differenzierung innerhalb der Klassen 3,4,5,6 zu erkennen. Die Klassen 6 und 7, vor allem aber 0,1,2, werden nicht ausreichend unterschieden. Für diese Klassen mußte noch zusätzliches Datenmaterial beschafft werden.

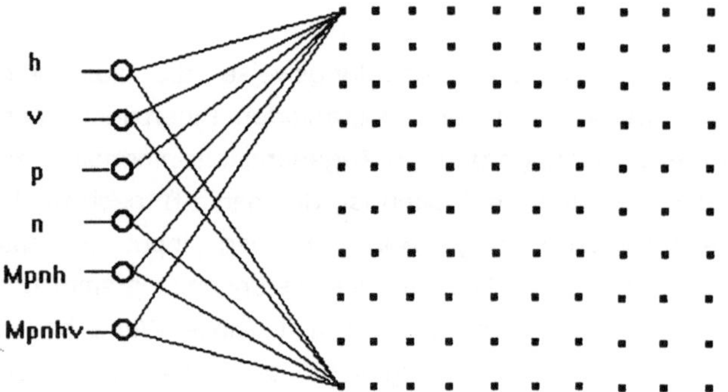

Abbildung 4a. Kohonennetz mit 6 Input- und 10x10 Outputneuronen

```
*  *  4  4  *  7  7  6  6  *
*  2  *  4  *  *  *  *  7  7
*  *  *  *  4  4  *  *  7  7
1  *  3  *  *  4  6  6  *  7
*  2  *  3  3  *  6  6  *  *
*  0  0  4  4  5  5  *  5  5
0  *  0  4  4  5  5  *  5  5
*  0  1  1  *  *  *  *  *  *
0  2  *  1  *  5  5  *  5  5
0  2  2  *  *  5  5  *  5  5
```

Abbildung 4b. Selbstorganisierte Cluster-Bildung eines Trainingsdatensatzes

6 Ausblick

Die in diesem Artikel beschriebene Software wird in ein Steuerprogramm eingebunden, welches das automatische Abfahren eines Erfassungsmusters auf den Schliffproben unter dem Mikroskop erlaubt. Die Applikation wird in den Rahmen der vorhandenen Bedienersoftware für das Bildanalysegerät integriert, um dem Anwender ein einfach und zuverlässig handhabbares Werkzeug für die Qualitätskontrolle zur Verfügung zu stellen.

Literatur

[1] Schumann H (1990) "Metallographie", Deutscher Verlag für Grundstoffindustrie, Leipzig

[2] Rumelhart DE, Hinton GE, Williams RJ (1986) "Learning Internal Representations by Error Propagation" in "Parallel Distributed Processing", Vol 1 (Eds.: Rumelhart DE, McClelland JL), MIT Press, Cambridge

[3] Kohonen T (1989) "Self-Organization and Associative Memory" Chap. 5, Springer, Berlin

[4] Schmitter ED (1991) "Neuronale Netze", Hofacker, Holzkirchen

[5] Zupan J, Gasteiger J. (1993) "Neural Networks for Chemists", VCH, Weinheim

Schweißprozeßanalyse und Qualitätssicherung mit Fuzzy-Logik

D. Rehfeldt u. Th. Schmitz

Universität Hannover
Fachgebiet "Fügen durch Stoffverbinden"
* Schweißtechnik *
Appelstr. 11 A
30167 Hannover

1 Einleitung

Das Produkthaftungsgesetz und die Normen der ISO 9000 zwingen den Hersteller, der Produktqualität eine größere Aufmerksamkeit zu schenken.

Eine Aussage über die Produktqualität kann beim Lichtbogenschweißen durch die Überwachung der Prozeßqualität, beispielsweise durch Dokumentation und Bewertung des Schweißprozesses mit einem Prozeßmonitor, erfolgen. Dieser überprüft anhand signifikanter Prozeßsignale, ob sich der Prozeß innerhalb zulässiger Schranken sicher führen läßt oder ob Prozeßstörungen vorliegen. Bei diesem stochastischen und nichtlinearen Produktionsprozeß werden die Prozeßsignale Schweißspannung und Schweißstrom mit dem ANALYSATOR HANNOVER AH XI statistisch ausgewertet und zu Wahrscheinlichkeitsdichte- und Klassenhäufigkeitsverteilungen zusammengefaßt. Mittels Fuzzy-Logik werden diese Verteilungen im FUZZY MONITOR HANNOVER FMH I gegenüber bekannten gelernten Versuchen beurteilt.

2 Meßmethode und Versuchsdurchführung

Für die Untersuchungen wurde das Metall-Aktiv-Gas-Schweißen mit Kurzlichtbogen ausgewählt. Zwischen einer abschmelzenden Drahtelektrode (SG3, Durchmesser: 1 mm, Drahtvorschubgeschwindigkeit: 4,6 m/min) und dem Werkstück (Material: St 12 03, Dünnblech: 1 mm, Schweißnaht: Überlappstoß) brennt ein Lichtbogen in einer Mischgasatmosphäre (Schutzgas: 18 % CO_2, 82 % Argon, 10 l/min). Verwendet wurde ein vollmechanischer, rechnergesteuerter Schweißversuchsstand mit einer transistorisierten Schweißstromquelle.

Zur Überwachung des Prozeßverhaltens wird die Schweißspannung zwischen Werkstück und Stromkontaktdüse abgegriffen und der Schweißstrom mit einem kompensierten Hall-Wandler gemessen. Das Schweißspannungssignal und das Ausgangssignal des Hall-Wandlers werden digitalisiert und durch das Programmpaket AH XI zu Wahrscheinlichkeitsdichteverteilungen der Schweißspannung und des

Schweißstroms sowie zu Klassenhäufigkeitsverteilungen von Brenn- und Kurzschlußdauer verarbeitet. Diese werden dann mit dem FMH I beurteilt. Beide Programme laufen unter der graphischen Benutzeroberfläche MS WINDOWS.

Für die hier vorgestellten Untersuchungen wurden 43 Schweißversuche durchgeführt. Es wurden ungestörte und absichtlich gestörte Schweißprozesse ausgewertet.

Eingebrachte Störungen waren dabei

- Erhöhung und Verringerung der Drahtvorschubgeschwindigkeit,
- Erhöhung und Verringerung der Schweißspannung,
- Verringerung des Gasdüsenabstands,
- Schweißen über ein Blech,
- Schweißen über zwei Bleche,
- Schweißen über einen Überlappstoß mit einem Luftspalt zwischen Ober- und Unterblech,
- Schweißen über ein in der Mitte eingelegtes drittes Blech von 1 mm Dicke und 20 mm Länge,
- Schweißen über ein Blech in der Mitte der Schweißnaht auf einer Länge von ca. 20 mm.

Die Meßdauer betrug jeweils 11 s. Für diese Zeit wurden auch die transienten Verläufe von Schweißspannung und Schweißstrom aufgezeichnet.

3 Auswertungsmethode

Bild 1 zeigt schematisiert einen ungestörten Schweißspannungs- und Schweißstrom-Zeitverlauf. Der MAG-Schweißprozeß ist stochastisch und nichtlinear. In Bild 2 ist die Wahrscheinlichkeitsdichteverteilung der Schweißspannung (128 Klassen, Klassenbreite: 1 V), und in Bild 3 die Klassenhäufigkeitsverteilungen der Kurzschlußzeit (205 Klassen, Klassenbreite: 55 µs) nach [1] dargestellt.

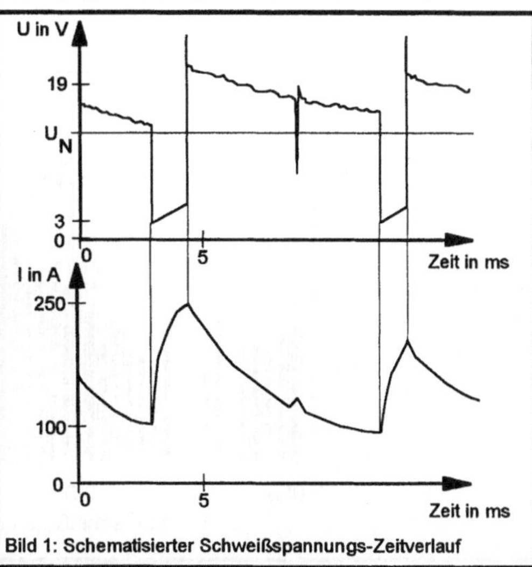

Bild 1: Schematisierter Schweißspannungs-Zeitverlauf

Der gestörte Prozeß (*Luftspalt*) ist in Bild 2 an einer zunächst höheren und dann niedrigeren Ereigniszahl im Bereich des Übergangs zwischen Kurzschluß- und Brennspannung (ca. 15 V), einer höheren Ereigniszahl bei der Brennspannung (ca. 18 V) und der

Wiederzündspannung (ca. 40 V) zu erkennen. In Bild 3 ist eine deutlich höhere mittlere Kurzschlußzeit des gestörten Prozesses festzustellen.

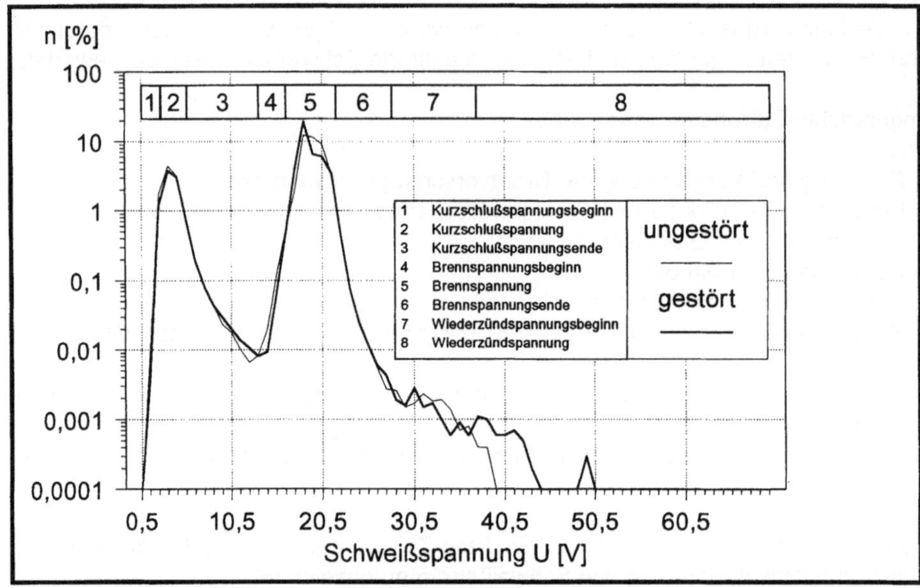

Bild 2 Wahrscheinlichkeitsdichteverteilungen des ungestörten und des gestörten Prozesses sowie Einteilung der verschiedenen Bereiche

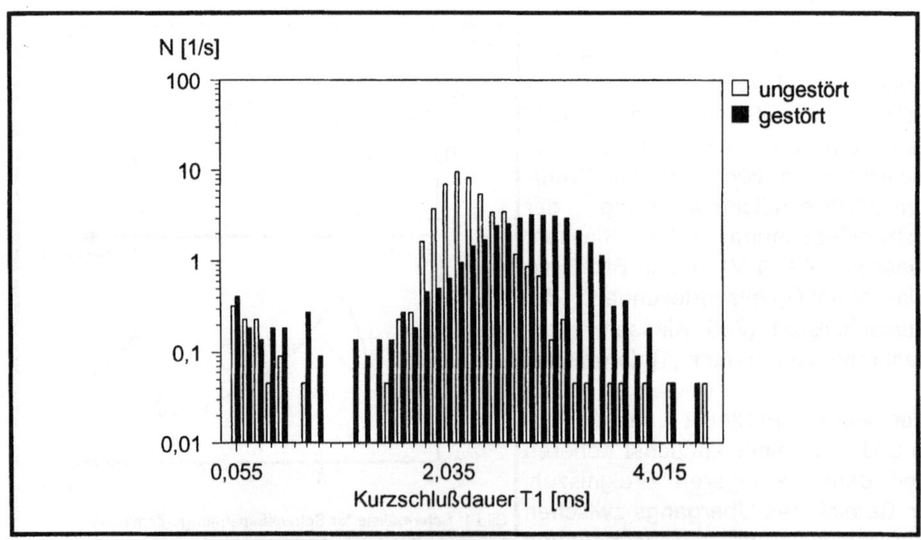

Bild 3 Klassenhäufigkeitsverteilungen des ungestörten und des gestörten Prozesses

Probleme ergeben sich bei der Beschreibung der Unterschiede zwischen den verschiedenen Verteilungen von gestörten und ungestörten Versuchen. PAULINUS [2] hat off-line die Wahrscheinlichkeitsdichteverteilungen (16 Klassen) in Kurzschluß- und Brennspannungsbereich unterteilt. Für diese Bereiche wurden statistische Kennwerte wie Mittelwert, Variationskoeffizient, Schwerpunkt, Modalwert oder Anzahl der Ereignisse als Prozeßmerkmale extrahiert und nach BOCKLISCH [3] ausgewertet. Abweichungen, beispielsweise im Bereich der Wiederzündspannung, zwischen den gestörten und den ungestörten Versuchen, wie in Bild 2 dargestellt, können aber durch die Verwendung statistischer Kenngrößen nicht erfaßt werden.

Bei dem hier vorgestellten Algorithmus werden die mit dem AH IX aufgenommenen Wahrscheinlichkeitsdichte- und Klassenhäufigkeitsverteilungen diskretisiert und als n-dimensionale Vektoren gespeichert. Jeder der so entstandenen n Dimensionen wird zur Berechnung der Abweichungen zwischen gestörten und ungestörten Messungen eine linguistische Variable zugeordnet.

Zur Verfügung stehen Wahrscheinlichkeitsdichteverteilungen von Schweißspannung und Schweißstrom sowie die Klassenhäufigkeitsverteilungen von Kurzschluß- und Brennzeit. Die Dimensionen der beschreibenden diskreten Vektoren liegen in der Größenordnung zwischen 100 und 1000. Um einfach Zugehörigkeitsfunktionen und Regeln für diese Anzahl von linguistischen Variablen generieren zu können, wurde der FUZZY MONITOR HANNOVER FMH I entwickelt. Das Programm ist vollständig in C++ programmiert. Durch den objektorientierten Ansatz und die Methode der dynamischen Bindung können flexibel Operatoren, Zugehörigkeitsfunktionen und Regeln variiert und optimiert werden.

Es stehen vier unterschiedliche Betriebsarten zur Verfügung:

- Aufbau einer neuen Regelbasis,
- Optimierung einer bestehenden Regelbasis,
- on-line Auswertung von Versuchsdaten,
- Anpassung an neue Arbeitspunkte.

Aufbau einer neuen Regelbasis

Das Programm FMH I verarbeitet beliebige, scharfe n-dimensionale Eingangsvektoren (Index Eingangsvariablen: x, n wird nur durch den Speicherplatz begrenzt). Jeder Dimension wird eine linguistische Variable (Index linguistische Variablen: i) zugeordnet. Aus mindestens drei gleichen Schweißversuchen (Index der Schweißversuche: j) werden automatisch Zugehörigkeitsfunktionen aufgebaut. Es stehen dreieck- und trapezförmige Funktionstypen zur Verfügung. Ansteigende und abfallende Flanke können aus sechs verschiedenen Funktionen ausgewählt werden. Die Spannweite der Zugehörigkeitsfunktion e errechnet sich aus Mittelwert und Standardabweichung der Meßwerte der i-ten Dimension des Eingangsvektors für unterschiedliche Schweißversuche. Für einen trapezförmigen Funktionstyp ergibt sich die in Bild 4 dargestellte Form.

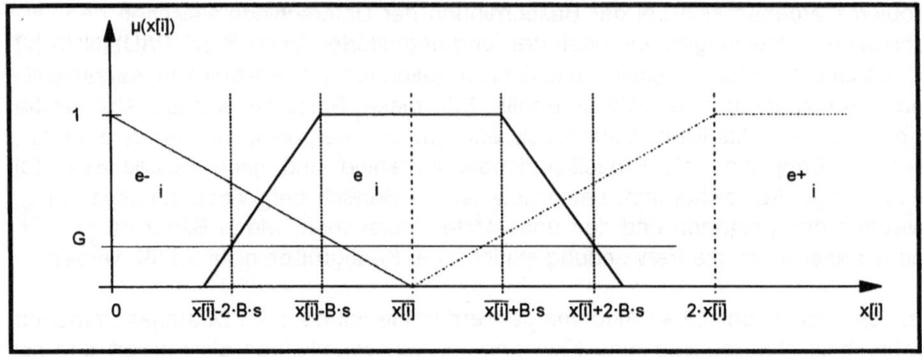

Bild 4 Zugehörigkeitsfunktion $\mu_{e_i}(x[i])$ in Abhängigkeit der Parameter B und G sowie des Mittelwerts $\overline{x[i]}$, und der Standardabweichung *s* aus *j* Versuchen mit gleicher Versuchsstörung

Die Randzugehörigkeitsfunktionen *e+* und *e-* können ebenfalls erzeugt werden.

Die Regeln werden automatisch generiert. Entweder wird für jeden Eingangsvektor über alle n Dimensionen oder über alle Dimensionen aller Eingangsvektoren eine Regel je Zugehörigkeitsfunktion (*e-, e, e+*) aufgebaut. Für jede Regel wird eine Ausgangsvariable mit einer Zugehörigkeitsfunktion generiert. Aggregations- (AGG) und Akkumulationsoperator sind aus mehreren vordefinierten Operatoren wählbar. Regeln erhalten damit folgende Form:

WENN $x[0] = e_0$ AGG $x[1] = e_1$ AGG ... AGG $x[n-1] = e_{n-1}$
DANN $y = e_y$

Es ist möglich, Sicherheitsoperator und Sicherheitsfaktor für jede Regel anzugeben.

Defuzzifikation wird entweder nach der simplifizierten Centroiden-Methode oder gar nicht vorgenommen. In diesem Fall erhält die Ausgangsvariable den errechneten Gesamtzugehörigkeitswert.

Es ist möglich, beliebig viele Regelebenen anzugeben. Sämtliche Ausgangs- und Eingangsgrößen der unteren Regelebenen stehen wieder als Eingangsgrößen der nächsten Ebene zur Verfügung, Bild 5. Der Aufbau hierarchischer Regelbasissysteme, beispielsweise nach SCHIMPE und WEBER [4], wird dadurch ermöglicht.

Ein Vorteil ist die Zusammenfassung von inhaltlich gleichwertigen Aussagen auf einer Ebene. In der untersten Regelebene 1 werden Abweichungen vom optimalen Prozeßverhalten bestimmt. Auf der nächsten Regelebene 2 werden diese Abweichungen schweißtechnisch relevanten Begriffen zugeordnet. Abweichungen innerhalb von Bereichen der Schweißspannung können als Wenn-Dann-Regel unter Ver-

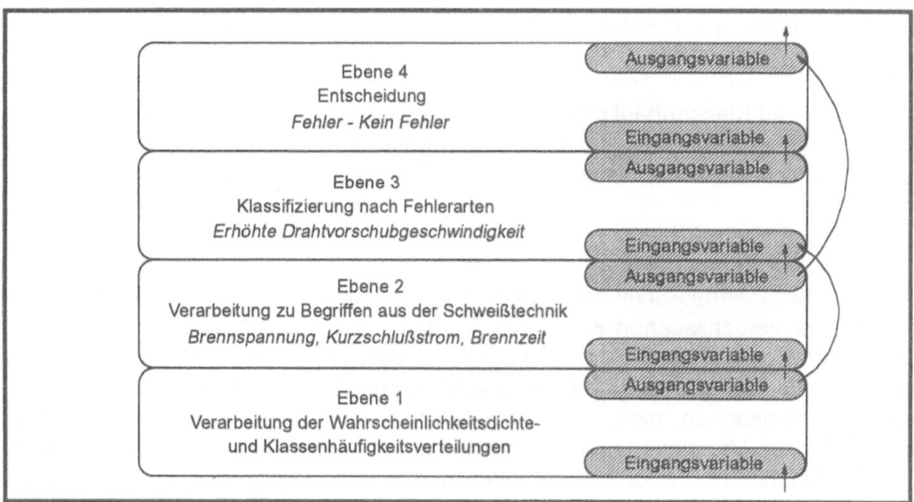

Bild 5 Prinzip des hierarchischen Regelbasissystems

knüpfung weiterer Bereichsvariablen als Aussagen über das Prozeßverhalten interpretiert werden. Regeln auf dieser Ebene 3 beeinhalten das Expertenwissen. Eine unscharfe Formulierung des Expertenwissens erweitert die Aussagemöglichkeiten über den stochastischen und nichtlinearen Prozeß. Die nächste Ebene 4 klassifiziert den Prozeß in *"Kein Fehler"* oder *"Fehler"*. Grundsätzlich können auch Aussagen unterer Ebenen bis auf diese Ebene direkten Einfluß haben und in Wenn-Dann-Regeln gefaßt werden. Dies ist der Fall bei Prozeßstörungen, beispielsweise *"Fehlen der Schweißspannung"* oder *"Lichtbogenabriß"*.

Optimierung einer bestehenden Regelbasis

Alle Zugehörigkeitsfunktionen, Regeln, Operatoren und Defuzzifikationsmethoden können einzeln modifiziert werden.

Für die große Anzahl von Eingangsvariablen sind Instrumente zur globalen Veränderung von Parametern des Fuzzy-Systems nötig. Dazu zählen:

- Variation der Parameter B für die Breite der trapezförmigen Fuzzy-Sets,
- Variation der Parameter G für die Steigung der Flanken der Fuzzy-Sets,
- Modifikation der Zugehörigkeitsfunktionen bei größer werdender Datenbasis durch Neuberechnung von Mittelwert und Standardabweichung sowie Umsetzung in die Fuzzy-Sets,
- selektives Löschen und Hinzufügen von Eingangsprämissen in den Regeln,
- Aufnahme neuer Fuzzy-Sets für schon bestehende linguistische Variablen beim Auftreten neuer Störungen.

On-line Auswertung von Versuchsdaten

Meßdaten werden mit dem AH XI aufgenommen, on-line zu Wahrscheinlichkeitsdichte- und Klassenhäufigkeitsverteilungen zusammengefaßt, dem FMH I zugeführt und ausgewertet. Qualitätsaussagen über den Prozeß stehen nach einer durchschnittlichen Bearbeitungszeit von zwei Sekunden zur Verfügung.

Anpassung an neue Arbeitspunkte

Ein zu überwachendes Schweißsystem ist weder robust noch zeitinvariant. Der Austausch einer verschlissenen Komponente durch eine neue Komponente verändert die elektrischen Prozeßsingal und somit die aufgenommenen Wahrscheinlichkeitsdichte- und Klassenhäufigkeitsverteilungen. Global können bestehende Zugehörigkeitsfunktionen, beispielsweise die für den ungestörten Versuch, nachträglich durch neue Versuchsdaten überladen werden. Dabei werden die neuen Zugehörigkeitsfunktionen wieder aus Mittelwert und Standardabweichung berechnet. Die Regelbasis auf der zweiten und allen folgenden Ebenen braucht dann im allgemeinen nicht verändert zu werden. Gültigkeit behält sie allerdings nur, wenn sich die Bereichseinteilung nicht zu sehr verschiebt. Andernfalls müssen auch die Bereichsgrenzen modifiziert werden.

4 Ergebnisse

Es konnten unbekannte Versuche mit dem FMH I zwischen gestört und ungestört klassifiziert werden. Bei den gestörten Versuchen wurden mögliche Störungsarten durch das Fuzzy-System angezeigt. Dabei wurde auch eine unbekannte Störungsklasse richtig zwischen mehreren bekannten interpoliert.

Bei Störungen werden mögliche Fehlerquellen über die verschiedenen Ebenen erklärt. Für die Praxis ist es auch möglich, nur anzeigen zu lassen, ob ein Fehler aufgetreten ist oder nicht. Dem Fachmann bleibt es dann vorbehalten, die weitergehende Fehleranalyse vorzunehmen. In Tabelle 1 sind die Zugehörigkeitswerte für die Ebene 3 für drei unbekannte Versuche angegeben. Auf Ebene 4 wird ein Fehler angezeigt, wenn der Zugehörigkeitswert zum ungestörten Versuch kleiner als 0,95 ist oder wenn für irgendeine andere Störung ein Zugehörigkeitswert von größer 0,9 errechnet wird.

Die zweite Störung *"Zwei Bleche mit Luftspalt"* ist nicht in der Regelbasis als möglicher Fehler abgelegt. Während der Schweißung zweier vollständig übereinander gelegter Bleche hatte sich das obere Blech aufgewölbt. Dadurch war nur noch teilweise ein Kontakt zum unteren Blech gegeben. Geschweißt wurde somit zum Teil nur über ein Blech und zum Teil über zwei Bleche. Außerdem entstand ein Luftspalt zwischen beiden Blechen. Aufgenommen in die Regelbasis sind die Fehler *"Zwei Bleche"*, *"Luftspalt"* und *"Teilweise ein Blech"*. Der aufgetretene Fehler kann als

Tabelle 1 Zugehörigkeitswerte dreier Versuche

Störungsart	Zugehörigkeitswerte für zu klassifizierende Versuche		
	Ungestört	Störung 1: Luftspalt	Störung 2: Zwei Bleche mit Luftspalt
Ungestört	0,96	0,63	0
Erhöhung der Drahtvorschubgeschwindigkeit	0	0,56	0,74
Verringerung der Drahtvorschubgeschwindigkeit	0,54	0,78	0
Erhöhung der Schweißspannung	0,57	0	0
Verringerung der Schweißspannung	0	0	0,23
Verringerung des Gasdüsenabstands	0	0	0
Schweißen über ein Blech	0	0,23	0,35
Schweißen über zwei Bleche	0,61	0,63	0,74
Schweißen über einen Überlappstoß mit einem Luftspalt zwischen Ober- und Unterblech: *Luftspalt*	0,75	0,92	0,58
Schweißen über ein in der Mitte eingelegtes drittes Blech von 1 mm Dikke und 20 mm Länge	0	0	0
Schweißen über ein Blech in der Mitte der Schweißnaht auf einer Länge von ungefähr 20 mm: *teilweise ein Blech*	0,54	0,69	0,9
Lichtbogenabrisse	0	0,59	0,56

Kombination mehrerer erlernter Fehler aufgefaßt werden. Die mit dem FMH I ermittelten Zugehörigkeitswerte für diese Meßdaten spiegeln den Fehler korrekt wider. Die relative hohe Zugehörigkeit für die *"Erhöhte Drahtvorschubgeschwindigkeit"* erklärt sich dem Fachmann implizit über den Effekt der *inneren Regelung.*

5 Zusammenfassung und Ausblick

Es konnte gezeigt werden, daß durch den Einsatz von Fuzzy-Logik eine phänomenologische Beschreibung von Lichtbogen-Schweißprozessen und eine Bewertung der Prozeßqualität möglich ist. Nötig ist dafür das Arbeiten mit den diskretisierten Wahrscheinlichkeitsdichte- und Klassenhäufigkeitsverteilungen, was eine genauere Beschreibung des Schweißprozesses zuläßt als die Formulierung des Expertenwissens durch die Verwendung von statistischen Kenngrößen mit ihrem integralen Charakter.

In der Schweißprozeßanalyse verwendete Qualitätssicherungs- und Prozeßüberwachungssysteme müssen durch einfache Modifikation in der Lage sein, sich auf ähnliche Arbeitspunkte zu kalibrieren. Nötig wird das durch den sehr sensibel auf Veränderungen reagierenden Schweißprozeß.

ANALYSATOR HANNOVER AH IX und FUZZY MONITOR HANNOVER FMH I sind prinzipiell für die Beurteilung jedes Schweißprozesses geeignet, bei dem Spannung und Strom Aussagen über die Prozeßqualität zulassen. Untersuchungen an Stabelektroden haben gezeigt, daß auch Fehler beim Handschweißen erkannt und richtig klassifiziert werden. Darüber hinaus kann die gesamte Prozeßklasse der durch Spannung und Strom beschreibbaren Prozesse überwacht und klassifiziert werden.

Zukünftig sollen existierende Regelbasen direkt in C-Quellcode übersetzt werden. Für den Einsatz beim vollautomatischen Roboterschweißen, bei dem für jeden Teilabschnitt eine eigene Regelbasis benötigt wird, sollen diese C-Quellcode-Texte im Sinne einer Qualitätsüberwachung zusammengeführt werden.

6 Schrifttum

[1] Rehfeldt, D.:
Verfahren und Analysiereinrichtung zur Untersuchung der Schweißspannungsschwankungen bei Elektroschweißverfahren.
Dr.-Ing.-Dissertation, TU Hannover, 1969

[2] Paulinus, D.:
Untersuchungen zur Güteüberwachung beim Metall-Aktivgasschweißen (MAG-Schweißen).
Dissertation A, TU "Otto von Guericke" Magdeburg, 1988

[3] Bocklisch, S. F.:
Experimentelle Prozeßanalyse mit unscharfer Klassifikation.
Dissertation A, Chemnitz, 1981

[4] Schimpe, H., u. R. Weber:
Wissensbasierte Datenanalyse mit Fuzzy Logik.
in: Sonderdruck aus *ist* - 4/92, S. 1-8

Applications of Fuzzy Logic and Soft Computing in Space

Hamid R. Berenji
Intelligent Inference Systems Corp.
AI Research Branch, MS: 269-2
NASA Ames Research Center
Mountain View, CA 94035
berenji@ptolemy.arc.nasa.gov

Fuzzy-logic systems have been successfully developed for many industrial applications. These systems seek to emulate the type of reasoning that humans perform when solving complex tasks.

The field of soft computing, as defined by Zadeh—the creator of fuzzy logic—encompasses fuzzy logic as well as other methodologies such as neural networks, genetic algorithms, and uncertainty management. It is expected that soft-computing techniques will eventually become as common and prevalent as traditional methods of computer science.

This talk presents an overview of applications of fuzzy logic [6, 5, 11, 13, 9, 4, 15, 7, 1, 3] and soft computing to space projects. The role of fuzzy systems that can learn from experience to improve their performance will be discussed. We present a report on applications of these adaptive systems to NASA space projects such as the orbital operations of the Space Shuttle, which include attitude control and rendezvous and docking operations. We will also provide insights on the future of soft computing and of its vast potential in industrial applications.

Future generations of intelligent systems are expected to demonstrate high degrees of autonomy in their operations. For example, future controllers for the Space Shuttle in-orbit operations will be required to consume less fuel, to be capable of performing more difficult maneuvers and rendezvous missions, and to eliminate jet overfirings that might result in payload contamination. Fuzzy logic control can play an important role in development of intelligent systems for space applications [2, 16, 17, 18] where the experience of human experts can be modeled and used. Fuzzy logic controllers generally use rules containing fuzzy terms such as small, medium, and large that can be mathematically represented using membership functions. The membership degrees range between zero (for non-membership) to one (for full membership).

A basic difficulty in design of these systems is the fine tuning of the membership functions of the labels used in the rules. In [3, 8, 19], reinforcement learning for tuning of membership functions was proposed and two architectures, ARIC and GARIC were developed.

GARIC is a hybrid architecture for fuzzy-logic control and reinforcement learning of control rules. In reinforcement learning, it is not assumed that there exists a supervisor that critically judges, at each time step, the chosen control action. In these systems, the learning system is told indirectly about the effect of the control action.

GARIC uses reinforcements from the environment to refine, globally in all the rules, its definitions of fuzzy labels. GARIC allows any type of differentiable membership function to be used in the construction of a fuzzy-logic controller.

After successful applications of these architectures to cart-pole balancing and truck backing [10] problems, the performances of these algorithms in the attitude control and rendezvous docking missions of the Space Shuttle were studied.

The attitude and translational maneuvers are important parts of the Space Shuttle in-orbit operations. The attitude controller performs a variety of tasks including:

1. *attitude hold*, or maintaining the desired attitude within a small region of the desired value, typically known as a dead-band,

2. attitude maneuver, or maneuvering from one attitude to another.

*

Typical controllers based on the phase plane concept have angle errors and rate errors as input values. The output of the controller is a command for generating a correcting torque. In the Space Shuttle, the rotational corrective torques are generated by compensating thrusters that fire along a given axis to nullify the input errors. Two types of thrusters (two levels of jet thrusts), known as primary and vernier, are employed. The Shuttle operates with two different sets of dead-band values performing rate maneuvers in pulse as well as discrete modes. Typical perturbations acting on the system include the gravity gradient, aerodynamic torques, and translational burns.

The translational controller also performs a variety of tasks including R-bar or V-bar approaches, where the Orbiter moves along the radius vector or velocity vector of the target; sequences of "hops"; station-keeping; and fly around operations. All test and training procedures were performed using the Orbital Operation Simulator (OOS): a high fidelity shuttle simulator that includes the space shuttle Digital Auto-Pilot (DAP) for attitude operation.

A fuzzy logic controller using 31 rules for each axis (pitch, roll, yaw) was developed [17]. For each rule, seven labels (NB, NM, NS, ZE, PS, PM, PB) were used for angle error and angle error rate, and five labels (NM, NS, ZE, PS, PM) were used for jet-firing commands. This controller held the error between a $\pm.5$ dead-band. If a tighter dead-band is required, then the membership functions must be adjusted manually. Using GARIC, however, the system learns to automatically adjust membership functions so that the error stays within the new tighter dead-band. In a learning experiment, a failure occurs when the value of a state variable goes beyond the desired dead-band. Over a number of trials, using the fuzzy reinforcement learning, GARIC learns to control the error so as to stay within the new, tighter, dead-band. Similar experiments were also performed for translational control including the R-bar approach, V-bar approach, and fly-around operations[12]. These experiments showed that GARIC can learn to perform a new task with a limited number of trials in a complex environment.

In another project, we have employed GARIC to develop a controller for tether control on board the Space Shuttle. The primary objectives were to deploy the Italian satellite weighing 525 kg to a distance of 20 km above the Space Shuttle by means of a conducting tether, to acquire necessary scientific and operational data, and to retrieve the satellite to the shuttle for reuse. A number of considerations, such as the need to operate in a vacuum, gravitational and magnetic forces, and lack of an external gravitational field considerably complicate this problem. The time varying dynamics of the long, flexible, variable-length tether, and those of the orbiter and satellite make tether control an even more difficult task.

In this problem, tether oscillation can be indirectly manipulated through tether's length maintenance. By controlling the voltage applied to the motor during the retrieval phase, tether length and its length rate can be maintained. In our GARIC model for this system, the inputs are length error and length rate error, each represented by means of 7 labels. The controller output is change in voltage to be applied to motors also represented using 7 fuzzy labels. The system employs 49 rules and the action selection network in GARIC has 2,14,49,7,1 neurons, respectively, in its five layers. Learning experiments were performed during deployment phase (i.e., 16200 seconds). GARIC learned to maintain the dead-band in a small number of trials (less than 5).

In conclusion, GARIC provides a general approach for developing intelligent systems, starting with the available prior knowledge of the experts in the form of fuzzy rules and refining this knowledge on the basis of the reinforcements obtained while experimenting with the system. GARIC is an example of a hybrid neuro-fuzzy system. Alternative hybrid systems can be developed using other soft computing techniques, such as genetic algorithms. In the next few years it is expected that soft computing will grow as a source of methods to develop intelligent computational systems for space applications.

References

[1] H. R. Berenji. Fuzzy logic controllers. In R. R. Yager and L.A. Zadeh, editors, *An Introduction to Fuzzy Logic Applications in Intelligent Systems*, pages 69–96. Kluwer Academic Publishers, 1991.

[2] H. R. Berenji. On the integration of reinforcement learning and approximate reasoning for control. In *American Control Conference*, pages 1900–1904, Brighton, England, 1991.

[3] H.R. Berenji. An architecture for designing fuzzy controllers using neural networks. *International Journal of Approximate Reasoning*, 6(2):267–292, February 1992.

[4] H.R. Berenji. Fuzzy and neural control. In P.J. Antsaklis and K. M. Passino, editors, *An Introduction to Intelligent and Autonomous Control.* Elsevier, North-Holland, 1992.

[5] H.R. Berenji. Fuzzy Reinforcement Learning and Dynamic Programming. In *International joint Conference on Artificial Intelligence, workshop on Fuzzy Logic Control*, Chambery, France, August 1993.

[6] H.R. Berenji. Fuzzy Q-Learning: A new approach for Fuzzy Dynamic Programming problems. In *Third IEEE International conference on Fuzzy Systems*, Orlando, FL, June 1994.

[7] H.R. Berenji, Y.Y. Chen, C.C. Lee, J.S. Jang, and S. Murugesan. A hierarchical approach to designing approximate reasoning-based controllers for dynamic physical systems. In P.P. Bonissone, M. Henrion, L.N. Kanal, and J. Lemmer, editors, *Uncertainty in Artificial Intelligence: Volume VI, in the series Machine Intelligence and Pattern Recognition*, pages 331–343. Elsevier, North-Holland, 1991.

[8] H.R. Berenji and P. Khedkar. Learning and tuning fuzzy logic controllers through reinforcements. *IEEE Transactions on Neural Networks*, 3(5), 1992.

[9] H.R. Berenji and P. Khedkar. Fuzzy rules for guiding reinforcement learning. In *IPMU*, Palma de Mallorca, Spain, July 1992.

[10] H.R. Berenji and P. Khedkar. Using fuzzy logic for performance evaluation in reinforcement learning. Technical Report FIA-92-28, AI Research Branch, July 1992.

[11] H.R. Berenji and P. Khedkar. Clustering in product space for fuzzy inference. In *Second IEEE International conference on Fuzzy Systems*, San Francisco, CA, March 1993.

[12] H.R. Berenji, R.N Lea, Y. Jani, A. Malkani, and J. Hoblit. A learning fuzzy logic controller for the space shuttle's orbital operations. Technical Report FIA-92-30, AI Research Branch, October 1993.

[13] H.R. Berenji, Y. Jani R.N Lea, P. Khedkar, A. Malkani, and J. Hoblit. Space shuttle attitude control by fuzzy logic and reinforcement learning. In *Second IEEE International conference on Fuzzy Systems*, San Francisco, CA, March 1993.

[14] J.S. Jang. Self-learning fuzzy controllers based on temporal back propagation. *IEEE Transactions on Neural Networks*, 3(5), 1992.

[15] R. Langari and H.R. Berenji. Fuzzy logic in control engineering. In David White and Donald Sofege, editors, *Handbook of Intelligent Control*, pages 93–140. Van Nostrand, 1992.

[16] R. Lea, R. H. Fritz, J. Giarratano, and Y. Jani. Fuzzy logic control for camera tracking system. In *8th International Congress of Cybernetics and Systems*, New York, NY, June 1990.

[17] R. Lea, J. Hoblit, and Y. Jani. Performance comparison of a fuzzy logic based attitude controller with the shuttle on-orbit digital auto pilot. In *North American Fuzzy Information Processing Society*, Columbia, Missouri, May 1991.

[18] R. Lea, J. Villarreal, Y. Jani, and C. Copeland. Learning characteristics of a space-time neural network as a tether skiprope observer. In *North American Fuzzy Information Processing Society*, pages 154–165, Puerto Vallarta, Mexico, December 1992.

[19] C.C. Lee and H.R. Berenji. An intelligent controller based on approximate reasoning and reinforcement learning. In *Proc. of IEEE Int. Symposium on Intelligent Control*, Albany, NY, 1989.

Teil II

Soft Computing in Fril

J. F. Baldwin[1]

Department of Engineering Mathematics
& Advanced Computer Research Centre
University of Bristol, UK.

Abstract Fril is an ideal language for soft computing since it is an efficient general logic programming language with special structures to handle uncertainty and imprecision. Four types of rules are allowed in Fril: (1) Prolog style rule, (2) Probabilistic fuzzy rule, (3) Causal Relational rule, (4) Evidential Logic Rule. Both fuzzy and probabilistic uncertainties can be handled. Fril can be linked to Mathematica allowing mathematical artificial intelligence problems with vagueness and uncertainty to be conveniently easily solved in a user friendly design environment.

1. Introduction

The term soft computing was introduced by Lotfi Zadeh. He has stated, [Zadeh 1993], that the emergence of effective ways of dealing with complex, large scale systems through the use of fuzzy logic (FL), neural networks (NN), probabilistic reasoning (PR) and other techniques can be referred to collectively as soft computing (SC). Viewed as branches of soft computing FL is concerned mainly with imprecision, NN with learning and PR with uncertainty. He also pointed out that there is considerable overlap between FL, NN and PR and often they can be used to advantage in combination.

Fril is an ideal language for soft computing since it is an efficient general logic programming language with special structures to handle uncertainty and imprecision. Four types of rules are allowed in Fril

(1) Prolog style rule
(2) Probabilistic fuzzy rule
(3) Causal Relational rule
(4) Evidential Logic Rule

The popularity and success of fuzzy control which uses simple IF ... THEN rules should motivate knowledge engineers to investigate the use of Fril and fuzzy methods for intelligent systems. We would expect such areas of application as expert systems for large scale engineering systems, vision understanding systems, planning, robotics, military systems, medical and engineering diagnosis, economic planning, human interface systems and data compression to benefit from this more general modelling approach.

Fril is a complete programming system with an incremental compiler, on-line help, a step by step debugger, modular code development and optimisation, [Baldwin, Martin,

[1] Professor J. F. Baldwin is a SERC Senior Research Fellow

[McCabe 1992]. A menu driven window environment with dialogue boxes can be written in Fril to provide the intelligent systems application with a friendly front end. Fril can also be linked to Mathematica allowing mathematical equations to be solved as part of the inference process. Mathematica commands can be sent from Fril directly to Mathematica and answers received by Fril can act as data for part of some inference process, [Baldwin , Martin 1994].

2. FRIL RULES

The three Fril rules are of the form:

< head > IF < body > : < list of support pairs >

where the head of the rule can contain a fuzzy set. In the case of rules of type 1 and 2 the body of the rule can be a conjunction of terms, disjunction of terms or mixture of the two and each term can contain a fuzzy set. The body of the third rule is a list of weighted features where a feature is simply a condition which may contain a fuzzy set or the head of another rule. The list of support pairs provide intervals containing conditional probabilities of some instantiation of the head given some instantiation of the body.

An example of each type of rule is as follows:

Example of type 1 rule

suitability(place X for sports stadium Y is high)
IF
access(X from other parts of city is easy) ∧
cost_to_build(Y at X is fairly cheap) : [0.9 1]

which states that there is a high probability that any place X is highly suitable to build a sports stadium Y if X is easily accessed and Y can be built fairly cheaply at X.

Example of type 2 rule

shoe_size(man X is large)
IF
height(X is tall);
height(X is average);
height(X is small) : [0.8, 1] ; [0.5 0.6] ; [0, 0.1]

This rule states that the probability of a tall man wearing large shoes is greater than 0.8. The probability that an average height man wears large shoes is between 0.5 and 0.6. The probability that a small man wears large shoes is less than 0.1.

We can think of the rule as representing the relationship between two variables, S and H, where S is shoe size and H is height of man. S is instantiated to large while H has three instantiations in the body of the rule. The rule expresses Pr(S is large | H is hi) where hi is a particular fuzzy instantiation of H. This type of rule is useful to represent fuzzy causal nets and many other types of applications.

Example of a type 3 rule

suitability_as_secretary(person X is good)

IF

most {0.1 readability(handwriting of X, high) ; 0.1 neatness(X, fairly good)

;

0.2 qualifications(X applicable) ; 0.1 concentration(X, long) ;

0.3 typing_skills(X, very good) ; 0.2 shorthand(X, adequate)}

: [1, 1] [0, 0]

This rule says that a person's suitability as a secretary is good if most of the weighted features in the body of the rule are satisfied. The term most is a fuzzy set which is chosen to provide optimism for those persons who satisfy the criteria well and pessimism for those who satisfy the criteria badly. Type 3 rule is an evidential logic rule and can be used for vision understanding and case based reasoning. The satisfaction of features such as qualifications(X, applicable) is determined from another rule with satisfaction as head. Methods can be used to determine near optimal weights and the fuzzy sets in the body of the rules, [Baldwin 1994].

3. INTELLIGENT DATA BROWSER

Fril has been used to implement an intelligent data browser. A window environment front end is provided which allows the user to enter a database or link to an existing database in Oracle, input rules and ask any relevant queries concerning the database. The required evidential logic and other rules required to answer a particular query will automatically be constructed using techniques described in [Baldwin 1994]. The user can ask for an explanation and can investigate the sensitivity of any new rules constructed. Queries can be asked about any attribute of the database when given information concerning other attributes of the database. The given information need not be precise and can be in the form of fuzzy sets or intervals or sets of values. The user can contribute to the establishment of the required rules in various ways such as choosing the type of rule, the features in the body of a rule, the weights in an evidential logic rule, the fuzzy sets in a rule. These decisions can be made by the intelligent browser automatically but the user can then make any changes if required. Rules formed are retained for future use. When appropriate the accuracy of a new rule can be tested by using the database as test cases for which the answers are known.

This type of module has many applications from scientific, engineering, financial and business fields. The system can be used to provide a summary of large amounts of data, interpolate between database instances, provide approximate reasoning, derive classifiers, perform case based reasoning, derive causal nets, derive probabilistic fuzzy rules, derive fuzzy controllers.

In the case of classification, for example, the classification could be the suitability of a house for a given customer and the features would be the various qualities of the house such as size of garden, number of bedrooms, size of lounge etc. A representative number of examples of suitable houses would be chosen by the customer. A new house on the market could then be tested to see for which customers it would be suitable.

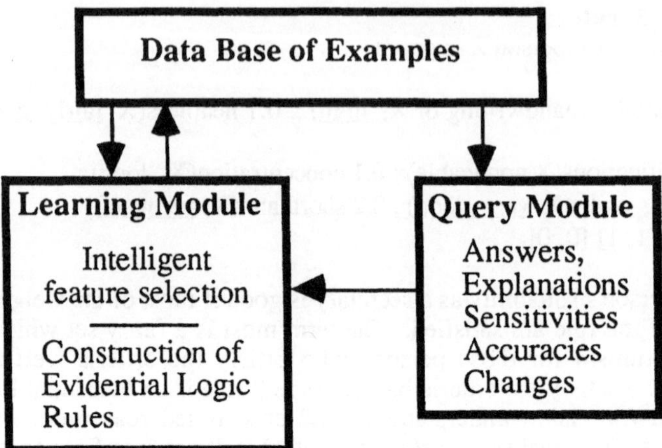

The database could be the classification of credit worthiness of persons. The classification of credit worthiness could be {very_good, good, average, poor, very_poor}. The database would consist of past customers with their details as features and subjective credit worthiness estimated.

Another example might be a classification of change in interest rate with features representing economic measurable conditions.

Classes of {very_good, good, average, poor, very_poor} for the potential for oil at a given place with geological measurement and other features is another obvious example.

In all these applications the module replaces large amounts of data in the database with rules of various types. These rules approximates the data and generalises the data. It represents a soft computing environment and combines FL, NN and PR methods for establishing the rules. A specialised fuzzy control module has also been developed, [Baldwin, Pilsworth 1994] and this will be incorporated into the intelligent browser module.

The learning module uses methods of self organisation to select features for the body of the rule it is in the process of constructing. This involves data reduction and feature selection techniques using principal component analysis, unsupervised learning methods, auto associative back propagation, and genetic programming. In general the best features to use in the rules will be non-linear transformations of the database attributes. Consider the simple example in which all legal points lie inside a circle of radius 1. The attributes provided are co-ordinate measurements X1 and X2 and points in the data base for which $X1^2 + X2^2 \leq 1$ are labelled legal and those for which $X1^2 + X2^2 > 1$ are labelled illegal. Suppose we allow X1 and X2 to be the features in the body of a simple Fril rule of the form

legal((X1, X2)) IF X1 is in F1 AND X2 is in F2

where Fl is a set of values X1 can take and F2 a set of values X2 can take. We would then have to choose Fl = F2 = [-1, +1]. This would provide the solution that any point lying in the square $-1 \leq X1 \leq +1$, $-1 \leq X2 \leq +1$ is a legal point. We could instead use the feature $X3 = X1^2 + X2^2$ in the rule

legal(X3) IF X3 is in F3

where F3 is the set of values that X3 can take. We would then choose F3 = [0, 1] and the rule would provide the correct solution. This solution would be derived using genetic programming where new features would be randomly generated using the generating set {+, -, *, X1, X2}. S Expressions can be generated by selecting at random from this set. If + or - or * are chosen then two arguments are chosen from the set. A probability distribution over this set can be chosen to provide short expressions on average.

In using a genetic programming approach, [Koza 1992], to derive the evidential logic rules in FRIL for a given application several sets of evidential logic rules are first chosen at random. Each one is then evaluated for performance and given a fitness value. Cross fertilisation is then used to generate a new program. This is done by choosing two programs from the original set with probabilities proportional to the degree of fitness. These two programs are mixed to form two new programs. This will be done by cutting the bodies associated with each of the programs at a randomly chosen position and swapping the resulting parts of the two programs. The importances for the new programs are then recalculated and the resulting programs evaluated and given fitness values. The new programs are then added to the original set and a new set of programs drawn from this set using the probabilities proportional to the fitness values for each of the programs. The representation of the FRIL programs will be chosen so that the cross fertilisation operation is possible and will always lead to valid FRIL evidential logic programs.

In the data browser the user can help to find good features in terms of the attributes. These would be included in the genetic programming process. The neural net type feature selection methods can also provide good features. Unsupervised methods such as learning vector quantization and Kohonen maps, backward inhibition and delta rule self organisation can be used. The new feature set should have lower dimension and similar information content to the original set. The delta rule spreads the variance equally among the reduced dimension set while the principal component analysis and backward inhibition methods maximises the variance in the first dimension. These are linear mappings and are not always useful. The learning vector quantization and Kohonen's self organising maps find non-linear mappings corresponding to curved surfaces. [Hrycej 1992] discusses certain aspects of the self organisation methods using neural techniques mentioned here.

When the features have been determined for answering a given query the fuzzy sets in the body of the rule are determined using mass assignment method, [Baldwin 1994] and if the rule is an evidential logic rule the near optimal weights are determined using a semantic unification algorithm, [Baldwin 1994]. These methods have been found to work well and have been tested on problems for which neural net techniques have been used. Such a test case is described in [Baldwin, Gooch and Martin 1994].

4. Co-Operative Answering of Queries

Another research problem relevant to the concept of an intelligent browser in relation to a given database is how to retrieve relevant information which is near to the solution required by the user when the database contains no solution fully compatible with the conditions of the query. The retrieval in this case must satisfy the intention of the user. The following is an example to illustrate this problem.

A user wishes to go from Bristol to Glasgow by air travel the next day. The database has no seats for the particular day asked for. There are alternatives if one or more conditions are relaxed. Which condition should be relaxed? We could replace Glasgow by Edinburgh and if a flight was available find a flight from Edinburgh to Glasgow. Suppose there were no flights from Edinburgh to Glasgow we could relax the air travel condition for this short journey and replace it with train or coach. In this way a satisfactory route could be found for the customer which would satisfy his basic intention of getting to Glasgow as conveniently as possible. An alternative would be to find a flight to Glasgow from a city near Bristol and find a means of travelling to this city. Again we could relax the air travel condition and find a train or coach from Bristol to Glasgow. We could also relax the day the user wants to go to Glasgow and replace it with a day for which there is a flight from Bristol to Glasgow. These alternative solutions are not equally valid. The change of day would in most instances be far less attractive to the user than the first alternative.

How can the retrieval management of the database be constructed so that the most likely attractive alternative is presented to the customer. The relaxation of a given condition is not too difficult to implement with the actual structure of the fuzzy database. It is obtained by predicate generalisation followed by an alternative specialisation which is near in some sense to the original. The choice of distance to measure the nearness is not obvious and meta rules are required to achieve the most sensible and relevant metric. In this example, we relax the Glasgow condition by generalising it to city which is near to Glasgow and measure nearness in terms of the time to get from city to Glasgow after arrival at Glasgow. Once again the choice of metric is conditional on the intention of the user. The more difficult problem is to decide which condition to relax first.

What meta rules are required in order to make this decision? The meta rules must model and therefore provide a theory for the intention of a typical person. This retrieval would be done using a dialogue with the user so that it will arrive at a sensible solution eventually. A good retrieval system would provide the solution without too much frustration from the user. The user does not want to answer too many questions prior to being given a possible alternative.

In the literature this type of database retrieval is called co-operative answering, [Gaasterland, Godfrey, Minker 1992] but the papers to date do not really address the main issues. They concentrate on the relaxation aspects which are reasonably easy to implement. We could implement this for the data browser. A type lattice of concepts would be used and this is necessary for the relaxation implementation. The actual structure of the software for the data browser is very suitable for this intelligent co-operative answering implementation.

The intelligent answering system can also make use of the evidential logic rule. As an example, consider a database of cooking ingredients for a given household. A given recipe is entered into the computer which provides alternatives for any ingredients not held in stock. This example illustrates another aspect of the intelligent database.

We have not yet implemented these ideas into the data browser and more fundamental research is required to provide ways of treating the various problems for co-operative answering.

5. Fuzzy Control

The fuzzy logic rule

IF X_1 is $\tilde{f}_i$ AND ... AND X_n is $\tilde{f}_n$ THEN Y is $\tilde{g}$ where $\tilde{f}_i$ ... $\tilde{f}_n$ are fuzzy sets defined on universes F1, ..., Fn respectively and $\tilde{g}$ is a fuzzy set defined on the universe G can be written in Fril as

((value of Y is $\tilde{g}$)

(value of X_1 is $\tilde{f}_i$) ... (value of X_n is $\tilde{f}_n$))

Suppose we know that

(value of X_1 is $\tilde{f}'_i$)

. . .

(value of X_n is $\tilde{f}'_n$)

then we can use this with the rule above to make an inference concerning the value of Y.

We can determine support pairs for the conditional probabilities Pr(X is $\tilde{f}_i$ | X is $\tilde{f}'_i$) using interval value semantic unification or point values for these conditional probabilities using point value semantic unification.

Pr(X is $\tilde{f}_i$ | X is $\tilde{f}'_i$) ε [θ_{li}, θ_{ui}] if we use interval semantic unification

Pr(X is $\tilde{f}_i$ | X is $\tilde{f}'_i$) = θ_i if we use point semantic unification

We will assume point semantic unification in this paper.

Then the Fril rule of inference gives

Pr((value of Y is $\tilde{g}$)) ε θ + [0, 1](1-θ) = [θ, 1]

where θ is given by

$\theta = \theta_1\theta_2 \dots \theta_n$ for the point semantic unification case

Thus we can conclude the Fril fact

((value of Y is $\tilde{g}$)) : (θ 1)

where (θ 1) is a support pair representing a probability interval containing the probability of ((value of Y is $\tilde{g}$)).

This corresponds to a mass assignment, in the sense of a basic probability assignment of the Dempster / Shafer theory

m = {(value of Y is $\tilde{g}$))} : θ, {(value of Y is G)} : 1-θ

From this mass assignment we can calculate an expected fuzzy set $\tilde{g}'$ where

$\mu_{\tilde{g}'}(x) = \theta\mu_{\tilde{g}}(x) + (1-\theta)$ for any x ε G

to give the inference

((value of Y is $\tilde{g}'$))

The inference is expressed in terms of a fuzzy set $\tilde{g}'$. We obtain an expected fuzzy set from each of the rules and intersect these to obtain a final fuzzy set $\tilde{g}_f$ for the inference.

For control purposes we require to choose a value from G consistent with this final fuzzy set $\tilde{g}_f$. There are various defuzzification algorithms used to perform this task but they are not with in the spirit of Fril and we require an approach which is in keeping with the Fril semantics of fuzzy sets.

We interpret the statement

((value of Y is $\tilde{g}_f$))

as defining a possibility distribution over G for the value of Y. This possibility distribution is equivalent to a family of probability distributions given by the mass assignment $m_{\tilde{g}_f}$. From this family of distributions we choose the least prejudiced probability distribution by re-distributing the mass associated with a group of elements equally among those elements. For this purpose we assume the fuzzy set is normal, i.e. it has a maximum membership value of 1. If this is not the case we re-normalise.

We then calculate the mean of this distribution to give our inferred value, i.e.

(value of Y is $\bar{y}$)

where

$$\bar{y} = \int y p^{lp}_{\tilde{g}'}(y) dy$$

where $p^{lp}_{\tilde{g}}$ is the least prejudiced probability distribution for Y given that Y is $\tilde{g}_f$.

6. References

Baldwin J. F., 1994, "Evidential Logic Rules from Examples", Proc. EUFIT 94

Baldwin, J. F., & Martin, T. P. (1993). From Fuzzy DataBases to an Intelligent Manual using Fril. Journal of Intelligent Information Systems, To Appear, 1-26.

Baldwin, J. F., Martin, T. P., & Pilsworth, B. P. (1994). Fril - Fuzzy Evidential reasoning in AI. Research studies Press Ltd.

Baldwin J. F. , Gooch R. M., Martin T. P., 1994, "Classification of Underwater Sounds using Evidential Logic", Proceedings of Eufit 94

Baldwin J. F., Pilsworth B. W., 1994, "Fuzzy Control Modules in Fril", Proc. Eufit 94

Gaasterland T, Godfrey P, Minker J., 1992, "Relaxation as a Platform for Co-operative Answering' Jour. of Intelligent Information Systems, 1, 293-321.

Hrycej Tomas, 1992, Modular Learning in Neural Networks, John Wiley & Sons Inc.

Koza J. R., (1992), Genetic Programming, Bradford Book, MIT Press

McCabe F. G., (1992), Logic and Objects, Prentice Hall

Zadeh L., 1993, Forward to Eufit Proceedings 93.

Ein Fuzzy-Prädiktor für Bioprozesse

Michael Hanss
Institut A für Mechanik
Universität Stuttgart
Pfaffenwaldring 9
D-70550 Stuttgart, Germany

1 Einleitung

Die industrielle Nutzung von Bioprozessen gewinnt in der heutigen Zeit mehr und mehr an Bedeutung. Lebensmittelherstellung, Arzneimittelproduktion und Entsorgungsaufgaben sind die wohl bekanntesten einer ganzen Reihe von Anwendungsgebieten, bei denen der Einsatz von Mikroorganismen bereits zur Routine geworden ist. Wie bei jedem verfahrenstechnischen Prozeß, so stehen auch bei Bioprozessen Kriterien wie Produktivität, Wirtschaftlichkeit und Betriebssicherheit im Vordergrund, deren Optimierung es anzustreben gilt. Diese Ziele lassen sich allerdings nur durch den Einsatz effizienter Überwachungs-, Steuerungs- und Regelungseinrichtungen erreichen, die ihrerseits wiederum A-priori-Kenntnis über das Prozeßverhalten voraussetzen, um akzeptable Ergebnisse zu liefern.

Sofern es Zeit- und Kostenaufwand überhaupt zulassen, mathematische Modelle für Bioprozesse auf analytische Weise zu erstellen, sind die gewonnenen Modelle in der Regel durch äußerst komplexe Zusammenhänge und hochgradig nichtlineare Gleichungen gekennzeichnet. Dabei verbleibt gewöhnlich eine Vielzahl unbestimmter Systemparameter, die sich trotz aufwendiger Versuchsreihen zumeist nur sehr ungenau identifizieren lassen. Vor diesem Hintergrund stellen Bioprozesse ein geradezu prädestiniertes Einsatzgebiet für „unscharfe Modelle" dar, zumal sich nach ZADEH [9] eine größere Systemkomplexität generell nur durch die gleichzeitige Hinnahme einer geringeren Genauigkeit in den einzelnen Prozeßgrößen erfassen läßt. Es wird daher ein Fuzzy-Modell für einen Bioprozeß entwickelt, das die On-line-Schätzung einer interessierenden Zustandsgröße über zumindest einen Abtastzeitschritt in die Zukunft gewährleistet, d.h. es wird ein Fuzzy-Prädiktor vorgestellt.

2 Der biologische Wachstumsprozeß

Als beispielgebender Bioprozeß wird das Wachstumsverhalten des Bakteriums *streptomyces tendae* in einem Fed-batch-Biofermenter betrachtet. Dieser Prozeß besitzt den Vorteil, daß für ihn bereits ein komplexes mathematisches Modell verfügbar ist ([7],[8]), durch dessen Simulation eine einfache Verifikation des Fuzzy-Prädiktors ermöglicht wird. Als Ausgangsgröße, die es zu prädizieren gilt, ist die Konzentration c_s eines bestimmten Nährsubstrates in der Fermenterbrühe von Interesse. Zum Ausgleich der stoffwechselbedingten Abnahme der Nährsubstratkonzentration wird dem Fermenter kontinuierlich eine

Lösung mit konstanter Substratkonzentration c_s^0 zugeführt. Der Zulaufstrom u stellt hierbei die Eingangsgröße des Bioprozesses dar. Außerdem wird dem Sauerstoffbedarf der Bakterien durch eine kontinuierliche Belüftung des Fermenters mit Umgebungsluft Rechnung getragen.

Unter Ausnutzung von A-priori-Information über das prinzipielle dynamische Verhalten von Fed-batch-Bioprozessen in Form einfacher Bilanzgleichungen für Biomassekonzentration c_x, Substratkonzentration c_s, Volumen V der Fermenterbrühe und Sauerstoffpartialdruck p_{O_2} im Abgas läßt sich zunächst ein vereinfachtes Basismodell für den Prozeß erstellen [5]. Die Bilanzgleichung für die im weiteren interessierende Substratkonzentration c_s lautet hierbei:

$$\frac{dc_s(t)}{dt} = -\mu(t)\,Y(t)\,c_x(t) + \left(c_s^0 - c_s(t)\right)\frac{u(t)}{V(t)}\,. \tag{1}$$

Die zeitliche Änderung der Substratkonzentration wird damit im wesentlichen durch zwei Anteile bestimmt. Durch den

Verbrauchsterm

$$z(t) = \mu(t)\,Y(t)\,c_x(t)\,, \tag{2}$$

der den momentanen Substratbedarf der Mikroorganismen kennzeichnet, und den

Konvektivterm

$$s(t) = \left(c_s^0 - c_s(t)\right)\frac{u(t)}{V(t)}\,, \tag{3}$$

der die Substratzufuhr aus der Umgebung berücksichtigt.

Letzterer besteht ausnahmslos aus a-priori bekannten Parametern oder on-line leicht meßbaren Größen und kann damit zu jedem Zeitpunkt t bestimmt werden. Die Höhe des Verbrauchsterms $z(t)$ ist hingegen on-line nicht ohne weiteres zu quantifizieren, da weder die Parameter $\mu(t)$ und $Y(t)$ für das Biomassewachstum und die Substratausbeute noch der Konzentrationsverlauf $c_x(t)$ der Biomasse bekannt oder auf einfache Weise zu ermitteln sind.

Durch Approximation des Differentialquotienten mittels eines Vorwärtsdifferenzenquotienten läßt sich (1) in eine adäquate Darstellung für Abtastsysteme mit der Abtastzeit Δt überführen. Für die Substratkonzentration zum Zeitpunkt $t_{k+1} = (k+1)\cdot\Delta t$ ergibt sich dann unter Berücksichtigung von (2) und (3):

$$c_s(t_{k+1}) = c_s(t_k) + \Delta t\cdot\left(s(t_k) - z(t_k)\right)\,. \tag{4}$$

Um mit Hilfe von (4) eine erfolgversprechende On-line-Prädiktion der Substratkonzentration durchführen zu können, muß eine Schätzung für den unbekannten Verbrauchsterm

$z(t_k)$ vorliegen. Hierzu wird angenommen, daß sich von dem Partialdruck p_{O_2} des Sauerstoffs im Fermenterabgas und seiner zeitlichen Änderung dp_{O_2}/dt Rückschlüsse auf die Höhe des Verbrauchsterms ziehen lassen. Die Zweckmäßigkeit dieser Annahme ergibt sich zum einen aus der biologischen Anschauung, zum anderen läßt sie sich auch auf der Grundlage der Bilanzgleichung für den Sauerstoffpartialdruck aufzeigen. Das dynamische Prädiktionsproblem kann damit im wesentlichen auf die Modellierung eines statischen, nichtlinearen Untersystems reduziert werden, das sich mit Hilfe der abkürzenden Schreibweise $x(t) = p_{O_2}(t)$, $y(t) = dp_{O_2}(t)/dt$ und $k = t_k/\Delta t$ in der Form

$$z(k) = f(x(k), y(k)) \tag{5}$$

darstellen läßt. Da dieser funktionelle Zusammenhang in seiner Struktur jedoch nicht bekannt ist, scheidet eine Verwendung klassischer Identifikationskonzepte an dieser Stelle aus. Die Modellierung von $z(x, y)$ soll daher auf der Grundlage der Fuzzy-Logik erfolgen.

3 Fuzzy-Modellierung

Im Gegensatz zu Fuzzy-Systemen, die ihre Anwendung als Fuzzy-*Regler* finden, sind die Anforderungen, die an Fuzzy-*Modelle* für reale Prozesse gestellt werden, ungleich höher. An die Stelle der weit verbreiteten heuristischen Vorgehensweise beim Entwurf von Fuzzy-Regelsystemen muß bei der Fuzzy-Modellierung eine Identifikationsaufgabe auf der Basis von Prozeßmeßdaten treten, die eine nicht nur qualitativ, sondern auch quantitativ angemessene Beschreibung des Prozeßverhaltens ermöglichen soll.

In Übereinstimmung mit den klassischen Modellierungsansätzen lassen sich auch bei der Fuzzy-Modellierung die Phasen der Struktur- und der Parameteridentifikation unterscheiden. Sie werden allerdings durch eine weitere, fuzzy-spezifische Komponente ergänzt, welche die Festlegung geeigneter Fuzzy-Operatoren, d.h. im wesentlichen die Auswahl einer passenden Inferenz- und Defuzzifizierungsmethode, umfaßt. Die letztgenannten Probleme lassen sich dabei erfolgreich durch Vorüberlegungen lösen, die darauf zielen, zusätzliche, unerwünschte Nichtlinearitäten durch die Wahl linearer Fuzzy-Operatoren zu vermeiden. Die Struktur- und Parameteridentifikation für Fuzzy-Modelle stellt hingegen eine nichttriviale Aufgabe und damit das eigentliche Kernproblem der Fuzzy-Modellierung dar.

Unter der Strukturidentifikation ist zunächst die Festlegung der linguistischen Variablen für die Ein- und Ausgänge des Fuzzy-Modells zu verstehen. Im vorliegenden Falle sind diese bereits durch $x(k)$, $y(k)$ und $z(k)$ festgelegt. Darüber hinaus umfaßt die Strukturidentifikation die Bestimmung der Anzahl der zugehörigen linguistischen Werte, d.h. der unscharfen Mengen, die über den Wertebereichen der einzelnen Variablen zu definieren sind.

Die Parameteridentifikation bezeichnet schließlich die genaue Lagebestimmung dieser Fuzzy-Mengen und, sofern nicht schon vorab festgelegt, auch deren Gestalt in Form der entsprechenden Zugehörigkeitsfunktionen. Außerdem kann auch die Ermittlung der Regelbasis, die die Ein- und Ausgangsgrößen des Fuzzy-Modells miteinander in Beziehung setzt, als eine Parameteridentifikation aufgefaßt werden, da sich die Regelbasis allgemein als ein Tensor darstellen läßt, bei dem jedes Element genau eine Regelaussage repräsentiert. Die Regelbasisgenerierung entspricht somit einer Identifikation der jeweiligen Tensorelemente.

Durch die genannten Vorüberlegungen läßt sich eine Verwendung der folgenden Verfahren und Konfigurationen für die Fuzzy-Modellierung festschreiben:

1. Die Fuzzy-Mengen über den Ein- und Ausgangsgrößen des Fuzzy-Systems werden durch c lineare, dreiecksförmige Zugehörigkeitsfunktionen $m_i(x)$ charakterisiert, von denen die Randfunktionen $m_1(x)$ und $m_c(x)$ Sättigungsverhalten aufweisen und zu halbseitig geöffneten Dreiecken entarten (Bild 1). Diese Zugehörigkeitsfunktionen erfüllen für alle x die Schließbedingung

$$\sum_{i=1}^{c} m_i(x) = 1 \tag{6}$$

und sind letztlich eindeutig bestimmt durch den Vektor

$$\underline{b} = [b_1, b_2, ..., b_c]^T \qquad \text{mit} \qquad b_1 < b_2 < \ldots < b_c \,. \tag{7}$$

Dieser soll wegen seiner grundlegenden Bedeutung für die Phasen der Fuzzifizierung und Defuzzifizierung im weiteren als *Basisvektor* bezeichnet werden.

2. Der Wahrheitswert einer konjunktiven bzw. disjunktiven Verknüpfung linguistischer Werte wird durch Anwendung des algebraischen Produkts bzw. der algebraischen Summe auf die entsprechenden Wahrheitswerte für die einzelnen linguistischen Werte ermittelt. Die Auswertung der Regelbasis für das Fuzzy-Modell erfolgt dann durch Anwendung der *Sum-Prod-Inferenz* [1].

3. Als Defuzzifizierungsverfahren wird die *Höhenmethode* [4] verwendet, die zuweilen auch als *Center-of-Maximum-Methode* [1] bezeichnet wird.

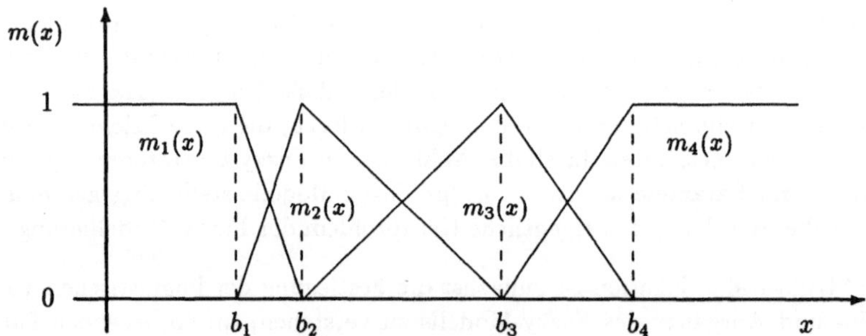

Bild 1: Dreiecksförmige Zugehörigkeitsfunktionen mit Randsättigung, festgelegt durch den Basisvektor $\underline{b} = [b_1, b_2, ..., b_c]^T$ für den Fall $c = 4$.

Die Kernaufgaben bei der Fuzzy-Modellierung, d.h. die Identifikation der Basisvektoren für die Ein- und Ausgangsgrößen des Fuzzy-Systems und die Bestimmung der Regelbasis, lassen sich off-line auf der Grundlage von Prozeßmeßdaten für N äquidistante Abtastzeitpunkte lösen.

Für die Identifikation der Basisvektoren $\underline{b}_x$, $\underline{b}_y$ und $\underline{b}_z$ wird eine spezielle Form der Clusteranalyse [3] angewendet. Dazu werden die Werte für $x(k)$, $y(k)$ und $z(k)$ – letztere lassen sich off-line unter Verwendung von (4) aus meßbaren Prozeßgrößen ermitteln – zunächst in geeignet normierter Form $x^*(k)$, $y^*(k)$ und $z^*(k)$ im Datenvektor

$$\underline{\xi}(k) = [\,x^*(k), y^*(k), z^*(k)\,]^T \tag{8}$$

zusammengefaßt. Der Datenvektor $\underline{\xi}(k)$ beschreibt dann für $k = 1, 2, ..., N$ in zeitdiskreter Weise eine für das zu modellierende System charakteristische Trajektorie im Raum der normierten Ein- und Ausgangsgrößen mit der Zeit als Parameter. Durch Anwendung der ***Fuzzy-c-Elliptotypes-Methode*** ([2]) läßt sich diese Kurve durch eine Menge von c Geradenstücken approximieren. Der nichtlineare Gesamtzusammenhang zwischen x, y und z wird auf diese Weise durch abschnittsweise lineare Funktionen angenähert, deren regelgestützte Kombination schließlich wieder das ursprüngliche, nichtlineare Systemverhalten simulieren kann. Konkret liefert dieses Verfahren nach iterativer Minimierung einer Objektfunktion die Ortsvektoren der Mittelpunkte der Geradenstücke sowie die Richtungsvektoren, die die Orientierung der Geraden im Raum beschreiben. Neben der Wahl bestimmter Einstellparameter und geeigneter Startwerte für das Iterationsverfahren stellt insbesondere die Festlegung der Anzahl c der zu identifizierenden Geradenstücke eine nichttriviale Aufgabe dar. Eine für das jeweilige Modellierungsproblem günstige Anzahl läßt sich jedoch durch Auswertung eines speziell hierfür entwickelten Kriteriums bestimmen [6].

Während sich für die Eingangsgrößen des Fuzzy-Systems die Basisvektoren $\underline{b}_x$ und $\underline{b}_y$ auf recht einfache Weise aus den identifizierten Ortsvektoren gewinnen lassen, erweist sich die entsprechende Aufgabe für die Ausgangsgröße als etwas anspruchsvoller. Zum einen kann ein Basisvektor $\underline{b}_z^{(P)}$ gebildet werden, dessen Berechnung sich allein auf die Ortsvektoren zu den Geradenstücken stützt. Zum anderen läßt sich ein zweiter Basisvektor $\underline{b}_z^{(L)}(x)$ angeben, der zusätzlich die Information über die Orientierung der Geraden berücksichtigt und dann linear von einer Eingangsgröße des Fuzzy-Systems abhängig ist. Die Basisvektoren des Ausgangs sind somit von der Form

$$\underline{b}_z^{(P)} = \underline{p}_0^{(P)} \quad \text{und} \quad \underline{b}_z^{(L)} = \underline{p}_0^{(L)} + \underline{p}_1^{(L)}\, x\,, \tag{9}$$

wobei $\underline{p}_0^{(P)}$, $\underline{p}_0^{(L)}$ und $\underline{p}_1^{(L)}$ konstante Parametervektoren darstellen. Je nachdem welcher der Basisvektoren schließlich für die Regelauswertung herangezogen wird, kann von *Punktinferenz* oder *Linieninferenz* gesprochen werden. Die geeignete Kombination beider Verfahren führt letztlich zu einer optimalen Bestimmung der Ausgangswerte des Fuzzy-Modells und damit zu einer erfolgreichen Prädiktion des Gesamtprozesses.

Die Regelbasis kann für das vorliegende Fuzzy-System sehr einfach in Form einer $(c \times c)$-Regelmatrix R dargestellt werden. Das Element r_{ij} dieser Matrix repräsentiert dann genau eine Regel, die sich verbal in der folgenden Weise ausdrücken läßt:

$$\text{WENN} \quad x = \mathrm{L}\,(b_{x\,i}) \quad \text{UND} \quad y = \mathrm{L}\,(b_{y\,j}) \quad \text{DANN} \quad z = \mathrm{L}\,(b_{z\,r_{ij}})\,. \tag{10}$$

Der Operator L drückt dabei den linguistischen Wert bzw. die Fuzzy-Menge zur entsprechenden Komponente des Basisvektors aus.

Neben den Komponenten der Basisvektoren liefert die Clusteranalyse als weiteres Ergebnis eine einfache Regelmatrix, von deren c^2 Elementen allerdings nur c bestimmt sind. Diese einfache Regelmatrix legt zwar wesentliche Verknüpfungen zwischen den linguistischen Werten der Eingangs- und Ausgangsgrößen fest, reicht jedoch in keiner Weise aus, um eine erfolgversprechende fuzzy-gestützte Prädiktion des Prozeßausgangs zu gewährleisten.

Mit Hilfe eines neuentwickelten Verfahrens [6] läßt sich jedoch selbsttätig eine erweiterte Regelmatrix ermitteln, die den gestellten Anforderungen in vollem Umfang gerecht wird. Hierzu werden für alle Datenvektoren $\underline{\xi}(k), k = 1, 2, ..., N$ auf der Grundlage der vorliegenden Basisvektoren die Erfülltheitsgrade für sämtliche theoretisch denkbaren Regelkonstellationen berechnet. Die im Mittel am besten erfüllte Regel wird schließlich als Eintrag für die Regelmatrix ausgewählt. Dabei ermöglicht eine für die Dauer der Regelbasisgenerierung vorgenommene Modifizierung der Gestalt der Zugehörigkeitsfunktionen sogar die Beurteilung von Regelkonstellationen, die mit der endlichen Menge an vorliegenden Datenvektoren $\underline{\xi}(k)$ zunächst nicht auszuwerten sind. Das Verfahren liefert auf diese Weise stets eine vollbesetzte Regelmatrix R. Die Einsetzbarkeit dieser Regelgenerierungsmethode erweist sich als universell, d.h. sie ermöglicht auf der Basis von Prozeßmeßdaten die Regelfindung für Fuzzy-Mengen beliebigen, insbesondere auch heuristischen Ursprungs.

4 Simulationsergebnisse

Das entwickelte Fuzzy-Modell bildet mit dem Schätzwert $\hat{z}(k)$ für den Verbrauchsterm $z(k)$ als Ausgangsgröße die Grundlage für die Prädiktion der Substratkonzentration c_s mit Hilfe von (4). Die Leistungsfähigkeit dieses Einschritt-Fuzzy-Prädiktors wird durch die Darstellungen in den Bildern 2 und 3 verdeutlicht. Bild 2 zeigt für den Fall der fehlerfreien Messung der relevanten Prozeßgrößen die Zeitverläufe der tatsächlichen und der prädizierten Substratkonzentration über die ersten achtzig Stunden des Fermentationsprozesses. Die Abweichung der prädizierten Größe von der tatsächlichen ist dabei so gering, daß die Kurven in dieser Darstellung nicht zu unterscheiden sind. Der Betrag ihrer prozentualen Abweichung bewegt sich, wie aus Bild 3 ersichtlich ist, in einem Bereich

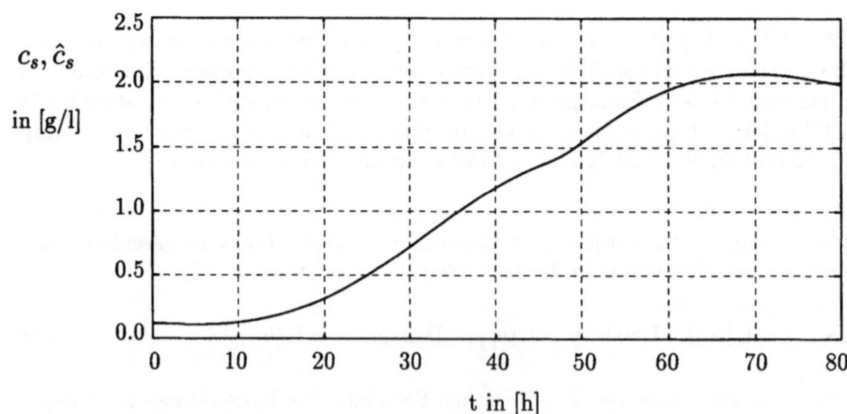

Bild 2: Zeitlicher Verlauf der tatsächlichen Substratkonzentration c_s und der prädizierten Substratkonzentration $\hat{c}_s$.

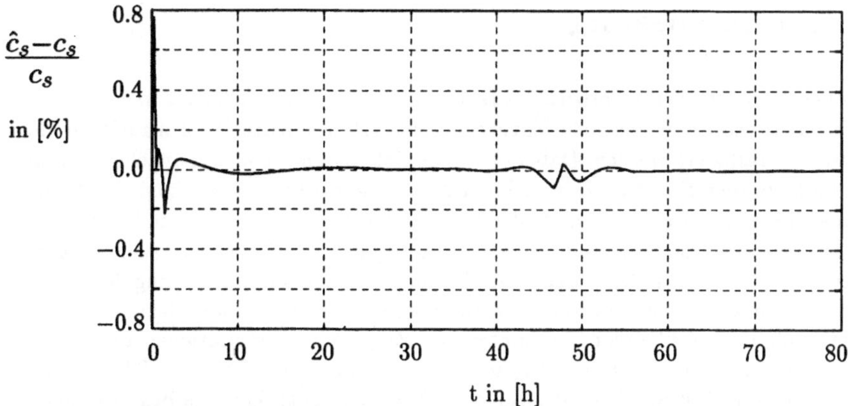

Bild 3: Zeitlicher Verlauf der prozentualen Abweichung der prädizierten Substratkonzentration $\hat{c}_s$ von der tatsächlichen Substratkonzentration c_s.

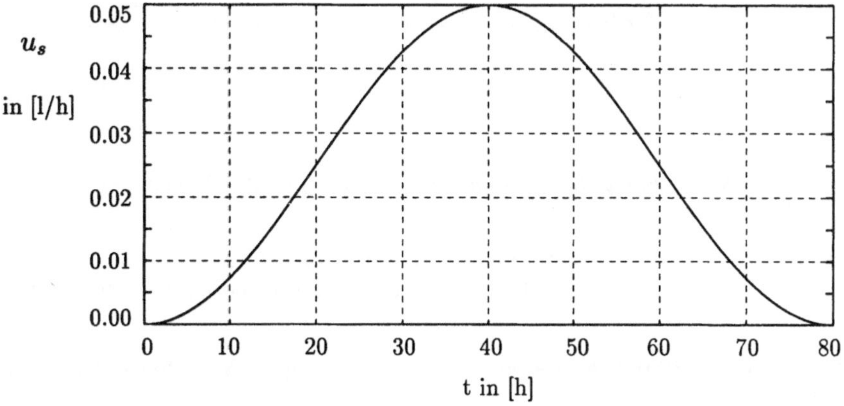

Bild 4: Zeitlicher Verlauf des Substratzulaufstromes u_s.

unter einem Prozent. Die Arbeitsweise des entwickelten Fuzzy-Prädiktors läßt sich somit prinzipiell als äußerst zufriedenstellend bewerten. Für den Substratzulaufstrom wurde ohne Einschränkung der Allgemeingültigkeit des Versuches der in Bild 4 abgebildete, kosinusförmige Verlauf eingestellt.

Als Einsatzgebiet für den Fuzzy-Prädiktor bietet sich zum einen die Prozeßüberwachung an [6], wobei sich durch signifikante Abweichungen der gemessenen von den geschätzten Ausgangsgrößen Rückschlüsse auf den Prozeßablauf und eventuell auftretende Fehler ziehen lassen. Zum anderen erweist sich eine auf der Grundlage des Fuzzy-Prädiktors realisierte Steuerungs- oder Regelungseinrichtung für den Substratzulauf als äußerst effektiv [6].

5 Zusammenfassung

Für den biologischen Wachstumsprozeß des Bakteriums *streptomyces tendae* in einem Fedbatch-Biofermenter sollte die zeitliche Entwicklung der Nährsubstratkonzentration in der Fermenterbrühe prädiziert werden. Dabei erwies es sich als unerläßlich, zunächst den unbekannten momentanen Substratverbrauch der Mikroorganismen zu schätzen. Zu diesem Zweck wurde eine Abhängigkeit dieser Unbekannten von zwei on-line leicht zu bestimmenden Prozeßgrößen angenommen und auf der Grundlage der Fuzzy-Logik modelliert. Es wurden Verfahren und Methoden vorgestellt, die entweder bei der Auswertung des Fuzzy-Modells zum Einsatz kommen oder aber im Rahmen der Entwurfsphase dazu verwendet werden, die modellbeschreibenden Parameter, wie Zugehörigkeitsfunktionen und Regelbasis, geeignet festzulegen. Die Simulationsergebnisse konnten die Leistungsfähigkeit des vorgestellten Fuzzy-Prädiktors in eindrucksvoller Weise verdeutlichen und bestätigten damit die Fuzzy-Logik als geeignetes Werkzeug für die Modellierung komplexer, nichtlinearer Prozesse.

Abschließend bleibt festzustellen, daß die beim Entwurf des Fuzzy-Prädiktors eingesetzten Verfahren und Methoden keinerlei anwendungsspezifische Konzeptionen aufweisen. Ihrer universellen Einsetzbarkeit für beliebige Prozesse sind somit keine Grenzen gesetzt.

Literatur

[1] ALTROCK, C. VON: *Fuzzy Logic. Band 1: Technologie.* R. Oldenbourg Verlag, München 1993.

[2] BEZDEK, J. C. ; CORAY, C. ; GUNDERSON, R. ; WATSON, J.: *Detection and characterization of cluster substructure.* SIAM Journal of Applied Mathematics 40 (1981), S. 339–372.

[3] BOCKLISCH, S. F.: *Prozeßanalyse mit unscharfen Verfahren.* VEB Verlag Technik, Berlin 1987.

[4] DRIANKOV, D. ; HELLENDOORN, H. ; REINFRANK, M.: *An Introduction to Fuzzy Control.* Springer Verlag, Berlin 1993.

[5] ESTLER, M.: *Neue Ansätze zur adaptiven nichtlinearen Regelung von Fed-Batch-Bioprozessen.* Dissertation, Universität Stuttgart, 1993.

[6] HANSS, M.: *Entwurf von Fuzzy-Modellen für die Überwachung und Führung von Bioprozessen.* (Zur Veröffentlichung eingereicht).

[7] KING, R.: *On-line supervision and control of bioreactors.* In: M. REUSS ET AL. (Hrsg.): *Biochemical Engineering Stuttgart.* Gustav Fischer, Stuttgart 1991.

[8] MUNDRY, C. ; KUHN, K.-P.: *Modelling and parameter identification for batch fermentations with Streptomyces tendae under phosphate limitation.* Applied Microbiology and Biotechnology 35 (1991), S. 306–311.

[9] ZADEH, L. A.: *The concept of a linguistic variable and its application to approximate reasoning.* Memorandum ERL-M 411, Berkeley, Ca., Oktober 1973.

Fuzzy Control in der Diabetestherapie

Edgar Jacoby, Christian Zimmermann, Horst Bessai

Universität–GH–Siegen · Institut für Nachrichtenübermittlungstechnik
Hölderlinstr. 3 · 57068 Siegen · Telefon (0271) 740-4144, Fax. -2310

Kurzfassung: *In diesem Beitrag wird gezeigt, daß es durchaus möglich ist, Fuzzy-Logik im medizinischen Bereich sinnvoll einzusetzen [1]. Bei dem ausgewählten Beispiel der Diabetestherapie geht es darum, den Blutzuckerspiegel des Patienten durch Injektion einer geeigneten Insulinmenge auf einem normalen Niveau zu stabilisieren. Das medizinische Expertenwissen über das äußerst komplizierte Systemverhalten des menschlichen Körpers als Funktion vieler physiologischer und psychologischer Eingangsgrößen wird in der Regelbasis des Fuzzy Controllers berücksichtigt.*

Schlüsselworte: *Medizinische Wissensverarbeitung, Diabetestherapie, Insulinsubstitution*

1 Einleitung

Der Diabetes Typ 1 ist eine Krankheit, welche durch relativen bzw. absoluten Insulinmangel gekennzeichnet ist. Insulin fördert die Glukoseaufnahme, die Glykogenbildung und die Glukoseoxydation der Muskel– und der Leberzellen. Es ist damit einer der wichtigsten Botenstoffe des Körpers zur Regulierung des Blutzucker– und Energiehaushaltes. Die akuten Symptome eines Mangels sind Folgen des extrem ansteigenden Blutzuckers und können vielfältige Formen, bis hin zur tiefen Bewußtlosigkeit annehmen. Bei unzureichender Führung des Blutzuckers sind Spätkomplikationen wie Blindheit, Nierenversagen und Amputationen, welche wegen starker Durchblutungsstörungen der Gliedmaßen notwendig werden, nicht selten.
Die wirkungsvollste Therapie ist die Insulinsubstitution mit körperfremdem Insulin. Kennzeichnend für die sogenannte funktionelle, nahe-normoglykämische Insulinsubstitution (NIS) ist eine Annäherung an die physiologische Insulinsekretion mit dem Ziel einer möglichst guten Führung des Blutzuckers bei weitgehendster Freiheit des Patienten bezüglich Lebensstil und Ernährungsverhalten. Möglich wird dies durch Anwendung verschiedener Insuline, systematischer Stoffwechsel-Selbstkontrollen und der Adaption der Insulindosis sowie des Verabreichungszeitpunkts. Zur Abdeckung des basalen Bedarfes werden Langzeitinsuline mit bis zu 24 Stunden Wirkungsdauer eingesetzt. Um den durch die Mahlzeiten verursachten Anstieg der Blutglukose (siehe Abbildung 1) zu kompensieren, sowie zur Blutzuckerkorrektur, wird sogenanntes Alt– bzw. Normalinsulin verwendet, dessen Wirkung üblicherweise nach 3-5 Stunden nicht mehr vorhanden ist.
Das zur Realisierung der Insulindosis-Adaption notwendige Wissen erhält der

Patient durch Schulungen und spezielle Beratungsgespräche. Die zur Einschätzung der Stoffwechselsituation und –dynamik erforderlichen Daten werden in Tagebüchern notiert. Ein Problem hierbei ist die Messung der Blutzuckerkonzentration. Das zur Zeit angewandte Verfahren ist für den Patienten unangenehm, da invasiv (Bluttropfen). Alle Daten stehen nur zeitdiskret, zeitlich nicht äquidistant, stark unterabgetastet und auch von Art und Umfang sehr unregelmäßig zur Verfügung.
Die Vorteile dieser Therapieform, eine gute Stoffwechsel-Führung und hohe Flexibilität der Lebensumstände und Ernährung, sind unumstritten. Die Anwendung von Altinsulin zur direkten und massiven Beeinflussung des Blutzuckers ist jedoch problematisch. Relativ häufig liegen die Ursachen für eine Unter- bzw. Überzuckerung (Hypo– bzw. Hyperglykämie) in der falschen Dosierung des mahlzeitenbezogenen Insulins [2].

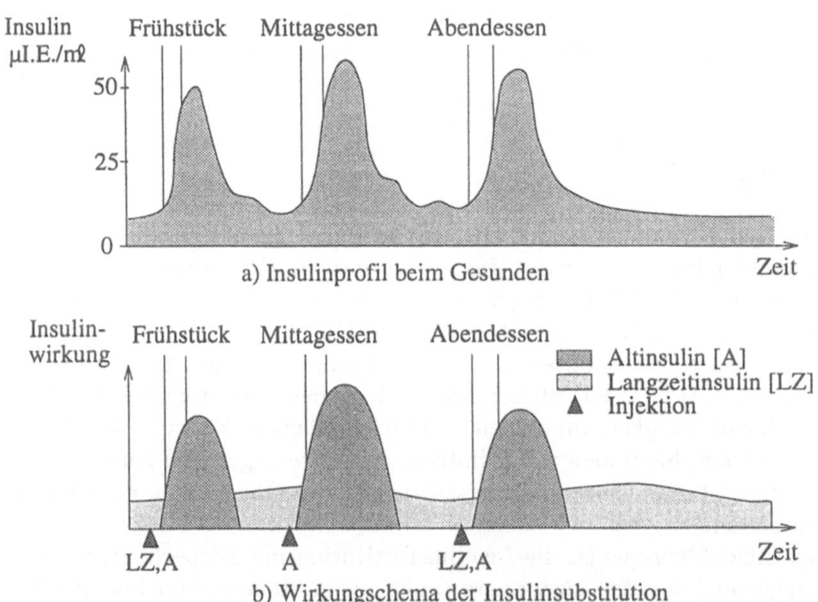

Abb. 1. Typischer Verlauf der „Stellgröße" Insulin bei a) Gesunden und b) Diabetikern

Versuche, dieses Problem durch technische Hilfsmittel zu lösen, scheiterten bisher an der Tatsache, daß eine systemtheoretische Formulierung des optimalen Reglers sowie des geeigneten zeitlichen Verlaufs der Führungsgröße extrem schwierig, wenn nicht gar unmöglich ist. Aufgrund der unzureichend bekannten Strecke, der großen Zahl teilweiser korrelierter Störgrößen und der Unvollständigkeit der zur Verfügung stehenden Daten arbeiteten bisherige Entwicklungen auf diesem Gebiet mit stark vereinfachten Modellen. Diese Geräte hatten in der Regel keinen günstigen Effekt auf die Stabilität des Blutzuckers und verschwanden dement-

sprechend schnell von Markt. Ein weiterer Schwachpunkt dieser Systeme zur Bestimmung der Insulindosis war die fehlende Transparenz für den Benutzer. Nach Meinung vieler Experten muß in jedem Fall dem Patienten durch klare Algorithmen zur Insulinanwendung die Möglichkeit der selbständigen Dosierung und der freien Entscheidung bezüglich der Nahrungsaufnahme gegeben werden. Von einer geschlossenen Regelstrecke mit quasi kontinuierlich messendem Blutzuckersensor, Regler und implantiertem Mikroaktor ist die medizinische Technik zur Zeit noch weit entfernt.
Ein anderer, vielversprechender Ansatz ist die aktive Entscheidungsunterstützung zur Dosisanpassung mit Hilfe eines Adaptivsystems (siehe Abbildung 2), welches die aktuelle sowie auch die vorhergegangenen Stoffwechselsituationen erfaßt, klassifiziert und die Algorithmen zur Insulindosierung optimiert. Für diese Aufgabe eignet sich in besonderer Weise ein wissensbasiertes System, da mit einem solchen auch unvollständig bekanntes oder widersprüchliches Systemverhalten stabil verarbeitet werden kann, kein mathematisches Modell notwendig ist und Erfahrungswissen über das Systemverhalten vorliegt. Insbesondere ein auf Fuzzy-Logik gestütztes System ist dazu geeignet, die in diesem Fall vorliegenden zum Teil subjektiv gefärbten, unscharfen Informationen zu verwerten [3].

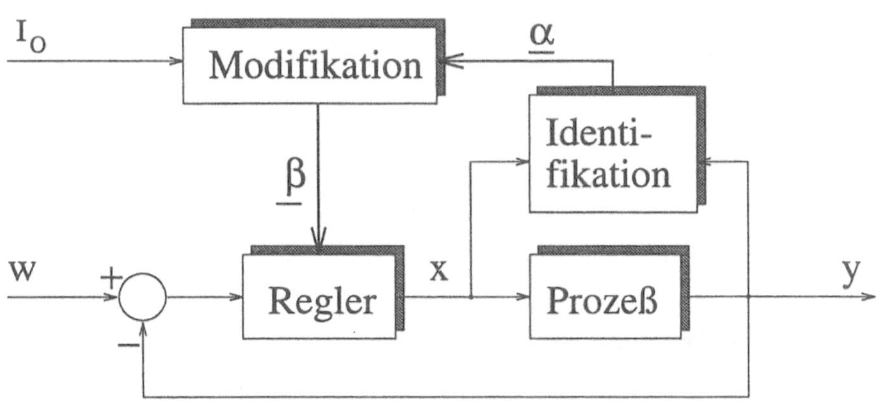

$\underline{\alpha}$	: Parametervektor des Prozeßmodells	y	: Regelgröße
$\underline{\beta}$	: Parametervektor des Grundkreisreglers	w	: Führungsgröße
x	: Stellgröße	I_O	: Gütemaß

Abb. 2. Adaptive Regelung

2 Modellierung des Systemverhaltens

Bei der in Abschnitt 1 erläuterten Therapie dosiert der Patient das kurzfristig wirkende Insulin nach folgender Gleichung:

$$I.E. = K_1 \cdot BE + \Delta BZ \cdot \frac{1}{K_2}$$

$I.E.$: internationale Insulineinheiten
BE : Anzahl der Broteinheiten
ΔBZ : Fehler der Blutzuckerkonzentration ($BZ_{\text{ist}} - BZ_{\text{soll}}$)

Zur Berücksichtigung der Resorptionsgeschwindigkeiten des gespritzten Insulins und der aufgenommenen Nahrung wird ein Spritz–Eß–Abstand von 0 bis 60 Minuten eingehalten. Für die Konstanten K_1 und K_2 existieren theoretische Werte, in der Praxis sind jedoch, abhängig vom Individuum und äußeren Einflüssen, Abweichungen im Bereich von $\pm 100\%$ keine Ausnahme. Diese beiden Konstanten werden dem Patienten in optimierter Form zur Verfügung gestellt (siehe Abbildung 3).

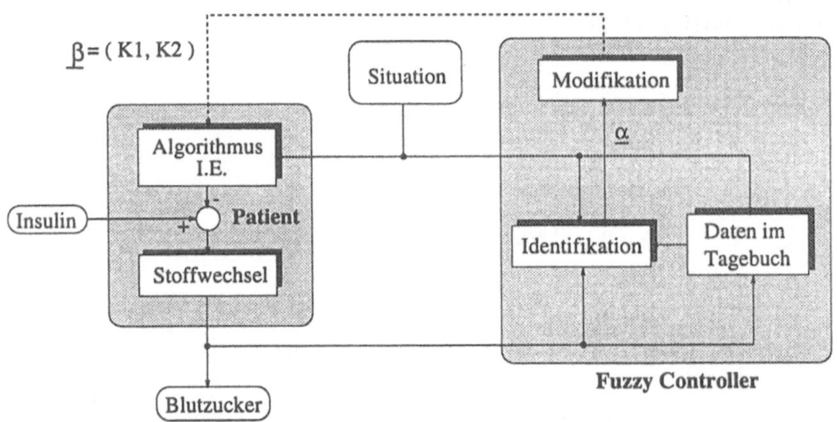

Abb. 3. Adaptive Regelung in der Insulintherapie

Eine Anfangskorrektur dieser Konstanten kann mit Hilfe des Quotienten K aus dem tatsächlichen und dem theoretischen Tagesinsulinbedarf vorgenommen werden.

$$K_1 = 1,35 \cdot K$$
$$K_2 = -35 \cdot \frac{60}{KG} \cdot \frac{1}{K}$$

KG: Körpergewicht in kg

Zusätzlich bestehen Abhängigkeiten von mindestens allen in Tab. 1 aufgeführten Größen. Diese Größen werden in Abb. 3 als *Situation* dargestellt. Abbildung 4 zeigt ein vereinfachtes Modell eines an der Physiologie des Blutglukose–

Haushaltes orientierten Adaptionsmechanismus. Dieses Modell berücksichtigt die durch körperliche Anstrengungen reduzierte effektive Kohlenhydratmenge und die veränderliche Insulinwirksamkeit. Ein verfeinertes Modell bezieht die durch Hypoglykämien verursachte Gegenregulation des Körpers und die zeitliche Abhängigkeit der Insulinsensitivität in die Berechnung mit ein.

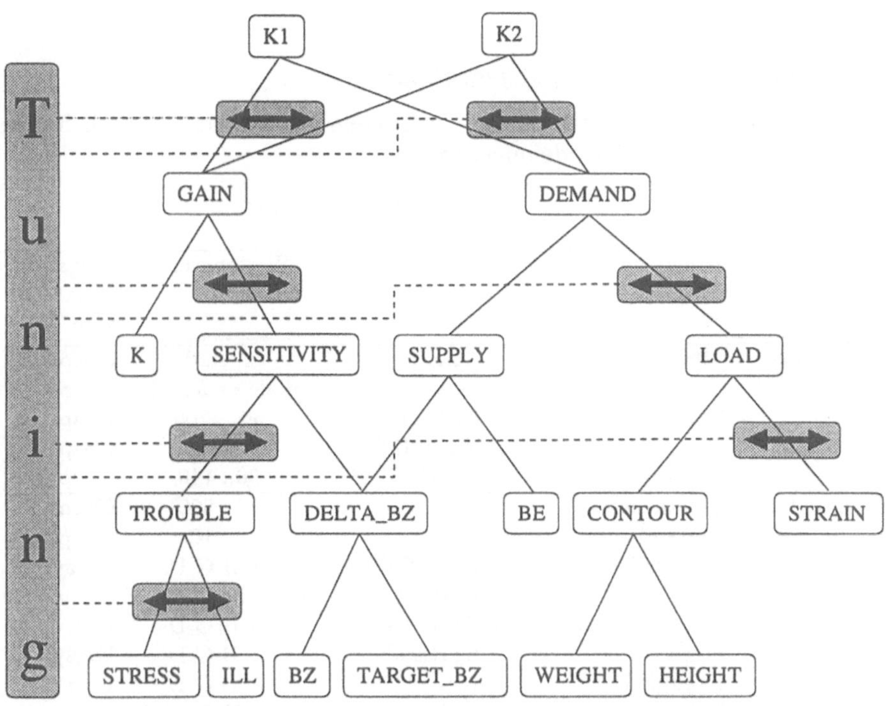

Abb. 4. Einfaches physiologisches Modell des Blutglukose-Haushaltes

Der qualitative Zusammenhang zwischen den optimalen Parametern K_1 und K_2 einerseits, und den relevanten Eingangsgrößen andererseits ist durch Produktionsregeln repräsentiert. Da der quantitative Zusammenhang individuell sehr starken Schwankungen unterworfen ist, kann auf die Fähigkeit zur Adaption nicht verzichtet werden. Als sehr effiziente Methode zur Adaption bietet sich das Gradientenverfahren [4] an. Aus Gründen der Beschränkungen, die sich für ein portables System ergeben, ist jedoch eine Manipulation des Inferenzmechanismus und der Zugehörigkeitsfunktionen für eine Wissensbasis dieser Komplexität nicht möglich. Als Alternative wird die Skalierung der Eingangs– und Zwischengrößen auf Stabilität und Konvergenz hin untersucht. Dieses Verfahren entspricht prinzipiell einem vereinfachten Gradientenverfahren nach einer Koordinatentransformation. Aus verständlichen Gründen findet die Adaption nicht am realen

System statt. Statt dessen werden die Aufzeichnungen des Patienten dazu benutzt, aus den Fehlern der Insulindosierung Rückschlüsse auf die individuelle Empfindlichkeit gegenüber Störeinflüssen zu ziehen. Eine mögliche Messung der Blutglukose ein bis zwei Stunden nach der Injektion gibt Auskunft über die Qualität des gewählten Spritz–Eß–Abstands. Eine obligatorische Überprüfung und eventuelle Korrektur der Blutzuckerkonzentration erfolgt im Regelfall drei bis fünf Stunden nach der Injektion. Diese Messung erlaubt eine Bestimmung des Fehlers der Insulindosierung.

2.1 Fuzzifizierung der Eingangsgrößen

Generell können die Eingangsgrößen, wie in Tabelle 1 aufgelistet, bezüglich ihres Wertebereichs und ihres Typs definiert werden.

Art der Daten	Bezeichnung	Variablenname	Wertebereich	Eingabe-variable vom Typ
Langzeitdaten:	Alter	AGE	0...120	Crisp
	Geschlecht	SEX	male or female	Crisp
	Körpergröße	HEIGHT	50... 200	Crisp
	Gewicht	WEIGHT	5...340	Crisp
	Zielbereich	TARGET_BZ	90...140	Crisp
Kurzzeitdaten:	Blutzucker	BZ	10...500	Crisp
	Broteinheiten	BE	0...10	Crisp
	Art der BE	KINDOFBE	A B C D	Fuzzy
	Nüchtern	EMPTY	TRUE or FALSE	Crisp
	Körperl. Anstrengung	STRAIN	A B C D	Fuzzy
	Streß	STRESS	A B C D	Fuzzy
	Krankheit	ILL	A B C D	Fuzzy
	Hypoglykämie	HYPO	H1 H2 H3 H4	Crisp
Ausgangsgrößen:	Spritz-Eß-Abstand	INJECT2EAT	0...60 min	Crisp
	Korrekturfaktor BE	K1	0...3	Crisp
	Korrekturfaktor I.E.	K2	5...100	Crisp

Tab. 1. Ein- und Ausgangsgrößen

Aufgrund der fehlenden Sensorik, die alle Eingangsgrößen aufnehmen und in Form eines numerischen Wertes der Fuzzifikation übergeben könnte, ist es notwendig, einzelne Eingangsgrößen direkt in Form eines linguistischen Terms eingeben zu können. Der Patient fuzzifiziert somit diese Größen selbst. Diese Eingangsgrößen sind vom Typ *Fuzzy* (siehe Tabelle 1). Das folgende Beispiel soll diesen Sachverhalt anhand der Abbildung 5 erläutern: Für die Eingangsgröße Krankheit (ILL) sind die möglichen Eingabewerte: *gesund, unwohl, krank, bettlägerig* und *schwerkrank* vorgesehen. Dem Patienten wäre eine Beschreibung seines

Gesundheitszustandes mit einer Auflösung von 255 Schritten nicht zuzumuten, wenn nicht gar unmöglich. Durch die bereits zuvor beschriebene Umskalierung der Eingangsgrößen werden diese fuzzifiziert und dem Inferenzmechanismus zugeführt.

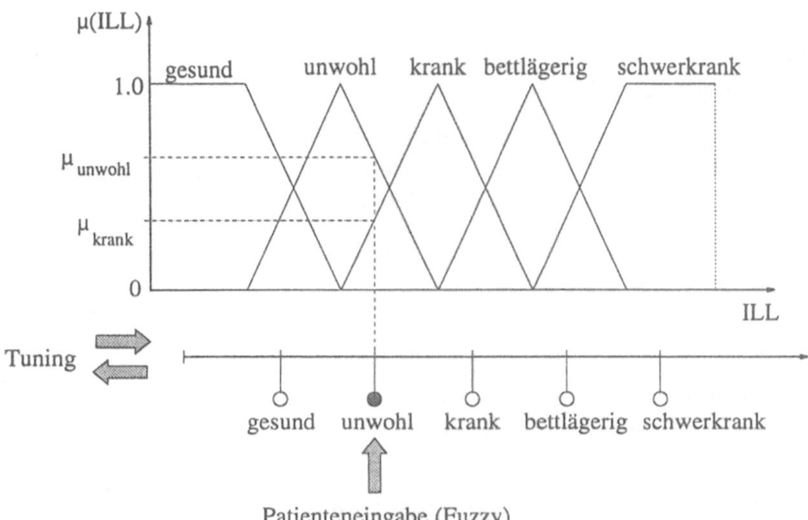

Abb. 5. Umskalierung der Eingangsgröße Krankheit (ILL) vom Typ *Fuzzy*

Abbildung 6 zeigt ein Beispiel für die Eingangsgröße vom Typ *Crisp*. Der Blutzucker (BZ) wird vom Patienten eingegeben und entspricht dem von seinem Blutzuckermeßgerät angezeigten Wert (von 0 bis 500 mg/dl). Dieser Wert kann neben *seinem persönlich* optimalen Wert BZ_0, der mit $\mu(BZ_0) = 1.0$ und dem Bereich $BZ_0 \pm \Delta BZ$ als *normal* zu bezeichnen ist, außerdem entweder *sehr niedrig*, *niedrig*, *hoch* oder *sehr hoch* sein.

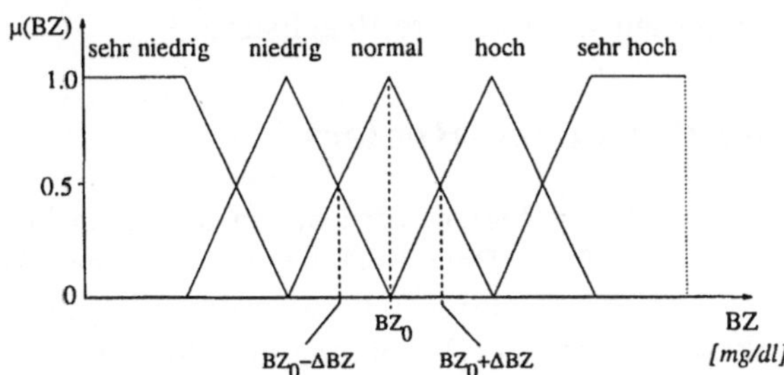

Abb. 6. Linguistische Variable „Blutzucker" mit den linguistischen Termen

2.2 Inferenzen

Die einzelnen Regelbasen sind aus relativ einfachen Produktionsregeln (Simplified Reasoning [4,S. 468 ff.]) aufgebaut, wobei die i-te Regel ($i = 1, 2, \cdots, M$) jeweils folgende Form aufweist:

RULE$_i$

IF $x_1 = A_{i1}$ AND $x_2 = A_{i2}$
THEN $y = B_i$

mit den Eingangsgrößen x_1 bzw. x_2 und der Ausgangsgröße y.
Die ausschließlich verwendete Art der Inferenz ist die MAX-MIN-Komposition.
Der Erfüllungsgrad jeder Regel ergibt sich aus [5]

$$R_i : \mathrm{MIN}\big(\mu_{i1}(x_1), \mu_{i2}(x_2)\big) = \mu_i(y)$$

und die insgesamt resultierende Fuzzy-Menge wird

$$R_1 \cup R_2 \cup \cdots \cup R_M : \mu_{res} := \mathrm{MAX}\big(\mu_1(y), \mu_2(y), \cdots, \mu_M(y)\big)$$

Um die Ausbaufähigkeit der Wissensbasis zu erhalten, werden jeweils nur zwei Größen in einer Regelbasis ausgewertet.

2.3 Defuzzifizierung der Ausgangsgrößen

Der FC110 bietet drei Möglichkeiten zur Defuzzifizierung:

1. CENTROID (Schwerpunktmethode)
2. HEIGHT (Höhenmethode)
3. ALPHA (keine Defuzzifizierung)

Im Projekt wird zur Defuzzifizierung die Schwerpunktmethode gewählt. Die von den Größen vom Typ *Fuzzy* abgeleiteten Zwischengrößen werden in einem zwischengeschalteten Prozeß defuzzifiziert und skaliert. Gleichzeitig werden die Debug-Informationen des Chips genutzt, den Erfüllungsgrad jeder Regel vor der Defuzzifizierung auszuwerten. Durch diese Vorgehensweise wird der Nachteil der determinierten Regelbasen zumindest zum Teil ausgeglichen. Die gegebene Hardware unterstützt 256 gezielt auswählbare Regelbasen.

3 Realisierung des Fuzzy-Reglers

Bei der Realisierung des Fuzzy-Reglers wird neben der eigentlichen Umsetzung des Modells auch auf eine einfache Benutzerführung besonderer Wert gelegt. Die im Benutzermodell (Abbildung 7) dargestellten Funktionen sollen dem Patienten in Form von interaktiven Menüs zur Verfügung gestellt werden.
Abbildung 8 zeigt die Hardware-Struktur[1] des Fuzzy-Reglers. Das zentrale Bauteil (HOST) der Schaltung ist der 80C535, ein Mikrocontroller (μC) aus der 8051-Familie der Firma Siemens. Der μC erfüllt folgende Aufgaben:

[1] Das Blutzuckermeßgerät und die Insulinpumpe sind in dieser Version noch nicht vorgesehen. Beide können aber ohne größere Probleme implementiert werden.

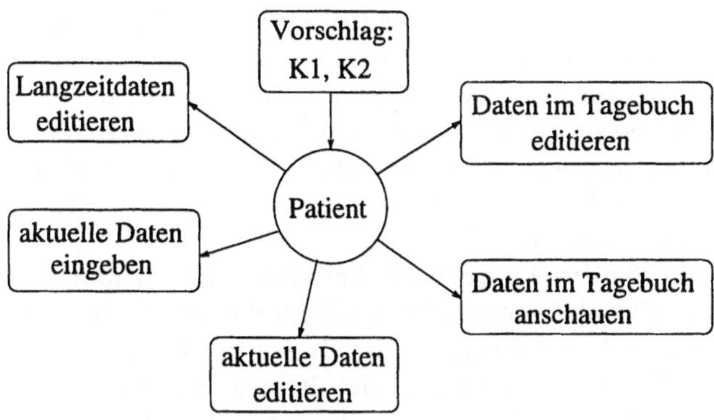

Abb. 7. Benutzermodell des Fuzzy-Reglers

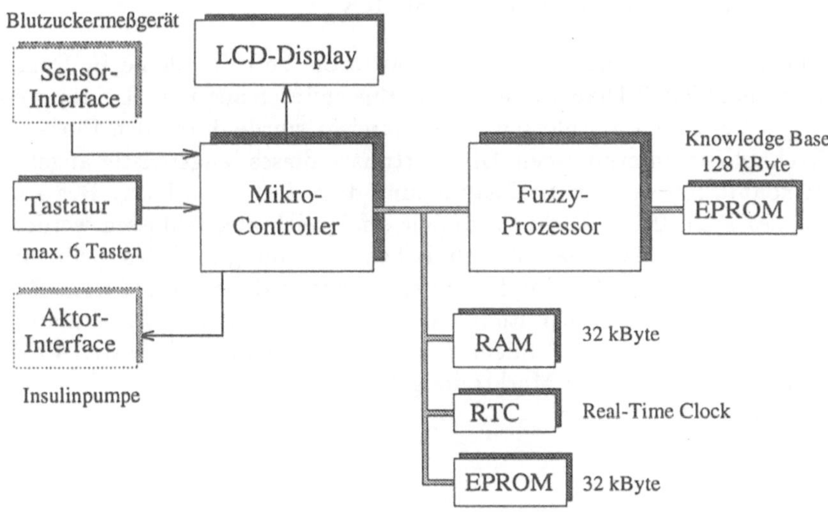

Abb. 8. Blockschaltbild des implementierten Fuzzy-Reglers

- Kommunikation mit dem Patienten über
  - LCD-Display (vierzeilig)
  - Tastatur (max. sechs Tasten)
  - serielle RS232-Schnittstelle
- Steuerung der Regelauswertung
- Datenorganisation
- Energiehaushalt

Als Fuzzy-Chip kommt der FC110 von Togai InfraLogic zum Einsatz. Mit eigens

dafür geschaffenen Entwicklungswerkzeugen wird die Wissensbasis (Knowledge Base) des FC110 auf einem Rechner erstellt und nach einer Simulation in einem EPROM (128 kByte) abgelegt. Es besteht die Möglichkeit, die Wissensbasis in Module aufzuteilen. So sind Erweiterungen in Form von Zusatzmodulen möglich. Der Datenaustausch mit dem μC erfolgt über das *shared RAM* des FC110 [6]. Dieser Speicherbereich kann sowohl vom μC als auch vom FC110 direkt beschrieben und gelesen werden.
Im externen RAM (32 kByte) werden alle Patientendaten (Diabetiker-Tagebuch) und alle sonst zur Entscheidungsfindung erforderlichen Daten gespeichert. Der Speicher ist nach dem FIFO–Prinzip (First In – First Out) organisiert. So werden bei einem vollen Speicher immer die ältesten Tagebucheintragungen aus dem Speicher entfernt. Das RAM wird von einer RTC (Real-Time Clock), die das Programm mit der wichtigen Zeitangabe versorgt, zwischengepuffert und ist somit weitgehend gegen Datenverlust geschützt.

4 Zusammenfassung und Ausblick

Das Problem einer effizienten Insulinsubstitution betrifft alleine in Deutschland mehr als 200.000 Diabetespatienten. Ein erster Schritt in Richtung eines selbsttätig arbeitenden geschlossenen Regelkreises wurde durch den Einsatz der Fuzzy-Technologie unternommen. Die Startphase dieses längerfristig angelegten Projekts konnte mit der Inbetriebnahme und dem Test eines Fuzzy-Reglers auf der Basis des FC110 von Togai InfraLogic erfolgreich abgeschlossen werden. In einer sich anschließenden Phase der klinischen Erprobung muß das medizinische Expertenwissen die zur Zeit implementierten Fuzzy-Regeln verfeinern. Besonders wichtig ist dabei die Definition geeigneter Fehlerkriterien im Hinblick auf die Fähigkeit zur Adaption. Schließlich soll das Gerät in einer dritten Projektphase miniaturisiert und zur Marktreife gebracht werden.

Literatur

[1] Bernd Reusch. "Potential der Fuzzy-Technologie in Nordrhein-Westfalen". Studie der Fuzzy-Initiative NRW, Ministerium für Wirtschaft, Mittelstand und Technologie des Landes NRW, Düsseldorf, 1993.

[2] Kinga Howorka. *"Funktionelle, nahe-normoglykämische Insulinsubstitution"*. Springer-Verlag, Berlin, 1990.

[3] Dietrich Balzer, Herausgeber. *"Wissensbasierte Systeme in der Automatisierungstechnik"*. Carl Hanser Verlag, München, 1992.

[4] Hiroyoshi Nomura, Isao Hayashi, Noboru Wakami. "A Self-Tuning Method of Fuzzy Inference Rules by Descent Method". In R. Lowen, M. Roubens, Editors, *Fuzzy Logic – State of the Art*, Chapter Engineering, pp. 465–475. Kluwer Academic Publishers, Dordrecht, 1993.

[5] Jörg Kahlert, Hubert Frank. *"Fuzzy-Logik und Fuzzy-Control"*. Vieweg-Verlag, Braunschweig/ Wiesbaden, 1993.

[6] Togai InfraLogic, Inc., Irvine, CA, U.S.A. *"FC110 Development System User's Manual"*, 1991. Version 2.0.3.

Application of neural networks for the classification of depressive and psychotic patients using multi channel EEG recordings

B. Gallhofer[▲], *B. Klöppel*[✦], *H. Werner*[✦]

Abstract:

Classification of patients using EEG recordings is a very difficult and application relevant problem in various medical fields. It is difficult because of the very complex signal structure and bad signal quality (noise, artifacts) and it is relevant to submit diagnosis and therapy for example in psychopathology. This paper gives a short summary on current investigations with neural networks in the field of EEG analysis. It covers the important role of data preprocessing as well as some general considerations about control of learning and generalization in neural networks. Practical results of a case study discriminating three groups of subjects (depressives, psychotics and control subjects) will be given. The results had been obtained using feed forward networks with simple topologies and with problem related design, embedded in the special neural network EEG experimental environment N^2E^4 developed at the Research Group Neural Networks.

General considerations about EEG classification

The increasing connection between computer science and medical sciences provides a number of interesting questions. Most of these tasks are relevant for practical use and are complex enough to be a real challenge for new approaches. These general considerations apply especially to the evaluation and classification of human electro encephalography recordings (EEG).

Although the basic idea of EEG has been introduced by Berger over 50 years ago, the continuous improving quality of recording in various terms increased the applicability of this technique up to the present time. This progress has been achieved by an increased number of recording channels as well as by using better recording conditions to reduce the amount of noise within the recordings. A number of recent additional observation methods for the activity of the central nervous system have been developed (for example magneto encephalography MEG, positron/electron tomography PET), but the high temporal resolution and the relatively cheap and easy-to-handle usage are strong recommendations for the further use and investigation of EEG-data.

The range of possible applications spreads from monitoring during or after critical operations, over pharmaco-EEG studies up to submission of psychopathology. In the last field, a classifi-

---

▲ *Centre for Psychiatry, Psychopathology, University of Gießen, Germany*

✦ *Research Group Neural Networks, Dept. of Mathematics and Computer Science, University of Kassel, Germany, bertk@neuro.informatik.uni-kassel.de, werner@neuro.informatik.uni-kassel.de*

cation of various kinds of diseases would be great help for therapy. On the one hand some psychological diseases are very difficult to distinguish, but on the other hand (medical or non-medical) therapy for those cases would be completely different (for example depressive subjects versus psychotics with "burn-out-syndrome"). Today a sufficiently correct diagnosis needs a detailed history of the patient. With no such additional knowledge available, diagnosis is often complicated.

One important challenge for computer scientists is the very complicated and (even today) very noisy kind of data one has to classify. The complexity has several reasons:

- Relevant information may be represented in a large temporal range, from few milliseconds (especially for so-called evoked potentials) up to some hours (complete sleep profile), where all temporal layers are usually needed for a classification.

- The kind of information representation within the EEG is very sophisticated and uses a multitude of different "languages". Some information may be coded in frequency domain of one channel, some other in the presence or absence of phase correlations between some electrodes.

There are various types of noise, which distort the intended observations. This noise can be very simple stochastic white noise from the electrical recording instrumentation. It can appear in the form of EEG-specific artifacts (for example induced from eye-muscle activities). Finally, all other processes in the brain that are not relevant for the desired classification produce a very complex kind of "noise", which has usually nothing in common with white noise.

The classification task

The general feasibility of classification of general EEG recordings by neural networks has been shown in first general case studies for different EEG-types [1, 2, 3, 6, 7, 8, 10, 11]. Therefore we have selected a more complex classification problem: The classification of depressive and psychotic patients needed an improved generalization behavior of the network.

For our investigations we used 17-channel long-term EEG recordings based on the international 10/20-System (see Fig 1), which has been pre-processed in a usual way for EEG-analysis. The amplitudes have been Fourier-transformed and the spectral power within the common EEG-frequency bands has been calculated. These frequency bands δ (0.5-3.5 Hz), θ (3.5-8.0Hz), α (8.0-15Hz) and β (15-25Hz) are medical standard. Furthermore, an artifact elimination by the commercial CATEEM system has been used to remove observations that are impaired by the above mentioned artifacts. This kind of preprocessing is mainly used for direct or statistically aided interpretations in EEG-analysis but is not necessary well suited to support neural networks. Unfortunately, this kind of data was the only one available for this study (future investigations will use complete electrical recordings to enable the use of specific pre-processing schemes for neural networks).

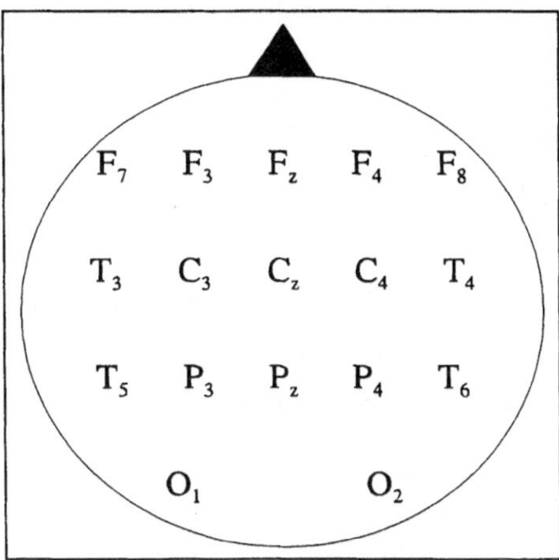

Fig 1: Schematic position of the electrodes

The observed subjects had to perform two classes of psychological tasks (a geometry task and a calculation task) and were exposed to different kinds of noise during the session: Noise has been applied only to the left side, only the right side, to both sides or no noise was applied. Considering the psychological evaluation paradigm, these different conditions should support the classification, because the various circumstances stimulate various brain regions and therefore produce different EEG recordings, probably with characteristic differences. The impact of these changing recording conditions on the network classifications will be discussed later.

For the investigations recordings of 30 subjects have been used (10 subjects for each class). The recordings consist of 32 minutes usable recording time, with 16 minutes for each task. Over one minute the recording conditions were unchanged (same noise, same task). The Fourier transformations have been calculated over disjoint epochs of 4 seconds; because of the artifact elimination algorithm, each constant recording condition interval consists of at least 15 single observations. Therefore we had about 450 samples for each of the 30 subjects, but this large number should not be overestimated, because the number of subjects for the attempted inter-individual generalization is still at maximum 30. In [11, 13] we had observed fundamental differences between intraindividual versus interindividual intrinsic generalization capabilities of neural networks using EEG-recordings.

All generalization tests have been performed using recordings from new, unknown subjects and not from only new observations of the subjects that provided the lesson data. So we tested the full intraindividual generalization capability of the networks. To improve the generalization, we used $3 \times 9 = 27$ randomly chosen subjects for the lesson and only $3 \times 1 = 3$ subjects for the test-set. Possible wrong interpretations were avoided by repeated tests with different combinations of lesson and test-set. Furthermore multiple learning attempts have been done for each subnet and lesson/test-set configuration to avoid problems with local minima. Because of a heuristic for the initial weight generation and a special control system for fundamental learning parameters [4] we had only very few drop outs with local optima.

Network design and training

Beside the important role of preprocessing, which we had observed during this investigation and our former case studies, a serious problem is the selection of a suitable network type, the design of network topology and finally the choice of the network parameter (for example the number of neurons). To provide a design guideline for these problems, we have developed a theoretical framework about the possible objectives of learning in neural networks, which we call first and second kind learning [12, 13].

The usual supervised learning approach minimizes the error

$$E = \frac{1}{2} \sum_{(\mathbf{x}_\lambda, \mathbf{t}_\lambda) \in \mathcal{L}} \| N(\mathbf{x}_\lambda) - \mathbf{t}_\lambda \|$$

over the lesson $\mathcal{L}$. Therefore the network behavior is determined only in a neighborhood of the lesson input patterns $\mathbf{x}_\lambda$ based on the regularity of the neuron transfer function $\vartheta \in C^\infty$; the function $N: \mathbb{R}^n \mapsto \mathbb{R}^m$ describes the functional behaviour of the complete network.

Second order learning describes the building of a model, which interprets the observations within certain limits. During this modeling process, the network designer should control the kind of model, which evolves during the learning process. A first step is the selection of a problem-specific network topology instead of a general purpose topology. With this considerations in mind, we built up a propagating network with a problem specific topology and a special meta-learning rule for a second study. The implementation has been done using a general framework for heterogeneous network architectures called SNMA (simplified network modularisation approach [13]).

The network modularisation used in this study pays special attention to the structure of the EEG-Data. All available data would build up an 102-dimensional input vector, because we have 6 spectral bands ($\theta, \delta, \alpha_1, \alpha_2, \beta_1$ and β_2) for each of the 17 electrodes. Although we had enough single observations for the lessons (see above) to avoid immediate overfitting problems for a homogeneous network with 102 input neurons, we grouped the observations into 6 sub-networks, where each subnetwork receives the (preprocessed) data for all electrodes and one frequency band. Other distributions to the subnet configurations are possible and have been described in [13].

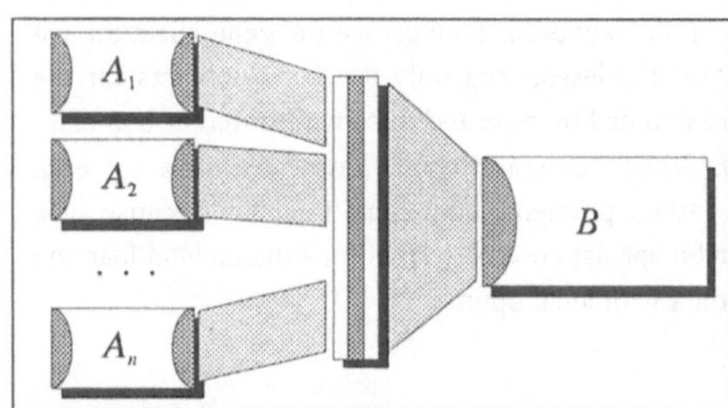

Fig. 2: Modular network topology

For the subnets A_n, we used 3-layer propagation networks, where each subnet has been trained to a characteristic classification vectors[1] for the three subject classes (depressive, psychotic and normal). To represent the different recording conditions within the system, the classification of each subnet has been done for each recording condition separately. These different classifications of each subnet (frequency band) and recording condition were used by a simple linear evaluation unit B to provide the total classification of the

1 here: $v \in \{0,1\}^3$ with $v_i = 1$ and $v_j = 0$ for class i and $j \neq i$

subject. So, the module B combines the sub-classifications, because none of the subnets does a completely correct classification under any circumstances (see empirical results).

Furthermore the number of hidden neurons within the A_n subnets has been modified in a systematic way to search for an optimal number of hidden neurons (see Fig 3 and Fig 4; this is only a representative example; more details can be found in [13])

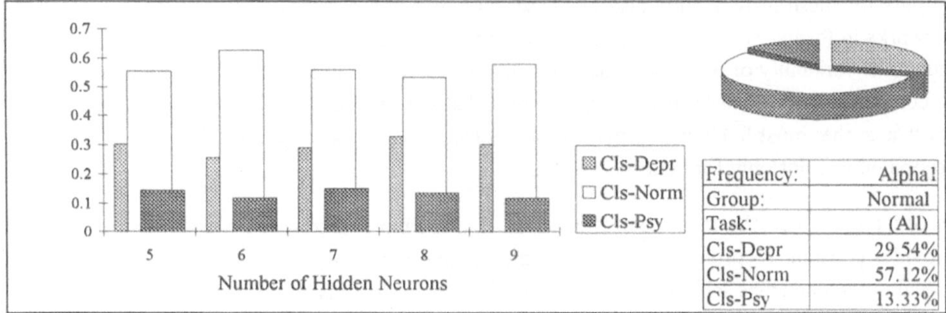

Frequency:	Alpha1
Group:	Normal
Task:	(All)
Cls-Depr	29.54%
Cls-Norm	57.12%
Cls-Psy	13.33%

Fig 3: Global classification for frequency band α_1 for all normal test subjects.

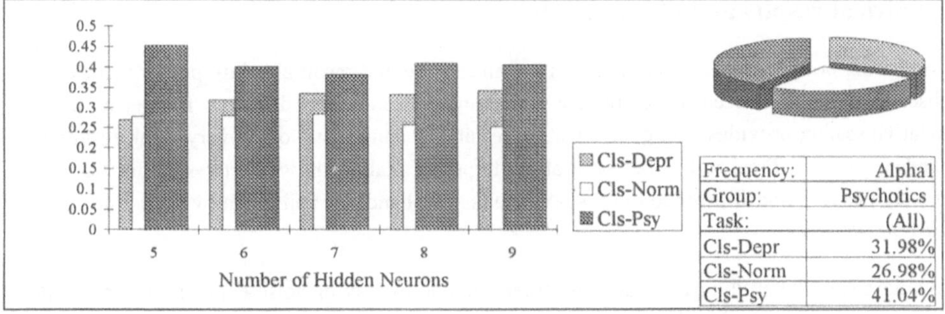

Frequency:	Alpha1
Group:	Psychotics
Task:	(All)
Cls-Depr	31.98%
Cls-Norm	26.98%
Cls-Psy	41.04%

Fig 4: Global classification for frequency band α_1 for all psychotic test subjects.

Surprisingly, we have no observations that show a clear preference for a certain number of hidden neurons based on the generalization test. So the subnets with a single input can provide only a very limited part for the global classification of one subject. This observation is additionally supported by our results using network pruning strategies for the subnets, which provide no significant improvement for the generalization.

The influence of pre-processing

For each frequency band we used a number of different pre-processing schemes that are widely used in classical EEG-analysis. The schemes are based on relative or absolute power values and non-linear scaling that should usually reduce the influence of the individual signal expression. This evaluation of the pre-processing provides two interpretations: First it should help to select pre-processing methods that are specially well suited to support neural networks. Second the pre-processing schemes used in the study are well known in the field of classical EEG-analysis and therefore they support or contradict certain medical interpretations. In the following discussion we will concentrate only on two aspects, the relevance of pre-processing for the ability to learn the given lesson and the influence of pre-processing for generalization.

For a first test, we used nearly unchanged direct observations based on the 4-second epochs. Various tests show clearly, that a successful training to any task, including the desired psychopathological classification, is impossible providing a sensible network size. The different target outputs for these tests include also tasks, which have been shown as well-learnable by neural networks in former studies [7, 8, 10, 11]. Therefore we came to the conclusion, that even the individual variability of the observations is too high so that we need certain smoothing methods to compensate these variations. Another aspect that contradicts the direct usage of short term spectra is, that most likely it is generally impossible to classify a subject solely based on one 4-second epoch, not only for neural networks.

In order to reduce the individual effects we used a simple average over one minute (which provides constant recording conditions) and a relative power scaling (which is a kind of individual time-dependent self-calibration for each electrode) for this study. A second method uses the one minute averages directly, which is know as mean absolute power in EEG evaluation.

Empirical results and observations

Comparing both pre-processing methods (mean relative and mean absolute power values), we observed, that we need different pre-processing schemes for different frequency bands. Relative scaling provides best generalization results for band θ and δ and very weak results for bands α_1 and α_2. Dual to this behavior absolute power scaling shows best results for bands α_1 and α_2 where θ and δ provide only weak results. The bands β_1 and β_2 show moderate results for both schemes.

In a next step the study investigates, whether the kind of task or noise exposure has any influence on the network classification. These questions have important meanings for the medical interpretation because there are some hypothesis that combine certain diseases with characteristic drop-outs under certain conditions.

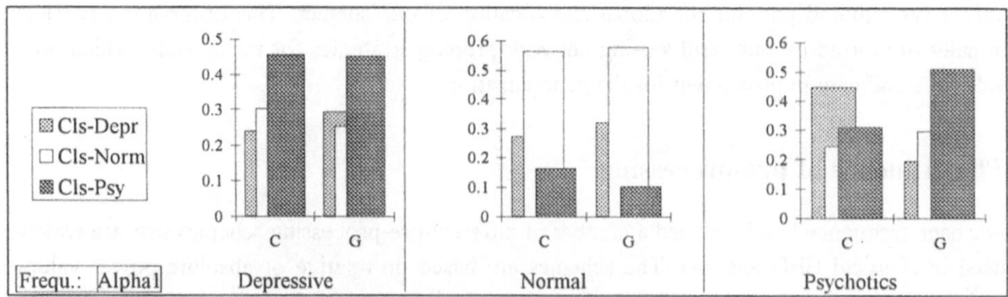

Fig 5: Global classification for frequency band α_1 (absolute scaling) depending on the subject task "Calculation" (C) or "Geometry" (G).

The two examples depicted in Fig 5 and Fig 6 show a clear difference of the network classification depending on the subject task. These differences were used by the following combined evaluation (module B) to build up a more comprehensive model of the desired classification. Similar dependencies on noise conditions can be observed, too, but the effects are often more subtle. Therefore the major improvement for the global evaluation can be achieved using the dependencies on the subject tasks. For a complete survey of all significant details, see [13].

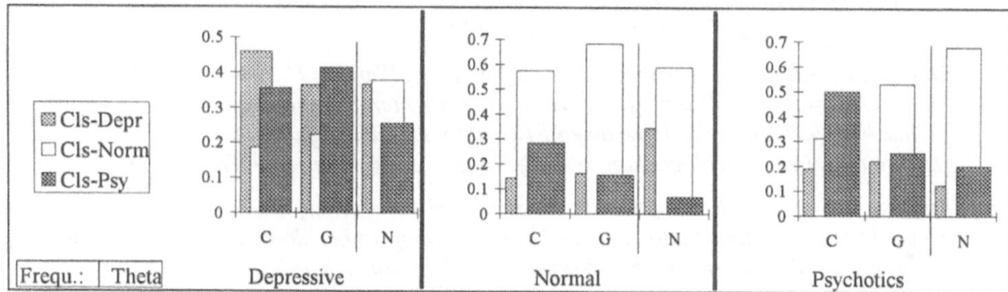

Fig 6: Global classification for frequency band θ (relative scaling, no noise exposure) depending on the subject task "Calculation" (C) or "Geometry" (G). Letter (N) denotes the results for no subject task during the preparation phase of the recording session.

Combining the subnet outputs with these characteristic condition-dependencies, the evaluation module B provided a global correct classification of 83% for all unknown subjects.

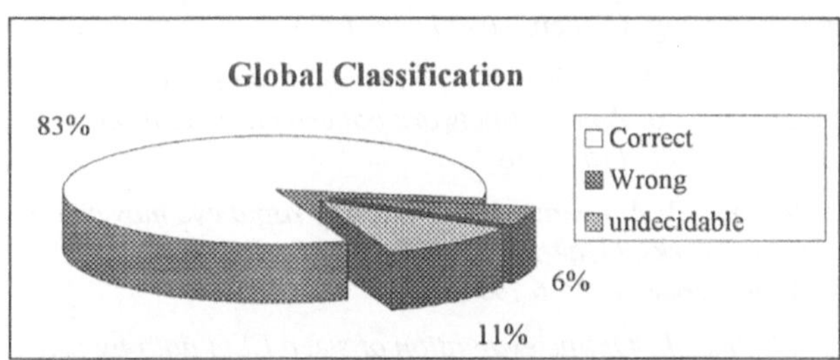

Fig 7: Classification performance for all unknown subject configurations

All described results have been obtained using the N^2E^4-System[2] which has been developed and implemented at the Research Group Neural Networks. The portable system combines neural network modules and pre-processing schemes using an easy-to-learn experiment description language (EDL, see [13]).

Conclusion

This study shows clearly, that the classification of very complex EEG recordings using neural networks is possible. The selection of a suitable pre-processing is very important for a successful classification. Unfortunately this selection is often a subtle process with many possible pitfalls. Furthermore, complex and structured signals need at least specially designed network architectures, which can be derived by our interpretation of learning as a modeling process.

---

2 *N^2E^4 = NNEEEE = **N**eural **N**etwork **EEG E**xperimental **E**nvironment*

The use of a structured network topology as shown here is only the first step towards a better control on knowledge representation within neural networks for complex applications.

References

[1] *Anderer, P., Klöppel, B., Saletu,B., Semlitsch, H.V., Werner, H.: Klassifikation Dementer Patienten basierend auf der topographischen Verteilung des Elektroenzephalogramms mit Hilfe künstlicher neuronaler Netzwerke . in "Dementielle Syndrome - eine Standortbestimmung, Teil II" (VIP Verlag), 1993*

[2] *Anderer, P., Klöppel, B., Saletu,B., Semlitsch, H.V., Werner, H.: Ein künstliches neuronales Netzwerk zur Klassifikation dementer Patienten basierend auf der topographischen Verteilung der langsamen EEG Aktivität. Beitrag zum Deutsch-Österreichischen Neurologenkongress, Springer Verlag Wien, New York, 1993*

[3] *Anderer, P.; Saletu, B.; Klöppel, B.; Semlitsch, H.V.; Werner, H.: Discrimination between demented patients and normals based on topographic slow wave EEG activity using artificial neural networks; to appear in EEG-Journal, 1993*

[4] *Dietrich, Carsten: Einsatz von Schrittweitensteuerungen beim Training Neuronaler Netze (am Beispiel des Backpropagating Algorithmus unter Verwendung von Fuzzy Logik), Master Thesis at the Dept. of Mathematics and Computer Science, University of Kassel, 1994*

[5] *Gallhofer B., Jantscher M., Klöppel B., Gruppe, H.: Funktionstopographie der Verarbeitung kognitiver Aufgaben unter dem Einfluß lateralisierter akustischer Störreize - erste Daten, (Abstract) in Brain Topography - Journal of Functional Neurophysiology (2. Deutsches EEG/EP Mapping Meeting, Gießen, 10.-11. 09. 1993*

[6] *Gevins, A.S.; Stone, R. K.; Ragsdale, S.D.: Differentiating the effects of three benzodiazepines on non-REM sleep EEG spectra. A neural-network pattern classification analysis; Neuropsychobiology 19, pp 108-115, 1988*

[7] *Grötzinger, M., Klöppel, B., Röschke, J: Automatic recognition of rapid eye movement (REM) sleep by artificial neural networks. Gene-Brain-Behavior, proceedings of the 21st Göttingen Neurobiology Conference, 4. - 6.6.1993: 873*

[8] *Grötzinger, M., Klöppel, B.; Röschke, J.: Online evaluation of sleep EEG data by artificial neural networks, submitted to Journal of Sleep Research*

[9] *Klöppel, Bert: Applications of neural networks for EEG analysis, Neuropsychobiology, Vol. 29, 1/94 p. 39-46, 1994*

[10]*Klöppel, Bert: Classification of evoked potentials by neural networks, Neuropsychobiology, Vol. 29, 1/94 p. 47-52, 1994*

[11]*Klöppel, Bert: Neural networks as a new method for EEG analysis, Neuropsychobiology, Vol. 29, 1/94 p. 33-38, 1993*

[12]*Klöppel, Bert: Neural Networks for EEG classification: First Results, Experiences and new Approaches. in Proceedings CNS Monitoring Workshop, 1992, Wien, Maudrich, in print*

[13]*Klöppel, Bert: Stabilität und Kapazität neuronaler Netzwerke am Beispiel der EEG-Klassifikation; Ph.D. Thesis at the Dept. of Mathematics and Computer Science, University of Kassel, 1994*

Ausgewählte Probleme beim unscharfen Schließen mit Fuzzy Logik in medizinisch genutzten Expertensystemen

Kaeding, A.-K.; Franczyk, B.; Grießbach, G.
TU Ilmenau, Fakultät IA
98684 Ilmenau
Verbundprojekt ADAPT, Förderkennzeichen 01IN202B7

1. Einleitung

Aufgabe von Expertensystemen ist die effektive Unterstützung der Entscheidungsfindung des Anwenders während der Bearbeitung der Problemstellung. In regelbasierten Expertensystemen werden Fakten mit dem in Regeln vorliegenden Wissen über ein eng umgrenztes Fachgebiet während des Inferenzprozesses verknüpft, um eine Lösung im Rahmen der Möglichkeiten eines Expertensystems zu erzielen.
Die Nachteile herkömmlicher Methoden des scharfen Schließens speziell in medizinisch genutzten Expertensystemen sind insbesondere in der Natur der Eingangsdaten (Fakten) und des zu verarbeitenden Wissens begründet. Scharfe Fakten und scharfes Schließen wie auch die Repräsentation medizinischen Wissens in scharfen Regeln werden als ungeeignet angesehen, da medizinische Daten und medizinisches Wissen in hohem Maße durch Unvollständigkeit, Unsicherheit, Unschärfe sowie teilweise von Widersprüchlichkeit geprägt ist. Anliegen des vorliegenden Beitrags ist es, die auftretenden Probleme in medizinisch genutzten Expertensystemen an einem Beispiel zu beschreiben und einen Ansatz zur Lösung vorzustellen und zu diskutieren.

2. Problemstellung

Das an der TU Ilmenau entwickelte Expertensystem VISIS (Projekt ADAPT) zur Unterstützung der Diagnostik von Krankheiten des Augenhintergrundes verarbeitet eine Reihe von Informationen unterschiedlicher Herkunft. Dazu gehören Ergebnisse der Patientengespräche, Untersuchungsergebnisse des Arztes und elektrophysiologische Befunde, die dem Expertensystem als Eingangsfakten zur Verfügung gestellt werden. Die Informationsquellen lassen sich wie folgt klassifizieren:

a) Informationsquelle Patient:

Patientenaussagen sind größtenteils subjektiv gefärbte und unvollständige Fakten, die den Allgemeinzustand des Patienten und das von ihm erlebte Krankheitsbild charakterisieren. Der Patient kann u.a. Aussagen über ein nicht meßbares Krankheitssymptom machen, den Schmerz.

Der Schmerz ist für den Arzt ein wichtiger Ansatzpunkt bei der Beurteilung des Patienten. Er spielt u. a. bei der Abschätzung der Akutheit des Falles eine wichtige Rolle.

b) Informationsquelle Gerätemedizin (klinisch-chemisches Labor, elektrophysiologische Untersuchungen)

Meßdaten, die vom menschlichen Körper erhoben werden, müssen immer wegen der inter- und intraindividuellen Variabilität des Menschen mit Normbereichen für den gesunden und den pathologischen Zustand verglichen werden.
Meßwerte aus dem klinisch-chemischen Labor liegen gewöhnlich in Form von scharfen numerischen Werten mit definierten Einheiten oder in Form von vorklassifizierten Aussagen (z.B. o.B. = ohne Befund, negativ, positiv) vor. Diese Labormeßwerte eignen sich besonders gut zur Ableitung linguistischer Variablen, da der Arzt in der täglichen Praxis zu ihrer Bewertung schon unscharfe Begriffe nutzt. Es ist allerdings zu beachten, daß speziell Daten aus dem klinisch-chemischen Labor abhängig von der im Labor verwendeten Bestimmungmethode und den sich daraus ergebenden unterschiedlichen Wertebereichen und Fehlerquellen sind. Zu jeder Bestimmung wird ein Normalwert aufgenommen, aber die Normalwerte können von Bestimmung zu Bestimmung unterschiedlich sein.
Bei elektrophysiologischen Meßdaten wie EKG, EEG usw. ist zu vermerken, daß sie allgemein nicht unter einheitlichen Ableitbedingungen erfaßt werden. Sie unterliegen weiterhin einer statistischen Vorverarbeitung, Merkmalsextraktion und Klassifikation. Die Ergebnisse der Klassifikation können in Symbole umgewandelt werden. Beispiel Elektroretinogramm (EOG): "Das Dunkeltal des EOG ist abgeschwächt." Diese Vorgehensweise rechtfertigt einen unscharfen Ansatz. Untersuchungsergebnisse bildgebender Verfahren, die mit objektiven Mitteln ausgewertet werden, liefern scharfe numerische Werte, die vom Arzt analog zu den Labormeßwerten subjektiv bewertet werden.

c) Informationsquelle Arzt

– Informationsgewinnung mit subjektiven Mitteln

Der Arzt nutzt seine Sinnesorgane zur Untersuchung des Patienten (Auskultation, Perkussion...). Ergebnisse sind größtenteils symbolische Informationen. Dabei werden skalierbare Begriffe verwendet, denen direkt eine linguistische Variable zuordbar ist.

– Informationsgewinnung mit objektiven Mitteln und subjektiver Interpretation

Alle bildgebenden Verfahren beispielsweise sind ein Mittel zur objektiven Informationsgewinnung, deren Ergebnisse vom Arzt bewertet werden. Resultat sind entweder scharfe numerische Werte mit definierten Einheiten, die allerdings von subjektiv festgelegten Maßgrenzen herrühren, oder verbale Berurteilungen.

3. Datenbehandlung

Unscharfe Daten entstehen an verschiedenen Stellen im Informationsfluß Patient - Arzt - Expertensystem, aber nicht jeder medizinischer Fakt eignet sich für die Darstellung als linguistische Variable mit Wertemenge und zugeordneten Fuzzy Sets.
Aus der Klassifikation der Informationsquellen für den Eingang eines medizinisch genutzten Expertensystems läßt sich folgende Einteilung hinsichtlich der Verwendung von unscharfen Werten und der Fuzzifizierung von Daten ableiten:
Es besteht ein prinzipieller Unterschied zwischen vom Arzt gemessenen oder abgeschätzten Werten und mit Geräten gemessenen Werten.
In den abgeschätzten Werten liegt gleichzeitig eine Wertung und damit Unschärfe, beeinflußt durch die Erfahrung des Arztes. Abgeschätzte Werte, die durch Auskultation, Perkussion usw. entstehen, enthalten immer einen Bezug zum Normalzustand und arbeiten mit Antonymen (vergrößert/verkleinert, verengt/erweitert, schneller/langsamer). Diesen Begriffen lassen sich Fuzzy Sets in L- oder Gamma-Form zuordnen.

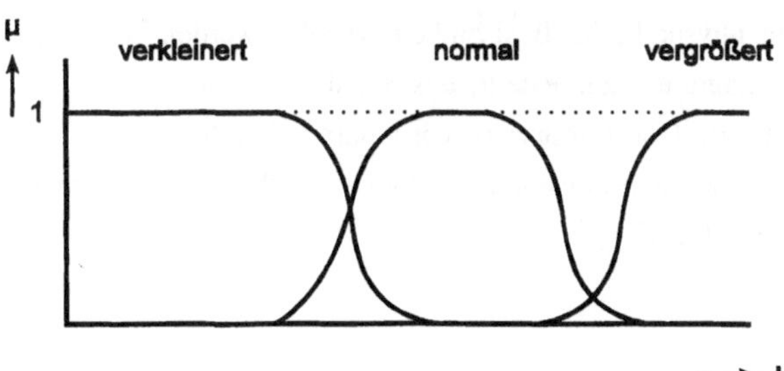

Abb. 1: Vom Arzt abgeschätzte Werte als Fuzzy Sets

Die Festlegung des Namens der linguistischen Variablen erfolgt nach der abgeschätzten physikalischen Größe. In der Wertemenge befinden sich nur abfallende und ansteigende Begriffe, ihre Namen entstammen dem Wortschatz des Arztes. Für die verwendeten Fuzzy Sets wird eine künstliche Basiseinheit festgelegt.
Die gemessenen Werte sind zwar von ihrer Meßmethode her mit einer Ungenauigkeit behaftet, erhalten ihre Unschärfe aber erst durch die Interpretation des Arztes. Sie werden vom Arzt noch einmal nach ihrer Bedeutung abgeschätzt und einer bestimmten Wertemenge zugeordnet. Das ist mit einer Fuzzifizierung vergleichbar. Es existieren zu einer Größe mehrere linguistische Werte mit medizinisch unterschiedlicher Bedeutung, in die die Meßwerte eingeordnet werden können (Abb. 2).
Die vorklassifizierten Aussagen zu einem Labormeßwert "o.B.", "positiv" und "negativ" bilden auch schon eine Wertemenge zu einer linguistischen Variablen. Es ist allerdings medizinisch

nicht sinnvoll, auf diese Wertemenge Modifikatoren anzuwenden oder diese Wertemenge zu erweitern.

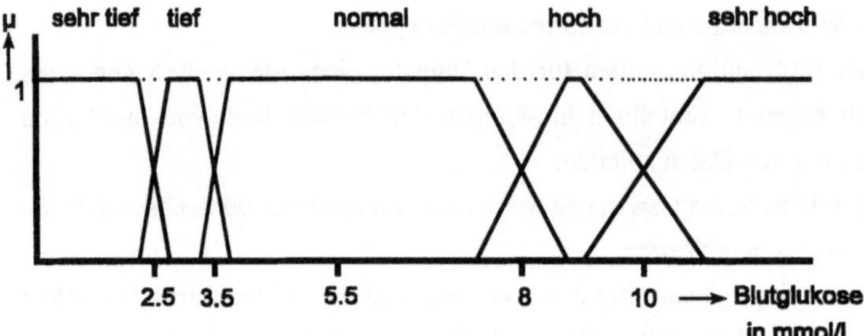

Abb. 2: Die Meßgröße Blutglukose mit den linguistischen Werten {sehr tief; tief; normal; hoch; sehr hoch}. Den einzelnen Werten werden entsprechend ihrer medizinischen Bedeutung Fuzzy Sets zugeordnet [6]

Gemessene Werte, für die schon eine physikalische Basiseinheit besteht, werden wie folgt behandelt: Es wird ein Fuzzifizierungsdiagramm aufgestellt, das auf den pathologischen und Normalbereichen des Laborwertes basiert. Der Laborwert wird daran fuzzifiziert und die Zugehörigkeitszahl dazu verwendet, um, je nach Abweichung vom gesunden Zustand, einen ansteigenden oder abfallenden Begriff zu bilden.

4. Verwendete Methoden zur Verabeitung von Unschärfen

Im Expertensystem VISIS stehen verschiedene Wissenskomponenten zur Verfügung, die den unterschiedlichen Erscheinungsformen medizinischer Fakten und medizinischen Wissens gerecht werden. Für unscharfe Daten wurde der Wissenstyp der linguistischen Variablen eingeführt. Um den Werten der linguistischen Variablen Fuzzy Sets zuzuweisen, steht ein komfortabler Fuzzy-Set-Editor zu Verfügung.

Die Inferenzmaschine des Expertensystems arbeitet nach dem Prinzip des verallgemeinerten Modus ponens:

$$\begin{array}{l} A \dashrightarrow B \\ \underline{A\quad\quad} \\ \quad\quad B \end{array}$$

Mit dem Expertensystem lassen sich aus Fakten Hypothesen erzeugen (Vorwärtsverkettung), Zielvorgaben können mit Fakten bewiesen oder widerlegt werden (Rückwärtsverkettung) und aus Fakten generierte Hypothesen lassen sich im gleichen Schlußfolgerungsprozeß beweisen (bidirektionale Verkettung der Regeln). Zur Einführung des approximierten Schließens wurde die Vorwärtsverkettung gewählt.

WENN S_1 ist P_1, DANN S_2 ist P_2
S_1 ist Q_1
$\therefore S_2$ ist Q_2

S_1 ist Q_1 erfüllt nach scharfen Kriterien nicht den WENN-Teil der Regel. Werden P_1, P_2 und Q_1 aber durch Fuzzy Sets repräsentiert, kann aus ihnen unter bestimmten Voraussetzungen für Q_2 ein Fuzzy Set berechnet werden.
Hellendoorn definiert Kriterien [1], denen die drei Fuzzy Sets P_1, P_2, und Q_1 genügen müssen, damit sie als Grundlage zur Berechnung von Q_2 dienen können.
Der von Hellendoorn angegebene Algorithmus ist nur für linguistische Variablen geeignet, deren Werte durch unscharfe Mengen mit ansteigender, kontinuierlicher Zugehörigkeitsfunktion (Gamma-Funktion) repräsentiert werden. Eine weitere Voraussetzung für die Anwendbarkeit dieses Algorithmus ist ein positiver Zusammenhang zwischen WENN- und DANN-Teil der Regel.
Ein positiver Zusammenhang zwischen P_1 und P_2 besteht, wenn P_2 ansteigt, weil P_1 ansteigt, zum Beispiel: "Wenn ein Mensch dick ist, dann ist ein Mensch schwer."

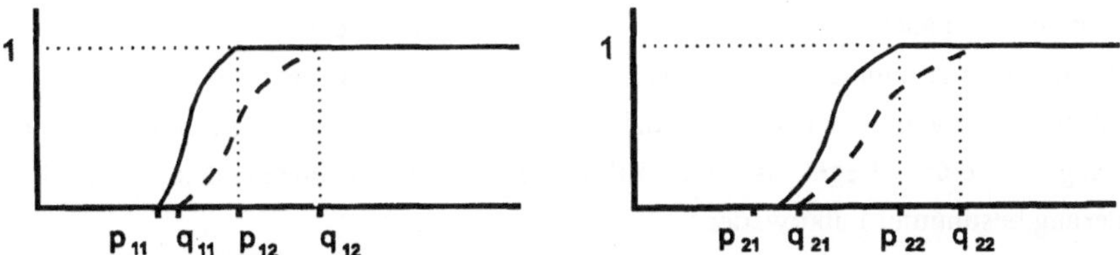

Abb. 3: Kontinuierlich ansteigende Funktionen und positiver Zusammenhang zwischen P_1, P_2 und Q_1, Q_2

Diese Gamma-Funktion (Abb. 3) kann durch zwei charakteristische Punkte beschrieben werden:

WENN-Teil der Regel:	Fuzzy Set P_1 mit p_{11} und p_{12}
	Fuzzy Set Q_1 mit q_{11} und q_{12}
DANN-Teil der Regel:	Fuzzy Set P_2 mit p_{21} und p_{22}
	Fuzzy Set P_1 mit q_{21} und q_{22}

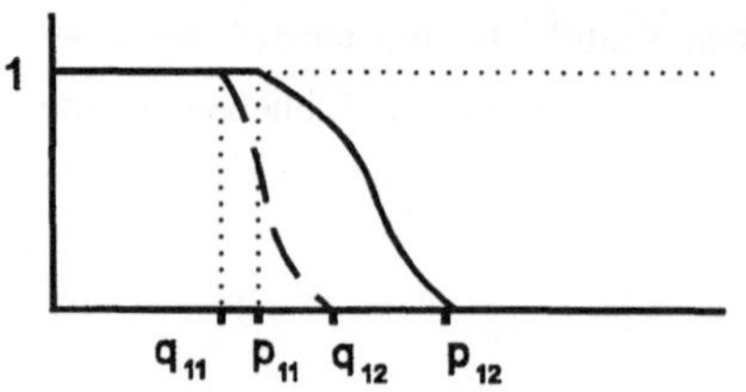

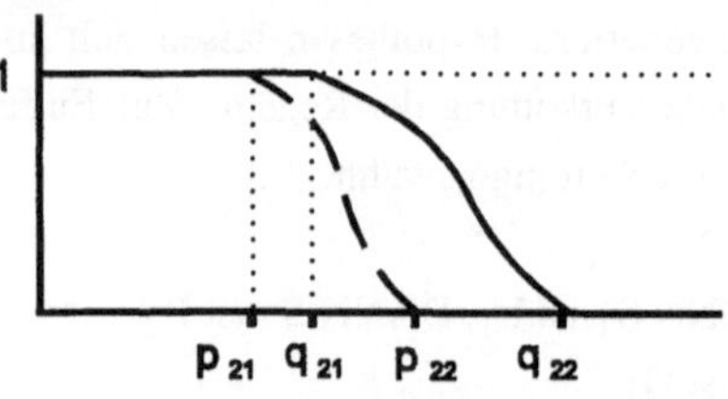

Abb. 4: Kontinueirlich abfallende Funktionen und positiver Zusammenhang zwischen P_1, P_2 und Q_1, Q_2

Wie unter 3. ausgeführt wurde, läßt sich medizinisches Wissen nicht auf ansteigende Begriffe allein reduzieren. Um trotzdem die Vorteile des von Hellendoorn angegebenen Algorithmus zu nutzen, wurde eine Erweiterung für abfallende Begriffe, repräsentiert durch eine L-Funktion, vorgeschlagen [2].

In diesem Zusammenhang entstehen für die Inferenz noch Fragen, an deren Lösung zur Zeit gearbeitet wird.

Medizinischen Wissens wird nicht nur in einfachen Regeln erfaßt (eine einzelne Aussage im WENN-Teil), sondern auch in Regeln mit mehreren durch AND bzw. OR verbundenen Aussagen im WENN-Teil. Das Fuzzy Set im Aktionsteil einer Regel wird deswegen von verschiedenen Fuzzy Sets aus dem Bedingungsteil beeinflußt. Für diesen Fall ist der Ansatz nach Hellendoorn zu erweitern. Es muß dabei berücksichtigt werden, daß den jeweiligen Fuzzy Sets in den Aussagen nach ihrem unterschiedlichen medizinischen, physikalischen und chemischen Hintergrund auch unterschiedliche Basiseinheiten zugrunde liegen.

Weiterhin existieren in regelpräsentiertem medizinischem Wissen nicht nur Regeln mit einem positiven Zusammenhang zwischen WENN- und DANN-Teil. Ein Beispiel für einen negativen Zusammenhang in einer Regel ist die Erhöhung der Medikamentendosis bei der Verschlechterung bestimmter Laborwerte:

WENN die Eisenwerte im Blut zu niedrig sind,
DANN erhöhe die Dosis des Eisenpräparates.

5. Zusammenfassung

Die im Expertensystem VISIS implementierten Methoden zur Repräsentation und Verarbeitung medizinischer Fakten und medizinischen Wissens stellen eine Möglichkeit dar, das in seiner Gesamtheit unscharf, unvollständig, unsicher sowie widersprüchlich erscheinende Gebiet auf einem speziellen Fachgebiet konzentriert adäquat zu beschreiben und damit einer Verarbeitung im Expertensystem zugänglich zu machen. Die gewonnenen Erkenntnisse lassen sich auf andere Problembereiche übertragen. Durch das Konzept der linguistischen Variablen ist eine wesentlich bessere Schnittstelle zu dem in der medizinischen Praxis üblichen Datenmaterial möglich. Der von Hellendoorn angegebene Algorithmus und die hier vorgeschlagene Erweiterung für abfallende linguistische Begriffe berücksichtigen die in der Praxis auftretenden Interpretationsvariationen bei der Befundung des klinischen Bildes und stellen einen weiter zu verfolgenden Ansatz zur Verarbeitung medizinischen Wissens dar.

6. Literatur

[1] Hellendoorn, J.: Reasoning with Fuzzy Logic, Proefschrift Technische Universiteit Delft 1990

[2] Kaeding, A.-K.: Forschungsbericht, TU Ilmenau 1994

[3] Millak, R.: Rechnergestützte Analyse elektrodiagnostischer Daten und deren Merkmalbewertung - Ein Beitrag für die Entwicklung des Expertensystem VISIS, Dissertation A, TU Ilmenau,

[4] Schmidt, O.: Implementierung unscharfen Schließens im Expertensystem VISIS auf der Basis von Fuzzy Logik, Diplomarbeit TU Ilmenau 1993

[5] Taby, T.: Einsatz von Methoden der Fuzzy-Logik für die Dosisermittlung im Beratungssystem DIABETEX, Diplomarbeit TU Ilmenau 1994

[6] Zimmermann, H. J.: Fuzzy Set Theory and its Applications. Kluwer Academic Publishers Dordrecht, 1985

Auslegung neuronaler Netzwerke am Beispiel der Fahrzeugerkennung

Thomas Müller

Diehl GmbH&Co, Abteilung für Informationsverarbeitung
Fischbachstr.16, 90552 Röthenbach/Peg.

Im folgenden Beitrag wird ein System zur Fahrzeugerkennung auf der Basis von neuronalen Netzwerken vorgestellt. Nach einer Beschreibung der Komponenten dieses Mustererkennungssystems wird auf das zur Klassifikation eingesetzte Multi-Layer-Perceptron, und auf den entsprechend der Delta-Bar-Delta-Momentum Lernregel modifizierten Backpropagation-Lernalgorithmus eingegangen. Die Delta-Bar-Delta-Momentum Lernregel wurde aus dem Delta-Bar-Delta Verfahren weiterentwickelt, und gestattet neben der Adaption des Lernparameters zusätzlich die Regelung des Momentumparameters. Weiterhin werden die Ergebnisse des Lernvorgangs beschrieben und Angaben zur Erkennungsleistung gemacht. Abschließend wird die Vorgehensweise bei der Implementierung des Multi-Layer-Perceptrons auf einem 16-Bit-Festkomma-Signalprozessor dargestellt.

1. Einleitung

Die Intensität der Forschungsaktivitäten auf dem Gebiet der neuronalen Netzwerke hat in den letzten Jahren enorm zugenommen. Insbesondere das Multi-Layer-Perceptron (MLP) wird seit der (Wieder-)Entdeckung des Backpropagation-Lernalgorithmus ([1]) sehr häufig zur Klassifikation von Mustern in den unterschiedlichsten Anwendungen eingesetzt. Ein Grund hierfür ist der einfache Aufbau des MLPs aus den in mehreren Schichten angeordneten Neuronen. Darüberhinaus ist das MLP aufgrund seiner verdeckten Schicht(en) in der Lage, beliebig komplexe Klassifikationsprobleme zu lösen, so daß die Einschränkung auf linear trennbare Merkmals-Cluster entfällt.

Im folgenden wird die Auslegung von neuronalen Netzwerken für ein System zur Erkennung von Fahrzeugen beschrieben. Neben der Detektion eines von der Sensorik erfaßten Fahrzeugs soll in einer späteren Ausbaustufe mit diesem System zusätzlich der jeweilige Fahrzeugtyp (z.B. PKW, LKW) klassifiziert werden. Ein derartiges System kann beispielsweise für statistische Untersuchungen zur Messung des Verkehrsaufkommens oder für Anwendungen aus dem Bereich der Zugangskontrolle eingesetzt werden.

Die Klassifikation der Sensorsignalen erfolgt durch ein MLP mit einer verdeckten Schicht. In diesem Beitrag soll über die beim Einsatz dieses neuronalen Klassifikators gesammelten Erfahrungen berichtet werden.

2. Aufbau des Systems zur Fahrzeugerkennung

Das System zur Fahrzeugerkennung besteht aus den Komponenten Sensorik, Signalvorverarbeitung, Merkmalsextraktion und Klassifikation (Abb.1).

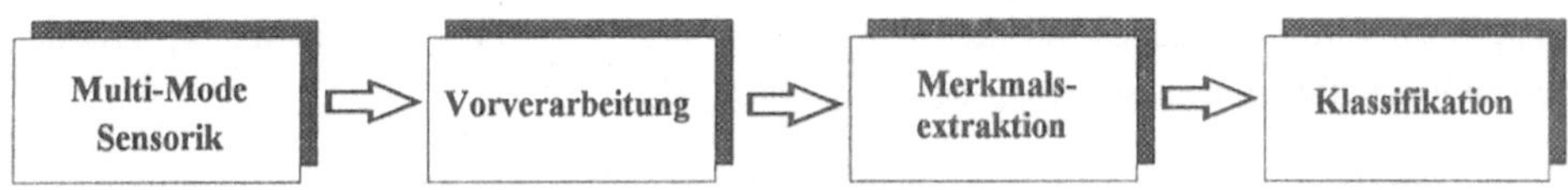

Abb.1: Blockschaltbild des Mustererkennungssystems zur Fahrzeugerkennung

Im Sensorsystem sind ein mmW-Radar-, ein Radiometer- , und ein aus mehreren Elementen bestehender Infrarot-Sensor integriert (Multi-Mode Sensorik). Die Kombination dieser 3 Sensoren gewährleistet eine weitgehende Robustheit gegenüber Witterungs- und sonstige Störeinflüsse. Auf die Vorverarbeitung, die durch eine Filterung zur Rauschunterdrückung und eine adaptive Schwellwert-Detektion realisiert wird, folgt die Merkmalsextraktion. Im Rahmen der Merkmalsextraktion werden aus den vorverarbeiteten Sensorsignalen 9 Merkmale berechnet. Anhand dieser Merkmale entscheidet der Klassifikator , ob sich ein Fahrzeug im Erfassungsbereich der Sensorik befindet (Klasse "Fahrzeug"), oder nicht (Klasse "Umgebung").

3. Delta-Bar-Delta-Momentum Lernregel für Multi-Layer-Perceptrons

Bei dem zur Klassifikation verwendeten Multi-Layer-Perceptron (MLP) handelt es sich um ein leistungsfähiges, und häufig eingesetztes neuronales Netzwerk aus der Gruppe der "Feedforward-Netzwerke". Die Neuronen dieses Netzwerk-Typs sind in Schichten angeordnet, wobei jeweils alle Neuronen einer Schicht mit allen Neuronen der nächsten Schicht verbunden sind. Das Verhalten eines MLPs wird bestimmt durch seine Netzwerktopologie und durch die Zahlenwerte der die Verbindungen kennzeichnenden Netzwerkgewichte. Es ist bekannt, daß MLPs beliebige Abbildungen des Eingangssignal-(Merkmals)-Raums auf den Ausgangssignal-(Klassenzugehörigkeitsraum)-Raum realisieren können, vorausgesetzt, diese Netzwerke verfügen über mindestens eine verdeckte Schicht mit beliebig vielen Neuronen.

Die Netzwerkgewichte werden durch Anwendung des iterativen Backpropagation-(BP)-Lernalgorithmus während des Trainingsvorgangs an das jeweilige Klassifikationsproblem angepaßt ([1], [2]). Dabei berechnet man die Netzwerkgewichte im Iterationsschritt (k+1) aus den Gewichten $\mathbf{w}(k)$ des vorangegangenen Iterationsschritts und dem mit dem Lernparameter η gewichteten Gradienten ∇E des mittleren quadratischen Netzwerkfehlers. Berücksichtigt man zusätzlich den Momentumterm $\alpha \cdot \Delta\mathbf{w}(k-1)$, so ergibt sich die BP-Lernregel zu

$$\mathbf{w}(k+1) = \mathbf{w}(k) - \eta \cdot \nabla E + \alpha \cdot \Delta\mathbf{w}(k-1) \tag{1}$$

Eine unangenehme Eigenschaft der BP-Lernregel ist die oftmals sehr geringe Konvergenzgeschwindigkeit dieses Gradientenverfahrens. Es ist jedoch bekannt, daß die Konvergenzrate durch eine geeignete Adaption der Zahlenwerte für den Lernparameter η und den Momentumparameter α während des Lernvorgangs erheblich beschleunigt werden kann. Da eine "manuelle" Optimierung dieser Parameter zu aufwendig ist, wurden Verfahren entwickelt, die eine vollautomatische Regelung des Lernparameters η gestatten ([3]-[5]). Für die Automatisierung des Lernvorgangs von MLPs zur Fahrzeugerkennung verwenden wir den entsprechend der Delta-Bar-Delta-Momentum-(DBDM)-Lernregel modifizierten BP-Algorithmus ([5]). Dieses Verfahren wurde aus der Delta-Bar-Delta-(DBD)-Regel ([3],[4]) weiterentwickelt, und gestattet neben der Adaption des Lernparameters zusätzlich die Regelung des Momentumparameters. Der DBD-Lernalgorithmus beruht auf heuristischen Überlegungen über den Verlauf der Fehlerfläche E($\mathbf{w}$) und die Arbeitsweise des Gradientenverfahrens bei der Optimierung der Netzwerkgewichte $\mathbf{w}$ ([4]). Bei dem DBD-Verfahren werden Kenngrößen berechnet, die die augenblickliche Lage des Vektors $\mathbf{w}$ auf der Fehlerfläche E($\mathbf{w}$) bewerten. Anhand dieser

Kenngrößen wird entschieden, ob der aktuelle Wert des Parameters η linear um κ_η erhöht, bzw. multiplikativ um den Faktor ϕ_η erniedrigt wird ([4]):

$$\eta(k+1)=\eta(k)+\Delta\eta(k)=\eta(k)+\begin{cases}\kappa_\eta & \bar{\mathbf{g}}^T(k-1)\cdot\mathbf{g}(k)>0\\ -\phi_\eta\cdot\eta(k) & \bar{\mathbf{g}}^T(k-1)\cdot\mathbf{g}(k)<0\\ 0 & sonst\end{cases} \tag{2}$$

mit

$$\mathbf{g}(k)=\nabla E=\frac{\partial E(\mathbf{w})}{\partial\mathbf{w}(k)} \quad \text{und} \quad \bar{\mathbf{g}}(k)=(1-\theta)\cdot\mathbf{g}(k)+\theta\cdot\bar{\mathbf{g}}(k-1), \quad \text{z.B. } \theta=0.1$$

Durch Anwendung von ähnlichen Überlegungen kann zusätzlich eine Gleichung für die Regelung des Momentumparameters α abgeleitet werden ([5]):

$$\alpha(k+1)=\alpha(k)+\Delta\alpha(k)=\alpha(k)+\begin{cases}\kappa_\alpha & \mathbf{g}^T(k)\cdot\Delta\mathbf{w}(k-2)>0\\ -\phi_\alpha\cdot\alpha(k) & \mathbf{g}^T(k)\cdot\Delta\mathbf{w}(k-2)<0\\ 0 & sonst\end{cases} \tag{3}$$

Der durch die Gl.(1)-(3) beschriebene DBDM-Algorithmus gewährleistet die Regelung von η und α. Untersuchungen haben gezeigt, daß dadurch die Konvergenzgeschwindigkeit gegenüber dem BP-Algorithmus mit festem Lern- und Momentumparameter erhöht werden kann ([5]).

Zur Veranschaulichung ist in der Abb.2 der Verlauf von η und α während eines Lernvorgangs bei Einsatz der DBDM-Lernregel dargestellt.

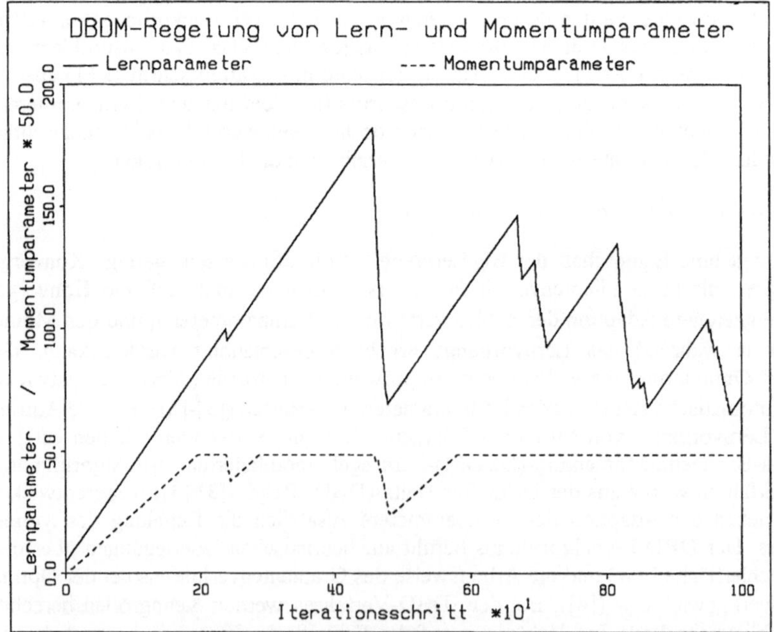

Abb.2: Verlauf des Lernparameters η und des Momentumparameters α

4. Training von Multi-Layer-Perceptrons zur Fahrzeugerkennung

Zur Durchführung des BP-Lernvorgangs wird ein Trainingsdatensatz mit vorab klassifizierten Merkmalsvektoren benötigt ("überwachtes Lernen"). Die in diesem Datensatz zusammengefaßten Merkmalsvektoren müssen so ausgewählt werden, daß sich ein für das jeweilige Klassifikationsproblem repräsentativer Trainingsdatensatz ergibt. Für die Anwendung in der Fahrzeugerkennung wurde der Trainingsdatensatz aus mehreren Meßkampagnen bei unterschiedlichen Witterungsbedingungen und für verschiedene Fahrzeugtypen zusammengestellt. Um die Generalisierungseigenschaften des auf den Trainingsdatensatz hin optimierten MLPs untersuchen zu können, wurden darüberhinaus mehrere Testdatensätze erzeugt.

Vor Beginn des Lernvorgangs werden die Merkmale x_i einer durch die Gleichung

$$x_i^s = \frac{x_i - \mu_i}{\sigma_i} \qquad (4)$$

mit

$$\mu_i = E\{x_i\} \quad \text{und} \quad \sigma_i = \sqrt{E\left\{(x_i - \mu_i)^2\right\}}$$

beschriebenen linearen Transformation unterzogen. Diese Maßnahme bewirkt eine Skalierung auf den Mittelwert 0 und die Standardabweichung 1, und eine Verringerung der drastischen Dynamikunterschiede bei den nicht skalierten Merkmale x_i. Auf diese Weise kann eine Sättigung der Neuronen in der verdeckten Schicht zu Beginn des Lernvorgangs verhindert, und die Konvergenzgeschwindigkeit des BP-Lernalgorithmus erhöht werden.

Da es sich bei der vorliegenden Aufgabenstellung um ein Zwei-Klassen-Mustererkennungsproblem handelt, wird am Ausgang des MLPs lediglich ein einziges Neuron benötigt. Die Entscheidung bezüglich der Klassen "Umgebung" bzw. "Fahrzeug" erfolgt durch Vergleich des Netzwerkausgangssignals mit der Entscheidungsschwelle T. Dieser Schwellwert muß so eingestellt werden, daß die Systemanforderung nach einer vorgegebenen Anzahl an Falschalarmen (=Anzahl der fälschlicherweise der Klasse "Fahrzeug" zugeordneten "Umgebungs-Merkmalsvektoren") eingehalten wird. Zur Beurteilung der Klassifikationsleistung des MLPs wird die Detektionsrate P_D herangezogen. Diese (von dem Schwellwert T abhängige) Kenngröße ist definiert durch die Gleichung

$$P_D = \frac{\text{Anzahl der korrekt zugeordneten "Fahrzeug-Merkmalsvektoren"}}{\text{Gesamtanzahl der "Fahrzeug-Merkmalsvektoren" eines Datensatzes}} \qquad (5)$$

Die Zielsetzung bei der Auslegung der MLPs besteht folglich in einer Maximierung der Detektionsrate P_D bei einer vorgegebenen Anzahl an Falschalarmen.

Für eine bestimmte Netzwerkinitialisierung ist in Abb.3 der Verlauf der Detektionsrate P_D während des Lernvorgangs für die DBDM-Lernregel, die DBD-Regel und für den BP-Algorithmus ohne Parameterregelung dargestellt (Netzwerktopologie:9-5-1). Es zeigt sich, daß die Detektionsrate bei Anwendung des BP-Algorithmus mit konstanten Werten für η und α bereits nach 300 Iterationsschritten einen stationären Wert von etwa 83% erreicht hat. Eine Fortsetzung des Lernvorgangs führt bei diesem Verfahren zu keiner weiteren Verbesserung der Klassifikationsleistung. Im Gegensatz dazu kann die Detektionsrate durch Einsatz der DBD-Lernregel auf ungefähr 87% bei Beendigung des Lernvorgangs nach 1000 Iterationsschritten gesteigert werden. Die höchste Detektionsrate von 93% ergibt sich bei Anwendung der DBDM-Lernregel. Dieses Verfahren liefert bereits nach etwa 100 Iterationsschritten eine deutlich höhere Klassifikationsleistung als der BP-Algorithmus ohne Parameterregelung bzw. als die DBD-Regel.

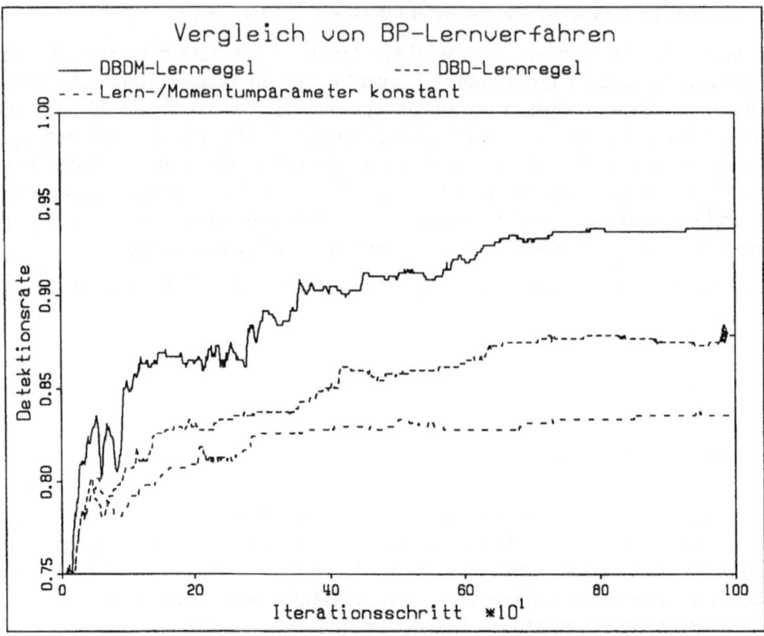

Abb.3: Verlauf der Detektionsrate während des Lernvorgangs

Bei der Auslegung von MLPs zur Fahrzeugerkennung werden Netzwerktopologien mit einer verdeckten Schicht mit 3, 5 bzw. 20 Neuronen untersucht. Die mit diesen Netzwerken erzielten Detektionsraten sind in der folgenden Tabelle zusammengefaßt. Hierbei werden jedoch nur die Ergebnisse der besten von jeweils 10 Netzwerkinitialisierungen berücksichtigt.

Klassifikator	P_D Trainingsdaten	P_D Testdaten #1	P_D Testdaten #2	Rechenzeit (in Taktzyklen)
MLP 9-3-1	90.5%	80.1%	87.0%	112
MLP 9-5-1	93.6%	79.7%	88.6%	178
MLP 9-20-1	97.0%	78.0%	87.4%	673
Polynomklassifikator	82.2%	70.9%	78.7%	182

Vergleicht man die Klassifikationsleistung der unterschiedlichen Netzwerktopologien miteinander, so zeigt sich, daß das 9-5-1 MLP einen guten Kompromiß zwischen der erzielbaren Detektionsrate und dem Rechenaufwand während der Arbeitsphase des Klassifikators ermöglicht. Für die vorgegebene Anzahl an Falschalarmen liefert das 9-5-1 MLP auch eine höhere Detektionsrate als ein Polynomklassifikator vom Grad 2, obwohl sich die Anzahl der Koeffizienten der beiden Klassifikatoren nur geringfügig unterscheidet (9-5-1 MLP:56 Netzwerkgewichte, Polynomklassifikator 2.ten Grades 2: 55 Polynomkoeffizienten).

Neben der für den Trainingsdatensatz ermittelten Erkennungsleistung ist die Generalisierungsrate, d.h. die Klassifikationsleistung für die nicht zum Training herangezogenen Testdatensätze, ein wichtiges Kriterium zur Beurteilung der Leistungsfähigkeit von Klassifikatoren. Der operationelle Einsatz eines Klassifikators zur Bestimmung der Klassenzugehörigkeit von unbekannten Merkmalsvektoren setzt eine ausreichend hohe Generalisierungsrate voraus. In der obigen Tabelle ist die Generalisierungsrate der jeweiligen Klassifikatoren für zwei nicht zum Training herangezogene Testdatensätze angegeben. Man erkennt, daß alle MLPs eine gute Robustheit gegenüber den unbekannten Testdatensätzen gewährleisteten.

5. Implementierung auf dem Signalprozessor TMS320C26

Die Auslegung und die Ermittlung der Leistungsdaten der MLPs erfolgt auf einer UNIX-Workstation in 32-Bit-Gleitkomma-(GK)-Arithmetik. Für den operationellen Einsatz ist eine Implementierung auf dem eigens für die Fahrzeugerkennung entwickelten Ziel-Hardware-System erforderlich. Kernstück dieses Systems ist ein 16-Bit-Festkomma-(FK)-Signalprozessor vom Typ TMS320C26.

Zur Beschleunigung des Lernvorgangs wurden für das Training die skalierten Merkmale x_i^s verwendet (Gl.(4)). Für die Arbeitsphase des MLPs im operationellen Einsatz kann die Skalierung der Merkmale durch Auswertung der Gleichungen

$$\tilde{w}_{0h}^{(1)} = w_{0h}^{(1)} - \sum_{i=1}^{N_I} \frac{w_{ih}^{(1)} \cdot \mu_i}{\sigma_i}. \qquad \tilde{w}_{ih}^{(1)} = \frac{w_{ih}^{(1)}}{\sigma_i} \tag{6}$$

in die Offset-Gewichte $\tilde{w}_{0h}^{(1)}$ und in die übrigen Netzwerkgewichte $\tilde{w}_{ih}^{(1)}$ zwischen der Eingangsschicht und der verdeckten Schicht ("1.Zwischenschicht") umgerechnet werden. Die Gewichte zwischen der verdeckten Schicht und der Ausgangsschicht ("2.Zwischenschicht") werden nicht modifiziert. Die Berechnung des Ausgangssignals des MLPs während der Arbeitsphase erfolgt dann mit den nicht skalierten Merkmalen x_i und den entsprechend Gl.(6) rückskalierten Netzwerkgewichten. Der Vorteil dieser Vorgehensweise besteht in einer Verringerung des Rechenaufwands im operationellen Betrieb des neuronalen Klassifikators.

Bei der Implementierung des MLPs ergibt sich zunächst das Problem, die Wortlänge der Netzwerkkoeffizienten von der 32-Bit-GK-Darstellung auf das 16-Bit-FK-Format des TMS320C26 zu verkürzen. Um ein zur Darstellung der Netzwerkgewichte geeignetes FK-Zahlenformat angeben zu können, wurde die statistische Verteilung der Gewichte analysiert. Beispielhaft zeigt die Abb.4 das Histogramm der rückskalierten Netzwerkgewichte des 9-5-1 MLPs.

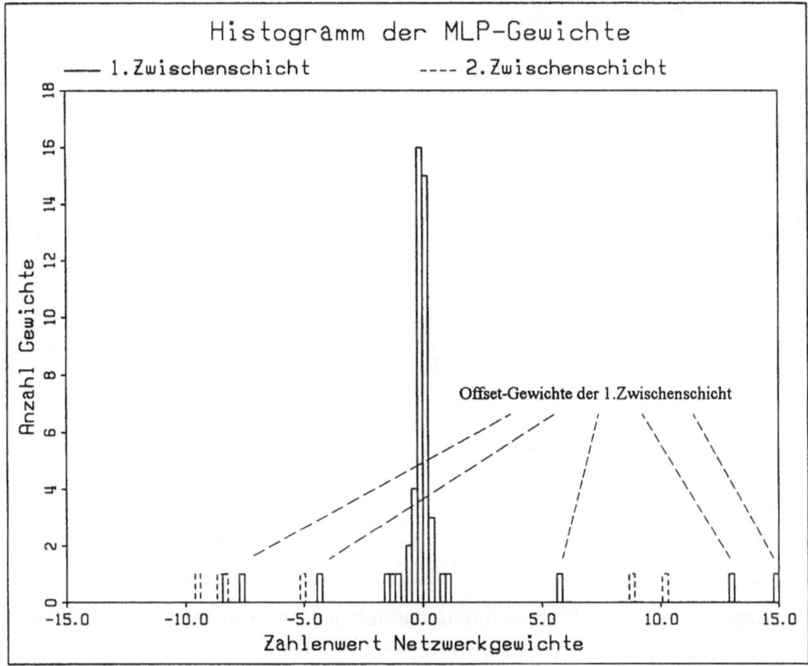

Abb4: Histogramm der Netzwerkgewichte nach der Rückskalierung nach Gl.(6)

Es wird deutlich, daß sich abgesehen von den Offset-Gewichten für alle übrigen Gewichte der 1.Zwischenschicht eine Häufung um die Werte bei 0 ergibt. Dieses Ergebnis ist unabhängig von der Netzwerktopologie 9-5-1, was durch Untersuchungen an den übrigen Netzwerken nachgewiesen werden konnte. Aufgrund der unterschiedlichen Zahlenbereiche der Gewichte der 1. und der 2.Zwischenschicht werden für die Darstellung der Netzwerkgewichte im 16-Bit-FK-Format zwei verschiedene FK-Zahlenformate verwendet:

Art der Netzwerkgewichte	Festkomma-Zahlenformat
Netzwerkgewichte der 1.Zwischenschicht (ohne Offset-Gewichte)	2 Bit Integer-Anteil 13 Bit Nachkomma-Anteil
Offset-Gewichte der 1.Zwischenschicht und Netzwerkgewichte der 2.Zwischenschicht	5 Bit Integer-Anteil 10 Bit Nachkomma-Anteil

Es hat sich gezeigt, daß die Genauigkeitsverluste bei der Verkürzung der Wortlänge auf 16 Bit durch die Verwendung von "gemischten" FK-Formaten erheblich vermindert werden können.

Ein weiteres Problem bei der Implementierung des MLPs ergibt sich bei der Berechnung der sigmoiden Aktivierungsfunktion. Da der TMS320C26 nicht über die hierzu erforderlichen Befehle "/" und "exp" verfügt, kann die Sigmoidfunktion nicht unmittelbar berechnet werden. Einen Ausweg aus dieser Problematik bietet die Approximation der Sigmoidfunktion durch eine Wertetabelle. Um die Anzahl der Tabellenstützstellen klein zu halten, und gleichzeitig eine hohe Approximationsgüte zu gewährleisten, werden die tabellierten Werte linear interpoliert. Wie die Abb.5 zeigt, kann die Sigmoidfunktion in diesem Fall durch eine Wertetabelle mit 11 Stützstellen hinreichend genau approximiert werden.

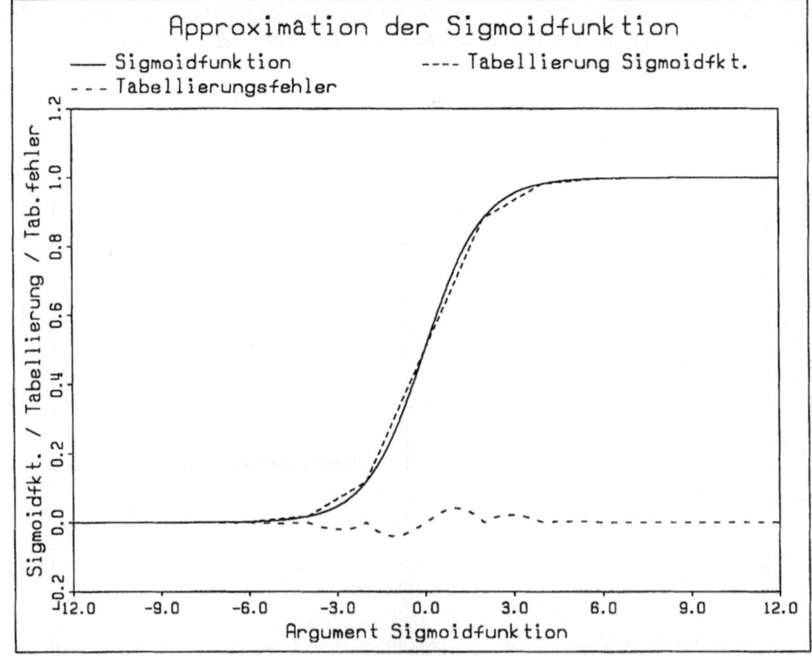

Abb5: Approximation der Sigmoidfunktion durch eine linear interpolierte Wertetabelle

Unter Berücksichtigung der vorangegangenen Überlegungen und der Eigenschaften des Signalprozessors TMS320C26 wurde das MLP auf einer UNIX-Workstation in 16-Bit-FK-Arithmetik implementiert. Die durchgeführten Simulationen zeigten, daß sich die Erkennungsleistung beim Übergang vom 32-Bit-GK-Format auf die 16-Bit-FK-Darstellung nur unwesentlich verschlechtert. In Abhängigkeit von der jeweiligen Netzwerktopologie und dem betrachteten Trainings- bzw. Testdatensatz ergab sich eine Verringerung der Detektionsrate um höchstens 1.7%.

6. Zusammenfassung

Der vorliegende Beitrag zeigt, wie MLPs zur Klassifikation in einem System zur Fahrzeugerkennung eingesetzt werden können. Die entsprechend der DBDM-Lernregel trainierten MLPs gewährleisten eine hohe Erkennungsleistung und eine gute Robustheit gegenüber "nicht trainierten" Testdaten. Durch die Darstellung der Netzwerkgewichte mit "gemischten" 16-Bit-FK-Zahlenformaten und die Tabellierung der Sigmoidfunktion kann das MLP ohne wesentliche Leistungseinbuße auf einem 16-Bit-FK-Signalprozessor implementiert werden.

Ziel der zukünftigen Arbeiten ist der Einsatz des MLPs auf dem operationellen Ziel-Hardware-System, um Aussagen für eine größere Datenmenge zu gewinnen. In diesem Zusammenhang ist eine Codierung des neuronalen Klassifikators in Assembler und eine Implementierung auf dem Signalprozessor TMS320C26 geplant.

Literatur

[1] D.E.Rumelhart, J.L.McClelland, Parallel Distributed Processing:Explorations in the Microstructure of Cognition, Vol.1

[2] Y.H.Pao, Adaptive Pattern Recognition and Neural Networks, Addison-Wesley Publishing Company, New York 1990

[3] T.P.Vogel, J.K.Mangis, W.T.Zink, D.L.Alken, Accelerating the Convergence of the Backpropagation Method, Biological Cybernetics, 59, 1988

[4] R.A.Jacobs, Increased Rates of Convergence through Learning Rate Adaption, Neural Networks Vol.1, 1988

[5] J.Schmidt, Lernstrategien für Neuronale Netzwerke, Diplomarbeit, Friedrich-Alexander-Universität Erlangen-Nürnberg

Entwicklung einer Gewichtsregelung mit Methoden und Werkzeugen der Fuzzy Pattern Klassifikation (FPK)

N. Bitterlich, TU Chemnitz-Zwickau,
Beratungszentrum "Fuzzy Technologien" am Lehrstuhl Systemtheorie,
Hp. Gugger, DMC GmbH GS Erlangen

1. Aufgabenstellung

In der Nahrungs- und Genußmittelindustrie werden Lebensmittel hochautomatisiert in Schneide- und Verpackungsmaschinen portioniert. Dabei ist für jede Portion ein vorgegebenes Sollgewicht bei geringen, gesetzlich festgelegten Toleranzen zu erreichen.

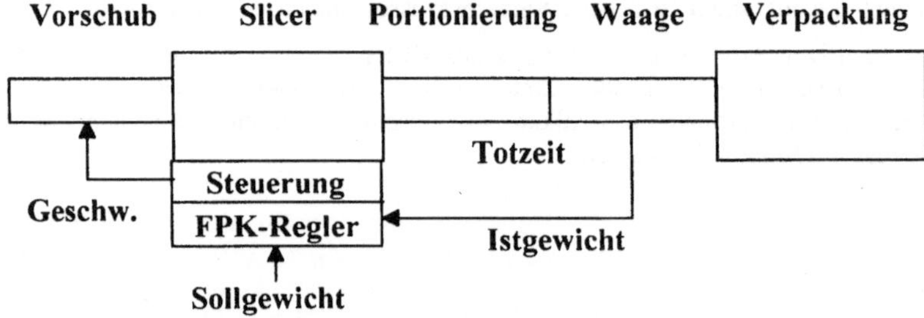

Bild 1: Schneide- und Verpackungsmaschine

Auftretende Abweichungen führen zu manueller Nacharbeit oder zu erhöhtem Produktverbrauch. Um die Sollgewichte mit geringen Betriebskosten zu erreichen, ist eine Gewichtsregelung erforderlich.

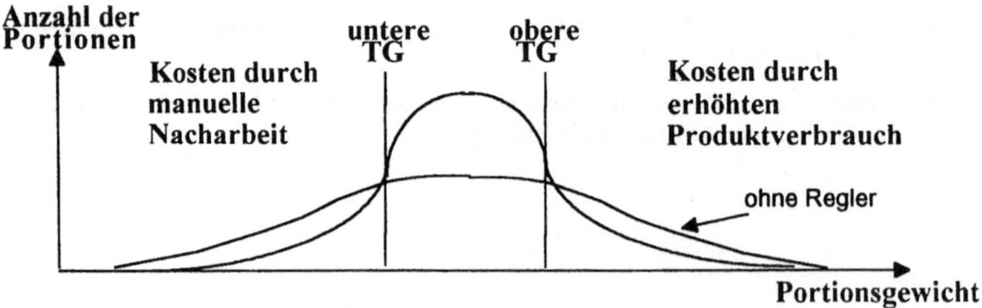

Bild 2: Wirtschaftlichkeit der Anlage ohne/mit Regler

Der Regelung stehen nur Istgewichte zur Verfügung, um die Vorschubgeschwindigkeit als Stellgröße zu verändern. Über diese Änderung wird die Scheibendicke und dadurch wiederum das Portionsgewicht gesteuert. Zusätzliche Sensorik, um beispielsweise den Querschnitt oder das Profil direkt zu messen, wurde aufgrund der Kosten und der Betriebsbedingungen nicht weiter verfolgt.

Ein analytisches Modell der Reglerstrecke ist nicht bekannt. Es würde auch aufgrund zahlreicher unscharfer Einflußgrößen (Beschaffenheit und Inkonsistenz im Schnittgutprofil, technologisch bedingte Totzeit, dynamisches Maschinenverhalten) unvollständig bleiben.

1.1. Ist- und Sollgewicht

Bis dato wurde ein in die Waage integrierter PID-Regler mit einer Korrekturtabelle eingesetzt. Die Tabelle enthält produktabhängige, nichtlineare Korrekturwerte für den vom PID-Regler ermittelten Stellwert. Die in Naturprodukten typischen Störungen (Kerben) und die lagerungsbedingten Profiländerungen des Schnittgutes (Monotonie) konnten bisher nicht befriedigend ausgeregelt werden.

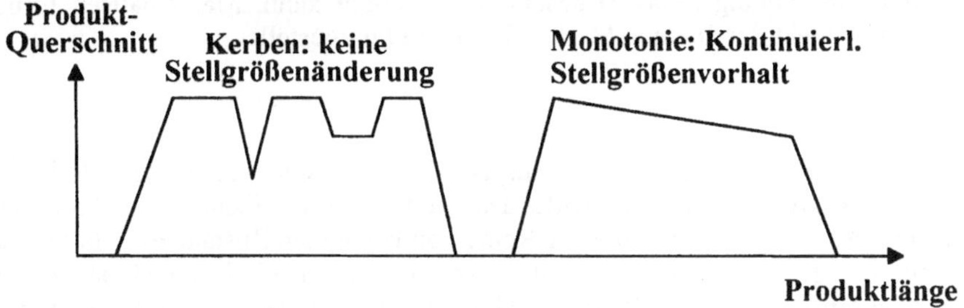

Bild 3: Profilverlauf mit Kerben und mit Monotonie

Um die Wirtschaftlichkeit der Anlage weiter zu verbessern, muß die Zahl der unter- und übergewichtigen Portionen weiter reduziert werden (Bild 2). Dies erfordert jedoch einen Regler, der gegenüber den wichtigsten Störgrößen - Kerben und Monotonie - robuster als der bisherige PID-Regler reagiert und das Gesamtergebnis verbessert. Zudem ist es aus konzeptioneller Hinsicht wünschenswert, den Regler in die Steuerung zu integrieren, um auch Waagen unterschiedlicher Hersteller einsetzen zu können.

1.2. Motivation für den Einsatz von Fuzzy Methoden

Das fehlende Streckenmodell, die Störgrößen sowie die Totzeit motivieren einen fuzzy-basierten Lösungansatz. Um sowohl aufgezeichnete Daten als auch Regelwissen von Experten in die Modellbildung einfließen zu lassen, wurde die Methodik der Fuzzy Pattern Klassifikation und die Werkzeuge der FUCS-Familie (micro-, edit-FUCS) für die Entwicklung ausgewählt. Diese Werkzeuge erzeugen keine Datenstrukturen und Programmcode, sondern reine Datensätze, die die Zugehörigkeitsfunktionen und implizit die "Regeln" beschreiben. Dadurch kann der entwickelte und in die Steuerung integrierte Regler durch reine Datenänderung modifiziert werden. Die Änderungen oder Erweiterungen können deshalb off-line mit FUCS erarbeitet, erprobt und anschließend per Anlagenbedienung eingegeben werden.

2. Das FPK-Konzept und das Entwicklungs- und Einsatzsystem FUCS

Das FPK-Konzept /1/ bietet eine Möglichkeit, komplexe Systeme, die einer theoretischen Prozeßanalyse nicht oder nur schwer zugänglich sind, durch punktuelles Wissen (Daten, subjektive Einschätzungen) zu beschreiben und das Ein-/Ausgangsverhalten von Systemen zu modellieren. Ein solches Systemmodell ist die Voraussetzung für die gezielte Überwachung, Steuerung und Regelung von Anlagen und Prozessen.

Um Objekte (Produkte, Prozeßsituationen, ...) bezüglich des Zustandes, der Ähnlichkeit zu anderen Objekten, der Qualität u.ä. zu bewerten, werden sie durch Eigenschaften charakterisiert, aus denen skalierbare Merkmale (direkte Meßgrößen, abgeleitete Größen, subjektive Bewertungen) festgelegt werden. In diesem (hochdimensionalen) Merkmalsraum bilden zusammengehörige Objekte ein Muster (Pattern), das durch seine Lage und Ausdehnung (Klasse) beschrieben werden kann. Mathematisch formal wird damit ein Objekt durch einen Merkmalsvektor O dargestellt:

$$\mathbf{O} : \underline{m} = (m_1, m_2, \ldots, m_N)$$

wobei m_1 ... m_N die Werte der N ausgewählten Merkmale sind. Aus diesen Merkmalswerten (Eingangsgrößen) wird mit Hilfe des Modells (Klassifikator) die Zuordnung des Objektes (Ausgangsgrößen) zu einer Reihe von bekannten Zuständen (Klassen) ermittelt. Jede Klasse ist i.a. inhaltlich gut interpretierbar, entspricht im Merkmalsraum einem unscharfen Teilgebiet und wird durch eine Satz von Parametern definiert (Bild 4). Die Klassifikationsaufgabe besteht nun in der Bestimmung der graduellen Zuordnung eines Objektes als ein Punkt im Merkmalsraum zu jeder der modellierten Klassen. Diese Zugehörigkeitsgrade werden als Sympathievektor zusammengefaßt und geben an, wie stark der jeweilige Zustand eingetreten ist oder wie nahe sich das Objekt an den durch die Klassen repräsentierten Zuständen befindet. Diese Interpretation widerspiegelt sich auch in den Parametern jeder Klasse: das Klassenzentrum, die links- und rechtsseitigen Grenzen und die Formparameter zur Beschreibung der Klassen-"Schärfe".

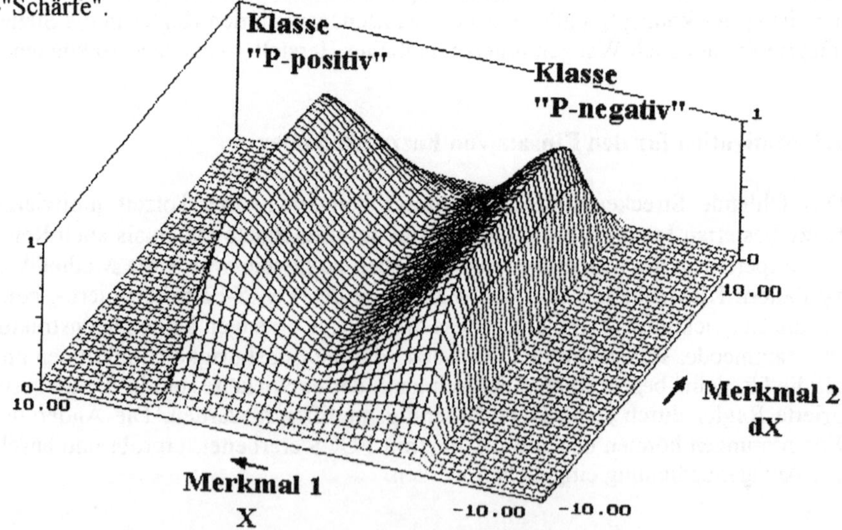

Bild 4: Zweidimensionaler Ausschnitt eines Zwei-Klassen-Modells

Die gleichzeitige Betrachtung der Zugehörigkeitsgrade zu allen Klassen hat den Vorteil, daß sie eine "weiche" Information liefert, die auch Zwischentöne bzw. Übergänge zwischen den Zuständen vermittelt. Dieser Aspekt ist für die Systembewertung von Bedeutung. Im besonderen Maße gilt dies für die Anzeige des zeitlichen Verlaufes der Sympathiewerte, aus dem selbst bei komplexen Systemen eine sehr gute Trenderkennung und Prognose für Überwachungs- und Steuerungsaufgaben ableitbar wird.

Durch den Vergleich der Sympathiewerte mit einem Identifikationsabstand ist eine Bewertung der Aussagesicherheit möglich ("eindeutig", "tendiert zu ..."). Sind alle Sympathiewerte kleiner als ein fixierter Mindestwert, die Identifikationsschwelle, so wird das Objekt als nicht klassifizierbar abgewiesen. Das kann z.B. bedeuten, daß eine Fehlmessung vorliegt oder daß das Klassifikationsmodell aufgrund ungenügendem Wissensstand die möglichen Objektzustände nicht ausreichend repräsentiert.

Die Klassifikatorbildung und die Modelloptimierung erfolgen in einer Lern- und Entwurfsphase. Hier fließt das Expertenwissen in Form der Merkmals- und Strukturbildung maßgeblich ein. Die Klassifikatorparameter werden mittels micro-FUCS berechnet. Sie können aber auch ganz oder teilweise mit edit-FUCS durch eine interaktive Festlegung der Zugehörigkeitsfunktionen entworfen werden. Sowohl mit micro-FUCS als auch mit edit-FUCS kann ein bereits benutzter Klassifikator optimiert oder erweitert werden, wenn zusätzlich Lernobjekte oder Prozeßwissen verfügbar werden.

3. Vorteile des FPK-Konzeptes

Im Verfahren der Fuzzy Pattern Klassifikation werden die Lerndaten direkt zum automatischen Aufbau des Modells genutzt. Bei komplexen Modellen können automatische Strukturbildungsverfahren (Clusterverfahren) unterstützend eingesetzt, Teilbereiche des Modells durch einen Experten festgelegt oder Regelwissen integriert werden.

Der Anwender legt die Ausgangsgrößen (Klassen), die er erkennen will, fest und sucht geeignete Eingangsgrößen (numerische und linguistische Merkmale), die eine Klassifikation ermöglichen. Damit müssen die Zugehörigkeitsfunktionen der Eingangsgrößen und das Regelwerk nicht a priori bekannt sein, sondern sie resultieren aus den Daten.

Wegen des einheitlichen Konzeptes der parametrischen Zugehörigkeitsfunktion ist die Berechnung der Klassenzugehörigkeit (Identifikation) unabhängig vom konkreten Modell (Klassifikator). Dadurch kann die Identifikation inklusive der für die Bildung eines Stellwertes erforderlichen Defuzzifizierung (Auswahl einer Steuerstrategie mit Hilfe des größten Sympathiewertes oder Bildung eines gewichteten Mittelwertes aus allen Sympathiewerten) als fester Algorithmus in ein beliebiges Zielsystem (hier: Slicer-Steuerung 68xxx-Microcomputersystem mit OS9) integriert werden. Die Entwicklung und spätere Anpassung der modellbeschreibenden Parameter erfolgt ohne Programmierung und ohne spätere Änderung der Slicer-Steuerung mit den FUCS-Werkzeugen auf einem Entwicklungs-PC.

4. Die fuzzy-basierte Nachbildung eines PID-Algorithmus

Es stellt kein Entwurfsproblem dar, auf einem beschränkten Bereich einen PID-Algorithmus, also die Gleichung

$$Y = K_P \cdot X + K_D \cdot \frac{dX}{dt} + K_I \cdot \int X dt$$

durch ein Fuzzy Klassifikationssystem nachzubilden. In natürlicher Weise nutzt man die Regelabweichung X (P-Anteil), ihre Ableitung $\frac{dX}{dt}$ (D-Anteil) und ihre Summation $\int X dt$ (I-Anteil) als Merkmale. Jede single input-single output-Regel der Form

Wenn ein PID-Anteil positiv (oder negativ) ist
dann sei der entsprechende Beitrag zur Stellgröße positiv (bzw. negativ)

kann auf einen mehrdimensionalen Merkmalsraum durch den Prämissenzusatz

wenn die anderen PID-Anteile im praktisch-relevanten Bereich liegen

ausgedehnt werden. Durch eine solche konjunktive Verknüpfung wird im Merkmalsraum eine Fuzzy Menge beschrieben, die im obigen Sinne eine Klasse darstellt. Bild 4 veranschaulicht z.B. die Zugehörigkeitsfunktionen für die zwei Klassen "P-positiv" und "P-negativ", die zur Bewertung des P-Anteiles herangezogen werden. Es ist leicht einzusehen, daß zumindestens zwischen den Klassenschwerpunkten $S_{P\text{-negativ}}$ bzw. $S_{P\text{-positiv}}$ (also etwa in Bildmitte) durch die Mittelung

$$Y_P = \mu_{P-negativ}(\underline{m}) \cdot S_{P-negativ} \cdot K_P + \mu_{P-positiv}(\underline{m}) \cdot S_{P-positiv} \cdot K_p$$

ein Stellgrößenanteil Y_P bestimmt wird, der die lineare Berechnung $K_P \cdot X$ annähert. Mit 6 Klassen kann somit bereits der vollständige PID-Algorithmus nachgebildet werden. Bei Verwendung der Potentialfunktionen unter FUCS wird eine praktikable Näherung erreicht, deren Apprriximationsgüte sich durch Hinzunahme weiterer Klassen verbessert. Die Festlegung der Formparameter wird dabei durch theoretische Vergleichsuntersuchungen optimiert.

Mit einem derartigen Einsatz der Fuzzy Technologien sollen keinesfalls bewährte Reglerkonzepte einfach substituiert werden. Vielmehr wird ein Modell aufgebaut, daß die bisherigen Erfahrungen vollständig nutzt und bereits praktizierte Stellgrößeneingriffe (hier: Begrenzung des Reglerbereiches, nichtlineare Korrekturtabelle) aus der konventionellen Realisierung integriert. Der Vorteil: Dieses Fuzzy System erfordert - wegen des verfügbaren Applikationswissens - für das Erreichen einer vergleichbaren Leistungsfähigkeit einen geringen Entwicklungsaufwand, bildet aber den Ausgangspunkt für Reglerverbesserungen, die grundsätzlich über ein PID-Konzept hinausgehen.

5. Der off-line-Prototyp

In der Anwendung wurde ein 10-Klassenmodell mit drei Merkmalen entworfen. Die numerische Abweichung dieses Pattern-Ansatzes von der Stellgrößenberechnung nach dem klassischen PID-Algorithmus liegt dabei unter 5%. Die Auswirkungen dieser Unterschiede in den Kennlinienfeldern auf das Schnittergebnis lassen sich aber kaum theoretisch erfassen. Es war deshalb zunächst ein off-line-Prototyp notwendig, um die Potentiale einer fuzzy-basierten Regelung darzustellen und die weitere Prozeßanalyse zu fördern.

Diskretisierte Schnittgutprofile (ermittelt bei realen ungeregelten Schneidprozessen) dienen einer quantitativen Bewertung des Reglerverhaltens, ohne dabei den vollständigen Profilverlauf oder gar das dynamische Maschinenverhalten zu berücksichtigen. Trotz dieser enormen Vereinfachungen ergeben sich Erkenntnisse über die Wirksamkeit von Eingriffen in das Klassifikationsmodell, für die keine ausreichenden Praxiserfahrungen vorliegen. So ist mittels des off-line-Prototypes nachweisbar, daß eine echt mehrdimensionale Betrachtungsweise das Schnittergebnis verbessern kann, wenn zur Berechnung der Stellgröße die Kombination der PID-Anteile berücksichtigt wird. Der Verlauf der Regelabweichungen im off-line-Prototyp weist ein ruhigeres Verhalten auf und das Klassierungsergebnis zeigt eine zählbare Verbesserung (Bild 5).

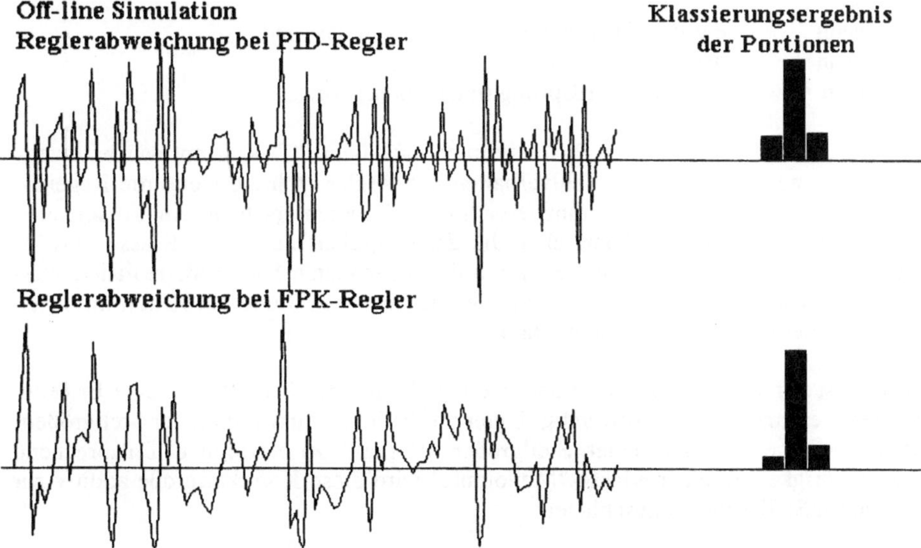

Bild 5: Klassierungsergebnis mit PID- bzw. Fuzzy-Regelung im off-line-Prototyp

Die Aussagekraft des off-line-Prototypes wird nicht überschätzt. Aber es wurde damit bei geringem Realisierungsaufwand eine Simulation geschaffen, die zu einem frühen Entwicklungsstadium für Anwender und Entwickler gleichermaßen motivierend eine erfolgreiche Realisierungschance anschaulich erkennen läßt.

6. Der on-line-Prototyp

Der on-line-Prototyp beinhaltet sowohl die Portierung des Identifikationsalgorithmus auf die Zielhardware als auch eine PC-Simulation. Nachdem die qualitative Vergleichbarkeit beider Realisierungen durch Schnittversuche verifiziert wurde, konnte die Umsetzung des Fuzzy Systemes erprobt werden. Die Simulationsumgebung erweist sich als notwendig, um Erweiterungen oder Korrekturen am Regler ausreichend zu untersuchen, aber gleichzeitig die kostenintensiven realen Schnittversuche zu reduzieren. Wegen des parametrischen Konzeptes der Fuzzy Klassifikation werden diese Änderungen als einfacher Datentransfer realisiert, um exemplarisch die Übereinstimmung der PC-Optimierung mit dem Maschinenverhalten zu überprüfen.

7. Reglererweiterung durch Störungserkennung

Die oben skizzierten Reglermodifikationen basieren ausschließlich auf theoretischen Überlegungen zum Zusammenspiel der P-, D- und I-Anteile. Von besonderem Interesse ist aber die Behandlung von typischen Störeinflüssen, die sich aus dem Schnittgutprofil ergeben. Obwohl sie subjektiv in Form und Auswirkung erkennbar sind, konnte der Anlagenbediener bislang nicht gezielt zu ihrer Reduzierung eingreifen.

Eine Kerbenerkennen ist allein aus den verwendeten Merkmalen möglich, denn

wenn	die Regelabweichung "positiv groß" ist und
wenn	die Änderung "positiv groß" ist,
dann	liegt ein Profilsprung (nach unten) vor.

Eine Reaktion auf einen solchen Profileinbruch nach dem PID-Konzept würde totzeitbedingt zu einem Zeitpunkt zu Fehlverhalten des Reglers führen, wenn die Regelabweichung bereits wieder im Toleranzbereich liegt. Folglich erscheint ein Ausblenden der Störgröße sinnvoll und kann über die Zugehörigkeit zu einer Klasse "Profilsprung" als Wichtungsfaktor zur Reduktion der berechneten Stellgröße realisiert werden. Die unscharfen Übergänge mit Graduierung zwischen 0 und 100% gewährleisten dabei einen beruhigten Stellgrößenverlauf.

Dagegen ist zur Erkennung von monotonen Verhalten des Schnittgutes eine Erweiterung des Merkmalsraumes notwendig. Unter zusätzlicher Auswertung der Stellgrößenänderung wird es möglich, einen Stellgrößen-"Vorhalt" zu bestimmen. Entsprechend der Zugehörigkeit zu einer Klasse "Monotonie" wird diese Korrekturgröße additiv zur berechneten Stellgröße aufgeschlagen.

Diese lokale Störgrößenbetrachtung stößt jedoch auf Probleme bei der konsequenten Regelanwendung. So können bereits Schwankungen im Schnittgutprofil als Monotonieverhalten oder Querschnittsveränderungen als Kerben interpretiert werden. Es wurden deshalb globale Bewertungssgrößen W_k für die Ausprägung der Störungen eingeführt, die für den Profilsprung nach unten beispielsweise folgende Berechnungsvorschrift besitzt:

$$W_k = \begin{cases} S \cdot W_{k-1} + \mu_{Profilsprung}(\underline{m}) & falls \quad \mu_{Profilsprung}(\underline{m}) > 0 \\ S_0 \cdot W_{k-1} & sonst \end{cases}$$

Der Wert für die k-te Portion ermittelt sich somit aus der vorherigen Bewertung, wobei der Faktor S individuell zwischen 0.0 ... 1.0 gewählt werden kann, während für S_0 ein fester Wert eingetragen wird. Bild 6 verdeutlicht den Einfluß dieser Größe: Bei schmalen Kerben führen hohe Werte für S zu einer drastischen Reduktion des

Überschwingens, bei breiten Kerben sind niedrige Werte von S notwendig, um die Rückführung der Zielgröße zu sichern.

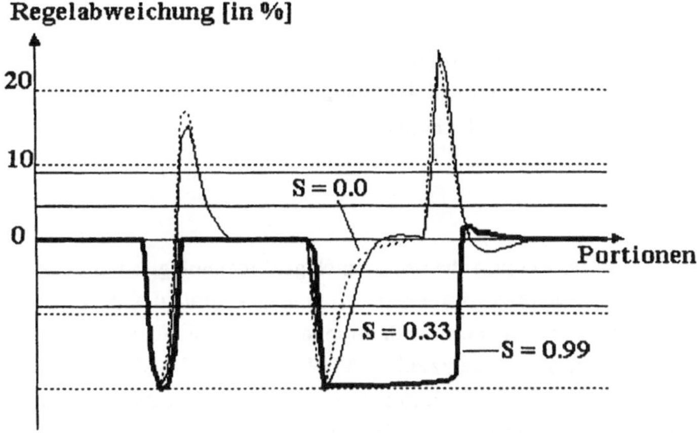

Bild 6: Einfluß der Parameterwahl auf die Störgrößenreduktion

8. Ausblick

Diese unterschiedlichen, einander widersprechenden Wirkungen eröffnen aber die Möglichkeit, profilspezifisch geeignete Parameter auszuwählen. Bei unregelmäßigen Profilen wird eine wesentlich weniger "aggressive" Regelung empfohlen werden als bei sehr homogenen Profilverläufen. Durch Änderung dieser Parameter könnten also jene Effekte betont werden, die typischerweise das Schnittergebnis besonders beeinträchtigen. Um aber das Bedienpersonal nicht mit zusätzlichen Einstellarbeiten zu belasten, wird eine Profilerkennung geplant, die unter alleiniger Auswertung von Istgewicht- und Stellgrößentrends bereits diese optimierte Parameterauswahl objektivieren kann. Die hierfür mustergetriebene Fuzzy Pattern Klassifikation wird als Modellerweiterung auf das bisherige System aufsetzen können.

Literatur

/1/ Bocklisch, S.F.: Prozeßanalyse mit unscharfen Verfahren. Verlag Technik, Berlin 1987.

/2/ Bocklisch, S.F.; Burmeister, J.; Priber, U.: FUCS: Diagnose, Überwachung und Steuerung von Prozessen mit Hilfe der unscharfen Klassifikation rechnergestützt. In: Der Maschinenschaden (65) 1992, Heft 1, S. 26-29.

/3/ Hallak, S.-E.: Beitrag zur adaptiven Steuerung mit Hilfe der unscharfen Prozeßanalyse, dargestellt an zwei Beispielen einer Werkzeugmaschinen-Positionier-Steuerung. Diss. A, TU Chemnitz-Zwickau, 1993.

B-ISDN NETWORK MANAGEMENT BY A FUZZY LOGIC CONTROLLER

Detlef Jensen

University of Dortmund,
Institute for Electronic Systems and Switching, ET-ESV
44221 Dortmund, Germany

Abstract

This paper is part of a research project to examine the use of intelligent technologies like fuzzy controllers, artificial neural networks, genetic algorithms or evolutionary strategies in the resource management of high speed networks. It deals with an investigation on adaptive flow-control mechanism based on fuzzy controllers integrated in ATM networks. In addition to a new overall concept, a new method for fair flow control of services or connections is presented. The results are verified by means of extensive simulations.

1. INTRODUCTION

The asynchronous transfer mode (ATM) is the key technology for the broadband integrated services digital network (B-ISDN), which combines different communications services in one network. This means that it is specified for all kinds of communication. It supports interactive services and distribution services, services with constant bit rate (CBO-traffic) and variable bit rate as, e. g., the transmission of data, voice, or video signals. Furthermore, to achieve a good quality of service, it should be distinguished between services with real-time demands, such as voice communication, and services for which buffering and varying transmission time is allowed, i. e., data transmission. Beside this the different services are not correlated and their specific characterizations depend moreover on each individual user and the management of the services by the network.

The different services listed above with their special requirements to the ATM network indicate that an ATM network node needs a high flexibility which can only be achieved by an adaptive and fair control mechanism. The controller has to take into account all of the service requirements to use the network efficiently. It must be able to adapt to changes in the traffic characteristics like burstiness, various bit rates, duty cycle, peak rate, etc.

Traditional control mechanisms cannot support all of the described features because they are designed for a known, determined situation. As it is very difficult to get an analytical description matching all the different situations in a network node especially for the problems of call admission and bandwidth control, it is required to develop a good controller for these tasks. A second problem is the ability of the controller to adapt to changing traffic characteristics.

Fuzzy logic seems to be a suitable instrument to manage the resources of high speed networks. The often discussed advantage of the fuzzy logic is that a description of the problem is based on the definitions of the fuzzy rules and sets without having any mathematical model in mind was the main motivation for the present investigations on the usefulness of fuzzy logic controllers in communications. While on the one hand it is not necessary to know the analytical description, there are new problems arising with the integration of a fuzzy logic controller, mainly concerned with the acquisition of information to define the fuzzy variables and rules. The main task when developing a fuzzy logic controller is to develop a good initial rule base specified by the experience of the operator.

2. BANDWIDTH CONTROL

Bandwidth control is in addition to admission control a very important function in ATM networks. Its task is to protect the network resources against overload in case of a connection exceeding the negotiated traffic parameters. According to CCITT the traffic parameters for call admission are the average cell rate B_m, the peak cell rate B_p, and the peak duration t_p.
In case of high network load a bandwidth controller restricts only the connection which is out of the negotiated range and prevents this "bad" connection from affecting the quality of service of other connections within the same network node. This means that neither cell losses, nor cell delay and the delay jitter of "good" connections are affected [1].
Exceeding the negotiated transmission parameters must not necessarily demand restrictions of the causing connection, in case there is sufficient capacity left to transmit the excess cells. I. e., a connection with real-time requirements exceeding its negotiated parameters does not need to be restricted, if there are other connections without real-time requirements established for the same output link of the network node. The "bad" connection can be left unrestricted as long as there are enough communication resources (buffer space, bandwidth) available for the "good" connections to continue without restrictions on the quality of service.
According to the presented considerations it is necessary for admission and bandwidth control to take into account the real-time requirements of a connection in addition to the required bandwidth. This can be done by the assigning of a service dependent priority to each new connection during call admission. The priority is a fixed value for the whole time a connection is established. It is necessary as well to install a buffer with a defined size for each connection during call admission. The determination of appropriate values for the service priorities and the buffer length will be a subject of future investigations.

3. DESCRIPTION OF THE DESIGNED NODE ARCHITECTURE

As mentioned before, a basic requirement to achieve a good quality of service by means of bandwidth control is an appropriate priority level and a buffer queue with its length specified by the service requirements. Therefore each connection has its own data path within the network node (figure 1).
Basic elements of the designed node are the modules for bandwidth measurement. These modules are realized by leaky-bucket counters [1],[2]. Obviously it is necessary to measure the bandwidth in use for all connections (input links 1..n) and for the output link to get a criterion for the load of the network. Every connection (input link) has its own buffer queue (Q_1 ... Q_n) working with a FIFO algorithm. The length of each buffer queue ($m_{1,max}$ ... $m_{n,max}$) depends on the service requirements such as bandwidth, burstiness and real-time demands. The influ-

ence of the buffer queue length on the quality of service is under study and will be discussed in connection with the simulation results. The buffer output is controlled by the fuzzy logic controller. A multiplexer indicated in figure 1, combines the input links which belong to one physical line trunk to the output link.

A further substantial part is the fuzzy logic controller which uses the bandwidths of the different links ($B_1..B_n$ and B_t), the service dependent priorities (Priority_i), and the actual number of the buffered cells in the queues (Queue Size_i) of every link to determine the control signal r_i for each policing function. In our considerations the policing function is realized by a controlled switch.

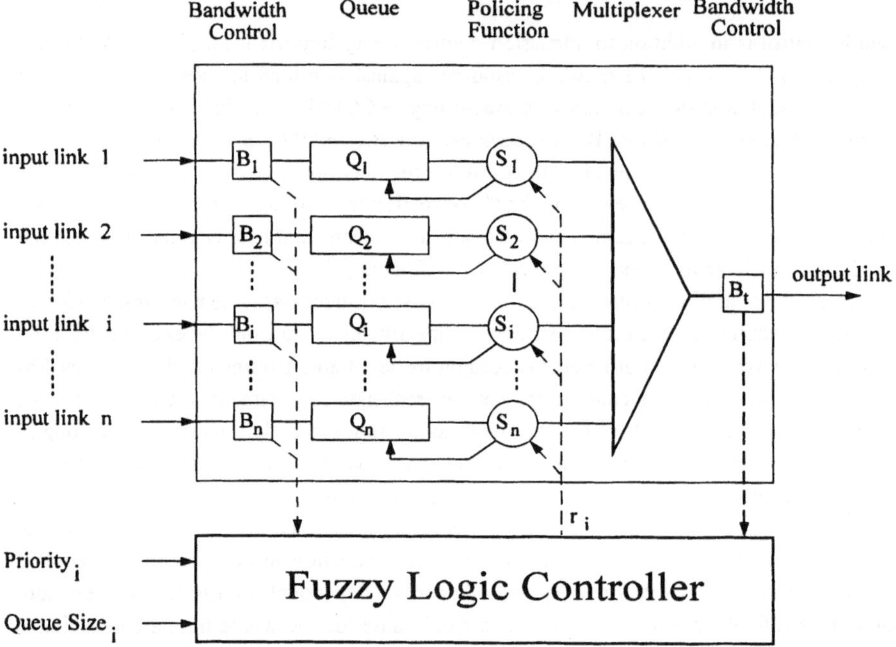

Figure 1: ATM Node Model

4. DESIGN OF THE FUZZY LOGIC CONTROLLER

4.1 General structure of the fuzzy logic controller

The fuzzy logic controller used in the node model is shown in figure 2. There was chosen a three-step presentation of the Fuzzy logic controller, for illustrating the correlation between the different inputs and for simplifying the design of the rule base. The controller evaluates the difference between the effective bandwidth (B_{eff}) and the declared bandwidth (B_{decl}) called B_{Δ}. The effective bandwidth refers to the actual bandwidth, a source is transmitting data cells, whereas the assigned bandwidth represents the bandwidth a special service is negotiated during the call setup. Further inputs are the priorities ($P_{Q,i}$) of the controlled services respectively connections, the actual length of the corresponding buffer queues ($Q_{S,i}$), and the utilization of the output trunk (B_{Trunk}). P1 and P2 represent temporary priorities in this attempt. The resulting output signal of the controller is r_i for each policing switch.

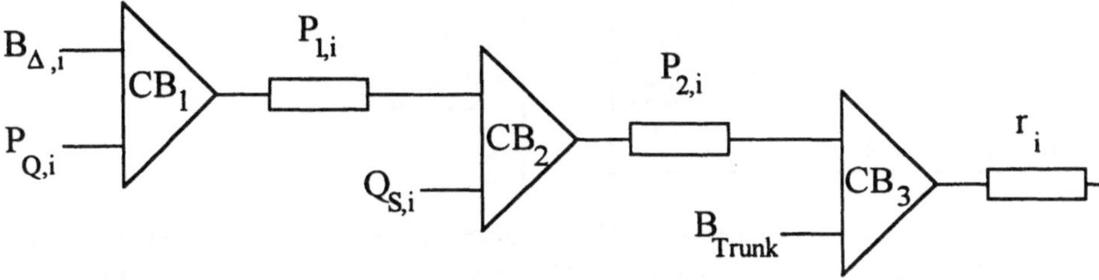

Figure 2: Description of the Realized Fuzzy Controller

The load dependent inputs are determined cyclic after the time limit of an up date period. Moreover this, there is constructed the arithmetic mean value of the bandwidth in this interval for decreasing influences of short time peaks. During the investigations there could be detected a dependency of the length of the interval. A detailed investigation, however, would be beyond the scope of this paper.

4.2 The membership functions

In this first approach each of the linguistic input variables BΔ, PQ, and Qs are built up by the five term sets approximately zero (AZ), small (S), middle (M), high (H), and very high (VH). The input term B_{Trunk} is described by the attributes critical (C) and non critical (NC). The definitions of the accompanying triangular and trapezoidal membership functions are described in an extended version of this paper.

4.3 The Rule Base

In table 1 the correlation between the normalized bandwidth B_Δ and the service priority P_Q assigned by the call admission is described. B_Δ shows the relation of the difference of the measured bandwidth B_i and the bandwidth $B_{decl,i}$ demanded on the negotiation of the corresponding service related to the measured bandwidth.

$$B_\Delta = \frac{B_i - B_{decl,i}}{B_i}$$

For example, the rule specified by the first matrix element has to be read in the following way: "if B_Δ = AZ and P_Q = AZ then the subsequent temporary priority is P_1= AZ " or "if the difference of the bandwidth is approximately zero and the priority is approximately zero then the subsequent temporary priority P1 is approximately zero".

B_Δ	P_Q				
	AZ	S	M	H	VH
AZ	AZ	S	M	H	VH
S	AZ	S	M	H	VH
M	AZ	AZ	AZ/S	M	H
H	AZ	AZ	AZ	AZ/S	M
VH	AZ	AZ	AZ	AZ	AZ/S

Table 1: Rule Base for P_1

Q_s	P_1				
	AZ	S	M	H	VH
AZ	AZ	S	S	M	M
S	AZ	S	M	M/H	H
M	S	M	H	VH	VH
H	M	M	H	VH	VH
VH	M	M	H	VH	VH

Table 2: Rule Base for P_2

Table 2 shows the rule base by means of which the temporary priority P_2 can be determined. P_2 is defined by the priority P_1 derivated from table 1 and the actual buffer queue length of the corresponding service or connection. It is important, that the length of the queue can lead to a rising or lowering of the priority within certain limits. So the priority is raised within the shaded areas in case the queues are filled up to a certain extent. The priority can, however, be decreased, as shown in the inverse areas with small queues.

The correlation between the trunk capacity and the by means of rule base 2 ascertained temporary priority P_2 is described in Table 3.

B_{Trunk}	P_2				
	AZ	S	M	H	VH
C	OP	OP	OP	CL	CL
NC	CL	CL	CL	CL	CL

Table 4: Rule Base 3

The output variable is always independent from the priority P_2 "CLOSED", in case the trunk is in an uncritical estate or when the trunk capacity and the temporary priority P_2 range in the area M, H and VH.

5. SIMULATION AND DISCUSSION OF THE RESULTS

To verify the characteristics of the developed controller a comprehensive object oriented simulation program using the language C++ has been developed. This software contains as substantial components the event driven simulation of the ATM node described in section 4.1 and a toolbox comprising modules for fuzzyfying, different inference methods and defuzzifying all optimized for speed.

The above described controller was verified by measuring the losses of the data cells of the different service classes depending on the offered load. There will be a description of the sources of parameters, of the load distribution and an illustration of the results within the next passages.

5.1 Traffic Load

For evaluating the behaviour of the node in connection with the fuzzy logic controller when exceeding the declared bandwidth, there was used the depicted load shape (see figure 5) for the five different sources (S1 ... S5). The following bandwidths and priorities were used on the investigations described furthermore:

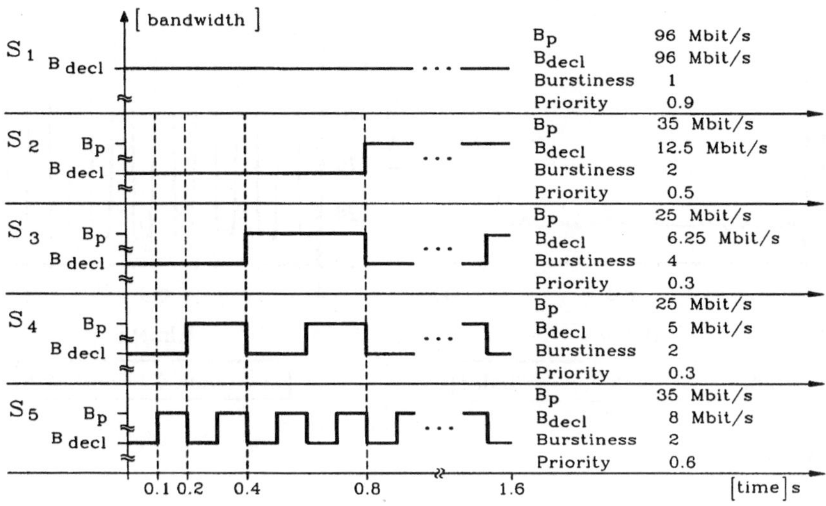

Figure 3: Traffic Load

5.2 Results

In figure 4 there is shown the start of control base 1, being the temporary priority 1. While the priority remains constant in relation with high prior connections ($P_Q \geq 0.5$) and connections there do not occur differences from the demanded bandwidth, the priority of the links 4 and 5 will oscillate with the asserted traffic load. The comparison of the figures 3 and 4 shows that the priority P1 of link 4 will be enormously reduced when exceeding the demanded bandwidth. As far as link 4 is concerned the priority reduces to 0.06 and by link 5 to 0.19.

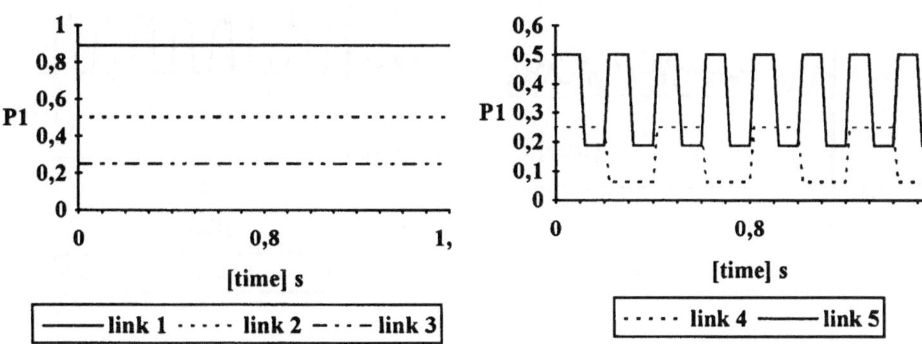

Figure 4: Temporary Priority P1

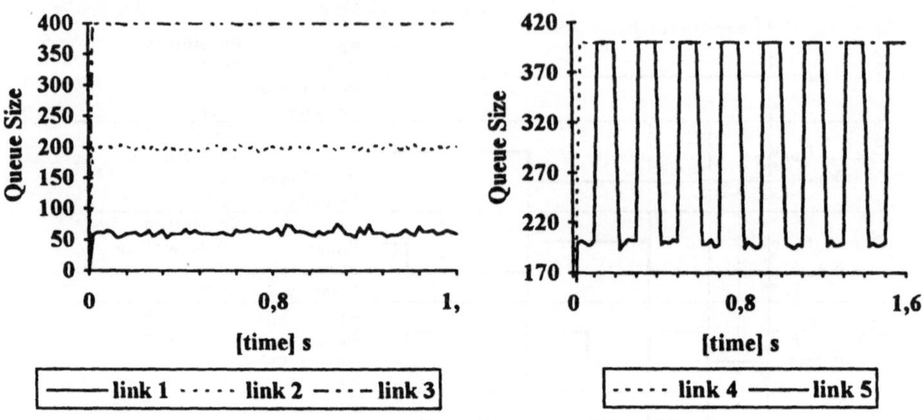

Figure 5: Queue Size

In figure 5 there is shown the capacity of the queue during the simulation time for the links 1 to 5. While the queues for link 1 are only 60 buffers deep in the average and those from link 2 are only 200 buffer deep, the queues with the links 3, 4 and 5 are overloaded. These last mentioned connections are characterized either by a low starting priority or by a strong deviation of the demanded bandwidth. Because of the high filling degree of the queues there are resulting enormously raised temporary priorities P1 for these links, as described in figure 6. The priorities P1 of the links 4 and 5 vary with the source parameters described in figure 3.

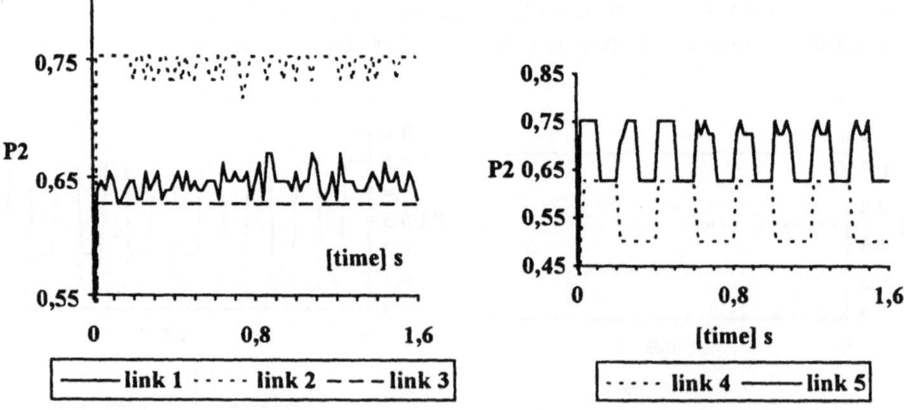

Figure 6: Temporary Priority P2

The priority of link 1 has fallen down within the queue up to 0.65 because of the low number of stored cells.

The following figures 7.1 and 7.2 show the loss rates for the links 3, 4 and 5. The loss rates of the links 1 and 2 are 0 %. This result shows, that the described controller works corresponding

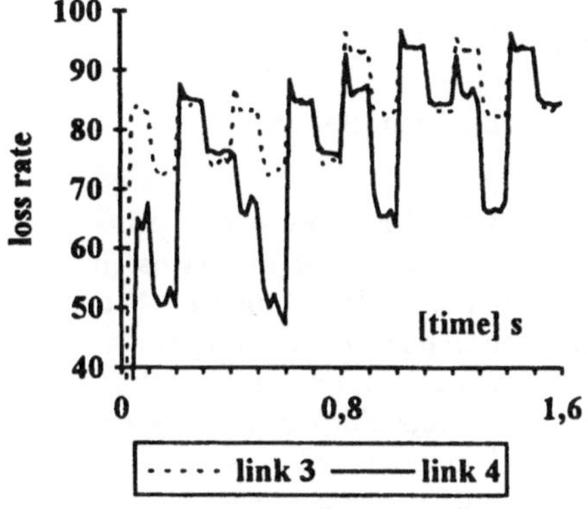

Figure 7.1: Loss Rates of Links 3 and 4

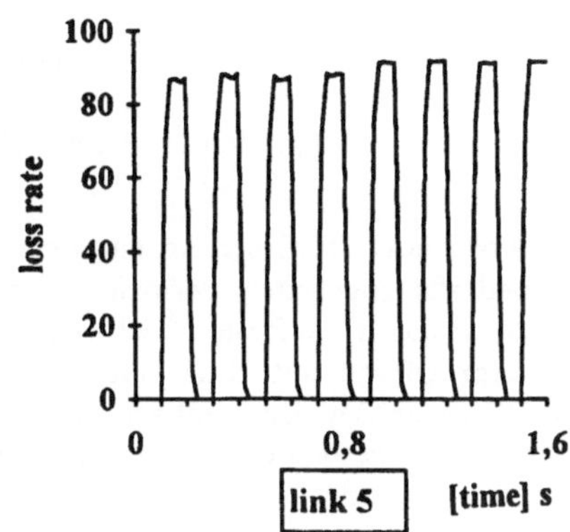

Figure 7.2: Loss Rate of Link 5

to the notes given in chapter 2. There is guaranteed to services with a high priority and/or services behaving fair, i.e. that they stick to the arranged parameters, that in case the capacity of the trunk reaches a critical value they get the quality of service. The unfair connections are limited by the policing function in their bandwidth.

6. CONCLUSION

An ATM network controller has to assure fair control and management of the bandwidth in spite of the fast change of the offered traffic load. For a dynamic system like this an adaptive mechanism is presented. The proposed fuzzy logic controller has shown to be a suitable instrument to manage the occurrence of permanently changing traffic situations. The presented fuzzy logic controller seems to be an adaptive and flexible mechanism which can provide good service quality characterized by low losses, and the ability to provide this quality even if the traffic load changes permanently. Further advantages of the investigated controller are that the fuzzy logic controller is developed without having a mathematical model. The rule base is specified by the experience of the ATM node designer, so that further investigations are planned to make an automatic design and optimization of the fuzzy logic based controller.

7. REFERENCES

[1] Erwin P.Rathgeb, " Modeling and Performance Comparison of Policing Mechanisms for ATM Networks ", IEEE J. on Selected Areas in Comm., Vol. 9, No. 3, April 1991, pp. 325 - 334

[2] José Augusto Suruagy Monteiro, Mario Gerla and Luigi Fratta, " Input Rate Control for ATM Networks", 13th ITC, Copenhagen 1991, Volume 14, pp. 117 - 122

[3] Detlef Jensen, Klaus Kolodziedczieyk Strunck, "Fair Bandwidth Control in ATM-Systems by Artificial Neural Networks", ISSLS 93, October 1993, Vancouver, BC, Canada, pp. 162 - 167

[4] Detlef Jensen, Klaus Kolodziedczieyk Strunck, "Efficient Training Algorithm for Artificial Neural Networks in ATM-Systems", Institute for Electronic Systems and Switching, October 1993

Künstliche Neuronale Netze für die Prognose des Fernwärmebedarfs

Udo Ahle

Flughafenstr. 3c, 64347 Griesheim, Deutschland

Abstract. In dieser Arbeit wird ein System zur Prognose der Wärmebedarfsmenge eines Fernwärmesystems (stundenweise für die nächsten 24 Stunden) aufgrund historischer Lastdaten und der aktuellen Wetterprognosen mit Hilfe von künstlichen neuronalen Netzen vorgestellt. Während der Designphase wurde ein iteratives, experimentelles Verfahren angewendet, um eine hohe Generalisierungsfähigkeit zu erzielen. Das verwendete Lernverfahren, der skalierte konjugierte Gradientenalgorithmus, erweist sich als sehr schnell, stabil und im Praxiseinsatz einfach handhabbar. Die Prognosegüte erreicht die eines erfahrenen Fernwärmeexperten.

1 Fernwärmesystem

Durch Verfahren der Kraft-Wärme-Kopplung läßt sich der Wirkungsgrad moderner Kraftwerke von 30-40 % auf 60-70 % steigern. Wärmeenergie, die gewöhnlich über Kühltürme an die Außenluft abgegeben wird, erhitzt in Fernwärmesystemen Wasser, welches mit Hilfe verschiedener Pumpen über isolierte Rohrsysteme zu den Kunden und wieder zurück zum Kraftwerk transportiert wird. Das betrachtete System der STEAG GmbH besteht aus der über 20 km langen Fernwärmeschiene Ruhr, welche die überregionale Verteilung der Wärme ermöglicht, und mehreren nachfolgenden vermaschten Stadtheizungsnetzen, welche die einzelnen Kunden versorgen. Dieses komplexe thermodynamische System, welches abhängig von der variablen Wasserlaufzeit Totzeiten von bis zu 10 Stunden aufweist, wird derzeit von erfahrenen Bedienern gefahren. Um zukünftig eine die Versorgungssicherheit garantierende, kostengünstige Betriebsweise zu erreichen, soll ein rechnergestütztes Optimierungsverfahren zur Regelung des Systems eingesetzt werden. Eine möglichst genaue Prognose der Führungsgröße, dem Wärmebedarf der Kunden, muß wegen der Totzeiten erstellt werden. Eine erfolgversprechende Realisierungsform mit künstlichen neuronalen Netzen wird hier vorgestellt. Die Wärmeprognose ist schwierig, da der Wärmebedarf stark von dem Wochentag, der Tageszeit und der Außentemperatur abhängt. Weitere Einflußfaktoren bilden Wind, Sonneneinstrahlung, Niederschlag, Ferien und Feiertage. Zusätzlich ändern sich die Einflüsse durch neue Bautechnologien - wie Wärmedämmungen - , verbesserte Heizsysteme sowie durch veränderte Ladenöffnungszeiten und Lebensgewohnheiten. Weiter wird der Wärmebedarf von einem chaotischen Anteil überlagert, der durch das Verbraucherverhalten (Heizung und Warmwasser), das Wetter und die Eigenschaften des Fernwärmesystems bedingt ist.

2 Künstliche Neuronale Netze (KNN)

Die wichtigsten Meß- und Einflußgrößen des Fernwärmesystems sind als Reihen historischer Daten elektronisch gespeichert. Mit vorwärtsgerichteten geschichteten azyklischen neuronalen Netzen konnten in der Vergangenheit in ähnlichen Situationen, die eine Vorhersage des Verhaltens eines chaotischen Systems verlangen, gute Erfahrungen gemacht werden [3], [4]. Leider ist die Trainingszeit des verbreiteten Rückwärtsausbreitungsverfahrens lang. Mit dem skalierten konjugierten Gradientenverfahren steht eine Methode zur Verfügung, die in Experimenten bessere Konvergenzeigenschaften gezeigt hat [2]. Wie der Rückwärtsausbreitungsalgorithmus versucht das skalierte konjugierte Gradientenverfahren, den aufsummierten quadratischen Fehler über die Trainingspaare zu minimieren. Allerdings gibt es keine konvergenzbeeinflussenden Parameter wie bei dem Rückwärtsausbreitungsverfahren.

Der Fehler auf dem Trainingsdatensatz, der die Beschreibungskraft eines KNN wiedergibt, ist für die spätere Anwendung weniger interessant als der Fehler auf einem von dem Trainingsdatensatz disjunkten Testdatensatz, der die Generalisierungsfähigkeit beschreibt und für die Leistungsfähigkeit der späteren Anwendung verantwortlich ist. Für das Rückwärtsausbreitungsverfahren gibt es zwar Methoden, die Generalisierungsfähigkeit zu sichern, indem die Anzahl und die Genauigkeit der Netzparameter während des Lernvorganges begrenzt und damit die Netzkomplexität beschränkt wird. Weil für das skalierte konjugierte Gradientenverfahren kein derartiges Verfahren existiert, wird eine experimentelle Methode vorgestellt, die wichtige Faktoren und die Anzahl verborgener Neuronen und Schichten unter Gewährleistung einer hohen Generalisierungsfähigkeit auswählt.

3 Designprozeß

Durch einen modularen Netzaufbau [1] (für jeden Wochentag, jede Stunde und für jedes Prognosegebiet wird ein KNN benutzt) kann die Trainingszeit klein gehalten werden. Weiterhin wird den Netzen bereits eine strukturelle Zerlegung des Gesamtproblems geboten. Die KNN müssen die qualitativen Faktoren (Wochentag, Stunde, Gebiet) nicht aus dem Trainingsdatensatz bewerten. Die in den Trainingsdaten steckende Information kann zur Modellierung der qualitativen Faktoren genutzt werden. Zusätzlich werden so Wochen- und Tageszyklen indirekt modelliert.

Den künstlichen neuronalen Netzen werden die von Meßfehlern bereinigten, jedoch ansonsten unvorbehandelten historischen Prozeßdaten zum Anlernen angeboten. Die Datensätze bestehen aus 50000 bis 85000 Trainingspaaren. Bei sechs betrachteten Sekundärgebieten ergeben sich je nach Wochentag 69 bis 354 Trainingspaare je anzulernendem Netz. Aufgrund physikalischer Beziehungen können die Wärmelast vor dem Prognosezeitpunkt, die Außentemperatur und die Windgeschwindigkeit (Wetterprognosen) nach dem Prognosezeitpunkt wichtige Einflußfaktoren sein, mit denen der Jahreszyklus und die irreguläre Restkomponente modelliert werden können. Für die nachfolgend beschriebenen Versuche wurde der quadratische, der absolute und der relative Fehler und dessen Konfidenzintervall auf dem Trainingsdatensatz (Beschreibungskraft) und einem vom Trainingsdatensatz disjunkten Testdatensatz (Generalisierungfähigkeit) bestimmt. Die Betrachtung mehrerer Fehlermaße ist wichtig, weil sich in den Versuchen zeigte, daß verschiedene Fehlermaße in einigen Fällen andere Schlußfolgerungen fordern. Ziel des weiteren Designs muß es sein, in einem Auswahlverfahren die wichtigen Merkmale zu finden und die Netzstruktur zu bestimmen.

Zuerst wurde die Rechengenauigkeit der Fließkommaarithmetik bestimmt. Einfache Genauigkeit führte zu höherer Generalisierungsfähigkeit, doppelte zu höherer Beschreibungskraft. Alle folgenden Versuche wurden mit einfacher Genauigkeit durchgeführt. Weiterhin sollte bestimmt werden, wie viele Vergangenheitswerte und Zukunftswerte der Faktoren an die Netze angelegt werden sollen (Tabelle 1). Je mehr Vergangenheits- und Zukunftswerte benutzt wurden, desto besser wurde die Beschreibungskraft der Netze. Die Generalisierungsfähigkeit war bei den Netzen am besten, für deren Faktoren nur ein bis zwei vergangene bzw. zukünftige Stundenwerte angelegt wurden. Der Windeinfluß auf die von den Kunden angeforderte Energie wird von Fernwärmeexperten als gering eingeschätzt. Netze, die ohne den Faktor Wind angelernt wurden, zeigten kleinere Beschreibungskraft, aber höhere Generalisierungsfähigkeit. Für die nachfolgenden Versuche wurde der Wind nicht mehr als Faktor verwendet. Für Netze mit einer verborgenen Schicht stellt das Netz mit fünf verborgenen Neuronen einen guten Kompromiß zwischen Generalisierungsfähigkeit und Beschreibungskraft dar. Verschiedene Tests mit zwei verborgenen Schichten konnten weder den Fehler auf den Trainingsdaten noch auf den Testdaten signifikant mindern, so daß weiterhin die Netze mit einer verborgenen Schicht, die geringere Komplexität besitzen, favorisiert wurden. Fernwärmeexperten legen ihren Wärmeprognosen die durchschnittlichen Temperaturen und Wärmemengen der letzten zwei Tage zugrunde. Weder Netze mit einer noch mit zwei verborgenen Schichten konnten diese Faktoren zur Verbesserung der Wärmeprognose nutzen. Schließlich wurden Versuche mit einer höheren Anzahl von Lerniterationen durchgeführt. Auch bei intensiven Lernvorgängen blieb die Generalisierungsfähigkeit erhalten. Bild 2 zeigt, daß bei intensiveren Lernvorgängen keine Verluste der Generalisierungsfähigkeit ersichtlich werden. Trainingsvorgänge mit größeren Datensätzen konnten die Fehlerrate weiter reduzieren. Dies zeigt, daß die Beschreibungskraft der selektierten Netze, die in Bild 6 dargestellt sind, hinreichend groß ist.

4 Bewertung

Die in dieser Arbeit entwickelten künstlichen neuronalen Netze zur Kurzzeitprognose des Fernwärmebedarfs erzielen geringfügig bessere Prognoseergebnisse als ein bestehendes Verfahren, welches auf Regressionsgeraden beruht und zum Vergleich verwendet wurde. In einem Prognosewettbewerb konnte gezeigt werden, daß die Prognosegüte eines erfahrenen Fernwärmeexperten erreicht wird. Eine Spezialisierung der Netze auf die Trainingsdaten fand nicht statt. Die

Table 1. Künstliche neuronale Netze mit zehn Neuronen in der verborgenen Schicht werden dazu benutzt, die Blickweite in die Zukunft und Vergangenheit zu bestimmen. Der Prognosefehler (absolut in MW, quadratisch in MW^2, relativ zu den wahren Lastwerten in % sowie das 95% Konfidenzintervall des relativen Fehlers unter Normalverteilungsannahme) der Last P_0 in Abhängigkeit vergangener Lastwerte $P_{-1...-n}$, und zukünftiger Außentemperaturen $T_{0...r}$ und Windgeschwindigkeiten $W_{0...r}$ wird hier wiedergegeben.

Bestimmung der Größe des Zeitfensters								
	Lerndaten				Testdaten			
Netzeingaben	abs	quad	rel	konf	abs	quad	rel	konf
$T_0 W_0 P_{-1}$	1.40	7.64	8.95	0.12	1.57	10.91	7.32	0.28
$T_{0...1} W_{0...1} P_{-1...-2}$	1.19	5.32	7.89	0.11	1.55	11.07	7.21	0.27
$T_{0...2} W_{0...2} P_{-1...-3}$	1.18	5.23	7.96	0.12	1.57	11.33	7.34	0.27
$T_{0...3} W_{0...3} P_{-1...-4}$	1.14	4.77	7.81	0.11	1.62	11.82	7.55	0.28
$T_{0...4} W_{0...4} P_{-1...-5}$	1.09	4.31	7.62	0.11	1.65	12.04	7.72	0.28
$T_{0...5} W_{0...5} P_{-1...-6}$	1.09	4.21	7.55	0.11	1.67	12.48	7.80	0.28
$T_{0...6} W_{0...6} P_{-1...-7}$	1.02	3.69	7.32	0.11	1.74	13.60	7.98	0.27

künstlichen neuronalen Netze liefern insbesondere im Sommer bessere Prognoseergebnisse als das auf Regressionsgeraden aufbauende Vergleichsmodell. Dies zeigt, daß die im linearen Modell angenommene Sättigungscharakteristik bei hohen Außentemperaturen die wahren Zusammenhänge nicht hinreichend beschreibt. Die Tatsache, daß vor allem der quadratische Prognosefehler des Vergleichsmodells höher ausfällt – auch wenn der absolute Fehler nahezu gleich ist –, zeigt, daß hohe Abweichungen der Prognosen von den wahren Werten vermieden werden. Dies wird durch den Vergleich der Histogramme (siehe Bild 4 und 5) des Prognosefehlers bestätigt.

Der in dieser Arbeit im praktischen Einsatz getestete skalierte konjugierte Gradientenalgorithmus hat gegenüber dem Rückwärtsausbreitungsalgorithmus einige wesentliche Vorteile:

- Die Zeiten zum Anlernen eines Datensatzes werden erheblich reduziert. Unter vergleichbaren Bedingungen benötigt ein Rückwärtsausbreitungsalgorithmus ungefähr neunmal so lange wie der skalierte konjugierte Gradientenalgorithmus, um die gewünschte Genauigkeit zu erreichen.
- Der Anwender muß keine Parameter wählen, damit das Lernverfahren optimal arbeitet. Die Abbruchbedingungen können den problembedingten Erfordernissen angepaßt werden. Hier ist ggf. ein Benutzereingriff notwendig.
- Das vorgestellte Verfahren arbeitet vollautomatisch, benötigt wenig Wartung und ist damit in realen Anwendungen einsetzbar.

Eine hohe Prognosegüte auf unbekanntem Datenmaterial erfordert eine hohe Generalisierungsfähigkeit. In dieser Arbeit wurde bei allen Entwurfsentscheidungen die Netzstruktur bevorzugt, welche die kleinste Netzkomplexität ergibt. Wie die Lernkurven zeigen, kann auf diese Weise eine hohe Generalisierungsfähigkeit erzwungen werden. Obwohl sehr viele Lernschritte durchgeführt werden, der Fehler auf den Trainingsdaten sinkt, kommt es in keiner der Lernkurven zu einer Situation, in der die Fehlerrate auf dem Testdatensatz stark ansteigt. Der genaue Zeitpunkt, zu dem das Lernverfahren abbricht, ist für die Generalisierungsfähigkeit nicht relevant. Durch den modularen Netzaufbau kann die Trainingszeit wesentlich verkürzt werden, wenn mehrere Rechner eingesetzt werden. Die KNN bieten in der Entwurfs- und Designphase den Komfort, wichtige Abhängigkeiten implizit aus den Trainingsdaten zu modellieren, die bei einfacheren Modellen explizit modelliert werden müssen.

Die Ergebnisse unterstützen die gewählte iterative experimentelle Vorgehensweise, jeweils das Netz zu wählen, welches geringe Netzkomplexität und geringe Fehler auf einem von dem Trainingsdatensatz disjunkten Testdatensatz hat. Dieses Vorgehen verlangt eine Kombination von modularem Aufbau, schnellen Algorithmen, vielen Daten, möglichst einfachen Netzen und vielen Experimenten.

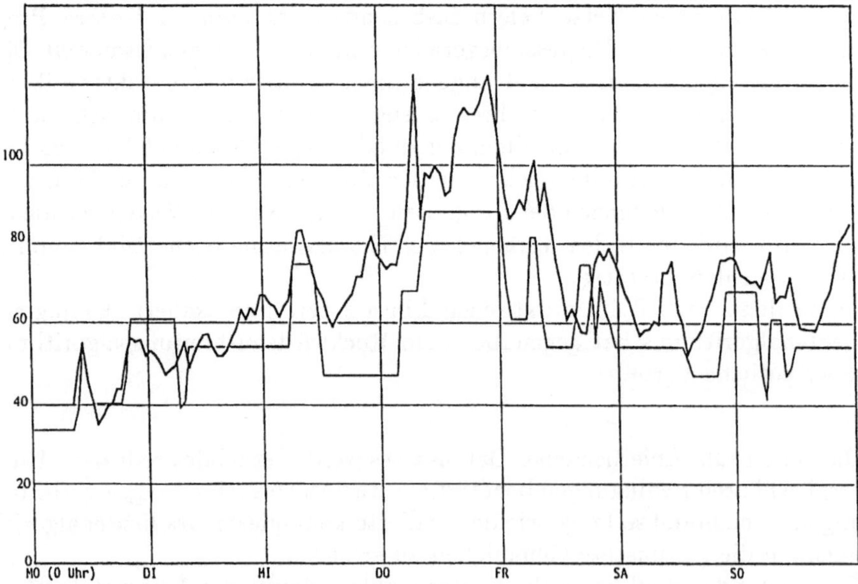

Fig. 1. Gegenüberstellung der prognostizierten Last des KNN-Modells (fett) mit der realen Last für die Woche vom 01.06.92 - 07.06.92 in Essen-Innenstadt. Die Last ist in Prozent von einem fiktiven Wert angegeben.

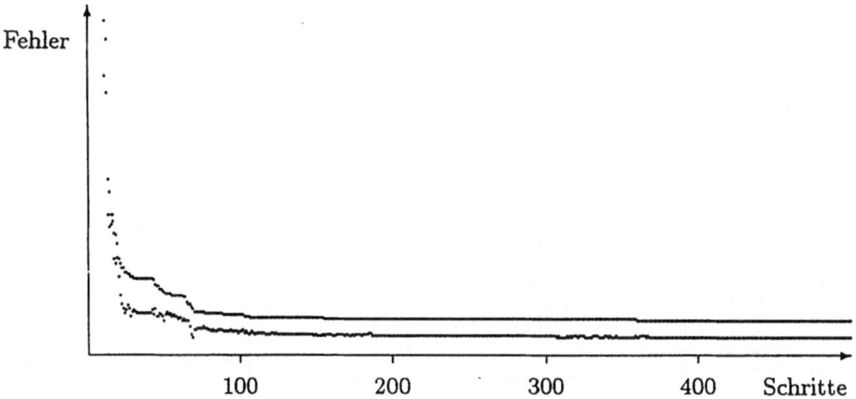

Fig. 2. Lernkurve des Netzes für 0 Uhr, charakteristischer Tag DD, Sekundärgebiet EI. Die monoton fallende Kurve beschreibt den Fehler auf den Trainingsdaten; die andere Kurve den Fehler auf einem Testdatendatz.

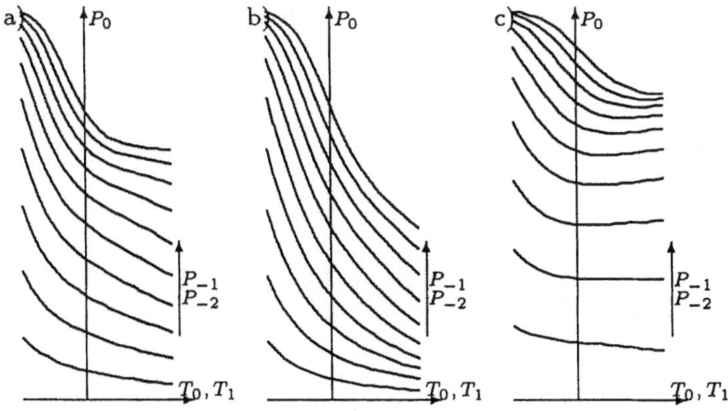

Fig. 3. Darstellung der Prognosefunktion für 12 Uhr des charakteristischen Tages DD. Die prognostizierte Last (lineare Skalierung) bei konstanter Last in den Vorstunden in Abhängigkeit von der Außentemperatur (Bereich: -20 bis 30 Grad) in den Folgestunden. a) Last- und Temperaturverlauf konstant. b) Lastverlauf konstant, Temperaturverlauf steigend. c) Lastverlauf konstant, Temperaturverlauf fallend.

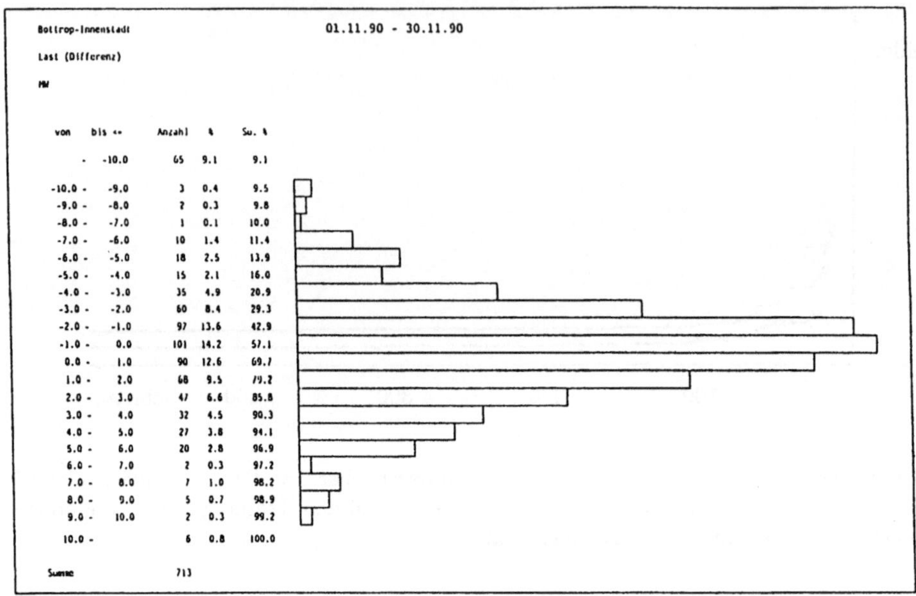

Fig. 4. Histogramm des Prognosefehlers des Vergleichsmodells für November 90.

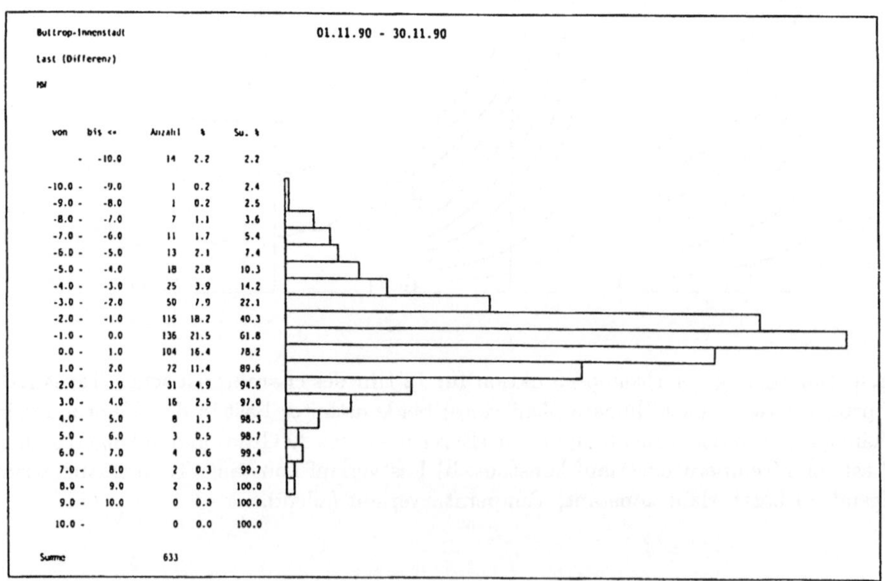

Fig. 5. Histogramm des Prognosefehlers des KNN-Modells für November 90.

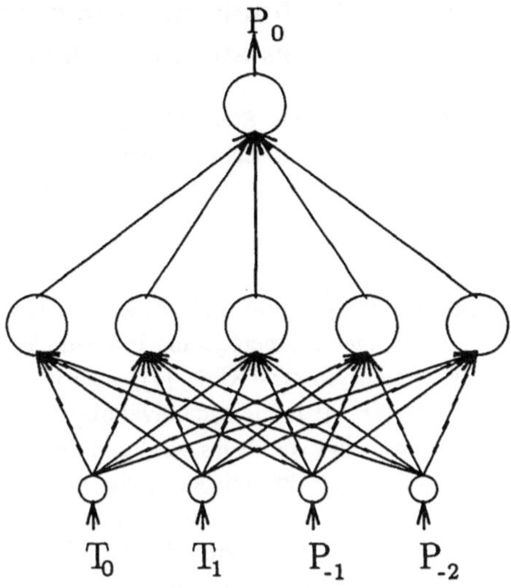

Fig. 6. 120 derartige Netze realisieren in einer iterativen Mehrschrittprognose die Wärmemengenprognose je Sekundärgebiet

References

[1] Udo Ahle: Bewertung der Eignung künstlicher neuronaler Netze für die Prognose des Fernwärmebedarfs. Diplomarbeit am Lehrstuhl Informatik I der Universität Dortmund, März 1993.

[2] Martin F. Møller: A Scaled Conjugate Gradient Algorithm for Fast Supervised Learning. Preprint PB-339, Computer Science Department University of Aarhus, Denmark, 13. November 1990.

[3] Joakim Waldemark, Hans Wiklund, Staffan Andersson und Olov Sandberg: Neural Network Modelling of the Heat Load in District Heat Systems. In: Fernwärme International, Seite 424-437 Heft 9, 1992.

[4] Andreas S. Weigend: Predicting Sunspots and Exchange Rates with Connectionist Networks. In: Nonlinear Modeling and Forecasting, SFI Studies in the Sciences of Complexity, Proc. Vol. XII, Eds. M. Casdagli und S. Eubank, Seite 395-432, Addison-Wesley, 1992.

Einsatz von Neuro-Fuzzy-Technologien für die Prognose des Elektroenergieverbrauches an „besonderen" Tagen

Henrik Schreiber, Steffen Heine
Technische Hochschule Leipzig

1. Einleitung

In den letzten 5 Jahren wurden verstärkt Mittel und Methoden der KI zur Prognose des Elektroenergieverbrauches im kurzfristigen Zeitbereich bis 168 Stunden vorgeschlagen, so auf Produktionsregeln basierende Expertensysteme (XPS) [7], neuronale Netze (NN) [2], [3] sowie Fuzzy-XPS und Neuro-Fuzzy-XPS [6]. Die symbolverarbeitenden XPS scheinen durch ihre Art der Abbildung der Expertenregeln (Trendaussagen) und deren Abarbeitung besonders geeignet für die Erstellung leistungsfähiger Prognosemodelle zu sein. Zur Gewinnung von Vorhersagewerten (und nicht nur Trendaussagen) sind jedoch verschiedene Berechnungen notwendig, so daß ein hoher prozeduraler Anteil am XPS besteht. Dabei stellt die Parametrierung dieser Prozeduren ein erhebliches Problem der Wissensgewinnung dar.
Zur Verbesserung des wesentlichen Qualitätskriteriums von Prognosemodellen, der Prognosegenauigkeit, werden NN favorisiert und in einer Vielzahl von Veröffentlichungen für eine baldige online-Nutzung vorgeschlagen. Es werden jedoch ausschließlich Modellbildungen für einen begrenzten Datenbestand (spezialisiert auf einzelne Tagestypen) beschrieben. Eine ganzheitliche Betrachtung unter Beachtung solcher Aspekte wie notwendiger Trainingsleistung, Einbettung der NN-Technologie in die Leittechnik, Organisation des Retraining und insbesondere das Modellverhalten bei von Wochen- bzw. Tageszyklen abweichenden Situationen im Elektroenergiesystem (EES), erfolgte jedoch wegen der Konzentration auf die Wirkungsprinzipien von NN nicht.
Reine Fuzzy-XPS sind wegen der bekannten Schwierigkeiten bei der Bildung der Form der Membership-Funktionen und der Regelparameter eine wenig praktikable Lösung für die Erstellung von Prognosemodellen. In der Kombination mit NN können Fuzzy-Herangehensweisen Nachteile konnektionistischer Modell nivellieren und verschiedene Vorteile erbringen. Aussichtsreiche Verbindungsmöglichkeiten NN-Fuzzy für Teilaufgaben der Verbrauchsanalyse und -prognose bestehen in

1. Einsatz von Fuzzy-Datenanalyseverfahren zur Klassifikation von Verbrauchssituationen und Fuzzy-Aktivierung von spezialisierten NN,
2. Gewinnung von Fuzzy-Regelwissen über Gesetzmäßigkeiten und Abhängigkeiten des Verbrauches unter Einführung der Lernfähigkeit durch eine neuronale Komponente, Möglichkeit der anschließenden zielgerichteten Modellmanipulation und
3. Regelbasierter Nachbehandlung des Outputs von Prognosemodellen für „normale" Verläufe (z.B. basierend auf NN) im Falle ungelernter (da besonderer) Zustände des EES.

Insbesondere die letzten 2 Kopplungsansätze sind Schwerpunkte der vorliegenden Arbeit und wurden auf ihre Eignung zur Lösung des Problems der Verbrauchsprognose für „besondere" Tage untersucht.
Bei der Analyse des täglichen Verlaufs des Verbrauchs an elektrischer Energie innerhalb von EES (z.B. Verbundunternehmen, Stadtwerke) können verschiedene Regelmäßigkeiten festgestellt werden. Das resultiert aus den unterschiedlichen Abnahmeanforderungen durch wochenzyklische Arbeitsprozesse sowie durch klimatische und langfristige ökonomische Einflüsse.

Mittels Klassenbildung kann diesen Gesetzmäßigkeiten Rechnung getragen und für die entstehenden Tagestypen separate Modelle mit einer dann möglichen höheren Genauigkeit gebildet werden. Eine einfache Clusterung kann z.B. die Unterscheidung in Werktage, Samstag und Sonntag zum Resultat haben. Der Verbrauchsverlauf an Feiertagen und Tagen bzw. Tagesabschnitten mit extremen klimatischen Bedingungen oder besonderen gesellschaftlichen Ereignissen findet in den einzelnen Klassen jedoch zumeist keine äquivalente Berücksichtigung, es müssen abgesetzte Modelle gebildet werden. Schwierigkeiten entstehen dabei durch die begrenzte Abbildung von Feiertagen und die noch geringere Repräsentation von außergewöhnlichen Ereignissen in der Datenbasis.
Ziel dieser Arbeit ist die Gewinnung eines zuverlässigen und robusten Modells für die Prognose des Verbrauchs an Feiertagen. Damit sollen

1. die Organisation der notwendigen Vorhalteleistung der Erzeugung unterstützt,
2. dem für das Lastdispatching zuständigen Operator auch für diese Tage eine automatisch generierte Führungsgröße für die Ableitung seiner betriebswirtschaftlich notwendigen Entscheidungen bereitgestellt und
3. Erkenntnisse zur notwendigen Vorgehensweise für die Modellierung des Verbrauches bei außergewöhnliche Ereignisse gewonnen

werden. Ausgehend von einer Erläuterung des eingesetzten NN-Fuzzy-Modells werden am Beispiel der Prognose des Verbrauchs eines Verbundunternehmens dessen Anwendung erläutert und die Ergebnisse diskutiert.

2. Beschreibung der Modellierungsbasis

Die Kopplung der Möglichkeiten und Ausnutzung der Vorteile von NN und Fuzzy-Technologie erfolgt in Neuro-Fuzzy-Systemen (NFS) durch die Ausnutzung von Analogiebeziehungen zwischen beiden Ansätzen. Bei dem in dieser Arbeit genutzten ANFIS-Typ3-(ANFIS-3)-Ansatz [5] werden die unscharfen Regeln direkt in einer NN-Struktur abgebildet. In Abbildung 3 ist ein ANFIS-3-Netzwerk dargestellt, das die Regelbasis in Tabelle 3 repräsentiert. Ausführliche Beschreibungen der ANFIS-Modellierung sind in [5] und [1] enthalten.
Die adaptierbaren (trainierbaren) Elemente des NFS befinden sich in der Abbildungs- und Inferenz-Layer. In der Abbildungs-Layer sind den Input-Variablen zugeordnete Zugehörigkeitsfunktionen für bestimmte Input-Bereiche in Form parametrierbarer Funktionen (hier Gauss-Glockenkurven) abgebildet. Die Inferenz-Layer enthält die Fuzzy-Inferenz bestehend aus Prämissenteil (IF-Teil, über Abbildungs-, T-Norm- und Normalisierungs-Layer) und Konklusionsteil (THEN-Teil). In Abbildung 2 ist beispielhaft die Ermittlung des Outputs einer Unit der Inferenz-Layer für ANFIS-3 dargestellt. Die Parameter der Konklusionen werden durch eine Least Square Estimation (LSE) in einem Forward-Pass und die Parameter der Prämissen durch Zurückpropagieren des verbliebenen Fehlers ermittelt. In der vorliegenden Arbeit wurde die ANFIS-Implementation im SNNS genutzt [8], [1]. Als Hardwarebasis diente eine IBM-RISC 6000/550 mit dem Betriebssystem AIXv3.2.

3. Struktur der Prognosemodelle

Die in dieser Arbeit dargestellte Modellbildung konzentriert sich auf den Frühjahrsabschnitt, der relativ viele Feiertage beinhaltet. Die Datenanalyse erfolgte

1. auf der Basis statistischer Auswertungen (Korrelations- und Autokorrelations-Untersuchungen)
2. mit der Kohonen Feature Map und verschiedenen, darauf aufsetzenden Visualisierungs- und Analyseverfahren [4].

Wesentliche die Feiertage betreffende Ergebnisse waren:

1. Feiertage mit gleicher Lage in der Woche haben über Jahre hinweg ähnliche Formen der Verbrauchskurven.
2. Samstage und Sonntage haben zu Feiertagen ein ähnliches Verbrauchsverhalten.
3. Besonders die Vortage der Feiertage haben einen starken Einfluß auf die Form der Verbrauchskurven.

Zuerst wurde ein Modell mit einer Datenbasis ausschließlich aus Feiertagen bestehend gebildet. Bei der Prognose ausgewählter Tage entstanden jedoch hohe Prognosefehler, was auf die unzureichende Anzahl an Trainingsdaten zurückgeführt wurde. Nachfolgende Untersuchungen ergaben, daß die Prognose von Absolutwerten nur mit sehr begrenzter Genauigkeit möglich war. Deshalb wurde die Abweichung (Gap) des Verbrauches an arbeitsfreien Tagen zu den vorgelagerten Arbeitstagen als zu modellierende Größe festgelegt, um

- umfangreiche Informationen über das kurzfristige Verhalten des Verbrauches im EES zu nutzen und
- nur die Änderungen des Arbeitszyklus und klimatische Änderungen verursachte Verschiebung der Form der Verbrauchskurve zu betrachten.

Die Datenbasis des schließlich genutzten Modells ist in Tabelle 1 aufgeführt. Die ermittelten Indikatoren für Tag sowie Vor- und Folgetag kennzeichnen den Grad der Zugehörigkeit zu arbeitsfreien Tagen für diese Tagen. In Tabelle 2 sind als Beispiel konkrete Werte für den Indikator (vortag) dargestellt, wenn der betrachtete Tag ein Feiertag war. Die Festlegung der Werte erfolgte

- aus dem vorhandenen Wissen über den Einfluß der jeweiligen Tagestypen in ihrer konkreten Lage auf den Verbrauch am betrachteten Tag und
- durch einen anschließend durchgeführten Feinabgleich auf Basis der Korrelation.

Umfangreiche Tests unter der Einbeziehung weiterer oder anderer Größen z.B. Lage im Jahr/Saison erbrachten keine Genauigkeitsverbesserung des Modells.

Den ausgewählten Inputgrößen und dem Prognosewert wurden Fuzzy-Sets in Form linguistischer Variablen zugeordnet. Die Festlegung der Fuzzy-Sets und ihrer wertmäßigen Bereiche erfolgte auf der Basis verschiedener Versuche unter Berücksichtigung der Kenntnisse über die Verteilung der Größen bzw. einer ausreichenden Repräsentation in jedem Set. Die Einordnung der Indikatoren (folgetag) und (tag) in je 1 Set erwies sich insbesondere wegen der Reduzierung des Regelbasisumfangs und der resultierenden Prognosegenauigkeit als optimale Variante. Der linguistischen Variable dtemp wurden die Sets P für positive Werte und N für negative Werte zugeordnet. Für die Variable (vortag) wurden die Sets S (small) und L (large) definiert. In Abbildung 1 sind beispielhaft die untrainierten Zugehörigkeitsfunktionen für dtemp dargestellt. Es erwies sich als vorteilhaft, jeweils nur 1 Flanke der Gauss-Glockenkurve zu nutzen und relativ geringe Anstiege über den Wertebereichen zu realisieren.

Datenumfang Modellierung	Stündlicher Verbrauch und verschiedene tagesbezogene verbrauchsbeeinflussende Größen, Verbundunternehmen, 28.03.1992 bis 28.06.1992 und je nach Prognosezeitpunkt 27.03.93 bis 27.06.93
Prognosewert	$\text{Verbrauchsabweichung}(t) = \frac{V_F(t) - \overline{m}(V_{W_i}(t))}{\overline{m}(V_{W_i}(t))}$ $i=1..4$ $V_F(t)$ = stündlicher Verbrauch am Feiertag $\overline{m}(V_{W_i}(t))$ = Mittelwert des stündlichen Verbrauches, letzte i Werktagen vor dem Feiertag Minimalwert Verbrauchsabweichung ≈ -40
Inputgrößen	• $\text{dtemp}(d_F) = \overline{T}(d_F) - \overline{m}(\overline{T}(d_{W_i}))$ $i=1..4$ $\text{dtemp}(d_F)$ = Temperaturabweichung am Prognosetag $\overline{T}(d_F)$ = Temperaturtagesmittelwert am Feiertag $\overline{m}(\overline{T}(d_{W_i}))$ = Mittelwert der Temperaturtagesmittelwerte an den i-ten Werktagen vor dem Feiertag Wertebereich dtemp ≈ [-7..7] • Indikator Vortag (vortag) [0.1..0.9] • Indikator Folgetag Wert von (folgetag) [0.1..0.9] • Indikator Wochentag (tag) [0.5..0.8]

Tabelle 1: In- und Outputgrößen des verwendeten Modells

Wert	Tag-2	Tag-1	Tag
0.9	F	F	F
0.8	SA	SO	F
0.8	F	SA	F
0.6	W	F	F
0.5	F	W	F
0.5	W	SA	F
0.1	W	W	F

Tabelle 2: Werte für Indikator (vortag), wenn der betrachtete Tag ein Feiertag ist (F=Feiertag, W=Werktag, So=Sonntag, Sa= Samstag)

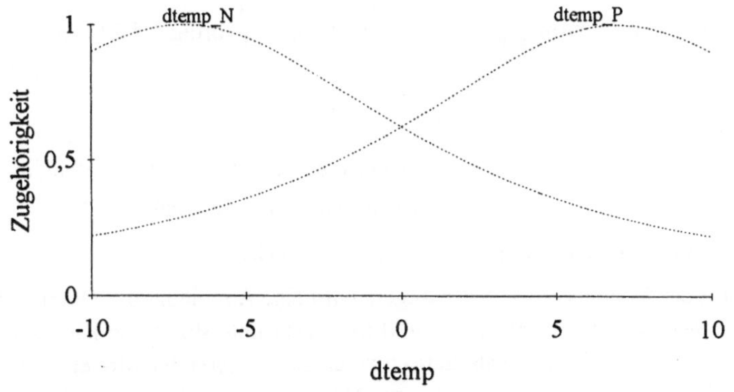

Abbildung 1: Untrainierte Zugehörigkeitsfunktionen für dtemp

Regel P_S	IF dtemp IS P AND vortag IS S AND folgetag IS M AND tag IS M
Regel P_L	IF dtemp IS P AND vortag IS L AND folgetag IS M AND tag IS M
Regel N_S	IF dtemp IS N AND vortag IS S AND folgetag IS M AND tag IS M
Regel N_L	IF dtemp IS N AND vortag IS L AND folgetag IS M AND tag IS M

Tabelle 3: Prämissenteile der Regelbasis

Tabelle 3 zeigt die Prämissenteile der Regelbasis. Am Beispiel der Regel P_S soll der Netzaufbau in Abbildung 3 erläutert werden.

1. Die Units der Input-Layer enthalten die Inputgrößen dtemp, vortag, folgetag und tag.
2. Die Units der Input-Layer besitzen Verbindungen zu den Fuzzy-Sets der zugehörigen linguistischen Variablen, den Units der Abbildungs-Layer. So ist die Unit dtemp mit dtemp_P und dtemp_N verbunden. Die Zugehörigkeitsfunktion der linguistischen Variablen hat die Form einer parametrierbaren (Prämissen-Parameter) Gauss-Glockenkurve.
3. In der T-Norm-Layer ist jeder Regel eine Unit zugeordnet, in denen die T-Norm-Operation MIN durchgeführt wird, d.h. eine Operation zwischen den Zugehörigkeitsfunktionen des IF-Teiles. Der Output jeder Unit liefert den Grad der Zugehörigkeit der Eingabe zur jeweiligen Regel durch die Bildung des Durchschnitts („UND") der Fuzzy-Sets. So bekommt die Unit t-norm_P_S Inputs von den Einflußvariablen dtemp_P, vortag_S, vortag_L, folgetag_M und tag_M (die Verbindungen zu den anderen Units der T-Norm-Layer sind im Beispiel gelöscht).
4. In der Normalisierungs-Layer findet eine Normalisierung der einzelnen Outputs der T-Norm-Layer über der Summe aller T-Norm-Layer-Outputs statt, deren Ergebnisse direkt auf die den Regeln zugeordneten Units der Inferenz-Layer gehen.
5. In der Inferenz-Layer erfolgt in Abhängigkeit von der Auswertung des Prämissenteils der jeweiligen Regeln (für P_S Verbindung zwischen norm_P_S und inferenz_P_S) die Bildung des Konklusionsteils der Regel (Abbildung 2).
6. In der Output-Layer ermittelt die Summe der Outputs der Units der Inferenz-Layer und bildet somit die zu modellierende Verbrauchsabweichung ab.

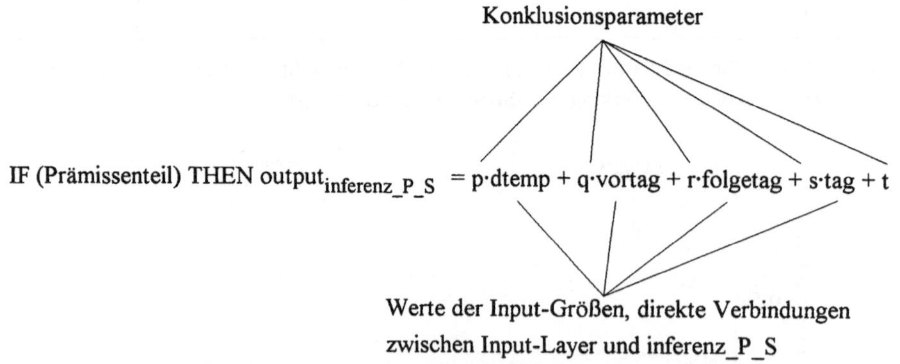

Konklusionsparameter

IF (Prämissenteil) THEN $\text{output}_{\text{inferenz\_P\_S}} = p \cdot \text{dtemp} + q \cdot \text{vortag} + r \cdot \text{folgetag} + s \cdot \text{tag} + t$

Werte der Input-Größen, direkte Verbindungen zwischen Input-Layer und inferenz_P_S

Abbildung 2: Konklusionsteil der Regel P_S gemäß Tabelle 3

Durch die Form der Konklusionsteile der Regeln wird eine Aufteilung des Outputs des Modells (Verbrauchsabweichung) in Fuzzy-Sets in ANFIS-3 nicht unterstützt und kann somit entfallen. Die Modellierung erfolgte in einem als statisch zu charakterisierenden Modell, d.h. für die Verbrauchsabweichung je Stunde entstanden zu Abbildung 3 analoge Modellabschnitte. Zum Training der Modelle für die einzelnen Feiertage entsprechend Tabelle 4 wurden jeweils alle

Daten des Jahres 1992 und bis dahin „aufgelaufene“ Daten des Jahres 1993 gemäß Tabelle 1 verwendet.

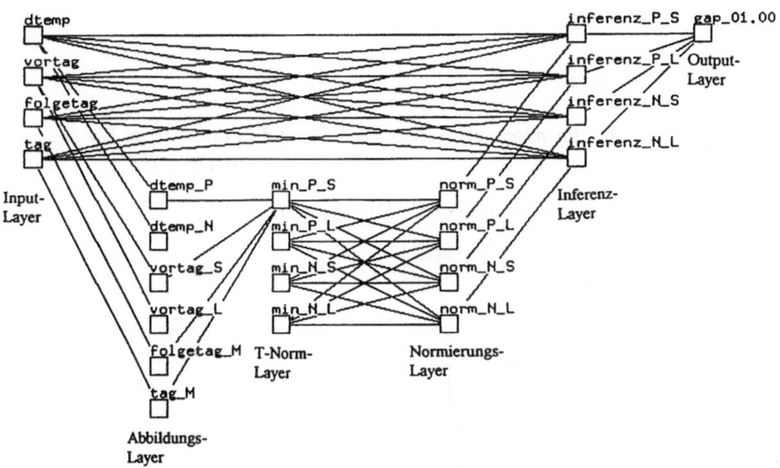

Abbildung 3: Netzstruktur Prognosemodell (Abschnitt 01.00 Uhr)

Abbildung 4 zeigt beispielhaft die adaptierten Zugehörigkeitsfunktionen für dtemp am Beispiel Modellbildung für Ostermontag, 1.00 Uhr und 7.00 Uhr.

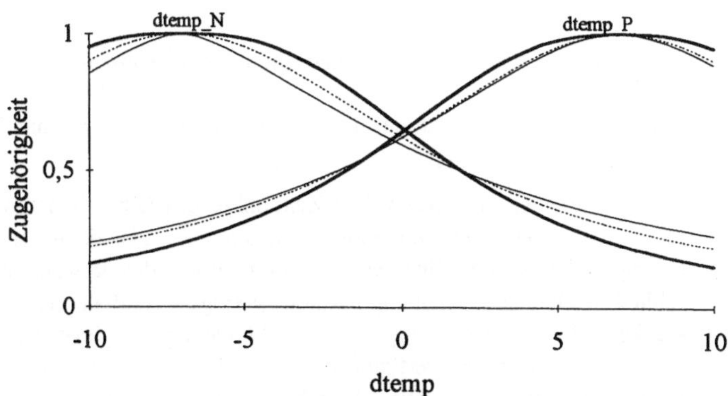

Abbildung 4: Adaptierte Zugehörigkeitsfunktionen für dtemp (Beispiel: Ostermontag, gestrichelt → untrainiert, fett → 01.00 Uhr, schmal → 07.00 Uhr)

Das Training wurde mit der implementierten Trainingsfunktion AnfisHybridBatch (d.h. eine Adaption erfolgt jeweils nach Präsentation aller Muster) durchgeführt. Eine allgemein geeignete Vorgabe des Lernparameters und der Zyklenzahl konnte nicht ermittelt werden. Die implementierte Regelung des Lernparameters genügte den Anforderungen nicht (der Modellfehler konvergierte nicht gegen ein Minimum), da die Schrittweite der Veränderung des Lernparameters teilweise zu klein war. Daher wurde der Lernparameter per Hand in Abhängigkeit vom Lernfortschritt nach Anwendung einer bestimmten Anzahl von Trainingszyklen verringert.

Für verschiedene Zeitpunkte war nur eine geringe Adaption der Prämissen-Parameter festzustellen, die Modellanpassung erfolgte dabei nahezu ausschließlich über die LSE der Konklusions-Parameter. Die Zugehörigkeitsfunktionen von (tag) und (folgetag) wurden zumeist nur sehr wenig verändert.

4. Ergebnisse und Diskussion

In Tabelle 4 sind der mittlere und der maximale Fehler nach Formel (1) berechnet für die untersuchten Tage dargestellt.

$$\text{Prognosefehler}[\%] = \frac{\text{Wert}_{\text{prognostiziert}} - \text{Wert}_{\text{tatsächlich}}}{\text{Wert}_{\text{tatsächlich}}} * 100$$

	Karfreitag	Oster-sonntag	Oster-montag	1.Mai	Himmel-fahrt	Pfingst-sonntag	Pfingst-montag
Mittlerer Fehler	2.4%	3.6%	2.1%	2.6%	3.1%	2.3%	2.1%
Maximaler Fehler	5.6%	7.2%	5.2	6.3%	5.2%	4.4%	5.4%

Tabelle 4: Mittlerer und maximaler Fehler der Prognose

Die ermittelten Prognosefehler sind, mit Ausnahme ausgewählter Zeitpunkte des Ostersonntags, als akzeptabel einzuschätzen. Anzumerken ist, daß heutzutage für die Prognose von „normalen" Arbeitstagen 24 Stunden voraus mittlere Prognosefehler um 1.5% für bestimmte EES erzielt werden. Ein Vergleich der ermittelten Fehler mit diesen Werten verbietet sich jedoch, da

1. für „normale" Arbeitstage ein umfangreiches, relativ homogenes Datenmaterial auswertbar ist und
2. die Verbrauchskurven verschiedener Arbeitstage wesentlich ähnlicher zueinander sind als die verschiedener arbeitsfreier Tage [4].

Die relativ großen Prognosefehler für ausgewählte Zeitpunkte des Ostersonntags resultieren aus dem Auftreten von großen Verbrauchsabweichungen, die bis dahin nicht in der Trainingsdatenbasis abgebildet waren. Eine weitere Optimierung des gewählten statischen Modellansatzes erschließt nach unserer Meinung nur noch geringe Potentiale der Verbesserung der Prognosegenauigkeit. Die Einbeziehung weiterer klimatischer Informationen (waren allerdings nur im begrenzten Umfang verfügbar) erwies sich, wahrscheinlich wegen der territorialen Ausdehnung des betrachteten EES, als nicht sinnvoll. Ein in der weiteren Arbeit zu untersuchender Ansatz sollte daher die Einbeziehung der Tageszeit als Modellparameter zumindest über Intervalle von mehreren Stunden sein, da dann eine umfangreichere Datenbasis zum Training der Modellabschnitte zur Verfügung stehen würde.

Die Interpretierbarkeit des Modells (Netzstruktur, Prämissen- und Konklusionsparameter) ist voll gegeben. Das Modell ist durch die Begrenzung der Zahl der Input-Parameter und der Regeln als relativ einfaches Modell zu charakterisieren und somit leicht verständlich. Daher und unter Beachtung der erzielten Prognosegenauigkeit ist das Ziel, ein zuverlässiges und robustes Prognosemodell zu erstellen, voll erreicht.

6. Zusammenfassung

Die Arbeit beschreibt die Nutzung des Neuro-Fuzzy-Modells ANFIS-3 für die Prognose des Elektroenergieverbrauchs an Feiertagen. Dieser Ansatz ermöglicht es, vorhandenes Wissen über den Verbrauch und seine Abhängigkeiten in die Netzstruktur einzuprägen und gelerntes Wissen zu interpretieren. Somit kann die „Black-Box"-Eigenschaft von NN aufgebrochen werden. Andererseits wird durch die Lernfähigkeit die praktikable Anwendung einer auf Fuzzy-Logik beruhenden Modellierung für diese Prognoseaufgabe ermöglicht. Durch die Anwendung des vorgeschlagenen Prognosemodells kann, auch unter dem Blickwinkel der erreichten Prognosegenauigkeit, der Operator bei den für den Ausgleich der Leistungsbilanzen notwendigen Handlungen unterstützt werden.

Literatur

[1] Brahim, K.: „Neuro-Fuzzy Inferenz-Systeme", 3. Dortmunder Fuzzy-Tage, Universität Dortmund, Juni 1993

[2] Dillon, T. S., Sestio, S., Leung, S.: „Short term load forecasting using an adaptive neural network", Electrical Power & Energy Systems Vol. 13, No. 4, August 1991

[3] Heine, S.: „Kombination von Unsupervised and Supervised Learning zur Lastprognose", Workshop Simulation Neuronaler Netze mit SNNS, Universität Stuttgart, September 1992

[4] Heine, S., Neumann, I.: „Data Analysis by Means of Kohonen Feature Maps For Load Forecast in Power Systems", IEE Colloquium on Advances in neural networks for control and systems, Berlin, Mai 1994

[5] Jang, J.-S. Roger, „ANFIS: Adaptive-network-based fuzzy inference systems"; IEEE Trans. on Systems, Man and Cybernetics, 1992

[6] Kim, K.-H., Park, D.-Y., Park, J.-K.: „A Hybrid Model of Artificial Neural Network and Fuzzy Expert System for Short-Term Load Forecast", Proceeding of the ESAP (Expert System Application to Power System), S. 164-168, Melbourne, Januar 1993

[7] Rahman, S.: „Formulation and Analysis of a Rule-Based Short-Term Load Forecasting Algorithm", Proceedings of the IEEE, Vol. 78, No. 5, S. 805-816, Mai 1990

[8] Zell, A., Mache, N., Hübner, R., Schmalzl, M., Sommer, T., Mamier, G., Vogt, M.: „SNNS User Manual 3.0", Universität Stuttgart, August 1992

Energiesparen durch einen adaptiven Fuzzy-Regler für Heizungsanlagen

Henning Heider Viktor Tryba

SIBET GmbH, Garbsener Landstr. 10, D-30419 Hannover
Tel.: +49 511 277 1731, Fax.: +49 511 277 2710, e-mail: heider@sican.de

Abstract

Der Beitrag beschreibt die Arbeiten zur Entwicklung eines adaptiven Reglers für Heizungsanlagen. Der Regler wurde entwickelt, um den Energieverbrauch für die Beheizung von Gebäuden zu verringern, und gleichzeitig unabhängig von der Witterung die ausreichende Versorgung der Gebäude mit Wärme zu gewährleisten. Das adaptive Verhalten des Reglers wird durch den Einsatz der Fuzzy-Logik erreicht.

1. Einführung

Da die Energiekosten ständig steigen und auch Umweltprobleme durch Abgase und Abwärme immer mehr an Bedeutung gewinnen, sollte die Suche nach umweltfreundlichen und energieschonenden Lösungen in vielen technischen Bereichen verstärkt gefördert werden.
Einen Beitrag zu diesem Themengebiet soll die Entwicklung einer adaptiven und dadurch energiesparenden Heizungsregelung bilden.
Herkömmliche Heizungssysteme beschränken sich häufig darauf, die Kesseltemperatur in Abhängigkeit der herrschenden Außentemperatur durch das Ein- und Ausschalten verschiedener Brennerstufen einzustellen. Die Vorlauftemperaturen der Heizkreise werden ebenfalls in Abhängigkeit der Außentemperatur durch die Stellung eines Mischventils, das einen variablen Teil des kalten Rücklaufstromes wieder in den Heizkreisvorlaufstrom einspeist, eingestellt. Zusätzlich zu der Außentemperatur wird bei modernen Anlagen die Tageszeit und der Wochentag bzw. das Datum bei der Bestimmung der Sollvorlaufwerte berücksichtigt um zum Beispiel zu verhindern, daß ein Firmengebäude bei Nacht oder an den Wochenenden beheizt wird.
Der Wärmebedarf eines großen Gebäudes kann jedoch auch bei konstanten Außentemperaturen erheblich schwanken. Er verringert sich, wenn einige Räume zeitweilig nicht genutzt, und die Heizkörper der Räume abgedreht werden. Zu einer Veränderung des Wärmebedarfs kommt es, wenn die Nutzer der beheizten Räume aufgrund der Witterungsverhältnisse (z. Beisp.: Luftfeuchtigkeit, Lichteinstrahlung) oder aufgrund der aktuellen körperlichen Verfassung (z. Beisp.: Schwäche, Müdigkeit) die herrschenden Temperaturen unterschiedlich empfinden, und deshalb die Raumtemperatur durch die Thermostatstellung an den Heizkörpern beeinflussen. Das Öffnen von Fenstern zwecks Lüftung führt ebenfalls zu einer Erhöhung des Wärmeverbrauchs und damit zu einer Veränderung der Parameter der Regelstrecke. Weitere Einflüsse sind durch die Abhängigkeit des Wärmeübergangkoeffizienten zwischen Gebäudewand und Umgebung von der herrschenden Windgeschwindigkeit und der Luftfeuchtigkeit (z. B.:Regen) zu erwarten. Auch die Aufheizung durch Konvektion bei intensiver Sonneneinstrahlung sollte bei der Bestimmung des Wärmebedarfs eines Gebäudes beachtet werden.

Die Vielzahl der Einflüsse macht deutlich, daß eine Regelung der Vorlauftemperaturen in ausschließlicher Abhängigkeit der Außentemperaturen nicht Ideal sein kann, da während der gesamten Betriebsdauer die Vorlauftemperaturen für den ungünstigsten Fall vorgehalten werden müssen, wenn man ausschließen möchte, daß die Wärmeversorgung eines Gebäudes zeitweilig unzureichend ist.
Die hier vorgestellte Heizungsregelung ermöglicht es, durch den Einsatz der Fuzzy-Logik, die Sollvorlaufwerte des Kesselkreises, wie auch der einzelnen Heizkreise, nach dem tatsächlichen temporären Wärmebedarf des Gebäudes einzustellen. Hierdurch werden die Wärmeverluste durch die Heizungsrohre und die Abgase der Kessel/Brenner auf ein Mindestmaß reduziert, da die Kesseltemperatur und das in den Heizungsrohren fließende Medium ständig auf einem möglichst niedrigem Temperaturniveau gehalten werden kann.
Der temporäre Wärmebedarf des Gebäudes wird hierbei im wesentlichen aus den Rücklauftemperaturen der Heizkreise und des Kesselkreises extrahiert. Die zum Teil sehr großen Totzeiten der Regelstrecke schließen den Einsatz konventioneller PID-Regler aus. Eine Lösung des Problems wurde mit Hilfe eines 'unscharfen' Fuzzy-Reglers erreicht, der die Verknüpfung mehrerer Eingangsgrößen zuläßt.

2. Das Regelkonzept

Bei der Entwicklung des Reglers wurde ein Heizungssystem mit einem Kesselkreis und mehreren (i. Sp. 3) Heizkreisen zugrunde gelegt. Abbildung 1 zeigt das beschriebene System.

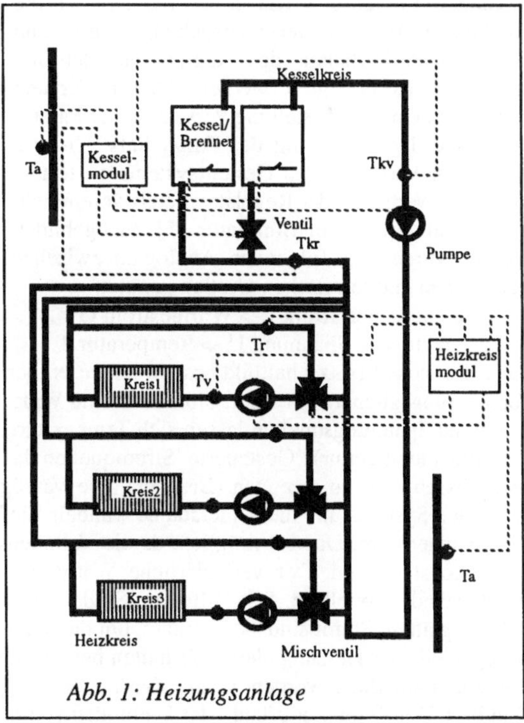

Abb. 1: Heizungsanlage

Die Regelmodule des Kesselkreises und der Heizkreise sind nach dem gleichen Prinzip aufgebaut. Sie besitzen jeweils zwei Fuzzy Module. Das Modul Fuz_I ist für die Berechnung der Sollvorlauftemperaturen und der Sollrücklauftemperaturen in Abhängigkeit von der Außentemperatur, der Tageszeit und des Datums zuständig (Abb.3). Durch die Wahl geeigneter Fuzzy Sets kann eine bessere Anpassung an den Idealverlauf der Kurve STv=f(Ta) erreicht werden als durch einen begrenzten P-Regler. Das Fuzzy Modul FUZ_II berechnet einen 'Sollvorlaufkorrekturwert' in Abhängigkeit der Abweichung der Rücklauftemperaturen von den errechneten Sollwerten und weiteren Variablen, die Informationen über den Zustand des Systems beinhalten, und es somit ermöglichen, die negativen Auswirkungen der Totzeiten zu eliminieren. Die Stellgrößen werden aus der Differenz zwischen der gemessenen Vorlauftemperatur und der korrigierten Sollvorlauftemperatur erzeugt.
Die Fuzzy Module des Reglers wurden mit einem Fuzzy-Entwicklungstool [8] erzeugt, dessen integrierter Precompiler C-Quellcode für Fuzzy-Module erzeugt. Die Module lassen sich somit in den Regler, der in 'C++' geschrieben wurde, einbinden.

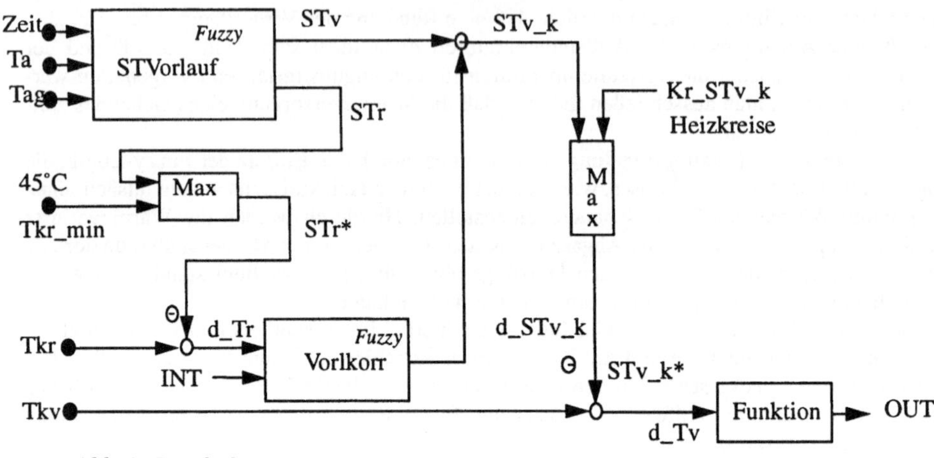

Abb. 2: Regelschema

3. Test des Reglerverhaltens mit einem Schaltkreissimulator

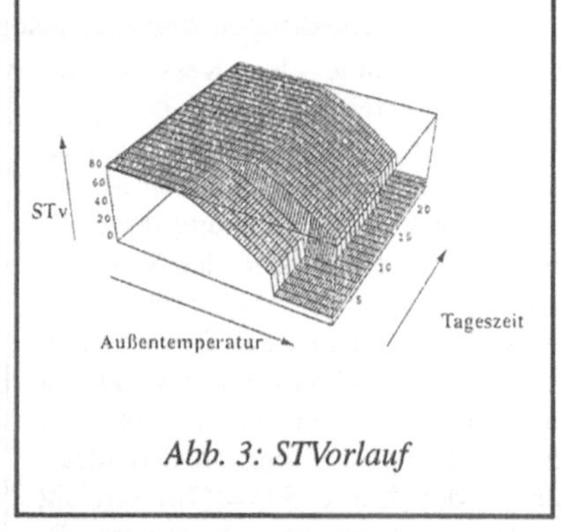

Abb. 3: STVorlauf

Mit einem geeigneten Rahmenprogramm, lassen sich Eingangswerte an den Regler übergeben und die errechneten Ausgangswerte ausgeben. Somit kann das statische Verhalten des Reglers getestet und gegebenenfalls korrigiert werden. Dieser Vorgang dient vor allem der Einstellung verschiedener Parameter sowie der Skalierung der Fuzzy-Sets. Um das dynamisch Verhalten des Gesamtsystems zu testen, wurde das Verhalten der Regelstrecke als vereinfachtes Modell mit einem Simulator [7] nachgebildet. Hierbei wurden die folgenden Analogien zwischen elektrischen und termischen Größen genutzt:

elektrischer Strom I -> Wärmestrom Q
elektrische Spannung U -> Temperatur T

Das elektrische Ersatzschaltbild besteht im wesentlichen aus Spannungsquellen, Stromquellen, Verzögerungsgliedern (Transmission Line) und Widerständen.

Durch die Spannungsquellen lassen sich Temperaturen in das Modell einprägen (zum Beispiel die Außentemperatur). Gesteuerte Stromquellen lassen sich nutzen, um Wärmeströme zu beeinflussen bzw. zu erzeugen (Brenner). Die Verzögerungsglieder modellieren die Totzeiten des realen Systems und die Widerstände wandeln die Wärmeströme (Ströme) in Temperaturen (Spannungen) um. Dies ist möglich, da die Volumenströme in den Heiz-/Kesselkreisen annähernd konstant sind. Der veränderliche Wärmeübergangskoeffizient wird durch steuerbare Wiederstände modelliert. Mit Hilfe von Spulen lassen sich die elektrischen Ströme (Wärmeströme) glätten. Somit sind sie geeignet, um das Tiefpaßverhalten der Strecke nachzubilden.

Anlagenteile der Heizung, deren Verhalten bei der Simulation nicht durch einfache elektrische Bauteile modelliert werden kann, werden durch **V**erhaltens**b**eschreibungs**m**odelle (VBM) simuliert. Der Simulator erlaubt das Einbinden von Modulen in die elektrische Netzliste, deren Verhalten mit den gegebenen Sprachmitteln des Simulators frei definiert werden kann. Im vorliegenden Fall wurde dieses Konstrukt genutzt, um das Verhalten der Mischventile und der beiden Heizkessel der Anlage zu beschreiben (Abb. 3: Module K und MV).

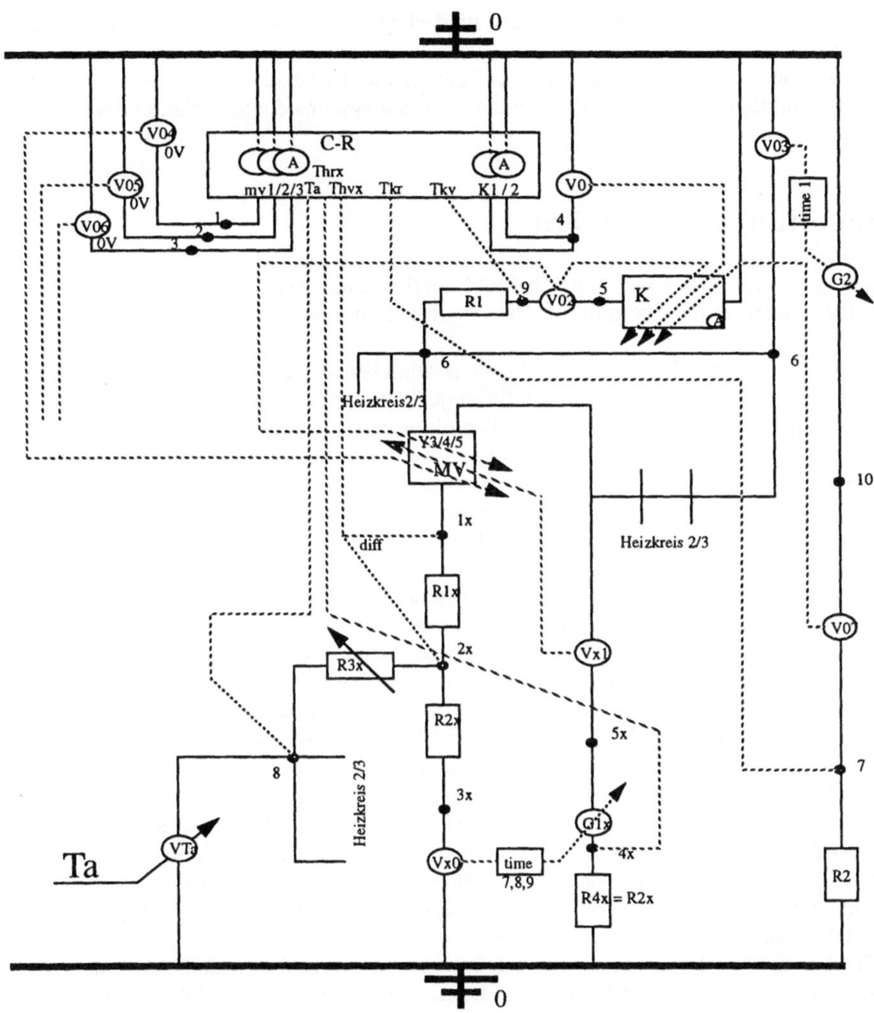

Vxx = Spannungsquelle (=> Einprägen von Temperaturen)
A = Stromquelle (=> Einprägen von Wärmeströmen)
Gxx = Stromgesteuerte Stromquelle (=> Einprägen von Wärmeströmen q)
Rxx = Ohmscher Widerstand (=> Erzeugung der Temperaturen aus q)
time = Transmission Line (=> Totzeitglied)
C-R = CVBM-Modul (=> Regler)
K = VBM-Modul (=> Kessel)
MV = VBM-Modul (=> Mischventil)

Bezeichnungen:
T = Temperatur; a = Außen-; k = Kesselkreis-; h = Heizkreis-; v = Vorlauf-; r = Rücklauf-

Abb. 4: Simulation der Heizungsanlage

Das C-Programm, das den Regler enthält, wird ebenfalls in die Netzliste eingebunden und simuliert.
Die Simulation erlaubt die Auswertung der Zeitverläufe der verschiedenen Signale und damit eine Korrektur des dynamischen Verhaltens des Gesamtsystems durch Variation des Reglerverhaltens.

4. Schaltungsbeschreibung

Abbildung 4 zeigt das Simulationsschaltbild der Heizungsanlage, wobei nur einer der drei simulierten Heizkreise dargestellt ist. Die Anschlüsse der weiteren Heizkreise sind gekennzeichnet.
Das C-Modul 'R' enthält den in C und C++ geschriebenen Fuzzy-Controller. Die Ausgänge K1/2 des Moduls führen einen von zwei Stromquellen eingespeisten Strom. Die Stromquellen sind durch den Regler zuschaltbar und stellen die Brenner der Kessel dar. Die Kessel werden durch das VBM-Modul 'K' simuliert. Im Modul 'K' werden alle positiven und negativen Wärmeströme in den Kessel (Vorlauf(V02), Rücklauf(V07), Brenner(V0)) aufintegriert. Diese Summe entspricht der gespeicherten Wärmemenge des Kessels und kann somit genutzt werden, um mit der bekannten Temperatur des Rücklaufs den Wärmestrom des Kesselvorlaufs zu berechnen.
Dieser berechnete Wärmestrom wird als elektrischer Strom in den Knoten '5' eingespeist. Da in dem Modell ein konstanter Volumenstrom vorausgesetzt wird, kann die Temperatur des Kesselvorlaufes, durch abgreifen der mit dem Widerstand 'R1' in Knoten '9' erzeugten Spannung, dem Modell entnommen werden. Die Kesselrücklauftemperaturwird durch den Widerstand 'R2' erzeugt. Die Vorlauftemperatur der Heizkreise entspricht dem Spannungsabfall an den Widerständen 'R1x'(V(1x)-V(2x)) und die Rücklauftemperatur (nach Verzögerung) kann in den Knoten '4x' abgegriffen werden. Die Totzeiten der Heizkreise werden durch eine Transmission Line in dem Modul 'time' modelliert, das dafür sorgt, daß der in 'V0x' gemessene Strom zeitversetzt durch das Element G1x (Gesteuerte Stromquelle) in den Knoten '5x' eingespeist wird. Die Außentemperatur wird als Spannung durch die Gesteuerte Quelle 'VTa' in den Knoten '8' eingeprägt. Durch den veränderlichen Widerstand 'R3x' kann der Wärmeübergangskoeffizient und damit der Wärmeverlust der Heizkreise bei konstanter Außentemperatur variiert werden.
Der Regler (C-R) tastet die beschriebenen Temperaturen mit einer wählbaren Rate (hier 10x pro sec) ab und berechnet die Stellgrößen. Dabei werden im Reglermodul die Ausgangswerte für die Mischventile (-1=Schließen, 0=keine Veränderung, 1=Öffnen) über die Zeit aufintegriert und so die Mischventilstellungen berechnet. Ein der Mischventilstellung entsprechender Strom wird ständig über die Ausgänge 'mv1', 'mv2', und 'mv3' in die Knoten '1', '2' und '3' eingespeist. Die Mischventile 'MV' greifen den Strom durch die 0-Volt Spannungsquellen 'V04', 'V05' und 'V06' ab und berechnen die Ströme zwischen den Knoten '6' und '1x' und zwischen den Knoten '5x' und '1x' in Abhängigkeit der Mischventilstellung und der herrschenden Knotenspannungen an den Knoten '9' und '4x'.

5. Ergebnisse

Der Schaltkreissimulator wurde genutzt, um mit der vorgestellten Struktur (Abb. 4) die Reaktion des Reglers auf verschiedene in Kapitel 1 beschriebene Situationen zu simulieren. Mit 'plot'-Anweisungen lassen sich die Signalverläufe der verschiedenen Temperaturen und die Stellungen der Stellglieder darstellen. Zunächst wurde angenommen, daß das *Fuzzy*-Regelmodul 'STVorlauf' (entspricht in etwa einem konventionellen Regler) der Gebäudecharakteristik nicht ideal angepaßt ist. Dieser Fall tritt immer dann auf, wenn sich die Parameter der Regelstrecke ändern. Mögliche Gründe hierfür wie z. Bsp. die Änderung der Witterungsverhältnisse (Regen, Windstärke), das Öffnen von Fenstern oder die Beheizung nur zeitweilig genutzter Räume wurden bereits in Kapitel 1 diskutiert. Die Änderung der Streckenparameter führen dazu, daß bei einer Änderung der Außentemperatur die Sollvorlaufwerte der Heizkreise nicht ausreichend oder auch zu stark modifiziert werden. Der vorgestellte Fuzzy-Controller dedektiert das Mißverhältnis der Änderungen von Vorlauf- und Außentemperatur und eliminiert den Fehler durch eine Korrektur der Sollvorlaufwerte. Um diesen Vorgang zu verdeutlichen, wurde der Proportionalitätsfaktor zwischen den Vorlauftemperaturen und der Außentemperatur auf ca.'1' gesetzt, so daß die Korrektur durch das Modul 'Vorlkorr' deutlich sichtbar wird. Abbildung 5 stellt die Simulationsergebnisse für den Heizkreis I bei einer Veränderung der Außentemperatur dar. Durch die Verringerung der Außentemperatur (V(8)) sinkt nach einer Verzögerungszeit (time1) die Rücklauftemperatur des Heizkreises (V(41)) ab, da die Heizkreisvorlauftemperatur (V(11,12)) nicht ausreichend korrigiert wurde. Aufgrund der Korrektur des Moduls 'Vorlkorr' wird nun die Sollvorlauftemperatur und damit die Stellung des Mischventils (I(V04)) solange erhöht, bis der Rücklauf den neuen Sollwert erreicht hat. Entsprechende Temperaturverläufe weißt auch der Kesselkreis auf (V(9) und V(7)).

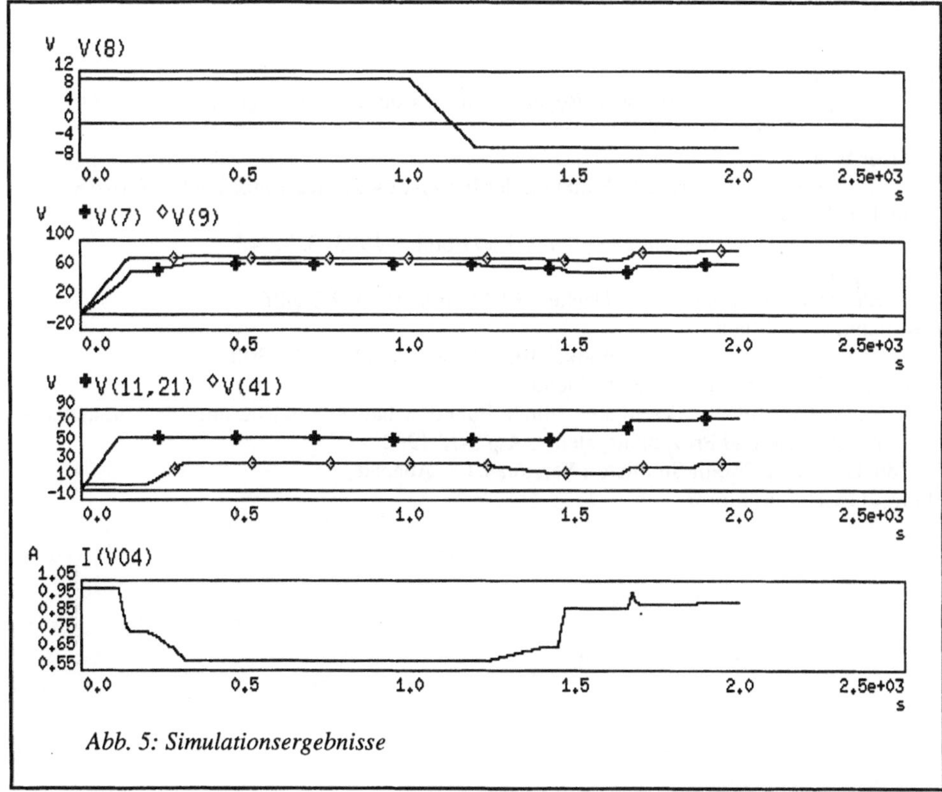

Abb. 5: Simulationsergebnisse

In einem weiteren Versuch wurde die Außentemperatur auf einem konstanten Wert gehalten. Durch Variation des steuerbaren Widerstandes 'R31' wurde erneut die Änderung von Streckenparametern simuliert. Auch für diesen Fall wurden vergleichbare Kurven aufgenommen. Die Abweichung der Rücklauftemperatur von Ihrem Sollwert wurde ebenfalls detektiert und eine Korrektur vorgenommen.

6. Zusammenfassung und Ausblick

In diesem Artikel wurde ein adaptiver Fuzzy-Heizungsregler vorgestellt. Der Regler ist in der Lage, die Vorlauftemperaturen einer Heizungsanlage nach dem tatsächlichen Wärmebedarf eines Gebäudes einzustellen. Er ist gegenüber Parameteränderungen der Regelstrecke unempfindlich und erlaubt es somit, das Temperaturniveau einer Heizungsanlage ständig auf dem niedrigsten Level zu halten, bei dem die ausreichende Versorgung des Gebäude mit Wärme gewährleistet ist.
Der Sensorikaufwand durch das Regelkonzept ist sehr gering. Eine Umrüstung bestehender Heizanlagen ist in den meisten Fällen mit einem geringen Aufwand zu realisieren.
Ziel der weiteren Aktivitäten ist die Entwicklung einer intelligenten Fuzzy-Gebäuderegelung. Es ist angedacht, das menschliche Temperaturempfinden in einem Fuzzy-Neuro-System zu modellieren. Die Gebäuderegelung soll mit der Zeiterfassung der Firma sowie der Klimaanlage gekoppelt werden und die Wettervorhersage berücksichtigen. Dabei soll der Aufwand an Sensorik auf einem möglichst niedrigen Niveau gehalten werden.

Literatur

[1] H.-P. Preuß
Fuzzy Control - heuristische Regelung mittels unscharfer Logik I u.II, Atp 34/,34/5 1992 S.176ff u. S.239ff
[2] Oliver Breiden
Einführung in Theorie und Funktion der Fuzzy-Logik, Elektronik 7-8/92, S.16-18
[3] Stephan Thaler
Intelligent Development of Systems, Elektronik 8/1993, S. 38-42
[4] H. Wegmann
Steuerung lernt unscharfes Denken, Elektronik 20/1992 S.98ff
[5] R. Palm, U. Rehfueß
Fuzzy-Steuerung in der Robotik, Mikroelektronik 6/1 1992 S.30ff
[6] H.P. Preuß, E. Linsenkirchner, S. Elender
Fuzzy Control - werkzeugunterstützte Funktionsbausteinrealisierung für Automatisierungsgeräte und Prozeßleitsysteme, Atp 34/8 1992
[7] Eldo, Electrical Circuit Simulator, Version 4.1.x, Anacad
[8] *fuzzy*TECH von Inform

Entscheidungsunterstützendes Verfahren zur Kraftwerkseinsatzplanung unter Berücksichtigung unscharfer Randwerte

André Röthig, Jürgen Voß
Universität - Gesamthochschule Paderborn
Fachbereich Elektrotechnik
Lehrstuhl für Elektrische Energieversorgung

1. Einleitung

Die Forderung nach einer wirtschaftlichen, sicheren und umweltverträglichen Energieversorgung macht den Einsatz moderner Optimierungsstrategien zur Verteilung vorhandener Brennstoffressourcen notwendig.
Ziel der Kraftwerkseinsatzplanung ist die kostenoptimale und ressourcenschonende Deckung der prognostizierten Last unter Einhaltung der technischen und wirtschaftlichen Randbedingungen. Vertragliche und umweltbedingte Energiebeschränkungen beziehen sich meist auf den Zeitraum eines Jahres, so daß immer der Planungszeitraum eines Jahres zu betrachten ist. Man spricht in diesem Fall von langfristiger Kraftwerkseinsatzplanung [2:Hand, 5:Ort]. Mathematisch läßt sich das Problem als Optimierungsaufgabe formulieren [5:Ort, 6:Slo], wobei das Ergebnis ein Fahrplan der Kraftwerke eines Kraftwerkparks ist. Die Zielfunktion bildet das Kostenfunktional aller Kraftwerke. Fast alle Randbedingungen liegen in linearer Form vor. Besondere Schwierigkeiten tauchen bei den nichtlinearen Randbedingungen der Leistungsgrenzen der Kraftwerke auf, da diese ein nichtzusammenhängendes Gebiet erzeugen. Bis dato löste man dieses Problem durch die Einführung binärer Variablen. Die große Anzahl binärer Variablen, die erforderlich ist, den Betrachtungszeitraum eines Jahres im Stunden- oder gar im Viertelstundenraster zu modellieren, macht die Hoffnung einer geschlossenen Lösung des Problems in akzeptabler Zeit - bei den heutigen Rechnerkapazitäten - rasch zunichte. Es ist also unumgänglich, den Betrachtungszeitraum eines Jahres hierarchisch in Optimierungsstufen zu unterteilen [7:VDEW]. Die unterschiedliche zeitliche Wirksamkeit der Randbedingungen macht diese Entkopplung des Problems in lang- (ein Jahr) und kurzfristige (ein Tag oder eine Woche) Einsatzplanung möglich. Aus der langfristigen Einsatzplanung resultieren dann Energievorgaben für die nächste untergeordnete Optimierungsstufe, d.h. die kurzfristige Kraftwerkseinsatzplanung. Problematisch dabei sind die Abweichungen zwischen den lang- und kurzfristigen Lastprognosen, auf denen ja die Einsatzpläne beruhen. Daher können die aus der langfristigen Optimierung vorgegebenen Energievorgaben für die kurzfristige Optimierung oftmals nicht eingehalten werden. Es ist also notwendig, gewisse Toleranzen in den Energievorgaben der kurzfristigen Einsatzplanung mit in das Optimierungsproblem zu integrieren. Bei näherer Betrachtung des Problems der Kraftwerkseinsatzplanung findet man eine Vielzahl von Randbedingungen, die - scharf formuliert - auf nicht akzeptable Optimierungsergebnisse führen können. Die Verletzbarkeit gewisser Randbedingungen ist also inhärenter Bestandteil des Problems der Kraftwerkseinsatzplanung, was in bestehenden Modellen bislang nicht berücksichtigt wurde. Diese Tatsache begründet einen Fuzzy - Modellansatz, dem wir uns in den folgenden Abschnitten widmen werden. Zuvor wird jedoch in aller Kürze auf ein Standardmodell eingegangen, um dieses dann sukzessive zu fuzzifizieren.

2. Standardmodell zur kurzfristigen Kraftwerkseinsatzplanung

In Abschnitt 4 wollen wir auf einige spezielle Fuzzifizierungen des Problems eingehen. Daher ist es sinnvoll, das scharfe Modell - zumindest in stark vereinfachter Form - einmal explizit zu betrachten.

Wie bereits erwähnt bildet die Zielfunktion das Kostenfunktional aller Kraftwerke. Wir setzen

$$Z = \sum_{i=1}^{N} \sum_{t=1}^{M} c_i P_{it} \rightarrow Min!,$$

wobei P_{it} die abgegebene Leistung des i-ten Kraftwerkes im t-ten Zeitabschnitt und c_i die spezifischen Brennstoffkosten des Kraftwerkes sind. Die Lastbedingung - eine Bilanzgleichung aus Verbraucherlast und in Kraftwerken erzeugter Leistung - muß zu jeder Zeit t erfüllt sein, d.h. es muß

$$\sum_{i=1}^{N} P_{it} = P_t^{Last}, \qquad \forall t,$$

gelten. Die Energiebeschränkungen für Kraftwerksgruppen lassen sich in ähnlicher Weise linear formulieren [6:Slo]. Für die Leistungsgrenzen der Kraftwerke gelten die nichtlinearen Bedingungen

$$P_{it} \in \{0\} \cup \left[P_i^{\min}, P_i^{\max}\right], \qquad \forall i,t.$$

Diese Randbedingungen wurden bislang durch die Einführung binärer Variablen u_{it} modelliert, so daß wir insgesamt ein lineares, gemischt-ganzzahliges scharfes Optimierungsmodell der Form

$$\begin{aligned} & c^T P \rightarrow Min! \\ & AP + Bu \leq b, \text{ mit } P = (P_{11}, P_{12}, .., P_{NM})^T, u = (u_{11}, u_{12}, .., u_{NM})^T \\ & u_{it} \in \{0,1\} \end{aligned} \qquad (2.1)$$

erhalten. Auf die Fülle weiterer Randbedingungen des Problems wollen wir hier nicht genauer eingehen, da sie sich allesamt in ähnlicher Weise formulieren lassen, wie die oben aufgeführten [5:Ort,6:Slo].

Gerade durch die Fuzzifizierung obiger nichtlinearer Bedingungen ergibt sich, wie wir später noch sehen werden, eine interessante Möglichkeit, auf die binären Variablen vollständig zu verzichten.

3. Grundlegende Begriffe der Fuzzy-Optimierung

Bevor wir zu der Fuzzifizierung des Modells aus Abschnitt 2 kommen, wollen wir uns in diesem Abschnitt zunächst die Grundbegriffe der Fuzzy-Optimierung ins Gedächtnis rufen. Dies kann in aller Kürze natürlich nicht vollständig erfolgen, so daß für den Leser an den betreffenden Stellen auf die einschlägige Literatur hingewiesen wird.

Definition 1 : Sei X eine Menge und μ: X $\rightarrow$ [0,1] eine stetige Funktion. Wir nennen μ Zugehörigkeitsfunktion und das Tupel (X,μ) Fuzzy-Set über X.

Bei uns wird im folgenden X immer der IR^n sein. Dadurch ist ein Fuzzy-Set schon eindeutig durch seine Zugehörigsfunktion bestimmt, so daß wir die Grundmenge X nicht mehr explizit angeben müssen. Für die Fuzzy-Optimierung auf zusammenhängenden Gebieten ist als Verknüpfung zweier Fuzzy-Sets nur der Durchschnitt relevant.

Definition 2 : Seien μ_A und μ_B die Zugehörigkeitsfunktionen zweier Fuzzy-Sets. Die Zugehörigkeitsfunktion μ_C des Durchschnittes der beiden Fuzzy-Sets ist definiert durch

$$\mu_C(x) := \min\{\mu_A(x), \mu_B(x)\}, \qquad \forall x \in IR^n.$$

Wir können nun direkt zu den Fuzzy-Optimierungsproblemen kommen. Ausgehend von einem linearen oder auch gemischt-ganzzahligen Optimierungsproblem

$$c^T x \to Min!$$
$$Ax \leq b,$$

ist es möglich, Toleranzen gewisser Randbedingungen des Modells über die Zuordnung von Fuzzy-Sets zu berücksichtigen [1:Bel, 9,10:Zim]. Verzichtet man zusätzlich auf die Berechnung des globalen Minimums von (2.1) und begnügt sich mit dem Unterschreiten einer vorgegebenen Schranke b_0 der Zielfunktion, so entsteht das folgende fuzzifizierte Modell

$$c^T x \tilde{\leq} b_0$$
$$Ax \tilde{\leq} b,$$

wobei $\tilde{\leq}$ verbal für " möglichst kleiner " steht. Mathematisch realisiert man $\tilde{\leq}$ durch die Definition von Zugehörigkeitsfunktionen $\mu_i(x)$ der verletzbaren Randbedingungen in (2.1). In Anlehnung an [8:Wer, 9:Zim] definieren wir die sogenannte Entscheidungszugehörigkeitsfunktion

$$\mu_D(x) := \min_{i=1,\dots,n} \{\mu_i(x)\}.$$

Die Werte der Funktion μ_D enthalten die Aussage, inwieweit x unser Optimierungsproblem befriedigend löst. Wir wählen als Lösung ein x^*, das die Entscheidungszugehörigkeitsfunktion maximiert und erhalten so das Optimierungsproblem [3:Han, 4:NeSu, 8:Wer, 9:Zim]

$$\max_{\lambda \in [0,1], x \in \Omega} \lambda$$
$$\lambda - \mu_i(x) \leq 0, \tag{3.1}$$

wobei λ reell ist und Ω durch die nicht fuzzifizierten Randbedingungen gegeben ist.

Im nächsten Abschnitt wird ein fuzzifiziertes Modell zur kurzfristigen Kraftwerkseinsatzplanung vorgestellt.

4. Fuzzy-Modell zur kurzfristigen Kraftwerkseinsatzplanung

Wie in Abschnitt 3. bereits erwähnt, überführen wir die Zielfunktion $c^T P$ durch die Angabe einer oberen Schranke b_0 in eine Ungleichung. Ferner geben wir als maximal zulässige Überschreitung der Schranke b_0 einen Wert d_0 vor. Lineare Bedingungen dieser Art werden üblicherweise wie folgt fuzzifiziert [8:Wer, 9:Zim]

$$\mu_0(P) := \begin{cases} 1, & \text{wenn} \quad c^T P \leq b_0 \\ 1 - \dfrac{c^T P - b_0}{d_0}, & \text{wenn} \quad b_0 < c^T P \leq b_0 + d_0 \\ 0, & \text{wenn} \quad c^T P > b_0 + d_0 \end{cases}$$

Im folgenden bezeichne d_j bzw. d_{it} immer die äußerst zulässige Verletzung einer Randbedingung aus Abschnitt 2.

Die Lastbedingung stellt als Gleichung einen Sonderfall dar, die - dargestellt durch zwei Ungleichungen - analog dem Kostenfunktional fuzzifiziert werden kann. Eine andere Möglichkeit ist die Fuzzifizierung durch ein Polynom 2. Ordnung mit Nullstellenvorgabe. Da wir die Leistungsgrenzen der Kraftwerke sowieso durch nichtlineare Funktionen fuzzifizieren werden, wählen wir hier die zweite Möglichkeit, definieren

$$p_j(P) := -\frac{1}{d_j^2}\Big(\sum_{i=1}^{N} P_{it} - (P_t^{Last} - d_j)\Big)\Big(\sum_{i=1}^{N} P_{it} - (P_t^{Last} + d_j)\Big), \qquad j = 1,..,M$$

und setzen als Zugehörigkeitsfunktion der Lastbedingung

$$\mu_j(P) := \begin{cases} p_j(P), & \text{wenn } p_j(P) \geq 0 \\ 0, & \text{wenn } p_j(P) < 0 \end{cases}$$

Man beachte dabei, daß $p_j(P) \leq 1$ gilt, für alle P.

Bemerkung 1 : Eine leichte Verletzung d_j der Lastbedingung hat eine Frequenzabweichung von der Nennfrequenz 50Hz zur Folge.

Auch die Energiebedingungen lassen sich durch ein Polynom 2. Ordnung mit Nullstellenvorgabe fuzzifizieren.

Damit ist auch sofort klar, wie sich die nichtlinearen Bedingungen der Leistungsgrenzen eines Kraftwerkes fuzzifizieren lassen. Wir fordern einfach, daß P_{it} "fast Null" ist oder im Intervall $[P_i^{min} - d_{it}, P_i^{max} + d_{it}]$ liegt, definieren

$$p_{it}(P) := e^{-\frac{P_{it}^2}{2\sigma^2}} - P_{it}^2\big(P_{it} - (P_i^{\min} - d_{it})\big)\big(P_{it} - (P_i^{\max} + d_{it})\big), \tag{4.1}$$

für i=1,..,N, t=1,..,M und setzen als Zugehörigkeitsfunktion

$$\mu_{it}(P) := \begin{cases} 1, & \text{wenn } \quad p_{it}(P) \geq 1 \\ p_{it}(P), & \text{wenn } \quad 0 \leq p_{it}(P) < 1 \\ 0, & \text{wenn } \quad p_{it}(P) < 0 \end{cases}$$

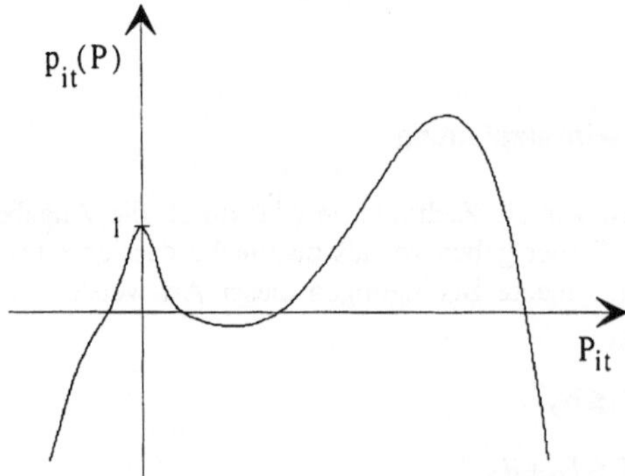

Bild 1: Quantitative Darstellung der Funktion (4.1)

Bemerkung 2 : Man kann die Funktion p_{it} natürlich sofort durch ein Polynom 4. Ordnung ersetzen, der Exponentialterm ermöglicht jedoch durch den freien Parameter σ einen Grenzübergang ($\sigma \rightarrow 0$), wodurch theoretisch der Schaltzustand erzeugt werden kann.

Wir haben nun das Optimierungproblem (3.1) zu lösen. Man überzeugt sich schnell davon, daß dies äquivalent ist zu

$$\max_{\lambda \in [0,1], P \in \Omega} \lambda$$
$$\lambda - p_j(P) \leq 0$$
$$\lambda - p_{it}(P) \leq 0.$$

Dabei kann wegen

$$p_j(P) \leq 1, \forall j, P,$$

die Bedingung $\lambda \leq 1$ fallengelassen werden und unter der Voraussetzung der Lösbarkeit des Problems (2.1) auch die Bedingung $\lambda \geq 0$, womit das Gebiet zuammenhängend wird. Es ist also nur noch

$$\begin{aligned} &\max_{P \in \Omega} \lambda \\ &\lambda - p_j(P) \leq 0 \\ &\lambda - p_{it}(P) \leq 0 \end{aligned} \tag{4.2}$$

zu lösen.

Bemerkung 3 : Wir haben also aus dem ursprünglich nicht zusammenhängenden Gebiet, das durch die nichtlineare Randbedingung der Leistungsgrenzen der Kraftwerke erzeugt wurde, über die Fuzzifizierung ein zusammenhängendes - wenn auch nichtkonvexes - Gebiet erzeugt. Am Ende der Optimierungsrechnung ist noch zu überprüfen, ob $\lambda \geq 0$ ist. Durch den Verzicht auf eine Modellierung über binäre Variable hat sich die Anzahl der beschreibenden Zustandsgrößen halbiert - die u_{it} sind aus dem Modell herausgefallen - und die Anzahl der Nebenbedingungen hat sich erheblich reduziert. Allerdings haben wir uns durch diese Vorgehensweise ein nichtlineares Optimierungsproblem eingehandelt, dessen numerische Auswertung Gegenstand des nächsten Kapitels sein wird.

5. Modellergebnisse

Das Modell aus Abschnitt 4 soll nun auf einen einfachen Kraftwerkspark angewendet werden. Zunächst legen wir dazu eine Datenbasis fest und vergleichen anschließend die berechneten Ergebnisse unseres Modells mit denen des Standardmodells.

Der betrachtete Kraftwerkspark bestehe aus 3 Kraftwerken,

einem Kernkraftwerk (KKW) mit c_1=26DM/MWh und $P_{1t} \in \{0\} \cup [580, 1200]$MW,

einem Steinkohlekraftwerk (SKW) mit c_2=81DM/MWh und $P_{2t} \in \{0\} \cup [260, 600]$MW

und einer Gasturbine (GT) mit c_3=133DM/MWh und $P_{3t} \in \{0\} \cup [30, 100]$MW.

Das Kernkraftwerk sowie das Steinkohlekraftwerk unterliegen zusätzlich Energiebedingungen, die aus einer langfristigen Einsatzplanung resultieren. Die Fuzzifizierung der Leistungsgrenzen wurde mit maximal 1,5% der Maximalleistung des jeweiligen Kraftwerkes angesetzt, wobei zu erwähnen ist, daß die Verletzungen der Leistungsgrenzen eines Kraftwerkes immer von dem betrachteten Zeitraster abhängen. Es kann natürlich nicht angehen, ein Kraftwerk eine Stunde mit 1,5% über seiner Maximalleistung zu fahren. Für die Verletzbarkeit der Last- und der Energiebedingung haben wir 0,2% bzw. 2% gewählt. In Bild 2 ist der nachzufahrende Lastgang abgebildet.

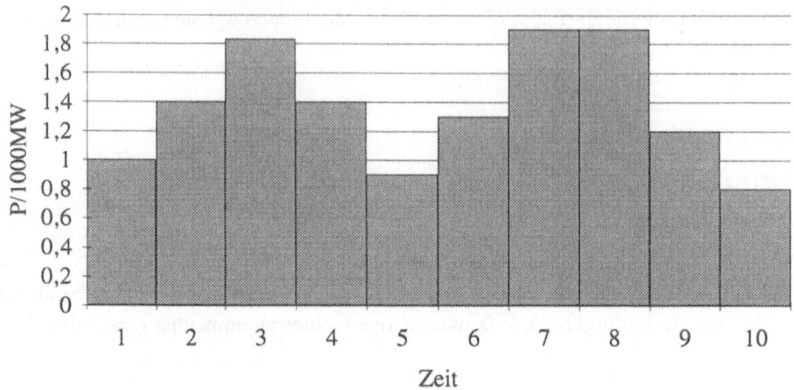

Bild 2: Zeitreihe des betrachteten Lastgangs

Die Bilder 3 und 4 veranschaulichen die Ergebnisse des Standardmodells und die des fuzzifizierten Modells.

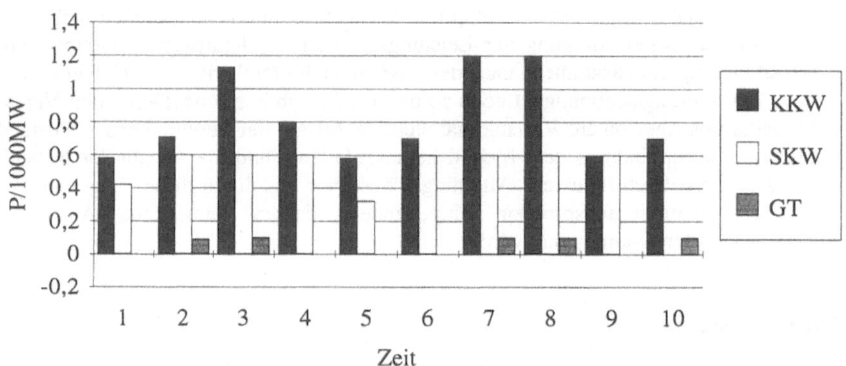

Bild 3: Ergebnisse des Standardmodells

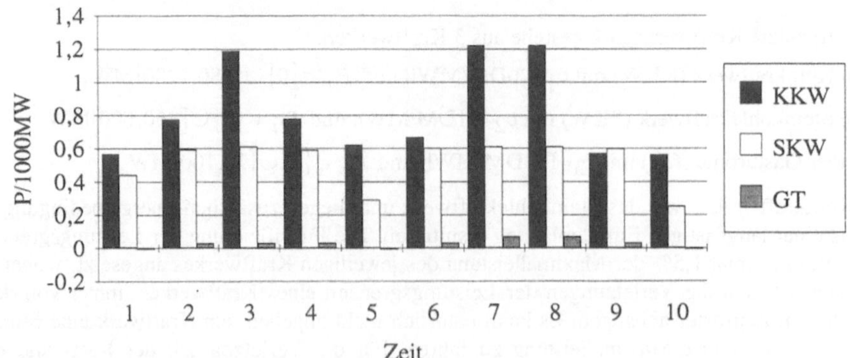

Bild 4: Ergebnisse des fuzzifizierten Modells, wobei λ^{max}=0,48 ist

Die Gesamtkosten des Kraftwerkseinsatzes berechnet mit dem Standardmodell belaufen sich auf 678510KE. Dabei steht KE für Kosteneinheiten, da wir uns auf kein festes Zeitraster festgelegt haben. Hingegen betragen die Gesamtkosten des fuzzifizierten Modells nur 667920KE, was eine Reduktion um ca. 1,5% gegenüber dem Standardmodell entspricht.

Interpretation:
Ein Vergleich beider Ergebnisse zeigt die Kostenreduktion, die mit Hilfe des fuzzifizierten Modells erwirkt wurde. Eine erste Vermutung wäre nun, daß die Kostenersparnis durch Überschreitung der Energievorgaben des günstigen Kernkraftwerkes und des Steinkohlekraftwerkes erreicht wird. Wie sich aber zeigt, ist zwar die obere Energiegrenze des etwas teureren Steinkohlekraftwerkes um ca. 1% überschritten worden, aber nicht die des kostengünstigen Kernkraftwerkes. Der auf den ersten Blick etwas merkwürdig erscheinende Einsatz der Gasturbine im 3. und 4. Zeitraum der Abbildung 3, ist durch die Energiebedingungen zu erklären. Ein ganz großes Manko ist allerdings die noch nicht modellierte zeitliche Beschränkung einer Verletzung der Leistungsgrenzen. Es ist z.B. der Fall zu unterbinden, daß das Kernkraftwerk oder auch das Steinkohlekraftwerk im 7. und auch im 8. Zeitraum in Bild 4 oberhalb der scharfen Leistungsgrenzen fahren.

6. Zusammenfassung und Kritik

Im vorliegenden Beitrag wurde ein Fuzzy-Modell zur Kraftwerkseinsatzplanung vorgestellt. Durch die Fuzzifizierung eines Standardmodells, dem ein nichtzusammenhängendes Gebiet zugrunde liegt, konnte ein zusammenhängendes, nichtkonvexes Gebiet betrachtet werden. Die Modellrechnungen haben gezeigt, daß schon wenige fuzzifizierte Randbedingungen ausreichen, einen wirtschaftlicheren und ressourcenschonenderen Kraftwerkseinsatz gegenüber den Standardmodellen zu erzielen. Dabei existieren noch jede Menge weiterer Randbedingungen der Standardmodelle, deren Fuzzifizierung zusätzliche Einsparungen erwirken würden. Zu erwähnen sind hier im besonderen die Mindestbetriebs- und Mindeststillstandszeiten der Kraftwerke sowie die Reservebedingung. Erstere verursachen allerdings im Moment noch große Schwierigkeiten bei der Modellierung, da wir nicht auf die Standardformulierungen zurückgreifen können. Nicht zu verschweigen sind auch die numerischen Probleme, welche die nichtlineare Modellierung mit sich bringt. Obwohl die Geometrie des betrachteten Gebietes sehr einfach ist, reagieren die verwendeten Routinen zur Lösung des Problems äußerst empfindlich auf die Wahl des Startvektors, was zum Teil sicherlich auf die Nichtkonvexität des Gebietes zurückführen ist. Ferner finden wir aufgrund der Nichtlinearität des Problems immer nur lokale Maxima von (4.2), wobei diese erfahrungsgemäß fast immer eine Einsparung gegenüber den Standardmodellen darstellen.

7. Literatur

[1] Bellmann, R.E.; Zadeh, L.A.:
Decision making in a fuzzy environment
Management Science, 1970, Bd. 17, Nr. 4, B141-B164

[2] Handschin, E; Slomski, H; Ortjohann, E; Voß, J.:
Long-term operation planning for thermal power systems
Proc. of the 9th PSCC, Lisbon, pp. 41-47,1987

[3] Hannan, E.L.:
Linear programming with multiple fuzzy goals
Fuzzy Sets and Systems 6, 1981, pp. 235-248

[4] Negoita, C.V.; Sularia, M.:
On Fuzzy Mathematical Programming and Tolerances in Planning
Economic Computation and Economic Cybernetics Studies and Research 1, 1976, pp. 3-15

[5] Ortjohann, E.:
Mathematisches Modell und Verfahren zur langfristigen Einsatzplanung thermischer Kraftwerkssysteme unter Berücksichtigung des Energiefremdbezuges aus dem Verbundnetz, Dissertation, Universität - Gesamthochschule Paderborn, 1989

[6] Slomski, H.:
Optimale Einsatzplanung thermischer Kraftwerke unter Berücksichtigung langfristiger Energiebedingungen, Dissertation, Universität Dortmund, 1990

[7] VDEW - Arbeitskreis EDV-Optimierung Kraftwerkseinsatz:
EDV-Optimierung des Kraftwerkseinsatzes - Definitionen, Anforderungen, Verfahren - Elektrizitätswirtschaft, Jg. 89 (1990), S. 848-854

[8] Werners, B.:
Interaktive Entscheidungsunterstützung durch ein flexibles mathematisches Programmierungssystem, Wirtschaftsinformatik und Quantitative Betriebswirtschaftslehre, Minerva Publikation München, 1984

[9] Zimmermann, H.-J.:
Description and optimization of fuzzy systems
International Journal of General Systems, 1976, Bd 2., pp. 209-215

[10] Zimmermann, H.-J.:
Applications of fuzzy set theory to mathematical programming
Information Science 36, 1985, pp 29-58

An Introduction to Evolutionary Computation and Its Applications

Kenneth De Jong

Department of Computer Science, George Mason University
Fairfax, VA 22030 USA
kdejong@cs.gmu.edu

Abstract. The field of evolutionary computation has grown significantly in the past decade and has matured in both its theoretical and its application areas. In this paper we provide a brief introduction to the field, summarize the important areas of application, and give a brief indication of where the field is headed.

1 Introduction

From its conception computer technology has been used for numerical problem solving. What has taken longer to understand and appreciate is the important contribution computer technology can make to other domains such as the simulation and visualization of complex systems, and the modeling of human decision making.

The field of evolutionary computation (EC) is an interesting combination of such ideas. At its core is an abstract simulation of a complex, adaptive process, the process of evolution. However, the goal of EC is not to model and understand evolution per se (although there may be some side benefits of this nature), but rather to exploit the power of evolutionary processes for the purpose of building better computer-based problem solving systems.

The basic issues confronting this field can be briefly summarized in terms of two questions: 1) Which aspects of evolution are to be modeled? and 2) What kinds of computational problems are usefully attacked by an evolutionary approach? In this paper I will summarize briefly the EC field in terms of these basic questions, and conclude with some brief observations about current and future directions.

2 The Components of an Evolutionary Algorithm

The term "evolutionary algorithm" is used to describe an algorithm for solving a particular problem using an evolutionary approach. Although there are a wide variety of such algorithms, many of them can be characterized as searching complex spaces for optimal solutions in the following "evolutionary" manner:

- at each point in time, a population of possible solutions is maintained.
- for each member of the current population, its "fitness" as a solution is computed.
- new candidate solutions (offspring) are generated from current population members (parents) selected on the basis of fitness.

- a constant population size is maintained by deleting older and less fit individuals.
- when a termination criterion is reached, the best individual encountered is returned as the solution.

Intuitively, one can view the population as simultaneously sampling a large number of regions a solution space. Evolutionary competition biases new samples towards regions containing the better solutions, resulting in a more focused and more detailed search of these areas. The quality of the final solution returned is a function of the amount of search time and the complexity of the search space.

The precise details of how populations are maintained, how parents are selected, and how offspring are produced as well as the kind of application areas addressed varies considerably across the EC field. In part this diversity is due the early work in the field which is briefly summarized in the next section.

3 Historical Roots of the 1960s

The growing capability in the 1960s to simulate evolutionary processes efficiently and inexpensively via digital computers resulted in the development of a number of historically important EC paradigms whose influence is still strong today.

Rechenberg [1,2] saw the opportunity for designing sophisticated real-valued function optimization methods which he called *Evolutionsstrategie*. He used small populations of individuals, each of which consisted of a vector of real numbers representing candidate points at which the given function might take on its optimal value. Offspring were generated by "mutating" (perturbing) the coordinate values of the best members of the current population. These Evolution Strategies (ESs) have been subsequently developed by Schwefel [3,4] and others and represent an important class of evolutionary algorithms today.

Fogel [5] proposed the concept of "Evolutionary Programming" as a means for achieving the goals of artificial intelligence, namely the creation of artificial agents capable of interacting with and learning from the environments in which they exist. In Fogel's initial work small populations of agents represented as finite state machines evolved over time via selection and mutation. This paradigm of Evolutionary Programming (EP) has been further developed by Fogel [6] and others, and represents an important approach to EC today.

Holland [7,8] envisioned a broad class of "Genetic Algorithms" capable of exhibiting robust adaptability over a wide range of application environments. In Holland's initial work populations of individuals represented "genetically" as binary-coded strings evolved over time via selection, mutation, and recombination. Genetic Algorithms (GAs) were subsequently extended and further developed by De Jong [9], Goldberg [10] and others, and is a major form of evolutionary computation today.

Space limitations do not permit a more detailed look at each of these important paradigms. In the remainder of the paper, Genetic Algorithms (with which the author is most familiar) will be used to provide more detail.

4 A More Detailed Example Using Genetic Algorithms

Genetic Algorithms (GAs) are so named because they draw their inspiration from models of population genetics in which individuals are represented in terms of a "genetic" encoding in the form of strings over some alphabet, with positions on the strings representing genes. Parents are selected probabilistically based on fitness to produce offspring via mutation and recombination of their genetic material. The decoded "phenotype" each individual is evaluated by a fitness function to determine its competitive advantage on the current population.

A typical GA operates as follows:
- randomly generate an initial population M(0).
- until some termination criterion is reached, do:
    - compute and save the fitness u(m) for each individual in the current population M(t).
    - update "best so far" statistics.
    - dynamically define selection probabilities p(m) for each m in M(t).
    - generate M(t+1) by using p(m) select parents from M(t) to produce offspring via mutation and crossover.
- return the best individual found as the answer.

The key point here is that the more fit individuals have more influence over future generations by contributing more of their genetic material that less fit individuals. Offspring are similar to but not genetically identical to their parents through the effects of crossover and mutation:

m(i) = ABCDEFGH
=== crossover ==> m(k) = ABCdefGH
m(j)= abcdefgh

and

m(i) = ABCDEFGH === mutation ==> m(j) = AyCDEFGH

To see how these ideas are applied to a specific problem, consider the (rather simple) task of finding the maximum of the function f(x) = x**2 over the interval [0,4] with a desired precision of 0.0001. A simple 16 bit binary encoding of the values between 0 and 4 yields the precision required in which:

0000000000000000 = 0.0000
0000000000000000 = 0.0001
...
1111111111111111 = 4.0000

If the population size is, say, 50, then the initial generation consists of 50 randomly generated 16-bit strings which, when decoded, represent uniformly distributed points in the interval [0,4]. Since we want to find the maximum value of f(x), the fitness of a string s is simply f(decode(s)).

As we run the GA described above, strings representing larger x values in the interval [0,4] will have higher fitness values, and begin to dominate the population rather quickly. After only 5 generations, most strings begin with the pattern 11..., and lie in the interval [3,4]. As the strings evolve, the pattern of leading 1s becomes more prominent until the population settles into a dynamic equilibrium in which most of the strings are of the form 111111111111---. Along the way, the optimal string 1111111111111111 is encountered one or more times and its decoded value of 4.0 is returned as the answer.

The intuitive view one gets is the ability to rapidly shift sampling to regions of the space associated with fitness. This is reflected by a steady increase in the homogeneity of the population strings representing the focusing of attention to regions of high fitness.

The interested reader should be aware that many other details regarding GAs have been suppressed in this brief overview. See [10], for example, for more details.

5 Applications of Evolutionary Computation

Empirically, GAs of this sort and other evolutionary algorithms have been applied to a wide variety of problems. In this section a few key application areas are summarized.

5.1 Parameter Optimization Problems

One of the most wide spread application areas of these evolutionary algorithms is that of parameter optimization. It is quite natural to think of individual parameters as "genes" and parameter vectors as "chromosomes". Using an initial population of randomly generated vectors, selection, mutation, and recombination work to quickly find good combinations of parameter values. While slower than other problem-specific techniques on certain problem classes, the chief virtue of these evolutionary approaches is in their robustness in the presence of noise, discontinuities, and local maxima. The interested reader should see Baeck & Schwefel [11] for an excellent survey of this application area.

5.2 Combinatorial Optimization Problems

There are many optimization problems that do not fit nicely into the form of a parameter optimization problem. Traveling salesman problems, VLSI layout problems, boolean satisfiability problems, and job shop scheduling problems are some common and well-studied examples. Since these problems also involve searching complex spaces for global optima, a good deal of time and effort has been put into the development of evolutionary algorithms for such problems.

The issue that invariably arises with these kinds of problems is how to represent the search space in a manner conducive to efficient evolutionary search. For example, solutions to job shop scheduling problems are of varying length and subject to many constraints. Unless one is careful, operators like mutation and crossover can easily produce individuals which represent illegal solutions, thus diminishing EA effectiveness.

As a consequence, a collection of problem-specific EAs has been developed over the past decade which are quite effective for solving particular classes of combinatorial optimization problems. Of special interest are the encouraging results obtained by using EAs as heuristics for the well-known and difficult class of NP-complete problems. The interested reader is encouraged to see [12, 13, 14] for additional details.

5.3 Evolution of Control Programs

Another active application area is the evolution of programs for controlling the behavior of complex systems. Control programs can take many forms. The most popular approaches use control programs expressed as rules, neural networks, or executable computer code. In each case, one can consider the problem in its simplest form as one of tuning the parameters of a structurally fixed control program. However, the more interesting case is when both the structure and the parameters of the control program are to be evolved.

In this case the ability to effectively represent the space of control structures to be searched by an EA is an important issue for a successful application. A second important issue that arises in this context is the need to carefully define a fitness function which provides useful intermediate feedback as well as precise feedback for convergence.

Evolving Control Rules

The best understood efforts have been in the area of using EAs to learn sets of control rules. Holland's classifier systems [8] set the stage for what is informally called "the Michigan approach" to rule learning in which each individual in the population is a single rule, and the entire population represents the rule set. Alternatively, in "the Pittsburgh approach", individuals represent entire variable-length rule sets and compete with each other for future resources.

Perhaps the most sophisticated and state-of-the-art system for learning control rules is the Samuel system developed by Grefenstette [15]. It contains elements of both the Michigan and Pittsburgh approach and is in active use today for evolving robot control programs. Although these are not "fuzzy" control rules, there is nothing inherent in the approach which would prevent such an application.

Evolving Neural Networks

There has been considerable interest in using EAs to aid in the construction of neural networks (NNs) for classification and control. The most obvious idea is to use EAs to tune NN weights. For standard feed-forward networks with nice smooth error surfaces, it is difficult for any algorithm to compete with the highly specialized gradient-descent methods. However, for noisy and/or hilly error surfaces, and perhaps more importantly for control, NNs with feedback loops, EAs have been shown to be quite effective. The interested reader should see [16, 17] for more details.

Of more interest are the efforts to evolve the topology (and possibly the weights) of NNs. A variety of approaches have been taken with respect to the choice of representation and the design of an appropriate fitness function [14, 16, 17]. While the initial results have been promising on small problems, there are significant scale-up problems to be addressed. In brief, in order to attack larger problems, one needs to evolve NNs which are both behaviorally correct and which are well-structured (modular, non-redundant, etc.).

Evolving Executable code

One of the interesting recent developments has been the success with using EAs to evolve computer code for executing particular tasks, such as sorting, pole balancing, etc. The most visible of these efforts is the work done by Koza [18] in which Lisp code is evolved to perform tasks specified by a set of input-output relations. Koza has called this activity "genetic programming", and has documented a large number of successful efforts.

More recently, the genetic programming community been focusing on scale-up issues quite similar to the evolutionary neural net community; namely, the increasing to evolve well-structured Lisp code as the size and complexity of the programs increase.

6 Formal Analysis of Evolutionary Algorithms

An important component of the success of the field is the ability to formally analyze the properties of evolutionary algorithms (EAs). There are several aspects of EAs which result in somewhat surprising and non-traditional results.

First, theorems about the ability of EAs to converge to a global optimum are generally trivial and uninteresting since, with mutation present and active, all points in the space have a non-zero probability of being visited. Of more practical interest is the rate of convergence of EAs to a global optimum (or alternatively, the expected waiting time until an optimum is encountered). As one might expect, proofs of this sort are more difficult to obtain because of the stochastic nature of EAs. [11] provides some examples of the classes of functions for which such results have been obtained.

Of importance to note here is that, unlike traditional optimization techniques based on gradient information, these results are generally unaffected by the presence of noise, discontinuities, and local optima. This robustness has been verified empirically and is quite useful for problems with such properties.

Goldberg [10] and others have attempted to characterize "deceptive" problems, namely, those problems on which EA convergence rates are no better than random or exhaustive search. Fortunately, such problems invariably require rather artificial needle-in-a-haystack constructions, thus making deceptive problems difficult for any algorithm.

Since few a priori assumptions are made by EAs concerning the kinds of search spaces to be encountered, an EA is simultaneously learning about the search space while trying to find optimal points. This requires a rather delicate balance between exploration of unknown areas and exploitation of known high interest areas. Holland [6] and others have derived a set of "schema" theorems which characterize the behavior of GAs in terms of a near-optimal allocation of samples in the face of uncertainty.

More recently, Davis [19], Vose [20], and others have been able to model EAs as Markov processes, providing a better understanding of the trajectories taken by the populations of EAs over time. Current work in this area suggests the ability to characterize EAs as dynamical systems and begin to identify stable fixed points, basins of attraction, convergence conditions, and the existence or absence of chaotic behavior.

7 Current EC Activities

As we extend EC technology to new areas, they in turn present new challenges to the EC community. I will briefly summarize a few of these activities in this section.

7.1 Exploiting Parallelism

One of the advantages of EAs is the natural parallelism inherent in their design. They can with relative ease exploit parallel computer architectures to the extent that the fitness population members can be computed in parallel. Attempting to take advantage of finely grained parallel architectures presents a more interesting and more difficult problem, since one is faced with having give up global control over selection, mating, and replacement of population members. This can be done, of course, by introducing a topology on the population and developing local neighborhood versions of selection, mating, and replacement. However, this results in many subtle changes to EAs which are not yet fully understood.

7.2 Exploiting other Biological Phenomena

There are a number of biological phenomena which are currently not included in most EAs, and which appear to have significant promise for improving the capabilities of EAs. I will briefly mention two: coevolution and morphogenesis.

One approach to solving more complex problems is to think of them as having decomposable parts, and to try to develop an appropriate set of these smaller, interacting components. The analog in evolutionary systems is coevolution: models of evolution which support the simultaneous evolution of cooperating entities. Holland's classifier systems [8] can be viewed early examples of such systems. Recently, with the availability of increased computing power, has there has been a growth of interest in such systems.

Most current EAs do not make a strong distinction between the genotype of an individual (its genetic makeup) and its phenotype (the actual physical shape an organism takes). The link between these two representations is the process of morphogenesis, the mechanism by which fertilized eggs develop into adult organisms. Biologists are quick to point out that mutation and crossover occur on genotypes, not phenotypes. One view in the EC community is that, if we hope to evolve ever more complex objects (such as neural networks), we need to take a hint from nature. We need to apply mutation and crossover to NN plans, in conjunction with a morphogenesis process for "growing" NNs from the evolved plans.

7.3 Attacking Time-varying Problems

Most of the problems we have been discussing are time-invariant from an EA point of view, i.e., the problem and/or the environment does not change during the running of the EA. However, in practice, many of the systems we build need to survive over long periods of time in which the environment and other operating conditions can move out of the specifications from which they were originally designed.

We have many examples of control systems which were designed with the aid of EAs, but contain no evolutionary component for dealing with such situations. There is now growing interest in the use of EAs to track and maintain nominal system behavior as the system and the environment drift over time.

An interesting, but much less understood problem is the use of EAs to recover from more abrupt, and potentially more dangerous changes such as sudden wind storms or loss of an engine.

8 Conclusions

A common demand that we all face is the need to continue to develop more complex and sophisticated computer-based systems. Whether we call such systems "intelligent" or not is much less important than the approach we take to designing them. I believe that a general systems engineering approach is the only way to proceed. By this I mean an approach which comes with a wide variety of techniques in its toolbox, with a good understanding of the strengths and weaknesses of the tools, and selects the appropriate mix for a particular problem.

I hope that I have been able to convey my belief that EAs are an important component of such a toolbox.

References

1. L. Rechenberg: Cybernetic solution path of an experimental problem. Royal Aircraft Establish., library trans. 1122, Hants, U.K.: Farnborough (1965).

2. L. Rechenberg: *Evolutionsstrategie: Optimierung technischer Systeme nach Prinzipien der biologischen Evolution.* Stuttgart: Frommann-Holzboog (1973).

3. H.-P. Schwefel: *Kybernetische Evolution als Strategie der experimentellen Forschung in der Stroemungstechnik.* Diploma thesis, Technical University of Berlin (1965).

4. H.-P. Schwefel: *Numerical optimization of computer models.* Chichester: Wiley (1981).

5. L. Fogel, J. Owens, & M. Walsh: *Artificial intelligence through simulated evolution.* New York: Wiley (1966).

6. D. Fogel: *Evolving Artificial Intelligence*. Doctoral thesis, University of California, San Diego (1992).

7. J. Holland: Outline of a logical theory of adaptive systems. J. of ACM, 3, 297-314 (1962).

8. J. Holland: *Adaptation in natural and artificial systems*. Ann Arbor: The University of Michigan Press (1975), second edition Cambridge, Mass: MIT Press (1992).

9. K. De Jong: An analysis of the behavior of a class of genetic adaptive systems. Doctoral thesis, University of Michigan, Ann Arbor (1975).

10. D. Goldberg: *Genetic Algorithms in search, optimization, and machine learning*. Reading, MA: Adison-Wesley (1987).

11. T. Baeck & H.-P. Schwefel: An overview of evolutionary algorithms for parameter optimization. Evolutionary Computation 1, 1-24 (1993).

12. L. Davis: *Handbook of genetic algorithms*. Van Nostrand Reinhold (1991).

13. Z. Michalewicz: *Genetic algorithms+ data structures= evolution programs.* Berlin: Springer-Verlag (1992).

14. S. Forrest (ed.): *Proceedings of the fifth international conference on genetic algorithms.* San Mateo, CA: Morgan Kaufmann (1993).

15. J. Grefenstette: Learning sequential decision rules using simulation models and competition. Machine Learning 5, 4, 355-382 (1992).

16. IEEE (ed.): *Proceedings of the international joint conference on neural networks. Piscataway, NJ: IEEE Service Center (1993).*

17. J. Schaffer & D. Whitley (eds.): *Proceedings of the workshop on combinations of genetic algorithms and neural networks.* Los Alamitos, CA: IEEE Computer Society Press (1992).

18. J. Koza: *Genetic Programming: On the programming of computers by means of natural selection.* Cambridge, MA: MIT Press (1992).

19. T. Davis & J. Principe: A Markov chain framework for the simple genetic a lgorithm. *Evolutionary Computation* 1:3, 191-212 (1993).

20. M. Vose: Modeling simple genetic algorithms. *Proceedings of the second workshop on the foundations of genetic algorithms*, San Mateo, CA: Morgan Kaufmann (1992).

Fuzzy set theory applications to preparing decision making in quality assurance

Ekkehard Altmann
GMD, Schloß Birlinghoven
D-53754 Sankt Augustin

1. Subject and Objective

Problems of quality assurance are of great importance not only to decisions about software products. Regardless of how strictly regulations such as product liability have actually to be considered, continuously increasing market risks make improved planning and development processes urgently necessary. Evaluation methods for decision making in the areas of product selection and quality assurance also aim at such improvements. Recently, fuzzy set theory and fuzzy logic have been used increasingly for advancing evaluation methods for selection-oriented decision-making, cf. [1], [3]. This should also be done in the case of quality assurance problems. The present paper contributes to this aspect.

Based on two classical evaluation approaches to selection-oriented decision making, namely the Conjunctive Method and the Simple Additive Weighting Method, a special extension is described by means of fuzzy set theory. On this basis, we obtain evaluation methods for quality assurance decisions. They are used for developing propositions about whether considered product units should be released unconditionally or only conditionally or if they should even be rejected. Considered units are intermediate products, subproducts or end products, but also descriptions of the relevant development processes.

The role the minimum t-norm plays within these selection-oriented decision making methods is assumed by the Lukasiewicz t-norm in the case of decision making for quality assurance. These t-norms help to represent systematic relationships between modifications of aspiration levels and quality judgements. Increments and decrements of aspiration levels (dilations and contractions) are defined by means of clipping and annexing fuzzy sets; modifications of 'at-least' requirements (minimum and maximum requirements) may lead to modifications of 'nice-to-have' requirements. In the case of selection-oriented decision making and decision making for quality assurance, decompositions of requirements into subrequirements and aspiration modifications are exchangeable operators. Making the formation of judgements of the mentioned type more dynamical therefore fulfills an important consistency condition.

2. Comparison of selection problems and quality assurance problems

Judgements within selection processes support decisions about reducing the number of alternatives to a minimum of one single optimum alternative. Alternatives are problem solving hypotheses which appear as equal with respect to the utilized target knowledge. Such judgements refer to available, comparable, alternative concepts. On the other hand, quality assurance involves decisions about the direction in which the development of a problem solution should be advanced. Judgements therefore refer to an available, possibly incomplete problem solution. It is the task of judgement formation to determine the extent to which goals have been achieved and requirements have been met. Required measuring methods depend on the degree of operationalization and judgements based on them depend on the type of goals and requirements, cf. [8], [9].

3. Requirements and requirement systems

Goals constitute desires, hopes, expectations and fears which connect those involved with a planning object, independent of their mode of expression. Requirements are propositions of this type in operationalized form.

If R is a requirement and X a set of objects x to be evaluated, R can be considered a fuzzy set on X ; $R(x)$ are membership degrees. If there are unique at-least requirements and nice-to-have requirements for a given requirement R , let us denote them by R^m and R^n .

As is generally known, the performance of objects has to be within at-least requirement domains if full acceptance is to be achieved. If these domains can be represented by means of intervals and if the interval boundaries are regarded as soft we obtain fuzzy intervals, used for describing acceptance degrees. At-least requirements show the same - not quantifiable - weight and are therefore in a 'hold-together'-relation which is here denoted by "<>" . An at-least requirement system R and an overall evaluation $R(x)$ are to be represented by

$$R = R_1 <> R_2 <> \ldots <> R_n \quad \text{and} \quad R(x) = R_1(x) <> R_2(x) <> \ldots <> R_n(x) .$$

In the case of selection-oriented decisions, cf. [1], the connector <> can be represented by the minimum-t-norm for computing acceptance degrees. In the crisp case, a relevant evaluation method is the Conjunctive Method, in the soft case, the Maximin Method. For quality assurance, the connector <> can be represented by the Lukasiewicz t-norm if weak performance of an inspected unit x can be compensated by higher performance of other units and if this can be described by

using budgets. The assigned violation degrees $v(x)$ constitute information for product evaluation:
In any case the intervals corresponding to violated requirements ought to be changed to fuzzy intervals so that this unit can be accepted conditionally. This has to be solidified: There ought to be a field of concrete actions for compensating weak performances. The outlay for these compensating actions has to be measurable so that we can work with a limited budgetary account. A unit x performs an at-least requirement R_i with a degree $R_i(x)$. The difference $1-R_i(x) = \neg R_i(x)$ is interpreted as the degree of violation of the at-least requirement R_i. The overall violation degree $v(x)$ is

$$\neg R(x) = \neg R_1(x) + \neg R_2(x) + \ldots + \neg R_n(x).$$

If this degree is ≥ 1 then the inspected unit x cannot be compensated. Using the Lukasiewicz t-norm the overall performance degree is

$$R(x) = R_1(x) \wedge_L R_2(x) \wedge_L \ldots \wedge_L R_n(x).$$

Nice-to-have requirements are defined by utility functions on at-least requirement domains. They specify in quantitative form which performance is regarded as better or worse. The relevant evaluation method is primarily the Simple Additive Weighting Method. Utility functions can be considered to be membership functions. Quantitative weights of nice-to-have requirements constitute exchange-rate relations between different kinds of performances. Nice-to-have requirements are therefore in an 'hold-alternatively'-relation which is here denoted by "><". A nice-to-have requirement system R and an overall evaluation $R(x)$ are represented by

$$R = R_1 >< R_2 >< \ldots >< R_n \quad \text{and} \quad R(x) = R_1(x) >< R_2(x) >< \ldots >< R_n(x).$$

The connector >< is represented by the formation of a weighted mean in the case of selection-oriented decisions, cf. [1]. For evaluating such a weighted mean a fulfilment degree $f(x)$, which is formed as a ratio of the weighted mean and a target value which should represent the evaluation of a comparison unit, is suggested for quality assurance. The fulfilment degree constitutes information for process evaluation:
Also nice-to-have requirements can be useful only on condition that the produced judgements lead to consequences. These consequences are to be solidified. An interpretation could be found when looking primarily at the development process in contrast to the interpretation in connection with the at-least requirements where we were looking primarily at the products. Such an interpretation might be found if some standard solution u exists which might be a concept of a 'state of the art' solution. A product of an effective competitor, which fulfills the quality requirements much better, may also be considered as a standard solution. A quotient as $R(x)/R(u)$ could be regarded as a performance degree of x with

respect to the standard solution u . Let $R_1,...,R_r$ denote those requirements whose underlying at-least requirements have not been violated by the inspected unit x , let $R^r = R_1 >< R_2 >< ... >< R_r$ and let $ü$ be the fictive unit derived from the standard unit u as follows:

$R_i(ü) = R_i(u)$ for $i = 1,...,r$, and $R_i(ü) = 0$ else.

A violation of at-least requirements may lead to a modification of nice-to-have requirement weights though it is here of no importance to the fulfilment degrees. Of course the exchange rates between requirements are to be changed when changing the underlying at-least requirement intervals. But the exchange rates between the requirements are not affected when the underlying at-least requirements have not been violated. Moreover the (local) judgements $R_i(x)$ of the inspected unit x are 0 when the underlying at-least requirements R_i have been violated. The new weights of the requirements $R_1,...,R_r$ in R can be obtained by multiplying the old weights by an appropriate constant $a>0$. Therefore it is not necessary to know the new weights when computing the quotient $f(x) = R(x)/R(u)$ and we have $R^r(x)/R^r(ü) = R(x)/R(ü)$.

In general, an overall judgement on a unit x will then consist of a judgement pair $[v(x), f(x)]$, namely a violation degree $v(x)$ of x relative to the at-least requirement system R^m and a fulfilment degree $f(x)$ of x relative to the nice-to-have requirement system R^n , compared with the target value.

4. Modifications of aspiration levels

Aspiration level modifications are important to judgement formation in quality assurance, in particular if specific units should compensate the weak performance of another unit. This has to be manifested by a suitable contraction of requirements. In addition, judgement formations - as all problem handling processes - contain training processes about volition and ability. In the case of selection-oriented decisions and for quality assurance, it might be necessary to adapt at-least requirements and nice-to-have requirements. The following shows how to do that.

Let $0<a<1$ and let $R(x)$ be the membership function of a normalized fuzzy set R , then the membership function of a fuzzy set P is obtained by means of an 'upper clipping' of the fuzzy set R , i.e. a normalized intersection

$$P(x) = \min\{R(x), a\}/a = [R(x) \wedge_M a]/a .$$

By means of appropriate complementation, a fuzzy set Q is defined by analogy using 'lower clipping':

$$Q(x) = \max\{R(x)-(1-a), 0\}/a = [R(x) \wedge_L a]/a .$$

'Upper annexing' and 'lower annexing' are defined if there are fuzzy sets P and Q from which R results by means of upper or lower clipping, i.e.

$[P(x) \wedge_M a]/a = R(x)$ and $[Q(x) \wedge_L a]/a = R(x)$.

If R is an at-least requirement fuzzy interval, the new fuzzy intervals resulting from upper annexing and from lower clipping define upper and lower aspiration level increments. The new fuzzy intervals resulting from upper clipping and from lower annexing define upper and lower aspiration level decrements. Upper and lower aspiration level increments and decrements can be combined such that one obtains more general aspiration level increments P and decrements Q. Using appropriate a and b we get

$[P(x) \wedge_M a]/a = [R(x) \wedge_L b]/b$ and $[Q(x) \wedge_L a]/a = [R(x) \wedge_M b]/b$.

These more general aspiration level increments and decrements can be combined in turn to form more general aspiration level modifications.

Upper modifications of at-least requirements lead to lower modifications of nice-to-have requirements, and vice versa: Let $i(x)$ and $f(x)$ be the membership functions of the at-least requirements R^m and the nice-to-have requirements R^n, and let $j(x)$ and $h(x)$ be the membership functions of the requirements modified by amounts $1\text{-}a$. We obtain dilations and contractions of both R^m and R^n. With appropriate weighting factors e_1 and e_2, when $e_1 + e_2 = 1$, we get an aspiration level decrement (= dilation) defined by

$j(x) = [i(x) \wedge_M (1\text{-}a)]/(1\text{-}a)$ and $h(x) = [g(x) \cdot e_1 + f(x) \cdot a \cdot e_2]/(a \cdot e_1 + e_2)$

with $g(x) = [i(x) \wedge_L a]/a$;

and an aspiration level increment (= contraction) defined by

$h(x) = [f(x) \wedge_L (1\text{-}a)]/(1\text{-}a)$ and $j(x) = [i(x) \cdot e_1 + g(x) \cdot a \cdot e_2]/(e_1 + a \cdot e_2)$

with $g(x) = [f(x) \wedge_M a]/a$.

It is assumed that all at-least requirements are annexed or clipped by the same amount with respect to upper and lower modifications. Follow-up modifications of nice-to-have requirements can thus be handled in an especially simple way.

We define lower and upper clipping functions $c(t) = c^a(t)$ and $c(t) = c_a(t)$ by

$c^a(t) = = min\{t, a\}/a = (t \wedge_M a)/a$ and $c_a(t) = max\{t\text{-}(1\text{-}a), 0\}/a = (t \wedge_L a)/a$.

In the case of selection-oriented decisions, decomposition and modification operators of requirements are exchangeable maintaining the minimum t-norm $\wedge_M$:

$c[R_1(x) \wedge_M R_2(x)] = c[R_1(x)] \wedge_M c[R_2(x)]$.

In quality assurance, such operators are exchangeable if the Lukasiewicz t-norm $\wedge_L$ is replaced by suitable derived t-norms $T = T^a$ or $T = T_a$:

$c[R_1(x) \wedge_T R_2(x)] = c[R_1(x)] \wedge_L c[R_2(x)]$.

The t-norm T^a is an ordinal sum of Lukasiewicz t-norms defined on the interval family $\mathfrak{I} = \{[0,a], [a,1]\}$, and T_a is a non-continuous t-norm, composed of the Gödel t-norm, when $R_1(x) + R_2(x) \leq 2\text{-}a$, and the Lukasiewicz t-norm otherwise.

5. Proofs and other details

The derived t-norms T^a and T_a can either be calculated in a direct way or they can be identified using automorphisms of the unit interval, cf. [3], [5}, [6], i.e. using approximations of the clipping functions so that $\wedge_T = \varphi^{-1} \circ \wedge_L \circ \varphi$:

$R_1(x) \wedge_T R_2(x) = \varphi^{-1}[\varphi(R_1(x)) \wedge_L \varphi(R_2(x))]$ for $T = T^a$ or $T = T_a$.

Relations between these t-norms can be elaborated when looking at those which are defined within the clipping functions. Using the standard negation $n_\iota(x) = 1-x$ and defining t-conorms S^a and S_a in an analogous way for the t-conorm S_L, we get De Morgan triples (T^a, S_a, n_ι) and (T_a, S^a, n_ι). If using special non-continuous and non-strictly decreasing negations $n^a(t)$ and $n_a(t)$, De Morgan equations also are valid between the triples (T^a, S^a, n^a) and (T_a, S_a, n_a).

The negations $n^a(t)$ and $n_a(t)$ can be considered as limits of negations $\varphi^{-1} \circ n_\iota \circ \varphi(t)$ and $\psi^{-1} \circ n_\iota \circ \psi(t)$, where $\varphi(t)$ and $\psi(t)$ are automorphisms of the unit interval approximating the clipping functions. The negations $n^a(t)$ and $n_a(t)$ are defined by

$$n^a(t) = \begin{cases} 0 & \text{for } t \geq a \\ 1 & \text{for } t = 0 \\ a-t & \text{otherwise} \end{cases} \qquad n_a(t) = \begin{cases} 0 & \text{for } t = 1 \\ 1 & \text{for } t \leq (1-a) \\ (2-a)-t & \text{otherwise.} \end{cases}$$

We have $c^a \circ n^a(t) = n_\iota \circ c^a(t)$ and $c_a \circ n_a(t) = n_\iota \circ c_a(t)$; $n^a(t) = n_\iota^{-1} \circ n_a \circ n_\iota(t)$ and $c^a(t) = n_\iota^{-1} \circ c_a \circ n_\iota(t)$ and vice versa. (The very easy proofs shall be skipped.)

Theorem 5.1:

The t-norm $T = T^a$ satisfies the equation $c^a(u \wedge_T v) = c^a(u) \wedge_L c^a(v)$ if T^a is an ordinal sum of Lukasiewicz t-norms $\wedge_L$ which is defined on the interval family $\mathfrak{I} = \{[0,a], [a,1]\}$:

$$u \wedge_T v = \begin{cases} a \cdot (u/a \wedge_L v/a), & \text{for } (u,v) \in [0, a]^2 \\ a + (1-a) \cdot [(u-a)/(1-a) \wedge_L (v-a)/(1-a)], & \text{for } (u,v) \in [a, 1]^2 \\ u \wedge_M v, & \text{otherwise.} \end{cases}$$

The t-conorm $S = S^a$ satisfies the equation $c^a(u \vee_T v) = c^a(u) \vee_L c^a(v)$ if S^a is composed by the Lukasiewicz t-conorm $\vee_L$ and the Gödel t-conorm $\vee_G$:

$$u \vee_T v = \begin{cases} u \vee_L v, & \text{for } u+v < a, \\ u \vee_G v, & \text{otherwise .} \end{cases}$$

Proof, first part of the theorem: We have to show $c^a(u \wedge_T v) = c^a(u) \wedge_L c^a(v)$, i.e. $\min\{(u \wedge_T v)/a, 1\} = \min\{u/a, 1\} \wedge_L \min\{v/a, 1\}$.

If $(u,v) \in [0, a]^2$, i.e. $u/a \leq 1$ and $v/a \leq 1$, then we get $\min\{(u \wedge_T v)/a, 1\} =$
$= \min\{u/a \wedge_L v/a, 1\} = u/a \wedge_L v/a = \min\{u/a, 1\} \wedge_L \min\{v/a, 1\}$.

If $(u,v) \in [a, 1]^2$, i.e. $u/a \geq 1$ and $v/a \geq 1$, then we get $\min\{(u \wedge_T v)/a, 1\} =$
$= \min\{[a+(1-a) \cdot ((u-a)/(1-a) \wedge_L (v-a)/(1-a))]/a, 1\} =$
$= \min\{1+(1-a)/a \cdot [(u-a)/(1-a) \wedge_L (v-a)/(1-a)], 1\} = 1 =$

$= min\{u/a, 1\} + min\{v/a, 1\} - 1 = max\{min\{u/a, 1\} + min\{v/a, 1\} - 1, 0\} =$
$= min\{u/a, 1\} \wedge_L min\{v/a, 1\}$.

If else, i.e. $u \neq a,\ v \neq a,\ \{u < a \Leftrightarrow v > a\}, \{u > a \Leftrightarrow v < a\}$, then we get
$min\{(u \wedge_T v)/a, 1\} = min\{(u \wedge_M v)/a, 1\} = min\{u/a, v/a, 1\} = min\{u/a, v/a\} =$
$= min\{u/a, 1\} + min\{v/a, 1\} - 1 = min\{u/a, 1\} \wedge_L min\{v/a, 1\}$.

Proof, second part of the theorem: We have to show $c^a(u \vee_T v) = c^a(u) \vee_L c^a(v)$,
i.e. $min\{(u \vee_T v)/a, 1\} = min\{u/a, 1\} \vee_L min\{v/a, 1\}$,
i.e. $min\{(u \vee_T v)/a, 1\} = min\{(u+v)/a, 1\}$.
If $u + v < a$, i.e. $(u + v)/a < 1$ then $min\{(u \vee_T v)/a, 1\} = min\{(u \vee_L v)/a, 1\} =$
$= min\{min\{u+v, 1\}/a, 1\} = (u+v)/a$, and $min\{(u+v)/a, 1\} = (u+v)/a$.
If $u + v \geq a$, then $min\{(u \vee_T v)/a, 1\} \geq min\{(u+v)/a, 1\} = 1$ and $min\{(u+v)/a, 1\} = 1$.
The connector S^a fulfills the required properties of a t-conorm because the connector T_a fulfills the properties of a t-norm, see the proof of Theorem 5.2.

Theorem 5.2:

The t-norm $T = T_a$ satisfies the equation $c_a(u \wedge_T v) = c_a(u) \wedge_L c_a(v)$ if T_a is composed by the Gödel t-norm $\wedge_G$ and the Lukasiewicz t-norm $\wedge_L$:

$$u \wedge_T v = \begin{cases} u \wedge_G v, & \text{for } u+v \leq 2-a, \\ u \wedge_L v, & \text{otherwise.} \end{cases}$$

The t-conorm $S = S_a$ satisfies the equation $c_a(u \vee_T v) = c_a(u) \vee_L c_a(v)$ if S_a is an ordinal sum of Lukasiewicz t-conorms defined on the interval family:
$\mathfrak{I} = \{[0, 1-a], [1-a, 1]\}$, cf. [3], i.e.:

$$u \vee_T v = \begin{cases} (1-a)\cdot(u/(1-a) \vee_L v/(1-a)), & \text{for } (u,v) \in [0, 1-a]^2 \\ (1-a) + a\cdot[(u-(1-a))/a \vee_L (v-(1-a))/a], & \text{for } (u,v) \in [1-a, 1]^2 \\ u \vee_M v, & \text{otherwise.} \end{cases}$$

Proof, first part of the theorem: We have to show $c_a(u \wedge_T v) = c_a(u) \wedge_L c_a(v)$,
i.e. $[(u \wedge_T v) \wedge_L a]/a = [(u \wedge_L a)/a] \wedge_L [(v \wedge_L a)/a]$
or $max\{(u \wedge_T v)+a-1, 0\}/a = max\{u+a-1, 0\}/a \wedge_L max\{v+a-1, 0\}/a$.
For $u = 1$ and for $v=1$ we get $T(u,v) = v$. Therefore the required property is valid.
If $u+v \leq 2-a$ and $u,v < 1$ then $c_a(u \wedge_T v) = 0$, and
if $u \leq 1-a$ or $v \leq 1-a$ then $[(u \wedge_L a)/a] \wedge_L [(v \wedge_L a)/a] = 0$,
if $u > 1-a$ and $v > 1-a$ then $[(u \wedge_L a)/a] \wedge_L [(v \wedge_L a)/a] = [(u \wedge_L v \wedge_L a)/a] = 0$,
If $u+v > 2-a$ and $u,v<1$ then $c_a(u \wedge_T v) = c_a(u \wedge_L v) = (u \wedge_L v) \wedge_L a)/a$ and
$c_a(u) \wedge_L c_a(v) = (u \wedge_L a)/a \wedge_L (v \wedge_L a)/a = (u \wedge_L v \wedge_L a)/a$.
The connector T fulfills the required properties of a t-norm:
$u \wedge_T v = min\{u, v\}$ for $max\{u, v\} = 1$ is obviously valid. The required properties of monotony and commutativity are likewise valid. It remains to show that for all admissible (u,v,w) we have

$(u \wedge_T v) \wedge_T w = (v \wedge_T w) \wedge_T u = (w \wedge_T u) \wedge_T v$.

Let $b = 1\text{-}a$. If $max\{u, v, w\} = 1$ then the required property is obviously valid.

If $(u \wedge_T v) \wedge_T w > b$ then because of the monotony property we get:

$(u \wedge_T v) \wedge_T w = (u \wedge_L v) \wedge_L w > b$ and $u \wedge_T v > b$, $v \wedge_T w > b$, $w \wedge_T u > b$.

Therefore $u \wedge_T v = u \wedge_L v > b$, $v \wedge_T w = v \wedge_L w > b$, $w \wedge_T u = w \wedge_L u > b$.

$(v \wedge_T w) \wedge_T u = 0$ implies $(v \wedge_T w) \wedge_T u = (v \wedge_L w) \wedge_T u = 0$,

i.e. $(v \wedge_L w) \wedge_L u \leq b$, and therefore $(u \wedge_T v) \wedge_T w = (u \wedge_L v) \wedge_L w \leq b$,

in contradiction to our assumption.

If $(u \wedge_T v) \wedge_T w \leq b$ and $(v \wedge_T w) \wedge_T u \leq b$ and $(w \wedge_T u) \wedge_T v \leq b$ then

$(u \wedge_T v) \wedge_T w = (v \wedge_T w) \wedge_T u = (w \wedge_T u) \wedge_T v = 0$.

Proof, second part of the theorem: We have to show $c_a(u \vee_T v) = c_a(u) \vee_L c_a(v)$.

If $(u,v) \in [0, 1\text{-}a]^2$, i.e. $u/(1\text{-}a) \leq 1$ and $v/(1\text{-}a) \leq 1$ then

$c_a(u \vee_T v) = [(1\text{-}a) \cdot (u/(1\text{-}a) \vee_L v/(1\text{-}a)) \wedge_L a]/a = [min\{u+v, 1\text{-}a\} \wedge_L a]/a =$

$= [max\{min(u+v, 1\text{-}a\}+a\text{-}1, 0\}]/a = max\{min\{(u+v+a\text{-}1)/a, 0\}, 0\} = 0 =$

$= 0 = [max\{u+a\text{-}1, 0\}/a] \vee_L [v+a\text{-}1, 0\}/a] = c_a(u) \vee_L c_a(v)$.

If $(u,v) \in [1\text{-}a, 1]^2$, i.e. $u \geq 1\text{-}a$ and $v \geq 1\text{-}a$, then

$c_a(u \vee_T v) = c_a((1\text{-}a) + a \cdot ((u+a\text{-}1)/a \vee_L (v+a\text{-}1)/a)) = c_a(min\{u+v+a\text{-}1, 1\}) =$

$= max\{(min\{u+v+a\text{-}1, 1\}+a\text{-}1)/a, 0\} = max\{(min\{(u+a\text{-}1+v+a\text{-}1)/a, 1\}, 0\} =$

$= min\{(u+a\text{-}1+v+a\text{-}1)/a, 1\} = min\{max\{(u+a\text{-}1)/a, 0\} + max\{(v+a\text{-}1)/a, 0\}, 1\} =$

$= c_a(u) \vee_L c_a(v)$.

If else, i.e. $\{u > 1\text{-}a , v \leq 1\text{-}a\}$ or $\{v > 1\text{-}a , u \leq 1\text{-}a\}$, then $c_a(u \vee_T v) = c_a(u \vee_M v) =$

$= max\{(max\{u, v\}+a\text{-}1)/a, 0\} = (max\{u, v\}+a\text{-}1)/a = min\{(max\{u, v\}+a\text{-}1)/a, 1\} =$

$= min\{max\{(u+a\text{-}1)/a, 0\} + max\{(v+a\text{-}1)/a, 0\}, 1\} = c_a(u) \vee_L c_a(v)$.

Theorem 5.3:

De Morgan equations are valid between the triples (T^a,S^a,n^a) and (T_a,S_a,n_a) :

$n^a(T^a(u,v)) = S^a(n^a(u),n^a(v))$ and $n^a(S^a(u,v)) = T^a(n^a(u),n^a(v))$,

$n_a(T_a(u,v)) = S_a(n_a(u),n_a(v))$ and $n_a(S_a(u,v)) = T_a(n_a(u),n_a(v))$.

Proof:

If $max\{u,v\} = 1$ then all equations are valid. Therefore for the following proof we presuppose $max\{u,v\} \neq 1$. We only represent the proof of the third equation:

We get $n_a(T_a(u,v)) = 0 \Leftrightarrow T_a(u,v) = 1 \Leftrightarrow (u,v) = (1,1)$,

and $S_a(n_a(u),n_a(v)) = 0 \Leftrightarrow (n_a(u),n_a(v)) = (0,0) \Leftrightarrow (u,v) = (1,1)$.

We get $n_a(T_a(u,v)) = 1 \Leftrightarrow T_a(u,v) \leq 1\text{-}a \Leftrightarrow T_a(u,v) = 0 \Leftrightarrow u+v \leq 2\text{-}a$,

and $S_a(n_a(u),n_a(v)) = 1 \Leftrightarrow n_a(u) + n_a(v)) \geq 2\text{-}a \Leftrightarrow u+v \leq 2\text{-}a$.

We get $0 \neq n_a(T_a(u,v)) \neq 1 \Leftrightarrow 1\text{-}a < T_a(u,v) < 1 \Leftrightarrow n_a(T_a(u,v)) = 2\text{-}a - T_a(u,v) \Leftrightarrow$

$\Leftrightarrow T_a(u,v) = u \wedge_L v$ with $u+v > 2\text{-}a \Leftrightarrow n_a(T_a(u,v)) = 2\text{-}a\text{-}(u+v\text{-}1) = 3\text{-}a\text{-}u\text{-}v \Leftrightarrow$

and $0 \neq S_a(n_a(u),n_a(v)) \neq 1 \Leftrightarrow 0 < n_a(u) + n_a(v)) < 2\text{-}a$

with $u > 1\text{-}a$, $v > 1\text{-}a$, $u+v > 2\text{-}a$, $n_a(u) = 2\text{-}a\text{-}u > 1\text{-}a$, $n_a(v) = 2\text{-}a\text{-}v > 1\text{-}a \Leftrightarrow$

$\Leftrightarrow S_a(n_a(u),n_a(v)) = (1\text{-}a) + a \cdot [(n_a(u) - (1\text{-}a))/a) \vee_L (n_a(v) - (1\text{-}a))/a)] = 3\text{-}a\text{-}u\text{-}v$.

6. Outlook: What to do next?

The represented approach is still very incomplete but when completed it shall be only a hypothesis for preparing decision making in quality assurance. Therefore we have to improve this approach and then to verify this hypothesis:

- Concrete application examples are to be worked out; we have to investigate whether all underlying suppositions and expectations are fulfilled or not.
- One underlying supposition is the existence of one limited budgetary account: We have considered decision problems only under one theme. It might be necessary to do it under several themes, a primary one, a secondary one etc., corresponding to the selection oriented Lexicographic Method, so that we have to work with more than one limited budgetary account. Other selection oriented decision methods are also to be considered and transfered to quality assurance.
- Another underlying supposition is the equal modification of all requirements: Perhaps we have clung too much to the Conjunctive Method, the Maximin Method and the Simple Additive Method. Therefore also non-equal requirement modifications and also other types of requirements have to be considered.
- Ascertainment methods are to be developed to find out the necessary informative and normative basis statements and to handle non-operationalized goals. Plannig problems so as decision making problems are 'wicked' problems, c.f. [7]!
- Also type 2 fuzzy sets should be used to develop methods for preparing decision making in quality assurance so that we can also handle fuzzy performances.

6. Bibliography

[1] Chen, S.-H.; Hwang. Ch.-L.: *Fuzzy Multiple Attribute Decision Making.* Lecture notes in Economics and Math. Systems 375. Berlin: Springer, 1992.

[2] Demant, B.: *Fuzzy-Theorie oder Die Faszination des Vagen.* Braunschweig: Vieweg, 1993.

[3] Fodor, J.; Roubens, M.: *Fuzzy Preference Modelling and Multicriteria Decision Aid.* Dordrecht: Kluwer, to be published in 1994.

[4] Mostert, P.S.; Shields, A.L.: *On the structure of semigroups on a compact manifold with boundary,* Ann. of Math. 65 (1957).

[5] Ovchinnikov, S.: On modelling fuzzy preference relations. In: *Uncertainty in knowledge bases.* proc. IPMU'90 (Paris). Berlin: Springer, 1991, p. 154-164.

[6] Ovchinnikov, S.; Roubens, M.: *On fuzzy strict preference, indifference, and incomparability relations.* Fuzzy Sets and Systems 47/49 (1992) 313-318/15-20.

[7] Rittel, H. Zur Planungskrise: Systemanalyse der ersten und zweiten Genertion. In: Facility Management Institut (Hrsg.): *Planen, Entwerfen, Design: Ausgewählte Schriften zu Theorie und Methodik.* Berlin: Kohlhammer, 1992.

[8] Rombach, H.D., Basili, V.R.: *Quantitative Software-Qualitätssicherung.* in: Informatik-Spektrum 10. 3. Berlin: Springer, 1987.

[9] Rombach, H.D.: *Software-Qualität und -Qualitätssicherung.* in: Informatik-Spektrum 16. 5. Berlin: Springer, 1993.

Untersuchungen zum Einsatz unscharfer Logik bei automatischen Positioniersystemen

D. Zühlke, M. Lauzi, T. Kempf

Lehrstuhl für Produktionsautomatisierung, Universität Kaiserslautern

Postfach 3049, 67653 Kaiserslautern

Telefon: 0631-205-3570 FAX: 0631-205-3705

1. Einleitung

Automatische Vorschubantriebe spielen in der modernen Fertigungstechnik eine wichtige Rolle. Sie setzen eine (meist in Form von NC-Datensätzen vorliegende) Information über die Sollwerte einer Bahntrajektorie (Zielposition und Geschwindigkeitsprofil) um in eine mechanische Relativbewegung zwischen Werkstück und Bearbeitungsmaschine [1].

Häufig gelangen dabei mehrstufige Kaskadenregler zum Einsatz. In einer solchen Struktur ist es Aufgabe der Positions- und Geschwindigkeitsregler, ein elektrisches Signal für die nachgeschaltete eigentliche Antriebseinheit (bestehend aus der Leistungselektronik und einem oder mehreren Servo-Antriebsmotoren sowie dem mechanischen Übertragungssystem) zu erzeugen. Die Rückmeldung der Istgrößen geschieht dabei häufig mit Hilfe von Encodern (optische Wegmeß-Systeme) und Tachogeneratoren.

Im optimalen Betriebsfall hält der Regler das Antriebssystem im Bereich der kritischen Dämpfung (D = 0.7). Hier liegt ein Kompromiß vor zwischen der geforderten (möglichst großen) Positioniergeschwindigkeit und dem konträren Verbot von Überschwingungen, die bei Bearbeitungsvorgängen Werkstückfehler (bzw. Beschädigungen an der Maschine selbst) zur Folge haben können. Eine solche Einstellung muß unter den zuletzt genannten Randbedingungen außerdem eine große Robustheit aufweisen, d.h. Störungen (insbesondere mechanische Schwankungen bei Bearbeitungsvorgängen) müssen sich in einem großen Bereich schnell und präzise ausregeln lassen.

Verschmutzungen der mechanischen Führungselemente, Haftreibung und Umkehrspiel verursachen in hohem Maß nichtlineares Streckenverhalten, was sich wiederum nur durch eine **arbeitspunktabhängige** Parametereinstellung des Reglers beherrschen läßt. Bei linearen PID-Reglern ist ein solches Konzept nur mit großem Aufwand realisierbar.

Einzelne Achsen in mehrachsigen Systemen beeinflussen sich gegenseitig; deshalb müssen in diesem Falle alle Antriebe in ihrer Reaktionsgeschwindigkeit auf den langsamsten angepaßt werden. Ein solches System ist mathematisch nur sehr aufwendig durch verkoppelte Differentialgleichungen beschreibbar; zahlreiche hierfür benötigte Systemgrößen lassen sich dabei nicht direkt meßtechnisch erfassen [2].

2. Einsatz eines Fuzzy-Reglers

Basierend auf den oben beschriebenen Überlegungen soll nun das Verhalten eines unscharfen Reglers (vor allem im Hinblick auf das Verhalten unterschiedlicher mathematischer Operatoren) untersucht und mit einem linearen PID-Regler verglichen werden.

Im ersten Ansatz handelt es sich hierbei um einen "echten" Fuzzy-Regler, der aus der meßtechnischen Information über Positions- und Geschwindigkeitsfehler einen Sollwert für einen angeschlossenen Stromregler (mit integriertem Leistungsverstärker) berechnet, der über die standardisierte analoge +/- 10V-Schnittstelle übergeben wird. Dieses Regelkonzept ist statisch, d.h. Änderungen der Streckenparameter (Alterungserscheinungen) können hiermit nicht erfaßt werden. Bedingt durch die nichtlineare Übertragungsstruktur ist es allerdings möglich, bei hinreichender Kenntnis des Streckenverhaltens (in diesem Fall das durch einen Gleichstrom-Servomotor angetriebene mechanische Spindel-Mutter-Tisch-System) einen problemangepaßten Kennfeldregler durch sprachliche Formulierung zu entwerfen.

3. Vorstellung des Gesamtsystems

Für die Untersuchungen wurde der in Abb. 1 dargestellte Vorschubtisch, bestehend aus einer NC-Achse (maximaler Verfahrweg 850mm) mit Zahnriemen / Spindelantrieb und Servomotor eingesetzt. Die Positionsrückmeldung erfolgt wahlweise durch ein hochauflösendes Linearmeßsystem (1µm) oder einen direkt am Motor angeflanschten Encoder (Auflösung umgerechnet 2,5 µm).

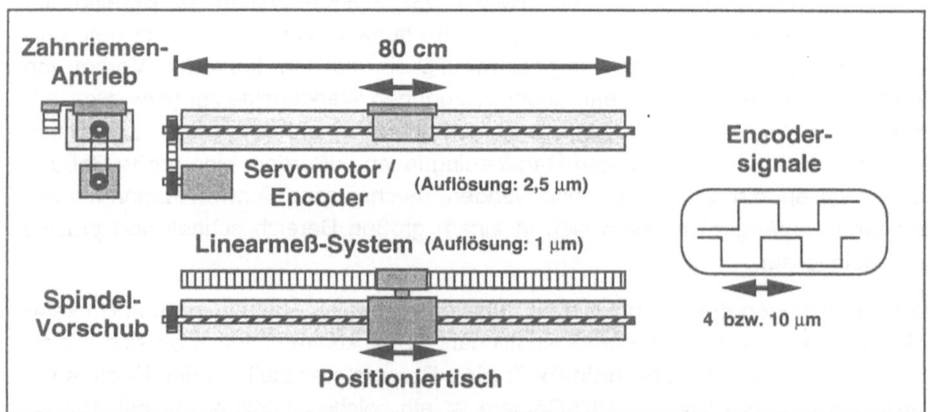

Abb. 1: Aufbau des Vorschubantriebs im Labormodell

Durch eine eigens hierfür entwickelte PC-Schnittstelle wird der auf einem IBM-kompatiblen PC (486DX / 33 MHz) realisierte Fuzzy- oder (lineare) PID-Algorithmus angekoppelt. Der lineare PID-Regler wurde außerdem in Hardware realisiert (mit Hilfe des Motorcontrollers LM628 von National Semiconductors), um auch den Vergleich mit einem modernen digitalen Regelkonzept zu ermöglichen (Abb.2).

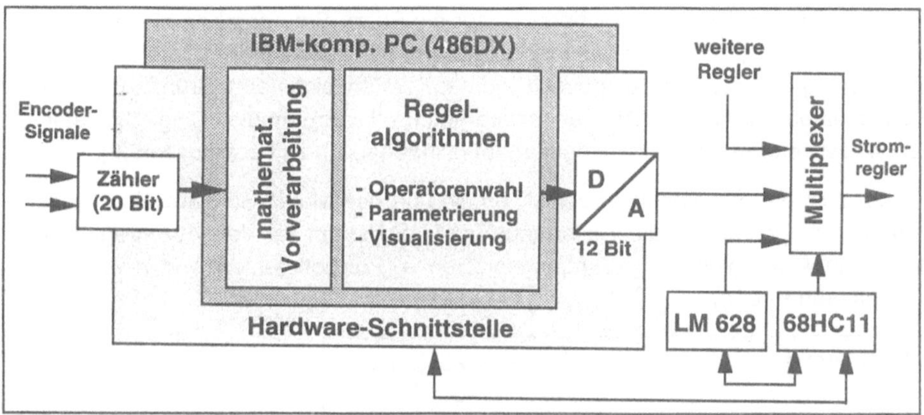

Abb. 2: Ankopplung der verschiedenen Reglerstrukturen

Der Ausgabewert des Software-Algorithmus gelangt nach D/A-Wandlung auf einen Multiplexer, der durch einen Mikrocontroller (68HC11) gesteuert wird. Zu jedem Zeitpunkt darf nur ein Regler mit dem nachfolgenden Stellglied (Stromverstärker) verbunden sein: in diesem Fall handelt es sich dabei um den PC, den digitalen Motorcontroller (LM 628) oder einen weiteren (beliebigen) Reglerausgang mit der standardisierten +/-10V - Schnittstelle.

In der mathematischen Vorverarbeitung werden aus der Rückmeldung des Encoders über die aktuelle Istposition und der anzufahrenden Sollposition die Eingangsvariablen *Positionsfehler* sowie dessen *Differenzenquotient* (zur Unterdrückung der Schwingneigung) und das *Fehlerintegral* (zur Störgrößenkompensation) vor jedem Regelschritt neu berechnet. Im linearen PID-Regler werden diese Größen (gewichtet mit den Parametern kp, ki und kd) lediglich zusammenaddiert, wohingegen im Fuzzy-Regler eine recht komplizierte interne Berechnung abläuft. In der Literatur wird dieser spezielle Typ eines Fuzzy-Reglers (aufgrund seiner gewonnenen Eingangsinformation) häufig als Fuzzy-PID-Regler bezeichnet [8].

4. Durchführung der Untersuchungen

Zunächst wurde mit Hilfe eines einfachen Strecken-Simulationsmodells eine Standardeinstellung für einen linearen PID-Regler aufgefunden. Das Streckenverhalten (in Bezug auf Positioniergeschwindigkeit und Überschwingfreiheit) ließ sich durch eine Optimierung am Realmodell noch weiter verbessern. Damit lagen zunächst einmal Referenzverläufe für das Fahrverhalten der NC-Achse mit einem konventionellen PID-Regelkonzept vor.

Anschließend wurde der Fuzzy-Regler durch Vorgabe von *Regelbasis* und *unscharfen Referenzmengen* (Fuzzy-Sets) dementsprechend eingestellt (beides zusammen bildet die sogenannte Wissensbasis). Hierbei gelangte ein einfacher MIN-MAX-Algorithmus zum Einsatz.

Je nach Wahl der Unterteilungsbereiche für die Fuzzy-Sets ergaben sich verschiedene Regelbasen. Während auf der Eingangsseite ausschließlich dreiecks- bzw. trapezförmige Fuzzy-Sets eingesetzt wurden, ließen sich (aus Gründen der Rechenzeitersparnis) auf der Ausgangsseite auch δ (Dirac)-Impulse (sog. Singletons, Abb. 4) verwenden, ohne das Regelergebnis maßgeblich zu beeinflussen [6].

In Abb. 3 ist die Regelbasis in der allgemein üblichen Matrix-Schreibweise wiedergegeben; dargestellt ist die Ausgabegröße *u* (Sollstrom für den Stromregler/Verstärker) in Abhängigkeit der Eingangsgrößen *e* (Positionsfehler) und *de/dt* (Positionsfehleränderung).

Regelmatrix: e — Ausgang: u

de/dt \ e	nb	neg	zero	pos	pb
TooN	vlinks	vlinks	vlinks	vlinks	rechts
NB	vlinks	vlinks	vlinks	vlinks	vrecht
Z	vlinks	vlinks	stop	vrecht	vrecht
PB	vlinks	vrecht	vrecht	vrecht	vrecht
TooP	links	vrecht	vrecht	vrecht	vrecht

Abb. 3: Regelmatrix für den Vorschubantrieb

Die hier verwendeten Fuzzy-Sets (*nb, NB = negative big ; pb, PB = positive big ; zero, Z = zero ; TooN, TooP = Too Negative/Positive, vrechts, vlinks = voll rechts/links ; rechts, links und stop*) sind in der Abb. 4 abgedruckt und repräsentieren als unverzichtbarer Bestandteil der Wissensbasis (= Fuzzy-Sets und Regelbasis) das *numerisch beschreibbare Expertenwissen* des zu regelnden Prozesses, wohingegen die Regelbasis das *strukturelle Expertenwissen* (was ist wie verknüpft?) beinhaltet.

Mit der so aufgefundenen (optimalen) Wissensbasis wurden die weiter unten aufgeführten mathematische Operatoren (mit Hilfe eines am pak entwickelten Softwarepakets) untersucht. Es sollte eine Aussage darüber getroffen werden, welche der vielen in der Literatur (beispielsweise in [4]) vorgeschlagenen mathematischen Fuzzy-Algorithmen für einen Einsatz in Lageregelkreisen als geeignet erscheinen.

Als Kriterien für eine Eignung wurden vor allem die *Anregelzeit* (Zeit vom Start des Positioniervorgangs bis zum Durchlaufen von 95% des gesamten Verfahrwegs zur Zielposition), die *Überschwingweite*, die *stationäre Regelabweichung* und die *Rechenzeit für einen Regelschritt* herangezogen. Hier zeigten sich erwartungsgemäß große Unterschiede, sodaß sich mit den gewonnenen Ergebnissen Implementierungskriterien für Fuzzy-Systeme in Vorschubregelkreisen aufstellen lassen.

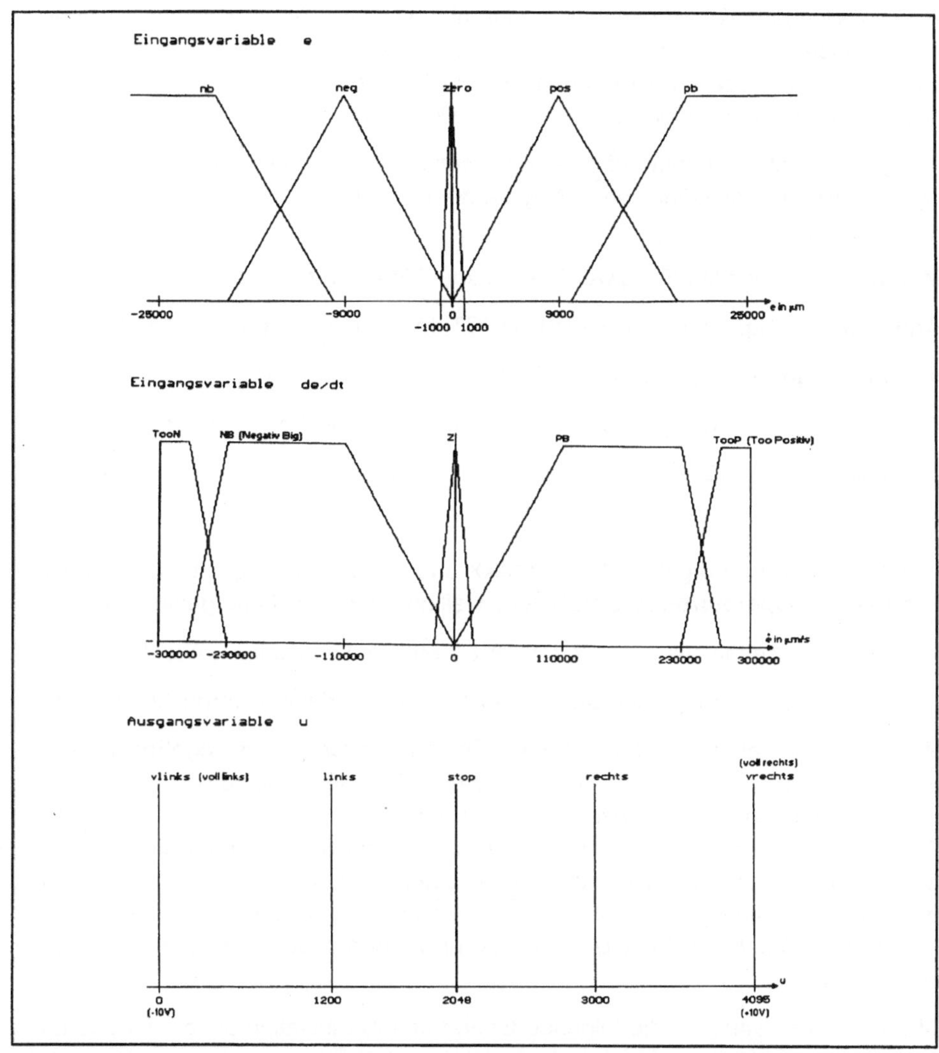

Abb. 4: Unscharfe Referenzmengen (Fuzzy-Sets) für den Vorschubantrieb

In einem Fuzzy-Algorithmus werden üblicherweise mehrere Berechnungsschritte nacheinander abgearbeitet [5,7]. Zunächst wird im ersten Schritt (dem *Matching*) die Übereinstimmung einer Meßgröße mit den internen Referenzwerten (Fuzzy-Sets) berechnet. Entsprechend der Verknüpfungen in der Regelbasis wird dann anschließend die Übereinstimmung für eine ganze Regel (*Aggregation*) ermittelt und dieses Ergebnis (in der sogenannten *Inferenzoperation*) umgerechnet auf die Schlußfolgerung (Wenn .. dann). Danach werden die Ergebnisse aller Regeln zusammengerechnet (*Akkumulation*) und zuletzt in einen scharfen Ausgabewert zurücktransformiert (*Defuzzifizierung*).

Die in vielen Darstellungen anzutreffende *Fuzzifizierung* (im Sinne der Umwandlung eines scharfen Meßwertes in ein Eingabe-Fuzzy-Set unter Berücksichtigung seiner *Meßungenauigkeit*) macht in der hier vorliegenden Anwendung keinen Sinn, solange die aus dem Prozeß gewonnenen Meßwerte (hier: die Istposition bzw. die daraus abgeleiteten Größen des Positionsfehlers und seiner Änderung) *ohne nennenswerte Streuung* ermittelt werden können.

Im folgenden soll nun näher auf diese eingesetzten mathematischen Verfahren eingegangen werden (allerdings ohne Angabe der Formeln, die sich der Literatur [4,5] entnehmen lassen).

- **Matching:** Für das Matching wurde stets der MIN-Operator eingesetzt.

- **Aggregation:** Alg.- und Einstein- PRODUCT, MIN, Bounded-Diff., γ-Operator

- **Inferenz:** Algebraic- und Einstein-PRODUCT, MIN, Bounded-difference

- **Akkumulation:** MAX, Algebaic-, Absolute- und Einstein-SUM, γ-Operator

- **Defuzzifizierung:** COG (Center Of Gravity in 3 Varianten), MAX, MAX-HEIGHT

Ausgehend von der Vorgabe MIN-MIN-MAX und Defuzzifizierung mit COG wurden **die einzelnen Operatoren** innerhalb der jeweiligen Rechenschritte **gezielt variiert**.

Beispiel: Vorgabe Matching = MIN, Inferenz = MIN, Akkumulation = Absolute SUM,

Defuzzifizierung mit COG (Center-Of-Gravity oder Schwerpunktmethode)

Mit den oben erwähnten mathematischen Operatoren für die **Aggregation** wurden nun umfangreiche Untersuchungen durchgeführt. Es zeigten sich große Unterschiede in der Rechenzeit (*Einstein PRODUCT* etwa 30% langsamer als *Algebraic PRODUCT*), der *γ-Operator* benötigte etwa die dreifache Anregelzeit für einen Positioniervorgang bei geringer Falschparametrierung und mit dem Operator *Bounded Difference* wurde gar ein starkes Überschwingen (> 2%) beobachtet. Offensichtlich kann *Algebraic PRODUCT* als der für die Aggregation geeignete Operator betrachtet werden.

Auf diese Weise ließ sich die folgende Operatoren-Kombination als die *für das Labormodell* am besten geeignete ermitteln:

- **Matching und Inferenz mit MIN-Operator**

- **Aggregation mit Algebraic-PRODUCT**

- **Akkumulation mit Absolute-SUM**

- **Defuzzifizierung mit COG** (in der Variante für Singletons)

In weiteren Untersuchungen wurde der **Einfluß der Eingabestruktur** auf das Verhalten des Fuzzy-Controllers untersucht. Dabei wurden für den Eingang *Positionsfehleränderung* zwei Fuzzy-Sets zusätzlich aufgenommen. Eine solche Erweiterung auch für den Eingang Positionsfehler oder den Reglerausgang (Sollwert für Motorstrom) erwies sich als nicht vorteilhaft; werden die Fuzzy-Sets überdies falsch definiert, neigt das System zu unerwünschtem Aufschwingen.

Bei **kleinen** Positionsfehlersprüngen positionierte dieser derart erweiterte Fuzzy-Regler den Vorschubwagen deutlich schneller als mit der zuvor untersuchten Wissensbasis; eine Untersuchung mit allen Operatoren erübrigt sich aus strukturellen Gründen.

Ersetzt man die Ausgabe-Fuzzy-Sets (in Abb. 4: Singletons) durch Dreiecke, so ändert sich am Verhalten des Fuzzy-Reglers fast nichts - mit Ausnahme der Rechenzeit für einen Iterationsschritt. Die Ursache hierfür liegt vor allem in der hier sehr aufwendigen Defuzzifizierung: anstelle einer Mittelwertbildung (COG für Singletons) tritt die "echte" (und damit sehr rechenintensive) Schwerpunktsberechnung.

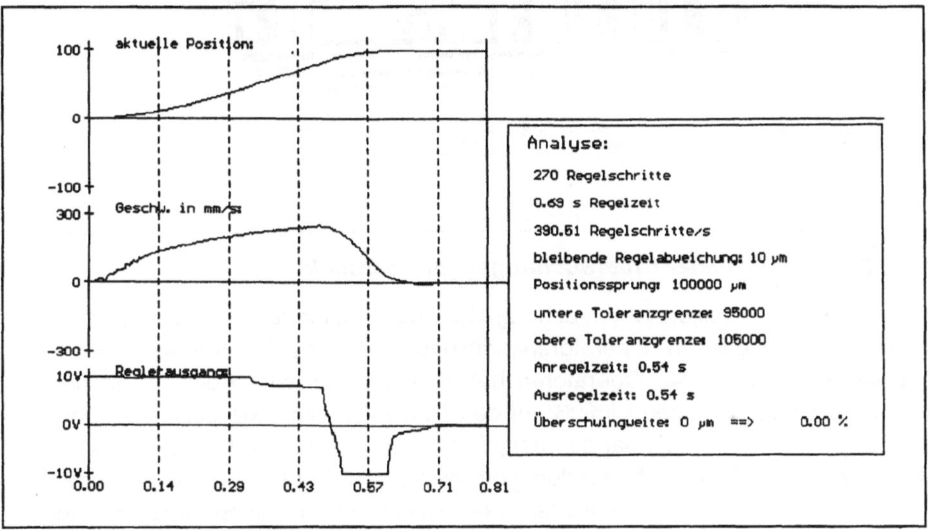

Abb. 5: Aufzeichnung der Zeitverläufe für einen Positioniervorgang

Abb. 5 vermittelt einen visuellen Eindruck des Bahn- und Geschwindigkeitsverlaufes für einen einzelnen Positioniervorgang. Das übliche Trapezprofil für die Drehzahlregelung (bzw. Vorschubgeschwindigkeit) wird nur näherungsweise angenommen, da der Antriebsmotor bewußt unterdimensioniert eingesetzt wurde, um in nichtlineare Betriebsbereiche zu gelangen.

5. Ergebnisse

Aufgrund stets vorhandener System-Nichtlinearitäten läßt sich auch bei einer recht einfachen (parametrisch beschreibbaren) Regelstrecke durch einen Kennfeld-Regler ein (zumindest geringfügig) besseres Verhalten erzielen als mit herkömmlichen PID-Reglern. Berücksichtigt man weitere (in der Praxis auftretende) Größen (wie z.B. Störungen durch Verschmutzung, Erwärmung oder auch die insbesondere bei Bearbeitungsvorgängen auftretenden Kräfteschwankungen), so liefern Fuzzy-Regler aufgrund besser angepaßter Strukturen deutlich günstigere Ergebnisse. In Abbildung 6 sind die Ergebnisse der Untersuchungen graphisch aufgetragen (für einen Führungsgrößensprung des Lagereglers von 100mm).

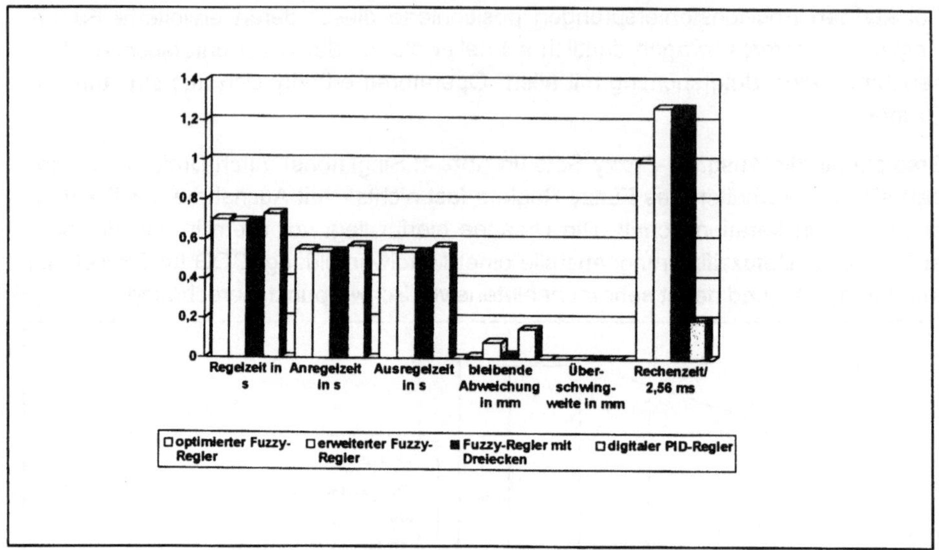

Abb. 6: Ergebnisse der Untersuchungen im Überblick

In der hier vorgestellten Untersuchung wies der optimierte Fuzzy-Regler mit der oben wiedergegebenen Operatorenkombination das beste Verhalten auf. Die Auswahl mathematischer Operatoren hat aber bei sinnvoller Auswahl ansonsten keinen so entscheidenden Einfluß auf das Reglerverhalten wie beispielsweise die Regelbasis oder die Eingangs-Fuzzy-Sets, die wiederum bei einer anderen Operatoren-Kombination abgeändert werden müssen. Der PID-Regler (in Software) war etwa um den Faktor 5 schneller in der Rechenzeit für einen einzelnen Regelschritt; verlegt man ihn in einen strukturangepaßten Motorcontroller (in diesem Falle wurde der mit 6 MHz getaktete Baustein LM 628 von National Semiconductors als Referenz herangezogen), so verringert sich die Durchlaufzeit für einen Iterationsschritt nochmals um etwa Faktor 3.

Nicht berücksichtigt wurde in diesem Artikel das Störverhalten des Regelkreises, das aber durch lineare Überlagerung eines integralen Anteils (mit einem vergleichsweise niedrigen ki-Wert) akzeptable Ergebnisse liefert. Wird dieser Wert allerdings zu groß (ki > 0.1), so gerät der gesamte Vorschubregelkreis in Schwingungen.

6. Literatur

1. M. Weck: Werkzeugmaschinen, Band 3, VDI-Verlag, 3. Auflage 1989. S. 192 ff.
2. K.Bender, A. Karcher: Die Evolution der Werkzeugmaschine, in: Elektronik plus, Heft 2/94, S. 6-13
3. Pritschow, Spur: Vorschubantriebe in der Fertigungstechnik, Hanser-Verlag, 1989. S. 227-43
4. Zimmermann: Fuzzy-Set Theory and Its Applications, 2nd ed., Kluwer, Boston, 1991
5. T. Tilli: Fuzzy-Logik, Franzis-Verlag, München, 1991
6. D. Gariglio: Fuzzy in der Praxis, in: Elektronik, Heft 20/91, S. 63-75
7. C. v.Altrock: Fuzzy-Logik, scharfe Theorie der unscharfen Mengen, in: c't, Heft 3/91, S. 188-206
8. R. Palm, H. Hellendoorn: Fuzzy-Control, Grundlagen und Anwendungsmethoden, in: KI, Heft 4/91

The Nonlinear Nature of Fuzzy Control

Mikael Johansson

Department of Automatic Control
Lund Institute of Technology
Box 118, S-221 00 Lund, Sweden.

Abstract. Bridging the gap between fuzzy and conventional control techniques requires a way to relate results from the both disciplines to each other. This can be done by considering fuzzy logic based rules as a way to describe a nonlinear mapping. This point-of-view results in parameter recommendations, insight in fuzzy systems, and more efficient fuzzy controller implementations. Also, the non-fuzzy part of the fuzzy controller is discussed, as well as evaluation of nonlinear controllers in general.

1 Introduction

Lately, there has been an increasing amount of scepticism towards fuzzy control in the control community [1] [6]. This owes much to lack of mutual understanding, but is also motivated by the flourishing 'hype' about the simplicity and superiority of fuzzy control compared to other techniques [4].

In order to bridge the gap between conventional control techniques and fuzzy control, it is important to be able to relate results in fuzzy control to established ones in existing control theory [13]. This can be achieved by considering rules based on fuzzy logic as a way to describe a nonlinear mapping. This representation is very similar to the mathematical representation of a nonlinearity by a table with an interpolation procedure. Under some common restrictions on fuzzy operators and fuzzy set definitions, there exists a simple relation between the fuzzy representation and the mathematical representation.

2 The Fuzzy Controller

Fuzzy controllers for direct feedback have the structure shown in Fig. 1. The fuzzy controller consists of two components: the linear filters and the fuzzy logic system. The linear filters on the input generate the inputs to the fuzzy system. The fuzzy system performs a possibly nonlinear mapping of these inputs to the control signal. If the fuzzy system output is the control increments, integration of this signal is required to obtain the actual control signal. This is represented by the linear filter on the output.

Contrary to conventional control techniques, the fuzzy controller nonlinearity is described by a set of rules. These rules are interpreted by means of fuzzy logic and approximate reasoning [11]. Many papers on fuzzy control are concerned

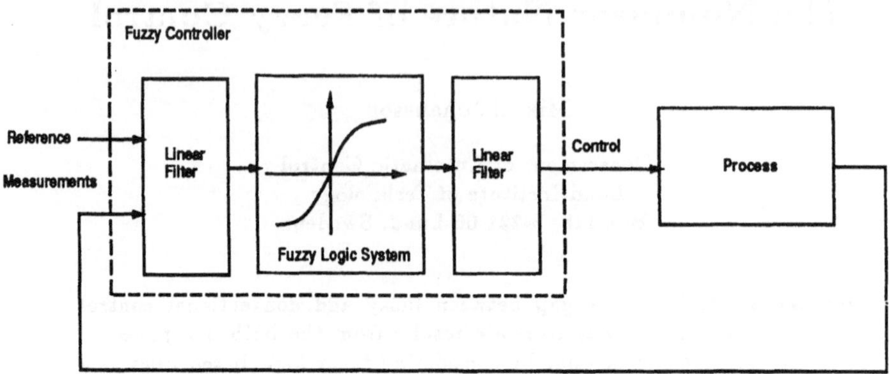

Fig. 1. The fuzzy controller.

with the internal inference mechanisms of the fuzzy logic system only. This paper, in contrast, aims at a global view. An important initial observation is that to obtain good control performance, the linear filters and the fuzzy system are of equal importance.

3 Some Notes on the Linear Filters

In fuzzy control, very little attention is given to the generation of the fuzzy system inputs. Even some recent textbooks on fuzzy control completely disregard this issue e.g. [5]. The fuzzy system inputs are often the control error, error derivative or error integral. The fuzzy controller is then structurally equivalent to a conventional controller of PID type. In PID control [2] there exists a huge amount of knowledge regarding the design of linear filters. These results applies also to fuzzy controllers, as do all fundamental control theory! Although a complete treatment is out of the scope of this paper, the following facts should be well known:

1. The sampling time is related to plant dynamics and of vital importance to the performance of the controller. Information lost in the sampling process can not be recovered in the control algorithm.
2. The derivative operation is sensitive to high frequency noise. It is necessary to limit the high frequency gain on the derivative approximation to avoid large sensitivity to measurement noise.
3. If the fuzzy controller uses integrators, an anti-windup scheme should be included.
4. The normalization and denormalization gains play the role of linear gains that scale the nonlinearity. These gains have a direct influence on the performance and stability of the closed loop system.

4 Insight in Fuzzy Logic Systems

In a fuzzy controller, the fuzzy system is used to perform a nonlinear mapping from the process observations to the control signal. The fuzzy system has a very large number of adjustable parameters including the number of fuzzy sets, their shape and distribution, rules and reasoning methods. This has created a need for advice on the selection of fuzzy system parameters. Much of the work in this area has unfortunately been carried out using a 'black box'-view of fuzzy systems. In [12], for example, advice on inference operators where derived by altering the reasoning method and qualitatively comparing step responses for a fuzzy PD controller. This type of experiments are bound to be confusing since the fuzzy nonlinearity is influenced by the combination of fuzzy set definitions and reasoning method. A general understanding of fuzzy control can only be developed by examining the influence of fuzzy set parameters on the fuzzy system nonlinearity.

4.1 Influence of Fuzzy System Parameters on the Nonlinearity

Describing a nonlinearity by fuzzy logic based rules is very similar to describing a nonlinearity by a look-up table and an interpolation method. A look-up table consists of a set of data points, x_k, and the corresponding function values, $\mathcal{F}(x_k)$. The behavior of the function in intervals bounded by these data points is described by interpolation functions.

In a fuzzy system, the look-up table is replaced with rules and fuzzy set distributions as is illuminated by Fig.2 and Fig.3.

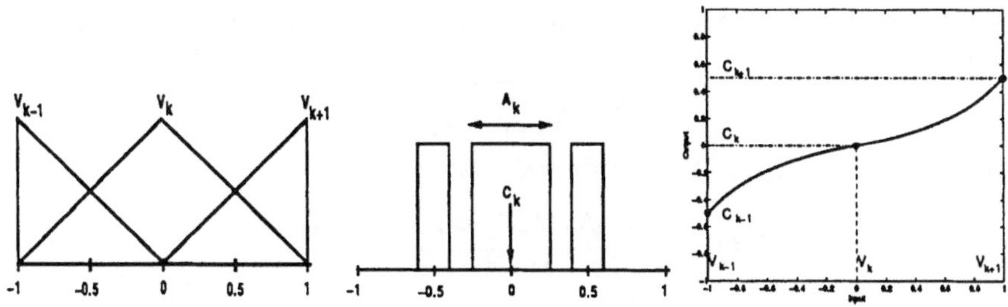

Fig. 2. Input sets (left), output sets (middle) and one typical fuzzy nonlinearity (right).

In [9], the influence of fuzzy system parameters on the nonlinear mapping was investigated. Inspired by the paper [7], the main result is formulated as the following lemma:

Lemma 1 (SISO systems). *If*

1. *The fuzzy sets of the input variables are triangular with full overlapping.*
2. *The rule base is complete, consistent and on the form*

$$\mathcal{R}_k: \textit{IF } x \textit{ IS } F_k \textit{ THEN } u \textit{ IS } G_k$$

3. The reasoning is product-sum inference:
   (a) The implication operator is product
   (b) The union operator is summation
   (c) The defuzzification method is center of gravity

***then** the fuzzy system nonlinearity is a collection of piecewise defined rational polynomials. The influence of the fuzzy set parameters on the nonlinearity is transparent and can be described in analogy with interpolation systems:*

(a) The vertices $\mathcal{V}_k$ of the input sets F_k partition input-space into a set of interpolation intervals.

$$[x_k, x_{k+1}] = [\mathcal{V}_k, \mathcal{V}_{k+1}]$$

(b) To each interval endpoint, the rules $\mathcal{R}_k$ order a function value. This value equals the centroid C_k of the fuzzy set of the rule consequent G_k

$$\mathcal{F}(x_k) = C_k$$

(c) The slope of the nonlinearity at these points can be adjusted by the areas $\mathcal{A}_k$ of the consequent fuzzy sets G_k according to:

$$\frac{d\mathcal{F}}{dx}(x_k^+) = \frac{\mathcal{A}_{k+1}}{\mathcal{A}_k}\frac{C_{k+1} - C_k}{\mathcal{V}_{k+1} - \mathcal{V}_k}$$

Proof. Results *(a)* and *(b)* are trivial and follow from assumptions *1* and *3(c)*. Result *(c)* is more involved. First notice that the fuzzy set F_k has one vertex at $x = \mathcal{V}_k$ with membership unity and the other vertices at $\mathcal{V}_{k-1}$ and $\mathcal{V}_{k+1}$ as can be seen in Fig.2.

To investigate the interpolation in the interval $x \in [\mathcal{V}_k, \mathcal{V}_{k+1}]$ use the linear transform

$$t = \frac{x - \mathcal{V}_k}{\mathcal{V}_{k+1} - \mathcal{V}_k} \tag{1}$$

The fuzzy system output in this interval is then

$$\mathcal{F}(t) = \frac{(1-t)\cdot \mathcal{A}_k C_k + t \cdot \mathcal{A}_{k+1} C_{k+1}}{(1-t)\cdot \mathcal{A}_k + t\cdot \mathcal{A}_{k+1}} \tag{2}$$

Taking the derivatives and putting $x = x_k$ proves *(c)*.

From Eq.2 of the proof of Lemma 1, we can get some further insight in fuzzy systems.

***Corollary 1 (Piecewise Linear Mappings).** If two adjacent vertices $\mathcal{V}_k, \mathcal{V}_{k+1}$ map to fuzzy output sets with equal area, i.e. $\mathcal{A}_k = \mathcal{A}_{k+1}$, the fuzzy system performs a piecewise linear mapping in this interval.*

***Corollary 2 (Piecewise Constant Mappings).** If two adjacent vertices $\mathcal{V}_k, \mathcal{V}_{k+1}$ map to output fuzzy sets with equal centroid and area, i.e. $C_k = C_{k+1}$ and $\mathcal{A}_k = \mathcal{A}_{k+1}$, the fuzzy nonlinearity is piecewise constant in this interval, $\mathcal{F}(x_k) = C_k$.*

Remark 1. The assumptions in Lemma 1 can also be considered as recommendations on inference parameters. Min and max operators often introduce additional undesired nonlinearities in the interpolation.

Remark 2. Lemma 1 can be extended to other reasoning methods by restricting the fuzzy output sets to be rectangular with no overlap [7].

Remark 3. The above results apply also when trapezoidal and rectangular input sets are allowed, since these can be decomposed into several triangular input sets.

Remark 4. Lemma 1 extendeds quite naturally to the case of several inputs provided that the rule base is on the form

$$\mathcal{R}_k\text{: IF } x_1 \text{ IS } F_k^1 \text{ AND } \ldots \text{AND } x_N \text{ IS } F_k^N \text{ THEN } u \text{ IS } G_k$$

and the intersection operator is defined as product. In this case, the interpolation intervals are determined by the cartesian product of the vertices of the fuzzy sets of each input signal

$$x_k = \{\mathcal{V}_{k,x_1}\} \times \ldots \times \{\mathcal{V}_{k,x_N}\}$$

The extension of Lemma 1 using Remark 3 and 4 is illuminated by Fig.3.

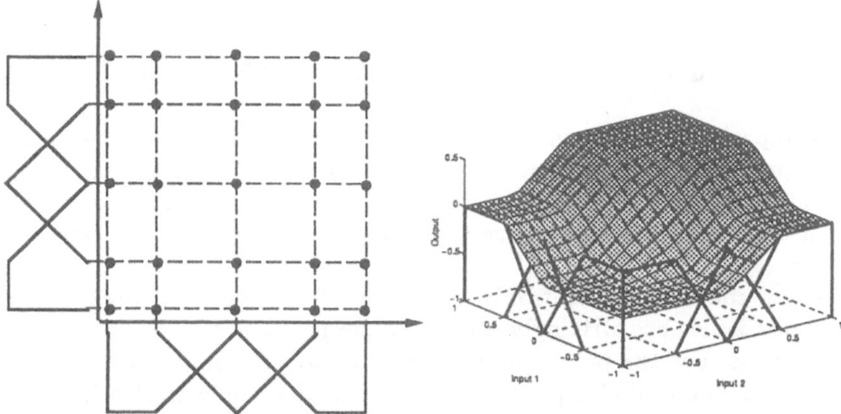

Fig. 3. The analogy to interpolation systems applies also for several inputs and trapezoidal membership functions. The fuzzy sets of the input variables shown on the axes partition input space (left). One typical nonlinearity is shown to the right.

4.2 Efficient Controller Implementation

A general fuzzy controller implementation is computionally very demanding. Although special VLSI hardware has been developed to perform fuzzy calculations, it is of interest to derive methods for efficient controller implementations on standard hardware. Such methods can be derived if we separate the design and implementation of the nonlinearity. The controller is designed in the linguistic framework using fuzzy logic based rules. This description of the nonlinearity is then transformed to a analytical representation which is implemented.

If the assumptions of Lemma 1 are fulfilled, the fuzzy system nonlinearity is uniquely determined by the vertices of the input sets $\mathcal{V}_k$, the rules $\mathcal{R}_i$ and the areas $\mathcal{A}_j$ and centroids $\mathcal{C}_j$ of the output sets. According to Lemma 1, this nonlinearity is equivalent to a collection of rational polynomials defined on patches bounded by the vertices of the input sets. The interpolation polynomial in the interval $[\mathcal{V}_k, \mathcal{V}_{k+1}]$ in the SISO case can be obtained from Eq.1 and Eq.2:

$$u(x) = \frac{\alpha_1 \cdot x + \alpha_2}{\beta_1 \cdot x + \beta_2}$$

with

$$\begin{cases} \alpha_1 = \mathcal{A}_k\mathcal{C}_k - \mathcal{A}_{k+1}\mathcal{C}_{k+1} \\ \alpha_2 = \mathcal{A}_{k+1}\mathcal{C}_{k+1}\mathcal{V}_k - \mathcal{A}_k\mathcal{C}_k\mathcal{V}_{k+1} \\ \beta_1 = \mathcal{A}_k - \mathcal{A}_{k+1} \\ \beta_2 = \mathcal{A}_{k+1}\mathcal{V}_k - \mathcal{A}_k\mathcal{V}_{k+1} \end{cases}$$

Using the assumptions in Remark 4, formulae can be derived also for the case of several inputs. Formulae for up to three inputs have been derived and implemented in a Matlab toolbox for fuzzy control design.

5 Fuzzy Control - A Nonlinear Control Strategy

Several comparisons have been made comparing fuzzy control and conventional control approaches. Most of these comparisons, however, address linear vs. nonlinear control rather than fuzzy vs. conventional control. Since fuzzy control is a nonlinear approach, it is no surprise that fuzzy control outperforms linear PID controllers.

Fuzzy vs. conventional control is a question of methodology. Unfortunately, methodology issues are strikingly absent in comparisons of fuzzy and conventional methods. For the practicing engineer, a good controller design requires the best use of the available process information. If we only trust a human expert, we will doubtlessly come across the knowledge acquisition problem known from other AI approaches. If we use a mathematical process model only, on the other hand, there is no reason to translate the mathematical control law into fuzzy rules.

One interesting methodology is to start out with a simple process model and derive a mathematical control law. This will give advice on the controller structure, gains and sampling time. This control law is transformed to linguistic rules and presented to a human expert. By adjusting rules and fuzzy sets, the expert can modify the control strategy locally according to experience. If the initial controller is linear, the transformation to fuzzy rules can be made using the methods derived in [7]. The tuning of the controller can be made using knowledge from Lemma 1.

Systematic methods have been developed to derive fuzzy versions of several classes of conventional controllers, e.g. [7] [10]. Using the ideas from section 4, we can see that deriving fuzzy versions of existing control strategies is simply a matter of approximating an analytically derived nonlinearity by a fuzzy system. In theory, fuzzy systems are capable of approximating any real-valued function to arbitrary precision [14]. In practice, however, the approximation capabilities of fuzzy systems are limited by the following facts:

1. The number of linguistic values of the output variable is often approximately equal to the number of linguistic values of each input signal. To get full freedom, there should be as many fuzzy output sets as there are rules.
2. The rule base is defined on a cartesian space defined by the fuzzy sets of the inputs. Changing one input set affects the domain of several rules.
3. Fuzzy is based on heuristics, and it is motivated to ask to what extent a fuzzy controller can be tuned. Experience from PID control has shown that it is hard to tune more than two parameters manually.

Simulation plays an important role in evaluation of fuzzy controllers. For a thorough evaluation of a controller design, the following criteria are of interest:

1. Load disturbance rejection
2. Sensitivity to measurement noise
3. Robustness to plant uncertainties
4. Response to set-point changes

Since fuzzy is a nonlinear structure it is not sufficient to do simulate one step response only. Several authors fail to realize this. This is the case in [3], where a fuzzy PD controller is compared with and claimed superior to a conventional PID controller. The fuzzy nonlinearity is adjusted to give a fast response to one specific change of set-point only. For most other set-point changes, the fuzzy controller responds slower than the corresponding linear controller.

The nonlinearity in fuzzy controllers of PID type is often designed to have a 'bang-bang' characteristic similar to conventional time-optimal controllers. This is not surprising, since bang-bang control is a very intuitive control strategy often used by humans. To obtain a simple switching characteristic, however, the plant should be linear and well-damped. As discussed in [8], fuzzy PID controllers are superior to their linear counterparts also for a restricted class of nonlinear plants. These are plants with a nonlinearity that is a symmetrical function of the process output. The set-point changes should in this case be equal in magnitude and occur when the plant is at rest, i.e. when the output error and its derivatives are zero.

6 Conclusions

The nonlinear nature of fuzzy control has been investigated. Quantitative results have been derived for the effects on the nonlinear mapping of changes in fuzzy system parameters. This gives insight in how to adjust the fuzzy system parameters to obtain one specific nonlinearity.

Under some restriction on the choice of fuzzy set parameters, there exists an equivalent analytical description of the fuzzy system nonlinearity. This can be used for efficient implementation of fuzzy controllers. It is also a natural way to to relate results in fuzzy control to existing control theory.

Possibilities and limitations of fuzzy control where also discussed. Good control performance requires proper design of the linear filters. If simulation is used as an evaluation tool for fuzzy controllers, it is important to perform step-responses for several sizes of set-point changes.

References

1. "Reader's forum." IEEE Control Systems Magazine, June 1993.
2. K. J. ÅSTRÖM AND T. HÄGGLUND. *Automatic Tuning of PID Controllers*. Instrument Society of America, Research Triangle Park, North Carolina, 1988.
3. S. BOVERIE, B. DEMAYA, AND A. TITLI. "Fuzzy logic control compared with other automatic control approaches." In *Proc. of the 30th IEEE Conference on Decision and Control*, Brighton, 1991.
4. E. COX. "Adaptive fuzzy systems." *IEEE Spectrum*, February, February 1993.
5. D. DRIANKOV, H. HELLENDOORN, AND M. REINFRANK. *An Introduction to Fuzzy Control*. Springer Verlag, Berlin Heidelberg, 1993.
6. C. ELKAN. "The paradoxical success of fuzzy logic." In *Proceedings of the AAAI*, July 1993.
7. S. GALICHET AND L. FOULLOY. "Fuzzy equivalence of classical controllers." In *Proceedings of the EUFIT '93*, volume I, pp. 1567–1573, Aachen, September 1993.
8. R. JAGER, H. VERBRUGGEN, AND P. BRUIJN. "Demystification of fuzzy control." In TZAFESTAS AND VENETSUNOPAULOS, Eds., *Fuzzy Reasoning in Information, Decision and Control Systems*, chapter 8, pp. 165–196. Kluwen, 1994.
9. M. JOHANSSON. "Nonlinearities and interpolation in fuzzy control." Master thesis ISRN LUTFD2/TFRT--TFRT-5491--SE, Department of Automatic Control, Lund Institute of Technology, Lund, Sweden, December 1993.
10. S. KAWAJI AND N. MATSUNGA. "Fuzzy control of VSS type and its robustness." In KANDEL AND LANGHOLZ, Eds., *Fuzzy Control Systems*. CRC Press, 1994.
11. C. LEE. "Fuzzy logic in control systems: Fuzzy logic controller part I and II." *IEEE Transactions on Man, Systems and Cybernetics*, **20:2**, pp. 404–435, 1990.
12. M. MIZUMOTO. "Fuzzy controls under product-sum-gravity methods and new fuzzy control methods." In KANDEL AND LANGHOLZ, Eds., *Fuzzy Control Systems*, pp. 275–294. CRC Press, 1994.
13. K. M. PASSINO. "Bridging the gap between conventional and intelligent control." *IEEE Control Systems Magazine*, June, pp. 12–18, June 1993.
14. L. WANG AND J. MENDEL. "Fuzzy basis functions, orthogonal least squares learning and universal approximators." *IEEE Transactions on Systems, Man and Cybernetics*, **3:5**, September 1992.

Beurteilung der Stabilität und der Stabilitätsreserve von Fuzzy-Regelungen mittels L_2-Stabilitätskriterium

R. Noisser

TU Wien, Insitut für Elektrische Regelungstechnik,

Gußhausstr. 27,
A-1040 Wien

1 Einleitung

Die vorliegende Arbeit beschäftigt sich mit der Beurteilung der Stabilität von Fuzzy-Regelungen mit Hilfe des L_2-Stabilitätskriteriums /1/. Vorausgesetzt wird dabei eine Eingrößenregelung und daß die Regelstrecke im wesentlichen ein lineares System darstellt. Unter diesen Annahmen kann der mittels Fuzzy-Regler gebildete Regelkreis stets in einen nichtlinearen Standardregelkreis entsprechend Bild 1 umgeformt werden, wie im folgenden Abschnitt näher erläutert wird. Das L_2-Stabilitätskriterium stellt eine Möglichkeit dar, die Stabilität dieses nichtlinearen Standardregelkreises zu untersuchen. Auf den Einsatz des L_2-Stabilitätskriteriums zur Beurteilung der Stabilität von Fuzzy-Regelungen wird im speziellen in /2,3/ eingegangen.

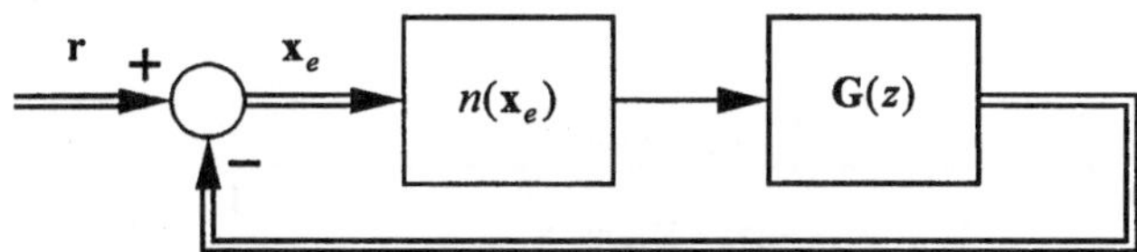

Bild 1: Nichtlinearer Standardregelkreis
$\mathbf{G}(z)$...lineares dynamisches System
$n(\mathbf{x}_e)$...nichtlineares System ohne Dynamik

Die Stabilität von Fuzzy-Regelungen kann weiters mit der Hyperstabilitätstheorie /3,4/ sowie auf der Basis der Ljapunov-Stabilitätstheorie im wesentlichen durch die Näherung der Reglerkennfläche des Fuzzy-Reglers mittels Facettenfunktionen durchgeführt werden /5/.

In der vorliegenden Arbeit wird auf mehrere noch unbehandelte Fragen eingegangen, die bei der Beurteilung der Stabilität von Fuzzy-Reglungen mittels L_2-Stabilitätskriterium auftreten. Zuerst werden diesbezügliche rechenzeitmäßige Aspekte behandelt. Dann wird erläutert, wie vorzugehen ist, wenn die Regelstrecke nicht exakt bekannt ist, sondern für deren Frequenzgang nur ein Bereich gegeben ist. Weiters wird gezeigt, daß sich mit dem L_2-

Stabilitätskriterium auch eine Aussage über die Stabiltätsreserve gewinnen läßt. Abschließend wird die praktische Brauchbarkeit der hier vorgestellten Verfahren an einem Beispiel demonstriert.

2 Grundsätzliches

Die folgenden Betrachtungen gehen von einer digitalen Fuzzy-Regelung aus; die dabei auftretenden linearen dynamischen Elemente (Regelstrecke, dynamische Teile des Reglers) sind daher durch z-Übertragungsfunktionen beschrieben. Vorausgesetzt wird dafür das in Bild 2 dargestellte Regelprinzip, wobei es sich beim Fuzzy-Regler um einen Fuzzy PI- , PD- oder PID-Regler handeln soll. Der Fuzzy-Block faßt die Fuzzifizierung, die Inferenz und die Defuzzifizierung zusammen und $\mathbf{F}_1(z)$ sowie $F_2(z)$ stellen die linearen Elemente des Reglers dar. Je nach gewählter Reglerstruktur soll damit $F_2(z) = k_u$ bzw. $F_2(z)=k_u(1-z^{-1})^{-1}$ gelten. Bei einem Fuzzy PI-Regler lautet dann beispielsweise unter der Annahme

$$F_2(z) = k_u(1 - z^{-1})^{-1} \tag{1}$$

$$\mathbf{F}_1(z) = \begin{bmatrix} k_e \\ (1 - z^{-1})k_{\Delta e} \end{bmatrix}, \tag{2}$$

wobei k_u , k_e und $k_{\Delta e}$ Auslegungsgrößen des Fuzzy-Reglers darstellen. Für $F_2(z) = k_u$ muß die Regelstrecke nicht linear sein, sondern sie kann am Eingang auch eine solche Nichtlinearität aufweisen, welche gemeinsam mit dem Fuzzy-Block eine neue Nichtlinearität ergibt.

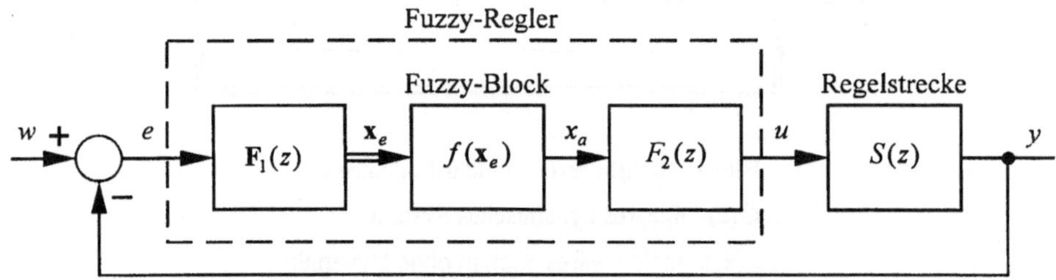

Bild 2: Prinzip einer Fuzzy-Regelung
w...Sollwert, u...Stellgröße, y...Regelgröße
$\mathbf{F}_1(z)$...(m,1) Übertragungsmatrix
m = 2 bei PI- oder PD-Regler
m = 3 bei PID-Regler

Für die Beurteilung der Stabilität des in Bild 2 dargestellten Regelkreises mittels L_2-Stabilitätskriterium muß dieser - wie schon erwähnt - in den nichtlinearen Standardregelkreis nach Bild 1 umgeformt werden; dies hat außerdem so zu erfolgen, daß **G**(z) eine stabile Übertragungsmatrix darstellt. Eine solche Umformung erhält man mit der Annahme

$$n(\mathbf{x}_e) = f(\mathbf{x}_e) - \mathbf{c}\mathbf{x}_e \,. \tag{3}$$

c stellt dabei einen Zeilenvektor dar, dessen Elemente geeignet zu wählen sind. Aus Bild 2 folgt damit für **G**(z)

$$\mathbf{G}(z) = \mathbf{F}_1(z)\frac{F_2(z)S(z)}{1+\mathbf{c}\mathbf{F}_1(z)F_2(z)S(z)} \,. \tag{4}$$

Für die in Bild 1 auftretende m-dimensionale Eingangsgröße **r** gilt weiters $\mathbf{r}(z)=\mathbf{R}(z)w(z)$, wobei **R**(z) eine stabile (m,1)-Übertragungsmatrix darstellt. Näher wird darauf nicht eingegangen, da diese für die folgenden Betrachtungen nicht benötigt wird.

Nach /1/ ist der nichtlineare Standardregelkreis im Sinne des L_2-Stabilitätskriteriums stabil, wenn mit

$$\nu = \max_{\mathbf{x}_e} \frac{|n(\mathbf{x}_e)|}{E[\mathbf{x}_e]} \tag{5}$$

und

$$\gamma = H_\infty[\mathbf{G}(z)] \tag{6}$$

$$\alpha = \nu\gamma < 1 \tag{7}$$

gilt. Dabei stellt $E[\cdot]$ die euklidische und $H_\infty[\cdot]$ die H_∞-Norm dar. Letztere ist allgemein für eine beliebige stabile Übertragungsmatrix **M**(z) sowie mit der Abtastzeit T der digitalen Fuzzy-Regelung durch

$$H_\infty[\mathbf{M}(z)] = \max_{\omega} \sigma_{\max}(\mathbf{M}(e^{j\omega T})) \tag{8}$$

definiert, wobei allgemein $\sigma_{\max}(\mathbf{A})$ den zu einer Matrix **A** gehörenden maximalen Singulärwert darstellt /7/. Für ω soll dabei wie auch im folgendem $\omega \in [0 \;\; \pi/T]$ gelten.

3 Beurteilung der Stabilität

Zur Verdeutlichung der folgenden Betrachtungen wird von $F_2(z)$ nach (1) und von einem Fuzzy PI-Regler ausgegangen. Damit gilt entsprechend (2) für $\mathbf{F}_1(z)$

$$\mathbf{F}_1(z) = \begin{bmatrix} F_a(z) \\ F_b(z) \end{bmatrix} = \begin{bmatrix} k_e \\ k_{\Delta e}(1-z^{-1}) \end{bmatrix} . \tag{9}$$

Für **G**(z) folgt damit sowie mit

$$\mathbf{c} = \begin{bmatrix} c_1 & c_2 \end{bmatrix} \tag{10}$$

und

$$F_c(z) = c_1 F_a(z) + c_2 F_b(z) \tag{11}$$

aus (4)

$$\mathbf{G}(z) = \begin{bmatrix} F_a(z) \\ F_b(z) \end{bmatrix} \frac{F_2(z)S(z)}{1+F_c(z)F_2(z)S(z)} \quad . \tag{12}$$

Nach Abschnitt 2 ist die Fuzzy-Regelung L_2-stabil, wenn $\alpha = \nu\gamma < 1$ gilt, wobei für eine vorgegebene Fuzzy-Regelung ν und γ nur mehr von $\mathbf{c}$ abhängen. Um - wenn möglich - L_2-Stabilität nachzuweisen, wird man daher c_1 und c_2 mittels numerischer Parameteroptimierung so wählen, daß α möglichst klein wird. Dabei ist als Nebenbedingung zu berücksichtigen, daß $\mathbf{G}(z)$ stabil sein muß.

Diese Parameteroptimierung erfordert rechenzeitmäßig hauptsächlich eine oftmalige Berechnung von ν und γ. Im folgenden wird daher darauf näher eingegangen.Das durch (5) definierte ν kann nur näherungsweise ermittelt werden. Ausgegangen wird dafür mit

$$\mathbf{x}_e = \begin{bmatrix} x_{e1} \\ x_{e2} \end{bmatrix} \tag{13}$$

davon, daß der zulässige Wertebereich für die Eingangsgrößen des Fuzzy-Blocks

$$x_{e1} \in [-1 \quad 1] \quad , \quad x_{e2} \in [-1 \quad 1] \tag{14}$$

sei. Man wird dann am einfachsten in diesen Wertebereichen eine genügende Anzahl von Punkten (z.B. je 20) wählen und für diesen Punkteraster ν berechnen. Um sicherzustellen, daß trotz der näherungsweisen Berechnung von ν eine damit gefundene Aussage zur Stabilität auch für den tatsächlichen Fuzzy-Regelkreis sicher gilt, kann folgendermaßen vorgegangen werden. Mit den aus der Parameteroptimierung folgenden optimalen Werten $\mathbf{c}_o$ und ν_o ist für den Fuzzy-Block nicht wie in Bild 2 $x_a(t)=f(\mathbf{x}_e)$, sondern

$$x_a(t) = n_B(\mathbf{x}_e) + \mathbf{c}_o \mathbf{x}_e \tag{15}$$

mit

$$n_B(\mathbf{x}_e) = \begin{matrix} n(\mathbf{x}_e) & \mathit{für} & |n(\mathbf{x}_e)| \le \nu_o E[\mathbf{x}_e] \\ sign(n(\mathbf{x}_e))\,\nu_o E[\mathbf{x}_e] & \mathit{für} & |n(\mathbf{x}_e)| > \nu_o E[\mathbf{x}_e] \end{matrix} \tag{16}$$

zu setzen, wobei $n(\mathbf{x}_e)$ aus (3) folgt.

Zur Berechnung von γ ist folgendes zu sagen. Aus /6/ folgt, daß im vorliegendem Fall für $H_\infty[\mathbf{G}(z)]$ mit

$$A(z) = F_a(z)F_a(z^{-1}) + F_b(z)F_b(z^{-1}) \tag{17}$$

sowie mit (12)

$$H_\infty[\mathbf{G}(z)] = \max_\omega \left| \frac{F_2(z)S(z)}{1+F_c(z)F_2(z)S(z)} \right| \sqrt{A(z)} \quad , \; z = e^{j\omega T} \tag{18}$$

gilt. Die Ermittlung von $H_\infty[\mathbf{G}(z)]$ kann in diesem Fall mit einem in /6/ angeführtem Verfahren durchgeführt werden, welches genau arbeitet und wenig Rechenzeit benötigt.

Zur Berücksichtigung von möglichen Fehlern der Regelstrecke bei der Beurteilung der Stabilität wird davon ausgegangen, daß S(z) die für den Entwurf des Fuzzy-Reglers verwendete nominale Regelstrecke darstellt und daß es sich bei $S_T(z)$ um die tatsächliche Regelstrecke handelt, die durch

$$\left|S_T(z) - S(z)\right| \leq r(\omega) \quad , \quad z = e^{j\omega T} \tag{19}$$

und damit durch

$$S_T(e^{j\omega T}) = S(e^{j\omega T}) + r_s e^{j\varphi} \quad , \quad 0 \leq r_S \leq r(\omega) \quad , \quad \varphi \in [0\ 2\pi] \tag{20}$$

charakterisiert ist. In diesem Fall ist für die Ermittlung von $H_\infty[\mathbf{G}(z)]$ erforderlich, daß **c** so gewählt wird, daß **G**(z) für $S_T(z)$ stabil ist. Für die Berechnung von H_∞ [**G**(z)] folgt dann aus (18) mit $S_T(z)$ nach (20) sowie mit

$$M(\omega) = \min_{r_s, \varphi} \left| \frac{1}{S_T(e^{j\omega T})} + F_c(e^{j\omega T}) F_2(e^{j\omega T}) \right| \tag{21}$$

$$H_\infty[\mathbf{G}(z)] = \max_{\omega} \frac{\left|F_2(e^{j\omega T})\right|}{M(\omega)} \sqrt{A(e^{j\omega T})} \quad . \tag{22}$$

Diese Ermittlung ist relativ einfach, da der Ausdruck

$$\frac{1}{S_T(e^{j\omega T})} + F_c(e^{j\omega T}) F_2(e^{j\omega T})$$

für ein bestimmtes ω hinsichlich $S_T(e^{j\omega T})$ eine konforme Abbildung darstellt, bei der Kreise auf Kreise abgebildet werden /8/. Man erhält damit sowie mit

$$\begin{aligned} \varphi_S &= \arg(S(e^{j\omega T})) , \\ l_S &= \left|S(e^{j\omega T})\right| \end{aligned} \tag{23}$$

$$M(\omega) = \left| \left| \frac{l_S}{l_S^2 - r^2(\omega)} e^{-j\varphi_s} + F_c(e^{j\omega T}) F_2(e^{j\omega T}) \right| - \frac{r(\omega)}{\left|l_S^2 - r^2(\omega)\right|} \right| \quad . \tag{24}$$

4 Ermittlung einer Stabilitätsreserve

Geht man bei der Beurteilung der Stabilität entsprechend dem Voranstehendem vor und von der nominalen Regelstrecke S(z) aus, dann erhält man mittels Parameteroptimierung ein minimales α (α_0) mit dem dazugehörendem $\mathbf{c}_0$. Für $\alpha_0 < 1$ ist der Fuzzy-Regelkreis sicher stabil, aber die Größe von α_0 ergibt keine Aussage über die Stabilitätsreserve. Eine solche erhält man aber, wenn nach Ermittlung von α_0 ($\alpha_0 = v_0 \gamma_0$) eine tatsächliche Strecke entsprechend (19,20) angenommen wird. Auszugehen ist dann für diese Aussage von den voranstehenden

Betrachtungen zur Berechnung von $H_\infty[\mathbf{G}(z)]$ unter Vorhandensein eines Fehlers der Regelstrecke ($r(\omega)$).

Damit in diesem Fall gerade noch L_2-Stabilität herrscht, muß nach (5,6,7,21,22,23)

$$\frac{\left|F_2(e^{j\omega T})\right|}{M(\omega)}\sqrt{A(e^{j\omega T})}\ v_o < 1 \tag{25}$$

gelten. Es ist daher punktweise für vorgegebene ω-Werte jener maximale - mit $r_{max}(\omega)$ bezeichnete - $r(\omega)$-Wert zu bestimmen, für den (25) gerade noch erfüllt ist. $r_{max}(\omega)$ stellt dann in dem Sinn eine Aussage über die Stabilitätsreserve dar, daß für Streckenfehler mit $r(\omega) \le r_{max}(\omega)$ die Fuzzy-Regelung sicher stabil ist.

5 Beispiel

Im folgenden wird die Anwendung der voranstehend angeführten Verfahren an Hand einer konkreten Fuzzy-Regelung gezeigt. Ausgegangen wird dafür von der durch

$$S_s(s) = \frac{1}{(1+s)^3} \tag{26}$$

gegebenen Regelstrecke und von der Abtastzeit T=0,4. Dazu wurde mittels Parameteroptimierung ein hinsichtlich Zeitverhalten optimaler Fuzzy PI-Regler entworfen. Dieser Entwurf ergab

$$F_1(z) = \begin{bmatrix} 1 \\ 1{,}925(1-z^{-1}) \end{bmatrix}, \quad F_2 = 0{,}2474(1-z^{-1})^{-1} \tag{27}$$

und für den Fuzzy-Block die in Bild 3a dargestellte Kennfläche. Bild3b zeigt weiters dazu das zugehörende Zeitverhalten.

Für die Beurteilung der L_2-Stabilität ergab die diesbezügliche Parameteroptimierung folgende optimale Werte

$$\begin{gathered} \mathbf{c}_o = [0{,}5505 \;\; 0{,}8537] \\ v_o = 0{,}42441 \;,\; \gamma_o = 1{,}829 \;,\; \alpha_o = 0{,}776 \end{gathered} \tag{28}$$

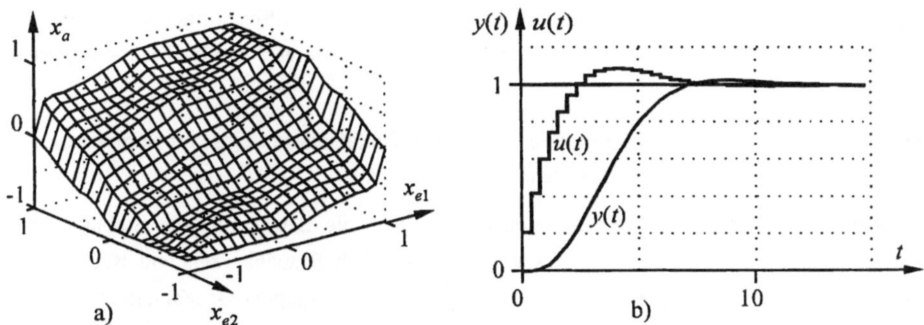

Bild 3: Kennfläche des Fuzzy-Blocks und Zeitverhalten der Fuzzy-Regelung

a) Kennfläche des Fuzzy-Blocks

b) Sprungantwort der Fuzzy-Regelung auf einen Sollwertsprung

Für die behandelte Fuzzy-Regelung konnte demnach wegen $\alpha_0<1$ L_2-Stabilität nachgewiesen werden. Bild 4 zeigt in Ergänzung dazu noch die entsprechend Abschnitt 4 ermittelte Stabilitätsreserve ($r_{max}(\omega)$).

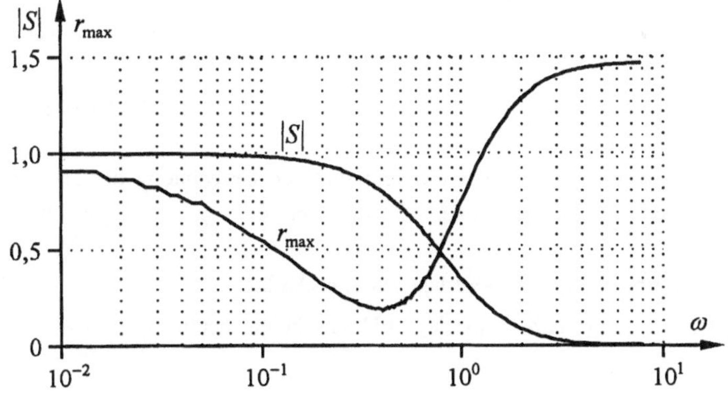

Bild 4: Frequenzgang der Regelstrecke $S(z)$ und der Stabilitätsreserve ($r_{max}(\omega)$)

6 Zusammenfassung und Ausblick

Die vorliegende Arbeit beschäftigt sich mit der Beurteilung der Stabilität von Fuzzy-Regelungen mit Hilfe des L_2-Stabilitätskriteriums. Im wesentlichen werden dafür folgende neue Verfahren angeführt:

- Ein Verfahren, mit dem eine Aussage über die Stabilität auch getroffen werden kann, wenn die Regelstrecke nicht exakt bekannt ist, sondern dafür nur ein Bereich für den Frequenzgang gegeben ist.
- Ein Verfahren, mit dem man eine Aussage über die Stabilitätsreserve hinsichtlich maximal zulässiger Fehler der Regelstrecke im Frequenzbereich erhält.

Ziel weiterer diesbezüglicher Arbeiten wird es sein, die Beurteilung der Stabilität von Fuzzy-Regelungen mittels L_2-Stabilitätskriterium hinsichtlich Brauchbarkeit und Rechenzeitaufwand mit der Methode der Hyperstabilität sowie mit der Ljapunov-Stabilitätstheorie bei Verwendung von Facettenfunktionen zu vergleichen.

7 Literatur

/1/ Böcker,J ., Hartmann, I., Zwanzig, Ch.: Nichtlineare und adaptive Regelsysteme. Springer-Verlag, 1986.

/2/ Aracil, J., Garcia-Cerezo, A.:, Ollero, A.: Fuzzy control of dynamical systems. Stability analysis based on the conicity criterion. Proc. of the 4th Intern. Fuzzy Systems Association Congress, Brussels, July 1991. p.5-p.8.

/3/ Opitz, H., P.: Stabilität von Fuzzy-Regelungen. In "Fuzzy-Control", Theorie für den Anwender, at 41(1993), A21-A24.

/4/ Opitz, H., P.: Die Hyperstabilitätstheorie - eine systematische Methode zur Analyse und Synthese nichtlinearer Syteme. at 34 (1986), S.221-230.

/5/ Kiendl, H., Rüger, J.: Verfahren zum Entwurf und Stabilitätsnachweis von Regelsystemen mit Fuzzy-Reglern. at 41 (1993), S.138-144.

/6/ Schmid, Ch.: Erweiterung der Methode zur direkten Berechnung der H_∞-Norm auf diskrete Systeme und Systeme mit mehreren Ein- oder Ausgängen. at 41(1993), S.239-244.

/7/ Zurmühl, R.: Matrizen. Springer-Verlag, 1964, 4. Auflage.

/8/ Laugwitz, D.: Ingenieurmathematik IV, BI Hochschultaschenbuch, Bd. 62/62a.

Wahl der Architektur eines neuronalen Netzes mittels der Theorie der Verbände

Martin Holeňa

Universität Paderborn, Fachbereich Informatik - Cadlab
Bahnhofstraße 32, 33102 Paderborn *

Abstract. Beim Entwurf künstlicher neuronaler Netze muß oft die Aufgabe gelöst werden, in einer gegebenen Familie von neuronalen Netzen jenes zu finden, welches zwei widersprüchliche Bedingungen erfüllt: es muß ein zufriedenstellendes Verhalten haben, während seine Architektur so einfach wie möglich sein sollte. Jüngst wurde ein konzeptionell neuer Ansatz zur Lösung dieser Aufgabe ausgearbeitet, der auf den Ergebnissen von Untersuchungen künstlicher neuronaler Netze unter dem Gesichtspunkt der Theorie der geordneten Mengen und der Theorie der Verbände basiert. In diesem Beitrag werden die grundlegenden Konzepte dieses Ansatzes erläutert und anhand einiger Beispiele illustriert.

1 Einführung

Beim Entwurf künstlicher neuronaler Netze (KNN) muß man oft die Aufgabe lösen, in einer gegebenen Familie von Netzen ein solches zu finden, das eine **möglichst einfache Architektur** hat, während sein Verhalten als zufriedenstellend betrachtet werden kann ([2], [4], [21]). Die Notwendigkeit, sich mit dieser Aufgabe zu befassen, ergibt sich aus der Komplexität der gegenseitigen Beziehungen zwischen der Struktur und dem Verhalten eines neuronalen Netzes. Sie ist unabhängig davon, was wir konkret als ein **zufriedenstellendes Verhalten** bezeichnen und auf welche Weise wir das Verhalten eines KNN bewerten.

Eine typische Lösungsmethode für diese Aufgabe ist das *pruning* neuronaler Netze ([12], [17]). Der Entwurf geht von einem Ausgangsnetz aus, das so groß ist, daß sein Verhalten zufriedenstellend ist. Aus mehreren theoretischen Ergebnissen geht hervor, daß sich ein solches KNN unter sehr allgemeinen Bedingungen bezüglich der Definition von einem zufriedenstellenden Verhalten immer finden läßt ([6], [11], [14]). Solange das Verhalten des Anfangsnetzes zufriedenstellend bleibt, werden aus ihm dann einzelne Verbindungen oder auch einzelne innere Neurone iterativ entfernt.

Wenn man diese Aufgabe lösen will, muß man sich unvermeidlich mit dem Problem auseinandersetzen, wie festzustellen ist, bei welchen Architekturen das Verhalten des Netzes zufriedenstellend ist und bei welchen nicht. Als eine Möglichkeit bietet sich theoretisch der Ansatz, einfach alle Netze aus der Familie an einem gegebenen Satz von Testdaten zu testen. Dieser Ansatz wäre jedoch

* beurlaubt vom Institut für Informatik, Akademie der Wissenschaften, Prag

so aufwendig, daß er für real vorkommende Familien von Architekturen nicht in Frage kommt. Bei der *pruning* Methode wird ein anderer Ansatz verwendet, der nicht von Bewertungen gesamter Architekturen ausgeht, sondern von Werten, die einzelne Neurone oder Verbindungen des Ausgangsnetzes betreffen, z.B. von Gewichten der zu entfernenden Verbindungen. Dieser Ansatz kann als ein **lokaler Ansatz** betrachtet werden, da die Werte, die er verwendet, einzelne Elemente der Architektur des Netzes charakterisieren. Dagegen wäre das oben erwähnte Testen aller Netze ein **globaler Ansatz,** da das Testergebnis die gesamte Architektur charakterisiert.

Neuere Untersuchungen der Familien von Architekturen künstlicher neuronaler Netze unter dem Gesichtspunkt der Theorie der geordneten Mengen und der Theorie der Verbände ([9]) zeigen, daß noch ein anderer, **konzeptionell neuer Ansatz** möglich ist. Dieser Ansatz geht von der Struktur der gegebenen Familie von KNN Architekturen aus, sowie von den Zusammenhängen zwischen der Struktur dieser Familie und dem Verhalten der einzelnen Netze. Im Gegensatz zum *pruning* Ansatz kann er als globaler Ansatz betrachtet werden, da die Struktur der Familie sich jeweils auf die gesamte Architektur bezieht. Dennoch muß in diesem Ansatz das aufwendige Testen nur für einen kleinen Anteil aller Architekturen durchgeführt werden, da sich das Verhalten der meisten Netze vom Verhalten der anderen und aus der Struktur der Familie von Architekturen ableiten läßt.

In diesem Beitrag werden die Konzepte erläutert, auf denen dieser neue Ansatz basiert, und sie werden anhand einiger Beispiele illustriert. Weiterhin werden einige einfache ordnungstheoretische Eigenschaften der Familien von Architekturen werden aufgeführt, die in diesem Ansatz angewendet werden können.

2 Familien von KNN-Architekturen

2.1 Formalisierung des Konzepts einer Architektur

Definition. Führen wir zuerst die folgende Notation hinsichtlich eines orientierten Graphs (V, E) ein: $\mathcal{I}_{(V,E)}$ – die Menge seiner Eingangsknoten, $\mathcal{O}_{(V,E)}$ – die Menge seiner Ausgangsknoten, $(\forall v \in V)\ i(v) = \{u : u \in V \ \&\ (u, v) \in E\}$, $o(v) = \{u : u \in V \ \&\ (v, u) \in E\}$. Als eine *KNN-Architektur* bezeichnen wir nun einen Tripel $A = (V_A, E_A, \mathcal{F}_A) = (V, E, \mathcal{F})$ mit den Eigenschaften:

(i) $(V_A, E_A) = (V, E)$ ist ein endlicher nichtredundanter azyklischer orientierter Graph (*Graph der Verbindungen* von A),

(ii) die Mengen $\mathcal{I} = \mathcal{I}_{(V,E)}$ (*Eingabemenge* von A) und $\mathcal{O} = \mathcal{O}_{(V,E)}$ (*Ausgabemenge* von A) sind nichtleer,

(iii) es existiert eine Menge $\mathcal{D} \subset \mathbb{R}^{|\mathcal{I}|}$, so daß $\mathcal{F}_A = \mathcal{F}$ eine nichtleere Menge von Abbildungen von $\mathcal{D}$ in $\mathbb{R}^{|\mathcal{O}|}$ ist (*Lernabbildungen für* A) und es gilt $(\forall F \in \mathcal{F})(\forall v \in V \setminus \mathcal{I})(\exists \psi_v$ – eine Funktion) $\operatorname{Dom} \psi_v \subset \mathbb{R}^{|i(v)|}\ \&\ (\forall x \in \mathcal{D})$ $(\exists \xi \in \mathbb{R}^{|V|})\ \xi|\mathcal{I} = x \ \&\ \xi|\mathcal{O} = F(x) \ \&\ (\forall v \in V \setminus \mathcal{I})\ \xi_v = \psi_v(\xi|i(v)))$.

Für die Elemente von V und von E werden die Termini *Neurone* und *Verbindungen zwischen Neuronen* verwendet. Speziell die Elemente von $\mathcal{I}$ und die Elemente von $\mathcal{O}$ werden *Eingabeneurone* und *Ausgabeneurone* genannt.

Die Beispiele in [9] zeigen, daß diese Formalisierung für viele von den existierenden deterministischen neuronalen Netzen zutrifft. Nicht zutreffend ist sie, wegen der Aufforderung, daß der Graph der Verbindungen azyklisch sein soll, für Netze, in denen die Aktivität eines Neurons von der Aktivität desselben Neurons in der Vergangenheit abhängt, wie z.B. rekurrente Netze ([16], [22]), LVQ Netze ([13], [15]) oder HMM/alpha Netze ([3], [19]). Die vorgeschlagene Formalisierung kann jedoch auch für Netze verwendet werden, die ihrer Natur nach rekurrent sind, soweit in deren Definition Sequenzen von Zeitaugenblicken direkt berücksichtigt werden, wie z.B. bei den TDNN Netzen ([7], [18]).

2.2 Beispiel – Mehrschichtperzeptron (MLP)

MLP ist wohl der geläufigste Typ künstlicher neuronaler Netze. Deswegen gibt es eine Vielfalt verschiedener Varianten dieses Modells. Das Ziel dieses Beispiels ist es nicht, die Architektur einer konkreten Variante genau zu beschreiben, vielmehr will es die wichtigsten Eigenschaften von MLP-Architekturen zeigen.

- $V = L_0 \cup L_1 \cup L_n$, wobei $n \in \mathbb{N}$ & $L_0, L_1 \dots L_n$ disjunkte nichtleere endliche Mengen sind (genannt *Schichten* von A) & $\mathcal{I} = L_0$ (*Eingabeschicht*) & $\mathcal{O} = L_n$ (*Ausgabeschicht*),
- $E = \bigcup_{i=1}^{n} L_{i-1} \times L_i$, d.h.
  $$(\forall i \in \{1, \dots, n\})(\forall u \in L_{i-1})(\forall v \in L_i)\ o(u) = L_i \ \&\ i(v) = L_{i-1} ,$$
- $\mathcal{D} = \mathbb{R}^{|\mathcal{I}|} = \mathbb{R}^{|L_0|}$,
- Es existiert eine sigmoide Funktion σ (*Aktivierungsfunktion*), für die gilt:
  $$\mathcal{F} = \{F : F \text{ ist eine Abbildung von } \mathcal{D} \text{ in } \mathbb{R}^{|L_n|} \ \&\ (\forall v \in V \setminus \mathcal{I})(\exists \theta_v \in \mathbb{R}) (\exists w_v \in \mathbb{R}^{|i(v)|})(\forall x \in \mathbb{R}^{|\mathcal{I}|})(\exists \xi \in \mathbb{R}^{|V|})\ \xi|L_0 = x \ \&\ \xi|L_n = F(x) \ \& (\forall k \in \{1, \dots, n\})(\forall v \in L_k)\ \xi_v = \sigma(w_v^{\top}(\xi|L_{k-1}) + \theta_v)\}.$$
  Typische Aktivierungsfunktionen sind die logistische Funktion und der hyperbolische Tangens.

2.3 Formalisierung des Konzepts einer Familie von Architekturen

Definition. Eine Menge $\mathcal{A}$ von KNN-Architekturen wird als eine *Familie von Architekturen* bezeichnet, soweit die folgenden Bedingungen gelten:

(i) ($\exists \mathcal{I}, \mathcal{O}$ – endliche Mengen) $\mathcal{I}$ ist eine gemeinsame Eingabemenge aller $A \in \mathcal{A}$, $\mathcal{O}$ ist eine gemeinsame Ausgabemenge aller $A \in \mathcal{A}$,

(ii) $(\exists \mathcal{D} \subset \mathbb{R}^{|\mathcal{I}|})$ $\mathcal{D}$ ist eine gemeinsame Definitionsmenge der Lernabbildungen für alle $A \in \mathcal{A}$,

(iii) $(\forall A, B \in \mathcal{A})\ A \neq B \Rightarrow\ (V_A, \mathcal{F}_A) \neq (V_B, \mathcal{F}_B)$,

(iv) der orientierte Graph $(\bigcup_{A \in \mathcal{A}} V_A, \bigcup_{A \in \mathcal{A}} E_A)$ ist azyklisch.

Gilt zusätzlich auch die Bedingung

(v) $(\forall A, B \in \mathcal{A})\ A \neq B \Rightarrow (V_A, E_A) \neq (V_B, E_B)$,

sagt man, daß $\mathcal{A}$ *reduzierbar auf den Graphen der Verbindungen* ist.

2.4 Beispiel

Setzen wir voraus, daß wir eine (endliche oder unendliche) Menge $\mathcal{A}$ von Architekturen haben. Gemäß 2.2 hat jede Architektur $A \in \mathcal{A}$ Schichten $L_0^A, L_1^A, \dots, L_{n_A}^A$, wobei $n_A \in \mathbb{N}$ & $\mathcal{I}_A = L_0^A$ & $\mathcal{O}_A = L_{n_A}^A$ & $E_A = \bigcup_{i=1}^{n_A} L_{i-1}^A \times L_i^A$.

Deswegen können die Bedingungen 2.3(i), (iii) und (iv) wie folgt umformuliert werden:

(i) $(\exists \mathcal{I}, \mathcal{O}$ – endliche Mengen $)(\forall A \in \mathcal{A})\ L_0^A = \mathcal{I}, L_{n_A}^A = \mathcal{O}$

(iii) $(\forall A, B \in \mathcal{A}) \left[A \neq B \ \& \bigcup_{i=0}^{n_A} L_i^A = \bigcup_{i=0}^{n_B} L_i^B \right] \Rightarrow \mathcal{F}_A \neq \mathcal{F}_B,$

(iv) $(\forall k \in \mathbb{N})(\forall A_0, A_1, \dots, A_k \in \mathcal{A})(\forall r_0, s_0, r_1, s_1, \dots, r_k, s_k \in \mathbb{N})[(\forall i, j \in \{0, \dots, k\})\ i \neq j \Rightarrow A_i \neq A_j\ \&\ (\forall i \in \{0, \dots, k\})\ r_i < s_i\ \&\ (\forall i \in \{1, \dots, k\})\ L_{s_{i-1}}^{A_{i-1}} \cap L_{r_i}^{A_i} \neq \emptyset] \Rightarrow L_{s_k}^{A_k} \cap L_{r_0}^{A_0} = \emptyset.$

Aus 2.2 ergibt sich weiter, daß für MLP-Architekturen die Gültigkeit von 2.3(i) die Gültigkeit von $V_A = V_B$ folgt, d.h. auch die Gültigkeit von 2.3(ii). Für diese Architekturen ist also die Bedingung 2.3(ii) überflüssig.

Seien also die Bedingungen (i), (iii) und (iv) erfüllt und seien $A, B \in \mathcal{A}$ Architekturen, für die $(V_A, E_A) = (V_B, E_B)$ gilt. Dann folgt aus 2.2:

a) wenn A und B unterschiedliche Aktivierungsfunktionen haben, können auch $\mathcal{F}_A$ und $\mathcal{F}_B$ unterschiedlich sein,
b) wenn A und B gleiche Aktivierungsfunktion haben, gilt $\mathcal{F}_A = \mathcal{F}_B$, d.h. $A = B$.

Wenn also (i), (iii) und (iv) um die Bedingung ergänzt werden:

(v) $(\exists \sigma$ – eine sigmoide Funktion) σ ist eine gemeinsame Aktivierungsfunktion aller $A \in \mathcal{A}$,

dann ist $\mathcal{A}$ reduzierbar auf den Graphen der Verbindungen. Eine Konsequenz von (v) ist

$$\begin{aligned} &(\forall A, B \in \mathcal{A})\ \min(n_A, n_B) = 1\ \&\ V_A = \bigcup_{i=0}^{n_A} L_i^A = \bigcup_{i=0}^{n_B} L_i^B = V_B \Rightarrow \\ &\Rightarrow n_A = n_B = 1\ \&\ E_A = E_B\ \&\ \mathcal{F}_A = \mathcal{F}_B, \text{ d.h. } A = B\ . \end{aligned} \tag{1}$$

Aus ihr folgt, daß wenn (v) gilt, die Bedingung (iii) durch eine mildere Variante ersetzt werden kann:

(iii)* $(\forall A, B \in \mathcal{A}) \left[A \neq B\ \&\ n_A \geq 2\ \&\ n_B \geq 2\ \& \bigcup_{i=0}^{n_A} L_i^A = \bigcup_{i=0}^{n_B} L_i^B \right] \Rightarrow \mathcal{F}_A \neq \mathcal{F}_B$.

Sie kann jedoch nicht völlig ausgelassen werden, da sich Mengen von MLP Architekturen bilden lassen, für die (i), (ii) und (v) gelten, während (iii) nicht gilt.

3 Bewertungsfunktionen und die Ordnung von KNN-Architekturen

3.1 Formalisierung

Sei $\mathcal{A}$ eine Familie von Architekturen, $\mathcal{I}$ die gemeinsame Eingabemenge ihrer Elemente, $\mathcal{O}$ deren gemeinsame Ausgabemenge, $\mathcal{D}$ die gemeinsame Definitionsmenge der Lernabbildungen für alle Elemente von $\mathcal{A}$, und $\mathcal{F} = \bigcup_{A \in \mathcal{A}} \mathcal{F}_A$. Weiterhin sei ein $\alpha \in \mathbb{R}^+$ gegeben.

Definition 1. Der Begriff *Abweichungsfunktion* für $\mathcal{A}$ bezeichnet eine nicht-negative Funktion δ mit Dom $\subset \mathcal{D} \otimes \mathbb{R}^{|\mathcal{O}|} \otimes \mathcal{F}$, deren Projektion $\delta(.,.,F)$ für jedes $F \in \mathcal{F}$ Borel-meßbar ist.

Definition 2. Der Begriff *Bewertungsfunktion* für $\mathcal{A}$ bezeichnet eine nicht-negative Funktion η auf $\mathcal{A}$, d.h. $\eta : \mathcal{A} \to \mathbb{R}_0^+$.

Definition 3. Eine Architektur $A \in \mathcal{A}$ heißt *befriedigend* (im Grade α in bezug auf eine Bewertungsfunktion η), wenn $\eta(A) \leq \alpha$ gilt, sonst heißt sie *unbefriedigend* (im Grade α in bezug auf η).

3.2 Beispiele – Abweichungsfunktionen

Die übliche Form einer Abweichungsfunktion ist

$$(\forall (x, y, F) \in \mathrm{Dom}\,\delta)\ \delta(x, y, F) = \gamma(y, F(x)) \ , \tag{2}$$

wobei γ eine Borel-meßbare nicht-negative Funktion ist, mit Dom$\gamma \subset \mathbb{R}^{|\mathcal{O}|} \otimes \mathbb{R}^{|\mathcal{O}|}$. Die Funktion γ wird meistens als **Verlustfunktion** oder als **Fehlerfunktion** bezeichnet.

Die wohl bekannteste Fehlerfunktion ist das *Fehlerquadrat* (squared error – [12], [20], [21]):

$$(\forall d, a \in \mathbb{R}^{|\mathcal{O}|})\ \gamma(d, a) = \frac{1}{2}||d - a||^2 \ , \tag{3}$$

wobei $||\cdot||$ die Euklidische Norm auf $\mathbb{R}^{|\mathcal{O}|}$ bezeichnet.

Wenn die Aktivierungen der Ausgabeneurone normalisiert sind, verwendet man oft die *cross entropy* ([8]),

$$(\forall d, a \in (0,1)^{|\mathcal{O}|})\ \gamma(d, a) = -\sum_{i=1}^{|\mathcal{O}|}[d_i \log a_i + (1 - d_i)\log(1 - a_i)] \ . \tag{4}$$

Weitere Beispiele der Funktion γ sind u.a. *relative entropy, logistic loss, zero-one cost,* und *classification figure of merit* ([10]).

3.3 Beispiele – Bewertungsfunktionen

Sei δ eine Abweichungsfunktion und μ ein endliches Borel-Maß auf $\mathcal{D} \otimes \mathbb{R}^{|\mathcal{O}|}$. Als erstes Beispiel wird eine Funktion η_1 auf $\mathcal{A}$ aufgeführt, mit der Definition

$$(\forall A \in \mathcal{A})\ \eta_1(A) = \int\limits_{\mathcal{D}\times\mathbb{R}^{|\mathcal{O}|}} \delta(x, y, F_A) d\mu \ . \tag{5}$$

Wenn γ das Fehlerquadrat ist, geht η_1 über in

$$\begin{aligned}(\forall A \in \mathcal{A})\ \eta_1(A) &= \int\limits_{\mathcal{D}\times\mathbb{R}^{|\mathcal{O}|}} \|y - F_A(x)\|^2 d\mu \\ &= \sum_{k=1}^{|\mathcal{O}|} \int\limits_{\mathcal{D}\times\mathbb{R}^{|\mathcal{O}|}} (y_k - (F_A(x))_k)^2 d\mu \ .\end{aligned} \tag{6}$$

Die Lernabbildungen F_A für $A \in \mathcal{A}$ erhält man in der Regel indem man das Netz mit einer endlichen Sequenz von Eingabe-Ausgabe Paaren $(x_1, y_1), \ldots, (x_n, y_n)$ trainiert. Die Eingabe-Ausgabe Paare werden dem Netz von außen geliefert. Das System $(F_A)_{A\in\mathcal{A}}$ ist also äußerlich bedingt.

Als zweites Beispiel sei eine Funktion η_2 auf $\mathcal{A}$ aufgeführt, die häufig in theoretischen Überlegungen vorkommt und von keinem äußerlich bedingten System von Lernabbildungen abhängt. Diese Funktion wird definiert durch

$$(\forall A \in \mathcal{A})\ \eta_2(A) = \min_{F\in\mathcal{F}_A} \int\limits_{\mathcal{D}\times\mathbb{R}^{|\mathcal{O}|}} \delta(x, y, F) d\mu \ . \tag{7}$$

In Wirklichkeit kann auch diese Bewertungsfunktion mit Hilfe eines Systems von Lernabbildungen definiert werden, denn (7) kann man umformulieren zu

$$(\forall A \in \mathcal{A})\ \eta_2(A) = \int\limits_{\mathcal{D}\times\mathbb{R}^{|\mathcal{O}|}} \delta(x, y, F_A^*) d\mu \ . \tag{8}$$

Dabei erfüllt die Lernabbildung F_A^* für jede Architektur $A \in \mathcal{A}$ die Bedingung

$$F_A^* = \arg\min_{F\in\mathcal{F}_A} \int\limits_{\mathcal{D}\times\mathbb{R}^{|\mathcal{O}|}} \gamma(y, F(x)) d\mu \ . \tag{9}$$

Aus (8) und (9) sehen wir, daß das System $(F_A^*)_{A\in\mathcal{A}}$ nicht äußerlich bedingt, sondern ausschließlich durch die Architekturen $A \in \mathcal{A}$ bestimmt ist.

3.4 Ordnungseigenschaften der Familien von Architekturen

Für eine Familie $\mathcal{A}$ von Architekturen lassen sich sehr einfach folgende Eigenschaften zeigen ([9], [10]).

Eigenschaft 1. Sei auf $\mathcal{A}$ eine Relation $\prec$ wie folgt definiert durch:

$$\prec = \{(A,B) : (A,B) \in \mathcal{A} \times \mathcal{A} \; \& \; V_A \subset V_B \; \& \; \mathcal{F}_A \subset \mathcal{F}_B\} \; . \tag{10}$$

Dann ist $\prec$ eine partielle Ordnung der Familie $\mathcal{A}$.

Eigenschaft 2. Sei η eine Bewertungsfunktion für $\mathcal{A}$, und $\leq_\eta$ eine Relation auf $\mathcal{A}$, definiert durch

$$\leq_\eta = \{(A,B) : (A,B) \in \mathcal{A} \times \mathcal{A} \; \& \; \eta(B) \leq \eta(A)\} \; . \tag{11}$$

Dann ist $\leq_\eta$ eine Vorordnung der Familie $\mathcal{A}$.

Definition 1. Seien $\prec$ und $\leq_\eta$ die Relationen definiert in (10)–(11). In Verbindung mit ihnen werden die folgenden Begriffe verwendet:

a) die Relation $\prec$ wird als eine *natürliche Ordnung* von $\mathcal{A}$ bezeichnet,
b) wenn $\prec \subset \leq_\eta$ gilt, heißt die Bewertungsfunktion η *konsistent* mit der natürlichen Ordnung $\prec$.

Beispiele. Die Bewertungsfunktion η_2 aus (7) ist konsistent mit $\prec$, während dies für η_1 aus (5) nicht unbedingt der Fall ist.

Zum Abschluß sei noch eine Eigenschaft erwähnt, die mit der Möglichkeit, in jeder Familie von Architekturen eine partielle Ordnung einzuführen, zusammenhängt und sich auch verhältnismäßig einfach zeigen läßt ([10]). Dafür müssen aber zuerst zwei neue Begriffe eingeführt werden.

Definition 2. Sei $\mathcal{A}$ eine Familie von Architekturen und $\prec$ die natürliche Ordnung von $\mathcal{A}$. Für jede Teilmenge $\mathcal{S} \subset \mathcal{A}$ haben die Symbole $\downarrow \mathcal{S}$ und $\uparrow \mathcal{S}$ ihre gewöhnliche ordnungstheoretische Bedeutung, d.h.

$$\downarrow \mathcal{S} = \{A : A \in \mathcal{A} \; \& \; (\exists B \in \mathcal{S}) A \prec B\} \, , \; \uparrow \mathcal{S} = \{A : A \in \mathcal{A} \; \& \; (\exists B \in \mathcal{S}) \; B \prec A\} \; .$$

Dann wird für jede Teilmenge $\mathcal{S}$ der Familie $\mathcal{A}$ von Architekturen

- die Menge $\mathcal{L}(\mathcal{S}) = \max_\prec(\mathcal{A} \setminus \uparrow \mathcal{S})$ als *untere Dualmenge* von $\mathcal{S}$ bezeichnet,
- die Menge $\mathcal{U}(\mathcal{S}) = \min_\prec(\mathcal{A} \setminus \downarrow \mathcal{S})$ als *obere Dualmenge* von $\mathcal{S}$ bezeichnet.

Eigenschaft 3. Seien $\mathcal{A}$, $\prec$, $(\forall \mathcal{S} \subset \mathcal{A}) \downarrow \mathcal{S}$, $\uparrow \mathcal{S}$, $\mathcal{L}(\mathcal{S})$, $\mathcal{U}(\mathcal{S})$ wie vorher. Weiter sei $\alpha \in \mathbb{R}^+$ und η eine Bewertungsfunktion konsistent mit $\prec$. Seien

$$\begin{aligned} \Sigma &= \{A : A \in \mathcal{A} \; \& \; A \text{ ist befriedigend im Grad } \alpha \text{ in bezug auf } \eta\} \; , \\ \mho &= \{A : A \in \mathcal{A} \; \& \; A \text{ ist unbefriedigend im Grad } \alpha \text{ in bezug auf } \eta\} \; . \end{aligned} \tag{12}$$

Dann gilt:

a) $(\forall \mathcal{S} \subset \Sigma) \uparrow \mathcal{S} \subset \Sigma$,
b) $(\forall \mathcal{S} \subset \mho) \downarrow \mathcal{S} \subset \mho$,
c) $(\forall \mathcal{S}_s \subset \Sigma)(\forall \mathcal{S}_u \subset \mho) \; \max_\prec[\mathcal{A} \setminus (\uparrow \mathcal{S}_s \cup \downarrow \mathcal{S}_u)] = \mathcal{L}(\mathcal{S}_s) \setminus \mathcal{S}_u \; \&$
$\min_\prec[\mathcal{A} \setminus (\uparrow \mathcal{S}_s \cup \downarrow \mathcal{S}_u)] = \mathcal{U}(\mathcal{S}_u) \setminus \mathcal{S}_s$.

4 Zusammenfassung und Anwendung

Dieser Beitrag beschäftigte sich mit einem konzeptionell neuen Ansatz zur Ermittlung der künstlichen neuronalen Netze aus einer gegebenen Familie, die ein zufriedenstellendes Verhalten besitzen. Er erläutert die grundlegenden Konzepte und führt einige einfache ordnungstheoretische Eigenschaften auf.

Die vorgestellten theoretischen Prinzipien können nun in zwei Weisen angewendet werden.

a) Die am Anfang erwähnte Aufgabe, unter Netzen mit einem zufriedenstellenden Verhalten jene zu finden, deren Architektur am einfachsten ist, kann mit Hilfe der in diesem Beitrag formalisierten Konzepte als eine formale mathematische Aufgabe gefaßt werden.

Für eine gegebene Familie $\mathcal{A}$ von Architekturen, eine Bewertungsfunktion η und ein $\alpha \in \mathbb{R}^+$, finde die Menge

$$\begin{aligned} \Sigma_{\min} &= \min_{\prec}\{A : A \in \mathcal{A} \;\&\; \eta(A) \leq \alpha\} = \\ &= \min_{\prec}\{A : A \textit{ ist befriedigend im Grad } \alpha \textit{ in bezug auf } \eta\} \;. \end{aligned} \tag{13}$$

b) Die Eigenschaft 3 von 3.4 ermöglicht es, einen Grundalgorithmus zu entwerfen, der die Menge (13) findet. In dem Fall, daß die Familie mit ihrer natürlichen Ordnung einen Verband bildet, kann jedoch von der Theorie der Verbände Gebrauch gemacht werden und eine Reihe zusätzlicher Eigenschaften der Familien von Architekturen hergeleitet werden, die es ermöglichen, einen wesentlich effizienteren Algorithmus zu entwerfen. Diese Eigenschaften werden in [10] hergeleitet, wo auch die Beschreibungen und Schemata beider Algorithmen zu finden sind. Die Bedingungen, unter denen eine Familie von Architekturen einen Verband bildet, werden in [9] behandelt.

Ein noch effizienterer Algorithmus kann entworfen werden, wenn die Familie von Architekturen einen distributiven Verband bildet. Die Eigenschaften, auf denen er basiert, sowie der Algorithmus selbst werden wieder in [10] beschrieben. Die Bedingungen unter denen eine Familie von Architekturen einen distributiven Verband bildet, können in [9] gefunden werden. Dort wird auch bewiesen, daß jede endliche Familie von Architekturen in eine andere Familie von Architekturen **eingebettet werden kann**, die einen distributiven Verband bildet. In Gegensatz zu der *Dedekind-MacNeille* Einbettung ([1], [5]) wird die vorgeschlagene Einbettung durch Inklusion realisiert, was eine direkte Beibehaltung der von biologischen neuronalen Netzen abgeleiteten Semantik von Neuronen und Verbindungen ermöglicht.

References

1. Birkhoff G.: Lattice Theory, 4. edition. Rhode Island, AMS/Providence, 1984.
2. Bodenhausen U., Waibel A.: Learning the architecture of neural networks for speech recognition. In: Proceedings of the International Conference on Acoustics, Speech, and Signal Processing, IEEE, Toronto, 1991.

3. Bridle J.S.: Alpha-nets: A recurrent neural network architecture with a hidden Markov model interpretation. Speech Communication, **9** (1990), 83–92.
4. Chong M., Fallside F.: Classification and regression tree neural networks for automatic speech recognition. In: Proceedings of the International Neural Network Conference, Paris, 1990, 187–190.
5. Davey B.A., Priestley H.A.: Introduction to Lattices and Order. Cambridge, Cambridge University Press, 1990.
6. Girosi F., Poggio T.: Networks for learning: A view from the theory of approximation of functions. In: Neural Networks: Concepts, Applications and Implementations, Volume I, P. Antognetti, V. Milutinovic (Eds.), Prentice Hall, Englewood Cliffs, 1991, 110–154.
7. Haffner P., Waibel A.: Time-delay neural networks embedding time alignment: a performance analysis. In: Proceedings of Eurospeech'91, Genova, 1991.
8. Hampshire J.B.: A novel objective function for improved phoneme recognition using time-delay neural networks. IEEE Transactions on Neural Networks, **1** (1990), 216–228.
9. Holeňa M.: Ordering of neural network architectures. Neural Network World, **3** (1993), 131–159.
10. Holeňa M.: Lattices of neural network architectures. To appear in Neural Network World, **4** (1994), n.4.
11. Hornik K.: Approximation capabilities of multilayer neural networks. Neural Networks, **4** (1991), 251–257.
12. Karnin E.D.: A simple procedure for pruning back-propagation trained neural networks. IEEE Transactions on Neural Networks, **1** (1990), 239–242.
13. Kohonen T.: The self-organizing map. Proceedings of the IEEE, **78** (1990), 1464–1480.
14. Kůrková V.: Kolmogorov's theorem and multilayer neural networks. Neural Networks, **5** (1992), 501–506.
15. McDermott E., Katagiri S.: LVQ-based shift-tolerant phoneme recognition. IEEE Transactions on Signal Processing, **39** (1991), 1398–1411.
16. Robinson T., Fallside F.: A recurrent error propagation network speech recognition system. Computer Speech and Language, **5** (1991), 259–274.
17. Sietsma J., Dow J.R.F.: Creating artificial neural networks that generalize. Neural Networks, **4** (1991), 67–79.
18. Takami J., Sagayama S.: A pairwise discriminant approach to robust phoneme recognition by time-delay neural networks. In: Proceedings of the ICASSP'91 – International Conference on Acoustics, Speech, and Signal Processing, IEEE, Toronto, 1991, 89–92.
19. Verdejo J.E.D., Herreros A.P., Luna J.C.S., Orutzar M.C.B., Ayuso A.R.: Recurrent neural networks for speech recognition. In: Proceedings of the International Workshop on Artificial Neural Networks, Granada 1991, 361–369.
20. White H.: Connectionist nonparametric regression: Multilayer feedforward networks can learn arbitrary mappings. Neural networks, **3** (1990), 535–549.
21. Ye H., Wang S., Robert F.: A PCMN neural network for isolated word recognition. Speech Communication, **9** (1990), 141–153.
22. Young S.J.: Competitive training: a connectionist approach to the discriminative training of hidden Markov models. IEE Proceedings – I, **138** (1991), 61–68.

Entwurf von Fuzzy-Control-Systemen auf der Basis von Relationsmatrizen

R. Tracht, M. Trompke
FB 12 - Automatisierungstechnik
Universität-GH-Essen
45117 Essen

1 Einleitung

Fuzzy-Control ist bekanntlich vor allem dann von Vorteil, wenn ein mathematisches Modell der Regelstrecke nur mit erheblichem Aufwand entwickelt werden kann oder wenn die Regelstrecke stark nichtlineares Verhalten aufweist. Demgegenüber kann man mit klassischen linearen Reglern das Führungs- bzw. Störverhalten in einem Arbeitspunkt sowie das stationäre Verhalten (Vermeidung bleibender Regelabweichung) günstig beeinflussen.

In vielen Veröffentlichungen ist daher vorgeschlagen worden, beide Konzepte miteinander zu verbinden; z. B. wurden Systeme entwickelt, bei denen die Parameter von PI-Reglern mit Fuzzy-Logic eingestellt werden. Eine andere Methode verbindet Fuzzy-Control mit Komponenten des PID-Reglers dadurch, daß die Änderung der Regelabweichung (D-Anteil) als zusätzliche Eingangsgröße berücksichtigt wird oder ein I-Anteil zur Stellgröße addiert wird.

In unserem Beitrag schlagen wir vor, statt dessen die Regelalgorithmen in die Regelbasis zu integrieren.

2 Darstellung der Regelbasis durch Relationsmatrizen

Fuzzy-Control-Systeme umfassen im allgemeinen die drei bekannten Komponenten Fuzzifizieren, Inferenz und Defuzzifizieren [2,3,6]. Für die hier betrachteten Anwendungen hat sich eine spezielle Wahl dieser Komponenten als besonders zweckmäßig erwiesen.

2.1 Fuzzifizierung

Fuzzifizieren setzt die Definition von Fuzzy-Mengen für die Eingangsgrößen des Fuzzy-Reglers voraus. Die Fuzzy-Mengen werden durch Zugehörigkeitsfunktionen charakterisiert. Besonders einfach zu behandeln sind dreiecksförmige Zugehörigkeitsfunktionen, deren Zugehörigkeitsgrade sich im gesamten Bereich der Eingangsgrößen zu Eins ergänzen. Ein Beispiel für die Fuzzy-Mengen einer Eingangsgröße ist in Bild 1 dargestellt. Der Einfachheit halber sind hier für die Fuzzy-Mengen die Namen X_{1A}, X_{1B}, X_{1C}, X_{1D} und X_{1E} anstelle der sonst üblichen Bezeichnungen NS....PB gewählt worden. Für den eingezeichneten Meßwert x_{1m} erhält man für diese Fuzzy-Mengen die Zugehörigkeitsgrade

$$\mu_{1C}(x_{1m}) = 0.3 \ und \ \mu_{1D}(x_{1n}) = 0.7$$

Die Zugehörigkeitsgrade zu den übrigen Fuzzy-Mengen sind Null. Entsprechende Fuzzy-Mengen sind für alle anderen Eingangsgrößen zu definieren.

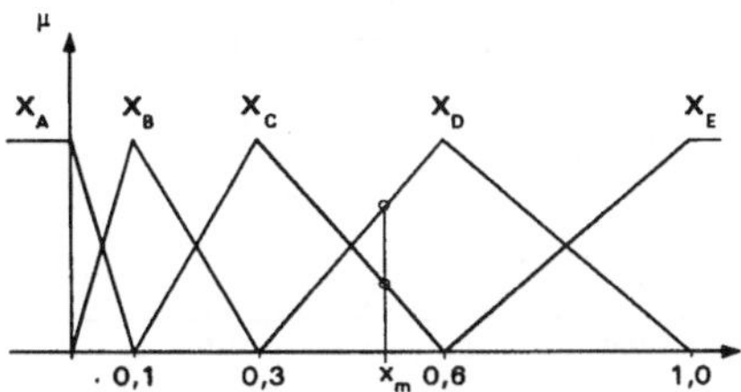

Bild 1: Fuzzy-Mengen der Meßgröße x_1

2.2 Inferenz

Das Reglerfunktional - also der Zusammenhang zwischen Regler-Eingangsgrößen und dem Wert der Stellgröße - wird durch die Regelbasis festgelegt. Es wird hier vorausgesetzt, daß die Prämisse der Regeln durch UND-Verknüpfung der Regleingangsgrößen gebildet wird. Betrachtet man z. B. zwei Eingangsgrößen x_1 und x_2, aus denen die Stellgröße u bestimmt werden soll, dann sind Regeln von der Form

$$\text{Wenn } x_1 = X_{1C} \text{ und } x_2 = X_{2B} \text{ dann } u = U_A$$

zu bilden.

Wobei X_{1C} und X_{2B} Fuzzy-Mengen der Eingangsgrößen x_1 und x_2 sind und U_A eine geeignet gewählte Fuzzy-Menge für die Stellgröße u ist. Wenn für x_1 und x_2 jeweils 5 Fuzzy-Mengen definiert werden und alle Kombinationen berücksichtigt werden, erhält man 25 Regeln. Falls eine ODER-Verknüpfung in der Prämisse einer Regel erscheint, muß diese Regel in zwei getrennte Regeln aufgespaltet werden. Die Konklusionen der einzelnen Regeln werden durch Inferenzoperatoren miteinander verknüpft.

Für die Regelung von dynamischen Systemen ist es zweckmäßig, zurückliegende Werte der Stellgröße und der Eingangsgrößen in die Berechnung der aktuellen Stellgröße mit einzubeziehen. Es ist dann günstiger, die Fuzzy-Menge für die Stellgrößen nicht durch die Regeln festzulegen, sondern analog zur Wahl der Fuzzy-Mengen der Eingangsgrößen vorzugehen. Der in der Konklusion der Regeln auftretende u-Wert muß dann fuzzifiziert werden. Für jede Regel erhält man also einen *Zugehörigkeitsvektor*, dessen Komponenten aus den Zugehörigkeitsgraden zu den vordefinierten Fuzzy-Mengen gehören. In Bild 2 ist als Beispiel eine mögliche Aufteilung des Stellbereiches in Fuzzymengen dargestellt. Für den eingezeichneten Wert von u erhält man den Zugehörigkeitsvektor

$$\mu = \begin{bmatrix} 0 \\ 0.6 \\ 0.4 \\ 0 \\ 0 \end{bmatrix},$$

da u mit dem Zugehörigkeitsgrad 0.6 zur Fuzzy-Menge U_B und mit dem Zugehörigkeitsgrad 0.4 zur Fuzzy-Menge U_C gehört.

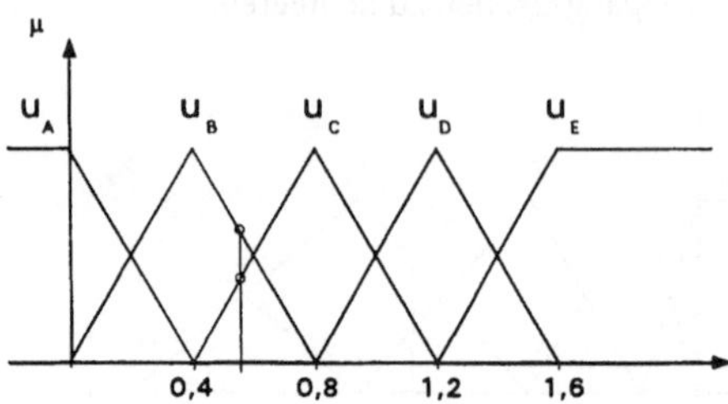

Bild 2: Fuzzy-Mengen der Stellgröße

Erweitert man die Regelbasis um eine Regel, dann muß ein zusätzlicher Zugehörigkeitsvektor bei der Inferenz berücksichtigt werden. Die Menge aller Zugehörigkeitsvektoren legt die Regelbasis fest. Die Anzahl der Zugehörigkeitsvektoren entspricht der Anzahl der möglichen Kombinationen der Fuzzy-Mengen der Eingangsgrößen, wenn die Regelbasis vollständig ist. Man kann nun die Vektoren auf verschiedene Weise zu einer Matrix zusammenfassen. Häufig wird eine mehrdimensionale Matrix (pro Eingangsgröße eine Dimension) gewählt. Da bei dynamischen Systemen nicht alle Zustände erreichbar sind und die entsprechenden Kombinationen dann wegfallen können, wird hier eine zweidimensionale Matrixdarstellung gewählt, bei der die Regeln durchnumeriert werden und jeder Regel genau eine Spalte entspricht. Dies entspricht der speziellen Relationsmatrix, die man erhält, wenn man für die Quantisierung der Eingangsgrößen die Werte mit maximalem Zugehörigkeitsgrad wählt. (Häufig wird zudem noch die transponierte Matrix betrachtet).

Hier soll also unter Relationsmatrix die Matrix

$$\mathbf{R}=[\boldsymbol{\mu}_1, \boldsymbol{\mu}_2, \ldots, \boldsymbol{\mu}_N]$$

verstanden werden, wobei jeder Regel eine Spalte entspricht. Wenn nur eine Regel (z. B. die k-te Regel) wirksam wird („feuert"), dann kann die Stellgröße u durch Defuzzifizieren aus der entsprechenden Spalte $\boldsymbol{\mu}_k$ berechnet werden. Wird die Stellgröße durch m Fuzzy-Mengen beschrieben, so erhält man bei N Regeln eine m x N Matrix.

Wenn der Zugehörigkeitsgrad der Eingangsgrößen in der Prämisse der k-ten Regel nicht maximal ist, muß die UND-Verknüpfung mit einem geeigneten Operator vorgenommen werden. Wie noch begründet wird, eignet sich dazu für die hier betrachteten Anwendungen das *algebraische Produkt* am besten:

$$\mu_{pk}(x_{1C}, x_{2B}) = \mu_{1C}(x_1) \cdot \mu_{2B}(x_2)$$

(Als Beispiel wurde hier die oben angegebene Regel verwendet). In analoger Weise ist der Erfüllungsgrad für alle anderen Prämissen zu bestimmen.

Die Wirkung der einzelnen Regeln ist dann entsprechend dem Erfüllungsgrad ihrer Prämissen durch ODER-Verknüpfung zu berechnen. Als Operator für die ODER-Verknüpfung wird die begrenzte Summe gewählt:

$$\boldsymbol{\mu}_u = \min(\mathbf{1}, \sum_{k=1}^{N} \mu_k \, \boldsymbol{\mu}_{pk})$$

Für die UND-Verknüpfung der Erfüllungsgrade der Prämissen mit den Zugehörigkeitsvektoren wird also wieder das algebraische Produkt gewählt. Faßt man die Erfüllungsgrade zu einem Vektor $\boldsymbol{\mu}_p$ mit N Komponenten zusammen, dann ist im wesentlichen eine Matrix-Vektor-Multiplikation

$$\boldsymbol{\mu}_u = \mathbf{R} \, \boldsymbol{\mu}_p$$

erforderlich, um den Zugehörigkeitsvektor $\boldsymbol{\mu}_u$ der Stellgröße u zu bestimmen.

2.3 Defuzzifizierung

Der aufzuschaltende Stellgrößenwert muß aus dem Zugehörigkeitsvektor $\boldsymbol{\mu}_u$ bestimmt werden. Am bekanntesten ist die Schwerpunktmethode. Für die hier betrachtete Anwendung ist es zweckmäßiger, den mit den Zugehörigkeitsgraden gewichteten Mittelwert der Stellgrößenwerte zu wählen, für die die Zugehörigkeitsfunktion maximal wird (Singleton-Methode)

$$u = \frac{\sum_{i=1}^{m} \mu_{ui} u_i}{\sum_{i=1}^{m} \mu_{ui}}$$

wobei μ_{ui} die Komponenten des Zugehörigkeitsvektors $\boldsymbol{\mu}_u$ sind.

Der Vorteil dieser Methode liegt in der einfachen Berechnungsvorschrift. Das Ergebnis stimmt überein mit der Schwerpunktmethode, wenn dort für die Berechnung der Einhüllenden wieder die begrenzte Summe gewählt wird.

3 Einbettung von digitalen Regelalgorithmen in Fuzzy-Control-Systeme

Für eine große Zahl von Regelungsproblemen haben sich lineare Regler bewährt. Dies trifft vor allem dann zu, wenn abgesehen von Anfahrvorgängen nur relative kleine Abweichungen von einem Arbeitspunkt ausgeregelt werden sollen. Der klassische Reglertyp dessen Parametrierung nur geringe Informationen über die Regelstrecke voraussetzt und der meist zu einem robusten Systemverhalten führt, ist der PI-Regler

$$u(t) = K_p \left(e(t) + \frac{1}{T_n} \int e(\tau) d\tau \right)$$

mit den beiden Regler-Parametern K_p und T_N. Die Berechnung der Stellgröße u(t) in Abhängigkeit von der Regelabweichung e(t) soll einem Digitalrechner bzw. Mikrocontroller übertragen werden. Durch Diskretisieren erhält man den entsprechenden Abtast-Regelalgorithmus:

$$u(kT) = u((k-1)T) + K_p e(kT) + K_p \cdot \frac{T}{2T_n}(e(kT) + e((k-1)T))$$

Dabei ist T die Abtastzeit.

Wenn man davon ausgeht, daß es sich bei der Regelabweichung um eine unscharfe Größe handelt, wird durch den Regelalgorithmus ein Satz von Regeln festgelegt. Da es sich hier um ein dynamisches System handelt, sind die zurückliegenden Größen $u((k-1)T)$ und $e((k-1)T)$ mit zu berücksichtigen. Wenn jede Größe durch 5 Fuzzy-Mengen beschrieben wird, besteht die Regelbasis aus 125 Regeln. Da sich die Regelabweichung nicht beliebig schnell ändern kann, ist es im Prinzip möglich, die Zahl der Regeln zu reduzieren. Für jede zulässige Kombination von Fuzzymengen erhält man einen Wert für $u(kT)$, der dann durch Fuzzifizieren eine Spalte der Relationsmatrix liefert.

Mit den oben angegebenen Operatoren für die UND-Verknüpfung und die Inferenz und mit der angegebenen Defuzzifizierungsmethode liefert die Differenzengleichung und das Fuzzy-Control-System identische Ergebnisse, falls die Regelabweichung und die Stellgröße sich im linearen Bereich bewegen.

Man kann also die Umsetzung von linearen Differenzengleichungen als Transformationen der Algorithmen in den Fuzzy-Bereich auffassen (Bild 3).

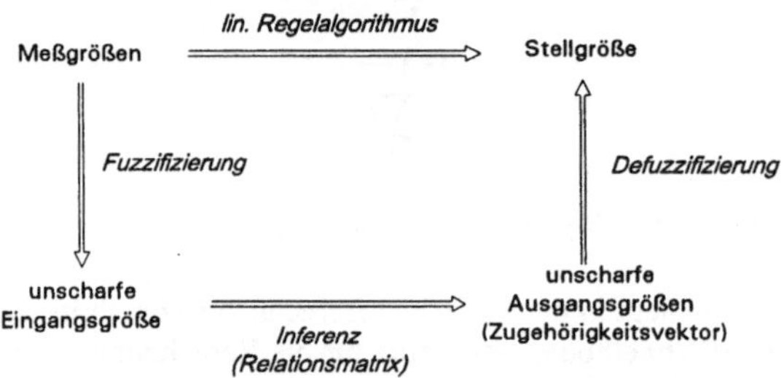

Bild 3: Invarianz der Fuzzy-Transformation

Im Prinzip ist es daher möglich, jeden linearen Regelalgorithmus (insbesondere natürlich Zustandsregler und PID-Regler) in ein Fuzzy-Control-System einzubetten. Wenn die Parameter der Algorithmen arbeitspunktabhängig sind, dann sind für die unterschiedlichen Kombinationen der Fuzzy-Mengen die entsprechenden Zahlenwerte einzusetzen.

4 Entwurfsstrategie und Implementierung

Der wesentliche Vorteil von Fuzzy-Control-Systemen besteht in der Möglichkeit, Expertenwissen für die Stellgrößenbestimmung zu nutzen. In Verbindung mit der oben beschriebenen Umsetzung von linearen Regelalgorithmen sind also folgende Entwurfsschritte durchzuführen:

- Auswahl von Regelalgorithmen mit arbeitspunktabhängigen Reglerparametern
- Festlegung der Fuzzy-Mengen für die Meßgrößen und die Stellgröße. Berechnung der Relationsmatrix

– Modifikation und Ergänzung der Relationsmatrix auf der Grundlage von Expertenwissen
– Experimentelle Systemoptimierung

Ergebnis dieser Entwurfsprozedur ist eine Relationsmatrix, deren Spaltenzahl der Anzahl der Regeln entspricht. Bei vielen Meßgrößen oder bei dynamischen Systemen höherer Ordnung, wo mehrere zurückliegende Werte von Systemgrößen in die Berechnung eingehen, wird die Spaltenzahl sehr groß. Die Anzahl der Zeilen wächst mit der Anzahl der Fuzzy-Mengen, die für die Stellgröße festgelegt werden. Entsprechend aufwendig wird dann auch die Stellgrößenbestimmung. Bei der gewählten Form der Zugehörigkeitsfunktionen sind höchstens zwei Komponenten des Zugehörigkeitsvektors verschieden von Null. Die Relationsmatrix ist also dünn besetzt. Da die Inferenz im wesentlichen aus einer Matrix-Vektor-Multiplikation besteht, können also Sparse Matrix Methoden eingesetzt werden.

Ein zweiter Weg, der von uns gewählt wurde, ist die Parallelisierung der Auswertung:

– Die Fuzzifizierung der Sensorsignale erfolgt parallel. Pro Sensorsignal wird ein Transputer eingesetzt.
– Der Vektor bestehend aus den Erfülltheitsgraden der Prämissen wird unterteilt. Die UND-Verknüpfung der Komponenten der Zugehörigkeitsvektoren zur Berechnung der Erfülltheitsgrade wird für die Teilvektoren parallel vorgenommen.
– Die Relationsmatrix wird entsprechend der Aufteilung des Prämissenvektors in Teilmatrizen zerlegt. Die Matrix-Vektor-Multiplikation erfolgt pro Teilmatrix auf einem Transputer.
– Die parallel berechneten Teilzugehörigkeitsvektoren der Stellgröße werden an einen Transputer übergeben. Mit der Operation „Begrenzte Summe“ wird dann der Gesamtzugehörigkeitsvektor bestimmt und defuzzifiziert.

Da für diese Prozedur relativ wenig Datenaustausch erforderlich ist, kann die Rechenzeit nahezu entsprechend der Anzahl der eingesetzten Transputer reduziert werden.

5 Anwendungsbeispiele

Eines der bekanntesten Testbeispiele für Regelalgorithmen ist das inverse Pendel. Das mathematische Modell dieses Systems ist bekannt. Es eignet sich daher besonders für Vergleichszwecke.

Als Meßsignale stehen der Weg, die Geschwindigkeit und der Winkel zur Verfügung. Die Winkelgeschwindigkeit kann über einen Beobachter geschätzt werden. Es besteht dann die Mögichkeit, einen Zustandsregler einzusetzen. Die Parameter des Zustandsreglers können mit Standardmethoden wie z. B. Polvorgabe festgelegt werden.

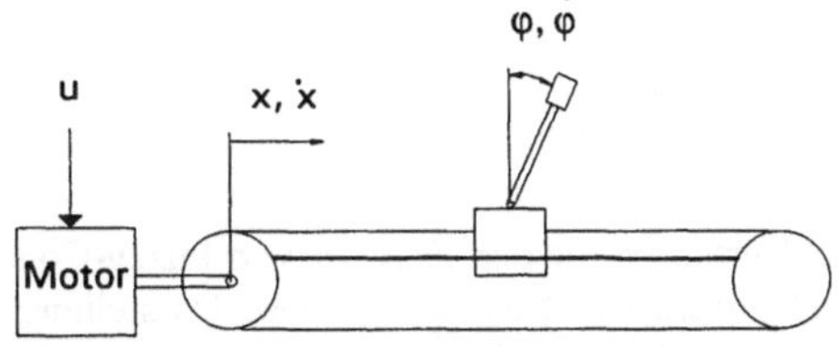

Bild 4: Testsystem Inverses Pendel

Mit den Abkürzungen $x_1 = x$, $x_2 = x$, $x_3 = \varphi$ und $x_4 = \dot{\varphi}$ erhält man einen linearen Zustandsregler

$$u = -(k_1 x_1 + k_2 x_2 + k_3 x_3 + k_4 x_4)$$

Für jede Zustandsgröße wurden 5 Fuzzy-Mengen mit den in Bild 2 dargestellten Zugehörigkeitsfunktionen gewählt. Die Transformation dieses linearen Reglers in den Fuzzy-Bereich führt auf eine Relationsmatrix mit 625 Elementen. Ein wesentlicher Unsicherheitsfaktor im mathematischen Modell ist die im System vorhandene Reibung. Daher wurde für kleine Geschwindigkeiten die Stellgröße vergrößert.

Das Fuzzy-Control-System wurde auf einem Transputersystem mit 6 Transputern, 3 A/D-Wandlern und einem D/A-Wandler (MTS 6) implementiert. Bei einer Abtastzeit von 30 ms wurde zunächst ein identisches Verhalten mit dem Zustandsregler erreicht. Durch Modifikation der Regeln (Berücksichtigung der Reibung) konnte die Bewegung des Wagens zur Stabilisierung des Pendels deutlich reduziert werden.

Nach Erweiterung des Meßbereiches für den Winkel, der zur Zeit $\pm$ 10° beträgt, soll der Regelsatz (und damit die Relationsmatrix) so erweitert werden, daß das Aufschwingen einbezogen wird.

Als zweites Beispiel wurde eine Füllstandsanlage untersucht. Es handelt sich hier um eine nichtlineare Regelstrecke, bei der die Nichtlinearitäten im wesentlichen durch die Ventil-Kennlinien und durch die Beschränkung der Stellgröße bedingt sind. Für verschiedene Arbeitspunkte wurden PI-Regler entworfen und damit die Relationsmatrix berechnet.

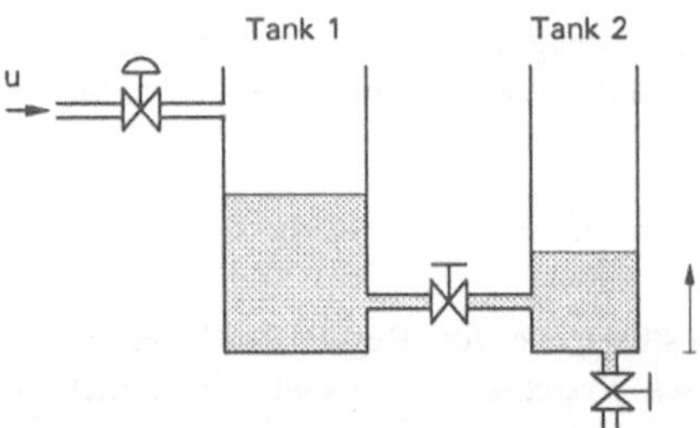

Bild 5: Testsystem Niveauregelanlage

Wie zu erwarten ergab sich in den Arbeitspunkten ein Verhalten, das dem eines PI-Reglers entspricht (keine bleibende Regelabweichung). Zwischen den Arbeitspunkten wurde linear interpoliert. Bei Verwendung MAX-MIN Operatoren trat eine stark arbeitspunktabhängige Regelabweichung auf.

6 Zusammenfassung und Ausblick

Bei dem vorgeschlagenen Verfahren für den Entwurf von Fuzzy-Control-Systemen wude die Regelbasis durch eine Relationsmatrix dargestellt. Diese Darstellung hat sich besonders für dynamische Systeme als vorteilhaft erwiesen. Die zurückliegenden Zustandsgrößen und Stellgrößen, die bei solchen Systemen in die Berechnung der aktuellen Stellgröße eingehen, können als Zugehörigkeitsvektoren zwischengespeichert werden. Außerdem können damit auf einfache Weise Abtast-Regelalgorithmen in Fuzzy-Control-Systeme eingebettet werden.

Falls für die UND-Verknüpfung das algebraische Produkt und für die Inferenz die SUM-PROD Operation eingesetzt wird, ist die Transformation in den Fuzzy-Bereich bei dreiecksförmigen Zugehörigkeitsfunktionen und geegneter Defuzzifizierung invariant.

Bei nichtlinearen Kennfeldern wird also zwischen den durch die Regeln definierten Stützstellen linear interpoliert. Mit anderen Zugehörigkeitsfunktionen (z. B. Glockenkurven) können nichtlineare Kennlinien unter Umständen besser nachgebildet werden. Mit anderen Verknüpfungsoperatoren (z. B. MAX-MIN) kann je nach Hardware die Rechenzeit reduziert werden. Dafür treten dann zusätzliche nichtlineare Effekte auf. Eine andere Möglichkeit zur Rechenzeitverkürzung besteht in der vorgeschlagenen Parallelisierung.

Der off-line Systementwurf erfordert ein Rechnermodell der Regelstrecke. Aufgrund der Dualität zwischen Beobachtbarkeit und Steuerbarkeit liefert der beschriebene Ansatz einen Ausgangspunkt zur Entwicklung von Fuzzy-Modellen für Regelstrecken, die dann zur simulationstechnischen Untersuchung genutzt werden können.

Literatur

[1] *Kiendl, H.:* Fuzzy Control. at 41 (1993) 1, S. A1- A4

[2] *Kiendl, H., Fritsch, M.:* Fuzzy Control. at 41 (1993) 2, S. A5 - A8

[3] *Frenck, Chr.:* Fuzzy-Control. at 41 (1993) 3, S. A9 - A12

[4] *E.-W. Jüngst, K. D. Meyer-Gramann:* Fuzzy Control - Schnell und kostengünstig implementiert mit Standard-Hardware. In: Forschungsbericht Nr. 0392 Universität Dortmund, 2. Workshop "Fuzzy Control" des GMA-UA 1.4.2, S.10 ff

[5] *P. Lukas, K. Rehfeld, A. Schöne:* Vergleich von Fuzzy-Reglern mit konventionellen digitalen Reglern. In: Forschungsbericht Nr. 0392 Universität Dortmund, 2. Workshop "Fuzzy Control" des GMA-UA 1.4.2, S. 225 ff

[6] *Kahlert, J., Frank, H.:* Fuzzy-Logik und Fuzzy-Control. Vieweg 1993

[7] *Böhme, G.*: Fuzzy-Logik. Springer Verlag Berlin-Heidelberg-New York (1993)

A NEURO-FUZZY APPROACH FOR PROCESS MODELLING

* P. Gianferrara, • R. Poluzzi, • N. Serina
• Corporate Advanced System Architectures
SGS-THOMSON Microelectronic
via Olivetti,2
20041 - Agrate Brianza (MI)
* Co.Ri.M.Me.
Strada Statale 114,
95121 - Torre Galiera (CT)

Abstract: One of the widest application areas for fuzzy logic is represented by processes control in the industrial environment. In such a kind of applications the main difficulty lies in the process modelling by means of Fuzzy Logic data structures. Up to now, the user only had the possibility to "manually" define the rules and membership functions, in order to model the process. This operation is quite difficult and requires a long time to be performed. In this paper a Neuro-Fuzzy system is proposed. The main innovation of this tool with respect to the majoritiy of the other fuzzy tools is represented by its capability to automatically perform the process modelling. The structure and learning algorithm of the implemented neural networks will be described and an application example will be proposed in order to allow the reader to understand the usefulness of the system.

The Soft Computing approaches

Soft computing in general, and fuzzy logic in particular, is getting more and more importance and popularity among the scientific community as a methodology to elaborate information. It can support a wide range of applications, ranging from Consumer electronics to Industrial process control.

Soft computing is mainly composed by three different methodologies: Fuzzy Logic, Neural Networks and Genetic Algorithms. The two main techniques, Fuzzy Logic and Neural Network, will be closely examined in this article by means of the presentation of a Neuro-Fuzzy system.

A Neuro-Fuzzy system utilizes the learning capability typical of Neural Networks in order to find out the model of the process supplied as input, and uses the typical data structures of fuzzy logic. The necessity to implement such an approach comes out from the following considerations:

- Neural networks are powerful instruments for process identification and modelling. Their main disadvantage lies in their information storage methodology. As a matter of fact the information is distributed all over the connections of the network, and thus for the user is very difficult to operate on the stored knowledge base.
- fuzzy logic, thanks to the possibility to rely on a linguistic approach, represents a useful way to model complex and/or non-linear systems. The drawback lies in the relative difficulty in the definition of the optimal knowledge base.

The Neuro-Fuzzy system treats the information in a different way with respect to traditional neural net. The information handled by the tool is structured and it means that the activation functions and the connection weights between the elements of the networks have a precise significate according to the fuzzy logic theory. In fact they represents either a fuzzy operator or a fuzzy data structure as will be shown in the following paragraphs.

The learning phase supplies the user with a fuzzy logic based model of the process. Such a model overcomes the typical disadvantages of the traditional modelling approaches:

- Mathematical model: it is difficult to identify and it hardly handles the intrinsic imprecision of physical data and processes.
- Neural model: the process model is distributed all over the neural network connections. It means that the model is represented by the network itself, consequently it is difficult for the user to understand and manage it.

By stressing the advantages coming out from the combined use of fuzzy logic and neural networks, it is then possible to obtain a breakthrough in the modelling field, stepping up from the use of traditional models to the exploitation of fuzzy logic based ones.

The Neuro-Fuzzy system

The Neuro-Fuzzy system that has been implemented represents an approach to automatic synthesis of processes based on Fuzzy Logic data structures.

The modelling of a problem in terms of Fuzzy Logic requires the definition of inferencing rules (conditional sentences in the form "**if** antecedent **then** consequent"), describing the correlation among the variables, and the tuning of each membership function associated to each fuzzy set.

Our system implements the following two steps procedure:

1) **rules selection**: identifies the effective number of rules necessary to describe the correlation between input and output variables
2) **membership functions tuning**: determines the shape of each membership function in order to achieve the best level of approximation.

This procedure has been realized by using two neural networks trained with couples of values for input-output variables called "patterns".

To perform the rules selection the use of Fuzzy Associative Memory table has been introduced.

Such a table is builded up starting from the number of fuzzy sets fixed by the user for each variable, and represents the collection of all the possible fuzzy rules. Purpose of the network is to choose, among them, those ones necessary and sufficient to describe the correlation among the variables expressed by the patterns.

To solve this problem we have implemented a clustering technique realized through a two levels neural network having the following structure:

- **Input level**: it has a number of units equal to the total number of variables and it is activated by using the patterns describing the system;
- **Output level**: it has a number of units equal to the total number of possible rules which are activated by using the squared distance between the input vector (current pattern) and the connection vector entering the unit.

The structure of the network is illustrated in figure 1.

The net is completely connected. The weights are modified by using an unsupervised learning algorithm based on the Competitive Learning model.

Each weights vector entering into an output unit j: ($w_{1,j}$, $w_{2,j}$,... $w_{m+n,j}$), represents the position of the j-th centre of the clustering.
During the learning phase we have to minimize the following error function is to be minimized:

$$E=\sum_{t\in training\ set}\frac{1}{2}\|x^{t}_{input}-w^{t}_{centre}\|^2$$

Called **x** the current pattern and w_j the j-th centre, the algorithm determines the centre nearest to the input pattern and modifies the corresponding weights according to the gradient descent method as follows:

$$\Delta w_{i,winner}=-\eta(-(x_i-w_{i,winner}))=\eta(x_i-w_{i,winner})$$

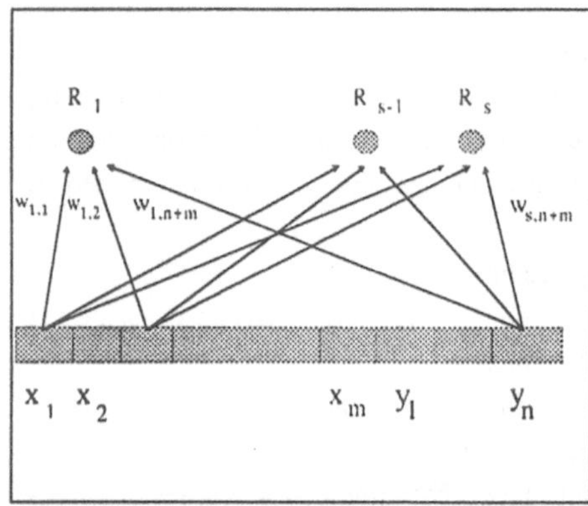

Figure 1

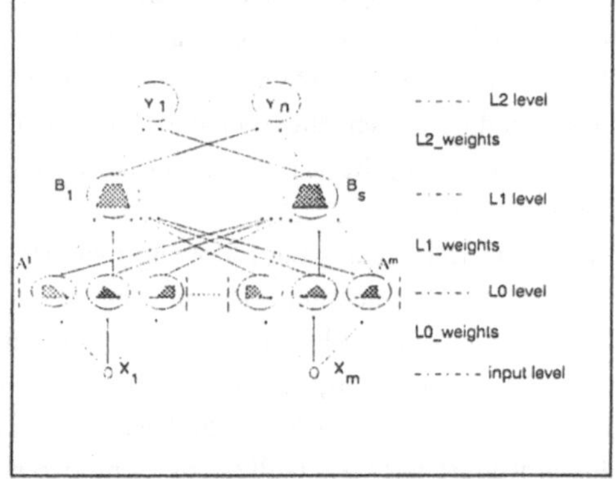

Figure 2

At the end of the learning phase the centres are compared with the FAM table initially constructed and reclassified as fuzzy rules.
Once determined the fuzzy rules the second step of the modelling procedure get started. Purpose of this second phase is the gradual optimization of the approximation level realized through a change in the shape and position of the membership function associated with each fuzzy set.
The neural network performs the fuzzy inference from the activation of the antecedents to the defuzzification of the output value. Such a net has four levels:

- **input level**: it has a number of units equal to the number of input variables.
- **L0 level**: it represents the fuzzy sets defined for each input variable. Each input variable is associated to a group characterized by the fuzzy sets defined on it.
- **L1 level**: it is composed by a number of units equal to the number of rules selected by the execution of the previous phase
- **L2 level**: it is the output level and is composed of a number of units equal to the number of output variables.

The structure of the network is that one pictured in figure 2.

The connections between the different levels have the following meaning:

L0 level: each unit is characterized by a threshold corresponding to the centre of the represented membership function. The connections L0_weights between the unit and L0 level are the parameters that, together with the centre, completely characterize the membership function. This parameters depend on the shape of the adopted function. The possible choices are between triangular and gaussian shape.

L1 level: the connections L1_weights between L0 level and L1 level can assume binary values only (0 or 1) and have the purpose to reproduce the selected fuzzy rules.

L2 level: the values of the connections between L1 level ad L2 level represent the centres of the membership functions defined for the consequent variables.

The parameters that will be learned during the execution are: L0_weights, L0_threshold and L2_weights.

For a given input value, the neural network performs the fuzzy inference phase. In order to realize it, the following activation functions for the different levels have been defined:

L0 level: the activation function represents the membership degree of a value to a fuzzy set.

L1 level: the activation function represents the degree of activation of each rule, and corresponds to the application of one of the following fuzzy intersection operators:

- *min* function, applied to the antecedents membership degree, with the disadvantage of being not derivable;
- *product* function, applied to the antecedents membership degree, with the advantage of being derivable and the disadvantage of being very expensive during the learning phase.

L2 level: the activation function for each output unit is a linear combination of the rules activation values. At this level the defuzzified values for the output variables is computed. Called b_{ij} the weights between i-th unit of L1 level and j-th unit of L2 level, **a** the activation vector for the units of level L1, the activation function for the j-th unit of the output level is:

$$y_j(\vec{a}, \vec{b}_j) = \frac{\sum_i b_{ij} a_i}{\sum_i a_i} \qquad i = 1..r, \textit{ with r the number of rules}$$

The error function at the output level is:

$$E = \frac{1}{2} \| target - output \|^2$$

with ***target*** the process value corresponding to the input and ***output*** the defuzzified value computed by the network. To modify the parameters connected to the membership function shape in order to minimize the error function, the traditional gradient descent learning

$$\Delta w = -\eta \frac{\partial E}{\partial w}$$

algorithm based on the following rule has been applied :
In the following the implemented learning algorithm is proposed . Defined:

- $\delta_j^{(2)}$ the backpropagation coefficient from j-th unit of level L2 to the unit of level L1
- $\delta_{ij}^{(0)}$ the backpropagation coefficient from the units of level L1 to ij unit of level L0

the learning algorithm is:
1) learning for b_{ij} (L2_weight)

$$\frac{\partial E}{\partial b_{ij}} = \frac{\partial E}{\partial y_j} \cdot \frac{\partial y_j}{\partial b_{ij}} = (y_j - target_j) \cdot \frac{a_i}{\sum_k a_k} \qquad \Delta b_{ij} = -\eta \cdot \delta_j^{(2)} \cdot \frac{a_i}{\sum_k a_k}$$

2) learning for w_{ij} and c_{ij} (respectively L0_weight and L0_threshold)

$$\Delta w_{ij} = -\eta \cdot \delta_{ij}^{(0)} \cdot \frac{\partial o_{ij}}{\partial w_{ij}} \qquad \Delta c_{ij} = -\eta \cdot \delta_{ij}^{(0)} \cdot \frac{\partial o_{ij}}{\partial c_{ij}}$$

The value of o_{ij}' (c_{ij}) and o_{ij}' (w_{ij})depends on the membership function adopted as follow:

	ISOSCELES TRIANGLE	SCALENE TRIANGLE	GAUSSIAN SHAPE
FUNCTION	$1-\{2\mid x_i - c_{ij}\mid /w_{ij}\}$	$w_{ij}(x_i-c_{ij})$	$\exp(-(x_i - c_{ij})^2/ w_{ij}))$
$\delta o_{ij}/\delta w_{ij}$	$1-o_{ij}/w_{ij}$	$x_i - c_{ij}$	$\{(x_i-c_{ij})^2/w_{ij}^3\}o_{ij}$
$\delta o_{ij}/\delta w_{ij}$	$2\text{sign}\mid x_i - c_{ij}\mid /w_{ij}\}$	$-w_{ij}$	$\{(x_i-c_{ij})/w_{ij}^2\}o_{ij}$

Neuro-Fuzzy Module

Neuro-Fuzzy Module is a graphic interface, running under Windows 3.1, which implements the neural network models described in the previous sections. Purpose of this tool is to provide an user-friendly interface guiding the user in all the steps to obtain a fuzzy system starting from a set of patterns.

This tool provides the capabilities to communicate with W.A.R.P. Software Development Tool, a development environment to program the fuzzy digital microcontroller W.A.R.P. For this purpose, an exporter translating a Neuro-Fuzzy project into a W.A.R.P.-SDT project file containing all the information about the membership function shapes and inferencing rules has been carried out. This step, which implies a transformation from a continue model (Neuro-Fuzzy) to a discrete one (W.A.R.P.-SDT), is realized taking care to reproduce the input one in the best way possible. By using W.A.R.P.-SDT facilities it is then possible to build a fuzzy model in C or MATLAB environment. Defining the error as the difference between the original and the interpolated function, once the learning phase is over, the expert can reduce (and in the optimum case nullify) the error by introducing local rules deriving from his experience.

Figure 3 shows the linkage between Neuro-Fuzzy Module and W.A.R.P.-SDT tool.

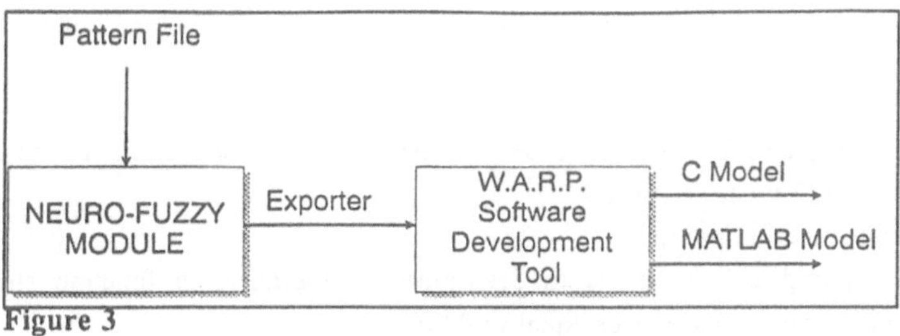

Figure 3

Other functionalities are provided in order to allow the simulation of the behaviour of the neural net starting either from a single pattern or from a file of patterns.

Example

In this section a modelling example of a process described by a 4th order function will be provided. After the definition of a first fuzzy model of the process, the obtained fuzzy system itself will be corrected by introducing some local rules. The example will be concluded by comparing the Neuro-Fuzzy model and that one obtained from the translation to W.A.R.P.-SDT tool.

The example is based on a process described by the following function:

$$y[k] = f(y[k-1], y[k-2], u[k-1], u[k-2]) \qquad (1)$$

$$f(.) = \begin{cases} e^{(-y^2[k-1]+y^2[k-2])} + \sqrt{u^2[k]+u^2[k-1]} & k \leq 400 \\ \dfrac{e^{u[k]} + \cos(\alpha\pi(y^2[k]+y^2[k-1])) + 2}{1+u^2[k-1]+u^2(k-2)} & 400 \leq k \leq 2500 \end{cases}$$

where $\alpha = 3.5$ and u is defined as follow:

$u[k] = \sin(2\pi k / 250)$	$0 \leq k \leq 700$ or $1800 \leq k \leq 2500$
$u[k] = 0.6$	$700 \leq k < 875$
$u[k] = 0.4$	$875 \leq k < 1050$
$u[k] = -0.2$	$1050 \leq k < 1400$
$u[k] = -0.6$	$1400 \leq k < 1800$

- Variable parameters:

Variable	Minimum	Maximum	Range	Fuzzy Sets
1	0.549705	4.011129	3.461424	5
2	0.001000	4.010431	4.009431	5
3	-0.999952	0.999985	1.999937	3
4	-0.999993	-0.999966	1.999959	3

Both the neural nets have been trained with a file of 799 patterns obtained by sampling the function (1).

- Rule selection:

  During this phase 21 rules have been selected among the maximum possible amount of 225 possible rules.

- Membership function tuning:

  It has required 230 iterations to determine the membership function shapes, obtaining a mean square error equal to 0.007.

Figure 4 shows the original and the interpolated functions. The abscissa represents the i-th pattern and the ordinate represents y[i].

It has been possible to correct the error near the 20-th and the 102-th patterns by adding two local rules. For this aim, Neuro-Fuzzy Module automatically has builded up those local rules and their related fuzzy sets requiring as parameters the correct pattern and the fuzzy set base width. The last parameter allows the user to control the activation zone of the local rule.

	Antecedent Values				Output
Rule1	1.4303	1.4308	0.9980	0.9932	1.4290
Rule2	1.4304	1.4292	-0.9999	-0.9995	1.4308

Figure 5 shows the improvement obtained by introducing the above mentioned local rules. Figure 6 shows how the precision is maintained during the translation step from Neuro-Fuzzy Module to WARP-SDT tool. This second tool allows antecedent variables having a 7-bits resolution and consequent variables having 10-bits resolution to be defined.

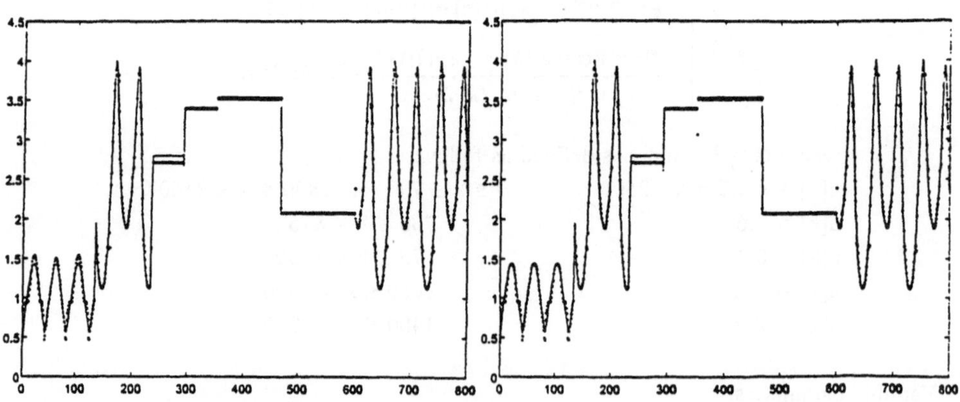

Figure 4　　　　Figure 5

-------- original function
ooooooo interpolated function

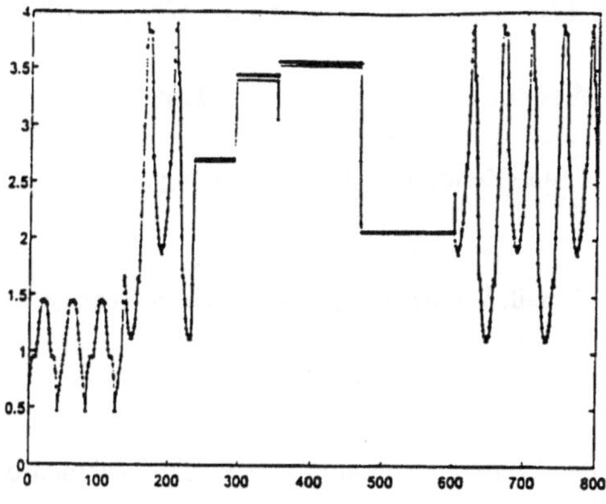

Figure 6

-------- W.A.R.P. SDT

oooooooooo Neuro-Fuzzy Module

Conclusion

In this paper a two step neuro-fuzzy system based on FAM approach and membership function shape tuning allowing to model a process by means of Fuzzy Logic data structures has been discussed. The main features of the proposed tool can be summarized as follows:

- simple neural networks structures thanks to their low number of levels and units;
- process modelling based on rules and membership function allowing to easily handle intrinsic imprecision of physical data used to train the network;
- fast convergence to an acceptable level of approximation;

Bibliography

[1] Lotfi A.Zadeh, "Making computer think like people",IEEE Spectrum, Agosto 1984.

[2] Lotfi A.Zadeh, "Outline of a New Approach to the Analysis of Complex Systems and Decision Precesses", IEEE Transactions on Systems, Man and Cybernetics, vol.3 n.1, gennaio 1973.

[3] Bart Kosko, "Neural Network and Fuzzy Systems",Prentice Hall, 1992.

[4] D.E.Rumelhart, J.L.McClelland, "The PDP perspective"

[5] J.M.Keller, R.R.Yager, H.Tahani, "Neural Networks implementation of Fuzzy Logic", Fuzzy Sets and Systems, vol.45 n.1, Gennaio 1992.

[6] W.Pedrycz, "Fuzzy Neural Networks and Neuro Computations", Fuzzy Sets and Systems,vol.56 n.1, Maggio 1993.

[7] M.Lo Presti, R.Poluzzi, GG.Rizzotto, A.Zanaboni, "FAM approach to design a Fuzzy Controller", Proceedings IFSA 93, Seul Luglio 1993.

Ein Prototyp für ein integriertes Fuzzy-Neuro System

Werner Hauptmann **Kai Heesche**

Siemens AG - Zentralabteilung Forschung und Entwicklung
ZFE ST SN 43
D-81730 München
Email: Werner.Hauptmann@zfe.siemens.de

I Einführung

Im Zusammenhang mit der Weiterentwicklung von Fuzzy-Systemen der zweiten Generation wird die Thematik der automatischen Generierung, Optimierung und Adaption solcher Systeme zunehmend an Bedeutung gewinnen. Einen Schwerpunkt bilden dabei in der Literatur die Untersuchungen bezüglich der Kombination von Fuzzy-Logik und neuronalen Netzen [TAK90, ICH91, JAN92, WM92, GR94]. Durch den aus der Fusion dieser Systeme resultierenden Synergieeffekt will man die erwünschten Eigenschaften beider Paradigmen vereinen und ihre Nachteile kompensieren.

In diesem Aufsatz wird eine neuronale Topologie und ein integriertes Fuzzy-Neuro System vorgestellt, das in Abhängigkeit von der jeweiligen Ausgangsposition sowohl als Weiterentwicklung eines konventionellen Fuzzy-Systems als auch als Erweiterung eines neuronalen Netzes betrachtet werden kann. Dazu wird in Abschnitt II schrittweise die Abbildung der einzelnen Fuzzy-Komponenten auf korrespondierende Teilstrukturen eines neuronalen Netzes dargestellt. In Abschnitt III erfolgt anschließend eine Beschreibung der entwickelten vollständigen Fuzzy-Neuro Topologie, welche die Grundlage für das in Abschnitt IV vorgestellte integrierte Fuzzy-Neuro System bildet. Abschnitt V geht schließlich auf zwei Anwendungen ein und diskutiert die dabei erzielten Ergebnisse, bevor abschließend nochmals die wesentlichen Punkte zusammengefaßt und Überlegungen zu weiteren Arbeiten aufgezeigt werden.

II Fuzzy-Systeme als vorwärtsgerichtete neuronale Netze

Sowohl Fuzzy-Systeme als auch neuronale Netze führen eine Abbildung durch, die für eine gewisse Eingabe eine bestimmte Ausgabe erzeugt. An den Systemeingang wird im allgemeinen ein n-dimensionaler reeller Vektor $(x_1, x_2, \ldots, x_n)$ angelegt, dem ein m-dimensionaler Vektor $(y_1, y_2, \ldots, y_m)$ am Ausgang entspricht. Bei beiden Systemen erfolgt eine Modellierung der Funktion $F: R^n \rightarrow R^m$. Um eine funktionell äquivalente Repräsentation des Eingangs-/ Ausgangsverhaltens eines Fuzzy-Systems in einem vorwärtsgerichteten neuronalen Netz zu realisieren, ist eine darauf abgestimmte spezielle Topologie zu entwerfen, welche die entsprechenden Teilkomponenten eines Fuzzy-Modells nachbildet. Durch die konsequente Umsetzung der einzelnen Verarbeitungsstufen des Fuzzy-Systems, der Fuzzifizierung von Eingangsgrößen, der Regelbasis, sowie der Defuzzifizierung, in korrespondierende Teilstrukturen auf der Ebene der neuronalen Netze entsteht eine neuronale Struktur, die im weiteren als Fuzzy-Neuro Topologie bezeichnet wird.

Das allgemeine Modell von McCulloch-Pitts [MP43] für ein Neuron, den Grundbaustein eines künstlichen neuronalen Netzes, wird mathematisch allgemein beschrieben durch

$$o_i = g\left(f\left(\mu_i, w_{i1}i_1, w_{i2}i_2, \ldots\right)\right), \qquad (1)$$

worin g die Aktivierungsfunktion des Neurons bezeichnet, $w_{i1}, w_{i2}, \ldots$ die mit den einzelnen Eingängen $i_1, i_2, \ldots$ assoziierten Gewichte, μ_i das Bias-Gewicht, bzw. den Schwellwert des Neurons und f die Integrationsfunktion, die die einzelnen Neuroneneingänge zu einem einzigen Argument zusammenfaßt. Die Aktivierungsfunktion g kann linear oder nichtlinear sein (z.B. Sigmoidfunktion), die Funktion f führt normalerweise eine einfache Summation der einzelnen Eingänge durch.

In Fuzzy-Neuro-Netzen werden oft Neuronen mit leicht abgewandelter Struktur eingesetzt, z.B. werden nur lineare oder sigmoide Aktivierungsfunktionen zugelassen [HFO90], oder es werden spezielle Neuronen benutzt, die mithilfe der Funktion f eine Produkt-, Minimum- oder Maximum-Operation ausführen [BK92]. Für diese modifizierten Neuronentypen müssen dann auch die eingesetzten Lern- und Adaptionsverfahren entsprechend erweitert, bzw. neu definiert werden, wodurch oft Inkonsistenzen entstehen. Die in dieser Arbeit beschriebene neuronale Topologie verwendet jedoch ausschließlich Standardneuronen. Der Neuroneneingang geht aus der Summation aller einzelnen gewichteten Eingänge und des Bias hervor ($f = \mu_i + w_{i1}i_1 + w_{i2}i_2 + \ldots + w_{in}i_n$). Die Aktivierungsfunktionen sind nur insofern eingeschränkt, daß sie differenzierbar sein müssen. Trotz der Beschränkung auf einfache Neuronentypen ermöglicht jedoch eine spezielle Netzstruktur die vollständige Abbildung aller Operationen eines Fuzzy-Modells, die im folgenden einzeln beschrieben werden.

II.1 Fuzzifizierung

Die Umsetzung der Fuzzifizierung wird durch eine erste Schicht von Neuronen mit RBF[1]-ähnlichen Aktivierungsfunktionen realisiert. Für jede Zugehörigkeitsfunktion einer Eingangsvariablen existiert ein Neuron, an dessen Eingang jeweils nur zwei Signale aufsummiert werden, der aktuelle scharfe Eingangswert und der Mittelpunkt der Zugehörigkeitsfunktion (s. Bild 1). Der resultierende Wert wird anschließend über die gaußförmige Aktivierungsfunktion gewichtet und ausgegeben. Am Ausgang eines einzelnen Fuzzifizierungs-Neurons ergibt sich der entsprechende Grad der Zugehörigkeit zu

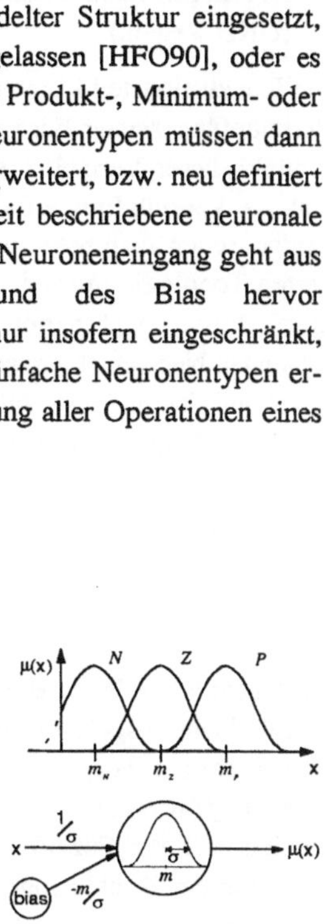

Bild 1: Fuzzifizierung

$$\mu_k(x_i) = \exp\left[-\left(\frac{x_i - m_k}{\sigma_k}\right)^2\right] \qquad (2)$$

wobei x_i das aktuelle Eingangssignal, m_k den Mittelpunkt und σ_k die Breite der gaußförmigen Eingangszugehörigkeitsfunktion k bezeichnet. Der Mittelpunktswert m_k wird über ein entsprechendes Gewicht und einen konstanten Bias-Eingang für das jeweilige Neuron festgelegt. Über

[1]RBF: Radiale Basisfunktion

eine Gewichtung beider Eingänge mit $1/\sigma_k$ wird die Breite der Zugehörigkeitsfunktionen eingestellt.

II.2 Regelneuronen

Die Regelbasis des Fuzzy-Systems, bzw. die Ausführung des Inferenzteils, wird durch eine Schicht von Regelneuronen realisiert, in denen alle vorhandenen Regeln simultan evaluiert werden. Die Anzahl der Neuronen entspricht der vorhandenen Regelanzahl. In der implementierten Topologie können Regeln des folgenden Typs abgebildet werden:

- einfache Regeln mit nur einer Fuzzy-Variablen in der Prämisse
- Regeln mit einem Prämissenteil, in dem mehrere Fuzzy-Variablen konjunktiv verknüpft sind (UND-Regeln)

Der Konklusionsteil kann entweder eine oder mehrere Ausgangsvariablen enthalten. Die UND-Verknüpfung zweier Fuzzy-Variablen im Prämissenteil wird im Fuzzy-Neuro-Netz durch das Produkt dieser Variablen realisiert (s. Bild 2). Um diese, für die konjunktive Verknüpfung erforderliche, multiplikative Operation mit Standardneuronen ausführen zu können, wird die Inferenz in der implementierten Topologie in zwei Stufen gebildet. Realisiert man die gaußförmige Aktivierungsfunktion nicht in einer, sondern in zwei aufeinanderfolgenden Netzschichten, so kann gleichzeitig die Berechnung des Produkts auf eine einfache Summation zurückgeführt werden. Damit ergibt sich am Ausgang der einzelnen Regelneuronen für die jeweilige Prämisse α der Regel j:

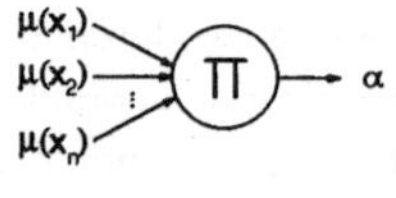

Bild 2: Regelneuron

$$\alpha_j = \prod_{k=1}^{n_{mbf}} \mu_k(x_i) = \prod_{k=1}^{n_{mbf}} \exp\left[-\left(\frac{x_i - m_k}{\sigma_k}\right)^2\right] = \exp\left[\sum_{k=1}^{n_{mbf}}\left(\frac{x_i}{\sigma_k} - \frac{m_k}{\sigma_k}\right)^2\right] \quad (3)$$

Die Berechnung der Gaußfunktion, die für die Ermittlung der Zugehörigkeiten notwendig ist, wird nicht in der Fuzzifizierungsschicht allein, sondern in Kombination mit der darauffolgenden Regelschicht ausgeführt. In den Neuronen der ersten Schicht wird eine quadratische Aktivierungsfunktion, $f(x) = x^2$, in den Regelneuronen eine exponentielle Aktivierungsfunktion verwendet, $f(x) = \exp(x)$. Folglich stehen die Werte für den Grad der Zugehörigkeit μ_i nicht explizit nach der Fuzzifizierungsschicht zur Verfügung, sondern gehen unmittelbar in die Berechnung der Konklusionen α_j ein. Der Vorteil dieser Anordnung liegt zum einen in der Vermeidung eines "Produkt-Neurons", für das ein entsprechender Adaptionsalgorithmus zusätzlich definiert werden müßte, zum anderen in der Erhaltung der für die Korrespondenz zum Fuzzy-System notwendigen Netzstruktur.

Durch die multiplikative Verknüpfung der Teilprämissen, ausgeführt in den ersten beiden verborgenen Schichten, wird die Prämisse der Regel verarbeitet. Der sich am Ausgang des Regelneurons ergebende numerische Wert α_j repräsentiert die Auswertung des WENN-Teils einer Regel. Dieser Wert wird anschließend einem weiteren Neuron zugeführt, das die Fuzzy-Variable des Ausgangssignals wiedergibt. Damit wird der Konklusionsteil der Regel abgebildet. Hier entspricht die Anzahl der Neuronen der Gesamtzahl aller Ausgangszugehörigkeitsfunktionen. Diese Neuronen führen eine einfache Summation aller Konklusionen der Regeln durch, die für eine bestimmte Fuzzy-Ausgangsvariable zünden. Als Aktivierungsfunktion wird deshalb hier die Identität $f(x) = x$ benutzt.

II.3 Defuzzifizierung

Für die Berechnung der Ausgangswerte des Fuzzy-Systems wird eine Standard-Defuzzifizierungsmethode mit Maxdot-Inferenz und anschließender Schwerpunktsberechnung über die Summe aller zündenden Ausgangszugehörigkeitsfunktionen verwendet. Aus den verschiedenen Konklusionen α_j ergibt sich somit für einen Ausgangswert y

$$y = \frac{\sum_{k=1}^{n_{ombf}} M_k \cdot \sum_{j=1}^{n_r} \left(w_{kj} \cdot \alpha_j \right)}{\sum_{k=1}^{n_{ombf}} A_k \cdot \sum_{j=1}^{n_r} \left(w_{kj} \cdot \alpha_j \right)} \qquad \text{mit} \begin{cases} w_{kj} = 1 & \text{wenn Teilkonklusion in Regel} \\ w_{kj} = 0 & \text{sonst,} \end{cases} \tag{4}$$

wobei mit M_k die einzelnen Momente und mit A_k die Flächen der jeweiligen Ausgangszugehörigkeitsfunktionen bezeichnet sind. Die Defuzzifizierungsmethode (*Center of Sums*, [DHR93]) gestattet die Vorausberechnung der Flächen und Momente schon bei der Vorstrukturierung des Netzes und die einfache Repräsentation durch zwei numerische Werte während der Adaptionsphase. Es muß keine explizite Auswertung der sich jeweils ergebenden Flächen der Ausgangszugehörigkeitsfunktionen vorgenommen werden. In der Topologie sind M_k und A_k durch entsprechende Gewichtsfaktoren realisiert. So erfolgt eine Skalierung der Einzelmomente und -flächen mit dem α-Wert, der aus der Überlagerung aller zündenden Regeln resultiert. Anschließend wird der Quotient aus der Summe aller Momente und der Summe aller Flächen berechnet. Da die Quotientenbildung nicht in einem einzigen Neuron realisiert werden kann, wird durch eine Logarithmierung und anschließende Exponentierung die Berechnung auf eine Differenzbildung zurückgeführt:

$$y = \exp \left[\ln\left(\sum_{k=1}^{n_{ombf}} M_k \cdot \sum_{j=1}^{n_r} \left(w_{kj} \cdot \alpha_j \right) \right) - \ln\left(\sum_{k=1}^{n_{ombf}} A_k \cdot \sum_{j=1}^{n_r} \left(w_{kj} \cdot \alpha_j \right) \right) \right] \tag{5}$$

Damit ist die Berechnung des scharfen Ausgangswertes aus der Zusammenfassung der Fuzzy-Variablen umgesetzt.

III Fuzzy-Neuro Topologie

Ein schematischer Überblick über die vollständige realisierte neuronale Topologie für das Fuzzy-Neuro System ist in Bild 3 wiedergegeben. Das dargestellte Beispiel basiert auf einem Fuzzy-System mit zwei Eingangsvariablen, einer Ausgangsvariablen und einer Regelbasis mit neun Regeln. Zu erkennen sind die drei wesentlichen Teilstrukturen F, RB und D für die Fuzzifizierung, die Regelbasis und die Defuzzifizierung. Das Modell entspricht einem vorwärtsgetriebenen neuronalen Netz mit sieben Schichten, wobei allein drei Schichten für die funktionell äquivalente Umsetzung der Defuzzifizierungsoperation verantwortlich sind.

Die Fuzzy-Neuro Architektur repräsentiert eine vollständige Abbildung des zugrundeliegenden Fuzzy-Modells. Die beiden Eingangssignale x_1 und x_2 werden in der zweiten und dritten Schicht fuzzifiziert. Dabei erfolgt die Festlegung der Anzahl, der Form und Lage der Eingangszugehörigkeitsfunktionen und die Zuordnung zu den entsprechenden Variablen in den Neuronen EZ_i der zweiten Schicht. In diesem Fall werden die Eingänge je mit drei Zugehörigkeitsfunktionen fuzzifiziert, wobei sich eine Schicht mit sechs Neuronen ergibt. Anschließend werden in der dritten Schicht die einzelnen Regeln R_1 bis R_9 der Regelbasis umgesetzt. Für jede Regel existiert nun ein entsprechendes Regelneuron, an dessen Eingang die passenden Teilprämissen anliegen. Diese Teilprämissen werden miteinander wie beschrieben verknüpft, und es wird ein Ausgangswert erzeugt, der einerseits der in der Regel angegebenen Zugehörigkeitsfunktion der Ausgangsvariablen y zugeordnet wird, und dessen numerischer Wert andererseits aus den entprechenden Werten der fuzzifizierten Eingangssignale resultiert.

Die sich dadurch in Schicht 4 ergebenden Teilkonklusionen für eine Ausgangsgröße werden nachfolgend im Defuzzifizierungsteil zusammengefaßt. Zwischen den Schichten 4 und 5 erfolgt die Gewichtung der Konklusionen mit dem zu einer Ausgangszugehörigkeitsfunktion AZ_i gehörenden vorausberechneten Flächen A_k und Momenten M_k. In den Schichten 5 und 6 wird schließlich die Berechnung des Quotienten von Momenten und Flächen über die Logarithmierung und Differenzbildung der Argumente durchgeführt.

Mit der Umsetzung dieser Defuzzifizierung ist die vollständige Abbildung des Fuzzy-Systems auf die Struktur eines neuronalen Netzes realisiert und kann für das dargestellte System z.B. anhand Regel 4 nachvollzogen werden.

Regel 4: *WENN x_1 gleich N ist UND x_2 gleich Z ist, DANN ist y gleich Z.*

Die einzelnen Verarbeitungsschritte des Fuzzy-Neuro Netzes lassen sich bei Betrachtung der für diese Regel relevanten Zweige und Knoten nachvollziehen. Über die Neuronen EZ_1 bis EZ_6 der zweiten Schicht werden die Eingangswerte x_1 und x_2 fuzzifiziert, wobei der Eingangswertebereich für beide Variablen in drei Zugehörigkeitsfunktionen aufgeteilt ist. Liegt dabei der scharfe Wert für x_1 auch im Bereich seiner Eingangszugehörigkeitsfunktion "N" und der Wert für x_2 im Bereich seiner Eingangszugehörigkeitsfunktion "Z", so werden die Zweige über EZ_1 und EZ_5 aktiviert. Die entsprechenden Werte werden danach auf das Regelneuron R_4 weiter-

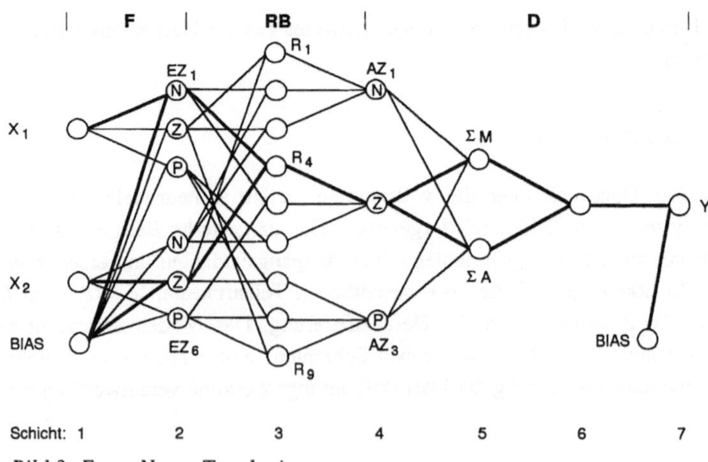

Bild 3: Fuzzy-Neuro Topologie

gegeben, wo die UND-Verknüpfung beider Eingangssignale gebildet wird. Dem sich ergebenden Ausgangswert dieses Neurons wird die Konklusion "Z" zugeordnet. Anschließend werden alle aus dem aktuellen Eingangswertepaar x_1, x_2 resultierenden Konklusionen für y in der Defuzzifizierung durch die Quotientenbildung von Momenten und Flächen zu einem scharfen Ausgangswert zusammengefaßt.

IV INTEGRIERTES SYSTEM

Die vorgestellte Topologie bildet die Basis für die Implementierung eines geschlossenen Fuzzy-Neuro Systems, das den fließenden Übergang herstellt zwischen der Repräsentation eines Systems als Fuzzy-Modell oder als neuronales Netz. Dazu wurden die von Siemens ZFE bereits entwickelten Software-Werkzeuge, die Fuzzy-Entwicklungsumgebung *SIEFUZZY* und der Neuro-Simulator *SENN++* [2], in einem Gesamtsystem integriert. Durch die Anbindung dieser Werkzeuge wurde die Möglichkeit geschaffen, ein einmal spezifiziertes Fuzzy-System in ein neuronales Netz zu übersetzen und nach Modifikation wieder rückzuübersetzen.

Bild 4 zeigt die einzelnen Komponenten des integrierten Fuzzy-Neuro Systems. Mithilfe von *SIEFUZZY* entwickelt der Experte mit seinem Erfahrungswissen und nach seinen Vorstellungen ein initiales Fuzzy-Modell. *SIEFUZZY* generiert eine sogenannte FPL-Datei[3], in der das initiale Fuzzy-System mit Zugehörigkeitsfunktionen und linguistischer Regelbasis vollständig spezifiziert ist. Ein Kodierer liest diese FPL-Datei ein und übersetzt sie in die entsprechenden Gewichtsmatrizen für das neuronale Netz. In diesen Matrizen sind Informationen über die zu adaptierenden Teile des Fuzzy-Modells abgelegt, also z.B. Angaben über Anzahl, Lage und Breite der Zugehörigkeitsfunktionen und die den Regeln entsprechende Netzstruktur.

Zusätzlich wird über eine weitere Datei die Netztopologie spezifiziert, die für eine bestimmte Architektur einmal festgelegt und während der Lernphase nicht verändert wird. In der anschließenden Trainingsphase werden die freien Parameter des Fuzzy-Modells im neuronalen Netz nach einem vorgegebenen Lernalgorithmus anhand der Trainingsdaten, die der Problemstellung zugrunde liegen, adaptiert.

Nach abgeschlossenem Training werden die von *SENN++* modifizierten Gewichtsmatrizen ausgegeben und daraus vom Dekodierer die entsprechenden Fuzzy-Elemente extrahiert und in das FPL-Format zurückübersetzt. Die neue FPL-Datei wird anschließend von *SIEFUZZY* eingelesen, dort können alle vom neuronalen Netz vorgenommenen Adaptionen des Fuzzy-Modells visualisiert, mit dem initialen System verglichen und evaluiert werden. Damit schließt sich die Verarbeitungskette und in einem iterativen Vorgang kann ein vorgegebenes Fuzzy-System optimiert werden. Durch die Bereitstellung ent-

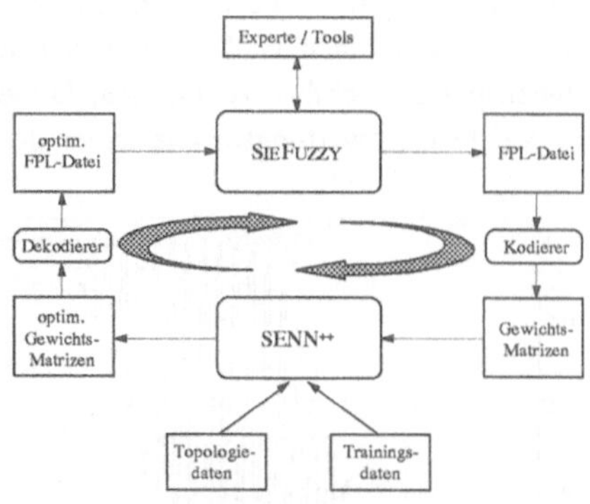

Bild 4: Integriertes Fuzzy-Neuro System

---

[2]*SENN++*: Simulation Environment for Neural Networks

[3]FPL: Fuzzy Programming Language

sprechender Konverter und einer auf die Anwendung angepaßten Topologie des neuronalen Netzes ist ein fließender Übergang zwischen beiden Systemen möglich und damit ein kombiniertes Fuzzy-Neuro Gesamtsystem geschaffen, das die Vorteile beider Verfahren in sich vereint.

Ob der dargestellte Verarbeitungszyklus Fuzzy-Neuro-Fuzzy vollständig durchlaufen werden muß, hängt vom Verwendungszweck ab. Soll die Fuzzy-Neuro Übersetzung z.B. nur zu einer wissensbasierten Vorstrukturierung eines neuronalen Netzes eingesetzt werden, so ist eine Rückübersetzung überflüssig. Nach der Vorbelegung des neuronalen Netzes ist die Aufgabe der Fuzzy-Neuro Abbildung erfüllt und der Lernvorgang wird gestartet.

V ERGEBNISSE

Das integrierte Fuzzy-Neuro System wurde an mehreren Beispielen getestet. Nachfolgend werden zwei davon vorgestellt, wobei zum einen anhand eines einfachen Pendelreglers die Genauigkeit der Abbildung nachgewiesen, und zum anderen die Optimierungsleistung des Systems am Beispiel der 'gas furnace'-Daten von Box und Jenkins ermittelt und mit anderen Ergebnissen verglichen werden.

V.1 GENAUIGKEIT DER ABBILDUNG

Mithilfe des ersten Beispiels sollte die Genauigkeit der Abbildung überprüft werden. Hierzu wurde ein einfacher Pendelregler betrachtet, der folgende Eigenschaften aufwies:

- Zwei Eingänge
- Ein Ausgang
- Drei Zugehörigkeitsfunktionen pro Variable
- Neun Regeln

Aus dem Kennfeld dieses Fuzzy-Systems, dem die neuronale Topologie in Bild 3 entspricht, wurde ein Trainingsdatensatz generiert (s. Bild 5) und der Fuzzy-Regler in ein neuronales Netz übersetzt. Nach der Übersetzung wurde das Verhalten des neuronalen Netzes mit den Trainingsdaten verglichen. Bild 6 zeigt einen vergrößerten Ausschnitt aus diesem Vergleich, um die Abweichungen sichtbar zu machen. Diese geringfügigen Abweichungen sind auf die unterschiedlichen Auswertungsmechanismen des neuronalen Netzes und des Fuzzy-Systems zurück-

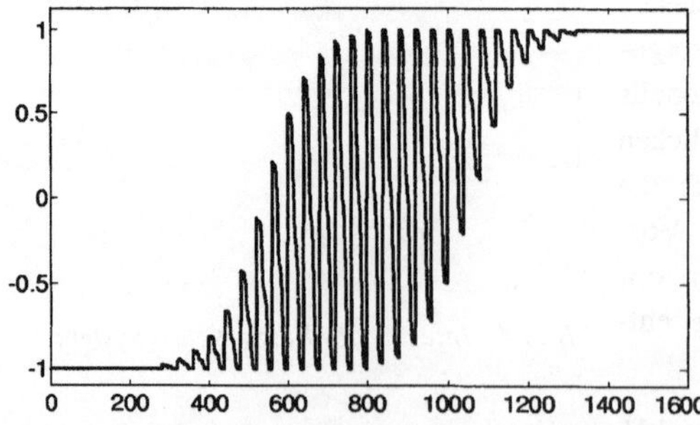

Bild 5: Referenzdatensatz für den Pendelregler

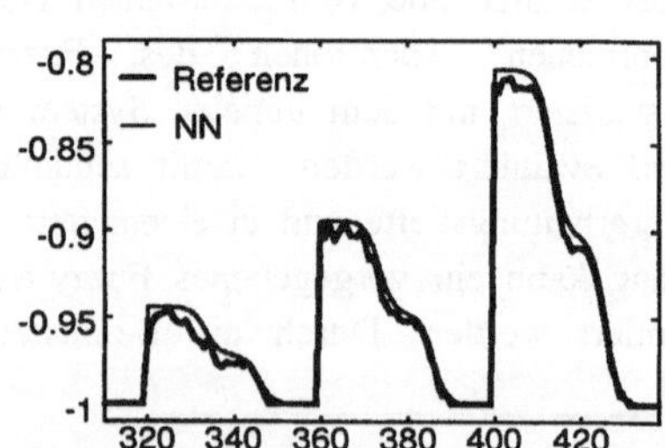

Bild 6: Abbildung des Pendelregler auf ein neuronales Netz (Ausschnitt)

zuführen. Aufgrund eines durchschnittlichen quadratischen Fehlers nach der Übersetzung von etwa $J = 10^{-5}$, sind diese Ungenauigkeiten jedoch zu vernachlässigen. Da sich das Ergebnis während der Lernphase des neuronalen Netzes nicht mehr änderte, bedeutet dies, daß eine 1:1-Abbildung des Fuzzy-Systems in das neuronale Netz erfolgreich durchgeführt wurde.

V.2 *OPTIMIERUNG EINES FUZZY-SYSTEMS*

Als zweites Beispiel wurde die Optimierung einer Prozeßidentifikation durchgeführt. Bei dem gewählten Beispiel handelt es sich um die 'gas furnace'-Daten, die von Box und Jenkins [BJ76] vorgestellt wurde. Diese Daten wurden beim Verbrennungsprozeß eines Methangas-Luft-Gemisches aufgezeichnet. Hierbei wurde bei einer konstanten Gasflußrate der Anteil des Methans zufällig linear variiert und dabei die Methangaskonzentration als Funktion $x(t)$ und die Kohlendioxidkonzentration im Abgas als Funktion $y(t)$ gemessen. Der Originaldatensatz [BJ76, S. 532] besteht aus 296 Meßwerten $(x(t), y(t))$, die mit einer Abtastrate von 9 Sekunden aufgenommen wurden.

Bild 7: Fuzzy-System für Gasdatenprognose

Die Aufgabe dieser Prozeßidentifikation besteht darin, eine Prognose für die Kohlendioxidkonzentration $y(t)$ zu liefern, wenn der Methangasanteil $x(t-4)$ und die vorangegangene Kohlendioxidkonzentration $y(t-1)$ vorgegeben werden (Bild 7). Bei der Optimierung wurde von folgendem initialen Fuzzy-System ausgegangen:

- Fünf Zugehörigkeitsfunktionen pro Variable
- 25 Regeln
- Quadratischer Fehler $J = 0.5$

Dieses Fuzzy-System wurde in ein neuronales Netz übersetzt und dann die Lage und Weite der Zugehörigkeitsfunktionen optimiert. Während der Lernphase wurden also nur die Zugehörigkeitsfunktionen variiert, die Regeln blieben unverändert. Nach der anschließenden Rückübersetzung zeigt das optimierte Fuzzy-System einen quadratischen Fehler von $J = 0.21$. Tabelle 1 gibt einen kurzen Überblick über die Literaturwerte. Im Vergleich liegt das hier vorgestellte Fuzzy-Neuro System sehr gut, da zu berücksichtigen ist, daß das hier genutzte Fuzzy-System

	Regel-matrix	Bemerkungen	Fehler J
Box & Jenkins [BJ76]		lineare Zeitreihenanalyse mit 6 Parametern mit einem Oszillationsmodell	0.196 0.058
Tong [TON80]	7x6	auf 19 Regeln reduziert	0.469
Pedrycz [PED84]	5x5 9x9	auf 20 Regeln reduziert	0.776 0.32
Xu & Lu [XL87]	5x5 5x5	nach der Initialisierung nach der Adaption	0.4555 0.328
Sugeno&Yasukawa [SY91]	5x5	auf 6 Regeln reduziert	0.355
Surmann,Kanstein &Goser [SKG93]	5x5 5x5	nach der Initialisierung nach der Optimierung	0.5 0.16
hier	5x5	nach der Optimierung	0.21

Tabelle 1: Literaturwerte für die 'gas furnace'-Daten von Box und Jenkins

zahlreichen Einschränkungen unterliegt (gaußförmige Zugehörigkeitsfunktionen, Produktoperator). Desweiteren wurden nur die Zugehörigkeitsfunktionen verändert, Regelgewichte sowie die Regeln selbst blieben unverändert.

VI Zusammenfassung

In dieser Arbeit wurde ein integriertes Fuzzy-Neuro System vorgestellt und gezeigt, wie die Vorteile von Fuzzy mit Vorteilen von neuronalen Netzen in einer Fuzzy-Neuro Topologie vereint werden können. Das Gesamtsystem geht hierbei über die klassischen Ansätze hinaus, die entweder Regelwissen durch eine entsprechende Vorstrukturierung in ein neuronales Netz einbringen oder ein Fuzzy-System generieren, indem sie Wissen mithilfe eines neuronalen Netzes aus Daten extrahieren. Das integrierte Fuzzy-Neuro System ist darüber hinaus u.a. in der Lage, eine datengetriebene Optimierung eines Fuzzy-Systems auszuführen, da hier der geschlossene Kreislauf zwischen Neuro- und Fuzzy-Repräsentation beliebig oft durchlaufen werden kann.

Die entwickelte Fuzzy-Neuro Topologie ermöglicht eine vollständige, funktionell äquivalente Abbildung eines vorgegebenen Fuzzy-Systems in ein neuronales Netz. Durch die Transformation der in einem Fuzzy-Modell notwendigen Verarbeitungsschritte in Operationen, die von Standardneuronen mit erweiterten Aktivierungsfunktionen ausgeführt werden können, wird eine einfache Struktur eines vorwärtsgerichteten neuronalen Netzes erreicht. Dabei wird die Anwendbarkeit von bekannten Lern- und Adaptionsverfahren gewährleistet. Durch die Sicherstellung der Korrespondenz der Netzstruktur ist eine Rückübersetzung in ein äquivalentes Fuzzy-System auch nach einer abgeschlossenen Adaption im neuronalen Netz möglich.

Anhand verschiedener Aufgabenstellungen wurde die funktionelle Äquivalenz der Fuzzy-Neuro Topologie sowie die Funktionsfähigkeit des integrierten Gesamtsystems nachgewiesen. Die Hin- und Rücktransformation wurde an unterschiedlichen Beispielen erfolgreich erprobt und die ersten Ergebnisse der datengetriebenen Optimierung erzielt. Zunächst wurden beim Lernen nur einzelne Fuzzy-Komponenten freigegeben, um z.B. Lage und Form der Zugehörigkeitsfunktionen zu adaptieren. Im weiteren ist auch die Optimierung und Generierung von Regeln vorgesehen, d.h. die Veränderung der Anzahl von Teilprämissen in einer Regel oder die Anpassung der Regelanzahl. Derzeit wird der Einsatz des Verfahrens anhand komplexerer Fuzzy-Systeme untersucht.

Literatur

[BJ76] G.E.P. Box, G.M. Jenkins: *Time Series Analysis: Forecasting and Control*, San Francisco CA: Holden Day; 1976

[BK92] H. R. Berenji, P. Khedkar: *Learning and Tuning Fuzzy Logic Controllers Through Reinforcements*, IEEE Trans. on Neural Netw., Vol. 3, No. 5, Sept. 1992, pp. 724-740

[DHR93] D. Driankov, H. Hellendoorn, M. Reinfrank: *An Introduction to Fuzzy Control*, Springer-Verlag Berlin Heidelberg, 1993

[GR94] M. M. Gupta, D. H. Rao: *On the Principles of Fuzzy Neural Networks*, Fuzzy Sets and Systems, Vol. 61, No. 1, Jan. 1994, pp. 1-18

[HFO90] S. HORIKAWA, T. FURUHASHI, S. OKUMA, Y. UCHIKAWA: *A Fuzzy Controller Using a Neural Network and its Capability to Learn Expert's Control Rules*, Proc. Int'l Conf. on Fuzzy Logic & Neural Netw., IZUKA'90, Japan, 1990, pp. 103-106

[ICH91] H. ICHIHASHI: *Iterative Fuzzy Modeling and a Hierarchical Network*, Univ. of Osaka Prefecture, IFSA'91, Brüssel, Band E, 1991, pp. 155-158

[JAN92] J. R. JANG: *Self-Learning Fuzzy Controllers Based on Temporal Back Propagation*, IEEE Trans. on Neural Netw., Vol. 3, No. 5, Sept. 1992, pp. 714-723

[MP43] W. MCCULLOCH, W. PITTS: *A Logical Calculus of the Ideas Immanent in Nervous Activity*, Bulletin of Mathematical Biophysics, Vol. 5, 1943, pp. 115-133

[PED84] W. PEDRYCZ: *An Identification Algorithm in Fuzzy Relational Systems*, Fuzzy Sets and Systems, Vol. 13, 1984, pp. 1-25

[SKG93] H. SURMANN, A. KANSTEIN, K.GOSER: *Self-Organizing and Genetic Algorithms for an Automatic Design of Fuzzy Control and Decision Systems*, Proc. of the EUFIT'93, Vol.1, Sept. 1993, pp. 1097-1104

[SY91] M. SUGENO, T. YASUKAWA: *Linguistic Modeling Based on Numerical Data*, Proc. of IFSA '91, Brussels: Computer, Management & Systems Science, 1991

[TAK90] H. TAKAGI: *Fusion Technology of Fuzzy Theory and Neural Networks - Survey and Future Directions*, First Int'l Conf. on Fuzzy Logic & Neural Netw., IZUKA'90, Japan, 1990, pp. 13-26

[TON80] R.M. TONG: *The Evaluation of Fuzzy Models Derived from Experimental Data*, Fuzzy Sets and Systems, Vol.4, 1980, pp. 1-12

[WM92] L. WANG, J. MENDEL: *Fuzzy Basis Functions, Universal Approximation, and Orthogonal Least-Squares Learning*, IEEE Trans. on Neural Netw., Vol. 3, No. 5, Sept. 1992, pp. 807-814

[XL87] C.-W. XU, Y.-Z. LU: *Fuzzy Model Identification and Self-Learning for Dynamic Systems*, IEEE Transactions on Systems, Man, and Cybernetics, Vol. SMC-17, 1987, pp. 683-689

MODELLBASIERTE ADAPTIVE FUZZY-REGELUNG

Dipl.-Ing. Oliver König

Institut für Elektrische Regelungstechnik, Technische Universität Wien,
Gußhausstraße 27–29/375, A-1040 Wien

1 Einleitung

Adaptive Regelungen sind seit vielen Jahren intensiver Forschungsbereich der linearen Systemtheorie. Trotzdem existiert die große Gruppe der stark nichtlinearen Systeme, die sich mit den bewährten Methoden nicht (oder nur unzureichend) behandeln lassen. Daher ist es naheliegend, die zur Beschreibung nichtlinearer Systeme bestens geeigneten Fuzzy-Methoden in diesen Bereich der Regelungstechnik einzuführen.

Das im folgenden vorgestellte modellbasierte adaptive Verfahren besitzt die in Abb. 1 dargestellte Struktur, und orientiert sich damit an der Struktur der Self-tuning Regler der linearen adaptiven Reglungstheorie. Basierend auf dieser Struktur wurden bereits mehrere Verfahren vorgestellt ([1], [2]); der hier angegebene Algorithmus basiert auf einem Ansatz von Moore und Harris [3], der in seiner Ursprungsvariante sehr speicher- und rechenintensiv ist. Der neue Algorithmus arbeitet mit dem Regelsatz statt mit der Fuzzy-Relation und ist damit wesentlich speicherplatzschonender.

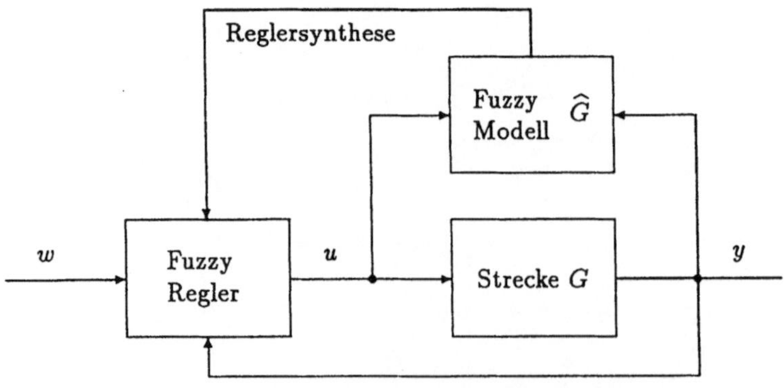

Abbildung1. Modellbasierte adaptive Fuzzy Regelung

2 Fuzzy-Modell

Das Fuzzy-Modell $\widehat{G}$ der Regelstrecke G besteht aus einem Regelsatz, der die Struktur einer linearen Differenzengleichung aufweist. (1) zeigt das Modell einer Regelstrecke erster Ordnung auf das sich die folgenden Erläuterungen dieses Abschnittes stets beziehen. Die A_{ij} sind Fuzzy-Sets, die dreieckförmige Zugehörigkeitsfunktionen besitzen (Fuzzy Zahlen).

$$\begin{array}{ll} \text{Regel1}: & \text{Wenn } u(t) = A_{11} \text{ und } y(t) = A_{12}, \text{ dann } \Delta y(t+T) = A_{13} \\ \text{Regel2}: & \text{Wenn } u(t) = A_{21} \text{ und } y(t) = A_{22}, \text{ dann } \Delta y(t+T) = A_{23} \\ & \quad \vdots \qquad\qquad\qquad \vdots \qquad\qquad\qquad \vdots \end{array} \tag{1}$$

Jede Regel des Regelsatzes entspricht einem Meßtrippel $u(t), y(t), \Delta y(t+T)$ (es wird in der Folge immer eine konstanten Abtastzeit T angenommen). Geht man davon aus, daß sich die Strecke „in der Nähe" dieses Meßtrippels im Zustandsraum nicht wesentlich anders verhält, als in diesem Punkt (Kontinuumshypothese), dann liegt es nahe, jeden Meßwert als Fuzzy Zahl $A(x, c)$ zu interpretieren ([6], Kapitel 4), mit Zugehörigkeit $\mu = 1$ am Meßwert x und linear sinkenden Zugehörigkeitswerten „in der Umgebung" des Meßwertes ($\mu = 0$ bei $x \pm c$, $c > 0$) .

Zwei grundsätzlich unterschiedliche Darstellungsvarianten des Modells sind möglich:

- Relationsbasiertes Modell (speicherintensiv, unbegrenzte Regelzahl) [3]
- Regelbasiertes Modell (speicherschonend, begrenzte Regelzahl) [5]

Die Adaption des Modells erfolgt zu jedem Abtastzeitpunkt durch Aufnahme eines Meßtrippels als neue Regel. Im relationsbasierten Algorithmus nach Moore und Harris wird vor Aufnahme der neuen Regel die bis dato akkumulierte Relation gesamtheitlich „vergessen" (Multiplikation mit einem Vergessensfaktor $\lambda \in [0,1]$).

In der hier vorgestellten Strategie ersetzt die neue Regel (partiell) die „nächstgelegene" vorhandene Regel. Um den Rechenzeitvorteil gegenüber dem relationsbasierten Algorithmus zu maximieren, wird jeder Regel i bei Aufnahme in die Regelbasis ein Maßvektor $\mathbf{r}_i$ im Zustandsraum zugeordent, der das „Zentrum" der Regel darstellt. Zur Initialisierung der Regelbasis werden die Komponenten r_{ij} von $\mathbf{r}_i$ gleich den ersten n (Regelanzahl) Meßwerten gesetzt. Nach der Initialisierung werden die Maßvektoren mittels Competitive Learning adaptiert [4], d. h. nach Aufnahme jedes neuen Meßtrippels $\mathbf{r}$ wird genau *ein* Maßvektor einer Regel (Index k) entsprechend dem Lerngesetz (2) verändert.

$$\mathbf{r}_k(t+T) = \mathbf{r}_k(t) + \epsilon\,[\mathbf{r} - \mathbf{r}_k(t)] \quad , \quad \epsilon := \frac{1}{1+\lambda} \tag{2}$$

Der Vergessensfaktor $\lambda \in [0,1]$ steuert auch bei dieser Methode die Gedächtnistiefe des Modells (exponentielles Vergessen). Welche Regel lernt, entscheidet das topologische Abstandsmaß d_i (3), wobei unter dem Normsymbol $\|\cdot\|$ hier die euklidische Vektornorm (Betrag des Vektors) zu verstehen ist.

$$d_i = \|\mathbf{r} - \mathbf{r}_i\| \tag{3}$$

Nur der Vektor (die Regel) mit dem geringsten Abstandsmaß lernt, alle anderen Regeln bleiben unverändert. Danach existiert zwar ein neuer Maßvektor $\mathbf{r}_k(t+T)$, aber noch keine zugehörige Fuzzy-Regel in Form von Zugehörigkeitsfunktionen. Der rechenzeitoptimale Ansatz bezieht seine Motivation aus einer Umformulierung des Lerngesetzes (2) in die Form von (4).

$$\mathbf{r}_k(t+T) = \epsilon\,[\lambda\,\mathbf{r}_k(t) + \mathbf{r}] \tag{4}$$

Faßt man in (4) die Vektorkomponenten r_{kj} als Fuzzy-Zahlen auf und interpretiert man die Addition (wie in der Fuzzy-Logic vielfach angewendet) als logische ODER-Operation (sup), so erhält man die einfachstmögliche Aufdatierungsregel (5) für die Zugehörigkeitsfunktionen. Der Faktor ϵ ändert an der Lage der Fuzzy-Zahlen im Wertebereich X nichts, und wurde daher zugunsten eines normalen Fuzzy-Sets ($\max\limits_{x} \mu_{kj} = 1$) als Aufdatierungsergebnis vernachlässigt.

$$\mu_{kj}(t+T) = \sup_{x}\,(\lambda\,\mu_{kj}(t),\,\mu_j) \tag{5}$$

3 Regler-Synthese

Der Entwurf basiert auf der alten Idee der Streckeninversion, wobei das in der linearen Regelungstheorie fast immer gegebene Kausalitätsproblem hier nicht auftritt, da das Fuzzy-Modell grundsätzlich nur approximativen Charakter besitzt. Der einfachste Inversionsansatz geht von einer Umstellung der Regeln aus. Das Pendant zu Regel 1 aus Gl. (1) lautet so

$$\text{InvRegel 1}: \quad \text{Wenn } \Delta y\,(t+T) = A_{13} \text{ und } y\,(t) = A_{12}\,,\ \text{dann } u(t) = A_{11} \tag{6}$$

Wird für die Implikation (wie meist üblich) die Fuzzy-UND Funktion benützt (Mamdani), dann ist die Implikationsrelation jeder Regel symmetrisch bezüglich der Ein- und Ausgangsgrößen, d. h. Regel 1 der Strecke und InvRegel 1 des Reglers besitzen dieselbe Implikationsrelation ($\widehat{G}$ und $\widehat{G}^{-1}$ sind strukturgleich), lediglich die Definition, was Eingangsgröße und was Ausgangsgröße ist, ändert sich (Regelsatz als autoassoziativer Speicher).

Meist stellt die Streckeninverse allein keinen brauchbaren Regler dar, da die Stellgröße eine unzumutbare Dynamik aufweist. Daher wird dem Regelkreis ein gewünschtes Führungsverhalten F_W (häufig in Form einer linearen Differenzengleichung) vorgeschaltet (Abb. 2), das auf die Regelstrecke abgestimmt werden muß.

Der Regelalgorithmus besteht wie bei den Self-Tuning-Reglern zu jedem Abtastzeitpunkt aus zwei Schritten (Identifikation und Synthese). Zunächst wird der momentane Meßwert dem Modell $\widehat{G}$ als neue Regel hinzugefügt, anschließend wird mithilfe dieses Modell-Regelsatzes und der gewünschten Regelgröße $y(t+T)$ zum nächsten Abtastzeitpunkt die notwendige Stellgröße $u(t)$ errechnet.

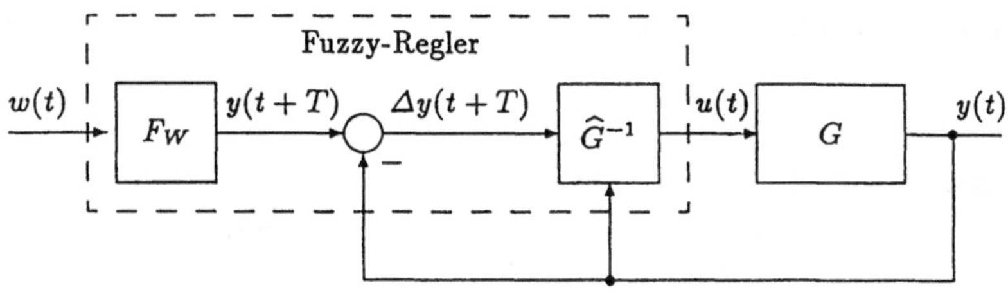

Abbildung2. Fuzzy-Regler für ein Modell erster Ordnung

4 Beispiel

Als Regelstrecke dient die Simulation eines auf einer rotierenden Scheibe montierten Feder-Masse-Systems (Fliehkraftpendel). Stellgröße u ist die Drehkreisfrequenz ω der Scheibe, Regelgröße y ist die Federauslenkung r. Die Reibung gegnüber der Scheibe wird proportional zur Radialgeschwindigkeit $\dot{r}$ angenommen, als Führungsverhalten wird ein PT_{2s} mit Dämpfungsgrad $D = 0.99$ (praktisch nicht schwingungsfähig) und Eigenfrequenz $\omega_N = 2\mathrm{s}^{-1}$ vorgegeben.

Abb. 3 zeigt das Simulationsergebnis für einen plötzlichen Lastwechsel (Die Pendelmasse m wechselt zum Zeitpunkt $t = 20$ s von 0.5 kg auf 1.0 kg). Die zusätzlich zu Sollwert und Regelgröße angegebenen Sprungantworten der Regelstrecke belegen die stark nichtlineare Natur der Strecke. Es handelt sich dabei um Sprungantworten des *ungeregelten* Systems. Aufgrund des fehlenden Integralanteiles des gewählten Streckenmodells (und damit in der Folge des Reglers) ist eine bleibende Regelabweichung erkennbar (vorwiegend im Bereich kleiner Auslenkungen). In der Initialisierungsphase (0 – 5 s) des Modells erreicht die Stellgröße mehrmals die Begrenzung (bei 75 U/min).

Die bisherigen Simulationsergebnisse und Vergleiche mit linearen Self-Tuning Reglern lassen den Schluß zu, daß das vorgeschlagene Verfahren bei linearen Regelstrecken den linearen Verfahren ebenbürtig ist, und bei stark nichtlinearen Strecken sogar zufriedenstellendere Ergebnisse liefert. Schwachpunkte des Verfahrens (an deren Beseitigung gegenwärtig gearbeitet wird) sind die relativ hohe Meßrauschempfindlichkeit (aufgrund des inversen Streckenmodells im Regler), sowie die relativ hohe Anzahl von Entwurfsfreiheitsgraden (an diesem Problem leiden alle Fuzzy-Regler).

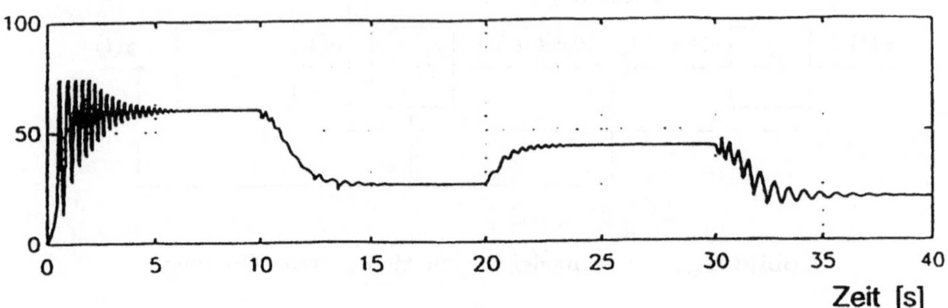

Regelgröße : Federauslenkung [cm]

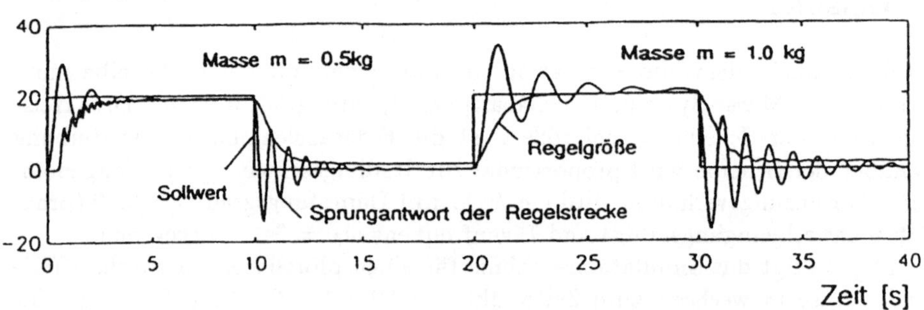

Abbildung3. Adaptives Verhalten eines nichtlinearen Regelkreises

Literatur

1. Batur C., Kasparian V.: Adaptive expert control. Int. J. Control, vol. **54**, no. 4 (1991) 867-881
2. Graham B., Newell R.: Fuzzy adaptive control of a first-order process. Fuzzy Sets and Systems **31** (1989) 47-65
3. Moore C. G., Harris C. J.: Indirect adaptive fuzzy control. Int. J. Control, vol. **56**, no. 2, (1992) 441-468
4. Ritter H., Martinetz T., Schulten K.: Neuronale Netze. Addison-Wesley (1991)
5. Solterer A.: Indirekt adaptive Fuzzy Regelungen. Diplomarbeit am Inst. für el. Regelungstechnik (1993) TU Wien
6. Terano T., Asai K., Sugeno M.: Fuzzy Systems Theory and Its Applications. Academic Press, Inc. (1992)

Robuste Strom- und Drehzahlregelung elektrischer Antriebe mit Fuzzyadaption

F. Palis, Th. Schmied
Otto-von-Guericke-Universität Magdeburg
Institut Elektroantriebstechnik
Universitätsplatz 5, 39106 Magdeburg

An elektrische Antriebe werden zunehmend erhöhte Genauigkeitsanforderungen gestellt. Hierbei müssen Nichtlinearitäten und Parameterschwankungen beherrscht werden. Bei Einsatz von Gleichstromantrieben mit netzgeführter Gleichrichterbrücke ist beispielsweise der nichtlineare Charakter des lückenden Stromes zu berücksichtigen. In mechanisch über Krafteinflüsse miteinander gekoppelten drehzahlgeregelten Antrieben ist mit Widerstandsmomenten- und Trägheitsmomentenänderungen zu rechnen. Hier lassen sich mit Beobachterregelungen prinzipiell gute Ergebnisse erzielen. Ihr Einsatz wird jedoch problematisch wenn Widerstandsmomenten- und Trägheitsmomentenänderungen gleichzeitig auftreten. Fuzzy-Controller bieten gute Möglichkeiten zur Lösung dieser Probleme.

1. Digitale Stromregelung bei Antrieben mit netzgeführten Stromrichtern im Lückbetrieb

Bei geregelten Gleichstromantrieben mit netzgeführten Gleichrichtern kommt es bekanntlich [1] bei lückendem Strom zu regelungstechnischen Problemen. Sie resultieren daraus, daß die Ausgangscharakteristik des Stromrichters beim Unterschreiten der Lückgrenze einen stark nichtlinearen Charakter hat und die Ankerkreisinduktivität wirkungslos wird.
Bild (1) zeigt die Abhängigkeit des Gleichspannungsmittelwertes $U_{d\alpha}$ vom Zündwinkel α_z einer vollgesteuerten 6-Pulsbrücke für kontinuierlichen und lückenden Stromfluß. Der Ankerkreis einer Gleichstromnebenschlußmaschine mit der untersuchten Gleichrichterbrücke als Stellglied sind im Bild (2) dargestellt.

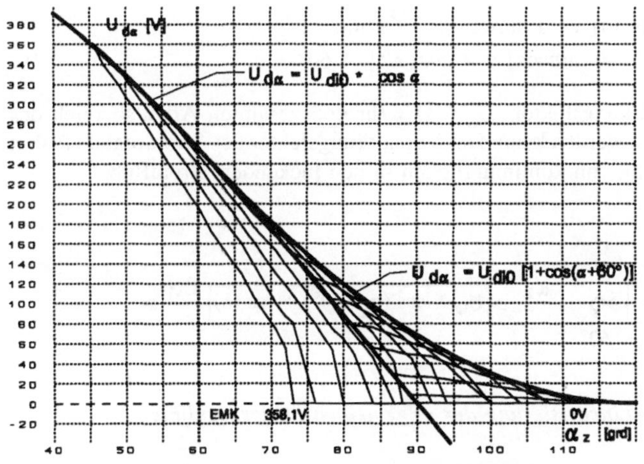

Bild 1: Steuerkennlinien einer 6-Pulsgleichrichterbrücke für kontinuierlichen und lückenden Stromfluß

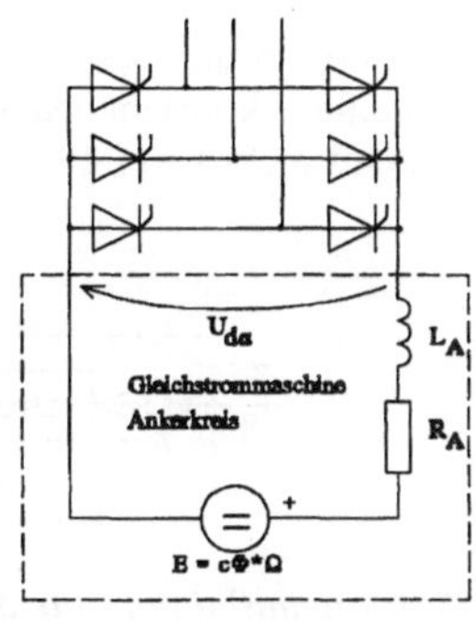

Bild 2: Gleichrichter mit Gleichstrommaschine

Der Spannungsmittelwert beträgt über einer Pulsperiode:

$$U_{d\alpha} = \int_{60°+\alpha_z}^{60°+\alpha_z+\delta} U_{Netz}(\omega t)\ d(\omega t) \ . \qquad (1)$$

Bei nichtlückendem Strom beträgt die Stromleitdauer $\delta=60°$. Die Steuerkennlinie ist eine einfache cos-Funktion:

$$U_{d\alpha} = U_{di0} * \cos(\alpha_z) \ . \qquad (2)$$

Der für die Stromregelung wichtige Verstärkungsfaktor V_{SR} kann bei $\delta=60°$ durch eine einfache Linearisierungsfunktion

$$\alpha_z = \arccos(y) \qquad (3)$$

mit $V_{SR}=U_{di0}$ als konstant betrachtet werden.

Für lückenden Strom mit $\delta<60°$ treten mehrere Abhängigkeiten in Erscheinung. Die Stromleitdauer $\delta=f(\alpha_z,E,\varphi)$ ist eine Funktion des Zündwinkels, der Gegenspannung $E=c\Phi*\Omega$ und des Lastwinkels $\varphi=\arctan(X/R)$ [2]. Im Bild (1) wurde der Mittelwert für eine Maschine mit φ=konstant in Abhängigkeit von α_z für ausgewählte Gegenspannungen dargestellt.
Für die Stromregelung ist es erforderlich, eine allgemeine Steuerkennlinie und ihre dazugehörige Linearisierungsfunktion für kontinuierlichen und lückenden Strom zu finden. Aus (1) folgt:

$$U_{d\alpha} = U_{di0} * [\cos(\alpha_z+60°) + \cos(\lambda)] \ . \qquad (4)$$

Die Stromleitdauer δ ist für eine konkrete Maschine bekannt, somit berechnet sich der Spannungswinkel λ sich wie folgt:

$$\begin{aligned} &\textit{für} \quad \delta = 60° : \quad \lambda = \alpha_z - 60° \\ &\textit{für} \quad \delta < 60° : \quad \lambda = \alpha_z + \delta - 120° \ . \end{aligned} \qquad (5)$$

Die allgemeine Steuerkennlinie (4) wird durch die Funktion

$$\alpha_z = \arccos[y - \cos(\lambda)] - 60° \qquad (6)$$

linearisiert, so daß der Verstärkungsfaktor $V_{SR} = U_{di0}$ für den gesamten Arbeitsbereich des Stromrichters konstant gehalten werden kann. Der Verstärkungsfaktor des Stromreglers ändert sich somit nicht beim Übergang von kontinuierlichen in den lückenden Stromfluß.

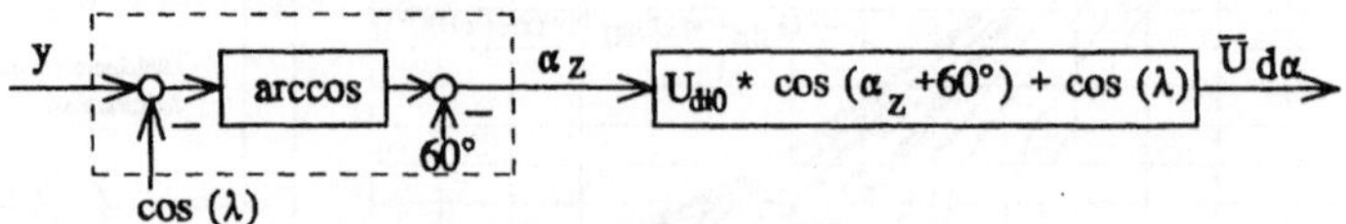

Bild 3: *Signalflußplan für die Linearisierung der allgemeinen Steuerkennlinie*

Eingangsgrößen der Linearisierungsfunktion sind die Stellgröße y und die Größe cos(λ), mit denen der Zündwinkel α_z berechnet wird.

Für nichtlückenden Stromfluß ist cos(λ) nur von der Stellgröße y abhängig. Die Beziehung (7) gibt diesen Zusammenhang an:

$$\cos(\lambda) = \frac{1}{2}y + \frac{1}{2}\sqrt{3}*\sqrt{1-y^2}\ . \tag{7}$$

Äquivalent zur Stromleitdauer δ ist bei lückender Stromführung der Spannungswinkel $\lambda = f(\alpha_z, E, \varphi)$. Im Lückfall muß der cos(λ) mittels Stellgröße y und Gegenspannung E ermittelt werden. Eine Lösungsvariante stellt hier die Fuzzy-Adaption dar.

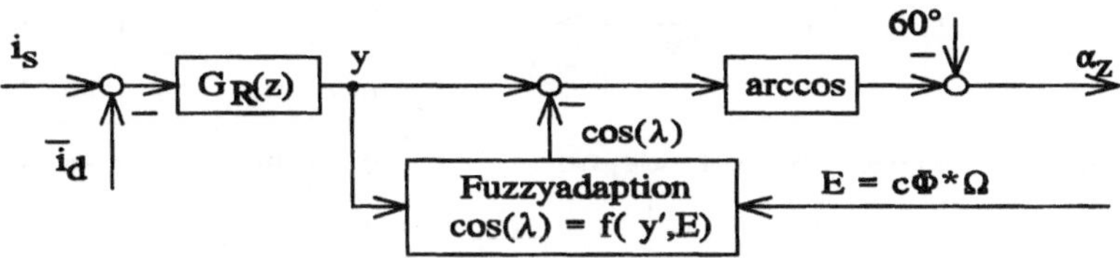

Bild 4: *Signalflußplan für die Fuzzy-Adaption von cos(λ)*

Mit Hilfe der Beziehungen (4) und (5) ergibt sich für φ=konstant ein Kennlinienfeld cos(λ) = f(y',E).

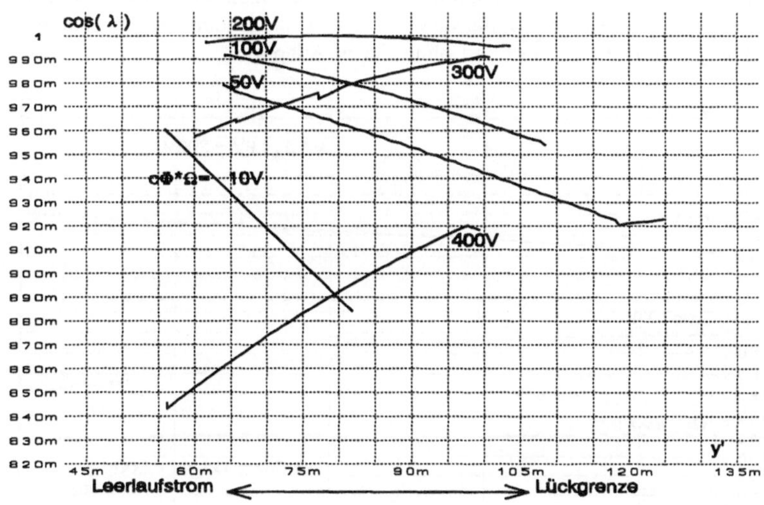

Bild 5: *Abhängigkeit des cos(λ) von der bezogenen Stellgröße y' und dem Parameter E*

Zur Fuzzifizierung der Eingangsgröße y war es notwendig diese auf die Gegen-EMK zu normieren:

$$\begin{aligned} &\textit{für } 10V \le c\Phi*\Omega < 50V \quad \textit{gilt:} \quad y' = y + \left(\frac{1}{2c\Phi*\Omega} - 0.01\right) \\ &\textit{für } 50V \le c\Phi*\Omega < 400V \quad \textit{gilt:} \quad y' = \frac{50*y}{c\Phi*\Omega}\ . \end{aligned} \tag{8}$$

Für die Fuzzy-Adaption konnten mit Hilfe der Abhängigkeiten im Bild (5) folgende Zugehörigkeitsfunktionen der Ein- und Ausgangsgrößen ermittelt sowie die zugehörigen Fuzzyregeln aufgestellt werden:

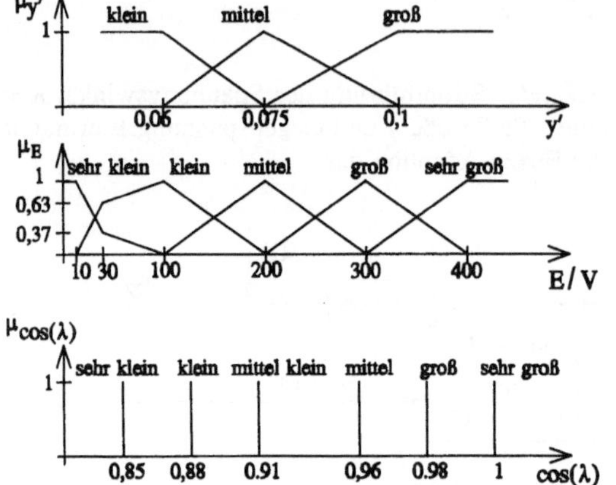

E \ y'	k	m	g
sk	m	mk	k
k	sg	g	m
m	sg	sg	sg
g	m	g	sg
sg	sk	k	mk

Bild 6: *Zugehörigkeitsfunktionen der Ein- und Ausgangsgrößen*

Bild 7: *Fuzzyregeln zur Verknüpfung der Ein- und Ausgangsterme*

Die Leistungsfähigkeit der dargestellten Lösungsvariante zur Linearisierung des Stromrichterverhaltens mit Hilfe der cos(λ)-Aufschaltung kann durch einen Vergleich bewiesen werden. Bild (8) zeigt bei konstanter Stellgröße y und ansteigender Gegenspannung E den Gleichspannungsmittelwert $U_{d\alpha}$ mit und ohne Fuzzy-Adaption:

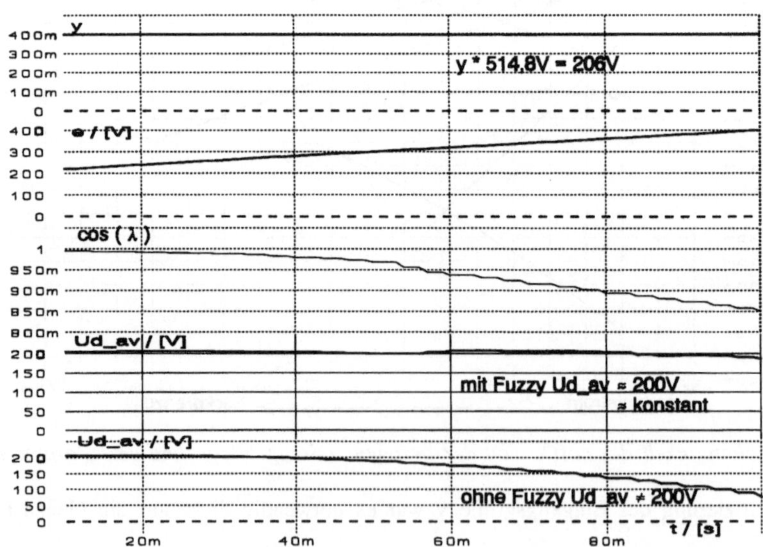

Bild 8: *Vergleich der Gleichspannungsmittelwerte mit und ohne Fuzzy-Adaption*

Bild (9) zeigt einen experimentellen Übergangsvorgang einer digitalen Stromregelung vom kontinuierlichen in den lückenden Stromfluß. Die Optimierung der Regler erfolgte auf endliche Einstellzeit [3]. Durch die Linearisierung der Steuerkennlinie und die Regleranpassung für $L_A = 0$ konnten die sich ändernden Streckenparameter kompensiert werden.

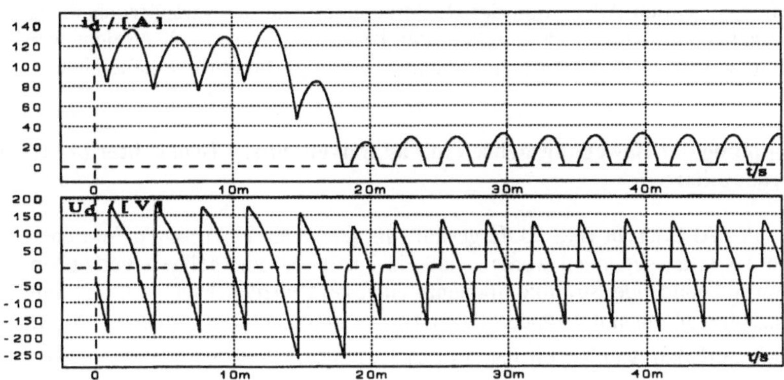

Bild 9: *Strom- und Spannungsverlauf beim Übergang vom kontinuierlichen in den lückenden Stromverlauf*

2. Adaptive Drehzahlregelung bei Last- und Trägheitsmomentenänderungen

2.1 Problemstellung

In einigen spezifischen Anwendungsfällen geregelter elektrischer Antriebe muß davon ausgegangen werden, daß sich während des Betriebes Störgrößen und Prozeßparameter ändern können. Typische Vertreter hierfür sind beispielsweise Roboterantriebe. Es handelt sich hierbei in der Regel um Mehrachsenantriebe die einerseits über Krafteinwirkungen mechanisch miteinander verkoppelt sind und deren Trägheitsmomente von den Achskoordinaten abhängig sind. Wird in allgemeiner Form

$$J = J(x_i) \tag{9}$$

vorausgesetzt, folgt für eine Achse mit der Koordinate

$$x_i = \varphi \tag{10}$$

und

$$\dot{x}_i = \omega \tag{11}$$

aus der Lagrangeschen Bewegungsgleichung zweiter Art

$$\frac{d}{dt}\left(\frac{\partial W_{kin}}{\partial \dot{x}_i}\right) - \left(\frac{\partial W_{kin}}{\partial x_i}\right) = -\frac{\partial W_{pot}}{\partial x_i} + M_{wi} \tag{12}$$

die Beziehung

$$J\frac{d\omega}{dt} = m - M_W - \omega\frac{dJ}{dt} = m - m_W \tag{13}$$

$$m_w = M_w + \omega \frac{dJ}{dt} = M_w + \frac{dJ}{dx_i}\left(\omega \frac{dx_i}{dt}\right). \tag{14}$$

Es ist offensichtlich, daß der Drehzahlregelkreis ein System mit veränderlicher Struktur und veränderlichen Parametern darstellt, dessen regelungstechnische Optimierung besondere Anforderungen stellt. Durch Adaptation der Reglerparameter an das veränderliche Trägheitsmoment und regelungstechnische Entkopplung der Bewegungsachsen soll erreicht werden, daß der Antrieb im gesamten Arbeitsbereich optimales Führungs- und Störverhalten hat.

2.2 Entkopplung der Bewegungsachsen mit adaptivem Fuzzy-Beobachter (AFB) und Regleradaption

Das Prinzip des AFB ist im Bild 10 dargestellt. In geregelten elektrischen Antrieben kann im allgemeinen davon ausgegangen werden, daß ein innerer Stromregelkreis vorhanden ist, über den die momentenbildende Stromkomponente eingestellt werden kann. Dem Stromregelkreis ist ein Drehzahlregelkreis mit veränderlichem Trägheitsmoment $J(x_i)$ überlagert. Die Parameter des Drehzahlreglers werden on line an den jeweiligen Wert des $J(x_i)$ angepaßt und das Lastmoment m_W wird im Störgrößenbeobachter 1 bestimmt und durch Störgrößenaufschaltung kompensiert [5],[6],[7]. Zur Ermittlung des unbekannten $J(x_i)$ dient der Störgrößenbeobachter 2 [4]. Er ermittelt aus einem Schätzwert des Widerstandsmomentes m_{w2} einen Schätzwert des Trägheitsmomentes J_2, mit dem der Beobachter 1 und im Anschluß daran der Drehzahlregler und die Beschleunigungsaufschaltung korrigiert werden. Bei exakter Adaptation und Störgrößenkompensation hat der Drehzahlregelkreis optimales Verhalten, das durch ein mathematisches Modell nachgebildet werden kann. Die Ausgangsgröße dieses Modells wird mit der tatsächlichen Drehzahl verglichen. Die sich einstellende Differenz und deren Ableitung ist ein Maß für die Güte des Schätzwertes für das Widerstandsmoment m_W und das daraus resultierende veränderliche Trägheitsmoment.

Die o.g. Schätzwerte werden nach folgender Strategie ermittelt. Das zu Beginn im Beobachter 1 bestimmte Widerstandsmoment ist mit großer Wahrscheinlichkeit falsch, da hierbei der Einfluß des veränderlichen Trägheitsmomentes nicht berücksichtigt wurde. Sein Wert wird durch Fuzzy-Algorithmen korrigiert. Hierzu werden die Drehzahlen des Antriebes und des optimalen Modelles miteinander verglichen und die Differenzgeschwindigkeit und ihre Ableitung nach den im Bild 11 dargestellten Regeln miteinander logisch verknüpft. Das Ergebnis der Fuzzy-Operation ist der bezogene Korrekturwert $\frac{\Delta m_w}{J_1}$ zur anschließenden Berechnung des Widerstandsmomentes für den Beobachter 2 nach der Beziehung

$$m_{w2} = m_{w1} + \Delta m_w. \tag{15}$$

Mit m_W wird das neue Trägheitsmoment J_2 ermittelt. Danach erfolgt die Korrektur des Beobachters 1 mit den Werten von m_W und J_2 sowie die Adaptation des Drehzahlreglers und der Beschleunigungsaufschaltung mit J_2.

Zur Demontration der Leistungsfähigkeit der Drehzahlregelung mit AFB wurde der zeitoptimale Positioniervorgang einer Roboterachse simuliert. Es wird willkürlich angenommen, daß sich das Trägheitsmoment der zu positionierenden Achse durch die Bewegung einer anderen Achsen (i-te Achse) sinusförmig ändert. Bild 12 zeigt eine Gegenüberstellung von Simulationsergebnissen für einen Positioniervorgang des entkoppelten Systems (a), des verkoppelten Systems ohne AFB (b) und des verkoppelten Systems mit AFB (c).

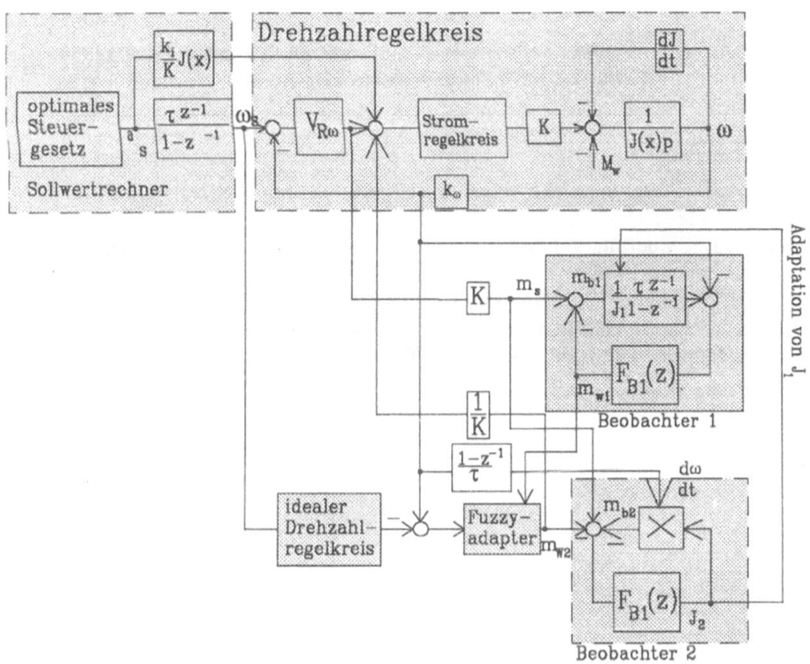

Bild 10: *Prinzip der adaptiven Fuzzy-Beobachter*

$\Delta\omega$ / $\Delta\dot{\omega}$	NG	NK	Z	PK	PG
NG	ng	ng	nk	z	z
NK	ng	nk	nk	z	pg
Z	ng	nk	z	pk	pg
PK	ngg	z	pk	pk	pg
PG	z	z	pk	pg	pg

Bild 11: *Fuzzy-Regeln zur Ermittlung des Korrekturwertes* $\frac{\Delta m_w}{J_1}$

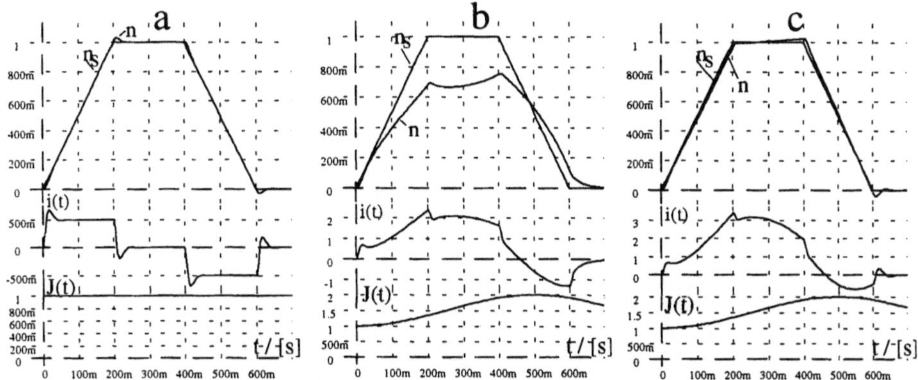

Bild 12: *Simulationsergebnisse eines Positioniervorganges bei konstantem Trägheitsmoment (a), bei veränderlichem Trägheitsmoment ohne (AFB) und mit AFB (c)*

Literatur

[1] Vogel, J.: Elektrische Antriebstechnik. 5. bearb. Auflage., Hüthig Buchverlag 1991

[2] Lappe, R.; Conrad, H.; Kronberg, M.: Leistungselektronik. 2. bearb. Auflage, Verlag Technik 1991

[3] Schönfeld, R.: Digitale Regelungen elektrischer Antriebe. 1. Auflage, Verlag Technik, 1987

[4] Pfaff, G., Meier, C.: Regelung elektrischer Antriebe II, Oldenbourg Verlag, München Wien 1988

[5] Palis, F., Vogel, J.: Steuerung von Mehrmotorenantrieben mit Störgrößenbeobachter. 31. IWK Ilmenau 1986

[6] Palis, F.: Prozeßangepaßte Steuerung und Regelung von elektrischen Kranantrieben mit Mikrorechnern, Habilitationsschrift, TU Magdeburg 1990

[7] Riefenstahl, U.: Digitale Drehzahlregelung mit Beobachter. Elektrie (1989) 8, S. 306-312

Regelungstechnische Anwendung zweisträngiger Fuzzy-Regler

H. Kiendl, T. Scheel, Dortmund

Kurzfassung

In vorangegangenen Arbeiten wurde eine zweisträngige Fuzzy-Reglerstruktur vorgeschlagen, die mit Hilfe der Hyperinferenz und Hyperdefuzzifizierung positive und negative Fuzzy-Regeln verarbeiten kann. Dabei wurde theoretisch begründet, daß diese neue Struktur im Vergleich zu herkömmlichen Fuzzy-Reglern prinzipielle Vorteile aufweist. Hier wird die zweisträngige Reglerstruktur resümiert und anhand des Beispiels einer Positionsregelung mit Haftreibung gezeigt, welcher praktische Nutzen sich aus der neuen Reglerstruktur ergibt: Erfahrungswissen, das über den Einfluß der Haftreibung vorliegt, läßt sich damit in transparenter Weise in Form von negativen Regeln in den Fuzzy-Regler einbringen. Es stellt sich heraus, daß bereits zwei negative Regeln die Regelgüte entscheidend verbessern.

1. Einführung

Positive und negative Regeln für die Entscheidung zwischen diskreten Handlungsalternativen sind bereits von dem Expertensystem MYCIN [1, 2], das auf klassischer Logik basiert, sowie von Fuzzy-Entscheidungssystemen bekannt [3]. Die dort entwickelten Verfahren sind jedoch nicht auf Fuzzy-Regler übertragbar, da hier entschieden werden muß, welcher reelle Stellgrößenwert u aus einem Kontinuum $u_{min} \leq u \leq u_{max}$ am sinnvollsten ist. Herkömmliche Fuzzy-Regler wurden deshalb so konzipiert, daß sie nur positive Regeln, d. h. Empfehlungen, nutzen. Negatives Erfahrungswissen, d. h. Warnungen oder Verbote, läßt sich nur in indirekter Weise berücksichtigen. So kann man das Komplement dessen, was an sich zu verbieten ist, als Empfehlung deklarieren, die positiven Regeln des Fuzzy-Reglers und die Zugehörigkeitsfunktionen von Hand durchmustern und im Sinne der gewünschten Warnungen oder Verbote modifizieren oder den Fuzzy-Regler, der aus den positiven Regeln resultiert, nachträglich durch klassische Kennliniienglieder ergänzen, um den gewünschten Verboten oder Warnungen Rechnung zu tragen. Diese Notbehelfe sind aber intransparent und führen deshalb vielfach nicht zum Erfolg [4].

Vor kurzem wurde eine zweisträngige Fuzzy-Reglerstruktur vorgestellt, die auf die transparente Nutzung von positiven und negativen Regeln mit Hilfe der Hyperinferenz und Hyperdefuzzifizierung abzielt [5]. Welche prinzipiellen Vorzüge diese Reglerstruktur aufweist, wurde bereits früher theoretisch begründet [4]. In dieser Arbeit wird anhand des Beispiels einer Positionsregelung mit Haftreibung gezeigt, daß diese Vorzüge auch tatsächlich in die regelungstechnische Praxis umgesetzt werden können.

2. Die zweisträngige Fuzzy-Reglerstruktur

Die zweisträngige Fuzzy-Reglerstruktur besteht aus zwei Verarbeitungssträngen für die positiven bzw. negativen Regeln, der Hyperinferenz sowie der Hyperdefuzzifizierung (Bild 1).

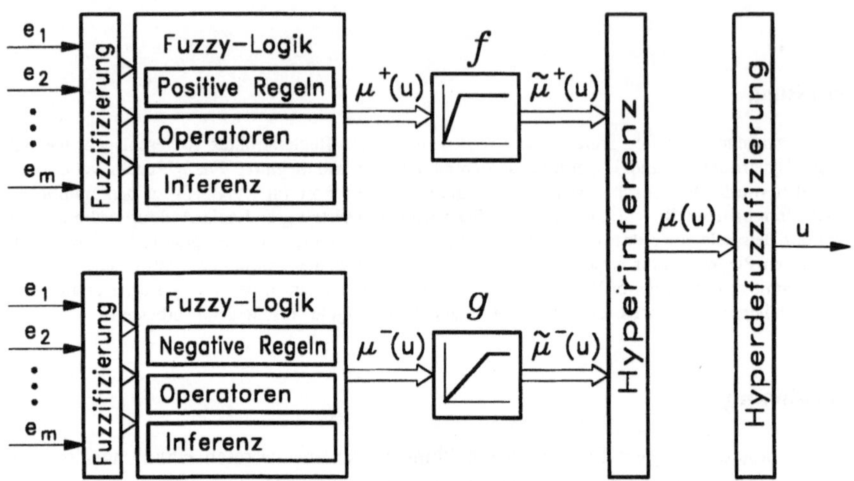

Bild 1: Zweisträngige Fuzzy-Reglerstuktur

Durch die wählbaren Funktionsglieder f und g lassen sich die relativen Grade beeinflussen, mit denen die Empfehlungen der positiven Regeln bzw. die Warnungen der negativen Regeln berücksichtigt werden sollen. Für die Hyperinferenz sind unterschiedliche Strategien, wie die des starken oder schwachen Vetos oder des Fuzzy-Kompromisses, wählbar. Zur Hyperdefuzzifizierung wird die aus der Hyperinferenz hervorgehende Zugehörigkeitsfunktion $\mu(u)$ in Teilfunktionen μ_i(u) zerlegt, die separat defuzzifiziert werden. Auf diese Weise entsteht ein diskretes Spektrum von Handlungsalternativen u_i, aus denen derjenige Wert u_j als endgültiger Stellgrößenwert ausgewählt wird, der zu der Teilfunktion mit dem größten Gewichtsfaktor gehört. Für die Bestimmung des Gewichtsfaktors sind unterschiedliche Heuristiken entwickelt worden.

3. Anwendungsbeispiel für zweisträngige Fuzzy Regler: Positionsregelung mit Haftreibung

a) Die Regelstrecke

In der Regelungstechnik will man häufig die Position einer Antriebseinheit auf einen vorgegebenen Sollwert einstellen (Bild 2 oben). Diese Regelungsaufgabe wird oft durch das Auftreten von Haftreibung erschwert. Bild 2 zeigt unten ein Strukturbild für eine derartige Regelstrecke.

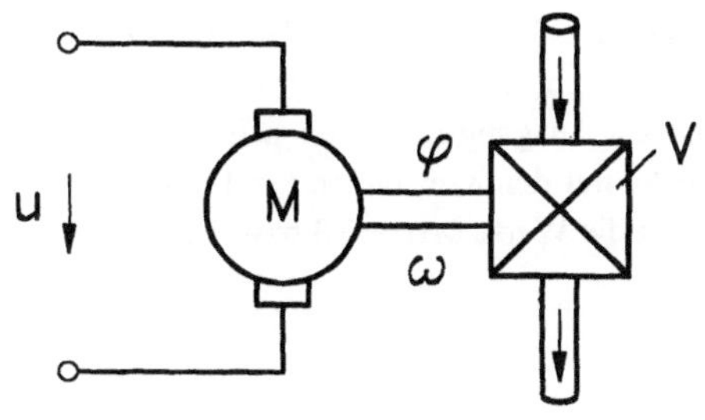

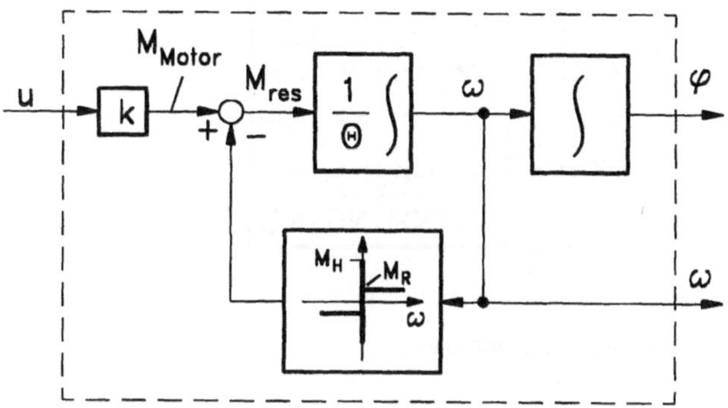

Bild 2: Regelstrecke, bestehend aus Scheibenläufermotor M und Ventil V mit der Spannung u bzw. dem Positionswinkel φ und der Winkelgeschwindigkeit ω als Eingangs- bzw. Ausgangsgrößen (oben) sowie dazugehöriges Strukturbild (unten)

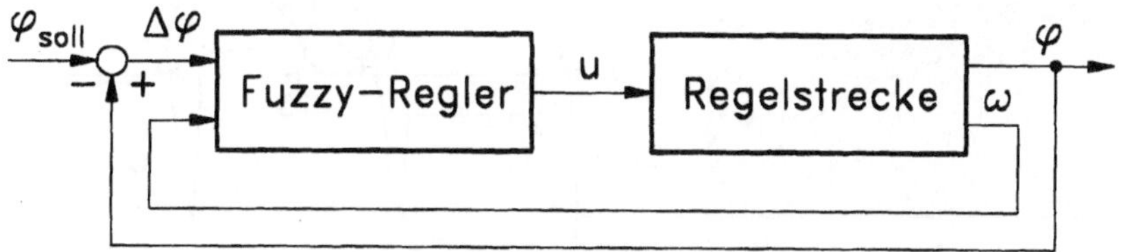

Bild 3: Fuzzy-Positionsregelungssystem

Da es sich bei dem Motor um einen Scheibenläufermotor handelt, sind Induktivitäten vernachlässigbar. Weil außerdem wegen der geringen Winkelgeschwindigkeit des Motors auch die Elektromotorische Kraft vernachlässigt werden kann, ist das Drehmoment M_{Motor} mit dem Faktor k proportional zur anliegenden Eingangsspannung u. Die Haftreibung wird durch Rückführung eines konstanten Drehmomentes modelliert, das bei $\omega = 0$ das Drehmoment M_{Motor} bis zur Größe der Haftreibung M_H gerade kompensiert. Die Gleitreibung wird durch ein Drehmoment mit dem konstanten Betrag M_R und dem zu ω entgegengesetzten Vorzeichen berücksichtigt. Das resultierende Drehmoment M_{res} wird nach Division durch das Trägheitsmoment Θ zweifach integriert. Dann erscheinen am Ausgang des ersten Integrierers die Winkelgeschwindigkeit ω des Motors und am Ausgang des zweiten Integrierers der Positionswinkel φ. In diesem Beitrag wird eine Strecke mit den Konstanten $k = 1$ und $\Theta = 1$ untersucht. Die Haftreibung und die Gleitreibung haben die Werte $M_H = 0.3$ bzw. $M_R = 0.05$.

b) Einsträngiger Fuzzy-Regler

$\Delta\varphi$ ↓ \ ω →	NG	NK	V	PK	PG
NG	PG	PG	PM	PK	V
NK	PG	PM	PK	V	NK
V	PM	PK	V	NK	NM
PK	PK	V	NK	NM	NG
PG	V	NK	NM	NG	NG

Bild 4: Regelbasis für den einsträngigen Fuzzy-Regler

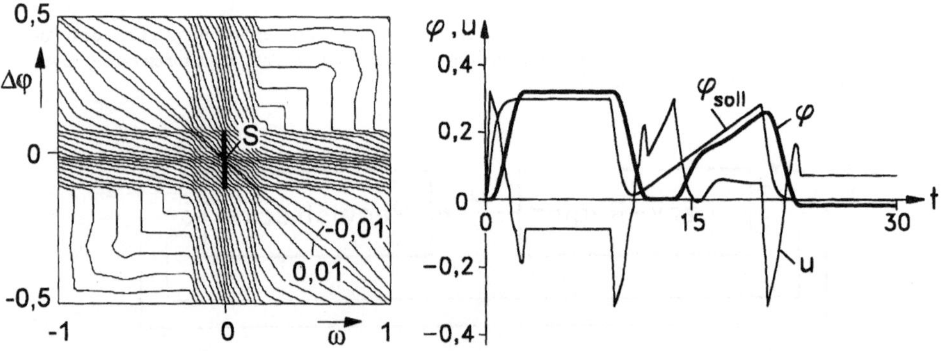

Bild 5: Höhenlinien des Kennfeldes $u(\Delta\varphi,\omega)$ für den einsträngigen Fuzzy-Regler (links) und zugehörige Zeitverläufe $\varphi_{soll}(t)$, $\varphi(t)$ und $u(t)$ (rechts)

Zunächst wird ein einsträngiger Fuzzy-Regler nach Mamdani [6] mit der Winkelabweichung $\Delta\varphi = \varphi - \varphi_{soll}$ und der Winkelgeschwindigkeit ω als Eingangsgrößen entworfen (Bild 3). Für die Fuzzy-Operatoren ODER sowie UND, die Inferenzstrategie und die Defuzzifizierungsmethode werden der Maximum-Operator bzw. Minimum-Operator, die MAX-MIN-Inferenz sowie die Schwerpunktmethode verwendet. Dies sind Standardeinstellungen, die sich in vielen Anwendungen bewährt haben.

Für die beiden Eingangsgrößen $\Delta\varphi$ und ω des Fuzzy Reglers werden jeweils die fünf linguistischen Werte *negativ groß* (NG), *negativ klein* (NK), *verschwindend* (V), *positiv klein* (PK) und *positiv groß* (PG) definiert. Die Zugehörigkeitsfunktionen für NK,V und PK sind dreiecksförmig, für NG und PG trapezförmig gewählt. Für die Wertebereiche der Eingangsgrößen $\Delta\varphi$ und ω werden die Intervalle [-0.5, 0.5] bzw. [-1, 1] angesetzt. Für die Stellgröße werden die sieben linguistischen Werte *negativ groß* (NG), *negativ mittel* (NM) , *negativ klein* (NK), *verschwindend* (V), *positiv klein* (PK), *positiv mittel* (PM) und *positiv groß* (PG) definiert. Die Zugehörigkeitsfunktionen dieser Werte sind so gewählt, daß sich die Stellgröße im Bereich -1 bis 1 bewegt.

Aufgrund des Erfahrungswissens über das Prozeßverhalten werden 25 Regeln ermittelt, die in konjunktiver Form wie "WENN $\Delta\varphi$ = PG UND ω = NK DANN u = NK" in eine 5x5-Regelbasis zusammengetragen wurden (Bild 4). Diese Regelbasis entspricht für jede Eingangsgröße annähernd einem Proportionalregler mit Sättigung. In Bild 5 (links) ist das Kennfeld $u = u(\Delta\varphi,\omega)$ des resultierenden Fuzzy-Reglers in Form von Höhenlinien dargestellt. Die Höhenlinien oberhalb der mit -0,01 bzw. unterhalb der mit +0,01 bezeichneten Linien gehören zu den Stellgrößenwerten u = -0,05, u = -0,10, u = -0,15 usw. bzw. u = +0,05, u = +0,10, u = +0,15 usw. Dasselbe gilt für die Kennfelder in den Bildern 7, 9 und 10. Alle Punkte, für die $\omega = 0$ und $|u| \leq M_H = 0.3$ gilt, liegen auf dem Balken S. Sie stellen Ruhelagen des Systems dar und zeigen damit zwei Nachteile des Fuzzy-Reglers auf: Erstens stellt sich eine relativ große bleibende Regelabweichung (Länge des Balkens S) ein. Zweitens wird selbst in den Ruhelagen noch eine von Null verschiedene Stellgröße (Ruhespannung), die Abnutzung und Energieverbrauch des Motors erhöht, aufgeschaltet. Diese Nachteile sind besonders deutlich aus den Zeitverläufen von φ und φ_{soll} sowie der Stellgröße u im geregelten System ablesbar (Bild 5, rechts).

c) Zweisträngiger Fuzzy-Regler mit Verbotsregel 1 *zur Vermeidung der Ruhespannung*

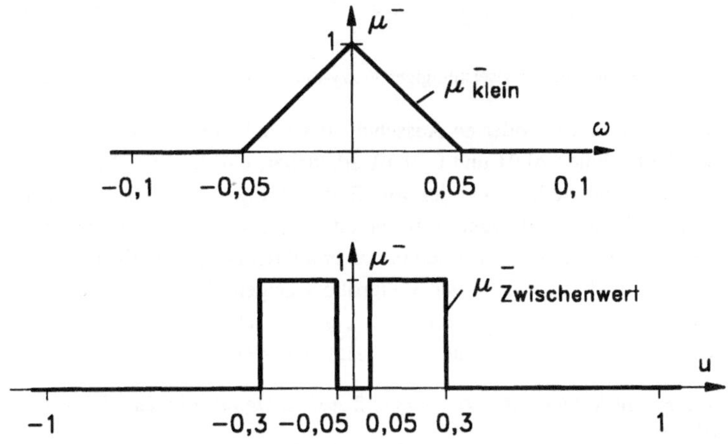

Bild 6: Zugehörigkeitsfunktionen für die linguistischen Werte *klein* und *Zwischenwert*, die in der Verbotsregel 1 auftreten

Um die Ruhespannung zu vermeiden, sollten die Stellgrößenwerte u mit $0 < |u| \leq M_H$ für $\omega = 0$ verboten werden. Hierzu wird der obige einsträngige Fuzzy-Regler durch einen zweiten Strang mit der Verbotsregel "*WENN* ω *= klein DANN u =Zwischenwert VERBOTEN*" ergänzt. Die für den linguistischen Wert *klein* gewählte Zugehörigkeitsfunktion ist nur im relativ kleinen Intervall [-0.05, 0.05] von Null verschieden (Bild 6). Dies gewährleistet, daß das Kennfeld nur in den relevanten Bereichen verändert wird. Mit dem linguistischen Wert *Zwischenwert* werden dabei alle Stellgrößenwerte beschrieben, die betragsmäßig zwischen 0 und der Haftreibung liegen.

Für die Hyperinferenz wird die Fuzzy-Kompromiß-Strategie verwendet [5]. Sie führt nur dann zum vollständigen Verbot eines Stellgrößenwertes, wenn er mit dem Grade 1 verboten wird. Die Verbotsregel verbietet daher die Werte u, für die $\mu_{Zwischenwert}(u) = 1$ gilt, nur dann strikt, wenn $\omega = 0$ gilt. Dies ist physikalisch vernünftig. Gleichzeitig wirkt die Fuzzy-Kompromiß-Strategie - anders als die in [4] für dasselbe Beispielsystem eingesetzte Strategie des starken Vetos - abrupten Sprüngen im Kennfeld und damit einem "Rattern" der Stellgröße entgegen. Aus demselben Grund wird die Hyperdefuzzifizierung durch Defuzzifizierung der Teilfunktionen nach der Schwerpunktmethode mit Gewichtung durch die Flächen verwendet.

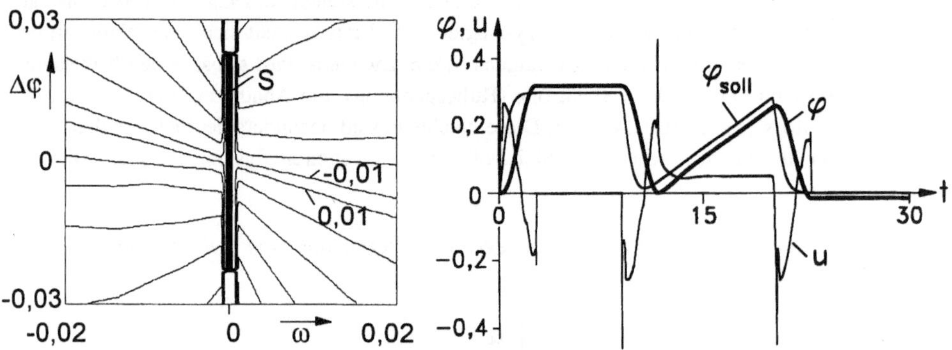

Bild 7: Kennfeld und Zeitverläufe für den zweisträngigen Fuzzy-Regler mit aktiver negativer Regel 1

Bild 7 zeigt links einen stark vergrößerten Ausschnitt des resultierenden Kennfeldes. Am Abstand zwischen den Höhenlinien -0.01 und 0.01 ist erkennbar, daß für $\omega = 0$ nur Stellgrößenwerte zugelassen sind, die entweder Null oder vom Betrag her größer als die Haftreibung sind. Stellgrößenwerte, die nahe bei Null liegen, werden auf Null gesetzt. Stellgrößenwerte, die am Rande des verbotenen Bereichs liegen, werden in den erlaubten Bereich verlagert. Die zugehörigen Zeitverläufe von φ und φ_{soll} sowie der Stellgröße u zeigen, daß jetzt im stationären Fall der Stellgrößenwert $u = 0$ aufgeschaltet wird (Bild 7, rechts). Die bleibende Regelabweichung (Länge des Balkens S) ist jedoch noch nicht vernachlässigbar klein.

d) Zweisträngiger Fuzzy-Regler mit Verbotsregel 2 zur Verkleinerung der bleibenden Regelabweichung

Ursache für die relativ große bleibende Regelabweichung ist die Haftreibung. Zum Wiederanfahren des Motors aus dem Stillstand werden Stellgrößenwerte benötigt, deren Betrag größer als die Haftreibung ist. Der einsträngige Fuzzy-Regler liefert jedoch noch in einem großen Abstand von der Sollposition Stellgrößenwerte, die diese Bedingung nicht erfüllen. Das führt dazu, daß der Motor vor Erreichen der Sollposition stehenbleibt. Um die bleibende Regelabweichung zu reduzieren, kann ein Verbot in Form der negativen Regel "*WENN* ω = *sehr klein UND* $\Delta\varphi$=*zu groß DANN u = zu klein VERBOTEN*" ausgesprochen werden. Diese Regel verbietet Stellgrößenwerte, die die Haftreibung nicht überwinden können, wenn der Motor steht und sich der Winkel φ noch nicht in hinreichender Nähe der Sollposition befindet. Im folgenden werden zum besseren Verständnis zunächst nur die Auswirkungen dieser neuen Verbotsregel 2 untersucht.

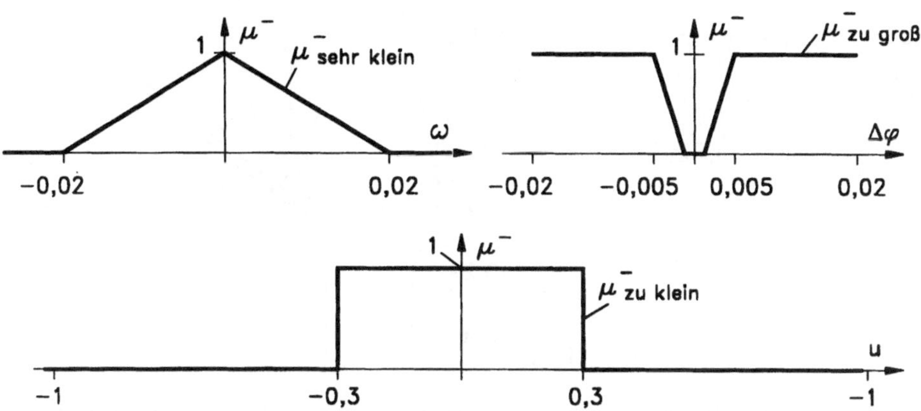

Bild 8: Zugehörigkeitsfunktionen für die linguistischen Werte, die in der Verbotsregel 2 auftreten

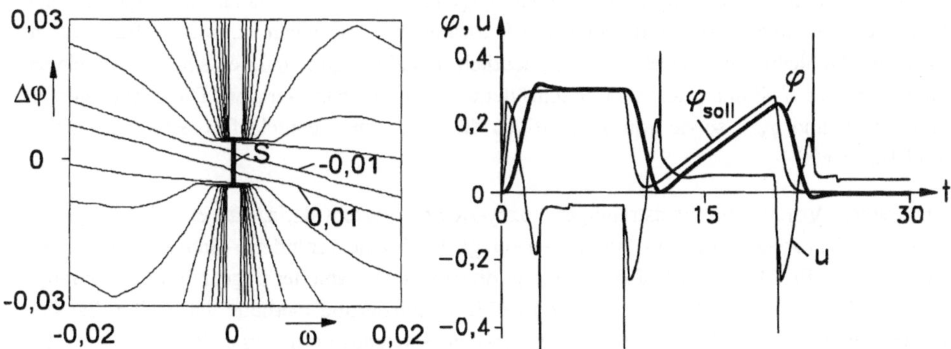

Bild 9: Kennfeld und Zeitverläufe für den zweisträngigen Fuzzy-Regler mit aktiver negativer Regel 2

Bild 8 zeigt die Zugehörigkeitsfunktionen für die linguistischen Werte *sehr klein, zu groß* und *zu klein*. Über die Zugehörigkeitsfunktion für *zu groß* kann die maximale bleibende Regelabweichung eingestellt werden. Werte $\Delta\varphi$, die mit dem Grade 1 als *zu groß* gelten, führen aufgrund der Regel bei $\omega = 0$ zu einem völligen Verbot aller Werte $|u| \leq M_H$. Die maximale bleibende Regelabweichung ist hier also 0.005. Bild 9 zeigt links das Kennfeld des zweisträngigen

Fuzzy-Reglers mit der neuen negativen Regel. Für $\omega = 0$ und $\Delta\varphi$ mit $|\Delta\varphi| > 0.005$ sind alle Stellgrößenwerte betragsmäßig größer als $M_H = 0.3$. Werte $\Delta\varphi$ mit $|\Delta\varphi| > 0.005$ können somit keine Ruhelagen sein. Die Inferenz nach der Fuzzy-Kompromiß-Strategie erzeugt ein stetiges Kennfeld und verhindert ein "Rattern" der Stellgröße. Die Zeitverläufe von φ und φ_{soll} sind rechts in Bild 9 dargestellt. Verglichen mit dem einsträngigen und dem zweisträngigen Fuzzy-Regler nach Bild 7 ist die bleibende Regelabweichung (Länge des Balkens *S*) jetzt bedeutend kleiner.

e) Zweisträngiger Fuzzy-Regler mit beiden Verbotsregeln

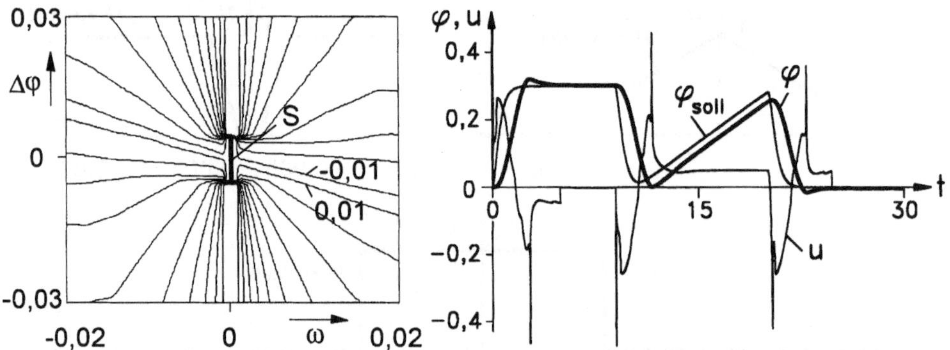

Bild 10: Kennfeld und Zeitverläufe für den zweisträngigen Fuzzy-Regler mit aktiven negativen Regeln 1 und 2

Ein Vorzug des zweisträngigen Fuzzy-Reglers besteht darin, daß man damit mehrere Warnungen sinnvoll überlagern kann [4]. Durch Anwendung beider negativer Regeln sollten daher beide Nachteile des einsträngigen Reglerkonzeptes ausgeschaltet werden können. Bild 10 zeigt links das Kennfeld des resultierenden zweisträngigen Fuzzy-Reglers. Es faßt die Eigenschaften der beiden Kennfelder nach Bild 7 und Bild 9 zusammen. Zum einen ist, wie am Balken *S* zu erkennen, die bleibende Regelabweichung deutlich reduziert. Zum anderen sind die Ruhelagen auf dem Balken *S* allesamt durch die Stellgrößenwerte $u = 0$ charakterisiert. Die zeitlichen Verläufe von φ und φ_{soll} sowie von u bestätigen die schon am Kennfeld festgestellten Vorteile (Bild 10, rechts).

Ein weiterer Vorzug des zweisträngigen Fuzzy-Reglers besteht darin, daß er sich sehr gut an veränderte Verbotssituationen - wie etwa bedingt durch eine veränderte Haftreibung - anpassen läßt. Eine Erhöhung der Haftreibung in geringem Maße kann der ungeänderte zweisträngige Fuzzy-Regler ausgleichen, da aufgrund der Defuzzifizierungsmethode der Stellgrößenwert geringfügig größer ist als aufgrund des verbotenen Bereiches nötig. Eine Erhöhung der Haftreibung von 0.3 auf 0.5 kann er allerdings nicht mehr kompensieren. Es stellt sich eine bleibende Regelabweichung und die unerwünschte Ruhespannung im stationären Zustand ein. Um den Fuzzy-Regler auf die veränderte Haftreibung einzustellen, sind lediglich die Zugehörigkeitsfunktionen für die linguistischen Werte *Zwischenwert* und *zu klein* an die veränderte Haftreibung anzupassen, indem ihre äußeren Knickpunkte von 0.3 auf 0.5 angehoben werden. Auf diese Weise wird die bleibende Regelabweichung minimiert und im stationären Zustand nun stets eine Stellgröße von Null aufgeschaltet.

4. Diskussion

Der Vorzug von Fuzzy Control besteht darin, daß man damit qualitatives Erfahrungswissen in transparenter Weise zum Reglerentwurf nutzen kann. Allerdings bleibt dieser Vorzug bei Verwendung herkömmlicher Fuzzy-Regler auf positives Erfahrungswissen in Form von Empfehlungen beschränkt. Am Beispiel einer Positionsregelung mit Haftreibung wird hier gezeigt, daß sich mit dem zweisträngigen Fuzzy-Regler auch negatives Erfahrungswissen in Form von Warnungen oder Verboten in der gleichen transparenten Weise zum Reglerentwurf nutzen läßt. Es zeigt sich, daß man das negative Erfahrungswissen durch sehr gezielte Eingriffe, die das Reglerkennfeld nur dort verändern, wo es notwendig ist, berücksichtigen kann. So reichen zwei Verbotsregeln aus, um die Regelgüte gegenüber einem herkömmlichen Fuzzy-Regler entscheidend zu verbessern. Somit stellt sich das zweisträngige Fuzzy-Regelungskonzept als eine systematisch notwendige und praktisch äußerst nützliche Erweiterung herkömmlicher Fuzzy-Regler dar.

Literatur:

[1] Puppe, F.: Einführung in Expertensysteme. 2. Auflage, Springer Verlag, Berlin 1991

[2] Buchanan, B. G.; Shortliffe, E. H.: Rule-Based Expert Systems. The MYCIN Experiments of the Stanford Heuristic Programming Project. Addison-Wesley Publishing Company, Reprint, Reading, Massachusetts 1985

[3] Felix, R.: Towards a goal-oriented application of aggregation operators in fuzzy decision making. Proc. of the Inter. Conf. on Information Processing and Management of Uncertainty in Knowledge-Based Systems (IPMU '92), Mallorca, 1992, S. 585 - 588

[4] Kiendl, H.: Erweiterter Anwendungsbereich von Fuzzy Control durch Hyperinferenz und Hyperdefuzzifizierung. GMA Aussprachetag Fuzzy Control. VDI-Berichte 1113. VDI-Verlag Düsseldorf, 1994, S. 319 - 328

[5] Kiendl, H.: Fuzzy-Regler mit Hyperinferenz und Hyperdefuzzifizierungsstrategie. 3. Dortmunder Fuzzy-Tage. Dortmund 1993. Berichtsband (Hrsg. B. Reuch): Informatik aktuell. Fuzzy Logik, Theorie und Praxis, Springer Verlag, Berlin Heidelberg New York, 1993, S. 42 - 51

[6] Mamdani, E.: Application of Fuzzy Logic to Approximate Reasoning Using Linguistic Synthesis. In IEEE Transactions on Computers. Vol. C-26, No. 12 (1977), S. 1182 - 1191

Zur Entwicklung wissensbasierter Modelle für die Entscheidungsunterstützung in Produktionsprozessen

Volkmar Liebig

FHU Fachhochschule Ulm
Wirtschafts- und Sozialwissenschaften
und
Steinbeis-Transferzentrum Technische Beratung
Prittwitzstraße 10
89075 Ulm

1 Problemstellung

In Industrieunternehmen ist das Beherrschen, die Dokumentation und die Verbesserung technischer Prozesse (Know-How-Erwerb, Know-How-Erhalt und Know-How-Entwicklung) ein wesentlicher Faktor für die Wettbewerbsfähigkeit. Fortschritte in der Technologiebeherrschung können vor allem dann realisiert werden, wenn das bereits vorhandene Know-How in einer repräsentierbaren Form vorliegt. Besitzen darüberhinaus nur wenige Mitarbeiter im Unternehmen das betriebliche Know-How, kann das zu einem Risiko für das Unternehmen werden.

Im Rahmen eines Entwicklungsprojekts in Zusammenarbeit mit einem marktführenden Metallfolienhersteller sollte das betriebliche Know-How eines wichtigen Abschnitts des Herstellungsprozesses – dem Folienendglühen – systematisch erfaßt und dokumentiert werden. Durch den Glühvorgang entstehen Folieneigenschaften, die entscheidend für die Qualitätseinstufung des fertigen Produktes sind. Auf der Basis des zu akquirierenden Wissens sollte ein softwareunterstütztes Modell zur Simulation der Expertenentscheidungen für diesen sensiblen Prozeßabschnitt entwickelt werden, um das bestehende Know-How zu dokumentieren und eine systematische Optimierung zu ermöglichen.

In diesem Beitrag soll über die Vorgehensweise bei der Lösung dieser Aufgaben und über das Ergebnis berichtet werden: Das Projekt wurde mit Methoden des Projektmanagements strukturiert, das betriebliche Know-How durch einen Feedback-orientierten Interviewplan ermittelt und die Modellierung des Prozeßabschnittes mit Hilfe von Fuzzy-Methoden umgesetzt.

2 Projektmanagement

Projekte sind zeitlich befristete, komplexe Vorhaben. Unter Management versteht man die Koordinierung knapper Ressourcen und die Planung unter Unsicherheit mit ökonomischer Zielsetzung. Projektmanagement ist der konsequente

Einsatz von Planungs- und Steuerungsmethoden zur qualitätssicheren Abwicklung von Projekten (1). Zum **Standard des Projektmanagements** gehört

- die Strukturierung des Projekts in Form eines Projektstrukturplans (PSP),
- das Definieren von Arbeitspaketen als kleinste, sinnvolle Arbeitsschritte des Projekts,
- die zeitliche Positionierung und logische Verknüpfung der Arbeitspakete in der Form eines Netzplans,
- die Zeitplanung mit Hilfe eines Balkenplans sowie
- die Kapazitäts- und Kostenplanung.

Figur 1 zeigt den aggregierten **Projektstrukturplan** des Entwicklungsprojekts, der prozeßorientiert gegliedert ist. Insgesamt wurden 47 Arbeitspakete definiert, die die Grundlage der Entwicklung eines Netzplans, eines Balkenplans sowie der Kapazitäts- und Kostenplanung waren. Der Einsatz dieser Projektmanagement-Methoden hat sichergestellt, daß das Projekt nach allen zu Beginn definierten Qualitätskriterien erfolgreich abgeschlossen werden konnte.

3 Akquisition des betrieblichen Know-Hows

Eine Schlüsselstelle bei der Entwicklung wissensbasierter Modelle stellt die Akquisition des vorhandenen Know-Hows dar. Die Akquisition ist deshalb schwierig, weil zahlreiche Störfaktoren bei der Erhebung des Know-Hows einwirken können. Mißverständnisse in der verbalen Kommunikation sind dabei prinzipiell nicht auszuschließen (2). Die Beeinflussung von Antworten durch die Art der Fragestellung ist eine demoskopische Erkenntnis (3). Unser **Konzept der Wissensakquisition** basiert auf folgenden Leitgedanken (vgl. dazu Figur 2):

1. Wissensakquisiteur und Experte müssen einen Nutzen in der Entwicklung eines wissensbasierten Modells erkennen.
2. Ein unvoreingenommenes und naives Verständnis des Interviewers führt zu offenen Fragen und zu entdeckungsreichen Antworten auf dem Niveau des interessierten Laien.
3. Die Modellvision des Wissensakquisiteurs führt zu zielgerichteten Fragen und zum Aufdecken scheinbarer oder offensichtlicher Widersprüche. Zur Konfrontation des bereits erworbenen Wissens werden Kontrollfragen gestellt ("Konfusionswissen").
4. Das geordnete Wissen des Experten ("Konstruktionswissen") wird durch den Kommunikationsprozeß und den Interviewplan auf den Wissensakquisiteur übertragen.
5. Durch Paraphrasieren des Interviewers bekommt der Experte Feedback und kann seinerseits das mit anderen Wörtern dargestellte Wissen bestätigen oder widerlegen.

Der Ablauf der Wissensakquisition kann in einem **Flußdiagramm** dargestellt werden (Figur 3). In der ersten Interviewrunde ("Interviews 1") wird durch Betriebsbesichtigung, Beantwortung von Verständnisfragen und Erkennen von

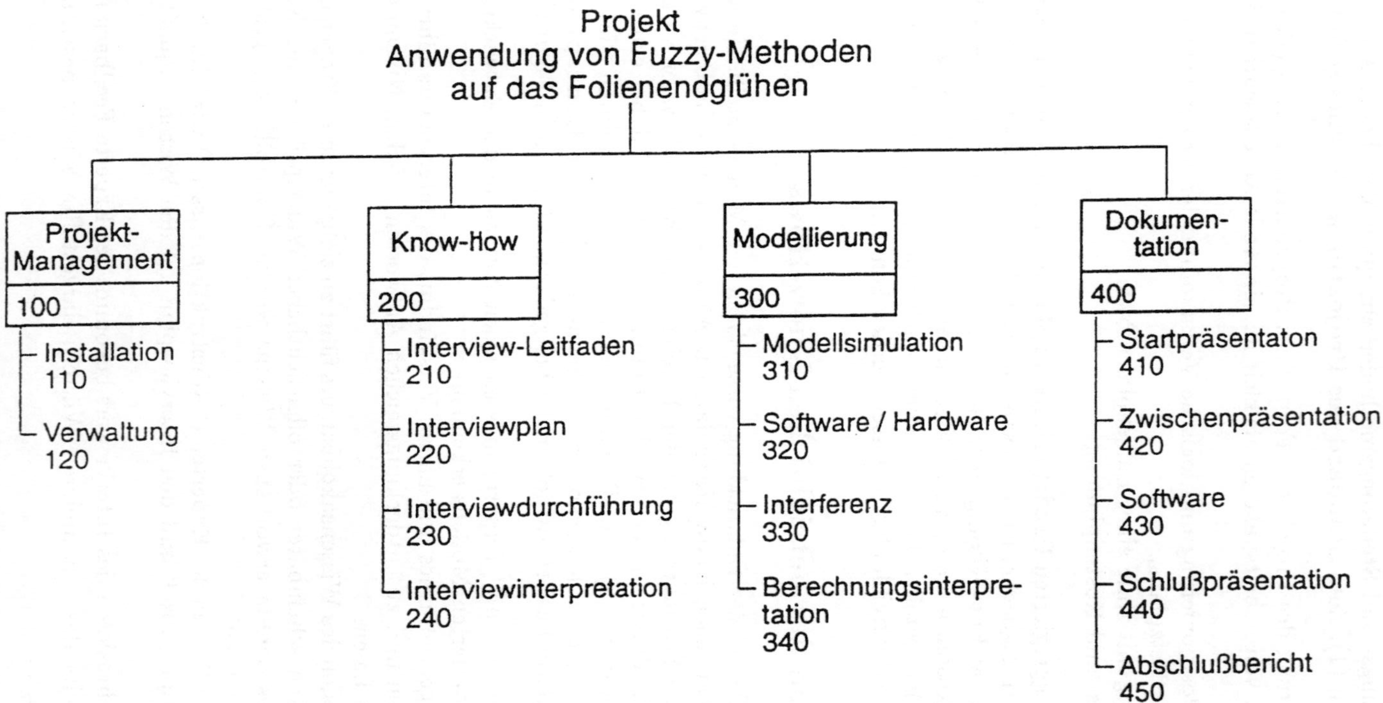

Fig. 1. Der aggregierte Projektstrukturplan (PSP)

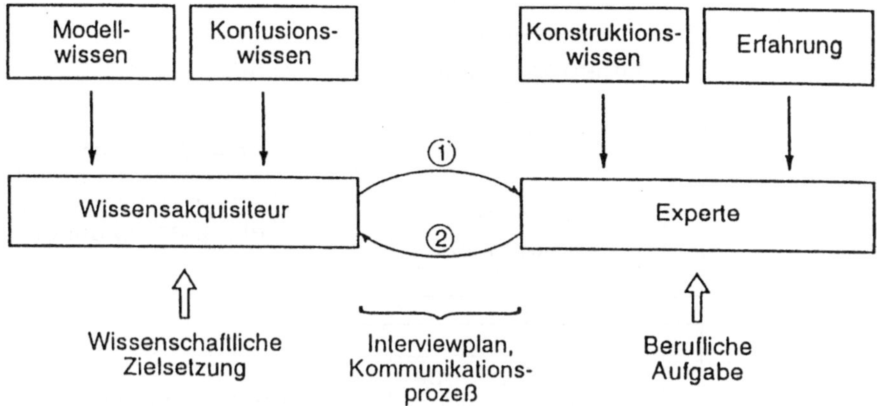

① Fragen, Feedback, Paraphrasen
② Antworten, Zustimmung, Widerspruch

Fig. 2. Zur Konzeptentwicklung der Wissensakquisition

Zusammenhängen ein Grundverständnis des Produktionsprozesses und ein vertieftes Verständnis für die zielführenden Verhaltensweisen der Experten erreicht. Nach Abschluß dieses ersten Schrittes zur Wissensakquisition kommt es zur Modellentwicklung. Allerdings ist das ein iterativer Prozeß, weil die in einem Reifeprozeß entwickelten Modellkonstrukte wiederkehrend den Experten vorgestellt und damit mehrfach disputiert werden. Besteht kein Widerspruch zwischen dem repräsentierten Wissen des Modellentwurfs und dem Expertenwissen, liegt das endgültige Modell vor.

Der "**Prozeß der kontinuierlichen Verbesserung**" (**KVP**) hat nach Entwicklung einiger wissensbasierter Modelle u.a. zu folgenden Standards in der Vorgehensweise geführt (4):

1. Zu Beginn der ersten Interviewrunde die Zielsetzung des Vorhabens vom Interviewpartner (Experte) beschreiben lassen.
2. Während der ersten Interviewrunde ausschließlich offene Fragen (sog. "W-Fragen") stellen.
3. Durch paraphrasierendes Rückfragen die Modellparameter eruieren.
4. Durch Nachfragen die Zusammenhänge (Abhängigkeiten, Interdependenzen, "Angst-Grenzen" bei der Produktionsprozeß-Steuerung) eruieren und in Form von Wenn-dann-Regeln formulieren.
5. Von den Zielparametern des Produktionsprozesses abgeleitete Fragen stellen und so die Schwellenwerte des fühlbaren Einflusses der Input-Parameter eruieren, um u.a. die Modellgrenzen zu ermitteln.
6. Bei mehreren Experten mit unterschiedlichen Kompetenzgebieten nach jeder Interviewrunde ein persönliches Feedback (5) jedem Interviewpartner geben

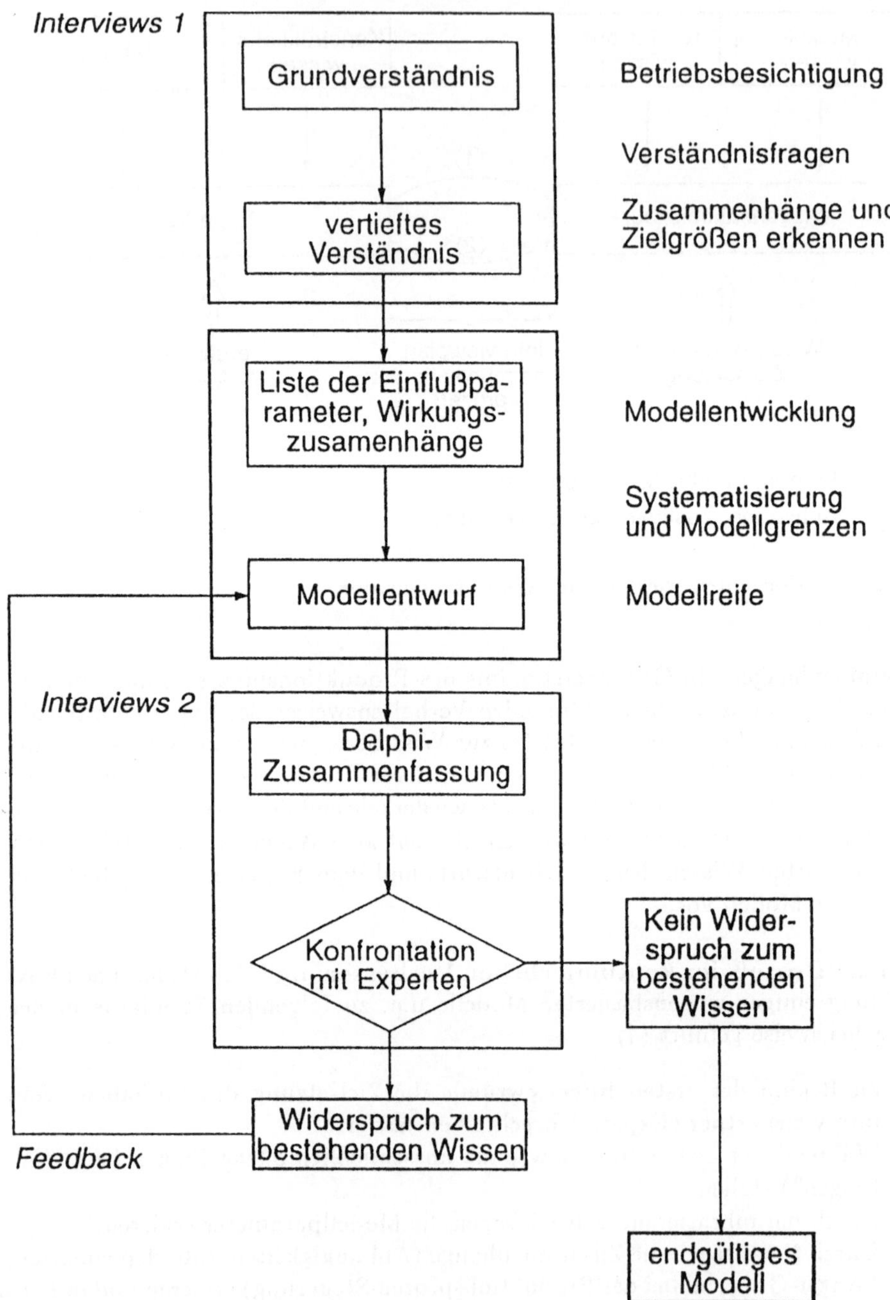

Fig. 3. Flußdiagramm der Wissensakquisition

und eine gemeinsame Delphi-Befragung (6) durchführen.

7. Die letzte Interviewrunde ist absolviert, wenn mit Hilfe des dokumentierten Wissens ein mit allen befragten Experten konsensfähiges Modell des abzubildenden Produktionsprozesses auf der Wirklichkeits- und Verhaltensebene beschrieben werden kann.

Die Wirklichkeitsebene und die Verhaltensebene sind Aspekte einer Modellentwicklung, der wir uns jetzt zuwenden.

4 Modellentwicklung

Bei der Modellentwicklung können wir prinzipiell zwei Ebenen unterscheiden: die **Realitätsebene** und die **Wirklichkeitsebene**. Die Realitätsebene besteht aus dem, was real existiert. Dagegen ist die Wirklichkeitsebene der Aspekt der Realität, den wir mit unseren Sinnesorganen wahrnehmen können. Darüberhinaus haben wir die Wirklichkeitsebene differenziert in den Bereich, der den realen Produktionsprozeß beschreibt (“**Wahrnehmungsebene**“) und den Bereich, der das Verhalten der Mitarbeiter (Experten) beschreibt (“**Verhaltensebene**“). Die Zuordnung der Prozeß-, Wahrnehmungs- und Verhaltensebene zeigt Figur 4.

Wie den Teilschritten der Prozeßebene zu entnehmen ist, sind für die Modellierung des Prozeßschrittes “Endglühen- was ja die zentrale Aufgabe des Projektes war – drei vorausgehende und drei nachfolgende Prozeßschritte einbezogen worden. Das Setzen dieser Modellgrenzen ist ein Ergebnis der Wissensakquisition und ergibt sich aus den Schwellenwerten der Fühlbarkeit relevanter Parameter.

Die dargestellte Wahrnehmungsebene gibt erste Hinweise, durch welche Parameter, mit welchen Kriterien und welchen Meßgrößen der Produktionsprozeß beschrieben wird (7). Die Parameter sind zum Teil mit scharfen Kriterien (z.B. Rollenbreite in mm) und zum Teil mit vagen oder unscharfen Kriterien meßbar (z.B. Benetzbarkeit der Folienoberfläche durch visuelle Beobachtung).

Die Verhaltensebene zeigt die Reihenfolge der Tätigkeiten auf, die die Mitarbeiter zur Steuerung des Prozesses absolvieren. Hier zeigt sich das Know-How von Experten besonders deutlich, weil die beobachtbaren Verhaltensweisen als Resultierende der Zielvorgaben bei Limitationen durch die Technologie, die Technik und die Ökonomie verstanden werden können.

5 Umsetzung mit Fuzzy-Methoden

Die Modellierung des Prozeßschrittes Folienendglühen liegt nach Abschluß der Experteninterviews vor in Form von:

- Eingangs-, Prozeß- und Ergebnisparametern,

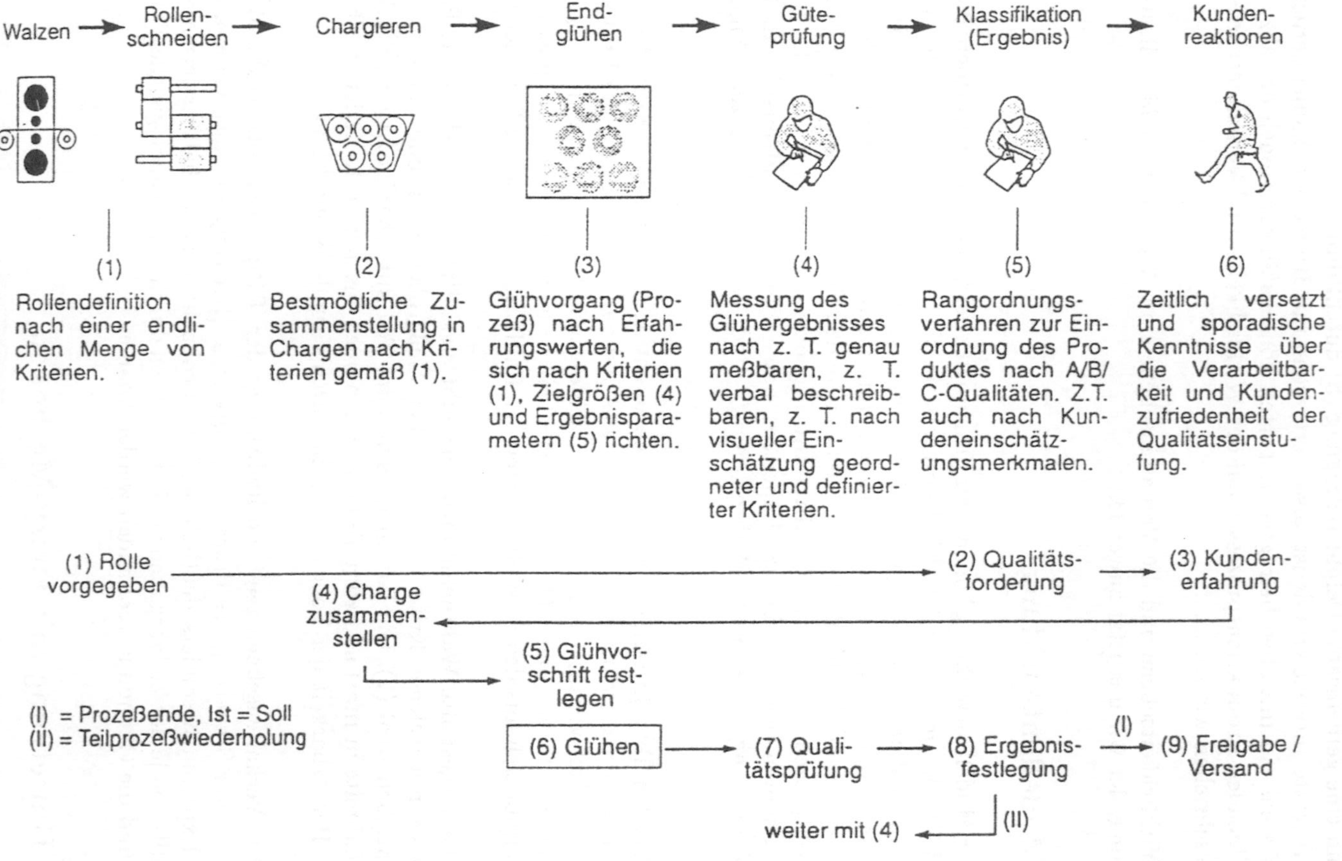

Fig. 4. Prozeß-, Wahrnehmungs- und Verhaltensebene des Modells

- Kriterien der Parameter,
- Meßgrößen und Gütebereiche der Kriterien,
- Parameterbeziehungen (Wenn-dann-Regeln) und
- Aussagen über die Modellgrenzen.

Für die Fuzzyfizierung stehen die Parameter mit ihren Kriterien und Meßgrößen und deren Beziehungszusammenhänge im Mittelpunkt des Interesses. Es zeigte sich, daß die Verwendbarkeit der Parameter davon abhängt, ob mindestens eine Wenn-dann-Beziehung mit diesem Parameter besteht, eine Meßbarkeit des Parameters möglich ist, oder ob die Erfahrungstiefe bezüglich der Wirksamkeit dieses Parameters genügend groß ist, um eine Fuzzyfizierung vorzunehmen. Insgesamt haben wir 61 Parameter eruieren können, die mit dem Prozeß des Folienendglühens von den befragten Experten in Zusammenhang gebracht worden sind. Aus dieser Urliste der Parameter konnten 25 Parameter teils direkt und teils indirekt (aggregiert) in die Modellierung fuzzyfiziert aufgenommen werden. Für die entfallenen 26 Parameter konnten Empfehlungen ausgesprochen werden, um das Wissen über die Einflüsse auf den Glühprozeß zu verbessern. Es soll nicht unerwähnt bleiben, daß die große Zahl von 61 Parametern, die auf den Glühprozeß nach den Expertenmeinungen Einfluß haben, die Experten selbst überrascht hat.

Die Bausteine der Modellierung auf dem Fuzzy-Niveau zeigt Figur 5 in ihrer zeitlichen Bearbeitung (8). **Baustein (I)** "Rollendefinitionen"ist der Ausgangspunkt für die Festlegung, nach welcher Vorschrift der Glühprozeß ablaufen soll. **Baustein (II)** "Analyse der Glühvorschriften"ist im Kern die Sortierung der vorliegenden Anweisungen für das Folienendglühen, die sich nach unsystematisch berücksichtigten Erfahrungswerten (vor allem Rollentyp, Qualitätsabstufung und Kundenanspruch) und der Häufigkeit der Anwendung von Varianten einer bestimmten Anweisung unterscheiden. Die Analyse ergab, daß alle Glühvorschriften sich mit Hilfe von einem Parametersatz, bestehend aus mehreren Temperaturangaben und Glühzeiten, beschreiben lassen. Aus der Vielzahl von Glühvorschriften wurden diejenigen aussortiert, die nur für besondere Spezialfälle angewendet werden. Von den verbleibenden Vorschriften wurden sodann die meistbenutzten ausgewählt, die etwa 80 Prozent der Produktion (auf Tonnage bezogen) repräsentieren. Diese Glühvorschriften erwiesen sich durch die große Erfahrungstiefe als optimiert und bei der gegebenen Technologie praktisch nicht verbesserbar. Dieses sensible Know-How hat sich bei der Kalibrierung des Modells als nützlich erwiesen.

Der **Baustein (III)** beinhaltet die Fuzzyfizierung der Eingangsparameter (z.B. Foliendicke, Rollenbreite, Flächenpressung). Zur Modellierung der Fuzzy-Sets dieser Parameter haben wir die Skala des jeweiligen Meßkriteriums dem Wahrheitsintervall [0,1] gegenübergestellt. Im Koordinatensystem von Meßwertskala und Wahrheitsintervall konnten die Wahrheitsfunktionen der Fuzzy-Sets modelliert werden, was einer **direkten Fuzzyfizierung** entspricht.

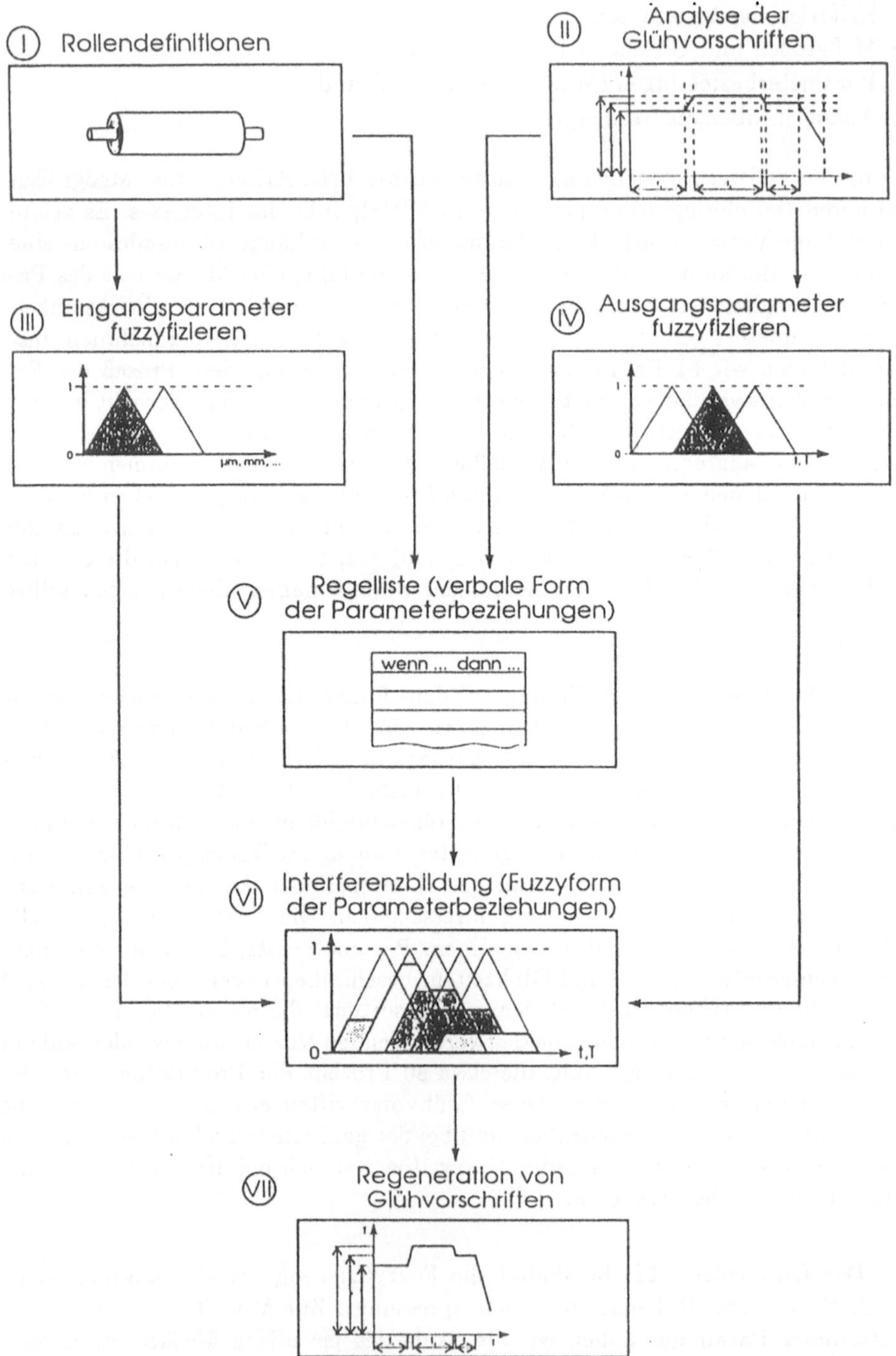

Fig. 5. Die Modellierungsbausteine des Fuzzy-Niveaus

Im Gegensatz dazu wurden im Arbeitsabschnitt **Baustein (IV)** die Ausgangsparameter nach dem Verfahren der **indirekten Fuzzyfizierung** modelliert. Sie wird abgeleitet von der Umkehrung der zielführenden Fragestellungen. Bei der direkten Fuzzyfizierung fragen wir etwa: "Welche Temperatur muß gefahren werden, wenn ...?", wogegen bei der indirekten Fuzzyfizierung die Frage lautet: "Wie gut ist die Auswahl der Temperatur x, wenn ...?". Jedes Temperaturdatum kann dann durch Kategorien bewertet werden.

Baustein (V) stellt die Regelliste dar. Hier haben wir die verbale Form der Parameterbeziehungen ("Wenn-dann-Regeln") auf Konsistenz geprüft. In **Baustein (VI)** ist die Fuzzyform dieser Parameterbeziehungen entwickelt worden. In der sog. Interferenzbildung wurde über die Verknüpfung der Fuzzy-Sets der Eingangsparameter mittels des Minimumoperators der Wahrheitswert jeder Regel ermittelt. Durch den Interferenzoperator wird der Wahrheitswert durch die von der jeweiligen Regel aktivierten Fuzzy-Sets der Ausgangsparameter verknüpft. Sprechen mehrere Regeln einen Ausgangsparameter an, müssen die ermittelten spezifischen Fuzzy-Sets zu einem gemeinsamen Interferenzbild des Ausgangsparameters überlagert werden.

Im **Baustein (VII)** werden die Glühvorschriften regeneriert oder defuzzyfiziert. Durch die Fuzzyfizierung besitzt jeder Ausgangsparameter ein spezifisches Interferenzbild. Diesen Interferenzbildern muß wieder ein diskreter Wert zugewiesen werden, was durch einen Defuzzyfizierungs-Algorithmus erfolgt.

6 Ergebnisse

Das Unternehmen als Transferpartner sah den Nutzen des Entwicklungsprojekts in der Dokumentation des bestehenden Wissens über den Prozeßabschnitt Folienendglühen, in der größeren Klarheit über die Struktur des Glühprozesses, der besseren Kenntnis über Bereiche unvollkommenen Wissens des Glühvorgangs, in Optimierungschancen bei Glühprozessen, die relativ selten durchgeführt werden, und in der eindeutig dokumentierten Wiederholbarkeit von häufig durchgeführten Glühprozessen.

Die Ergebnisse des Modellierungsvorhabens lassen sich wie folgt zusammenfassen:

1. Die Fuzzy-Methoden sind als Hilfsmittel zur Modellierung von betrieblichem Prozeß-Know-How gut geeignet, weil sie sich an die Gegebenheiten der Wahrnehmungs- und Verhaltensebene relativ leicht adaptieren lassen.
2. Der begrenzte und daher überschaubare Modellraum gestattet eine Kontrolle der Berechnungsergebnisse und in erster Näherung eine nützliche Abbildung des komplexen Glühprozesses.
3. Häufig benutzte Glühvorschriften lassen sich mit Hilfe des mit Fuzzy-Methoden realisierten Modells reproduzieren. In Form von Testentscheidungen Experte versus Modell konnte das Modell mit zufriedenstellenden Ergebnissen validiert werden.

4. An Beispielen ist exemplarisch gezeigt worden, daß selten benutzte Glühvorschriften mit dem Zielkriterium "Glühzeit minimierenöptimiert werden können.
5. In Zusammenhang mit der Wissensakquisition konnten Empfehlungen für die Verbesserung der Ablauforganisation, Dokumentation und Parametermessung erarbeitet werden.

Der erfolgreiche Abschluß des Projekts läßt sich daran ablesen, daß die Glühzeit bei selten gefahrenen Gühprozessen exemplarisch um etwa 15 Prozent verkürzt werden konnte, häufig benutzte Glühprozesse treffsicher und stabil durch das Modell reproduziert werden können, wodurch das betriebliche Know-How weitgehend gesichert ist,und daß das Projekt durch den Einsatz von Projektmanagement-Methoden korrekt im Zeit- und Kostenplan abgewickelt wurde.

Das Projekt ist ein Beispiel für die Möglichkeit, mit Hilfe der Fuzzy-Methoden einen komplexen, realen Produktionsprozeß-Abschnitt funktionsfähig zu modellieren, selbst wenn der Projektumfang, die verwendete Software und die Parameteraggregation starke Limitationen für die Modellierung darstellen. Zur Zeit werden die Projektergebnisse im Hinblick darauf gesichtet, wie das Entscheidungsverhalten im Prozeßabschnitt Folienendglühen zur Prozeßoptimierung verändert werden kann.

Anmerkungen

(1) Vgl. z.B. Madauss, B.J., Handbuch Projektmanagement, 5. Aufl., Stuttgart 1994, S. 9 f.

(2) Dazu etwa Schulz von Thun, F., Miteinander reden: Störungen und Klärungen, Reinbek 1982, S. 25 ff.

(3) Noelle, E., Umfragen in der Massengesellschaft, Reinbek 1967, S. 34 ff.

(4) Der "Kontinuierliche Verbesserungsprozeß"(KVP) ist ein Aspekt der Unternehmensführung. Dazu grundlegend: Imai, M., Kaizen. Der Schlüssel zum Erfolg der Japaner im Wettbewerb, 3. Aufl., Berlin/Frankfurt 1993.

(5) Unter Feedback wird die Darstellung der Wahrnehmung und Empfindung gegenüber einer anderen Person ohne jede Wertung verstanden.

(6) Unter Delphi-Methode wird eine Expertenbefragung in Phasen verstanden, wobei nach jeder Phase jedem teilnehmenden Experten die Antworten aller Experten zur Kenntnis gebracht wird, um daraus eigene Schlüsse zu ziehen.

(7) Liebig, V., Unscharfe Aussagen und Ingenieurpädagogik, in: Melezinek, A. et.al. (Hrg.), Technik und Informationsgesellschaft, Alsbach 1987, S. 359.

(8) Zur mathematischen Basis und der Wirkungsweise der Operatoren siehe: Tilli, T., Fuzzy-Logik. Grundlagen, Anwendungen, Hard- und Software, München 1991.

A FUZZY RULE INTERPRETER TO BUILD EXPERT SYSTEMS BASED ON FUZZY LOGIC. AN APPLICATION IN COMPANY DIAGNOSIS.

A.J. Velasco, Ll. Ribas, E. Valderrama, R. Gracia

Centro Nacional de Microelectrónica, CNM - Universidad Autónoma de Barcelona, UAB
Campus UAB, 08193 Bellaterra (SPAIN).
Tel: +34-3-5802625 Fax: +34-3-5801496 E-Mail: Josepv@CNM.es

Abstract

In this paper we present Cognos, a general purpose tool for interpreting fuzzy logic rules. The inference engine works with intersection and union operators and in the defuzzyfication module the centroid method is provided. A confidence degree, measuring the goodness of the result based on the distribution of the obtained fuzzy set, has been introduced. Due to the high level of modularity of the tool, new defuzzyfication functions and operators can be easily added. Fuzzy sets are defined using piece-wise linear functions that give a good flexibility degree in the specification of the membership functions. We illustrate the usage of the designed language with a set of rules incorporated in the application that Logic Control has developed for company diagnosis based on this interpreter and included in its Manager Vision package.

1. Introduction

Fuzzy logic can be applied in a wide range of problems, especially when the system is complex and not quite well defined [1]. In particular, the diagnosis of companies is usually based on a set of ratios that have neither a deterministic valuation nor a completely defined interrelation and thus, fuzzy logic seems to fit well to this kind of problem [2].

To approach the company diagnosis problem by means of fuzzy logic, the work has been divided into three parts, the development of a fuzzy rule interpreter, the creation of an appropriate set of rules and the preparation of a suitable interface with Manager Vision. The result of this work would constitute an expert system for diagnosing companies. There already exist several tools to built expert systems based on fuzzy logic [1], some work with user-friendly interface, as the one described in [3]. However, most of them are closed frameworks in the sense that there is no possibility to try new operators or defuzzyfication functions and, normally, they are dedicated to specific fields. Our goal was to built a generic tool, powerful enough to be a help in the design of expert systems with independence of the target application.

Cognos is a general purpose fuzzy logic rule interpreter that has been developed in the CNM within the framework of a project supported by the CDTI[1] for the company Logic Control.

---

[1]CDTI project no.920168

This tool has been designed searching flexibility and reliability. The former is achieved by giving the user the possibility to add new defuzzyfication functions, fuzzy operators and input language extensions, and the latter is taken into account by offering rule debugging facilities. To help in the analysis of the result of the program, defuzzyfication functions are provided with a statistical measure [4] of the corresponding fuzzy set contained in the variable. Portability to different platforms is guarantied by the standard "C" used in the source code. Such a program has been embedded into a commercial framework intended to the analysis and diagnosis of companies, Manager Vision.

2. Fuzzy rule interpreter

As shown in the figure, the interpreter requires a set of rules, which constitutes the knowledge database, and the definition of the variables together with their eventual initial values, and generates a result in the form of fuzzy sets that are defuzzyficated in the way the chosen method indicates.

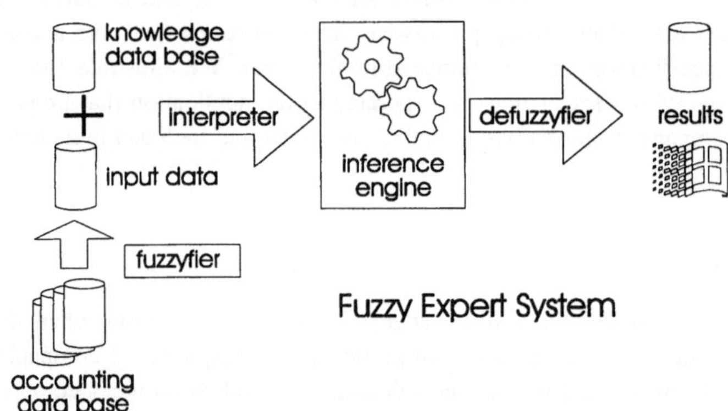

The development of the tool has been divided into three phases. The first one has been devoted to the design of an appropriate language syntax to describe rules and variables, and to determine the data structures required to hold all the information involved in the rule processing task. Secondly, this processing task has been implemented as the inference engine of Cognos. And finally, a set of defuzzyfication functions has been prepared for transforming the resulting fuzzy sets into discrete values of easier interpretation.

The paragraphs below summarize the most interesting features included in Cognos:

1. Fuzzy values are stored as piece-wise linear functions. That is, a fuzzy set is constructed as a collection of segments, with no limit in its number. This fact allows you to best adjust to any continuous waveform with little overhead in its processing [5]. The work described in [6] use simple data structures to simplify operations but this necessarily limits the type of function that can be represented.

2. Both, primary input variables and those whose contents is derived from previously evaluated consequents, can be used as antecedents.

3. The program has been developed in standard "C" and using yacc and lex. The sources have been successfully compiled in Unix, MS-DOS and MS-Windows and are easily portable to other platforms.

4. A measurement of the confidence degree of the propounded solution has been introduced. Its evaluation corresponds to that of the medium deviation of the equivalent random variable (calculated by dividing the fuzzy variable by its total area) with respect to the solution [4]. This value gives a feeling of the goodness of the discretized solution based on the distribution of the area covered by the fuzzy set.

5. The interpreter can present the values contained in the variables at any point of the inference process, typically at the end. These values can be shown in three different ways:

-using the centroid method, which summarizes the information into a crisp value together with the confidence degree.

-as a fuzzy set expressed in a piece-wise linear (PWL) function, which represents the contents of the corresponding variable, that is, its membership function.

-as a set of percentages, showing the degree of contribution of every label to the final value of the presented variable.

The following figure shows the organization of the different parts of the program and the relationships between them:

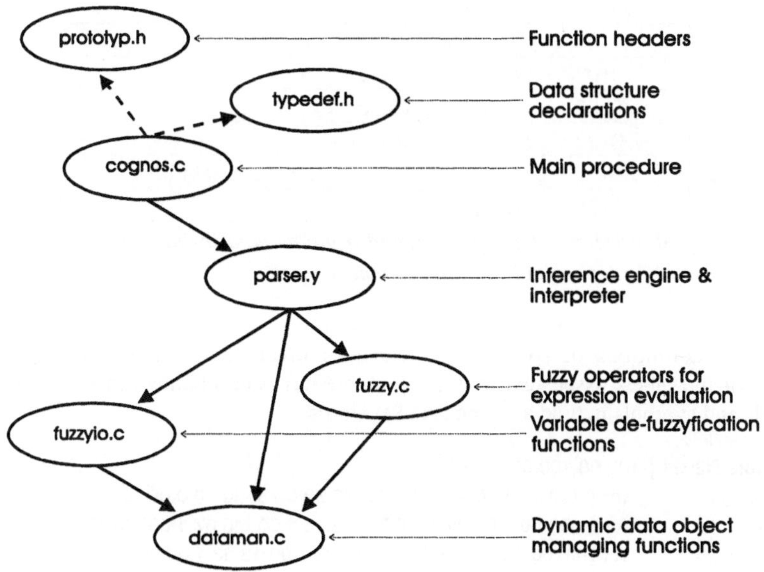

3. Company analysis and optimization software overview

The use of fuzzy logic in the company diagnosis introduces a new viewpoint and represents a qualitative difference with respect to the classical methods of analysis. Fuzzy variables are appropriate to show up unbalanced conditions and to indicate the direction and intensity of the changes that should be taken to reset the equilibrium.

The resulting application, included in the Manager Vision package, follows this philosophy above and takes profit of the fuzzy reasoning. By its use, the degree of deviation of each variable with respect to its desired value is inferred, so the evolution of the company is determined and possible solutions are subsequently proposed.

This analysis is done in three steps. First, each variable is delimited between a maximum and minimum value and given an initial value calculated from the accounting data. The inference engine will then proceed to derive a set of fuzzy deviation degrees that are used to synthesize data about more global aspects. In the last step, a general evaluation of the company is performed.

4. Example of a set of rules for diagnosis included in Manager Vision

This set of fuzzy rules measures up the disequilibrium in "short-term solvency," that is, capacity to cover payments to dealers in a short time (e.g., one year). The disequilibrium can take values from -100 to 100 and gives an idea of the distance to the optimum point (which is zero). In this case, input variables have been pre-calculated from the available ratios and show different aspects of the company.

D2021	Short-term solvency
D0106	Customer level
D0100	Inventory level
D0102	Fixed assets level
D0103	Fixed tangible level
D0122	Short-term debt level
BM01	% Current assets over current liabilities
D0120	Suppliers level

Short-term solvency calculated from the equilibrium levels of different variables of the balance

Here are the definitions of some of the variables involved in short-term solvency. The definition of the labels associated to every variable has been obtained in previous analysis. The words and symbols in bold are language keywords.

```
variable D2021 [-100.00 100.00] being
    very_low     for [-100.00 1.00 -86.67 1.00 -73.33 0.75 -60.00 0.00 ] ,
    low          for [-100.00 0.00 -86.67 0.75 -73.33 1.00 -46.67 1.00 -33.33 0.75 -20.0 0.0 ] ,
    optimum      for [-40.00 0.00 -26.67 0.75 -13.33 1.00 13.33 1.00 26.67 0.75 40.00 0.00 ] ,
```

```
    high          for [20.00 0.00 33.33 0.75 46.67 1.00 73.33 1.00 86.67 0.75 100.00 0.00 ] ,
    very_high     for [60.00 0.00 73.33 0.75 86.67 1.00 100.00 1.00 ] ;

variable D0106 [-100.00 100.00] being
    very_low      for [-100.00 1.00 -86.67 1.00 -73.33 0.75 -60.00 0.00 ] ,
    low           for [-100.00 0.00 -86.67 0.75 -73.33 1.00 -46.67 1.00 -33.33 0.75 -20.0 0.0 ] ,
    optimum       for [-40.00 0.00 -26.67 0.75 -13.33 1.00 13.33 1.00 26.67 0.75 40.00 0.00 ] ,
    high          for [20.00 0.00 33.33 0.75 46.67 1.00 73.33 1.00 86.67 0.75 100.00 0.00 ] ,
    very_high     for [60.00 0.00 73.33 0.75 86.67 1.00 100.00 1.00 ] ;
```

The rest of variables are defined in the same way. The following lines assign the initial values for the variables. This information can be included in the same file or in a separate one that can be load with the '**read**' command.

```
D0106 = 2.60;
D0100 = 0.10;
D0102 = -14.80;
D0103 = -12.60;
D0122 = 34.40;
BM01  = 148.48;
D0120 = 12.10;
```

Set of rules to evaluate the short-term solvency of the company:

```
if D0106 is very_low then D2021 will be very_high;
if D0106 is low then D2021 will be high;
if D0106 is optimum then D2021 will be optimum;
if D0106 is high then D2021 will be low ;
if D0106 is very_high then D2021 will be very_low;
    .
    .
    .
if D0120 is very_low then D2021 will be very_high;
if D0120 is low then D2021 will be high;
if D0120 is optimum then D2021 will be optimum;
if D0120 is high then D2021 will be low ;
if D0120 is very_high then D2021 will be very_low;

write D2021 using centroid ;
```

The results are given as follows:

```
* Diagnosis and conclusions:
D2021 = -27.5 ; { centroid (membership = 0.53, dispersion = 27.3 %) }
```

5. Conclusions

Cognos constitutes a general purpose tool to infer reasonings from a given set of fuzzy rules invoked together with the definition of the corresponding variables and their initial values. Logic Control has developed an application, Manager Vision, in which this tool is included to contribute to the process of company analysis and diagnosis, which is being released by now.

The way Cognos has been designed allows to include new defuzzyfication functions, new fuzzy operators and to introduce them into the interpreter in a modular way. This feature allows the tool be extended to other fuzzy logic applications. We have also emphasized the aspect of portability, therefore, the source code has been written in standard "C" that is ready to be compiled on PC and Unix platforms.

References

[1] Kevin Self, "Designing with fuzzy logic", IEEE Spectrum, pp.42-105, November 1990.
[2] H.-J. Zimmermann, "Fuzzy set theory and its application". Ed Kluwer Academic Publishers, 2nd ed., 1991.
[3] K. S Leung, Y.Leung, Danny Cheung, H.W. Lee, "DOVALA™. A Fuzzy Logic Expert System Shell in Windows Environment", Proceedings of the 2nd International Conference on Fuzzy Logic & Neural Networks (Iizuka, Japan, July 17-22, 1992) pp. 1107-1110
[4] H.J. Larson. "Introduction to Probability Theory and Statistical Inference", Ed. John Wiley & Sons Inc. Spanish edition by LIMUSA, S.A. 1978.
[5] Timothy Masters, "Practical neural network recipes in C++", Chapter 17: "Fuzzy Data and Processing", Ed. Academic Press, Inc., 1993.
[6] Greg Viot, "Fuzzy logic in C", Dr. Dobb's Journal, pp. 40-49, February 1993.

Modellierung intelligenter Strategien in komplexen Systemen mit Concurrent Fuzzy Prolog

C. Geiger[1] & G. Lehrenfeld
Fachbereich 17 — Mathematik und Informatik
Universität Paderborn
D-33095 Paderborn
{cgei,georg}@uni-paderborn.de

1 Einleitung

Um die Entwicklung von Fuzzy Systemen und Fuzzy Strategien effizienter zu gestalten, ist es notwendig dem Entwickler Werkzeuge in die Hand zu geben, welche ihn schon in der Modellierungsphase effektiv unterstützen. Als ein solches Modellierungswerkzeug bietet sich ConFuP (Concurrent Fuzzy Prolog) [8, 7] an. ConFuP basiert auf der parallelen logischen Programmiersprache CP (Concurrent Prolog), erweitert mit Konzepten zur Darstellung von Unsicherheit und qualitativem Wissen.

Der Einsatz von parallelen logischen Programmiersprachen auf dem Gebiet der Systemmodellierung wurde bereits intensiv erforscht. Dotan et. al. zeigen die Ausdrucksmächtigkeit von FCP (Flat Concurrent Prolog), einer Untermenge von CP, auf verschiedenen Gebieten; in der Hardwaremodellierung [2], in der Modellierung von nebenläufigen Systemen [3] und speziell in der Modellierung von flexiblen Fertigungssystemen [4]. Basierend auf den theoretischen Grundlagen von CSP [10] in Verbindung mit Indeterminismus lassen sich nebenläufige Systeme in der Form kommunizierender nebenläufiger Prozesse modellieren. Der Anwender hat die Möglichkeit, ein System auf einer abstrakten Ebene in Form von Transitionsregeln zu beschreiben. Diese Regeln entsprechen den Zustandsübergänge des modellierten Prozesses. Das modellierte System kann dann unter Ausnutzung des zugrundeliegenden Resolutionsmechanismus simuliert werden. Ein komplexes nebenläufiges System kann so durch einfache Regeln auf beliebigem Abstraktionsniveau in seinem Verhalten dargestellt und durch Simulation analysiert werden. Mit ConFuP, der Erweiterung von CP um eine Fuzzy Semantik, steht nun eine Modellierungssprache für parallele Fuzzy Systeme zur Verfügung. Die Anwendung von ConFuP zur Beschreibung einfacher Fuzzy Controller [8] und der Einbindung von Fuzzy Strategien in das Management flexibler Fertigungssysteme [6] konnte bereits gezeigt werden.

In diesem Beitrag sollen nun zusätzlich „intelligente“ Strategien in ConFuP modelliert werden. Spezielle Schwerpunkte sind dabei die Modellierung von selbstlernenden Entscheidungsstrategien, die die Bewertung von Regeln der Wissensbasis während der Resolution modifizieren.

2 Concurrent Fuzzy Prolog

In diesem Kapitel geben wir eine kurze Einführung in ConFuP. Diese enthält eine Definition des zugrundeliegenden Programmkonstrukts, der Guarded Support Horn Klausel, sowie eine Darstellung der Fuzzy Semantik, welche durch Fuzzy Sets, eine erweiterte Unifikation und eine durch Support Paare gesteuerte Resolution definiert wird.

2.1 Guarded Support Horn Klausel

Ein ConFuP-Programm besteht aus einer endlichen Menge von *Guarded Support Horn Clauses* (GSHC).

$$\underbrace{H}_{Head} \leftarrow \underbrace{G_1, G_2, \ldots, G_n}_{Guards} \mid \underbrace{B_1, B_2, \ldots, B_m}_{Body} \quad \underbrace{[S_n, S_p]}_{SupportPair} \quad 0 \leq S_n \leq S_p \leq 1$$

[1]Promotionsstudent im DFG-Graduiertenkolleg "Parallele Rechnernetzwerke in der Produktionstechnik", ME 872/4-1.

Der Commit-Operator „| "trennt die Guardprädikate von den Bodyprädikaten. Deklarativ entspricht der Commit-Operator einer Konjunktion. Der Kopf einer Klausel H ist wahr, wenn alle $G's$ und $B's$ wahr sind. Operational wird die Resolution eines Goals H' mit einer GSHC-Klausel durch die Guardprädikate gesteuert. Nach erfolgreicher Unifikation von H' mit dem Klauselkopf von H müssen alle Guardprädikate erfüllt sein um H' mit der Klausel reduzieren zu können. Wird ein Goal endgültig mit einer Klausel reduziert, wird das Goal H durch die Bodygoals $B_1, \ldots, B_m$ ersetzt. Diese Reduktion läßt sich nicht wieder zurücknehmen, d.h. im Gegensatz zu PROLOG findet kein Backtracking hinter dem Commit-Operator statt.

Die Bewertung von Regeln mit einem Support Paar geht auf einen Ansatz von Baldwin [1] zurück und hat in ConFuP folgende Bedeutung. Die erste Zahl S_n gibt den *notwendigen* Support für die Auswahl einer Klausel und S_p den *möglichen* Support an. Baldwin interpretiert ein Support Paar als Votum einer Population. Ein Support von $[0.7, 0.8]$ würde, bezogen auf eine Gruppe von 10 Leuten, bedeuten, daß 7 für die Anwendung und 2 gegen die Anwendung dieser Klausel sind, wenn Unifikation und Guardtest gelingen. Eine Person kann sich keine Meinung bilden und bleibt damit unbestimmt. Für [x,x] wird [x] als Kurzform eingeführt und im Falle eines fehlenden Supports wird [1,1] als Support angenommen.

2.2 Fuzzy Mengen und semantische Unifikation

Durch die Einführung von Support Paaren und eines neuen Datentyps *Fuzzy Menge* erhält ConFuP seine Fuzzy Semantik. Fuzzy Mengen stellen ähnlich wie Konstanten (z.B. Integer, Strings) atomare Objekte dar. Sie müssen allerdings vor der ersten Benutzung mittels eines Systemprädikates (_set) definiert werden. Bild 1 zeigt die Definition zweier Fuzzy Mengen: *kurz* und *lang*.

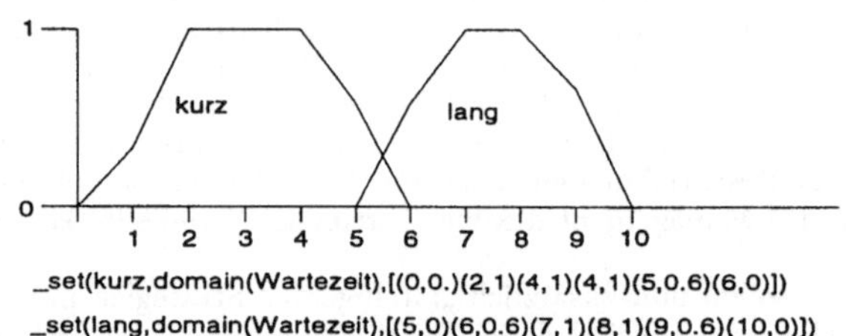

_set(kurz,domain(Wartezeit),[(0,0.)(2,1)(4,1)(4,1)(5,0.6)(6,0)])
_set(lang,domain(Wartezeit),[(5,0)(6,0.6)(7,1)(8,1)(9,0.6)(10,0)])

Abbildung 1: Linguistische Variable Wartezeit

Diese beiden Fuzzy Mengen definieren die linguistische Variable Wartezeit. Zur Definition werden drei Argumente übergeben. Das erste Argument enthält den Namen der definierten Fuzzy Menge. Der zugehörige Wertebereich wird im zweiten Argument spezifiziert und das dritte Argument enthält die charakteristische Zughörigkeitsfunktion in Form einer Liste mit sechs Punkten.

Jede Dreiecks- oder Trapezform läßt sich mit dieser Notation darstellen. Des weiteren ist eine hohe Flexiblilität bei der Manipulation der charakteristischen Funktion möglich. Durch die zusätzlichen Punkte in den Flanken der Fuzzy Mengen kann die Form der darzustellenden Kurve (konvex, konkav) gut approximiert werden. Dadurch können sich selbstmodifizierende Ansätze diese Darstellung von Fuzzy Mengen durch Systemprädikate, die die charakteristische Funktion einer Fuzzy Menge ändern, besonders zunutze machen. Die erweiterte Darstellung erlaubt jedoch weiterhin effizientе Berechnungen auf Fuzzy Mengen , z.B. durch lineare Interpolation.

Die Definition eines neuen Datentyps macht es notwendig, die Unifikation aus der herkömmlichen logischen Programmierung zu erweitern. Diese Erweiterung zur semantische Unifikation [1], notiert durch $\sim_U$, wird im wesentlichen um folgende Fälle ergänzt: a) die Unifikation zweier Fuzzy Mengen miteinander und b) die Unifikation einer scharfen Zahl mit einer Fuzzy Menge.

Das Ergebnis einer solchen Unifikation ist ein Support Paar, welches die Güte angibt, wie gut die zu vergleichenden Objekte zueinander passen. So ist z.B. zur Reduktion eines goals *?-p(A)* mit einer Programmklausel *p(B)*, – A und B sind Fuzzy Mengen –, die Unifikation der beiden Fuzzy Mengen ($A \sim_U B$) notwendig. Zuerst wird überprüft, ob die beiden Domains gleich sind. Sind diese verschieden, schlägt die Unifikation fehl. Ansonsten wird der Support für diese Unifikation auf folgende Weise berechnet [1].

- $\mathbb{N}(\overline{A}|B) = 1 - \Pi(A|B)$ (Notwendigkeit)
- $\Pi(A|B) = sup_{x \in \Omega}\ min(\mu_A(x), \mu_B(x))$ (Möglichkeit)

Man beachte, daß die semantische Unifikation nicht kommutativ ist. Wird eine Fuzzy Menge P mit einer scharfen Zahl x_0 unifiziert ($P \sim_U x_0$), ergibt sich $\Pi(P|x_0) = \mathbb{N}(P|x_0) = \mu_P(x_0)$ und $\Pi(x_0|P) = \mu_P(x_0)$, $\mathbb{N}(x_0|P) = 0$. Zur Modellierung von Fuzzy Reglern ist es nun notwendig als Ergebnis einer solchen Unifikation $P \sim_U x_0$ immer $[\mu_P(x_0), \mu_P(x_0)]$ zu erhalten. Dazu wurde der Operator μ eingeführt, der auf Fuzzy Mengen angewendet wird. Die Unifikation einer scharfen Zahl x_0 mit einer μ-Fuzzy Menge $\mu{-}P$ hat immer den Support $[\mu_P(x_0), \mu_P(x_0)]$ als Ergebnis.

2.3 Berechnungsmodell

Eine Berechnung in ConFuP beginnt damit, daß zu einem gegebenen Programm eine Anfrage in Form von Prädikaten gestellt wird. Diese initialen Goals werden in die sog. Wurzel-Resolvente R_0 eingetragen. Für jedes Goal aus dieser Resolvente wird nun eine Programmklausel gesucht, mit der es reduziert werden kann. Dazu ist es notwendig, daß die Unifikation des Goals mit dem Klauselkopf erfolgreich ist und die Guardprädikate erfüllbar sind. Sind diese beiden Bedingungen erfüllt, kann das Goal aus der Resolvente entfernt und durch die Body-Prädikate ersetzt werden. Ist die Resolution mit mehreren Programmklauseln möglich, wird die Auswahl durch das Ergebniss der Unifikation mit den Klauselköpfen und durch die Berechnung der Guardprädikate bestimmt.

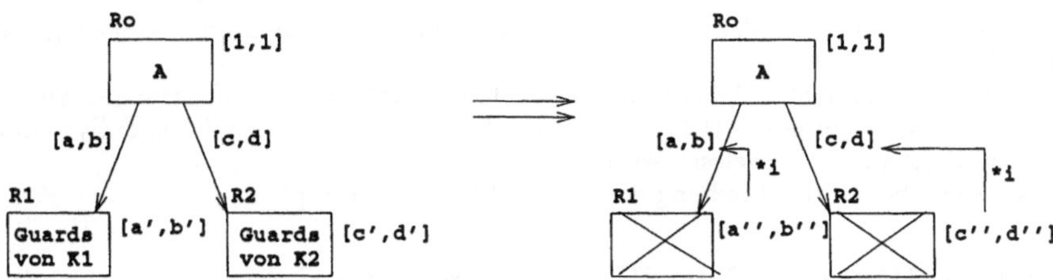

Abbildung 2: Resolution

Bild 2 zeigt folgende Situation: Die Wurzelresolvente R_0 enthält das initiale Goal A. In dem zugehörigen Programm existieren zwei Klauseln K_1 und K_2 mit denen A reduziert werden könnte. Für jede dieser Klauseln wird nun eine Unterresolvente ($R1, R2$) erzeugt. Diese enthalten nur die Guardprädikate der zugehörigen Klausel. Die Kante zu jeder Unterresolvente wird mit dem entsprechenden Klauselsupport ($[a, b], [c, d]$) markiert. Die Unterresolventen selber sind initial mit dem Support bewertet, der sich aus der Unifikation des Goals A mit dem Klauselkopf ergibt ($[a', b'], [c', d']$). $R1$ und $R2$ werden nun ebenso wie die Wurzelresolvente abgearbeitet. Als Ergebnis einer solchen Abarbeitung sind beide Unterresolventen leer und mit einem Support bewertet ($[a'', b''], [c'', d'']$) welcher sich aus der Berechnung der

Guardprädikate ergibt. Dieser Support wird mit einer speziellen Inferenzoperation $*_i$ mit der Kantenbewertung verknüpft. Diese wird vom Benutzer beim Systemstart vorgegeben und kann jede bekannte Inferenz, erweitert auf Support Paare, darstellen. Eine von Baldwin benutzte Inferenz ist ($[a, b] *_i [c, d] = [a \cdot c, 1 - (1 - b) \cdot d]$, möglich sind auch Minimum, Multiplikation oder andere Fuzzy–Inferenzmethoden.

Es ergeben sich somit zwei mit einem Support versehene Kanten für das Goal A von der Wurzelresolventen ausgehend. Basierend auf diesen beiden Support Paaren folgt nun die Auswahl der Klausel mit der das Goal A reduziert wird. Die Berechnung der beiden Unterresolventen war also bisher nur ein Test für die Anwendbarkeit der Klauseln, ohne das A wirklich reduziert worden ist. In ConFuP kann der Programmierer diese Auswahl über eine Strategie (beim Systemstart) festlegen. Eine Möglichkeit wäre die Auswahl der Klausel, die den höchsten notwendigen Support hat. Das Goal A wird dann aus R_0 entfernt und durch die Bodyprädikate der ausgewählten Klausel ersetzt. Ein nächstes Goal aus R_0 kann nun zur Reduktion ausgewählt werden.

Eine Reihenfolge zur Abarbeitung einer Resolventen ist hierbei nicht vorgesehen. Dies kann somit parallel geschehen. Die Goals einer Resolventen lassen sich in diesem Sinn als Netzwerk kommunizierender Prozesse auffassen. Die Kommunikation findet über gemeinsame logische Variablen statt. Durch die Anwendung eines Read-Only Operators „?“ an einer Variablen X? wird eine Kommunikationverbindung in einer Richtung ausgerichtet. Eine Read-Only Variable darf bei einer Unifikation nicht instanziert werden, d.h. es darf nur aus ihr gelesen werden.

2.4 Systemprädikate

Zur effizienten Beschreibung von Fuzzy Systemen stellt ConFuP eine Menge von vordefinierten Systemprädikaten zur Verfügung. Folgende finden in diesem Beitrag Verwendung: *_bagof\3, _defuzzy\2, _modify_support\3, _set_res_sup\1. bagof* sammelt ähnlich wie in PROLOG parallele Lösungen in einer Liste. Dieses Prädikat ist vor allem zur Realisierung von Fuzzy Controllern wichtig. Für jede anwendbare Regel wird eine Lösung für die Steuervariable in einer Liste gesammelt um anschließend durch *defuzzy* einen scharfen Steuerwert zu berechnen[2].

Mit Hilfe des Prädikates *modify_support* lassen sich selbstlernende Strategien implementieren, indem der Support einer Regel dynamisch angepasst wird. Will man vom Programm aus in den Resolutionsprozeß eingreifen, so kann mittels *set_res_sup* der Support einer Resolvente explizit gesetzt werden. Analog lässen sich Fuzzy Mengen durch *modify_fs\3* Fuzzy Mengen dynamisch ändern

Die verschiedenen Wahlmöglichkeiten (z.B. Inferenzmethode, Auswahlstrategie, aber auch für Konjunktion, Disjunktion, Defuzzifizierung, etc.) legt der Benutzer in einer Systemdatei fest, die zu Programmstart gelesen wird.

Eine tiefergehende Beschreibung von ConFuP findet sich in [6, 8].

3 Modellierung intelligenter Strategien

Die Fähigkeiten von ConFuP bei der Modellierung komplexer Systeme mit unscharfen Strategien sollen an einem Beispiel aus dem Bereich der rechnerintegrierten Fertigung beschrieben werden.

Die Aufgabenstellungen des operativen Produktionsmanagement sind im allgemeinen sehr komplex; wissensbasierte Ansätze stellen daher, speziell bei schlecht strukturierten Problemen, eine interessante Alternative zu herkömmlichen Lösungen der Operationsforschung dar.

In [9, 11] wird gezeigt, daß unscharfe Strategien in einzelnen Bereichen des Produktionsmanagements effektiver sind als konventionelle Ansätze. Exemplarisch wird die Einlastplanung

[2] Das in [8] zuerst gewählte Konzept der δ-Variablen wurde durch diese flexibleren Systemprädikate ersetzt.

eines flexiblen Fertigungssystems (FFS) beschrieben und nachgewiesen, daß die durchschnittliche Wartezeit bis zu 15 % geringer ist als bei der oft gebräuchlichen COVERT–Methode.

Die inhärente Parallelität und die Ausdrucksstärke des zugrundeliegenden Prozeßmodells prädestinieren parallele logische Programmiersprachen zur Beschreibung solcher Systeme. Dotan zeigt in [4, 3], daß sich die wichtigsten Konzepte flexibler Fertigung wie Zeitabhängigkeit, hierarchisches Design, alternative Entscheidungswege, Produktfluß und konventionelle Schedulingstrategien effizient in FCP, einer Untermenge von CP, modellieren lassen.

In [6] werden die Vorteile beider Ansätze kombiniert und anhand einer Modellierung eines simplen FFS mit den in [9] beschriebenen Strategien erläutert. Als Beispiel dient die Maschinenbelegplanung eines einfachen, aus drei Maschinen bestehenden, Systems (Abb. 3).

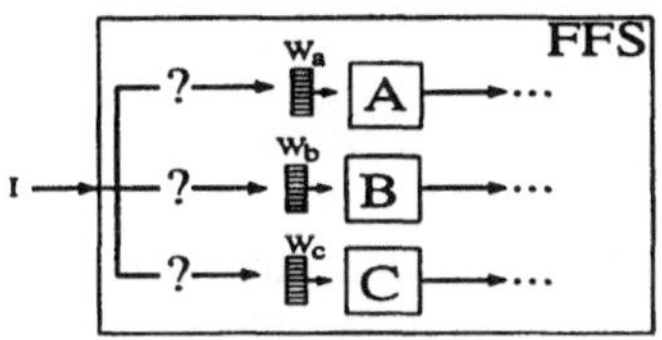

Maschinenbelegung:Auftragstermin+Warteschlange+Bearbeitungszeit -> Verlangen

A	W	B	V
dringend	kurz	niedrig	**hoch**
dringend	lang	niedrig	**mittel**
...	...	...	...
ok	lang	hoch	**niedrig**

Maschineneffizienz: Ausschussmenge+Ausschusswert -> Support

AM	AW	Sup
klein	niedrig	hoch
mittel	niedrig	mittel
...	...	...
viel	hoch	niedrig

Abbildung 3: FFS mit 3 Maschinen und Strategien für Belegung/Effizienz

Gelangt ein Auftrag i in das FFS, entscheidet eine Fuzzy Strategie abhängig von der Priorität P_i des Auftrags (z.B. basierend auf dem Fertigstellungstermin), der Bearbeitungszeit BZ_{ij} des Auftrags auf jeder Maschine j und der Länge der Warteschlange WS_j vor jeder Maschine, in welche Warteschlange (W_a, W_b, W_c) der Auftrag eingetragen wird. Eine Modellierung in ConFuP beschreibt Programm 1. Im Folgenden werden die wichtigsten Programmkonstrukte erläutert. Vordefinierte Systemprädikate beginnen mit einem „Underline“ (z.B.: `_bagof()`)

PROGRAMM 1

```
1.    ffs(In,Out?) :-|
         mschedule(In?,Wa,Wb,Wc),                   % MaschinenSchedule
         machine(a,Wa?,Out_a),                      % Simuliere Maschine a
         machine(b,Wb?,Out_b),                      %     ''       ''    b
         machine(c,Wc?,Out_c),                      %     ''       ''    c
         ...  .                                     % Weiterverarbeitung im FFS
         generate_output(...,Out).                  % ... bis Output erzeugt wurde

...

2.1   mschedule([I|Is],[I|Wa],Wb,Wc) :- calc_verlangen(I,a) |   % Job zu Maschine A
         mschedule(Is,Wa,Wb,Wc).                      [1.0]

2.2   mschedule([I|Is],Wa,[I|Wb],Wc) :- calc_verlangen(I,b) |   % Job zu Maschine B
         mschedule(Is,Wa,Wb,Wc).                      [0.9]

2.3   mschedule([I|Is],Wa,Wb,[I,Wc]) :- calc_verlangen(I,c) |   % Job zu Maschine C
         mschedule(Is,Wa,Wb,Wc).                      [0.7]


3.    calc_verlangen(I,Maschine) :-
         get_prior(I,PR),                                    % Prioritaet Auftrag I
         get_bzeit(I,Maschine,BZ),                           % Bearbeitungzeit
         get_wschlange(Maschine,WS),                         % Warteschlange Maschine
         _bagof(DEM,pregel(PI?,BZ?,WS?,DEM),L)               % Auswertung Fuzzy Regeln
         _defuzzy(L?,wert),                                  % scharfer Wert
         _set_res_sup(wert?).                                % Setzte Support der
                                                             % Berechnung auf wert
```

```
% Modellierung der Produktionsregeln fuer Verlangen jeder Maschine
% IF <Prioritaet> und <Bearbeitung> und <Warteschlange> dann <Verlangen>

4.1   pregel(my-hoch,my-schnell,my-kurz,gross).
4.2   pregel(my-hoch,my-schnell,my-lang,mittel).
...

5.1   _set(hoch, domain(Prioritaet), [(0.7,0) (0.8,0.6) (0.85,1) (0.9,1) (0.95,0.4) (1,0)])
...
5.x   _set(lang, domain(Wartezeit), [(5,0) (6,0.6) (7,1) (8,1) (9,0.6) (10,0)])


;- ffs([jobA,jobB,jobC],Out)       % Anfrage


> [1,1]
  Out= [jobB,jobC,jobA]            % Ergebnis
```

In Beispielaufruf werden exemplarisch drei Aufträge jobA, jobB, jobC übergeben. Jeder Auftrag besteht aus einer Struktur in der u.a. Priorität des Auftrags und die Laufzeit auf den einzelnen Maschinen in scharfen Werten gespeichert sind (z.B. jobA = (0.9, (20,30,15),...)). Diese Werte können dann durch entsprechende Klauseln extrahiert werden (z.B. `get_bzeit(jobA,machine_b,BZ)` mit `BZ = 30`). Gelangt ein Auftrag i über den Eingabekanal In in das FFS, entscheidet das Maschinenscheduling in welche Warteschlange (Wa,Wb,Wc) der Auftrag eingetragen wird. Der Auftrag wird an die betreffende Liste angehängt und die restlichen Warteschlangen bleiben unberührt. Die Maschinen werden durch die entsprechenden `machine` -Klauseln simuliert und arbeiten ihre Warteschlangen ab (hier nicht beschrieben).

Für das Maschinenscheduling sind drei Klauseln anwendbar (2.1 – 2.3). Je nach benutzter Klausel wird der Auftrag in die Warteschlange der Maschinen A, B oder C eingetragen. Welche Klausel benutzt wird, entscheidet der Resolutionsprozeß in Abhängigkeit der Unterstützung für `calc_verlangen()` und dem jeweiligen Regelsupport (2.1 - 2.3), der die Effizienz der jeweiligen Maschine beschreibt. Durch `calc_verlangen()` wird für jede Maschine das aktuelle Verlangen nach dem Auftrag bestimmt. Grundlage dieser Berechnung sind Auftragspriorität, Warteschlangenlänge und Maschinenlaufzeit. Durch die unscharfe Produktionsregeln `pregel(...)` wird das Verlangen in den einzelnen Fällen beschrieben. Das `_bagof()`-Prädikat berechnet die Konklusionen aller gefeuerten Regeln in einer Struktur L und `defuzzy()` berechnet daraus einen scharfen Wert. Dieser Wert wird mit `_set_res_sup(wert)` zum Wert der aktuellen Resolventenunterstützung. Nur durch das explizite Setzen des Resolventensupports ist eine Kombination von Regelsupport mit dem Ergebnis einer Fuzzy-Strategie in Form einer Variablenbindung möglich[3] Für alle drei Regeln 2.1–2.3 berechnet `calc_verlangen` einen Supportwert (z.B. [0.7] f. 2.1, [0.9] f. 2.2 und [0.8] f. 2.3), der durch die gewählte Inferenz (z.B. Multiplikation) zu einem endgültigen Kantensupport für die jeweilige Regel kombiniert wird ([0.7], [0.81], [0.56]). Die Auswahlstrategie wählt dann die beste Lösung (hier Regel 2.2).

3.1 Selbstmodifizierende Regelbasis

Im Folgenden soll die Eignung von ConFuP bei der Modellierung selbstmodifizierender Strategien motiviert werden.

Zusätzlich zur beschriebenen Maschinenbelegung soll hier der Ausschuß der Maschinen A, B und C berücksichtigt werden, der sich durch Abnutzung/Instandsetzung bzw.

[3]In diesem Beispiel wäre auch eine ausschließliche Berechnung mit Variablen möglich gewesen. Für die Modellierung variabler Strategien wird jedoch dieses Vorgehen gewählt.

Umrüstung — im Laufe der Produktionsperiode ändern kann. Betrachtet wird für jede Maschine j die Ausschußmenge AM_j (in % der Produktionsmenge) und der Wert AW_j einer Ausschußeinheit (in Geldeinheiten).

Wir modellieren die Effizienz einer Maschine, resultierend aus Ausschußmenge und Ausschußwert durch ein Support-Paar. In den Regeln 2.1 - 2.3 wird die Maschine bestimmt, auf der ein neu in das System geschleuster Auftrag bearbeitet wird. Ändert sich der Ausschuß einer Maschine, bestimmt eine intelligente Strategie durch Änderung des Klausel-Supports die neue Unterstützung, mit der die korrespondierende Regel ausgewählt wird. Informationen über den Ausschuß des Systems liefert die Struktur `status`, die von den `machine(...)`-Klauseln stets aktualisiert wird. Die Strategie selbst basiert auf unscharfen Informationen, da der prozentuale Ausschuß und der Wert einer Ausschußeinheit durch Fuzzy-Mengen modelliert werden (vgl. Abb. 3).

```
PROGRAMM 2

1.   ffs(In,Out?,Status) :-|
        test_und_mschedule(In?,Wa,Wb,Wc,Status?),
        machine(a,Wa?,Out_a,Status?),
        machine(b,Wb?,Out_b,Status?),
        machine(c,Wc?,Out_c,Status?),
        ...

...

2.1  mschedule(Ok,[I|Is],[I|Wa],Wb,Wc) :-
                      calc_verlangen(I,a) |
        teste_und_mschedule(Is,Wa,Wb,Wc)   [1.0].

2.2  mschedule(Ok,[I|Is],Wa,[I|Wb],Wc) :-
                      calc_verlangen(I,b) |
        teste_und_mschedule(Is,Wa,Wb,Wc)   [0.9].

2.3  mschedule(Ok,[I|Is],Wa,Wb,[I,Wc]) :-
                      calc_verlangen(I,c) |
        teste_und_mschedule(Is,Wa,Wb,Wc)   [0.7].
```

```
%neue Klausel

N1   teste_und_mschedule(In,Wa,Wb,Wc,Status)
        :-|
        pruefe_effizienz(Ok,Status?),
        mschedule(Ok?,In,Wa,Wb,Wc).

N2.  pruefe_effizienz(Ok?,Status) :- |
        get_ausschuss(Aa,Ab,Ac,Status?),
        get_kosten(Ka,Kb,Kc,Status?),
        effizienz(Aa?,Ka?,a,Ok_a),
        effizienz(Ab?,Kb?,b,Ok_b),
        effizienz(Ac?,Kc?,c,Ok_c),
        warte(Ok_a?,Ok_b?,Ok_c?,Ok).

N3.  effizienz(Masch,Aus,Kost,Ok?) :- |
        _bagof(Sup,
               pregel(Aus?,Kost?,Sup),
               Lst),
        _defuzzy(Lst?,Wert),
        Regel_nr := regel(Masch?),
        _modify_support(Regel_nr?,Wert?,Ok).
```

`teste_und_mschedule()` besteht aus der Effizienzüberprüfung `pruefe_effizienz()` und dem bereits beschriebenen Maschinenscheduling.

Da die Effizienzüberprüfung die Regelbasis ändern kann, ist es aus Konsistenzgründen notwendig, die Berechnung des „Verlangens" erst *nach* erfolgter Ausschußüberprüfung zu beginnen. Dies erfolgt über die Read-Only-Variable `Ok?` und dem bereits beschriebenen Mechanismus. Dazu muß die Klausel des Maschinenscheduling um diese Variable erweitert werden.

Die Effizienzüberprüfung in `pruefe_effizienz()` bestimmt den Ausschuß der betreffenden Maschinen (Variablen Aa, Ab, Ac) und die Kosten pro Ausschußeinheit (Ka, Kb, Kc) auf Grundlage der Informationen in der Struktur `Status`. Mit diesen scharfen Werten wird in `effizienz()` eine Strategie ausgewertet, die auf unscharfen Produktionsregeln beruht (siehe Maschinenscheduling) und als Ergebnis den scharfen Wert der Effizienz dieser Maschine liefert. Nach Bestimmung der entsprechenden Regelnummer wird dieser Wert mit `_modify_support(...)` die neue Bewertung der Regel. Eine effiziente Maschine kann somit einer anfälligeren vorgezogen werden, auch wenn sie ein geringeres „Verlangen" nach dem Auftrag hat (z.B. durch eine längere Warteschlange).

Das Integrieren einer „intelligenten" Strategie in das bestehende Modell erfordert jedoch eine Umstrukturierung des ursprünglichen Programmes. So muß die sich selbst rekursiv aufrufende Klausel `mschedule` in Programm 1 um die Synchronisationsvariable `Ok?` erweitert werden und ein gegenseitiger Aufruf von `mschedule` und `teste_und_mschedule` realisiert werden. Will man eine solche Strategie zu einem komplexeren Modell (als hier dargestellt) hinzufügen, erfordert dies eventuell einen erheblichen Mehraufwand. Speziell beim Testen verschiedener Strategien auf ihre Eignung wäre es wünschenswert, wenn diese nur zu einem bestehenden Modell hinzugefügt werden müssten, ohne das bestehende Programm zu ändern. Hier bietet sich die Möglichkeit der Meta-Programmierung in Concurrent Fuzzy Prolog an. Durch einen einfachen Meta–Interpreter für ConFup, der selbst wieder in ConFuP geschrieben ist, hat man die Möglichkeit, den Resolutionsablauf eines Programms zu überwachen und ggf. auf diesen einzuwirken. Im obigen Fall könnte man bei der Resolution mit einer Klausel, die den Funktor 'mschedule' besitzt, den Ablauf des Programms stoppen und erst eine Effizienzüberprüfung der Maschinen starten, die ggf. die betreffenden Supportpaare ändert. Anschließend fährt man mit der Resolution fort. Diese Art der Modellierung intelligenter Strategien soll aber aus Platzgründen an dieser Stelle nicht weiter vertieft werden.

4 Zusammenfassung und Ausblick

In diesem Beitrag wurde die Eignung von Concurrent Fuzzy Prolog zur Modellierung selbstmodifizierender Strategien motiviert. Durch Prädikate, die die Bewertung einer Regel während des Programmablaufs modifizieren, lassen sich Systeme modellieren, die sich dynamisch an ihre Umgebung anpassen können. Als einfaches Beispiel wurde die Effizienz mehrerer Maschinen in einem flexiblen Fertigungssystem modelliert.

Zukünftige Aktivitäten sind in mehreren Richtungen erforderlich. Nachdem eine sequentielle Implementierung eines ConFuP–Prototyps in C++ abgeschlossen wurde, wird ConFuP nun auf Multiprozessorsystemen implementiert. Derzeit werden Modelle für einen architekturunabhängigen Implementierungsansatz untersucht um ConFuP auf heterogenen Systemen laufen zu lassen (message passing, shared memory).

Verstärkt werden zudem Anwendungen im Bereich der rechnerintegrierten Fertigung betrachtet. Speziell die hier vorgestellten Möglichkeiten lernender Ansätze, aber auch die online Modifizierung der benutzten Fuzzy Mengen und die Modellierung alternativer Regelbasen, sollen mit komplexeren Beispielen untersucht werden.

Da sich parallele logische Programmiersprachen sehr gut zur Beschreibung und Simulation von Petri–Netzen höherer Ordnung eignen [4], ist außerdem die Beschreibung von Fuzzy-Petri–Netzen von zukünftigem Interesse.

Literatur

[1] J.F. Baldwin. Evidential support logic programming. *Fuzzy Sets and Systems*, 24:1–26, 1987.

[2] Y. Dotan and B. Arazai. Concurrent logic programming as a hardware description tool. *IEEE Transaction on Computers*, 39(1):72 – 88, 1990.

[3] Y. Dotan and B. Arazi. Using flat concurrent prolog in system modeling. *IEEE Transaction on Software Engineering*, 17(5):493 – 512, 1991.

[4] Y. Dotan and D. Ben-Arieh. Modeling flexible manufacturing systems: The concurrent logic programming approach. *IEEE Transactions on Robotics and Automation*, 7(1):135 – 148, 1991.

[5] C. Geiger. ConFuP- Concept of a parallel logic programming language with fuzzy semantics. diploma thesis, University of Paderborn, November 1993. (in german).

[6] C. Geiger and G.Lehrenfeld. The Application of Concurrent Fuzzy Prolog in the Field of Modelling Flexible Manufacturing Systems. In L. Sterling, editor, *International Conference on the Practical Application of PROLOG, PAP 94*, 26–29 April 1994, London. (to appear).

[7] C. Geiger and G. Lehrenfeld. Using ConFuP in Modeling of Concurrent Fuzzy Systems. In *Proceedings of the 3rd IEEE International Conference on Fuzzy Systems*, 26 June- 2 July, Orlando, 1994. (to appear).

[8] C. Geiger, G. Lehrenfeld, and V. Wiechers. ConFuP-A Concurrent Logic Language with Fuzzy Semantics. In B. Reusch, editor, *Fuzzy Logik: Theorie und Praxis*. Springer, 1993.

[9] G.W. Hintz and H.-J. Zimmermann. A method to control flexible manufacturing systems. *European Journal of Operational Research*, 41:21–334, 1989.

[10] C.A.R Hoare. Communicating sequential processes. *Communications of the ACM*, 21(8):666–677, 1978.

[11] H.-J. Zimmermann. *Fuzzy Technologie: Principals, Tools, Potentials*. VDI Verlag, 1993. (in german).

Springer-Verlag und Umwelt

Als internationaler wissenschaftlicher Verlag sind wir uns unserer besonderen Verpflichtung der Umwelt gegenüber bewußt und beziehen umweltorientierte Grundsätze in Unternehmensentscheidungen mit ein.

Von unseren Geschäftspartnern (Druckereien, Papierfabriken, Verpackungsherstellern usw.) verlangen wir, daß sie sowohl beim Herstellungsprozeß selbst als auch beim Einsatz der zur Verwendung kommenden Materialien ökologische Gesichtspunkte berücksichtigen.

Das für dieses Buch verwendete Papier ist aus chlorfrei bzw. chlorarm hergestelltem Zellstoff gefertigt und im pH-Wert neutral.